LEHRBUCH DER ALLGEMEINEN TIERZUCHT

VON

Dr. LEOPOLD ADAMETZ

O. Ö. PROFESSOR, VORSTAND DER LEHRKANZEL FÜR TIERZUCHT
AN DER HOCHSCHULE FÜR BODENKULTUR IN WIEN

MIT 228 ABBILDUNGEN UND 14 TABELLEN IM TEXT

WIEN
VERLAG VON JULIUS SPRINGER
1926

ISBN-13: 978-3-7091-9565-9   e-ISBN-13: 978-3-7091-9812-4
DOI: 10.1007/ 978-3-7091-9812-4

Vorwort

Die „allgemeine Tierzuchtlehre" ist die wissenschaftliche Grundlage, auf welcher die „spezielle Tierzuchtlehre", die es mit der Zucht der einzelnen Arten und Gattungen der Haustiere im besonderen zu tun hat, aufbauen muß. Sie ist daher für die Haustierzüchter von der allergrößten Bedeutung — ein Moment, welches bis vor kurzem in den Kreisen der praktischen Züchter vielfach nicht genügend gewürdigt worden ist.

Jetzt ist dies anders geworden, nun wird die grundlegende Bedeutung der allgemeinen Tierzuchtlehre auch von der züchterischen Praxis richtig eingeschätzt, denn nur so ist das lebhafte Bedürfnis der letzten Jahre nach ausführlichen, modernen Lehr- und Handbüchern der allgemeinen Tierzuchtlehre verständlich.

Dieser Wandel in den Anschauungen praktischer Züchter ist begreiflich. Hat doch nicht bald eine angewandte Wissenschaft ähnlich tiefgreifende Veränderungen erfahren wie die allgemeine Tierzuchtlehre.

Man vergegenwärtige sich nur die gewaltigen Fortschritte, welche die Vererbungslehre infolge des ausgebauten Mendelismus in den letzten beiden Dezennien zu verzeichnen hat. Sie ist aber die Hauptsäule jenes Wissengebäudes, das als allgemeine Tierzucht bezeichnet wird. Gerade auf die wichtigsten Kapitel unseres Gegenstandes erstreckt sich der Einfluß dieser neuen Wissenschaft und wirkt überall von Grund aus umändernd und erneuernd. Gleichgültig, ob wir die Zuchtmethoden der Verwandtschaftszucht oder Kreuzung ins Auge fassen, den Atavismus oder die Individualpotenz berücksichtigen oder uns mit der Rassenbildung durch Mutation sowie der auch für die menschliche Gesellschaft akut gewordenen Frage der Degeneration beschäftigen, überall tritt uns die neue Wissenschaft des Mendelismus als führender Faktor entgegen.

Aber nicht genug damit; in der letzten Zeit gewinnt noch ein anderer neuer Wissenszweig, die Lehre von der inneren Sekretion, für die landwirtschaftliche Tierzucht immer mehr an Bedeutung, tritt gerade in jenen Kapiteln in den Vordergrund, welche wie Frühreife, Mastfähigkeit, Muskel- und Knochenbildung, Körperproportionen und Konstitution von hervorragend praktischem Interesse sind.

Unter solchen Umständen ist es begreiflich, daß mit Ausnahme der allerneuesten, die ganze bisherige reiche Literatur über allgemeine Tierzuchtlehre mit einem Schlag den Anschein des Veralteten erhielt und streng genommen kaum viel mehr als historisches Interesse darbot, gleichgültig, ob sie einen Meister der Sprache wie H. Settegast oder einen für seine Zeit mit besonders schwerem wissenschaftlichen Rüstzeug ausgestatteten M. Wilckens zum Schöpfer gehabt hat.

Die Schwierigkeiten, die sich der Abfassung eines tatsächlich auf der Höhe der Wissenschaft befindlichen Lehrbuches der allgemeinen Tierzuchtlehre gerade jetzt entgegenstellen, sind, wie aus den eben gemachten Andeutungen hervorgeht, besonders groß. Einmal liegen sie in der großen Verschiedenheit jener das Ausgangsmaterial liefernden, grundlegenden Naturwissenschaften und in der relativen

Neuheit und wohl auch Schwierigkeit der Materie überhaupt. Anderseits kommt erschwerend das Erfordernis einer großen, nur in langen Jahren durch eingehende praktische Studien an möglichst vielen Haustierarten zu erwerbende züchterische und rassenkundige Erfahrung hinzu.

Ohne eingehende praktische Rassenkenntnis aller wichtigen Haustiergattungen, und zwar keineswegs bloß ihrer hochgezüchteten Vertreter, im Gegenteil besonders auch ihrer primitiven Ausgangsformen ist meines Erachtens ein volles Verständnis der einschlägigen Fragen und ein Beherrschen des zu behandelnden Gegenstandes kaum möglich.

Deshalb war auch für mich der Entschluß, einem von verschiedenen Seiten mir gegenüber geäußerten Wunsch zu entsprechen und ein modernes Lehrbuch der allgemeinen Tierzuchtlehre zu verfassen, durchaus kein leichter.

Immerhin vermag ich Gründe für eine gewisse Berechtigung zu einem solchen Beginnen anzuführen, nämlich: daß ich mich volle 40 Jahre unentwegt wissenschaftlich und zugleich praktisch (d. h. ausübend) mit den einschlägigen Dingen beschäftigte und ferner, daß ich auf eine 37 jährige Lehrpraxis zurückblicke. Letztere versetzte mich in die Lage, mir darüber Erfahrungen zu verschaffen, in welchem Umfang und auf welche Weise dieser schwierige Gegenstand gelehrt werden muß, um einerseits möglichst verständlich, anderseits doch noch auf der Höhe modernen Wissens befindlich zu sein.

Auf Grund eigener Erfahrungen über die große pädagogische Wichtigkeit entsprechender Abbildungen gerade für die in der allgemeinen Tierzuchtlehre zu behandelnden Fragen, trachtete ich durch Verwendung einer großen Zahl von guten, durchaus nicht immer leicht zu beschaffenden Abbildungen das Verständnis zu unterstützen.

Ich legte auch darauf Wert, die behandelnden Tierformen, wenn möglich, in ihrer heimischen Umwelt darzustellen und durch mitaufgenommene Personen Rückschlüsse auf ihre Größenverhältnisse usw. zu ermöglichen.

Allen jenen Herren, welche mich durch die Erlaubnis, ihre Arbeiten benützen zu dürfen oder durch direkte Beistellung von Photographien und sonstigem Material unterstützten, sage ich auch an dieser Stelle besten Dank; ganz besonders jedoch dem Assistenten an der hiesigen Lehrkanzel für Tierzucht, Herrn Dozent DR. H. PETER, für seine Hilfe bei zahlreichen photographischen Aufnahmen und namentlich für die Übernahme der Herstellung des Autoren- und Sachregisters, sowie zeitraubender Korrekturarbeiten.

Dem Verlage danke ich bestens für das große Entgegenkommen in allen auf die Herstellung dieses Lehrbuches Bezug habenden Dingen, wodurch die erstklassige und man kann wohl sagen mustergültige Ausstattung des Buches möglich wurde.

Wien, im Dezember 1925

Leopold Adametz

Inhaltsverzeichnis

Dritter Abschnitt
Einfluß der Umweltfaktoren auf den Körper der landwirtschaftlichen Haustiere

Vierter Abschnitt
Vererbung

Fünfter Abschnitt

Angewandte Vererbungslehre

Sechster Abschnitt

Die Züchtungsmethoden

Siebenter Abschnitt

Die Zuchtwahl im Dienste der landwirtschaftlichen Tierzucht

Verzeichnis der Abbildungen

Einleitung

Die Aufgabe der „Allgemeinen Tierzuchtlehre" besteht in der Hauptsache darin, jene Naturgesetze kennenzulernen, unter deren Einfluß die Haustiere entstanden sind, und die ihr ganzes Leben beherrschen. Sie hat die Beziehungen zu erforschen, die zwischen diesen Naturgesetzen und der Form und Leistung der Haustiere bestehen. Ihre Aufgabe ist es vor allem die inneren Ursachen jener spezifischen Haustiermerkmale und -eigenschaften festzustellen und anderseits den Einfluß der Umwelt, der Scholle, d. h. der von außen auf den Tierkörper wirkenden und ihn verändernden Kräfte kennenzulernen; sie hat auch zu versuchen die Grenzen kennenzulernen, welche diese beiden Arten von den Tierkörper umwandelnden Kräfte voneinander trennen. Die allgemeine Tierzucht muß daher als ein Zweig der Biologie betrachtet werden, ja, sie ist ihrem Wesen nach direkt angewandte Biologie.

Die allgemeine Tierzuchtlehre hat es mit den Haustieren zu tun. Wenn man auch annehmen kann, daß das, was man unter einem „Haustier" zu verstehen hat, bekannt ist, so dürfte sich doch empfehlen, mit einigen Worten auf das Wesen dieses Begriffes einzugehen, weil öfters Verwechslungen zwischen dem Begriff des Haustieres und jenem des bloß gezähmten Tieres vorkommen. Von den vielen vorhandenen Definitionen hat in landwirtschaftlichen Kreisen wohl die von Martin Wilckens gegebene die größte Verbreitung gefunden. Sie lautet: „Haustier ist ein Tier, welches den wirtschaftlichen Zwecken des Menschen durch künstliche Züchtung und Pflege angepaßt ist", oder wie er es an anderer Stelle ein wenig breiter sagt: „Die dem Menschen nützlichen und wirtschaftlich verwendbaren Tiere, die sich unter seinem Einfluß regelmäßig fortpflanzen und der künstlichen Züchtung unterworfen werden können, sind Haustiere oder sie können zu Haustieren werden."

Hieraus ergibt sich, daß mit dem Begriff „Haustier" einmal der wirtschaftliche Nutzen, den die betreffenden Tiere dem Menschen gewähren, und zweitens die Möglichkeit ihrer künstlichen Züchtung, d. i. ihre regelmäßige Fortpflanzung unter den vom Menschen gebotenen Verhältnissen, innig verknüpft sind.

Strenge genommen genügt zur Erklärung des entwickelten Begriffes die Tatsache der regelmäßigen Fortpflanzung dieser Tiere unter dem Einfluß des Menschen; die erstere Forderung ist insofern überflüssig, als es wohl kaum ein Tier gibt, welches vom Menschen gehegt und vermehrt, nicht irgend einen „wirtschaftlichen Zweck" im weiteren Sinn erfüllt. Beispielsweise bietet der Kanarienvogel, der mit seinem Gesang den Handwerker bei der Arbeit erfreut (bzw. erfreute) und sie ihm angenehmer gestaltet, genau ebenso eine wirtschaftliche Leistung, als etwa die Milch und Fleisch liefernden Rinderrassen. Auch die Befriedigung des Schönheitsbedürfnisses des Menschen oder das Auslösen von Lustgefühlen irgend welcher Art durch gezüchtete Tiere, sind schließlich wirtschaftliche Leistungen.

Nicht zu verwechseln mit Haustieren sind jedoch die bloß gezähmten Tiere, die, wie z. B. der Elefant, bald grob wirtschaftliche, bald wieder wie die buntfederigen Araras oder die Hockohühner südamerikanischer Indianer, Leistungen anderer, feinerer Art bieten. Auch diese Tiere leben oft unter der Pflege des Menschen, allein sie haben durch die geringen Abweichungen ihrer neuen Lebensweise von der ursprünglichen, durch die bloße Zähmung, die Fähigkeit der regelmäßigen Fortpflanzung verloren.

Zweck der Haustierzucht ist die Erfüllung irgend welcher wirtschaftlichen Leistung. Diesbezüglich wäre zu unterscheiden: die Verrichtung geistiger (Schäfer-, Jagdhunde) oder körperlicher Arbeit (Reit-, Trag- oder Zugtiere), die Lieferung von Nahrungsmitteln (Fleisch, Fett, Milch, Eier, Honig), von Rohmaterialien für die menschliche Bekleidung (Pelze, Häute, Wolle, Federn, Seide) und von solchen für die Beleuchtung (Wachs); abgesehen von diesen Hauptzwecken dienen die Haustiere noch zahlreichen Zwecken von untergeordneter Bedeutung. Dies gilt für die bereits erwähnte Befriedigung des menschlichen Schönheitsbedürfnisses (z. B. die zahlreichen Luxusrassen der Taube, des Huhnes, der Hunde, weiters die durch Gesang ausgezeichneten Rassen verschiedener Stubenvögel). Auch zur Befriedigung des Gesellschaftsbedürfnisses des Menschen können — wie beispielsweise manche Hunderassen — Haustiere dienen.

Sogar für gewissermaßen auf atavistischen Instinkten ruhende Sportbedürfnisse werden Haustiere gezüchtet, wie die Kampfstiere der andalusischen Rinderrasse und die Kampfrassen des Huhns bei den Malayen.

Ein letzter Zweck (gewissermaßen ein Nebenzweck) der Haustierhaltung, der jedoch nur für gewisse Haustierspezies und für bestimmte Gegenden Bedeutung hat, ist die Erzeugung von Dünger, der einerseits als Nährstoffquelle für die landwirtschaftlichen Kulturpflanzen und anderseits sogar als Brennmaterial, wie in den Steppen Zentralasiens und in den Hochtälern Tibets, zu dienen hat. Daß schließlich im Haushalte des Menschen noch zahlreiche Nebenprodukte der Haustierhaltung, wie Hörner, Haare und Borsten, Därme und Sehnen, Knochen und Zähne Verwendung finden, sei nur nebenbei erwähnt.

Die Überführung bestimmter Tierspezies in den Hausstand ist zwar eine uralte, bereits im Zeitalter des geschliffenen Steines (Neolithicum) vor sich gegangene Kulturtat des Menschen. Allein nicht alle Menschenrassen haben diesen hochwichtigen kulturellen Schritt zu tun vermocht. Heute noch leben zahlreiche Stämme von Menschen ohne jedes Haustier, obschon ihre Nachbarvölker ihnen seit undenklichen Zeiten mit dem Beispiel der Haustierzüchtung vorangehen. Dies gilt vor allem für die einst weitverbreitete Rasse der Pygmäen, deren bekannteste Vertreter uns in den Zwergvölkern des großen Zentralafrikanischen Urwaldes und in den Buschmännern entgegentreten. Über die Stufe des Sammlers oder Jägers haben sie es nicht hinausgebracht. Aber auch die Neger vermochten es aus eigener Kraft nicht, sich ein Haustier zu schaffen. Dieser Mangel an geistiger Selbständigkeit fällt um so mehr in die Augen, wenn man bedenkt, daß ihnen Tiere wie die Elenantilope zur Verfügung standen, die zur Domestikation wie geschaffen waren. Überall, wo wir Neger bzw. negroide Völker im Besitz von Haustieren sehen, haben sie dieselben von der uralten nordafrikanischen Kulturasse der Hamiten übernommen; ja, es läßt sich aus ihrem körperlichen Verhalten der Nachweis führen, daß sie selbst Blut dieses Kulturvolkes aufgenommen haben. Wieder eine andere, wenn schon noch niedere Kulturstufe nehmen Völker ein, die über eine einzige oder über einige wenige Haustierspezies nur verfügen. Für diese ist es sehr bezeichnend, daß gerade der Hund es ist, der wie z. B. bei den Eskimos und anderen Völkern, als erstes Haustier in den Dienst des Menschen tritt.

Mit der Höherentwicklung der Kultur eines Volkes nimmt nicht nur die Zahl der von ihm gehaltenen Spezies von Haustieren zu, sondern innerhalb einer jeden Spezies selbst wieder tritt eine weitgehende Verschiedenheit von Typen und Formen auf, welche als Rassen und Schläge unterschieden werden, und die, weil weitgehend spezialisiert, den allerverschiedensten Zwecken des Menschen in besonders geeigneter Weise dienen. Diesen Zustand der Tierzucht finden wir heute bei allen hochkultivierten Völkern der Welt. Als Beispiel, wie diese Zersplitterung einer Haustierspezies bzw. Haustierhaltung in zahlreiche Sonderformen, die alle einen mehr oder weniger eng umschriebenen wirtschaftlichen Zweck zu erfüllen haben, vor sich geht, mögen die entsprechenden Verhältnisse beim Rinde dienen. Wir finden hier 1. einseitig für die Arbeit geeignete Rassen, wie das südosteuropäische Steppenvieh; 2. einseitig für quantitative Milchleistung gezüchtete Rassen, wie z. B. gewisse Zweige des Niederungsviehs; 3. Rassen, welche bei mittelgroßer Milchmenge vor allem durch den hohen Fettgehalt derselben ausgezeichnet sind (Jersey); 4. Rinder von großer Frühreife und einseitiger Fleischleistung (Shorthorns und Aberdeen-Angus); 5. Rinder von sogenannter kombinierter Leistung, bei denen teils eine Kombination von Fleisch und Milchleistung (Dairy - Shorthorns, Oldenburger - Wesermarsch-Vieh usw.), teils von allen drei wirtschaftlichen Leistungen (Berner Fleckvieh alter Type, Simmentaler) in mehr oder weniger vollkommener Weise geglückt ist. 6. Endlich gibt es sogar eine Type (das schottische Hochlandsvieh), welche durch ihr Äußeres, also zum guten Teil malerisch (ästhetisch) wirkend, die Parkflächen reicher englischer Gutsbesitzer belebt und verschönt und deshalb gerne gehalten wird.

Und was die Schafe anbelangt, so unterscheidet man folgende Nutzungsrichtungen, von denen eine jede durch eine entsprechende Type vertreten ist:

a) Wollrichtung: Tuchwolle, Stoffwolle, Kammwolle, Glanzwolle, Mischwolle.

b) Fleischrichtung (Down-Schafe).

c) Fleischrichtung kombiniert mit Fettrichtung (Fettsteiß- und Fettschwanzschafe) [1]).

d) Wollrichtung, kombiniert mit Fleischrichtung (Merinofleischschafe, Mele).

e) Milchrichtung (friesische Milchschafe).

f) Pelzschafe (Karakul).

g) Pelzrichtung kombiniert mit Milchrichtung (Malitsch).

h) Pelzrichtung kombiniert mit Fettrichtung (Karakul, Schiras).

i) Fleisch-, Milch- und Wollrichtung kombiniert (Zackel, Zigaja).

Es fällt als charakteristische Tatsache auf, daß keineswegs, wie man vermuten sollte, die im engeren Sinne des Wortes nützlichsten und notwendigsten Haustierspezies, die dem Menschen Nahrung, Arbeit und Rohmaterial für die Bekleidung liefern, von ihm am tiefsten durchzüchtet, am stärksten verändert worden sind, sondern, daß dies gerade bei den seinem Vergnügen, seinem Luxusdedürfnisse dienenden Haustierspezies der Fall ist. Von den Haustieren der Säugetiergruppe ist dies beim Hunde der Fall. In noch viel deutlicherem Maße kommt jedoch diese Tatsache bei den Tauben und Hühnern zum Ausdruck. Gerade die Haustaube mit ihrer strenge genommen geringen wirtschaftlichen Nützlichkeit, weist unter allen Haustierspezies wohl die allergrößte Mannigfaltigkeit hinsichtlich Form und Farbe und gewisser Leistungen auf, zerfällt in eine ungeheure Menge von Rassen und Schlägen. Und das trotzdem, daß sie von einer einzigen wilden Spezies (Columba livia) abstammt. Schon aus diesem Grunde entfällt nämlich ein wichtiger Grund zu stärkerer Variabilität. Kommt letztere aber trotzdem, wie es ja der Fall ist, zustande, so beweist dies die intensive

---

[1]) In vielen Gegenden Zentral- und Westasiens spielt speziell das leicht schmelzbare und angenehm schmeckende Fett des Fettschwanzes und -steißes eine wichtige Rolle als Fettquelle für die Bewohner.

Durchzüchtung, welche der Mensch diesem Tiere angedeihen ließ. Ähnlich wie bei der Taube, finden wir auch beim Haushuhn, das ja wahrscheinlich ebenfalls von nur einer einzigen Wildform abstammt, eine große Zahl von Rassen und Schlägen erzüchtet, die durch Schönheit oder Merkwürdigkeit des Gefieders oder der Gestalt allein eine gewisse wirtschaftliche Bedeutung im weiteren Sinne des Wortes erlangen.

Überblickt man die mitgeteilten Tatsachen, dann ergibt sich die Richtigkeit des SETTEGASTschen Ausspruches, nach welchem die Stufe, auf welcher sich die Tierzucht eines Landes befindet, den Maßstab für die Kultur des betreffenden Volkes abgebe.

Die Tierzucht kann nun selbst wieder unterschieden werden in eine Haustierhaltung und die Haustierzüchtung im engeren Sinne des Wortes. Letztere stellt die höher entwickelte Form gegenüber der ersteren vor und bezweckt die Vervollkommnung der Form und Leistung (Veredlung unserer Haustiere). Sie arbeitet mit strenger Zuchtwahl, um mit ihrer Hilfe und bei Gewährung günstiger Lebensverhältnisse überhaupt die ins Auge gefaßten wirtschaftlichen Ziele in möglichst vollkommener Weise zu erreichen. Vielfach hört man in der landwirtschaftlichen Praxis den Gedanken aussprechen, daß eine Hauptaufgabe der landwirtschaftlichen Tierzucht darin bestände, nicht marktfähige Produkte in marktfähige zu verwandeln. Dies ist jedoch nur zum Teile und für bestimmte Gegenden richtig, denn wie uns die intensive landwirtschaftliche Kultur Chinas und Japans zeigt, kann die Produktion nicht marktfähiger Dinge unter gewissen Boden- und Klimaverhältnissen auf ein Minimum herabgedrückt werden. Anderseits werden überall, und gerade in den am höchsten kultivierten Ländern am meisten wertvolle und auch für die menschliche Ernährung hochwichtige und daher sehr wohl marktgängige landwirtschaftliche Produkte wie Mais, Gerste, Hafer usw. ausgiebig zur Produktion eben jener für den europäisch-amerikanischen Kulturmenschen unerläßlichen animalischen Nahrungsmittel verwendet. Nur Gegenden, die durch eigenartige physiographische Verhältnisse nicht imstande sind, direkt menschliche Nahrungsmittel zu erzeugen, für die hat der oben angeführte Satz volle Geltung. Solche Gebiete stellen einmal die höheren Gebirgslagen und die Steppen anderseits vor. Alpwirtschaft und Steppenwirtschaft stellen charakteristische, von der Natur aus einzig und allein zur Viehzucht bestimmte Gebiete vor. In Anbetracht der ungeheuren Flächen, die auf diese beiden physiographischen Zonen der Erde entfallen, ist es zu verwundern, warum man sich mit diesen beiden Zweigen der Viehwirtschaft nicht lebhafter beschäftigt hat, und wie es möglich ist, daß speziell die relativ leicht zu zweckmäßigerer Nutzung zu bringende Steppenwirtschaft von fachwissenschaftlicher Seite (abgesehen von Nordamerika) bisher so gut wie gar nicht beachtet worden ist.

Die Erfolge der Tierzucht, die, wie bereits gesagt, zunächst auf sorgfältiger Zuchtwahl aufgebaut sind, beruhen weiter dann auf der Kenntnis und zweckmäßigen Verwendung der die Vererbung einerseits und jener die Veränderungsfähigkeit (Variabilität) andererseits beherrschenden Gesetze. Hieraus ergibt sich weiter, daß die „Allgemeine Tierzuchtlehre" es vorwiegend mit dem Einfluß der Umweltsfaktoren auf den Tierkörper, ferner mit der Vererbung der aus inneren Gründen entstandenen Merkmale und endlich mit den sogenannten allgemeinen Rasseeigenschaften, wie Variieren, Verkümmern, Ausarten und Entarten zu tun hat. Neuerdings ist es üblich geworden auch das Kapitel: „Abstammung der Haustiere" als Bestandteil der „Allgemeinen Tierzuchtlehre" aufzunehmen. Ein kurzer Überblick über den augenblicklichen Stand dieser Frage mag daher auch an dieser Stelle geboten werden.

Abstammung der Haustiere

Die Lehre von der Abstammung unserer Haustiere von bestimmten wilden Ausgangsformen stellt einen Zweig der angewandten Zoologie vor. Wie jede Wissenschaft, ist sie sich zunächst Selbstzweck. Abgesehen hievon liegt ihr großer, vorerst pädagogischer Wert für den Tierzüchter darin, daß sie die Basis für ein allein richtiges, weil natürliches Einteilungssystem der großen, sonst unübersichtlichen Menge von Rassen und Schlägen innerhalb der einzelnen Haustiergattungen abgibt. Daß dann auch der praktische Züchter aus der Kenntnis der Abstammung (und daher auch der Haltungs- usw. Ansprüche) jener Haustierrassen, mit denen er operiert, direkt Nutzen ziehen kann, sei nur angedeutet.

Im Verein mit der auf ihr aufgebauten Rassenkunde erlangt die Abstammungslehre endlich auch noch als Hilfswissenschaft sowohl für die Ethnologie, als auch der Anthropologie Bedeutung. Für erstere deshalb, weil aus der Kenntnis der Abstammung bestimmter Haustierrassen auf die Herkunft und eventuellen Wanderungen der sie besitzenden Völker oder Stämme mit — wie gerade neueste Arbeiten überzeugend bewiesen haben — relativ großer Sicherheit geschlossen werden kann. Für letztere besitzen die beim Haustiere dem Experimente zugänglichen Habitus- und Konstitutionsformen Interesse, gleichgültig ob sie durch innere, etwa innersekretorische, oder äußere, d. h. Umwelteinflüsse (Kümmer-, Üppigkeitsformen usw.) bedingt worden sind.

Die Überführung verschiedener wilder Tierspezies in den Haustierstand durch den Menschen hat schon im Neolithicum stattgefunden. Es ist bezeichnend, daß es gerade die für den Menschen allerwichtigsten Tiere sind, nämlich: Pferd, Rind, Schaf, Ziege, Schwein und Hund, die zuerst domestiziert wurden. Auf Grund verschiedener Tatsachen muß man annehmen, daß die Zähmung und spätere Domestikation an verschiedenen Stellen des Verbreitungsgebietes der einzelnen Arten vom Menschen vollbracht worden ist. Es wurden daher nicht bloß Tiere aus verschiedenen Spezies derselben Gattung zu Haustieren gemacht, sondern innerhalb einer jeden Spezies wiederholte sich auch bei verschiedenen Unterarten (Subspezies usw.) derselbe Vorgang. Schon hiedurch allein mußte eine gewisse Mannigfaltigkeit der Formen (in Gestalt von Rassen, Schlägen) innerhalb der einzelnen Haustierspezies entstehen. Sie wurde jedoch noch wesentlich vermehrt durch das Auftreten von erblichen Variationen (Mutationen) innerhalb dieser Untergruppen, die natürlich gerade dort am häufigsten auftreten mußten und sich am ehesten erhalten konnten, wo die Tierzucht intensiver betrieben wurde und sich auf höherer Entwicklungsstufe befand.

Die Abstammung der Hausrinder

Die Gruppe der rinderartigen Wildformen kann man zweckmäßig immer noch nach L. RÜTIMEYER in folgende vier große Unterabteilungen einteilen: 1. Die Büffel (Bubalina). 2. Die Bisons oder Wisente (Bisontina). 3. In die mehr weniger Merkmale der Wisente und der echten Rinder in engerem Sinne des Wortes in sich vereinigenden Bibovina und 4. die echten Rinder (Taurina). Mit Ausnahme der Gruppe der Bisons haben alle anderen Haustiere geliefert. Daß letztere zu keiner der bestehenden Rinderrassen einen Blutanteil geliefert haben, geht nicht bloß aus den morphologischen und kraniologischen Verhältnissen hervor, sondern ergibt sich auch aus dem biologischen Verhalten der in Frage kommenden Rinder. Nachdem diese Frage bereits in den 70er und 80er Jahren des vorigen Jahrhunderts erledigt worden ist, berührt es uns um so merkwürdiger, wenn neuestens wieder Stimmen laut werden, welche diese Ansicht als neu hinstellen möchten und sie vertreten.

Der großen Bedeutung wegen, welche die echten Rinder im wirtschaftlichen Leben der Völker besitzen, empfiehlt es sich, ihre Abstammung an die Spitze der Besprechung zu stellen. Auch hier wieder ist es zweckmäßig, die europäischen Rinderrassen von den asiatischen zu trennen und besonders zu behandeln.

I. Abstammung der europäischen Rinderrassen

Überblickt man die verschiedenen, im Laufe der Zeit vorgeschlagenen Einteilungsgruppen der Hausrinder, so findet man, daß das RÜTIMEYER-WILCKENSsche System (ergänzt durch die ARENANDERsche Form „Akeratos") unter den wissenschaftlich gebildeten Zootechnikern entschieden den größten Anhang gewonnen hat. Dasselbe nimmt zoologisch wichtige Merkmale, hauptsächlich des Schädels, zum Ausgang und unterscheidet folgende Rassengruppen, die ursprünglich mehr oder weniger zu bestimmten wilden Stammformen in Beziehung stehend gedacht waren:

1. **Die Gruppe Primigenius Rüt.** (Steppen- und Niederungsrind usw.), welche sich vom Ur, vom Bos primigenius Bojanus herleitet.

2. **Frontosus (Breitstirnrind) Rüt.** Von RÜTIMEYER selbst bald als eine Kulturform des Primigenius-Rindes erkannt.

3. **Die Gruppe Brachyceros (Kurzhornrind) Rüt.**, sie wird von einer großen Anzahl zum Teil sehr primitiver Rinderrassen gebildet und die Ansichten über ihre Entstehung und ihr Herkommen gehen auseinander (CONRAD KELLER, Zürich nimmt asiatischen [Zebu-] Ursprung an, A. NEHRING erklärt sie für Kümmerformen des gewöhnlichen Urs und L. ADAMETZ hält sie für Abkömmlinge eines besonderen europäischen Wildrindes, das er Bos europaeus [brachyceros] nennt, und das dem Bos primigenius immerhin nahe stehen soll).

4. **Die Gruppe Brachycephalus (Kurzkopfrind) Wilckens.** Ursprünglich bestand auch für diese Gruppe die Annahme der Herkunft von einem bestimmten eigenen Wildrinde.

5. **Die Gruppe Akeratos (hornlose Rinder) Arenander.** Diese Gruppe wurde von ARENANDER am teilweise auch noch kurzgehörnte Individuen umfassenden nordschwedischen Fjellrinde festgestellt und von ihm auf einen hornlosen wilden Vorfahren zurückzuführen versucht.

Prüft man die bisher beschriebenen Reste der Wildrinder aus der Quartärzeit, so findet man eine beträchtliche Variabilität bei ihnen und es liegt nahe, einzelne dieser Variationsformen als Ausgangsformen zu betrachten und zu versuchen, sie mit den angeführten großen Rassengruppen unseres Hausrindes in Beziehung zu bringen. Von diesem Gesichtspunkte ausgehend, wären folgende Wildrinder, die sämtliche bereits ausgestorben sind, anzuführen:

A. Bos primigenius, Bojanus

Der typische Ur der Deutschen, Tur der Slawen. Im Diluvium scheint dieses mächtige Wildrind, das im weiblichen Geschlecht etwa 165 bis 185 *cm* Widerristhöhe besessen hat, über den größten Teil Europas verbreitet gewesen zu sein. Wann diese Form ausgestorben ist, ist nicht genau bekannt; als sicher

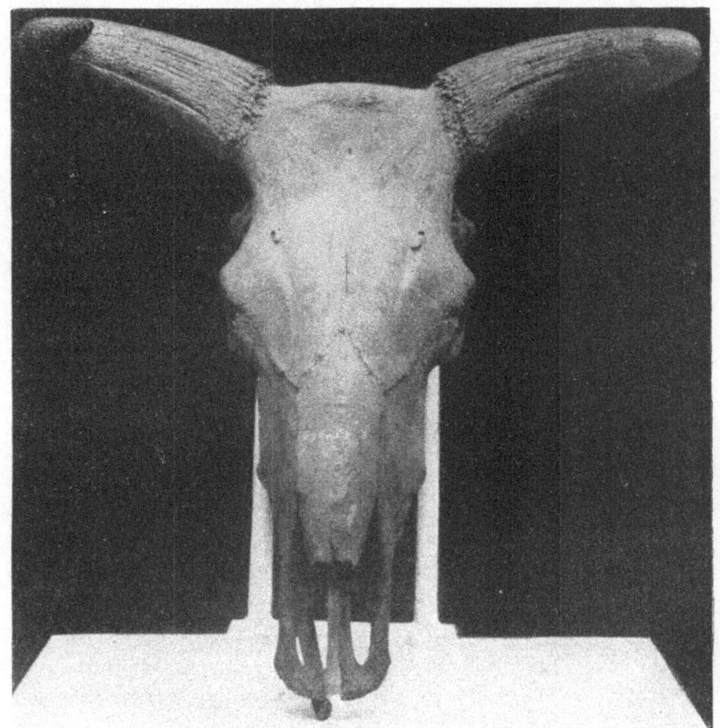

Abb. 1. Schädel von Bos primigenius Boj. ♂ Gedrungenhörnige Form. London, Kensington Museum. (Orig.-Phot. v. K. LIEBSCHER, Wien.)

kann jedoch gelten, daß sie bis weit ins Mittelalter ein Zeitgenosse des Menschen gewesen ist. Abgesehen von seiner bedeutenden Größe und den gewaltig entwickelten Hörnern kommen als zoologisch wichtige Merkmale des Schädelbaues folgende in Betracht: ebene Stirnbeschaffenheit, kein wesentlicher Übergang der miteinander verwachsenen Scheitel und Zwischenscheitelbeine auf die obere Stirnbeingegend, die Augenbögen niedrig, tiefer liegend als die median anschließenden Stirnpartien, Schläfengruben tief und relativ schmal; Tendenz zu stärkerer Längenentwicklung der Nasenfortsätze der Zwischenkiefer, welche daher meist die Nasenbeine erreichen und häufig noch ein Stückchen dem Rande der letzteren entlang verlaufen. Das Hinterhaupt breit und verhältnismäßig niedrig. Alle diese charakteristischen Schädelmerkmale findet man auch bei allen jenen domestizierten Rindern wieder, welche sich vom Ur herleiten. Hingegen nicht vorhanden sind bei letzteren die mächtig entwickelten, absolut wie relativ sehr langen Dornfortsätze der Rückenwirbel, die den Ur auszeichnen. Lange Zeit geübte künstliche Zuchtwahl, die beim Hausrind gegen ein hohes Widerrist gerichtet war, hat dies zuwege gebracht. Auch Varietäten des Urs, wie jene des Bos primigenius Hahni, Hilzheimer, zeigen bis auf ein einziges, später zu erwähnendes abweichendes Merkmal, alle übrigen in ganz gleicher Weise.

Demgemäß findet man, daß nicht nur die Domestikationsgruppe „Primigenius" des Rindes, sondern auch die als „Frontosus" bezeichnete in den wesent-

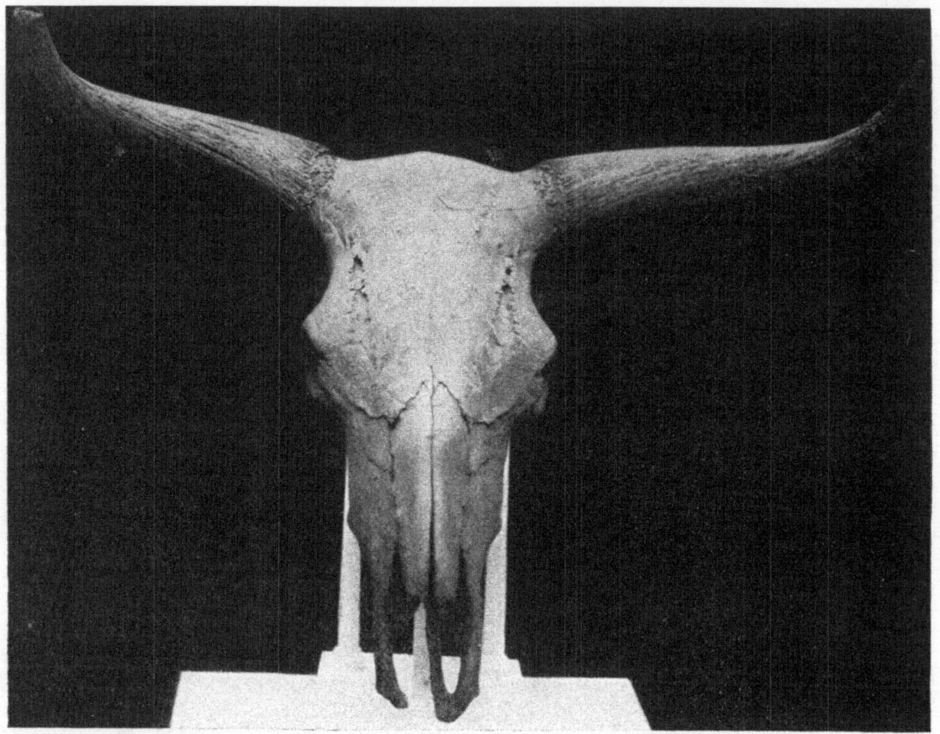

Abb. 2. Schädel von Bos primigenius Boj. Schlankhörnige Form. London, Kensington Museum. (Orig.-Phot. v. K. Liebscher, Wien.)

lichen Schädel- und anderen Merkmalen mit dem Bos primigenius Boj. übereinstimmen und daher wohl von ihm abstammen müssen. Dieser Art von Herkunft wäre somit in der Hauptsache: Das Steppenrind, das Niederungsrind und das Breitstirnrind, über welche folgende Bemerkungen am Platze sind.

a) „Steppenrind": Im Schädel- und Körperbau dem Ur ähnlich, in guten Lagen von großen Körperformen. Zuchten: die leuzistisch einfärbigen bis stellenweise dunkel angerauchten Steppenzuchten Südrußlands, Podoliens, Ungarns, Siebenbürgens, der Walachei, der Posavina, Nordserbiens und Mittelitaliens. Entstehungsherd: Südrußland, von dort durch verschiedene Völkerstämme nach Mitteleuropa und der Balkanhalbinsel gebracht.

b) „Niederungsrind": Wenn auch in den meisten Schlägen desselben der Primigeniuscharakter hervortritt, so läßt sich doch die mischblütige Beschaffenheit dieses Rindes unschwer am Schädelbau einzelner atavistischer Individuen nachweisen. Eben abgeschlossene Studien A. STAFFES zeigen sogar, daß selbst in Holland das „Niederungsvieh" weiter Gebiete vorwiegend brachyceren Schädeltypus besitzt, also keineswegs viel Primigeniusblut aufgenommen haben kann. Diese Tatsache findet eine einfache Erklärung darin, daß zur Zeit der Terpen (jener für Wohnzwecke künstlich errichteten Hügel am Meeresufer) das Rind jener Bewohner der Nordseeküste nahezu ausschließlich rein brachycer gewesen ist. Das primigene Rind kam nun (wie STAFFE zeigt) im Gefolge einer bestimmten Menschengruppe in diese Gebiete und so kam es zur Bildung eines

Abb. 3. Schädel eines ungarischen Steppenviehstieres. (Orig.-Phot.)

Mischviehs, innerhalb dessen namentlich im letzten Jahrhundert die Primigenius-individuen wegen der größeren Körperformen bevorzugt wurden und sich immer mehr verbreiteten. Hieher gehörende Rassen sind: Die holländischen Schläge, die Ostfriesen, Oldenburger, das Schleswig-Holsteiner Rind, das jütische Rind, die ostpreußischen Holländer, das Danziger-Bucht-Vieh, das seinerzeit in Polen als Zulawisches Rind eine Rolle spielte, ferner in Frankreich die Normänner und die auch nach Belgien hinüberreichenden Flamländer-Rinder. In England gehörte zum Niederungsrind die Ausgangsform der Shorthorns und die Ayrshires. Aus domestiziertem Primigenius-Vieh hat sich als Mutationsform das
    c) „Breitstirnrind" (Frontosus) herausentwickelt. Der Unterschied vom gewöhnlichen Primigenius liegt hauptsächlich in der größeren Stirnbreite, wozu als untergeordneter Unterschied noch der beim Frontosusschädel größere,

schärfere sexuelle Dimorphismus kommt, der bekanntlich beim wilden Ur recht unbedeutend war. Daß übrigens die Neigung unter (unbekannten) Umständen breitere Stirnen zu bilden, von Haus aus im wilden Bos primigenius steckte, beweist das Vorkommen solcher Schädel. Vertreter des Frontosusrindes ist das Westschweizer Fleckvieh, d. h. die alten Berner, die Simmentaler sowie die verschiedenen, sich von ihnen ableitenden Zuchten Süddeutschlands, Österreichs, Ungarns usw.

B. Bos primigenius var. Hahni, Hilzheimer

Diese bisher nur in Ägypten festgestellte Varietät des Urs unterscheidet sich vom gewöhnlichen Ur nur durch das in mäßigem Grade erfolgende Hinübergreifen des Hinterhauptsanteiles (der verwachsenen Scheitel—Zwischenscheitelbeine) auf die obere vordere Stirnfläche. Es erfolgt in Gestalt eines stumpfen Dreieckes. Der ganze übrige Stirn- usw. Bau ist prächtig primigen. Seine Domestikation ging wahrscheinlich in vorhistorischer Zeit in Ägypten vor sich, von wo diese Rasse als Hamitenrind sich über ganz Nordafrika und den östlichen Teil Afrikas entlang nach Südafrika verbreitete. Einen Zweig dieses Rindertypus stellt dann auch das Rind Südspaniens (Andalusische Rasse) vor, dessen Züchter die Nachkommen der zu den Hamiten gerechneten alten Iberer (RIPLEY) sind. Von hier aus läßt sich dann die Verbreitung dieses eigentümlichen Rindes über Südfrankreich (Rind der Auvergne und andere) bis nach England

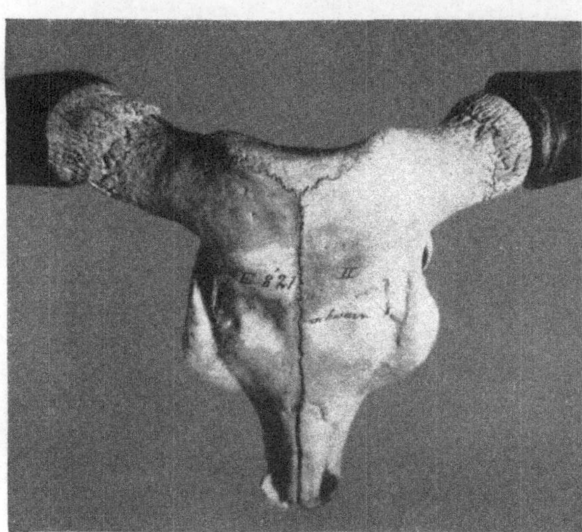

Abb. 4. Scheitelbeindreieck am Schädel des Andalusischen Rindes. (Orig-.Phot. aus L. ADAMETZ, Herkunft und Wanderung der Hamiten, erschlossen aus ihren Haustierrassen. Wien 1920.)

verfolgen, wo die Longhorns, das schwarze Walesrind, die Devons, Herefords und das schottische Hochlandsvieh hinzuzurechnen sind. Neuerdings hat SCHEUCH den Beweis erbracht, daß jener Zweig der Pinzgauer, welcher tatsächlich den Pinzgau bewohnt, den östlichsten Ausläufer dieses offenbar von Spanien herrührenden (iberischen) Primigeniusrindes bildet. Nicht hieher gehören jedoch die „Pinzgauer" Zuchten des sogenannten Flachgaus; diese haben nur die Färbung und Abzeichen, nicht aber den Schädelbau der echten Pinzgauer.

C. Bos europaeus (brachyceros), Adametz

Reste dieses von Bos primigenius Bojanus verschiedenen kleinwüchsigen Wildrindes wurden von ADAMETZ erstmals nach dem Funde in Krzeszowice beschrieben. Inzwischen sind eine Reihe ähnlicher Funde gemacht worden, u. a. im Jahre 1924 ein vortrefflich erhaltener ganzer Schädel zu Pamiątkowo (Posen). Durch geringe Körpergröße (zirka 116 bis 120 *cm* errechnete Widerristhöhe)

Abb. 5. Höckerloses Hamitenrind (Wattussirind) des zentralafrikanischen Zwischenseengebietes. (Orig.-Phot. v. Prof. CIEKANOWSKI, Lemberg.)

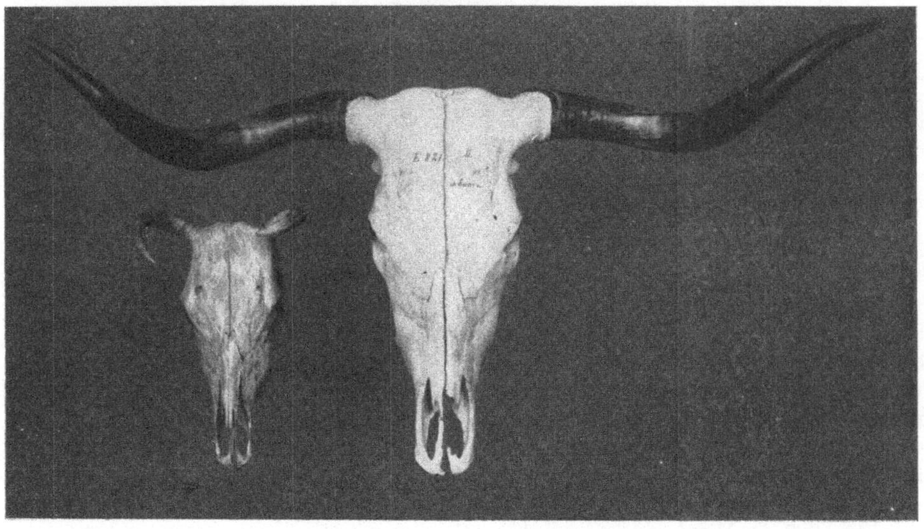

Abb. 6. Schädel vom (rechts) andalusischen (Primigenius) und (links) albanesischen (Brachyceros) Rinde. (Orig.-Phot.)

und anderen Schädelbau unterscheidet sich dieses Rind deutlich vom gewöhnlichen
Ur. Die Stirne ist sehr uneben, an das stets auf die Stirne übergreifende Hinter-
hauptsdreieck schließt sich ein mehr oder weniger stark entwickelter Stirnbein-
kamm an; meist ist in der Stirnmitte eine typische große Stirnbeule vorhanden,
sie fehlt nur im Falle exzessiver Entwicklung des Stirnbeinkammes. Die Augenbögen erheben sich kräftig über die median gelegene Stirnpartie, so daß eine
umfangreiche und tiefe Delle den unteren Teil der Stirne einnimmt. Die Schläfengruben sind breit und seicht und die Nasenfortsätze der Zwischenkiefer kurz;

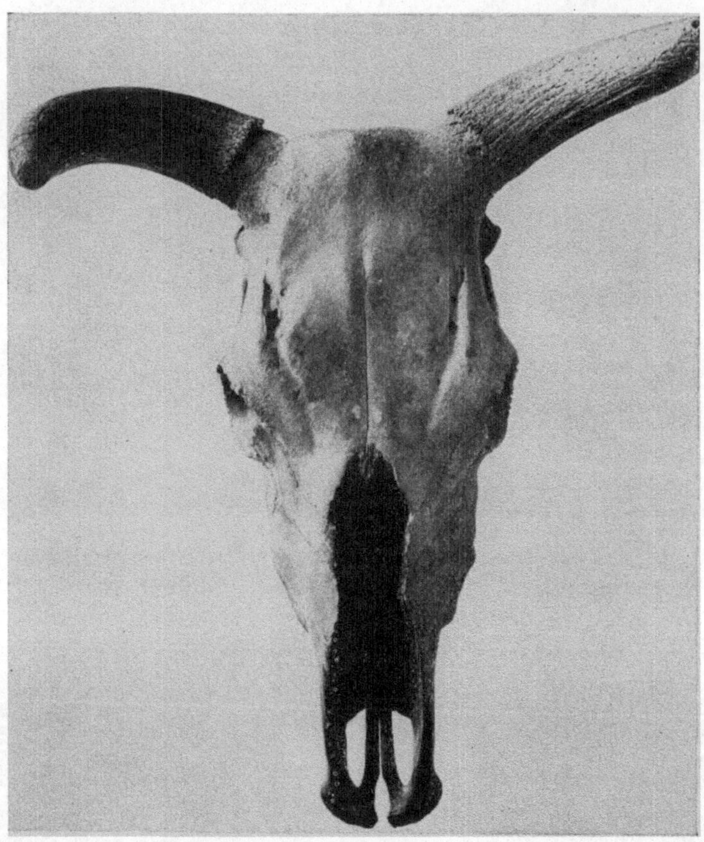

Abb. 7. Wildrind von Pamiątkowo (Europaeus-Form). (Orig.-Phot. v. L. ADAMETZ,
aus Arbeiten der Lehrkanzel f. Tierzucht a. d. Hochschule f. Bodenkultur, Wien,
Bd. III.)

sie erreichen die Nasenbeinränder nicht. Die Hornzapfen sind hier wesentlich
kleiner und schwächer entwickelt als beim Bos primigenius, allein sie sind —
handelt es sich doch um Wildrinder — immer besser ausgebildet, als bei seinen
domestizierten Nachkommen. Vieles spricht dafür, daß dieser kleinen Art des
Urs, die bis zum 17. Jahrhundert in Polen als edles Hochwild gehegten Ture
angehörten, über die FREIHERR VON HERBERSTEIN berichtet hat, und die erst
im Jahre 1627 zu Jactorowa ausstarben. Eine große Gruppe europäischer Rinder,
die zur Gruppe Brachyceros vereinigt worden ist, stammt von diesem Bos europaeus
(brachyceros) ab. RÜTIMEYER hat diesen Schädeltypus zuerst an dem über fast

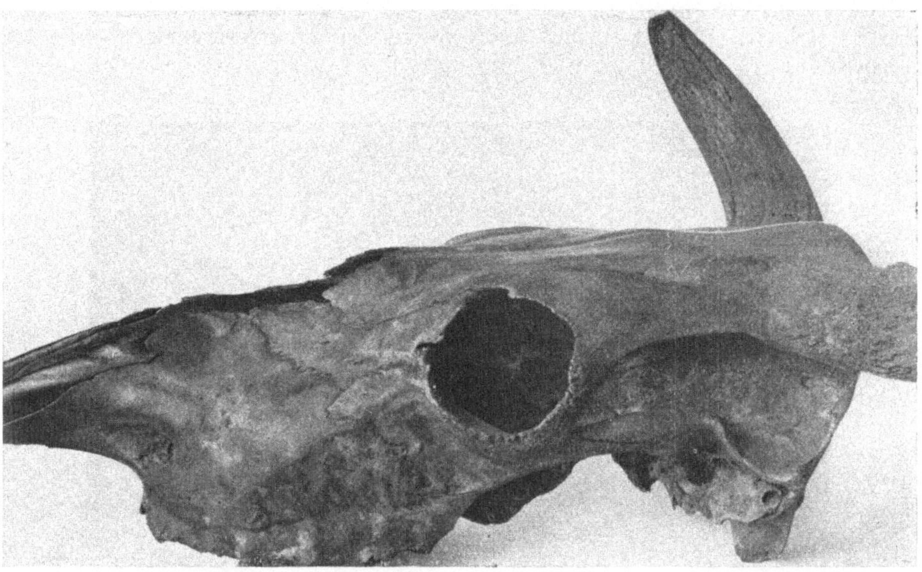

Abb. 8. Wildrind von Pamiątkowo (Europaeus-Form), Profilansicht.
(Orig.-Phot. v. L. Adametz, aus Arbeiten d. Lehrkanzel f. Tierzucht a. d. Hochschule
f. Bodenkultur in Wien, Bd. III.)

ganz Mitteleuropa verbreitet gewesenen, primitiven „Pfahlbaurinde" abgeleitet, das sich bis auf die jüngste Zeit vereinzelt sogar noch in den Alpen (als Hasli-Rind in der Schweiz, als Dachauer Moosvieh in Bayern, als Rendena-Vieh in Tirol usw.) kaum verändert erhalten hat. Züchterische Kunst hat sonst allerdings aus diesem zwergwüchsigen Pfahlbaurind das Ostschweizer Braunvieh, die Schwyzer, Allgäuer, Montafoner, Oberinntaler, Lechtaler, Mürztaler, im Westen die Tarantaise-Rasse u. a. geschaffen. Diese Züchtungsformen des alpinen Brachyceros-Rindes werden häufig auch zur Form „Alpen-Brachyceros" zusammengefaßt. Wie für die Alpen, so ist das brachycere Rind auch für die Karpathen, das dort ursprüngliche, und auch heute noch vorhandene. Es ist auch gegenwärtig noch durch vorwiegend primitive Zuchten vertreten. Brachycer ist dann auch das gesamte unveredelte Landvieh Polens, Litauens und Westrußlands. Desgleichen nahezu das gesamte einheimische Vieh der Balkanhalbinsel (Kroatiens, Dalmatiens, Bosnien-Herzegowinas, Albaniens, des südlichen Serbiens, Mazedoniens).

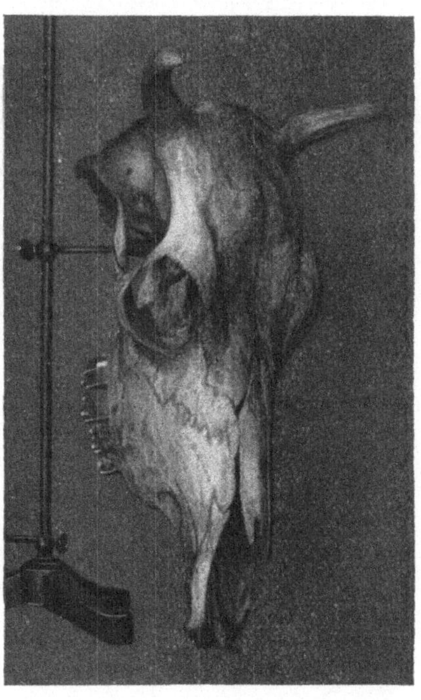

Abb. 9. Schädel des Albanesenrindes in halbschräger Stellung zur Charakteristik der brachyceren Stirnverhältnisse. (Orig.-Phot.)

Westeuropäische Brachycerosrassen sind die miteinander verwandten Kerries (Irland), Bretagner, und die in bezug auf Milchfettgehalt hochgezüchteten Jerseys.

Abb. 10. Schädel des Albanesenrindes in Seitenansicht. Typus Brachyceros. (Orig.-Phot.)

Von Rotviehschlägen, die mehr oder weniger brachycerer Herkunft sind, wäre das schlesische und polnische Rotvieh, letzteres eine relativ jüngere Züch-

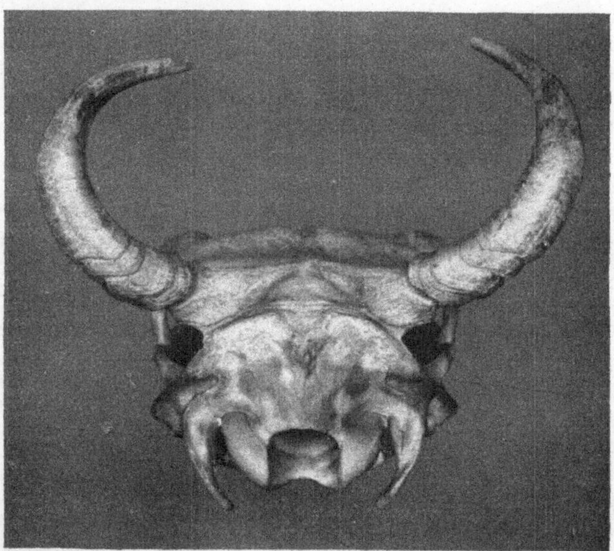

Abb. 11. Schädel des Albanesenrindes. Hinterhauptansicht, die brachyceren Verhältnisse zeigend. (Orig.-Phot.)

tung aus dem brachyceren Rind der westgalizischen Vorkarpathen hervorgegangen, zu erwähnen. In Mitteleuropa sind noch in Deutschland die Angler und in Böhmen die Egerländer (diese allerdings viel fremdes Blut führend) zu nennen.

Vor Einfuhr fremder Viehrassen war auch das Landvieh der gesamten Sudetenländer rein brachycer.

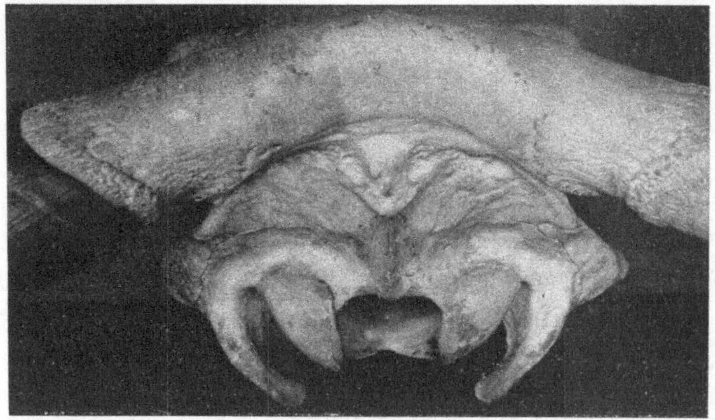

Abb. 12. Hinterhaupt eines andalusischen Rinderschädels, die primigenen
Verhältnisse klar zeigend. (Orig.-Phot.)

Abb. 13. Stier der illyrischen Brachycerosrasse. Dunkelgraubrauner Schlag
des Bosnatales. (Orig.-Phot.)

Alle diese genannten Brachyzerosrassen und -schläge besitzen, soweit
sie nicht verkreuzt worden sind, genau denselben Schädelbau, der eingangs
dieses Abschnittes als für Bos europaeus charakteristisch beschrieben worden
ist und leiten ihre Herkunft vom Bos europaeus ab. Daß infolge der Völker-

Abb. 14. Kuh der illyrischen Brachycerosrasse. Dunkelgraubrauner Schlag
des Bosnatales. (Orig.-Phot.)

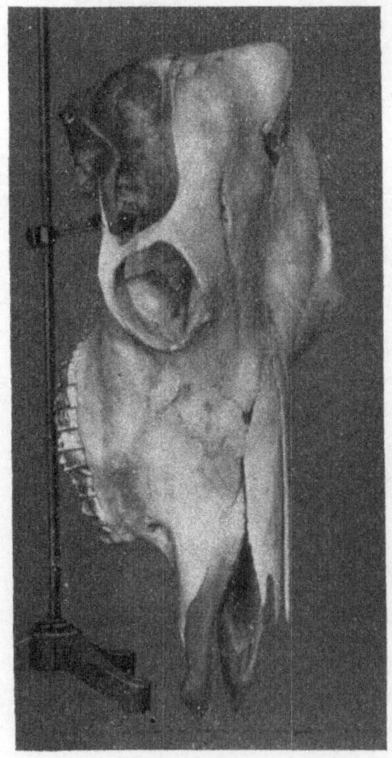

verschiebungen vielfach auch beim Rinde Kreuzungszuchten von sehr verschiedenen Graden der Ausgeglichenheit entstanden sind, ist begreiflich. Eine Abstammung der brachyceren Rinder von asiatischen Rindern (Hypothese von CONRAD KELLER) läßt sich nicht beweisen.

Wenn in ·einer bestimmten anderssprachigen Tierzuchtliteratur europäische Brachycerosrassen geradezu mit Bibos X oder Y bezeichnet werden, so bedeutet dies eine in jeder Hinsicht große Kritiklosigkeit. Denn selbst wenn man den asiatischen Ursprung europäischer Brachycerosrassen gelten ließe, käme nach CONRAD KELLER nur das Zebu in Betracht und dieses besitzt, wie schon LYDEKKER vor fast 50 Jahren gezeigt hat, viel zu sehr Merkmale des Genus Bos als daß es ein Abkömmling der Bibovina sein könnte.

Vom Bos europaeus stammen dann die in der üblichen großen Einteilungsgruppe

Abb. 15. Schädel des schwedischen Fjellrindes (halbschräg   abgebildet).   Typus   Akeratos. (Orig.-Phot.)

„Akeratos", ARENANDER, zusammengefaßten hornlosen Rinderzuchten ab. Dieser Typus wurde von ARENANDER an der nordschwedischen sogenannten Fjellrasse erstmals festgestellt. Nach seiner Ansicht ließe sich dies Rind auf eine hypothetisch wilde hornlose Stammform zurückführen. Anderseits aber sprechen Gründe dafür, daß es sich bei der Hornlosigkeit um eine bei den meisten Rassen von Rindern, Schafen und Ziegen nicht gerade seltene Mutation handelt, welche im vorliegenden Falle in der im übrigen charakteristischen Brachycerostypus besitzenden Fjellrasse entstanden ist und sich erhalten hat. Für letztere Ansicht sprechen die Tatsachen, daß innerhalb der Fjellrasse fast die Hälfte der Individuen hornlos, die andere Hälfte kurzhörnig ist, und daß innerhalb verschiedener anderer primitiver Kurzhornrassen stets ab und zu hornlose Individuen vorkommen, wie dies beim brachyceren litauischen Landvieh, beim nordfinnischen und nordrussischen Rinde und an verschiedenen Arten des brachyceren polnischen Landviehs (Makow) beobachtet werden kann. Dafür, daß es sich beim Akeratostypus um eine erbliche Variationsform (Mutation) handelt, spräche auch die Tatsache, daß beim brachyceren Terpenrinde Hollands gar nicht selten

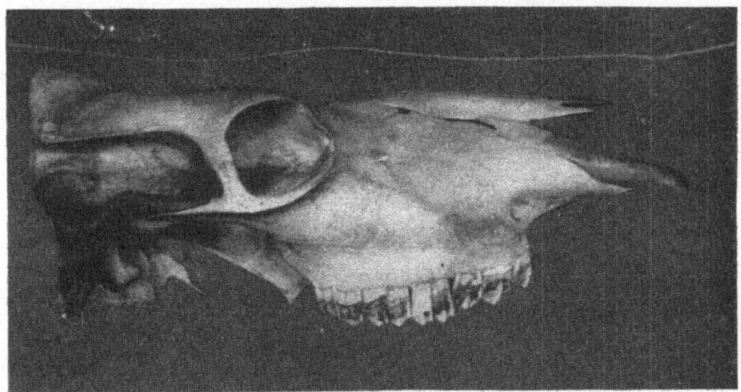

Abb. 16. Schädel des schwedischen Fjellrindes. Seitenansicht. (Orig.-Phot.)

hornlose Individuen vorgekommen sind. Und H. HOYER hat Hornlosigkeit sogar an einem brachyceren Rinderschädel aus dem Neolithicum Kongreßpolens nachgewiesen.

Repräsentanten dieses aus dem Brachycerostypus hervorgegangenen Akeratosrindes sind:

a) Züchtungsrassen, bei denen die Hornlosigkeit durch Zuchtwahl erblich fixiert worden ist: Aberdeen-Angus, Galloways.

b) Primitive, erst in jüngster Zeit zum Teil in eine Züchtungsrasse umgewandelte Rasse: Fjellrasse.

In den bisher üblich gewesenen wissenschaftlichen Einteilungssystemen der Rinderrassen war ziemlich allgemein noch ein anderer Rindertypus, nämlich der Typus „Brachycephalus" (Kurzkopf) aufgenommen. Diese Brachycephalie wurde von M. WILCKENS zuerst an den Zillertal-Tuxer-Rindern beobachtet und auf Grund dieser Beobachtungen eine spezielle Rassengruppe gebildet. Ursprünglich faßte M. WILCKENS für diese Rindergruppe die Abstammung von einem bestimmten, eigenen Wildrinde ins Auge, ging aber bald von dieser Ansicht wieder ab. Jüngste Arbeiten haben den Beweis erbracht, daß die als „Brachycephalie" bezeichnete Schädelbaubeschaffenheit durch leichte achondroplastische Prozesse hervorgerufen wird.

Adametz, Allgemeine Tierzuchtlehre   2

Charakterisiert erscheint diese „Brachycephalie" des Rindes durch größere relative Breitenmaße in allen Teilen des Stirn- und Gesichtsschädels und durch Verkürzung (und wenn in höherem Grade vorhanden, auch Aufstülpung [Mopsschnauze]) des Nasenteiles.

Mit dieser Brachycephalie verbindet sich auch Kurzbeinigkeit (Mikromelie), leichte Hypertrophie der Muskulatur und ein entschieden abwegiger, durch abgeschwächte Oxydationsvorgänge gekennzeichneter Stoffwechsel, der die auffallend runden Formen z. B. der Tux-Zillertaler-Rinder bei selbst mäßiger Ernährung zur Folge hat. Alle diese und noch andere Merkmale jener von M. WILCKENS als typisch brachycephal hingestellten Tiroler Schläge besitzen, wie ADAMETZ zeigte, den Charakter einer sogenannten „atypischen" leichten Achondroplasie und werden offenbar durch Unterfunktion (Unterentwicklung) des Vorderlappens bzw. auch des Mittelteiles der Hypophyse bedingt. Die verbildete Sella turcica solcher Rassenschädel weist darauf hin. Überdies hat inzwischen CREW bei den Dexter-Rindern experimentell gezeigt, daß die hier neben leichten auch vorkommenden schweren Fälle achondroplastischer Entwicklung tatsächlich mit einer Unterfunktion der Hypophyse, und zwar

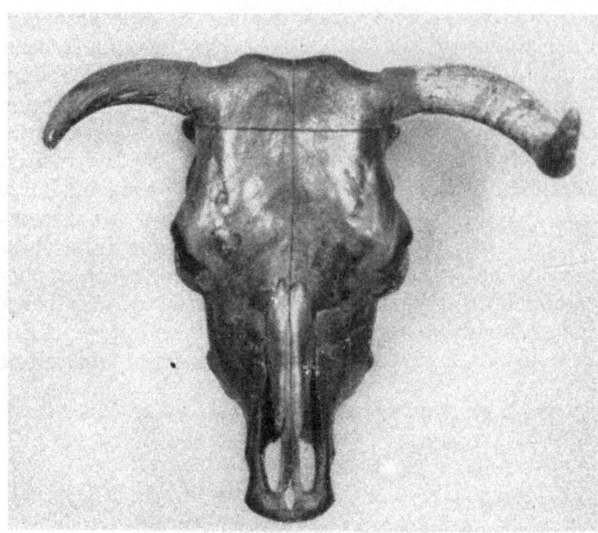

Abb. 17. Schädel eines Pustertaler-Rindes in Vorderansicht. Brachycephalus Typus. (Orig.-Phot.)

Abb. 18. Schädel einer Tuxer-Kuh (E 127) in Vorderansicht. Brachycephalus Typus mit Mopsbildung. (Orig.-Phot.)

bereits während der Entwicklung des Fötus, einhergehen. Gerade die Dexters, die aus den primitiven Kerries (durch Mutation) entstanden sind, beweisen überzeugend die Richtigkeit der Annahme, daß es sich bei den sogenannten

„brachycephalen" Individuen (oder Schlägen) des Rindes um eine Mutation der Hypophyse handelt. Dieselbe ist entschieden eine degenerative Domestikationserscheinung, welche u. a. bereits den Charakter einer letalen im Sinne Morgans erlangt, weil in Dexter Hochzuchten bis zu 30% lebensunfähige Kälber (sogenannte Bulldog calves) geboren werden.

In die Gruppe der „Brachycephalusrinder" wurden ursprünglich neben den Zillertal-Tuxern und Pustertalern auch die Eringer in der Schweiz, die Egerländer, die Devons u. a. eingefügt.

Nach dem Gesagten handelt es sich bei der Brachycephalie um eine fast bei allen höhergezüchteten Haustieren vereinzelt vorkommende Domestikationsmutation, welche mit der Abstammung von bestimmten Wildformen nichts zu tun hat. „Brachycephalie" und Mopsschnauzigkeit tritt ebensogut bei der Abkunft von brachyceren (Dexter—Kerries, Eringer) als auch primigenen (als Niata

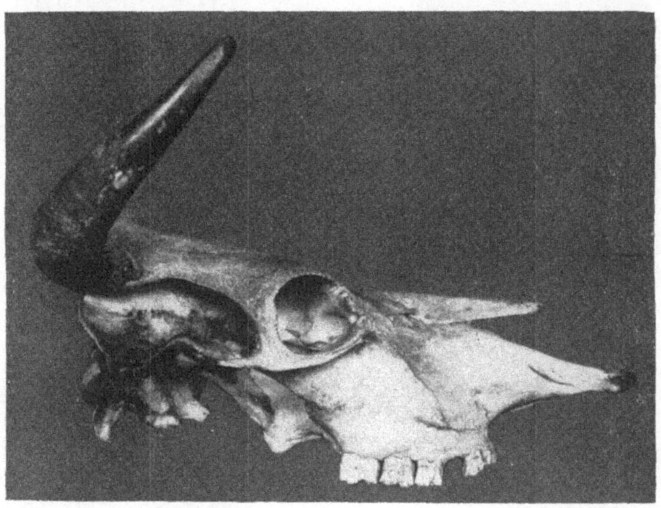

Abb. 19. Schädel des Tuxer-Rindes in Seitenansicht. Brachycephalus Typus mit Mopsbildung. (Orig.-Phot. v. L. ADAMETZ. aus Arbeiten der Lehrkanzel f. Tierzucht a. d. Hochschule f. Bodenkultur in Wien, Bd. II.)

innerhalb des Andalusischen Rindes) Rinderrassen auf. Bei den Zillertal-Tuxern, an welchen WILCKENS erstmals den Brachycephalustypus vorfand, handelt es sich sogar um ein Mischvieh, denn sie stellen ein primigen mäßig beeinflußtes Brachycerosrind vor.

Die Rassengruppen Akeratos und Brachycephalus des Rindes stellen demnach, weil nicht auf zoologischen, sondern auf Domestikationsmerkmalen aufgebaut, künstliche Einteilungsgruppen vor, die aber nichtsdestoweniger im natürlichen System doch zweckmäßige Verwendung finden können.

II. Abstammung der asiatischen Rinderrassen

Die zahlreichen und vielgestalteten Rinderrassen Asiens sind nur sehr unvollkommen vom wirtschaftlichen Standpunkt aus studiert worden. In Anbetracht dessen, daß ihr Verbreitungsgebiet auch nach Europa herüberreicht, und daß sie wirtschaftlich (als vorzügliches Fleischvieh) von größter Bedeutung sind, ist dies bedauerlich. Dasselbe gilt auch für die ausgestorbenen asiatischen Wildformen, soweit sie mehr oder weniger typische Vertreter der Gruppe der Taurina sind. Im Folgenden soll der Versuch gemacht werden, auf Grund eigener, zum Teil noch unveröffentlichter Arbeiten das über der Abstammung dieser Rinder lastende Dunkel teilweise wenigstens zu lichten.

Bos namadicus falc.

In großer Zahl wurden Reste dieses Wildrindes aus dem Pleistocen im Nerbuddatale in Indien gefunden und von FALKONER, besonders eingehend aber von

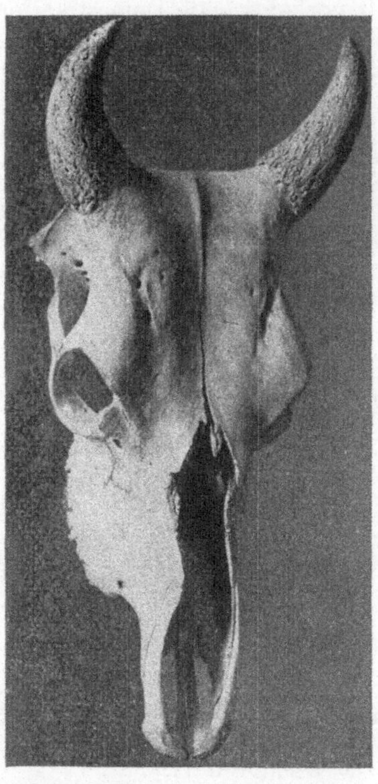

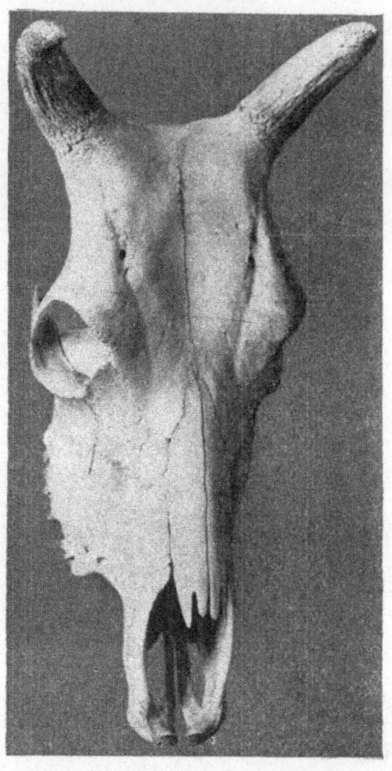

Abb. 20. Schädel des Kalmückenstieres E 312 in halbschräger Stellung. (Orig.-Phot. v. L. ADAMETZ, aus Arbeiten d. Lehrkanzel f. Tierzucht d. Hochschule f. Bodenkultur in Wien, Bd. III.)

Abb. 21. Schädel einer Kalmückenkuh in halbschräger Stellung. (Orig.-Phot. v. L. ADAMETZ, aus Arbeiten d. Lehrkanzel f. Tierzucht d. Hochschule f. Bodenkultur in Wien, Bd. III.)

LYDEKKER (1878) bearbeitet. Letzterer sieht im Bos. nam. eine der Stammformen indischer Rinder. Auf Grund der LYDEKKERschen Arbeiten, sowie derjenigen meines Schülers K. LIEBSCHER, der die in der geologischen Abteilung des Kensington-Museums in London befindliche Bos-nam.-Reste im Mai 1925 studierte, ergibt sich für dieses Wildrind eine ganz ungewöhnliche Variabilität. Während manche Schädel weitgehende Übereinstimmung mit dem europäischen Bos primigenius Boj. zeigen, besitzen andere wieder auch deutliche Merkmale, die dem Genus Bibovina zukommen. Gerade diese Variabilität, die wohl Mutabilität gewesen sein dürfte, legt die Annahme nahe, daß aus dieser Form heraus sich sehr verschieden gestaltete Wildrindformen entwickelt haben mögen, welche ihrerseits wieder die Ausgangsformen für entsprechend verschiedenartige domestizierte Rinder geliefert haben dürften. Zentralasiatische Funde von Resten des Bos nam. speziell neueren Datums liegen meines Wissens nicht vor. Hingegen wurden verschiedentlich diluviale Wildrindreste gefunden, die als Bos primigenius Boj. beschrieben worden sind. Zu diesen gehört auch jenes 1911 von Frau PAWLOW als zu Bos. prim. gehörend beschriebenes Schädelstück, das vom Flusse Czykaj im Transbaikalgebiete herrührt. Die Abbildung zeigt nun größte Ähnlichkeit mit Schädeln von Rindern des östlichen Bochara, für welche der Nachweis ihrer Zugehörigkeit zu Bos nam. sicher zu erbringen ist. Alle diese großhörnigen, zunächst primigen erscheinenden Rinder Zentralasiens kann man mit Sicherheit als Abkömmlinge eines solchen aus dem Bos. nam. hervorgegangenen, dem europäischen Bos primigenius Boj. ähnlichen Wildrindes ansehen.

Dasselbe dürfte für die Kirgisenrinder gelten, von denen manche Zootechniker glaubten, sie seien ein Kreuzungsprodukt von primigenem Steppenvieh mit dem Mongolen(Kalmücken)Rind. Eine eigenartige Type stellt das Mongolenrind, zu welchem auch das Kalmückenrind des südöstlichen Rußlands gehört, vor; der aufrechten Hornstellung wegen wurde diese Gruppe von STEGMANN als Orthocerosrind bezeichnet. Außer durch die eigentümliche Hornform und Hornstellung zeichnet sich der Schädel dieses Rindes durch eine breite, seichte, die Stirne median ihrer ganzen Länge nach durchlaufende Rinne und die schmale Zwischenhornbreite aus. Gerade diese bei keinem europäischen Rinde vorkommende mediane Stirnrinne beschreibt LYDEKKER an mehreren der im indischen Museum zu Kalkutta aufbewahrten Bos-nam.-Schädel sehr genau. Die Gemeinsamkeit dieses fundamental wichtigen Merkmales beim Bos-namadicus- und Orthocerosrinde veranlaßt mich zur Annahme, daß auch diese Rindertype aus einem Wildrinde, das sich vom Bos namadicus ableitet, hervorgegangen ist. Die große Einheitlichkeit des Schädelbaues vom Orthocerosrind und das hohe Alter desselben spricht für die Zugehörigkeit zu einer alten, wohl konsolidierten Rassentype, nicht aber zu einem Mischvieh. Wurden doch von TALKO-HRYNCEWICZ typische Orthocerosschädel in vorhistorischen Grabhügeln Transbaikaliens gefunden. Alle diese Tatsachen — von anderen Gründen abgesehen — sprechen für die Haltlosigkeit der Annahmen, daß das Kalmückenrind ein Kreuzungsprodukt des Zebu (KULESCHOW) oder gar des vom Banteng Javas herrührenden Balirindes (STEGMANN) wäre.

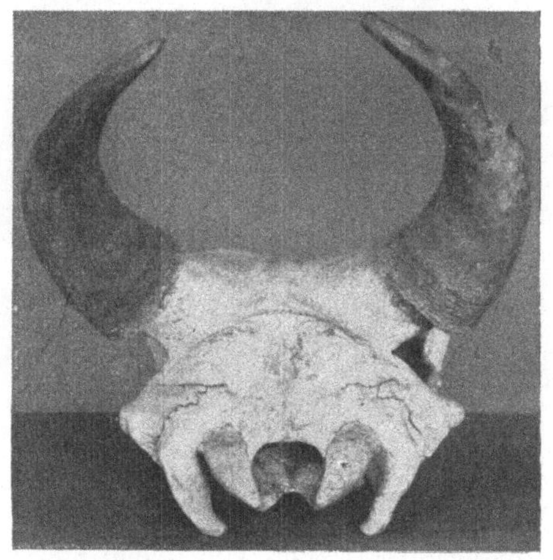

Abb. 22. Schädel des Kalmückenstieres E 312. Hinterhaupt. (Orig.-Phot. v. L. ADAMETZ, aus Arbeiten der Lehrkanzel f. Tierzucht a. d. Hochschule f. Bodenkultur in Wien, Bd. III.)

In vielen Teilen Zentral-, Ost- und Westasiens kommt bald vereinzelt, bald zusammenhängend über größere Gebiete verbreitet, ein kleines, kurzhörniges, in manchen Gegenden mit einem schwachen Fetthöcker versehenes Rind vor, dessen Schädelbau einige Ähnlichkeit mit dem europäischen Brachycerosrind besitzt, die jedoch nicht so groß ist, daß sie zur vollkommenen Übereinstimmung führen würde. Die Existenz dieser Type hat offenbar Veranlassung zur Hypothese von der Abstammung der europäischen Brachycerosrinder von asiatischen Formen (C. KELLER) gegeben.

Diese asiatischen Kurzhornrinder, welche sich u. a. durch eine anders beschaffene Konfiguration der Stirne, meist auch durch andere Beschaffenheit der Nasenbeine von den europäischen unterscheiden, halte ich für eine Konvergenz-(Parallel-)form zu unserer Brachycerostype. Ähnlich wie es in Europa neben dem Bos primigenius den kleinen Bos europaeus gab, die aber beide gemeinsamen Ursprung hatten, und welche die Stammformen abgaben einerseits für die Rassengruppe Primigenius, anderseits wieder für Brachyceros — ganz ähnlich dürften aus dem höchst variablen Bos namadicus Wildrindformen

Abb. 23. Kalmückenkuh. (Orig.-Phot. v. W. GRUND.)

herausmutiert sein, von denen eine etwa die Stammform wurde für die primigeniusartigen asiatischen Rinder, die andere aber die Ausgangsform bildete für die asiatischen Brachycerosrinder. Eine nähere Verwandtschaft, ein direktes Abstammen einer der beiden Formen, welche eine jede solche Konvergenzgruppe bilden, voneinander — z. B. der europäischen Brachycerosgruppe von der asiatischen oder einer der Primigenius-Gruppen von der anderen — ist durchaus nicht anzunehmen notwendig, um die schließlich hier doch nur oberflächliche Ähnlichkeit zu verstehen. Es sind nur Konvergenzgruppen im Sinne der Zoologen. Daß endlich die besonders für Indien charakteristische und wahrscheinlich hier im Wüsten- und Steppenmilieu des Nordwestens entstandene Gruppe der Buckelrinder (Zebus) ebenfalls in Beziehungen zum Bos namadicus steht, hat bereits LYDEKKER angedeutet. Die manchmal geäußerte Ansicht, daß die Zebus vom Banteng, einem echten Bibovinen, abstammen würden, ist deshalb unannehmbar,

weil ihr Schädelbau entschieden taurin ist, mit nur unbedeutenden Anklängen
an Bibos, und weil solche Anklänge auch bei manchem der Schädel von Bos
namadicus vorkommen.

Die einschlägigen Daten über die in den Hausstand übergeführten Bibovinen, den Gajal, Banteng und Jak sowie über den Büffel, mögen aus der am
Schlusse des Abschnittes beigelegten Tabelle entnommen werden.

Die Abstammung der Pferderassen

Die umstehende, von ANTONIUS zusammengestellte Tabelle gewährt einen
guten Überblick über die quartären Wildpferde, welche für die Abstammung
unserer heutigen Pferderassen von größerer oder
geringerer Bedeutung sind. Zur Ergänzung dieser
Übersicht sei folgendes angeführt:

Equus Gmelini Ant. (Syn. Equus Tarpan),
Tarpan.

Das Verbreitungsgebiet dieses, im Jahre 1880
ausgestorbenen, etwa 130 *cm* Widerristhöhe
messenden Wildpferdes umfaßte vor allem Südrußland und dürfte sich über die Steppen bis zum
Aralsee und wahrscheinlich weiter nach Asien hin
erstreckt haben. In Mittel- und Westeuropa dürfte
er, wie ANTONIUS wohl mit Recht hervorhebt, insel-
förmig in gewissen Gegenden aufgetreten sein.
Damit stimmt das Vorkommen tarpanartiger
Hauspferde, die bis Nordspanien vorkommen,
überein. Der Kopf des Tarpan ist ziemlich groß
und hat breiten Stirn- und verhältnismäßig kurzen
Gesichtsteil. Wichtige osteologische Merkmale sind
die starke, kuppelartige Wölbung der Schädelkapsel
und die flachen Nasenbeine, die zusammen nur
eine mäßig tiefe Rinne bilden. Der Bau des Schmelzgerüstes der Zähne ist durch unkomplizierten Bau
und einfachen Verlauf der Zahn- und Marken-
umrisse gekennzeichnet. Bei den tarpanähnlichen
Hauspferden, die den sogenannten „orientalischen
Typus" am besten zeigen, beträgt der Nehringsche
Index (Basilarlänge mal hundert, dividiert durch
Stirnbreite) weniger als 240; bei den zwei bekannten Tarpanschädeln lautet er 228 und 231.
Sonstige Merkmale des Tarpans waren: Eine
gewisse Kürze des Metakarpus sowie fünf Lendenwirbel, wodurch die Geschlossenheit des Rumpfes
zum Teil zustande kommt. An den Hinterbeinen
besteht die Neigung zum Verlust der Kastanien.
Die Haarfarbe war jene unausgesprochene, mehr
weniger erdfarbige „Wildfarbe" mit dunklem Alstrich entlang dem Rücken, der — nach ähnlich

Abb. 24. Tarpanschädel in
Vorderansicht. (Orig.-Phot.
von Prof. BIRULA vom
St. Petersburger Tarpan-
schädel. Von Herrn Doz.
Dr. O. ANTONIUS frdl. zur
erstmaligen Publikation
überlassen).

gefärbten Hauspferden dieser Type zu schließen — auch noch im Grannenhaar
des Schwanzes sich erkennen ließ. Einige wenige dunkle Querstreifen an der
Vorderextremität (am Unterarm) und meist auch in der Sprunggelenksgegend

der Hinterbeine waren vorhanden. Abkömmlinge dieses Tarpans sind die unveredelten Landpferde (bzw. Atavismen derselben) Ostgaliziens und der anschließenden Gebiete Rußlands, zum Teil auch Litauens und Kongreßpolens,

Abb. 25. Tarpanschädel in Seitenansicht. (Orig.-Phot. v. Prof. BIRULA des St. Petersburger Tarpanschädel. Von Herrn Doz. Dr. O. ANTONIUS frdl. überlassen.)

Abb. 26. Inselpony von Castelmuccio auf Veglia (Jnsel Krk), Inselform des Tarpans (heute ausgestorben). (Orig.-Phot. ADAMETZ-MAYREDER, 1891.)

wo die sandig-moorige Gegend von Bilgorai eine solche Verbreitungsinsel der Tarpanabkömmlinge auch heute noch vorstellt. Hauptsächlich diesem Typus gehören ferner an: die bosnisch-herzegowinischen, albanesischen, mazedonischen und griechischen Pferde. Im Süden Europas gehört der alte Inseltypus hieher

(z. B. Vegliapony, Ponys verschiedener anderer Mittelmeerinseln). Nach der A. STAFFEschen Sammlung findet sich — allerdings neben der PRZEWALSKI-Form — auch unter den keltiberischen Pferden von Soria der reine Tarpantypus vor. Endlich sind Abkömmlinge des Tarpans auch die persischen und arabischen Pferde.

In vorhistorischer Zeit domestizierten arische Stämme (Skyten ?) den Tarpan auf den südrussischen Steppen und vermittelten die Pferdezucht (etwa Ende des dritten vorchristlichen Jahrtausends) den hettitoiden (armenoiden) Völkern Westasiens, von wo etwa gegen Anfang des zweiten vorchristlichen Jahrtausends die Kenntnis des Pferdes und seiner Zucht nach Babylonien gelangte. Von hier kam die

Abb. 27. Edles Persisches Pferd. Hochzuchttypus des Tarpans. (Nach SIMONOFF und MOERDER.)

Pferdezucht (im 18. Jahrhundert vor Christi) nach Ägypten. Auch die semitischen und semitisierten Völker Westasiens kamen erst relativ spät in den Besitz des Pferdes, wie sein Fehlen unter den Haustieren bei den alten Juden der Patriarchenzeit beweist. Noch viel später lernten die Araber (etwa um die Zeit der Geburt Christi) die Pferdezucht kennen. Die Erklärung dieses Umstandes liegt darin, daß echte Wildpferde weder im Bereich der Semiten (Arabien) noch der Hamiten (Altägypten) vorkamen.

Equus ferus, Pallas (Syn. Equus Przewalskii, Polj.).

Der beim Hengst zu leichter Ramsung neigende Kopf ist durch eine gewisse mäßige Langschnauzigkeit gegenüber dem Tarpan ausgezeichnet. Im Schädelbau treten zwar auch noch die Charaktere des „Morgenländers", d. i. eine gut gewölbte Schädelkapsel und Breite des Stirnschädels hervor, jedoch bereits in erkennbar schwächerem Grade. Der NEHRINGsche Index liegt nach SALENSKI mit 232 bis 244·9 bereits an der Grenze zwischen mittelbreit- und schmalstirnigen Pferden. Unverkennbar vollzieht sich beim E. ferus eine gewisse leichte Annäherung an den Typus des abendländischen Pferdes. Es steht offenbar am Anfang einer Reihe von Pferdeformen, welche allmählich zum E. germanicus Nehr. hinüberführen. Der Bau der Zähne (Verlauf des Schmelzgerüstes) ist einfach. Die Zahl der Lendenwirbel beträgt fünf, die Widerristhöhe 130 bis 135 cm. Sein Bau ist gedrungener als jener des Tarpans und die Extremitäten sind stärker und besitzen breitere Röhrenknochen. Die Farbe wechselt nach Örtlichkeiten von der Wildfarbe zu rötlichbraun. Ein dunkler Alstrich und einige Querstreifen an den Vorderextremitäten sind vorhanden. Das PRZEWALSKIsche Wildpferd, das N. PRZEWALSKI in den Achzigerjahren des vorigen Jahrhunderts in der Dsungarei entdeckte, ist das einzige heute noch lebende Wildpferd, das als Stammform bestimmter Hauspferde in Frage kommt. Allerdings darf nicht verschwiegen werden, daß manche Kenner jener Gebiete der Ansicht sind, daß es sich auch bei diesen Wildpferden nur um — allerdings bereits vor sehr langer Zeit — verwilderte Pferde handle (z. B. GROMCZEWSKI). Als Begründung wird die Tatsache angeführt, daß jene Gebiete der Dsungarei, die heute mehr oder weniger Wüste sind, nach den zahlreichen Ruinen von Ansiedelungen zu schließen,

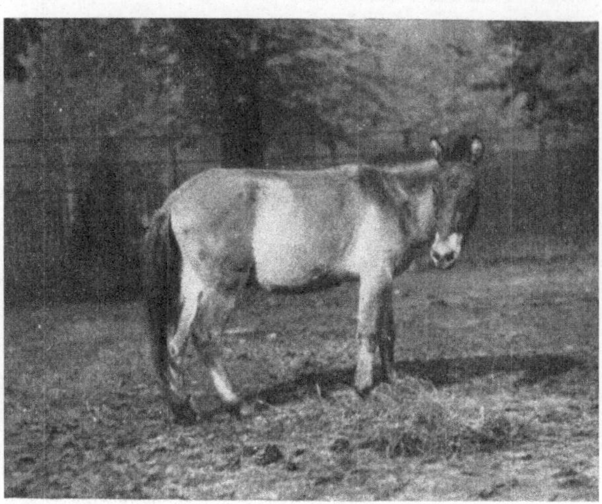

Abb. 28. Equus Przewalski Hengst aus Askania Nova. 1925 importiert nach Schönbrunn. (Orig.-Phot. v. Doz. Dr. STAFFE, Wien.)

einst dicht besiedelte und fruchtbare Oasengebiete waren, in deren Nähe selbst das Vorkommen von Wildpferden ausgeschlossen gewesen wäre. Im Paläolithikum reichte die Verbreitung von E. ferus bis Frankreich und Spanien. Sein Vorkommen war ein so häufiges, daß es stellenweise geradezu das wichtigste Jagd- und Nahrungstier des altsteinzeitlichen Menschen gewesen zu sein scheint (Knochenmauer von Solutré).

Das Domestikationszentrum des PRZEWALSKI-Pferdes liegt in Zentralasien, wo es mongolische Völker in unbekannter Zeit in den Haustierstand übergeführt haben. Unter den Haustierresten, die in vorhistorischen Grabhügeln des Transbaikalgebietes von TALKO-HRYNCEWICZ gesammelt wurden (Museum

Abb. 29. Kirgisen Rasse aus Turkestan (Przewalski Typus) Wallach, W. H. 142 cm. (Phot. von Oberst RUTHOWSKY aus Gulkewicz, Typen und Rassen der Pferde Rußlands.)

von Troitzkossawsk) befinden sich charakteristische Schädel des Przewalski-Typus. Abkömmlinge dieses Wildpferdes sind die Mongolenpferde, die Pferderassen der Mandschurei und Nordchinas (nicht aber Südchinas!) und zum größten Teil wohl auch die außerordentlich widerstandsfähigen Pferde mancher Kirgisenstämme. Blut des Przewalski-Pferdes führten auch die alten, ursprünglichen Magyarenpferde, wie dies die Szegler-Pony vielfach heute noch erkennen lassen.

Equus germanicus, Nehring. Das Diluvialpferd von Remagen stellt gewissermaßen einen vergrößerten und vergröberten Przewalski-Typus vor. Mit ziemlich schmalem Stirnteil und langem Gesichtsteil (d. h. mit Merkmalen abendländischer Pferde) verbindet es eine gewölbte Schädelkapsel von beträchtlicher Breite (volle 22·9% der Basilarlänge!) und gleicht hierin wieder dem morgenländischen Pferdetypus. Das Schmelzskelett der Zähne dieses zirka 155 *cm* Widerrist

Abb. 30. Equus mosbachensis. Oben Seitenansicht, unten Vorderansicht. (Phot. v. W. v. Reichenau, aus Beiträge z. näheren Kenntnis foss. Pferde a. deutschem Pleistocän, Darmstadt 1925.)

messenden Pferdes zeigt wieder abendländischen Charakter, nämlich einen komplizierten und faltenreichen Bau.

Equus Woldřichi, Ant. dürfte ein schwer gebautes, mit breiten Gelenken (bei relativ schmalen Mittelstücken) versehenes Pferd von zirka 165 *cm* Widerristhöhe gewesen sein. Der Schädel ist im Stirnteil schmal, im Schnauzenteil lang. Die beiden letzteren Spezies im Verein mit **E. Abeli,** Ant. (Widerristhöhe zirka 180 *cm*), **E. mosbachensis, süssenbornensis** und **sequanius** haben zweifelsohne an der Bildung der sogenannten schweren, abendländischen (kaltblütigen) Pferderassen hervorragenden Anteil genommen. Über die Zeit und selbst den Ort ihrer Domestikation ist nichts bekannt. Die frühere Ansicht, daß dieser Vorgang in der Gegend am unteren Rhein erfolgt sei, erwies sich durch die Untersuchungen der Pferdereste aus den holländischen Terpen, die von etwa 600 v. Chr. bis zirka 300 n. Chr. reichen, als unrichtig. Die hier gefundenen Reste gehörten fast alle einem leichten, tarpanähnlichen Pferde mit edlem Schädelbau an. Als Stammform der sehr charakteristischen spanischen Pferdetype, welche unter anderem durch unsere modernen Kladruber rein und durch die Lippizaner als

zum Teil mit Arabern vermischt dargestellt wird, kommt, wie meine Untersuchungen zeigten, unerwarteterweise Equus Abeli (offenbar in einer nord-
spanischen Lokalform) in Betracht. Speziell die Kladruber zeigen in schlagender
Form die Merkmale des abendländischen Pferdetypus, die ein Erbstück ihrer

Abb. 31. Höhlenfund aus dem dritten Jahrhundert v. Chr. aus Bronce, Jaén
(Südspanien). Stellt die ramsnasige altspanische Pferdeform vom E. abeli Typus
vor, die in den heutigen Kladrubern als Rest noch vorhanden ist. (Orig.-Phot.
v. Doz. Dr. A. STAFFE, Wien.)

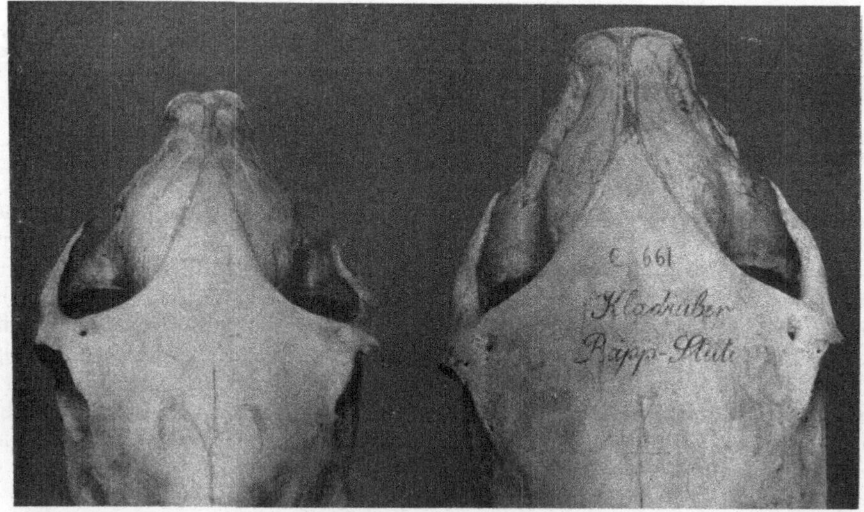

Abb. 32. Form der Schädelkapseln vom Veglia- (links) und Kladruber-Pferde (rechts),
als Typen des morgenländischen und abendländischen Rassetypus. (Orig.-Phot.)

wilden Ahnen sind, keineswegs jedoch etwa als „Domestikationsfolgen" gedeutet werden können.

Übersicht über die rezenten und quartären Wildpferde Europas (nach Antonius)

Spezies oder Subspezies	Fossil nachgewiesen in	Ältestes Vorkommen	Aufenthalt	Rezente Nachkommen
Equus Gmelini Ant. (Tarpan)	—	?	Steppe	wild in Südrußland bis 1880. Domestiziert in Ostgalizien, Litauen, Bosnien
Equus gracilis, Ewart	Württemberg, Frankreich (Skulpturen) Spanien?	Pliozän	„	Keltische Ponys
Equus ferus, Pallas (E. Przewalski)	Frankreich (solutré)	Jungquartär	„	noch wild in Mittelasien (Dsungarei)
E. germanicus, Nehr.	Norddeutschland, Rheinland, Böhmen (Löß)	Quartär	„	
E. Woldiichi, Ant.	Nußdorf (Löß) Wachau, Mähren	Dritte Interglazial?	„	
E. Abeli, Ant.	Heiligenstadt, Wels, Karstländer, Mähren	Zweite Glazial	Tundra Waldweide	moderne Kaltblütler
E. süssenbornensis Wüst	Süßenborn	Erste Interglazial?	Waldweide	
E. mosbachensis v. Reichenau	Mosbach	Erste Interglazial?	„	
E. sequanius, Sanson	Grenelle (Mentone)	Quartär	„	
E. hemionus, Pallas	Schweizerbild, Hyänenhöhle bei Gera, Heiligenstadt usw.	Interglazial?	Steppe	noch wild in Mittelasien (Dschiggetai)

Diese Merkmale, die wir bis auf nebensächliche Kleinigkeiten beim E. Abeli, Ant., dem Tundrenpferd von Heiligenstadt, dann aber auch bei E. mosbachensis, Reichenau, einem schweren Pferde „vom Schlage der norischen Hauspferdrasse", wie sich REICHENAU ausdrückt, wiederfinden, sind gegeben durch eine schmale, wenig gewölbte, mehr dachartig beschaffene Schädelkapsel, schmale Stirne (Nehrings Index größer als 240), einen relativ langen Gesichts-(Nasen-)teil, längliche, niedrige Orbiten, Nasenbeine mit fast senkrechten hohen Seitenwänden und einem charakteristischen Zahnbau. Das Schmelzskelett der Backenzähne beider Kiefer ist nämlich kompliziert gefältet und zeigt den Typus der Waldweideequiden. Die Zahl der Lendenwirbel ist sechs. Die Körperformen sind groß.

Als Vertreter des abendländischen Rassentypus, der sich jedoch begreiflicherweise gegenwärtig durchaus nicht mehr in vollendeter Reinheit bei allen Indi-

viduen der hieher zu zählenden Zuchten vorfindet, seien (außer den bereits
angeführten Kladrubern) genannt: die Pinzgauer, die Shire-horses und die
schwereren Zuchten des belgischen Pferdes (Flamländer). Das Gros der

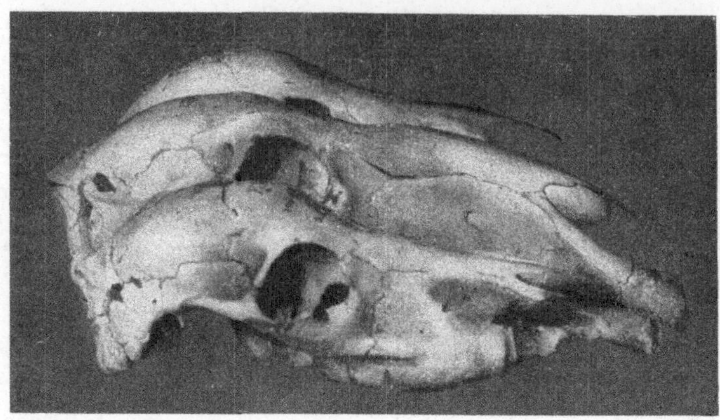

Abb. 33. Rassenmerkmale des Pferdes, scharf ausgeprägt bereits am Schädel des
Fötus. In der Mitte ein Fötus des altspanischen Kladruber mit konvexer Profillinie. Rückwärts Fötus des ungarischen Landschlages, im Vordergrund Schädel
vom Araber, beide als Abkömmlinge des Tarpans mit konkaver Profillinie. Alle
Föten von annähernd gleichem Alter. (Orig.-Phot.)

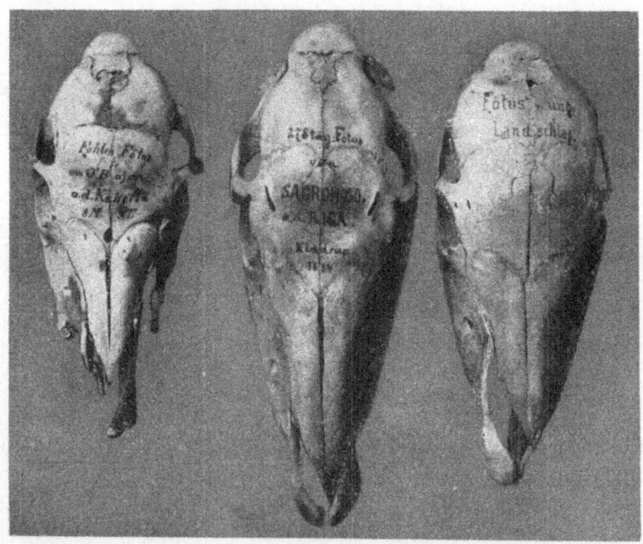

Abb. 34. Dieselben Embryonen Schädel wie in Abb. 33. Mitte altspanischer
Kladruber, links Araber, rechts ungarischer Landschlag, siehe Form der Schädelkapsel und des Nasenrückens. (Orig.-Phot.)

europäischen „Rassen" und „Schläge" des Pferdes ist mischblütigen Ursprungs
und enthält mehr oder weniger zwar dieselben Rassenelemente, jedoch in sehr
verschiedenen Mengenverhältnissen.

Die Abstammung des Hausesels

Die Domestikation des Esels fällt in vorhistorische Zeit, sie dürfte wahrscheinlich in Ägypten stattgefunden haben. Als hauptsächlichste Stammform kommt der kleine, nubische Wildesel, Equus asinus africanus Fitz., in Betracht, der durch dunklen Alstrich, Schulterstreifen und schwach angedeutete Beinstreifung und rötlichgraue Rumpffärbung ausgezeichnet ist.

Sein heutiges nubisches Verbreitungsgebiet liegt östlich vom Nil bis zum Roten Meer, im Süden bilden die Gebirge Abessiniens die Grenze.

Eine zweite Wildform: E. asinus somalensis, Noack, der Somali-Esel, zeichnet sich durch wesentlich größere, kräftigere Formen, sattere rot- oder blaugraue Färbung und Fehlen des Schulterstreifens aus. Während die Beinstreifung scharf hervortritt, ist der Alstrich entweder unterentwickelt oder fehlt ganz. Vom Somali-Esel stammen die Massai-Esel und nach ANTONIUS möglicherweise auch die großen, sehr gesuchten leuzistisch weißen Maskat-Esel ab.

Die Abstammung der Hausschafe

Viel unsicherer als die Herkunft unserer Pferde- und Rinderrassen ist jene der Hausschafe. Diese Unsicherheit erklärt sich zum Teil aus der großen Variabilität der Gruppe und zum Teil auch aus den weniger scharf ausgeprägten Unterschieden nicht nur der domestizierten Formen, sondern auch der Wildschafe. Mit einiger Sicherheit kommen als Stammformen folgende Ovidenspezies in Betracht:

1. **Ovis Musimon,** der Mufflon. Heute auf Sardinien und Korsika beschränkt, lebten während des Diluviums verwandte Formen nicht nur auf den südlichen

Abb. 35. Mufflon (links) und Kreishornschaf (rechts). (Phot. nach BREHMS Tierleben, Bd. 13. Leipzig 1916. 4. Aufl.

Halbinseln, sondern auch in Mitteleuropa. Charakteristische Merkmale sind für diese Spezies, außer den allerdings variablen Hornformen, die Sattelzeichnung des Rumpfes und die Kurzschwänzigkeit. Vom Mufflon stammen ab: Die Landschafe Nordeuropas, in Mitteleuropa die Heidschnucken der Lüneburger Heide, dann östlich in Polen die ähnlichen Brzosuwki, deren Verbreitungsgebiet im Süden ursprünglich bis an die Karpathen reichte, sowie die Landschafe des nördlichen Rußlands. Alle diese Rassen stellen primitive, anspruchslose Hausschafe vor, von kleinen Körperformen und geringer wirtschaftlicher Leistung.

Sie tragen eine grobe Mischwolle, haben an den Mufflon erinnernde Hornformen und sind kurzschwänzig. Besonders dem Mufflon ähnlich sind die halbwild lebenden Schafe der kleinen englischen Insel St. Kilda.

Nach ANTONIUS gehört auch das fast gleichzeitig mit dem Erscheinen des Kupfers in Europa auftauchende sogenannte Kupferschaf (zirka 3000 v. Chr.) zu den Abkömmlingen einer festländischen und wahrscheinlich mit stärkerer Hornentwicklung versehenen Form des Ovis Musimon.

2. **Ovis orientalis,** Gmelin. Der kleinasiatische Mufflon. So wahrscheinlich es auch ist, daß der kleinasiatische Mufflon die Stammform verschiedener Hausschafrassen sein dürfte, so wenig Sicheres ist hierüber bekannt. Von manchen Zootechnikern wird das sogenannte Torfschaf der Pfahlbauten (Ovis aries palustris, Rütimeyer) von dieser Spezies abgeleitet. Dies kleine, in beiden Geschlechtern gehörnte Schaf, das man wegen seiner Hornform auch als „ziegenhörniges" bezeichnete, kam bis auf die jüngste Zeit in wenigen Exemplaren noch

Abb. 36. Heidschnucken der Lüneberger Heide. (Phot. v. H. SCHNAEBELI, Berlin 1873.)

in Graubünden (Nalps) vor. In größerer Menge fand es C. KELLER auf Kreta und nach anderen Forschern soll es auch auf Island existieren. Wie HILZHEIMER zeigte, ist diese ziegenartige Hornbildung weniger eine Folge der Abstammung von bestimmten Wildformen, als vielmehr der Ausdruck von Hemmungsvorgängen, denen zufolge das Gehörn auf einer jugendlichen Stufe stehen bleibt. Für diese Ansicht spricht auch die von mir gemachte Beobachtung, daß selbst unter den Karakulschafen ab und zu solche, dann meist körperlich schlecht entwickelte Individuen auftreten.

3. **Ovis Vignei.** Diese formenreiche, in verschiedene Subspezies zerfallende, vom Kaspisee bis zum Himalaja verbreitete Schafspezies steht durch gewisse Formen dem O. orientalis nahe. Als Stammform einer Reihe von wichtigen Schafrassen erlangt diese Gruppe ein besonderes Interesse. Schon vor Jahren hat C. KELLER darauf aufmerksam gemacht, daß z. B. die Unterart Ovis Vignei arkar, Brdt., das Steppenschaf, die Stammform vieler hellhörniger und langschwänziger Schafrassen, wie der Merinos, der Zigajas, der Zackelschafe, der Bergamasker und auch der zahlreichen Formen der Fettschwanzschafe sei. Dieses Steppenschaf zeichnet sich durch einen für ein Wildschaf verhältnismäßig langen Schwanz aus; es bewohnt die Steppen Transkaspiens, wo es auch in

tieferen, stellenweise bis zum Meeresniveau herabreichenden Gebieten zu finden ist. Es unterliegt keinem Zweifel, daß in diesem östlich vom Kaspisee gelegenen Gebiete ein uraltes Domestikationsgebiet des Schafes existiert, in welchem als ältestes nachweisbares Bevölkerungselement nach Hüsing die der großen Rassengruppe brachycephaler, hettitoider Menschen angehörenden Kaspier auftreten.

In dieser Beziehung ist es interessant zu sehen, wie das Verbreitungsgebiet z. B. der Zackelschafe sich vom Kaukasus bis zu seinem heutigen großen geschlossenen Verbreitungsgebiet verfolgen läßt. Letzteres umfaßt vor allem Bessarabien, Rumänien, die gesamte Balkanhalbinsel, Ungarn (soweit nicht neueingeführte Kulturrassen in Frage kommen) und endet an den nördlichen Ausläufern des Karpathenbogens. Ähnlich wie die Art der Verbreitung der Zackelrasse auf die Kaukasusländer als Heimat hinweist, weist auch jene der Zigajas (Südrußland, Rumänien, Siebenbürgen) auf den genannten Ausgangspunkt. Mit diesen Zigajas, die keineswegs bloß ein Kreuzungsprodukt von Merinos sind, sondern die einen ursprünglicheren Zweig desselben Stammes vorstellen, ist die Gruppe der Feinwollschafe (Merinos) nahe verwandt. Historisch läßt sich zwar ihr Ursprung aus Kleinasien (aus dem Stromgebiete des Mäander) herleiten, doch dürfte ihre wilde Stammform ebenfalls innerhalb der Vignei-Varietäten (Ovis vignei arkar?) zu suchen sein, wie schon C. Keller angenommen hat. Alle diese Hausschafe sind durch Langschwänzigkeit (mehr als 13 Schwanzwirbel) und charakteristische Hornbildung gekennzeichnet. Das Vlies stellt teils Mischwolle vor, teils besteht es aus einheitlich beschaffenen, feinen, markfreien und mehr oder weniger eng gewellten Wollhaaren.

Die über riesige Gebiete Südwestasiens und Nord- und Südafrikas verbreiteten Fettschwanzschafe bilden durch ihre Fähigkeit, große Massen von Fett an der Schwanzwurzel und entlang der oberen Partien der Schwanzwirbelsäule abzulagern, eine interessante Anpassungsform eines O. Vignei-Abkömmlings an die Umwelt der Steppe. Ihre Entstehung scheint in frühhistorischer Zeit im Zwischenstromland oder Syrien stattgefunden zu haben. Auch die als Pelzschafe berühmten Karakulschafe gehören zu solchen Fettschwanzschafen, die im achten Jahrhundert n. Chr. durch die Araber nach Bochara gebracht worden sind. Erst hier erlangten sie durch entsprechende Zuchtwahl die volle Höhe der Lockenqualität ihrer Lämmer. Es handelt sich bei der edlen Lockenqualität — wie Adametz gezeigt hat — um ein mutativ entstandenes Merkmal, welches unvollkommen dominanten Erbgang besitzt und auf Polymerie beruht.

Abb. 37. Dinkaschaf. Repräsentant der altägyptischen, langschwänzigen Haarschafe. (Phot. nach Brehms Tierleben, Bd. IV, 1916, 4. Aufl.)

Aus dem östlichsten Vertreter der Vignei-Schafe, aus dem Ovis Vignei cycloceros, wurde bereits in vorhistorischer Zeit jenes durch Hochbeinigkeit, Langschwänzigkeit und fast horizontal vom Kopf abgehende Hörner merkwürdige Haarschaf erzüchtet, das später, auf afrikanischen Boden verpflanzt, die höchst eigentümliche Schafrasse der alten Ägypter bildete. Von Ägypten trat dieses Haarschaf seinen Zug über den größten Teil der Nord- und der Ostküste entlang nach Südafrika an, um schließlich einem neuen Ankömmling aus Asien, dem Fettschwanzschaf, weichen zu müssen. In entlegenen Gebieten Afrikas findet sich jedoch die alte Rasse heute noch vor und das abgebildete Schaf der Haussastaaten ist ein treues Spiegelbild der altägyptischen Rasse.

Abb. 38. Bezoarziegen (Capra aegagrus) aus Schönbrunn. (Orig.-Phot. v. A. K. Schuster, Schönbrunn.)

4. Ovis ammon L., Argali. Die Gruppe der in den zentralasiatischen Gebirgen vorkommenden Argalischafe zerfällt in zahlreiche Unterarten und Lokalformen, die noch nicht hinreichend genau studiert sind. Hieher gehören die größten, schwersten Formen, die besonders im männlichen Geschlecht zum Teil gewaltig entwickelte Hörner besitzen, wie z. B. Ovis Poli, Blyth. Nach Annahme verschiedener Zootechniker enthalten die großwüchsigen Fettsteißschafe der Kirgisen und Mongolen Blut der Argaligruppe[1]) eingekreuzt, falls sie nicht zum Teil reinblütige Abkömmlinge derselben sind.

Das über die Gebirge des nördlichen Afrika verbreitet gewesene und im Diluvium auch das Gebiet der heutigen Sahara bewohnende, heute besonders im

---

[1]) Im Diluvium reichte das Verbreitungsgebiet dieser Argalis nicht nur in Asien viel weiter (nach Frau Pawlow nach dem Transbaikalgebiete), sondern auch nach Westen bis Mitteleuropa, da A. Nehring ihr Vorkommen in Mähren nachgewiesen hat.

Atlas sich vorfindende Halbschaf Ammotragus lervia Pall., das sogenannte Mähnenschaf, das von C. Keller als Stammform des europäischen Torfschafes und verschiedener altafrikanischer Hausschafe ohne Wolle (Haarschafe) angesehen wurde, kommt als Stammform von Hausschafen nicht in Betracht. Neueren Untersuchungen nach erweist es sich mit dem Hausschaf als vollkommen unfruchtbar. Das schließt diese Spezies als Ausgangsform von Haus-

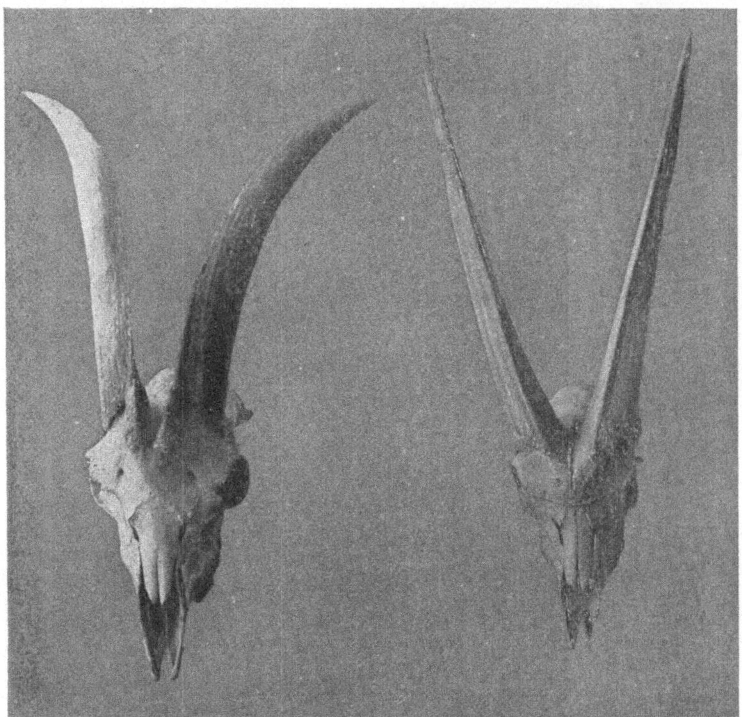

Abb. 39. Ziegenschädel. Links Capra-prisca-, rechts Capra-aegagrus-Type. (Orig.-Phot. v. Dr. E. Saffert.)

schafen natürlich aus. Eine eigentliche Domestikation ist nirgends erfolgt, wohl aber eine Zähmung.

Die Abstammung der Hausziegen

Es ist sehr charakteristisch, daß sämtliche drei bekannten Spezies von echten Wildziegen (zwei lebende, eine ausgestorbene Art), welche die Gattung Caprae im engeren Sinn des Wortes bilden, als Stammformen von Hausziegen zu gelten haben.

1. **Capra aegagrus, die Bezoarziege,** mit einem Verbreitungsgebiet, das Kreta, die Gebirge Kleinasiens und den Kaukasus umfaßt. Die Hörner verlaufen säbelförmig gebogen in einer Ebene. Während man früher seit Pallas meinte, daß alle europäischen Hausziegen von der Bezoarziege abstammen würden, weiß man heute, daß dies nicht der Fall ist. Wohl kam in unbekannter Zeit durch Einkreuzung in Hausziegen Blut der C. aegagrus verschiedentlich in deren Zuchten,

allein nirgends ließ sich bisher eine tatsächlich reinblütige Aegagrusrasse nachweisen. Dem Verhalten der Hörner nach gehören zu solchen Kreuzungsrassen
(falls es sich nicht auch hier um eine wilde Stammform handelt, die an und für
sich eine Art Mittelstellung einnimmt), die Hausziegen der Schweizer Zentral-
alpengebiete, ferner die interessante verwilderte Ziege der kleinen griechischen
Insel Joura. Letztere wurde eine Zeitlang als Repräsentant der echten wilden
Stammform unserer Hausziege angesehen, bis L. v. LORENZ-LIBURNAU den
Nachweis führte, daß es sich hier um eine Kreuzung verwilderter Hausziegen des

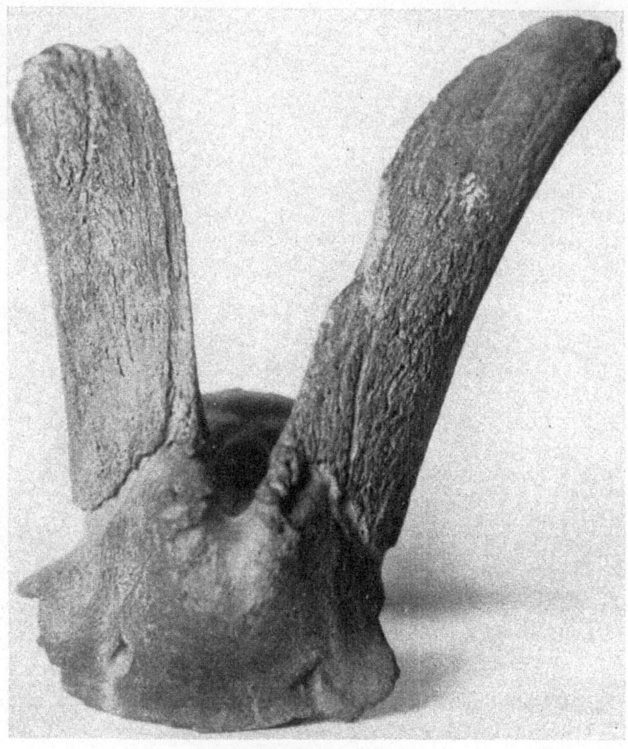

Abb. 40. Schädelrest der männlichen Capra prisca. Fundort Zloczow in Galizien 1913.
(Orig.-Phot.)

folgenden Typus mit Capra aegagrus, der wilden, auf Joura ursprünglich einheimischen Bezoarziege handelt.

2. **Capra prisca, Adametz-Niezabidowski.** Diese bisher an verschiedenen
Orten des östlichen Mitteleuropas nachgewiesene echte Ziegenspezies ist in unbekannter, jedoch sehr früher Zeit ausgestorben. Nach den Fundstellen ihrer
Reste zu schließen, scheint sie weniger wie C. aegagrus ein ausgesprochenes
Gebirgstier gewesen zu sein, was mit der vortrefflichen Eignung vieler Hausziegen für das Leben auf der Steppe und in der Ebene gut übereinstimmt. Die
erste Serie von Schädeln wurde in Ostgalizien in diluvialen Übergangsschichten
gefunden. Von den vielen Unterscheidungsmerkmalen im Schädelbau, die
zwischen C. aegagrus und C. prisca vorhanden sind, sind folgende die wesentlichsten: Der Winkel, unter welchem die Hornzapfen vom Schädel nach aufwärts

gehen, ist bei C. prisca kleiner, ihre Stellung daher steiler. Die Gehirnhöhle ist relativ lang und niedrig, sie besitzt fast eine birnförmige Gestalt. Am wichtigsten jedoch ist das Verhalten der Hornzapfen beim männlichen Tiere. Sie sind am Querschnitt ziemlich flach und besitzen eine auffallend scharfe Vorderkante und abgerundete Hinterkanten, d. h. die Merkmale echter Ziegen sind besonders

Abb. 41. Schädelrest der Capra prisca (männlich) in Seitenansicht. (Orig.-Phot.)

scharf ausgeprägt. Diese scharfe Vorderkante verläuft deutlich spiralig zuerst nach oben und gleichzeitig ein wenig nach hinten außen, um dann einen stark nach hinten außen gerichteten Verlauf anzunehmen.

Die Spiraldrehung der Vorderkante zeigt natürlich auch eine Lageveränderung der beiden Seiten- bzw. Außenflächen der Hornzapfen an.

Diese deutliche Spiraldrehung der Hornzapfen, der natürlich eine viel stärkere der Hornscheiden entsprechen muß, ist wohl das wichtigste Unterscheidungsmerkmal der C. prisca von C. aegagrus.

Daß C. prisca die wichtigste Stammform unserer Hausziegen vorstellt, ergibt sich daraus, daß weitaus die meisten Rassen und Schläge derselben eine weitgehende bis vollkommene Übereinstimmung mit ihr zeigen. Die bisher herrschende PALLASsche Hypothese, daß alle unsere europäischen Hausziegen von der noch heute lebenden wilden Bezoarziege abstammen, und daß die stark

abweichende Stellung und Bauart der Hörner sowie der Hornzapfen, ferner die
übrigen Differenzen im Schädelbau der Hausziegen von C. aegagrus teils Somationen, teils im Zustand der Domestikation entstandene Mutationen wären,
erweist sich in Anbetracht der nahezu idealen Übereinstimmung dieser Ziegen-
rassen mit C. prisca gewiß als unhaltbar.

Am vollkommensten zeigen namentlich die Ziegen der Balkanländer
(besonders die studierten bosnisch-herzegowinischen und albanesischen Hausziegen) ferner jene Spaniens, aber auch die Walliser Sattelziege der Schweiz
diese volle Übereinstimmung mit C. prisca. Die zentralasiatischen Bocharaziegen

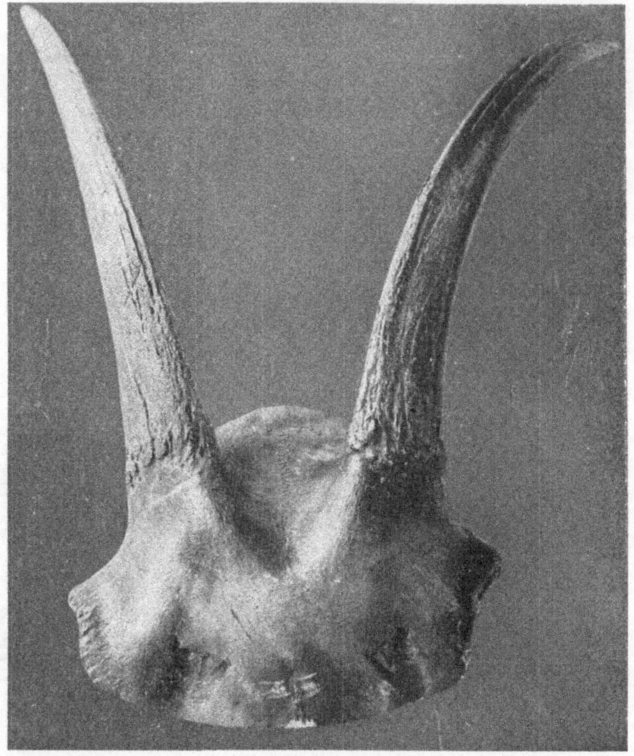

Abb. 42. Schädelrest der weiblichen Capra prisca. (Orig.-Phot.)

gehören auch hieher und die berühmte Angoraziege Kleinasiens stellt sogar einen
auf die Spitze getriebenen Priscatypus vor.

3. **Capra falconeri, die Schraubenziege oder der Markhur.** Je nach dem Verbreitungsgebiet, das bis in das nordwestliche Indien reicht, werden eine ganze
Reihe charakteristischer Unterarten unterschieden, die vorwiegend durch auffallende Unterschiede im Bau und Verlauf des Gehörnes bedingt sind. In frühhistorischer Zeit müssen, nach Abbildungen zu schließen, Domestikationsformen
der Schraubenziege im westlichen Asien weit verbreitet gewesen sein, ja, sie
dürften sogar ihren Weg bis Ägypten gefunden haben. Um so merkwürdiger ist
es, daß heute nur die sogenannte Tscherkessenziege als echter Vertreter des
Falconeritypus vorkommt; und selbst von derem vorhandenen Schädelmaterial
oder von den vor kurzem im zoologischen Garten von Kairo befindlich gewesenen

lebenden Vertretern kennt man merkwürdigerweise nicht einmal den genauen Herkunftsort.

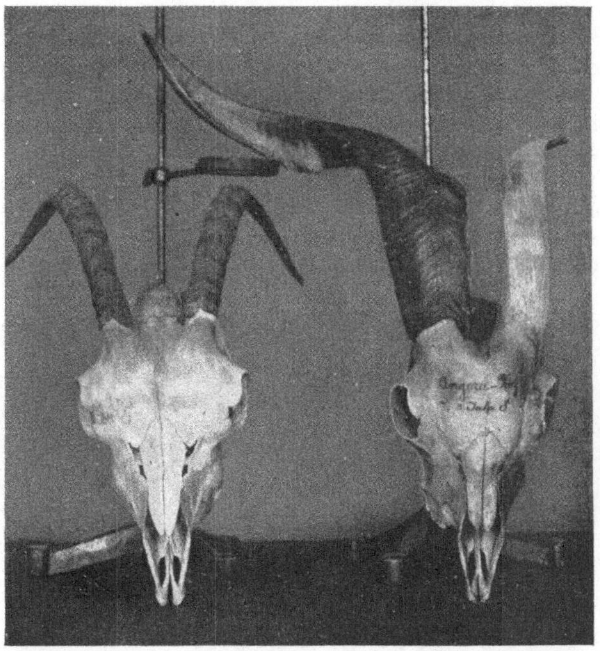

Abb. 43. Schädel der Angoraziege (Bock und Ziege); Prisca-Typus. Stark ausgeprägter Geschlechtsdimorphismus wie bei Capra prisca. (Orig.-Phot.)

Abb. 44. Bock der ostgalizischen Landziege. Typus der Capra prisca.
(Phot. v. SCHNAEBELI, Berlin 1873.)

Die Abstammung der Hausschweine

Den drei großen Formenkreisen der Hausschweine, nämlich dem nord- und mitteleuropäischen, dem mediterranen und dem asiatischen entsprechen drei der Gattung Sus angehörende Spezies von Wildschweinen als Stammformen.

1. **Sus scrofa ferus**, das Wildschwein Mittel- und Nordeuropas, dessen Verbreitungsgebiet auch noch einen Teil von Nordasien umfaßt. In Europa bilden die Alpen und weiter östlich die Donau von ihrem zweiten Knie an die südliche Verbreitungsgrenze. Der Schädel von S. scrofa ferus zeichnet sich durch verhältnismäßige Länge und Schmalheit, gerade Profillinie und einen langen Gesichtsteil aus.

Von Schädelmerkmalen ist besonders die lange und niedrige Form des Tränenbeines wichtig. Das Stirnende ist schräg nach hinten geneigt und der

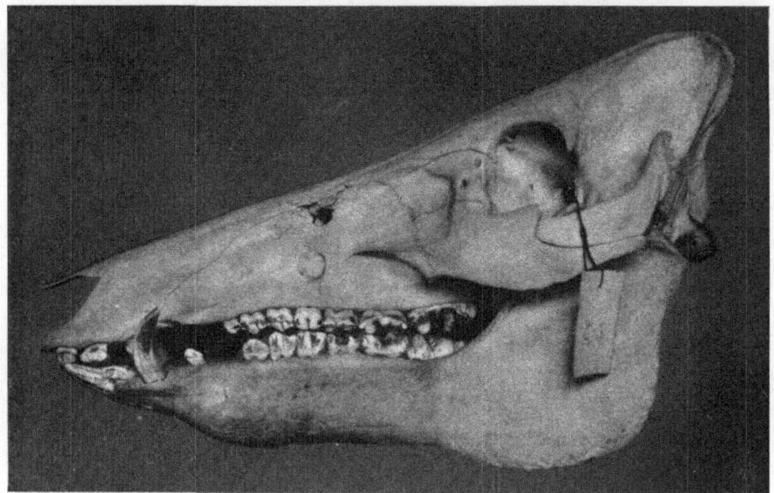

Abb. 45. Sus scrofa ferus, Nordungarn. Naturh. Museum, Wien. (Orig.-Phot. v. Doz. Dr. A. Staffe Wien.)

Gaumen schmal. Von dem mitteleuropäischen Wildschwein leiteten sich ursprünglich alle mittel- und nordeuropäischen Landschweine ab, auch das prähistorische „Torfschwein" Mitteleuropas, soweit nicht die Schweiz in Frage kam. Sie stimmen im Schädelbau mit dem von S. scrofa ferus überein, und zeichnen sich unter normalen Futterverhältnissen durch Großwüchsigkeit (langer, schmaler und hochgestellter Rumpf, oft mit Karpfenrücken), Fruchtbarkeit und Anspruchslosigkeit aus, welch letztere begreiflicherweise mit Spätreife vereinigt ist.

Reine Vertreter dieses Sus-scrofa-ferus-Typus finden sich in Europa gegenwärtig nur mehr in vom Verkehr abgelegenen Gegenden. Ein solches größeres Verbreitungsgebiet ist das in Polen befindliche Pinskische Sumpfgebiet. Wenig verändert tritt der Scrofa-Typus auch im altbayrischen und hannoverschen Landschwein hervor. Sonst sind wohl fast überall in Mitteleuropa die Landschweine bereits mehr oder weniger „veredelt", d. h. sie führen Blut von Abkömmlingen der später zu besprechenden Schweinespezies. Dies gilt auch für die unter dem Namen des „veredelten deutschen Landschweines" zusammengefaßten Zuchten.

Unter den Züchtungsrassen gilt das rostfarbene Tamworthschwein Englands als ein reinblütiger Scrofa-Abkömmling. Als Domestikationsherd kommt nach ANTONIUS das Ostseegebiet in Betracht.

Abb. 46. Šiškaschwein von Nordbosnien (untere Vrbas-Gegend). Primitiver Typus des Sus scrofa ferus. (Orig.-Phot. v. ADAMETZ-MAYREDER, 1891.)

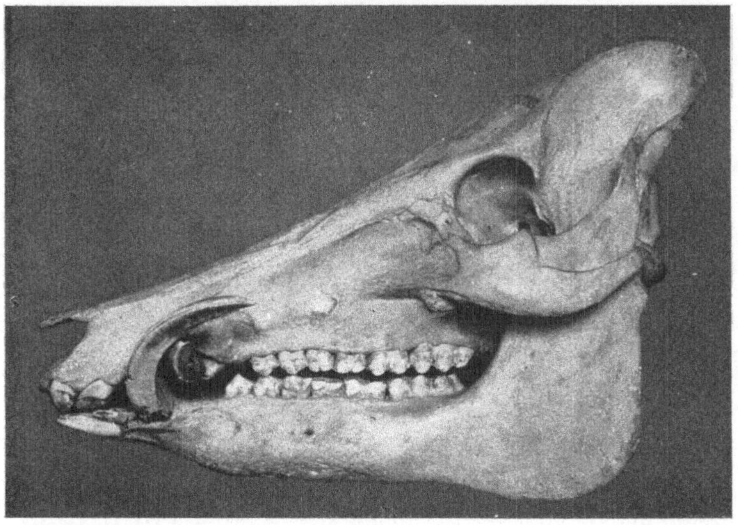

Abb. 47. Sus vittatus von der Navarraexpedition. Naturh. Museum, Wien. (Orig.-Phot. v. Doz. Dr. A. STAFFE, Wien.)

Als Schulbeispiel für die Anwendbarkeit der Abstammungskunde unserer Haustiere in der Ethnologie kann das Vorkommen des verzwergten, reinen nordischen Scrofa-Typus besitzenden Siskaschweines im nördlichen Bosnien dienen, in einem Gebiete nämlich, in welchem das Wildschwein der Spezies

Sus mediterraneus angehört. Die aus nördlich der Karpathen gelegenen Sitzen eingewanderten Kroaten hatten es von dort in die neue Heimat mitgebracht.

2. **Sus vittatus.** Diese formenreiche Spezies ist die Stammform für die Hausschweine Süd- und Ostasiens. Der Schädel des Sus vittatus ist, verglichen mit dem der vorhergehenden Art, kürzer und breiter. Die etwas gewölbte Stirne bedingt ein Schädelprofil, das nicht mehr vollkommen geradlinig ist. Die Tränenbeine sind kurz und hoch, also völlig verschieden von denen des Sus scrofa ferus. Das Verbreitungsgebiet ist Mittel- und Ostasien sowie Vorder- und Hinterindien und die großen Sundainseln.

Die vom Sus vittatus abstammenden Hausschweinerassen Asiens sind noch wenig studiert. Immerhin ist namentlich für manche der südchinesischen Formen eine gewisse Neigung zu Frühreife und Mastfähigkei tnachgewiesen, die sich auch äußerlich in kürzeren, breiteren Rumpfformen und kürzeren Beinen ausprägt. Im vergangenen Jahrhundert entstanden vor allem zunächst in England eine Reihe von Hochzuchten des Hausschweines, wie die Yorkshires, Berkshires und viele andere, später dann auch in Amerika (Poland-China)

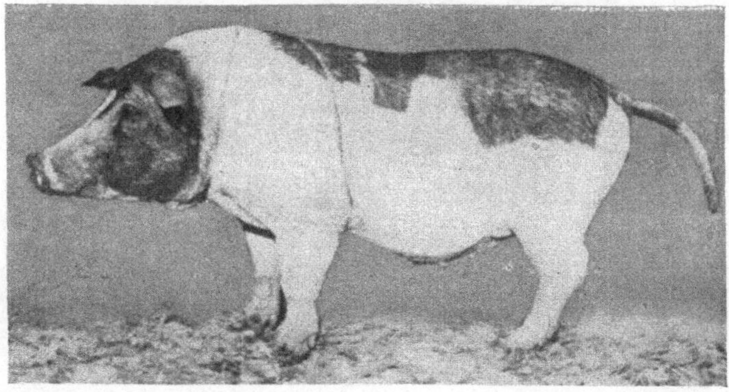

Abb. 48. Landschwein des südlichen und mittleren China. Typus Sus vittatus.
(Phot. nach C. O. LEVINE in Journal of Hered. 1920.)

und Deutschland (Deutsches Edelschwein usw.), welche mehr oder weniger einer komplizierten Kreuzung ihren Ursprung verdankten. Bei ihnen spielten entweder alle drei Spezieselemente oder doch zwei derselben in quantitativ allerdings recht verschiedenem Maße, eine wichtige Rolle.

Alle diese vielen und formenreichen Schläge bzw. Zuchten, die auf diese Weise entstanden sind, stellen Produkte des züchterischen Strebens vor, die Wüchsigkeit und Fruchtbarkeit des Sus scrofa mit der Frühreife und Mastfähigkeit des Sus vittatus oder des Sus mediterraneus zu vereinigen. Denn es unterliegt wohl kaum einem Zweifel, daß die wichtigen wirtschaftlichen Leistungen der Frühreife und besonders der Mastfähigkeit beim Vittatustypus besonders stark ausgeprägt sind.

Durch Zuchtwahl, unter Verwendung polymer homozygoter Individuen wurde diese Eigenschaft vielfach geradezu ins Extreme entwickelt. Daß es sich bei so ungewöhnlicher Neigung zur Mastfähigkeit, wie manche Schweineschläge sie besitzen, bereits um ein Merkmal von pathologischem Charakter (achondroplastischer Art?) handelt, ist wohl als naheliegend anzunehmen. Durch deutsche und englische Edelschweine ergoß sich dann in den letzten

Dezennien das Blut der asiatischen Spezies in stärkerem oder schwächerem
Maße in fast alle Landschweine Mitteleuropas.

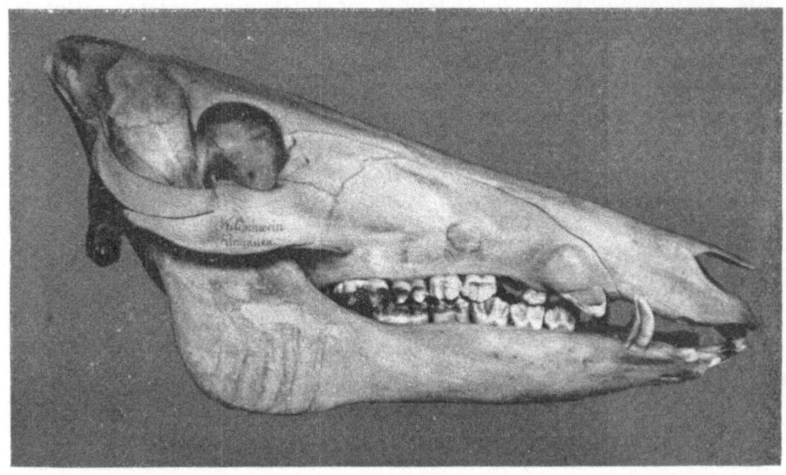

Abb. 49. Sus mediterraneus, Kleinasien. Naturh. Museum, Wien. (Orig. Phot.
v. Doz. Dr. STAFFE, Wien.)

Abb. 50. Bündner Landschwein von Dissentis. Typus Sus mediterraneus.
(Phot. überlassen v. Doz. Dr. STAFFE, Wien.)

3. **Sus mediterraneus** (bzw. Sus scrofa var. mediterraneus), Ulmansky—
Staffe. Diese erst neuerdings gleichzeitig von ULMANSKY und STAFFE festgelegte, aber bereits von STROBEL vermutete Spezies (oder Subspezies) nimmt
eine Mittelstellung zwischen den beiden vorerwähnten Arten ein, sie stellt gewissermaßen eine natürliche Übergangsform (ohne daß Blutmischung in Frage

käme) vor. Dies gilt insbesondere auch für die Beschaffenheit des Tränenbeines.
Ihr Vorkommen, sowohl wild als domestiziert, in prähistorischer Zeit ist für
Italien, die Balkanhalbinsel und Krain nachgewiesen. Auch die rezenten
Wildschweine des gesamten Mittelmeergebietes besitzen diesen Charakter.
Von bekannteren Schlägen gehören hieher die von Minorca-Mallorca, dann
das in Südspanien verbreitete iberische Schwein Sansons, das sogenannte
romanische Schwein im Hinterland von Neapel usw. Alle diese Zuchten sind
schwarz bis rostfärbig, kürzer und breiter im Rumpf und niedriger gestellt als
die reinblütigen Vertreter des Scrofa-Typus im nördlichen Europa, während
ihre Fruchtbarkeit geringer zu sein pflegt.

Zwar mit fremdem Blut durchsetzt, gehören doch noch hieher manche
Landschläge der südlichen Ostalpen, die kraushaarigen Mangalicaschweine
Ungarns und Serbiens, die Turopoljer in Kroatien und viele andere. In diese
Gruppe gehörte auch das von Rütimeyer für die Schweizer Pfahlbauten fest-
gestellte „Torfschwein", dessen Abkömmlinge als „Bündnerschwein" sich bis
auf unsere Tage erhalten haben.

Die Abstammung der Haushunde

Die Lösung der Frage nach der Abstammung der Haushunde begegnet
infolge der großen Mannigfaltigkeit der Rassenformen der Haushunde einerseits
und der weitgehenden Variabilität der wilden Caniden anderseits großen
Schwierigkeiten. Auf Grund eingehender Untersuchungen kommt Antonius
zur Ansicht, daß man die Stammform der ältesten europäischen Hunde, die
bereits an der Wende des Paläolithicum zum Neolithicum nachweisbar sind,
die somit wohl die ersten und ältesten Haustiere überhaupt vorstellen, unter
den südlichen Formen kleiner Wölfe zu suchen habe. Von solchen Wildformen
sind heute bekannt die Rohrwölfe Ungarns (C. lupus minor Mojs.), C. lupus
deitanus Calen Südspaniens, ferner Canis Dölderleini. Von den asiatischen Formen
käme der Canis pallipes Indiens in Betracht. In Nordafrika eine kleine Wolf-
form usw. Als ältestes Kulturgut des Neolithicums gelangte dieser Abkömmling
kleiner Wölfe nach Antonius aus der Heimat neolithischer Kultur, die von
mancher Seite nach Afrika verlegt wird, nach Europa bzw. von Südeuropa nach
dem Norden.

Daß in jenen frühen Zeitabschnitten im Verlaufe der Wanderungen vielfach Kreuzungen, oft genug unbeabsichtigt, mit den verschiedenen Lokalformen
von Wölfen stattgefunden haben werden, ist leicht begreiflich. Im Folgenden
sei auf die beigegebene kurze, möglichst übersichtliche Darstellung der Abstammung der wichtigsten Haushundrassen verwiesen. Sie ist auf Grund neuerer
Arbeiten, namentlich von Antonius (Wien) und Hilzheimer (Berlin) zusammengestellt.

I. Stammform: Südliche Wölfe

von kleiner Gestalt, Abkömmlinge hiervon sind:

1. Canis putiatini Studer

(älteste Form des Haushundes im östlichen Mitteleuropa);

2. Der Dingo Australiens

(wahrscheinlich halbdomestiziert eingewandert und dann verwildert);

3. Dingo ähnliche und Spitz ähnliche Pariahunde des Orients

Ergänzung: 1. Canis putiatini gilt jetzt als domestizierte Form des frühen
Neolithicums. Er war von der Größe eines mittelgroßen Schäferhundes und

im Schädelbau weitgehend Dingo ähnlich. 2. Im Gefolge des Menschen, wahrscheinlich mehr oder weniger domestiziert, gelangte der Dingo in vorhistorischer Zeit über die damals bestehende Landbrücke nach Australien, verwilderte dann wieder und stellte bei der Entdeckung Australiens das einzige große plazentare Säugetier dieses Kontinentes vor. 3. Unter den sogenannten Pariahunden des Orientes unterscheidet Antonius drei bzw. vier verschiedene Typen, von denen eine infolge großer Ähnlichkeit ihres Habitus sich an den Dingo anlehnt.

Von diesem ältesten Hunde (Canis putiatini) lassen sich folgende ursprüngliche, der vorgeschichtlichen Zeit angehörende Haushundgruppen ableiten und zwar sind sie teils als reinblütige, teils als Kreuzungsabkömmlinge anzusprechen.

Stammform Canis putiatini:

A. Canis palustris Rüt., der Torfspitz (europäisches Neolithicum).

B. Canis intermedius Woldř. (Ende des Neolithicum und der La-Tene-Zeit).

C. Canis matris optimae, Jeitteles (Bronzezeit).

D. Canis inostranzewi, Anutschin (im frühen Neolithicum entstanden aus Canis put. durch Kreuzung mit dem Wolf, später wahrscheinlich auch aus Kreuzung von Wölfen mit Canis palustris und Canis matris optimae).

Ad A. Vom Canis-palustris-Typus, der im Neolithicum über fast ganz Europa verbreitet war, unterscheidet man zwei Unterabteilungen, welche weniger in direkter Verbindung stehen dürften, als vielmehr Konvergenzformen vorstellen, nämlich:

a) eine europäische Type, mit dem Entstehungszentrum in Europa und

b) eine solche mit asiatischem Bildungsherd.

Vom kleinen europäischen Pfahlbauspitz (Canis palustris) leiten folgende rezente Hunderassen ihre Abkunft her: Spitze, Pintscher, Terrier älterer Type.

Dem asiatischen Zentrum gehören an: die spitzähnlichen Hunde der Samojeden, Ostjaken, Tungusen, ferner der chinesische Tschau und der Battaker Spitz von Sumatra.

Ad B. Canis intermedius Woldř. Diese mittelgroße Hundeform des ausklingenden Neolithicums stellt wahrscheinlich die Stammform der primitiven Laufhunde Mitteleuropas vor. Auch die altertümlichen bosnischen Bracken gehören hieher. Blut dieser Type hat auch zur Bildung der Foxhunde, Schweißhunde und der Vorstehhunde beigetragen.

Ad C. Canis matris optimae Jeitteles. Auch diese Form der Bronzezeit schließt sich nach den Untersuchungen von Antonius enge an den Canis putiatini an. Gegenüber dem kleinen Pfahlbauspitz ist sie von wesentlich größerer Gestalt und dürfte einen „vielseitigen Gebrauchshund" abgegeben haben. Seine Körperform dürfte in den primitiven Schäferhunden der Gegenwart und in Mitteleuropa weiter fortleben. Antonius sieht als Abkömmlinge des Canis matris optimae die primitiven Schäferhundrassen Frankreichs, Hollands und Belgiens an. Die schottischen Collies und die deutschen Schäferhunde sind durch Zuchtwahl abgeänderte Formen der letzten Zeit.

Aus Kreuzungen des Canis matris optimae mit großen nordischen Wölfen leiten eine Reihe großer, schwerer Hunde, die als Hirtenhunde gewöhnlich bezeichnet werden und zur Verteidigung der Herden gegen Raubzeug Verwendung finden, ihre Abstammung her. Hieher gehören die wolfähnlichen Hirtenhunde Bosniens, der Herzegowina, Serbiens, jene der Walachei, Siebenbürgens, dann die leuzistisch weißen ungarischen Kommodors, die südrussischen „Schafpudel" (Owczarki), die zottelhaarigen deutschen Schäferhunde und die englischen Bobtails. Endlich gehört hieher auch noch der gewaltige spanische Schäferhund (Martin) und jener der Pyrenäen. Zu den Abkömmlingen des Canis matris

optimae werden auch die Schweizer Sennenhunde gezählt, die für uns deshalb
ein besonderes Interesse besitzen, weil aus ihnen heraus die Bernhardiner und
Leonberger gebildet worden sind. Nach ANTONIUS nimmt die Gruppe der Doggen,
jener starken schweren Hunde von den schweren Hirtenhunden ihren Ursprung.
Ihre Entstehung verdankt sie teils vorgenommenen Einkreuzungen von mitteleuropäischen großen Wölfen und folgender, teils entsprechender auf Größe
und Massigkeit gerichteter Zuchtwahl. So entstanden die verschiedenen Formen
europäischer Doggen und Kampfhunde, wie die englischen Mastiffs, die Bullen
und Bärenbeißer, die Bulldogge und der Boxer, die Bordeaudogge und die
deutschdänische Dogge. Das Entstehungsgebiet der Doggen ist das westliche
Mitteleuropa, namentlich Großbritannien, und ihre Existenz läßt sich, wie der
von NEHRING beschriebene Canis ferus decumanus beweist, bis in die vorge-
schichtliche Zeit zurück verfolgen.

Während C. KELLER die echten schweren Doggen von Tibetanerhunden
ableitet und annimmt, daß sie von Tibet in frühhistorischer Zeit über West-

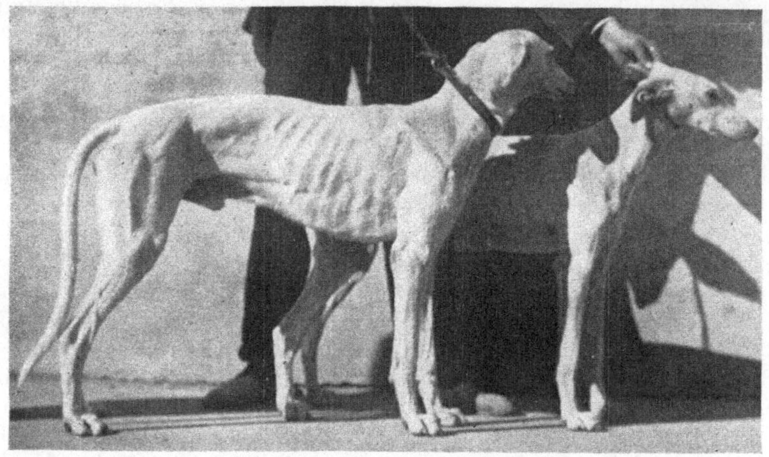

Abb. 51. Galgo: Spanischer Windhund aus Soria, Zentralspanien.
(Orig.-Phot. v. Doz. Dr. STAFFE, Wien 1924.)

asien nach Südeuropa und von hier durch die Römer in die Alpen gelangten,
sieht man neuerdings in der (ihrem Schädelbau nach keineswegs einheitlich
beschaffenen) Tibetdogge ebenso wie im doggenartigen Neufundländer Konvergenzformen der europäischen Doggen. Man nimmt an, daß die Tibetdogge
aus einem Dingo ähnlichen Pariahunde durch direkte Einkreuzung von Wölfen
oder indirekt durch Zuführung von Wolfsblut führenden Hirtenhund ähnlichen
Formen entstanden sei (ANTONIUS). Der Neufundländer dürfte seinen Ursprung
vom Polarhunde nehmen, dem wahrscheinlich europäisches Jagdhundblut
einverleibt worden war.

Ad D. Canis inostranzewi, Anutschin. Dieser erstmalig im frühen
Neolithicum am Ladoga-See festgestellte Typus vorhistorischer Haushunde ist
durch das Hervortreten von Merkmalen nördlicher Wölfe ausgezeichnet. Ursprünglich dürfte er aus einer Kreuzung vom Canis putiatini mit nordischen
Wölfen entstanden sein. Später dürften Kreuzungen solcher nordischer Wölfe
teils mit Canis palustris, teils auch mit Canis matris optimae hinzugekommen

sein. Die heute noch verbreiteten großen, auch in der Schädelbildung wolfs-
ähnlichen Polarhunde geben eine gute Vorstellung vom Inostranzewi-Typus.
Beziehungen zum Inostranzewi-Typus dürfte auch der europäische Lappenhund
und der skandinavische Elchhund besitzen (Kreuzungen von nordischen Wölfen
mit Canis palustris ?).

II. Canis lupaster

Nach HILZHEIMER. Stammform der windhundartigen Rassen.

1. Gruppe der südlichen Windhunde

A. Die reinste Form dieser Gruppe dürfte der charakteristische Windhund
des alten Reiches in Ägypten vorstellen. Ihm ähnliche Abkömmlinge stellen
die Windhunde des ägyptischen Sudans vor. Abgesehen von dem bekannten
schlanken Bau ist für die Windhunde auch charakteristisch, daß sie mit dem
Auge jagen. Von diesem altägyptischen Windhund nimmt eine große Anzahl von
Hunderassen (namentlich aber afrikanische) ihren Ursprung. Es gehören hieher:
Der Hund der Schilluk am oberen Nil, der Beduinen-Windhund (Slughi), der
Hund der spanischen Insel Ibiza, der Podenca, der englische Windhund (Greyhound), das italienische Windspiel, ferner der russische (Barsoi) und der per-
sische Windhund (Tasi).

B. In diese südliche Gruppe gehört auch der Pariahund des Orients, von
dem ein Zweig deutlich Windhundtypus erkennen läßt.

2. Gruppe der nördlichen Windhunde

(entstanden durch Einkreuzung großer europäischer Wölfe).

Hieher gehören durch Aufnahme von Blut großer europäischer Wölfe veränderte und ungewöhnlich große und stark gewordene Windhundformen. Repräsentanten sind: Der schottische Deerhound und der irische Wolfshund.

Die zur Zeit der Entdeckung Amerikas von den Eingeborenen gezüchteten
Hunde, die nach überlieferten Hundemumien zu schließen, Konvergenztypen
zu verschiedenen unserer europäischen Rassengruppen bildeten, leiten nach
den Untersuchungen NEHRINGS ihre Abkunft von einer kleinen mexikanischen
Varietät des Wolfes her.

Was die Abstammung einer Reihe von Haustieren anbelangt, welche,
obschon wichtig oder interessant, doch nicht jene fundamentale wirtschaftliche
Bedeutung für den Menschen haben, wie die eben besprochenen, geben die folgenden beiden Tabellen eine kurze orientierende Auskunft über deren Abstammung und Domestikationszentrum. Auf bloß gezähmte Tierarten, welche,
obschon vom Menschen ebenfalls wirtschaftlich genützt, doch nicht Haustiere
im engeren Sinne des Wortes geworden sind, da sie der Zuchtwahl nicht unterworfen werden können (wie z. B. der Elefant, Wisent, Zebra und gewisse Hirsch-
arten), konnte hier nicht eingegangen werden.

Die Literatur über die Abstammung unserer Haustiere ist zwar eine sehr
umfangreiche, jedoch zugleich auch eine sehr zerstreute.

Werke, welche in zusammenhängender Weise größere Teile dieses Wissens-
gebietes behandeln, gibt es sehr wenige. Unter den vorhandenen sind die „Grund-
züge einer Stammesgeschichte der Haustiere" von O. ANTONIUS, Jena 1922,
das empfehlenswerteste.

Tabelle 2. **Abstammung und Domestikationsgebiete einiger wichtiger Haustierarten**

Wilde Stammform (Spezies)	Verbreitungsgebiet (Vorkommen) der Spezies	Domestikationsgebiet	Abgeleitetes Haustier	Ungefähre Zeit der Domestikation
Bibos Banteng (Syn. B. sondaicus)	Java, Bali (andere Subspezies in Hinterindien usw.)	Insel Bali	Bali-Rind	Neuzeit
Bibos frontalis[1]	Hinterindien	Hinterindien	Gayal	Neuzeit (?)
Bos gruniens	Tibet, früher die meisten Hochgebirge Zentralasiens	Mongolei, Tibet	Yak, Grunzochse	Altertum (?)
Bubalus bubalus L.	Südasien (Indien), früher auch in Mesopotamien	Vorderindien	Hausbüffel	Vorhistorische Zeit
Rangifer tarandus L. und Rangifer fenicus	Nordeuropa, Nordasien	Nordeuropa	Domestiziertes Renntier	Altertum (?)
Camelus bactrianus A.	Zentralasien	Iran	Zweihöckeriges Kamel (Trampeltier)	Zweites Jahrtausend v. Chr. (erste Hälfte?)
Dromedar	Arabien (?), Nordafrika	Arabien (?)	Einhöckeriges Kamel	Zweites Jahrtausend v. Chr. (Ende des zweiten Jahrtausend vor Christus)
Lama Huanachus, Mol.	Kordilleren Südamerikas von Ecuador-Feuerlan l	Peru (im alten Inkareiche)	Lama	In unbekannter, vorkolumbischer Zeit
Lama vicugna, Mol.	Anden von Ecuador, Bolivien und Peru	Peru	Alpako (Paco)	In unbekannter, vorkolumbischer Zeit
Cavia cutleri, Ben.	Peru	Peru	Meerschweinchen	In unbekannter, vorkolumbischer Zeit
Lepus cuniculus	Südeuropa	Spanien	Hauskaninchen	Altertum
Mustella putorius, L.	Europa	Spanien	Frettchen	Altertum

[1] Von manchen Zoologen wird der Gayal als die domestizierte Form des Bibos Gaurus, des Gaur Vorder- bzw. des nordwestlichen Hinterindiens angesehen.

Tabelle 3. **Abstammung und Herkunft einiger wichtiger Arten des Hausgeflügels.**

Wilde Stammform (Spezies)	Verbreitungsgebiet der Stammform	Domestikationsgebiet	Abgeleitetes Haustier	Ungefähre Zeit der Domestikation
Anser cinereus, L.	Europa, Asien	Südeuropa	Hausgans	Altertum
Anas boschas, L.	Europa, Asien, Nordafrika	Europa	Hausente	Altertum
Cairina moschata	Mittel- und Südamerika	Amerika	Moschusente	Neuzeit
Branta canadensis	Nordamerika	Nordamerika	Kanadagans	Neuzeit
Gallus ferrugineus [1]	Indien	Indien (?)	Haushuhn	Altertum
Numidia meleagris	Westafrika	Westafrika	Perlhuhn	Neuzeit
Meleagris gallopavo, L. (Mittelamerikanische Varietät)	Mittelamerika	Mexiko	Truthuhn	In vorkolumbischer Zeit
Meleagris gallopavo, L. (Nordamerikanische Varietät)	Nordamerika	Nordamerika	Bronze-Truthuhn	Neuzeit
Columba livia	Mittelmeergebiet — Persien (auch Westeuropa)	Mittelmeergebiet	Haustaube	In früh- (falls nicht schon in vor-) historischer Zeit
Struthio camelus und verwandte Spezies	Steppen- und Wüstengebiete Afrikas und Südwestasiens	Südafrika (Kapland)	Strauß	Im 19. Jahrhundert n. Chr.
Serinus canarius	Kanarische Inseln, Madeira	Kanarische Inseln	Kanarienvogel	Im 16. Jahrhundert n. Chr.

[1]) Manche Zootechniker vermuten, daß die Gruppe der sogenannten „schweren asiatischen Rassen" des Haushuhns von einer bisher noch nicht bekannten (ausgestorbenen) Spezies abstammen, also sich nicht vom Bankivahuhn herleiten würden.

Zweiter Abschnitt

Rasse und allgemeine Rasseeigenschaften

Die große Menge der domestizierten und vom Menschen wirtschaftlich
genützten Tiere pflegt man der besseren Übersicht wegen in größere Gruppen,
in Rassen, einzuteilen. Wie im folgenden gezeigt werden soll, sind die Ansichten
darüber, was man als rassebildende Momente annehmen soll, geteilte. Zur
Klärung der Frage wird es sich empfehlen, zunächst die verbreitetsten Definitionen
anzuführen und kurz kritisch zu besprechen. Eine ältere, von H. SETTEGAST
herrührende lautet: Zu einer Rasse sind alle Individuen derselben Art zu zählen,
welche sich von anderen durch charakteristische Merkmale unterscheiden
und diese bewahren, solange die bedingenden Umstände nicht mächtig genug
sind, die Charaktere zu verändern.

Demnach wird hier eine nur relative Beständigkeit der Rassenformen angenommen. Letztere können sich ändern, wenn die Daseinsverhältnisse andere
werden oder aber die Zuchtwahl nach einem anderen Zuchtziele orientiert wird.
Eine andere, von Tierzüchtern oft verwendete Definition rührt von M. WILCKENS
her; sie lautet: Unter „Rasse" begreifen wir eine durch Anpassung an gleich-
artige Lebensbedingungen entstandene Gruppe von gleichförmigen Haustieren.
Wenn die Lebensbedingungen fortdauern, unter deren Einfluß die Rassenform
entstanden ist, dann erhält und vererbt sich diese beständig. Sobald sich
aber diese Lebensbedingungen ändern, ändern sich auch die Formen und Leistungen der Rassentiere. Die Beständigkeit der Rassenformen bezieht
sich also nur auf bestimmte Lebensbedingungen, denen sie angepaßt
sind. Eine unbedingte Beständigkeit irgend einer Rassenform gibt es
nicht.

Gegenüber der SETTEGASTschen Definition unterscheidet sich die WILCKENS-
sche nur dadurch, daß letztere ein größeres, ein ganz besonderes Schwergewicht
auf die Anpassung an ganz bestimmte gegebene Verhältnisse legt. Diese
WILCKENSsche Definition ist insoferne wichtig, als sie mit den modernen mendelistischen Anschauungen übereinstimmt, welche das Wesen eines Merkmales
als Reaktionsform auf ganz bestimmte Reize erblicken.

Als dritte Definition möchte ich noch eine aus dem Bereiche der Anthropologie entstammende, anführen, nämlich die von TOPINARD. Sie lautet kurz
und bündig: Les races sont les types héréditaire. Ergänzend wird dann noch
hinzugefügt, daß diese ererbten und sich weiter vererbenden „types" morphologischen, physiologischen oder pathologischen Charakter besitzen können.

Um über das Wesen der Rasse volle Klarheit zu erlangen, ist es jedoch
nötig, noch folgendes zu berücksichtigen. WILCKENS hat mit Recht darauf
hingewiesen, daß der Begriff „Rasse" etwas Künstliches, vom Menschen Geschaf-
fenes, vorstellt und daß er seine Entstehung dem „wissenschaftlichen Ordnungsbedürfnisse" verdankt. Aus „praktischen Rücksichten" entspringt ein gewisses
Unterscheidungsbedürfnis, dem zuliebe die Masse der Haustier-Individuen einer
Art in gewisse Gruppen unterschieden wird. „Rassen bestehen bloß in den
Gedanken oder wissenschaftlichen Systemen des Menschen, ebenso wie Arten,
Gattungen und andere Begriffe, in welche die Naturkörper geordnet werden"
sagt WILCKENS. Mit diesen Worten ist bereits angedeutet, daß in der land-
wirtschaftlichen Tierzucht Rassen ungefähr dasselbe sind, was die Spezies oder
Arten dem Zoologen vorstellen, nämlich Einheiten einer höheren Ordnung.
Ähnlich wie bei der Spezieszugehörigkeit handelt es sich auch bei der Abgrenzung
von Rassen um gewisse wesentliche Merkmale körperlicher oder funktio-

neller Art, welche ererbt worden sind, und welche sich unter normalen Verhältnissen auch wieder sicher weiter vererben. Damit sind wir aber auch bereits beim springenden Punkte dieser wichtigen Frage angelangt, nämlich bei der Entscheidung darüber, was ein „wesentliches Merkmal" ist.

Wenn in der züchterischen Praxis ein großer Wirrwarr darüber besteht, was eine Rasse ist, und wenn vielfach der eine eine Gruppe von Haustieren als Schlag (eine Unterabteilung der Rasse) bezeichnet, welche vom anderen bereits als Rasse angesprochen wird, so erklärt sich dies aus der verschiedenen Auffassung, welche im einzelnen dem Wörtchen „wesentlich" zuteil wird. Manche lassen als „wesentliche" nur solche Merkmale gelten, welche sozusagen zoologischen Charakter haben, das heißt, welche tiefgreifende zoologische Unterschiede bedingen, wie etwa bestimmte Merkmale im Schädelbau usw. Ein so strenger, zoologischer Unterschied wird vielfach von Vertretern der Wissenschaft, namentlich von Fachzoologen innerhalb der landwirtschaftlichen Rassenkunde vertreten. Dann pflegt natürlich die Zahl der Rassen aus denen sich eine Haustierart zusammensetzt, nur sehr gering zu sein. Als Beispiel, hiefür sei die ursprünglich von RÜTIMEYER vorgeschlagene Einteilung sämtlicher Hausrindformen in nur vier Rassen angeführt. Im Gegensatze hiezu begnügt man sich in der praktischen Tierzucht meist mit einer viel weniger strengen Auffassung der „wesentlichen" Merkmale und man läßt als rassenbildende Merkmale oder Eigenschaften solche von viel weniger tiefgreifender Natur gelten, wie zum Beispiel Färbung, Körperproportionen, Größenverhältnisse, Haarbeschaffenheit und andere. Niemals darf man aber aus dem Auge verlieren, daß es sich bei der Bezeichnung von „Rasse" stets zum guten Teil um etwas Willkürliches, das heißt auf Übereinkommen beruhendes handelt, und daß es einen objektiven und allgemein angenommenen Maßstab für diesen Zweck nicht gibt. Sollen Mißverständnisse vermieden werden, dann ist eine Aussprache darüber notwendig, ob man den streng zoologischen oder aber den praktisch-landwirtschaftlichen Standpunkt, dem man ja schließlich auch Rechnung tragen muß, einzunehmen willens ist. Im folgenden soll ein aus dem Bereiche der Rinderzucht gewähltes Beispiel das Gesagte erleichtern.

Bezeichnung	Vom wissenschaftlichen (zoologischen)			Vom praktischen (landwirtschaftlichen)			
	Standpunkte aus betrachtet, sind						
Die Brachycerosrinder (Kurzhornrinder) ..	als Rasse zu bezeichnen			als Rassengruppe zu bezeichnen			
Unterabteilungen von Brachyceros sind:							
1. Illyrisches Rind	„ Schlag „	„	„	Rasse	„	„	
2. Karpathenrind .	„	„	„	„	„	„	„	„
3. Polnisches Braunvieh	„	„	„	„	„	„	„	„
4. Polnisches Rotvieh..........	„	„	„	„	„	„	„	„
5. Angler Vieh....	„	„	„	„	„	„	„	„
6. Rendena-Vieh..	„	„	„	„	„	„	„	„

Jener landwirtschaftlichen Einteilung nach, welche das Illyrische Rind als Rasse anspricht, zerfällt dann diese Rasse in eine Reihe von Untergruppen, von Schlägen, welche sich, wie eben erwähnt, durch weniger wichtige Merkmale voneinander unterscheiden. Im gegebenen Falle hätten wir z. B. folgende Schläge:

1. Die Buza in Kroatien,
2. Das Bosna-Taler Rind Bosniens,
3. Das Spreca-polje-Rind Bosniens,
4. Das schwarze Rind von Imljani (Bosnien)
5. Das Zwergrind vom Podgorica-polje usw.

Ebenso umfaßt die Rasse des „polnischen Braunviehs" eine Reihe von verschiedenen einfärbigen Gruppen von Rindern, die wir im landwirtschaftlichen Sinne als Schläge auffassen dürfen, wobei naturgemäß die Nuancen der Einfärbigkeit eine weite Schwankung (etwa vom hellen graubraun über mehr weniger rötlichbraun bis zum dunklen schwarzbraun der Maydaner Rinder) aufweisen. Als solche Schläge kommen z. B. das alte Karpathenrind, die Maydaner und nebst dem brachyceren Landvieh verschiedener Gegenden Polens selbst die Zuchten in den Rokitno-Sümpfen und in Litauen in Betracht.

So richtig es ist, vom wissenschaftlichen Standpunkte aus betrachtet, sich an die streng zoologisch begründete Auffassung des Rassebegriffes zu halten, ebenso ist es aber anderseits für den praktischen Landwirt zweckmäßig von seinem Standpunkte aus sich der praktischen Einteilung zu bedienen. Mißverständnisse sind ausgeschlossen, wenn der jeweils eingenommene Standpunkt rechtzeitig betont wird. Schließlich wäre bei der Rassenbezeichnung unserer Haustiere noch des geographischen Momentes Erwähnung zu tun. Auch hierauf hat WILCKENS bereits seiner Zeit aufmerksam gemacht, indem er hinwies, daß die Rassen der Haustiere für den ausübenden Landwirt unter anderem auch eine örtliche Bedeutung hätten. Schon der Name einer Rasse, dem fast immer ein geographisches, auf die ursprüngliche Heimat der betreffenden Rasse bezugnehmendes Beiwort angefügt erscheint, zeige an, unter welchen Daseins- und Lebensbedingungen sie entstanden sei und gebe daher einen Fingerzeig ab, welcher Art von Ansprüchen für das gute Gedeihen der Tiergruppe nötig sei. Tatsächlich finden wir denn auch bei fast allen Rassennamen gleichzeitig den Namen bestimmter Gegenden beigesetzt. So spricht man von einem englischen Vollblut beim Pferd, von einem Holländer oder Oldenburger Rind, von einem schottischen Blackfaced-Schaf, von einem Yorkshire- oder Berkshire-Schwein u. dgl. mehr. Selbst dort, wo die Rassenbezeichnung von einem charakteristischen Merkmale abgeleitet erscheint, fügt man als Beiwort den Namen jener Gegend oder jenes Landes bei, in welchem sie entstanden ist.

Dem menschlichen Ordnungsbedürfnisse entspricht dann auch eine weitere Einteilung der Rassen in Untergruppen, so wie es oben bereits angedeutet worden ist. Auf Grund von Merkmalen immer weniger wichtiger Art unterscheidet man solcher Art die Rasse in Schläge, die Schläge wieder in Stämme und diese in Familien. So begreift man nach SETTEGAST unter einem „Stamm" beispielsweise eine Gruppe von Tieren, welche nach Abkunft, Körperbau, Art der Leistung usw. eine gewisse Zusammengehörigkeit bekunden.

Jene für eine bestimmte Rasse „charakteristischen" Eigenschaften und Merkmale kommen zwar bei allen Individuen derselben vor, sie sind aber doch quantitativ verschieden entwickelt. Strenge genommen müßte man bei der Feststellung solcher „Rassenmerkmale" oder „Rasseneigenschaften" den Mittelwert von allen die Rasse zu einer bestimmten Zeit zusammensetzenden Individuen bilden. Weil dies praktisch unmöglich ist, so begnügt man sich mit der Feststellung eines annäherungsweise richtigen, an einer möglichst großen Anzahl untersuchter Tiere festgestellten Mittelwertes. Der Genauigkeit halber bedient man sich bei ihrer Ermittlung der modernen variationsstatistischen Methoden. Solche Mittelwerte als Rassencharakter können sich auf morphologische Momente (wie Größe und damit zusammenhängend Lebendgewicht, Körpermaße usw.)

oder auf physiologische Eigenschaften (Frühreife, Spätreife, Schnelligkeit, Milchergiebigkeit, Fettgehalt in der Milch, Schurgewicht von Wolle und dgl.) beziehen; ihre Kenntnis ist begreiflicherweise von großem praktischem Werte. Ihrem Wesen nach gehören die Rassenmerkmale verschiedenen Gruppen an.

1. Ein Teil derselben besitzt geradezu Speziescharakter, d. h. es handelt sich um rein zoologische Charaktere, welche der betreffenden Haustierrasse durch ihre Abstammung von einer bestimmten Spezies zukommen. Beispielsweise ist der charakteristische Schädelbau des bosnischen Pferdes in der Hauptsache ein solcher Speziescharakter (Stammform: der Tarpan), oder aber die Schädelbildung des Mongolenpferdes, welches dadurch seine Herkunft vom Przewalskischen Wildpferd erkennen läßt.

2. Eine andere Gruppe von Rassenmerkmalen ist hauptsächlich das Produkt künstlicher Zuchtwahl. Im Gegensatz zu den vorigen spielen sie bei der rein

Abb. 52. Ein „Tabun" Kirgisen Pferde auf der Steppe. Die Fohlen sind übertags angebunden, getrennt von den Müttern (Beispiel für primitive Rassen).

praktischen Rassenabgrenzung einerseits und anderseits bei der Charakteristik der sogenannten Züchtungsrassen eine wichtige Rolle. Beispiele hiefür sehen wir in der Fähigkeit zu großer Milchergiebigkeit bei den Niederungsrindern oder in dem hohen Fettgehalt der Milch bei der Jerseyrasse des Rindes. Auch die weitgehende Frühreife und Mastfähigkeit der englischen Shorthornrinder, die mit einem typischen Körperbau vereinigt zu sein pflegt, oder aber die Bildung edler Locken beim Vliese neugeborener Karakullämmer gehören hieher. Die letzte in allen diesen Fällen erkennbare Ursache stellt das Auftreten sogenannter Mutationen (erblicher Sprungvariationen) vor, welche vom Züchter rechtzeitig erkannt und durch geeignete Zuchtführung oft weitgehend verstärkt und gesteigert werden können.

Eine große Reihe moderner Züchtungsrassen sind auf diese Weise herangebildet worden.

3. Können unter gewissen Umständen auch noch sogenannte Modifikationen — allerdings fast immer unterstützt durch natürliche Zuchtwahl —

rassebildend wirken. Freilich kommen sie nur dann in Frage, wenn man sich der rein praktischen, der landwirtschaftlichen Rassendefinition bedient. Das heißt, daß unter der Einwirkung eines bestimmten Milieus gewisse an und für sich nicht eigentlich vererbbare Merkmale und Eigenschaften zur Entwicklung gelangen. Als Beispiele könnte man verschiedene Kümmerrassen bei wohl den meisten Haustierarten anführen (z. B. das Posavinarind innerhalb des Steppenviehs oder um einen extremen Fall zu zitieren, das Hungervieh des Gouvernements von Perm in Rußland). Ein sehr bezeichnendes Beispiel liefert auch das von ULMANSKY studierte bosnische Siskaschwein.

Eine für die züchterische Praxis nach wie vor wichtige und brauchbare Rassengruppierung rührt von SETTEGAST her. Er unterscheidet:

1. **Primitive Rassen,**
2. **Züchtungsrassen,**
3. **Übergangsrassen.**

1. Unter primitiven Rassen — ein Begriff, der sich mit jenem von NATHUSIUS früher bereits aufgestellten, der sogenannten Naturrassen deckt — versteht SETTEGAST solche, bei welchen die züchterische Tätigkeit des Menschen gegenüber dem Einfluß der Umwelt in den Hintergrund tritt. Es sind Haustierrassen, die seit unvordenklichen Zeiten in Form und Leistung unverändert geblieben sind. Dadurch, daß sie von „Kultureinflüssen", wie sich SETTEGAST ausdrückt, unberührt geblieben sind, und daß sie anderseits an die Umwelt, in der sie entstanden sind, vortrefflich angepaßt sind, haben sie eine „gewisse Stabilität" erlangt. Wenn SETTEGAST jedoch soweit geht, anzunehmen, daß diese „Stabilität" selbst durch erfolgte Bluteinmischung fremder Rassen keine Beeinträchtigung erfährt, so muß demgegenüber darauf hingewiesen werden, daß diese Annahme auf Grund der modernen Vererbungslehre nicht mehr gelten gelassen werden kann. Beispiele solcher primitiver Rassen sehen wir beim Pferde in den kleinen ostgalizischen Landpferden, den Konikis, und im ursprünglichen Landpferde Bosniens gegeben; beim Rinde im unveredelten illyrischen Rind, beim Schaf in den züchterisch unbeeinflußten Zackelzuchten der Balkanländer und beim Schwein in der sogenannten Siskarasse.

Alle diese primitiven Haustierrassen sind vorwiegend durch zoologische Merkmale charakterisiert und haben mangels züchterischer Beeinflussung durch den Menschen bezüglich ihrer Merkmale und Leistungen ihre Reinheit und Ursprünglichkeit bewahrt.

2. Züchtungsrassen — nach der älteren Auffassung (NATHUSIUS) auch als Kulturrassen bezeichnet — sind, wie bereits der Name anzeigt, hochgezüchtete, d. h. sie sind nach Form und Leistung durch vom Menschen ausgeübte künstliche Zuchtwahl weitgehend verändert, veredelt. Sie sind, wie das SETTEGAST so schön ausdrückt, das Produkt bewußten Strebens nach gesteckten Zielen. Im Gegensatz zu den primitiven Rassen tritt bei diesen die wirtschaftliche Leistung, treten die physiologischen Merkmale in den Vordergrund, während die morphologischen, zoologischen an Bedeutung verlieren. Ihre Bildung gründet sich auf spontan entstandene Mutationen und hängt mit mehr oder weniger lang ausgeübter strenger Zuchtwahl zusammen, meist in Verbindung mit Schaffung günstiger Lebensbedingungen. Das Charakteristische der Züchtungsrassen liegt in hoher Leistungsfähigkeit in irgend einer der vielen möglichen wirtschaftlichen Leistungsrichtungen. Daraus ergibt sich bereits, daß ihre Ansprüche an Haltung, Pflege und Ernährung große sind, und daß sie bei diesbezüglichen Änderungen nach der ungünstigen Seite hin ihre Eigenschaften leicht einbüßen. Im Gegensatz zur großen Stabilität der Rassenmerkmale bei den primitiven Haustierrassen finden wir bei den hochgezüchteten eine weitgehende Veränderungsfähigkeit.

Abb. 53. Herde von ungarischem Steppenvieh der Zucht in Dolny-Miholjac, Slavonien. Primitive Rasse. (Orig.-Phot. v. Prof. E. C. SEDLMAYR, Wien 1906.)

Abb. 54. Stier der brachyceren illyrischen Rasse in Weidemastkondition. Grauviehschlag. Hochweiden der Vlasic-Planina, Bosnien. Primitive Rasse. (Orig.-Phot. v. ADAMETZ-MAYREDER, 1891.)

Abb. 55. Primitives Landschwein der Pinzkischen Sümpfe. (Orig.-Phot. v. Z. JAWORSKI, 1925.)

Ein Bild vom Wesen der Züchtungsrassen innerhalb der wichtigsten Haustiergattungen soll folgende kurze Übersicht liefern:

Abb. 56. Primitive altungarische Zackelschafe (Raczka) mit charakteristischer Mischwolle. (Phot. v. Schnaebeli, Berlin 1873.)

Abb. 57. Arabische Vollblutstute „Hadban", Gestüt Babolna (Ungarn). Beispiel einer Züchtungsrasse. (Orig.-Phot. v. Prof. Dr. K. Keller, Wien.)

Beim Pferde:

a) absolute Schnelligkeitsleistung: Englisches Vollblut bzw. für Trableistung der amerikanische oder russische Traber;

b) relative Schnelligkeitsleistung (d. h. Schnelligkeit kombiniert mit Ausdauer): Arabisches Pferd;

c) schwerer Zug: Glydesdale und Shirehorse.

Beim Rind:

a) absolute Milchleistung: Niederungsvieh und Ostschweizer Braunvieh;

b) hoher Fettgehalt in der Milch: Jerseyrind;

Abb. 58. Tekke-Turkmenen Rasse; Wallach (W. H. = 160 cm) nach Phot.
v. Oberst Ruthowsky aus Gulkewicz, Typen und Rassen der Pferde Rußlands.

c) Frühreife und Mastfähigkeit: Shorthorn und Aberdeen-Angus;

d) kombinierte Leistung aller drei Nutzungsrichtungen: Berner, Simmentaler.

Beim Schaf:

a) Milchleistung: Ostfriesisches Milchschaf;

b) Frühreife und Mastfähigkeit: Leicester, Southdown, Shrop-, Hampshire-
und Oxfordshire-down;

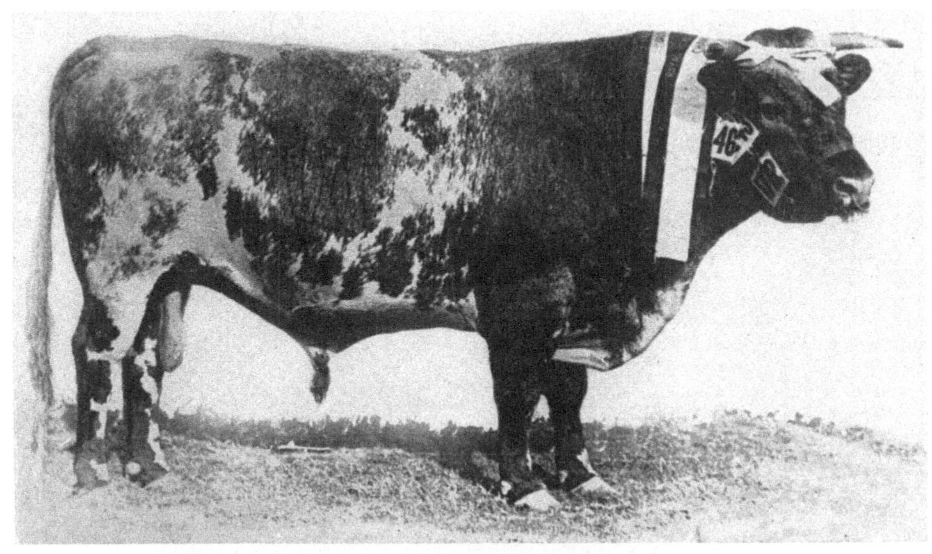

Abb. 59. New South Walesscher (Australien) Dairy Shorthorn-Stier „Kitschener of Darbalara (419)“. Champion auf der Ausstellung 1917. Vater von Kuh Nr. 247. (Orig.-Phot. der Darbalara-Zucht.)

Abb. 60. New South Walessche (Ausstralien) Dairy Shorthorn-Kuh. Repräsentant der Milch-Mast-Richtung beim Rinde. Kuh Melba XV. von Darbalara (4188). Sechsjährig 29.432 Pfund Milch mit 1316 Pfund Butterfett in 365 Tagen. (Orig.-Phot. der Darbalara-Zucht.)

c) feine Wolle (Tuchwolle): Merino (Elektoral, Negretti);

d) Kammwolle bzw. kombinierte Leistungen (Wolle und Fleisch): Rambouillets und neuerdings die Melés und Merino-Fleischschafe;

Abb. 61. Holländerkühe auf der Marschweide. (Orig.-Phot. des Verkaufsverbandes friesischer Viehzüchter in Leeuwarden, Holland.)

e) Pelzschafe: Karakuls;

f) Kombination von Pelz und Milchproduktion: Das Malitschschaf der Krim.

Beim Schwein:

a) Frühreife, Wüchsigkeit und Mastfähigkeit: Yorkshire, Deutsches Edelschwein, Berkshire und Poland-China;

Abb. 62. Ostschweizer Braunvieh. Sommerweide am Hörnli im Obertößtaler Hügelland, Schweiz. Seehöhe 1000 m. Jungviehherde der Gutswirtschaft Maggi, Kemptal (Schweiz). (Orig.-Phot. der G. W. Maggi, Kemptal.)

b) Weidefähigkeit und Mastfähigkeit bei mittlerer Frühreife: Mangalica. Wie bereits erwähnt, verdanken diese Züchtungsrassen ihre Entstehung zunächst der künstlichen Zuchtwahl, welche gewisse Mutationen richtig erkannte und züchterisch festlegte. Ein schönes Bild des englischen Züchters YOUATT ausbauend, sagt daher SETTEGAST mit Recht: „In der züchterisch jätenden Hand des Landwirtes liegt der Zauberstab, vermöge dessen er diejenigen Typen ins Leben ruft, welche seinen Zwecken am dienlichsten sind." Die Zuchtwahl jedoch kann nur dann arbeiten, wenn die zur Verfügung stehenden Tiere bezüglich eines ins Auge gefaßten Merkmals, oder einer solchen wirtschaftlichen Eigenschaft sich individuell verschieden verhalten. Die weitere Voraussetzung ist somit die Variabilität der Tiere, und zwar muß die hier benötigte Variabilität vom Keimplasma ausgehen, sie muß mit anderen Worten erblicher Natur sein. Hier handelt es sich um eine Zucht auf Leistung und die Kunst des Züchters besteht bei der Bildung von Züchtungsrassen in der möglichst günstigen Gestaltung der Daseinsverhältnisse, um diejenigen Tiere zu erkennen, welche die stärkste Reaktion nach der gewünschten Seite zeigen; die so erkannten geeignetsten Individuen dienen dann zur Weiterzucht und zur eventuellen weiteren Steigerung des gewünschten Merkmals. Daraus ergibt sich weiter, daß die Existenz der Züchtungsrassen an ganz bestimmte, und zwar günstige Haltungs- und Ernährungsverhältnisse geknüpft ist. Ganz besonders handelt es sich in den meisten Fällen um eine von Jugend an erfolgende reichliche und auch gleichmäßig jahraus jahrein gebotene Ernährung. Sie

Abb. 63.   Merino Bock Leutewitzer Zucht. Drei Jahre alt.   (Phot. nach einer Lehrkanzelaufnahme.)

sind, wie schon SETTEGAST betonte, in ihrem Entstehen und Bestehen in ganz besonderem Maße an die Kunst des Züchters gebunden und nur für bestimmte wirtschaftliche Verhältnisse berechnet. Wirtschaftlich am Platze sind sie nur dort, wo die landwirtschaftliche Kultur eine hohe Stufe erlangt hat und in Gegenden mit intensivem landwirtschaftlichem Betrieb, weil nur dort ihre hohen Ansprüche an Futter und Pflege befriedigt werden können. Diese Tatsache, die von grundlegender Bedeutung ist, wird bis auf den heutigen Tag häufig genug unterschätzt, wenn man sieht, wie anspruchsvolle Züchtungsrassen zur „Verbesserung" primitiver Landrassen auch dort in Verwendung treten, wo die Nahrungsquelle infolge bestehender primitiver Wirtschaftsverhältnisse weder reichlich noch gleichmäßig während des ganzen Jahres fließt. Die vielfach geäußerte Meinung, daß die Verbreitung der Züchtungsrassen geographisch nicht begrenzt sei, wegen des bedeutenden Einflusses des Menschen bei ihrer Haltung, ist nur bedingt und nur bis zu einem gewissen Grad richtig. Es genügt der Hinweis darauf, daß beispielsweise eine wirtschaftliche Haltung unserer durch hohe Milchergiebigkeit ausgezeichneten europäischen Rinderrassen in den Tropenländern bisher nicht erzielt werden konnte.

Alle Individuen einer anerkannten Züchtungsrasse, welche die für sie charakteristischen Merkmale ausgeprägt besitzen, bezeichnet man als Vollbluttiere. Die Bezeichnung „Vollblut" darf somit nicht, was oft genug geschieht, im Sinne von und gleichbedeutend mit reinrassig gebraucht werden. Es geht nicht an, Vertreter von primitiven oder Übergangsrassen als Vollblut zu bezeichnen, dazu fehlt ihnen die hohe Leistung sowie überhaupt das, was man die

„Attribute des züchterischen Adels" nennt. SETTEGAST definiert „Vollblut als den Inbegriff vorzüglicher und charakteristischer Eigenschaften anerkannter Züchtungsrassen".

3. Übergangsrassen. Unter Übergangsrassen versteht man jene, bei welchen sich die große Menge der sie bildenden Individuen zwar noch unter ziemlich primitiven Verhältnissen befindet, wo jedoch hinsichtlich Haltung und namentlich Ernährung doch bereits gewisse Verbesserungen zu beobachten sind. Ein weiteres Charakteristikum der Übergangsrassen wäre darin zu erblicken, daß innerhalb des Verbreitungsgebietes derselben eine Anzahl von sogenannten Hochzuchten vorhanden ist. In diesen Hochzuchten wird die Zucht nach allen Regeln der Kunst betrieben, ihre Inhaber arbeiten genau mit denselben Mitteln,

Abb. 64. Orig. Yorkshire Muttersau moderner englischer Zuchtrichtung.
(Orig.-Phot. v. Dr. ZABIELSKI, Krakau 1924.)

welche die Züchter von Züchtungsrassen anwenden, d. i. mit strenger Zuchtwahl und Schaffung günstiger Daseinsverhältnisse. Jede solche Hochzucht stellt ein Zentrum vor, von welchem aus die Verbreitung bereits leistungsfähiger Individuen (oder ihres Blutes) der betreffenden Rasse in die Umgebung hin erfolgt. Solcherart erfolgt durch Verwendung von gewöhnlich männlichen Zuchttieren allmählich eine Infiltration mit leistungsfähigerem Blute in jene Herden und Bestände, in denen die Zucht noch nicht nach bestimmten Grundsätzen betrieben wird. Als Beispiel für eine solche Übergangszucht beim Rind möchte ich das in den Vorkarpathen und im anschließenden Hügelland Westgaliziens verbreitete sogenannte polnische Rotvieh anführen.

Landrassen (ihr wirtschaftlicher Wert und ihre Bedeutung). — Der Ausdruck „Landrasse" wird in der züchterischen Literatur besonders für in bestimmten Gegenden alteinheimische und daher wohl angepaßte Haustierrassen gebraucht, welche jedoch noch keine züchterische Höhe erreicht haben. Er umfaßt daher

Haustiere, welche der Gruppe primitiver bzw. der Übergangsrassen angehören. Züchtungsrassen pflegt man nicht als Landrassen anzusprechen, sie stehen vielmehr in einem gewissen Gegensatz zu ihnen und ihre Verbreitung erstreckt sich über das ursprüngliche Entstehungsgebiet hinaus. Die alten Berner Rinder der Westschweiz z. B., die vor 80 bis 100 Jahren noch nicht hochgezüchtet waren, die jedoch dank der vortrefflichen Boden- und daher auch Futterverhältnisse gewisser Teile ihres Verbreitungsgebietes wegen (Simmental, Gebiete des Kantons Freiburg usw.) bestimmte körperliche Vorzüge aufwiesen, derentwegen sie die Aufmerksamkeit der Nachbarländer erweckten, waren noch eine solche Landrasse; die später durch Hochzucht aus ihnen hervorgegangenen modernen Simmentaler sind es nicht mehr. Bis auf die jüngste Zeit wurden die Landrassen ziemlich ungünstig beurteilt und ihre Zucht vielfach als Zeichen

Abb. 65. Tibet Pony aus Südchina. Tarpan-Typus. (Orig.-Phot. v. C. O. LEVINE in Journ. of Hered. 1920.)

von züchterischer Rückständigkeit aufgefaßt. Ihre Leistungen, die fast stets nur absolut, nicht aber relativ berücksichtigt und mit jenen von Züchtungsrassen verglichen wurden, stellten sich naturgemäßerweise als geringer dar und so galt ihre Haltung als unwirtschaftlich und das Um und Auf aller Bestrebungen zur Hebung der Viehzucht in solchen Gegenden bestand schablonenhaft in der Einführung von Züchtungsrassen zur Aufkreuzung. Die Erkenntnis der Verkehrtheit einer solchen Art der Einschätzung der Landrassen, die so ziemlich auf eine Verurteilung in Bausch und Bogen hinauslief, bricht sich jedoch gegenwärtig immer mehr Bahn. Eine eingehendere Beschäftigung mit den Leistungen solcher Landrassen unter Berücksichtigung der gegebenen physiographischen und ökonomischen Bedingungen und ziffernmäßige Erfassung derselben hat nämlich wiederholt den Beweis einer größeren Rentabilität ihrer Haltung gegenüber der von Angehörigen irgend welcher anspruchsvoller fremder Züchtungsrassen erbracht. Will man zu einem objektiven Urteil über den Wert oder Unwert von Landrassen gelangen, dann ist folgendes zu beachten. Die Landrassen sind typische Produkte der betreffenden Scholle, auf der sie leben, d. h. sie sind den klimatischen und Ernährungs- usw. bedingungen ihrer

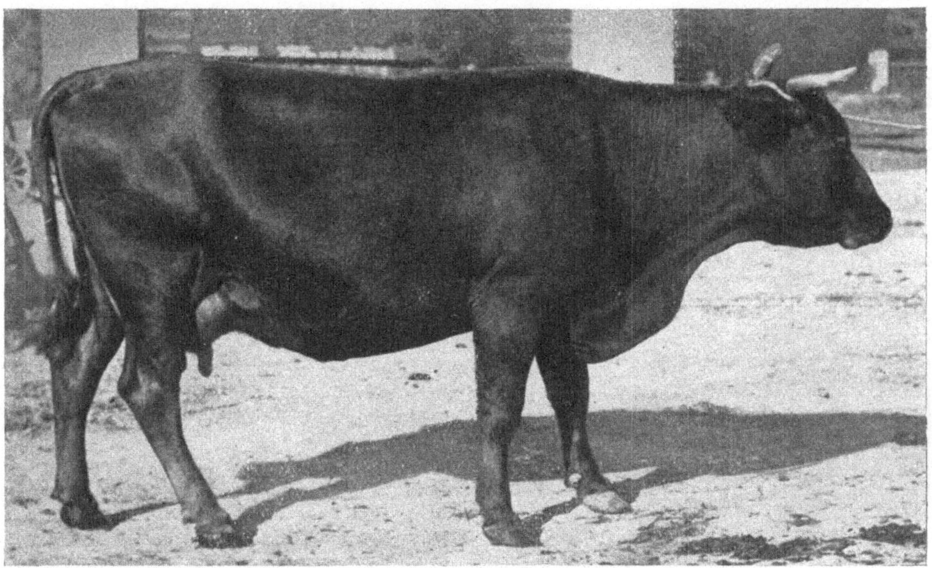

Abb. 66. Kuh des polnischen Rotviehs (Versuchsgut Mydlniki). Milchleistung 1924: 4900 *l*. (Orig.-Phot.)

Abb. 67. Bonihaderkuh, Berner-Type. Repräsentant einer Landrasse vom Übergangscharakter. (Orig.-Phot. v. Prof. Sedlmayr, Wien 1906.)

Heimat vollendet angepaßt. Meist, und das ist sehr wichtig, handelt es sich dabei um Existenz- und Produktionsbedingungen ungünstiger Natur, die aus wirtschaftlichen oder anderen Gründen nicht oder doch nicht in kurzer Zeit anders zu gestalten sind. Bald spielt hier eine größere Armut des Bodens an mineralischen Pflanzennährstoffen, bald ein ungünstiges Klima bei rauher

Haltung eine Rolle; auch eine ungleiche Ernährung in den einzelnen Jahreszeiten, oder bestimmte, in der gegebenen Umwelt gelegene Krankheitsursachen
bzw. Krankheitserreger kommen in Frage. An alle solche Lebensbedingungen
pflegen die Landrassen angepaßt zu sein und solange diese nicht im günstigen
Sinne geändert sind, werden Landrassen fremden Züchtungsrassen unter allen
Umständen wirtschaftlich überlegen sein. Einige Beispiele mögen das Gesagte
erläutern. Den aufreibenden, ungeheure physische Anstrengungen bei karger
Ernährung beinhaltenden Dienst der Kirgisenpferde des Tian-Shan-Gebietes,
einer typischen, zentralasiatischen Landrasse, sind keine zu irgend welcher
Züchtungsrasse gehörende Pferde zu leisten imstande. Bezüglich des Rindes

Abb. 68.   Zackelschafe des Vlasic-Schlages auf der Alpweide. Neben den Schafen
des Kupres-Polje die besten Zackel Bosniens vorstellend. (Orig.-Phot. v. ADAMETZ-
MAYREDER, 1891.)

sei mir das naheliegende Beispiel der Waldviertler anzuführen gestattet.
Die meist seichte, speziell an Kalk und Phosphorsäure besonders arme Acker-
krume des niederösterreichischen Waldviertels hat dort ein leichtes, schwach-
knochiges Rind von fast Kümmertypus geschaffen, dessen wirtschaftliche
Leistungen absolut betrachtet, nur mäßige sind. Infolge landwirtschaftlicher
und biologischer Unkenntnis der gegebenen Verhältnisse meinte man dies Waldviertler Rind durch Veredlungskreuzung mit höher gezüchteten Rassen verbessern zu können. In den vergangenen 40 bis 50 Jahren wurden nacheinander
Mariahofer, Scheinfelder, Kuhländer und Simmentaler mit schließlich durchaus
negativem Resultate versucht. Jetzt endlich kehrte man zu den Resten des alten
Landrindes zurück und sucht sie mit sichtlichem Erfolge ohne Kreuzung, durch
Zuchtwahl und unter allmählicher Bessergestaltung der Daseinsverhältnisse
leistungsfähiger zu machen. Das alte, wohlangepaßte Waldviertler Rind zeigte

sich eben unter den vorhandenen Verhältnissen den fremden, anspruchsvolleren
Rassen wirtschaftlich überlegen, sobald die erste, bekanntlich durch Luxurieren
blendende und irreführende Kreuzungsgeneration vorüber war und sich das
Blut der fremden Rasse immer mehr geltend machte. Ein anderes lehrreiches
Beispiel betrifft eine typische Übergangsrasse, das polnische Rotvieh. In dem
aus Vertretern der reinen Niederungsrasse und des polnischen Rotviehs gleichmäßig zusammengesetzten Rinderbestand der Versuchswirtschaft der Krakauer
Universität (in Mydlniki) wurde jüngst von I. BUJWID (1925) unter Berücksichtigung aller in Frage kommenden Momente eine genaue Berechnung der
Produktionskosten eines Liters Milch für die Niederungsrasse und das polnische
Rotvieh durchgeführt, aus der sich die größere Wirtschaftlichkeit des letzteren
ziffernmäßig ergab. Bei rationeller individueller Fütterung und Frischmilch-
verkauf stellten sich die Gestehungskosten eines Liters Milch beim Rotvieh um
15·3% niedriger als beim Niederungsvieh, wobei jedoch die unvergleichlich
bessere Qualität der Milch des ersteren nicht berücksichtigt worden ist. Wird
hingegen die Milch auf Butter verarbeitet, was bei den von größeren Städten

Abb. 69.   Krainer Landschwein, Sau zirka zehn Monate alt. Tiegerfärbung.
Notrajnsko. (Phot. v. Doz. Dr. A. STAFFE, 1912.)

weiter entfernt gelegenen Gütern unerläßlich ist, dann tritt diese qualitative
Überlegenheit der Rotviehmilch wesentlich schärfer zu Tage, indem sich die
Produktionskosten eines Kilogramms Butter aus Rotviehmilch um 44·8 %
niedriger stellen als jene der Butter aus Niederungsviehmilch.

Das Verdienst, die wirtschaftliche Bedeutung der Landrassen im vollen
Umfange früh erkannt und gezeigt zu haben, daß dieselben auch unter günstigeren Futterverhältnissen in bezug auf Rentabilität den Hochzuchten gewachsen
sein können, gebührt vor allem den nordischen Staaten (Schweden und Finnland). In Schweden wurde namentlich durch die unermüdliche Tätigkeit Professor ARENANDERS in Ultuna, die Leistungsfähigkeit der ursprünglichen,
geradezu verkümmerten Fjellrasse im Verlaufe von kaum mehr als drei Dezennien so gehoben, daß die wirtschaftliche Berechtigung ihrer Zucht außer
Zweifel steht. Und in Finnland haben Professor VON WENDT in Helsingfoers
und andere das einheimische Landvieh zu einem höchst erfolgreichen Kon-
kurrenten verschiedener bis dahin importiert gewesener Züchtungsrassen zu
machen verstanden, dem heute nach VON WENDT fast 90% des finnischen Rinderbestandes angehört. In verschiedenen Gegenden Mitteldeutschlands mit weniger
günstigen Verhältnissen der Futterproduktion haben sich den oben beschriebenen

des Waldviertels ganz ähnliche Vorkommnisse abgespielt; keine der versuchsweise eingeführten Züchtungsrassen konnte auf die Dauer das alteinheimische
Rind ersetzen und das Schlußresultat solcher „Veredlungsversuche“ bestand
in der Rückkehr zur heimischen Landrasse.

Die wirtschaftliche Berechtigung der Landrassen, speziell des Rindes, die
bereits zweimal als ein heiß umstrittenes Thema für internationale landwirtschaftliche Kongresse (Wien 1907 und Warschau 1925) diente, steht nach den
vorliegenden Erfahrungen außer Frage und ebenso wurde wiederholt der Beweis
erbracht, daß bei einigermaßen gutem Willen und züchterischer Kenntnis Landrassen selbst unter günstiger gestalteten Lebensverhältnissen sich behaupten
können, indem sie allmählich mehr oder weniger den Charakter von Züchtungsrassen annehmen; hiedurch erscheinen sie befähigt, es in bezug auf Rentabilität
der Haltung ohne weiters mit fremden Züchtungsrassen aufzunehmen. Ein anderer
beachtenswerter Umstand liegt darin, daß Landrassen öfters an in ihrem Verbreitungsgebiete vorkommende Krankheiten mehr oder weniger vollkommen
angepaßt sind, denen fremde und namentlich die empfindlichen Züchtungs-

Abb. 70. Weidende Mangalica-Schweine des Gutsbetriebes Pusta Ecseg-Ungarn,
als Vertreter des kraushaarigen Landschweines. (Orig.-Phot. v. L. Jakabfy.)

rassen angehörenden Tiere erliegen. Erinnert sei diesbezüglich an die große
Widerstandsfähigkeit solcher Landrassen, z. B. des Rindes der Sumpfgegenden
des östlichen Mitteleuropas gegen das Blutharnen, vieler Rinder des südöstlichen Europas und Asiens gegen die Rinderpest, ferner an die relative Immunität
von Zeburassen gegen Rinderpest, Texasfieber und Maul- und Klauenseuche.
Beim Schafe interessiert uns das algerische und marokkanische fettschwänzige
Landschaf wegen seiner Immunität gegen den dort sehr verbreiteten Milzbrand und um auch ein Beispiel vom Menschen heranzuziehen, die Immunität
des westafrikanischen Negers gegen das allerdings aus Amerika stammende
Gelbfieber.

Sonderbarerweise kann gerade aus der Tatsache, daß Landrassen gewöhnlich nicht hochgezüchtet sind und keine absoluten Hochleistungen aufzuweisen
haben, ein für gewisse Fälle sich ergebender Vorteil abgeleitet werden. Es ist
bekannt, daß bestimmte wirtschaftliche Hochleistungen, wie beispielsweise die
Mastfähigkeit, in manchen Zuchten einen so hohen Grad der Vollkommenheit
erlangt haben, daß diese an und für sich erwünschte wirtschaftliche Eigenschaft
bereits einen mehr oder weniger krankhaften Charakter erlangte und daß sich
dieser in einer schwierigen Aufzucht der Jungen, in der Häufung von Unfrucht-

barkeit usw. äußert. Ja, selbst Schwierigkeiten für den Absatz der Produkte (überfette Jungschweine, Schafe usw.), die gewisse Märkte zurückweisen, können sich daraus ergeben. In solchen Fällen tritt die Notwendigkeit an den Züchter heran, solche allzu hoch getriebene und erblich festgelegte Anlagen gewissermaßen zu verdünnen und das geschieht am vollkommensten durch Verwendung solcher robuster, an und für sich gesunder, wenn auch durchaus nicht hochgezüchteter Landrassen. Typische Fälle dieser Art haben wir beim Schwein und was das Geflügel anbelangt, bei der Gans, vor uns. Edelschwein und Landschwein einerseits, Mastgansrassen wie etwa die Toulouser Gans und die zahlreichen Rassen von Landgänsen anderseits, stellen solche sich oft zweckmäßig ergänzende Gegensätze vor. Die Erhaltung von Landrassen ist besonders für diese Haustierarten geradezu eine züchterische Notwendigkeit, falls man die Tierzucht nicht bloß auf den augenblicklichen Vorteil einstellt, sondern die Zukunft im Auge behält.

Vollkommen neue Gesichtspunkte für die richtige Beurteilung des Wertes von Landrassen verdanken wir endlich dem Mendelismus, welche an dieser Stelle nur flüchtig skizziert werden mögen. Einschlägige Studien haben nämlich gezeigt, daß sich in sehr vielen Hochzuchtrassen sogenannte letale und semi-letale Gene (Erbeinheiten) eingeschlichen haben, welche die Ursache von oft beträchtlichen Verlusten bei der Aufzucht sind, die alle möglichen morphologischen und physiologischen Abwegigkeiten bedingen können und vor allem oft Unfruchtbarkeit veranlassen. Solche lebensbedrohende Mutationen kommen unter den für Züchtungsrassen erforderlichen, auf weitgehende Ausschaltung der natürlichen Zuchtwahl hinauslaufenden Aufzuchts- und Haltungsbedingungen leichter zustande und können sich auch leichter ausbreiten. Wir finden sie daher bei Züchtungsrassen keineswegs selten. Die unter viel natürlicheren und harten Daseinsverhältnissen lebenden Landrassen zeigen im allgemeinen solche Mutationen nicht. So erklärt sich die Tatsache, daß beispielsweise Verwandtschaftszucht viel rascher ungünstige Folgen bei Züchtungsrassen, hingegen kaum, zum Teil sogar überhaupt nicht, bei Landrassen zeitigt. Es scheint, daß selbst die durch solche ungünstige Mutationen entstandenen heterozygotischen Individuen durch die natürliche Zuchtwahl noch vor Erlangung der Geschlechtsreife ausgemerzt werden und es daher zu keiner Verbreitung solcher schädlicher Merkmale usw. in der betreffenden Zucht kommen kann.

Landrassen stellen somit in dieser Beziehung gewissermaßen die Reserven an gesunder, normaler erblicher Beschaffenheit vor, auf welche man ganz besonders bei bestimmten Haustierarten (man denke vor allem an das Schwein!) zurückgreifen muß, soll die Wirtschaftlichkeit nicht Schaden leiden.

Allgemeine Rasseeigenschaften

Zu jenen allgemeinen Rasseeigenschaften, welche vom landwirtschaftlichen Standpunkt aus betrachtet wichtig sind, gehören die Anpassungsfähigkeit, die Fähigkeit zu variieren, das Verkümmern, das Ausarten und das Entarten oder Degenerieren.

1. Die Anpassungsfähigkeit

Man versteht darunter die Fähigkeit einer Rasse (bzw. der sie zusammensetzenden Individuen), sich in mehr oder weniger vollkommenem Maß an neue Lebensverhältnisse zu gewöhnen. Die sich anpassenden Tiere müssen imstande sein, sich vermöge der ihnen innewohnenden regulatorischen Vorrichtungen mit den geänderten Faktoren des Klimas, der Ernährung und der Haltung in Übereinstimmung zu setzen. Bei vollkommener Anpassungsfähigkeit erleiden die wichtigen und charakteristischen Rassemerkmale keine tiefer greifenden Veränderungen, bei unvollkommener hingegen ist dies der Fall.

Obschon ein gewisser Grad von Anpassungsfähigkeit mit zum Wesen der Rassen überhaupt gehört, denn ohne sie hätten sich die betreffenden Tiere nicht zum Haustier geeignet, ist diese wichtige Eigenschaft sowohl bei den einzelnen Rassen, als auch bei den verschiedenen Haustiergattungen in recht verschiedenem Maße entwickelt. Wenn beispielsweise es trotz mannigfaltiger Versuche nicht geglückt ist, den Bison, sei es in Europa oder sei es in Amerika, zum Haustier zu machen, so liegt dies wahrscheinlich an seiner gering entwickelten Anpassungsfähigkeit. Dasselbe gilt für den mächtigen Südafrikanischen Büffel und in abgeschwächtem Maß für den wenigstens einer vollkommenen Zähmung zugänglich gewesenen Elephanten. Von diesem Gesichtspunkt aus betrachtet, ist es wichtig, daß gerade die ältesten und zugleich wichtigsten Haustiere des Menschen eine auffallend stark entwickelte Anpassungsfähigkeit besitzen. Beim

Abb. 71. Brachyceres Tatra-Rind, charakterisiert durch ungewöhnlich starkes Überbautsein. Modifikationsanpassung an die sehr steilen Tatra-Weiden. (Orig.-Phot. v. Dr. JAWORSKI, Krakau.)

Pferd liefert die Gruppe der vom Tarpan (Equus Gmelini Ant.) sich ableitenden Pferde ein gutes Beispiel von der enormen Anpassungsfähigkeit dieses Typus. Von England reicht ihr Verbreitungsgebiet durch ganz Mittel- und Südeuropa nach Südwest- und Mittelasien, um auch noch ganz Südchina und einen Teil von Südasien und der südasiatischen Inselwelt zu umfassen. Und in Afrika nennt es ganz Nord-, Ost- und Südafrika seine neuere Heimat. Ein ähnlich ungeheuer ausgedehntes Verbreitungsgebiet besitzt die große Rasse (zoologisch aufgefaßt) des Fettschwanzschafes. Neben Südwest-, Mittel- und Ostasien umfaßt es so ziemlich ganz Afrika mit alleiniger Ausnahme des Kongo-Urwaldes, der begreiflicherweise dem Schafe keine Lebensmöglichkeit bietet. So wie diese beiden Rassetypen verhält sich ähnlich eine Reihe von Haustiergattungen; von ihnen seien nur der Hund, die Katze und der Esel erwähnt, sie alle besitzen ein ganz außerordentlich entwickeltes Anpassungsvermögen. Es erweckt fast den Eindruck, als wenn gerade den Steppentieren diese Fähigkeit der Anpassung in jeder Beziehung und in besonderem Maße zu eigen wäre. Die Umwelt der

Steppe mit ihren klimatischen und Ernährungsextremen scheint bereits in den sie bewohnenden Tieren die Anlage für eine leichte Anpassung zu entwickeln. Tatsächlich sind im Gegensatz zu den bisher erwähnten Haustieren alle jene, die an ein spezifisches und mehr gleichartiges Milieu einseitig und gut angepaßt sind, durch ein relativ geringes Anpassungsvermögen überhaupt ausgezeichnet. In diese Kategorie fällt z. B. das Renntier, das seine einseitige Anpassung an das Polarklima auszeichnet und die (zoologisch aufgefaßte Rasse) des Zeburindes. Trotz seines ziemlich großen Verbreitungsgebietes überschreitet das Zebu nirgends jene Zone, die man als subtropische bis tropische bezeichnet. Speziell vom klimatischen Faktor „Trockenheit der Luft“, wie in Wüsten oder wüstenähnliche Gebiete besitzen, hängt ferner die Verbreitung bzw. die Anpassungsmöglichkeit des Kamels ab. Und für den Grunzochsen (Bibos gruniens) mit dem kleinsten Verbreitungsgebiet entscheidet der Faktor Hochgebirgslage. Die Anpassungsfähigkeit kann dabei mit einer großen Veränderlichkeit (Variabilität) der betreffenden Tiergruppen gepaart sein, ein Fall, der durch das höchst variable Zeburind illustriert wird, oder sie kann von auffallender Unveränderlichkeit begleitet sein, wie wir dies beim Esel und der Katze feststellen können.

2. Die Variabilität

Unter Variabilität versteht man die Fähigkeit der eine Rasse bildenden Einzeltiere vom Rassetypus abzuweichen. Bereits an anderer Stelle wurde erwähnt, daß die Einzelindividuen einer Rasse niemals bezüglich der einzelnen wesentlichen Merkmale sich völlig gleich verhalten. Desgleichen pflegen die von reinrassigen Elterntieren stammenden Nachkommen niemals die fraglichen Merkmale oder Eigenschaften in völlig gleichem Maße wie die Eltern zu besitzen; abgesehen davon, daß auch unter diesen diesbezüglich keine absolute Gleichheit herrschen wird. Diese Erscheinung bezeichnet man als Variabilität. Diese Variabilität ist jedoch nichts Einheitliches; je nach den ihr zugrunde liegenden Ursachen unterscheidet man heute (nach E. Baur) drei verschiedene Arten von Variabilität, nämlich 1. die **Modifikation,** 2. die sogenannte **Kombination** und drittens die **Mutation.**

a) Die **Modifikation.** — Modifikation nennt man jene Ungleichheit der eine Rasse bildenden Einzeltiere, welche durch äußere Einflüsse, wie etwa Ernährung, klimatische Faktoren, überstandene Jugendkrankheiten usw. veranlaßt worden ist. Die einzelnen Individuen können hiedurch ungleich beeinflußt worden sein und werden dann trotz eventuell ursprünglich gleicher Veranlagung sich verschieden verhalten. Wesentlich ist, daß diese Art der Variabilität nicht erblicher Natur ist.

Bei den getrenntgeschlechtlich sich fortpflanzenden Haustieren tritt die Modifikation wohl immer in Verbindung mit der Kombination auf. Vollkommen rein tritt sie bei sich selbst befruchtenden Pflanzen wie z. B. den Bohnen in Erscheinung, wo sie von Johannsen eingehend studiert worden ist. Drückt man die einzelnen Merkmals- oder Leistungsgrade durch die Zahl der sie besitzenden Individuen aus, und ordnet man diese Werte in Form von Abszissen und Ordinaten an, so läßt sich eine Kurve darstellen, welche der Zufallskurve gleicht (E. Baur).

b) **Kombination** (Variabilität durch Neukombination). — Diese Art erblicher Variabilität ist nach E. Baur durch die Mendelschen Vererbungsgesetze zu erklären und beruht auf der Bastardspaltung und Neukombination der betreffenden, die Rassemerkmale bedingenden Erbeinheiten. Ein volles Verständnis der hier in Frage kommenden Verhältnisse ist erst nach Kenntnisnahme der MENDELschen Vererbungsgesetze möglich, auf welche daher hier schon verwiesen werden muß. Nur soviel sei hier bemerkt, daß ähnlich wie jede Spezies der Zoologen, so auch jede Rasse sich aus kleinsten systematischen

Abb. 72. Mutterschaf aus dem Gouvernement Wiatka. Kurzschwänzig. (Phot. nash BERESOWSKIS Atlas der Schafzucht.)

Abb. 73. Ost-Bocharisches-Fettsteißschaf (♀) aus Hissar in Zentralasien mit zirka nur vier Schwanzwirbeln. (Phot. nach BERESOWSKIS Atlas der Schafzucht.)

Einheiten, sogenannten Elementararten dort, hier etwa Stämme oder Familien genannt, zusammensetzt.

Dadurch, daß diese Elementareinheiten dieser einzelnen Familien und Stämme bezüglich der einzelnen Rassemerkmale und der sie bedingenden „Faktoren" (vielfach heterozygot) verschieden beschaffen sind, kommt es bei Paarung der Tiere zu steter Neukombination dieser Erbfaktoren. Als Resultat dieser Vorgänge tritt eine streng nach den MENDELschen Gesetzen sich abwickelnde Vererbung in Form von „Variabilität" auf. Mit anderen Worten, es spielt sich hier ein ähnlicher Vorgang (nur natürlich in vielfach abgeschwächtem Maße) ab, wie etwa bei der Kreuzung verschiedener Rassen selbst. Auch hier spiegeln die erhaltenen Resultate häufig die Zufallskurve wieder.

Aus der Natur der eben geschilderten Vorgänge ergibt sich die strenge und gesetzmäßige Vererbung jener auf Kombination beruhenden Variabilität.

c) **Mutation.**—Unter „Mutation" (DEVRIES), früher auch als Sprungvariation bezeichnet, versteht man das Erscheinen von Nachkommen mit neuen Merkmalen oder Eigenschaften, ohne daß hiebei Kombination oder Modifikation in Frage käme. Diese Mutationen treten gewöhnlich unter ganz normalen Lebensbedingungen, also aus nicht bekannten inneren Ursachen auf und zeichnen sich durch volle Erblichkeit aus.

Abb. 74. Bock der Zigaja-Rasse aus Bessarabien. Schwanzlänge mittel. (Phot. nach BERESOWSKI's Atlas der Schafzucht.)

Ursprünglich war man der Ansicht, daß es sich bei Mutationen nur um bedeutende erbliche Abweichungen vom normalen Rassentypus handle, etwa wie in Fällen, wo innerhalb einer pigmentierten Zucht plötzlich ein Albino, ein pigmentloses Individuum auftritt und dergleichen mehr. Heute sind die Biologen anderer Meinung, sie rechnen erbliche, weder durch Modifikation noch durch Kombination bedingte Variationen auch dann zu den Mutationen, wenn sie nur geringfügige Abweichungen vom betreffenden Rassenmerkmal vorstellen. Selbstverständlicherweise fallen nur die groben, starken Abweichungen als Neuerscheinungen auf und werden vom Züchter sofort erkannt, während die geringen wohl in der Mehrzahl der Fälle übersehen werden, oder nur zufällig festzustellen sind.

An und für sich, wenn es sich nicht um ganz grobe Neuerscheinungen handelt, sind Mutationen nicht ohne weiteres von Kombinationen und Modifikationen zu unterscheiden, erst der weitere Züchtungsversuch kann die Entscheidung bringen.

Die Ansicht mancher Biologen, daß es sich bei den bisher sicher festgestellten Mutationen durchwegs um sogenannte „Verlustmutationen" handeln soll, d. h. daß sich die Erbsubstanz der neuen, der mutierten Form, durch das Fehlen der einen oder der anderen Erbeinheit von jenem der Ausgangsrasse unterscheidet, steht mit der Tatsache in Widerspruch, daß zahlreiche Mutationen unserer Haustiere durch ihre Dominanz, die doch die Anwesenheit eines Faktors bedingt, charakterisiert sind. Als nächstliegende Beispiele für diese Behauptung möchte ich nur auf das diesbezügliche Verhalten der Hängeohrigkeit und der Kurzohrigkeit, ferner des Fettschwanzes und des Krummschwanzes hinweisen, alles Mutationen, die beim Schafe vorkommen, und die nach meinen Untersuchungen von bestimmten Faktoren, von anwesenden Erbeinheiten im Keimplasma hervorgerufen werden.

Für den praktischen Landwirt haben solche Mutationen eine große Bedeutung, weil zahlreiche Haustierrassen durch sie gebildet worden sind. Mutationsrassen sind zum Beispiel die hornlosen Zuchten von Rindern, Schafen und Ziegen, dann die durch sogenannten Angorismus (d. h. Langhaarigkeit)

Abb. 75. Geschorenes Mutterschaf des Tschuschka-Schlages (Bessarabien) mit sehr langem Schwanz. Extremvariationen der Schwanzlänge. (Phot. nach BERESOWSKIS Atlas der Schafzucht.)

ausgezeichneten: beim Schaf (Leicesterwolle), bei der Ziege (Angoraziege), beim Hund, Kaninchen und Meerschweinchen. Ferner gehören hieher die einhufigen Schweine, die durch die eigenartige Lockenbildung ihrer Lämmer ausgezeichneten Karakulschafe, die durch verkürzte und zum Teil verkrümmte Extremitäten charakterisierten Dachshunde und (jetzt ausgestorbenen) Ankonschafe. Es gehören hieher die interessanten Fettschwanz- und Fettsteißschafe und dergleichen mehr. Und eben so wichtig ist die rassenbildende Rolle der Mutation innerhalb der Pflanzenzucht.

Vom Wesen der Mutation läßt sich gegenwärtig nur soviel sagen, daß es sich hiebei um Veränderungen im Keimplasma handeln muß; es geht dies aus der Vererbung jener durch Mutation entstandenen Merkmale und Eigenschaften hervor. Völlig unbekannt sind hingegen die näheren Umstände, unter denen diese Keimplasmaänderungen erfolgen, und welches eventuell ihre Ursachen sind. Vor allem muß daran festgehalten werden, daß in den meisten beobachteten Fällen die Mutation unter durchaus normalen, gewöhnlichen

Umweltsverhältnissen aufgetreten ist. Hier kann es sich also wohl nur um innere, endogene Ursachen handeln, über die wir aber noch keine Kenntnis haben. Gestützt auf die Beobachtungen, daß manche Spezies relativ viel, andere wieder

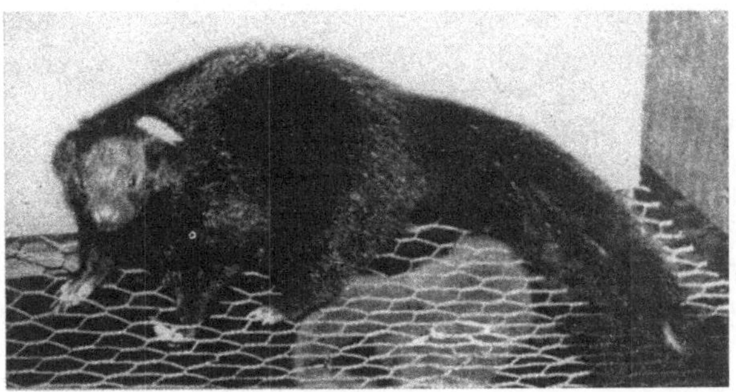

Abb. 76. Skunk (Mephitis pudita) mit halbmondförmigem weißen Nackenfleck. Mutative Variation. (Phot. v. DETLEFSEN and HOLBROOK aus Journal of Hered. 1921.)

Abb. 77. Skunk (Mephitis pudita) mit halbförmigem weißen Nackenfleckmutativ variierend. (Phot. v. DETLEFSEN and HOLBROOK aus Journal of Hered. 1921.)

Abb. 78. Skunk (Mephitis pudita) Albino-Mutation mit wertvollem weißen Pelz. (Phot. v. DETLEFSEN and HOLBROOK aus Journal of Hered. 1921.)

wenig Mutationen aufweisen, hat man die Annahme von Mutationsperioden, in denen sich manche Tier- und Pflanzenspezies befinden sollen, zur Erklärung herangezogen, obwohl damit nicht viel gewonnen ist.

Großem Interesse begegneten die experimentellen Untersuchungen Towers zur Erforschung der Mutationsursachen. Tower fand im Kolorado-Kartoffelkäfer (Leptinotarsa decemlineata) ein geeignetes Studienobjekt. Ließ er bestimmte Außeneinflüsse auf normale Käfer einwirken, so konnte er scheinbar in hohem Prozentsatz Mutationen in ihren Nachkommen erzwingen. Beispielsweise setzte er vier Paar Käfer einer hohen Temperatur aus (35⁰ C), wobei neben niedrigem Luftdruck auch noch größere Trockenheit (45% relative Feuchtigkeit) angewandt wurden. Unter dem Einflusse dieser geänderten Klimafaktoren wurden drei Portionen Eier abgesetzt, aus welchen nur 14 unveränderte Individuen, hingegen 82 Mutanden der von Tower Leptinotarsa decemlineata pallida genannten Form und zwei Individuen Leptinotarsa decemlineata immaculothorax erzielt wurden. Es traten somit unter diesen extremen Klimaverhältnissen in

Abb. 79. Mutativ entstandene Hornlosigkeit bei der Pinzgauer Rasse. Pinzgauer Kuh von Jochberg bei Aurach in Tirol. (Orig.-Phot. v. Dr. A. Staffe. 1923.)

überwiegendstem Maße Mutationen und zwar zwei vollkommen verschiedene gleichzeitig auf. Beide mutierten Formen (Leptinotarsa decemlineata pallida und immaculothorax) finden sich, wenn schon selten, auch in der freien Natur. Tower fand unter 6000 untersuchten freilebenden Individuen ein mutiertes. In den abgeänderten Klimafaktoren Towers hätten wir demnach sogenannte idiokinetische (F. Lenz) zu erblicken, das heißt solche, welche imstande sind auf das Keimplasma, auch Idioplasma genannt, der Keimzellen verändernd einzuwirken.

Daß keine andere Ursache als die genannten für das Auftreten der Mutationen in diesen Versuchen verantwortlich gemacht werden dürfen, bewies Tower dadurch, daß er nach dem eben erwähnten Versuche dieselben vier Paare von Kolorado-Käfern unter gewöhnlichen Verhältnissen zweimal zur Eiablage brachte, wobei sich zeigte, daß aus sämtlich zur Entwicklung gelangten Eiern nur normale Individuen hervorgingen[1]).

---

[1]) Neuerdings begegnen diese Towerschen Resultate gewissen Zweifeln, so daß Nachprüfungen notwendig erscheinen.

Aus diesen und anderen Versuchen schloß man, daß außergewöhnliche Reize verschiedener Art (thermische, chemische, physikalische), wenn sie auf die Keimzellen einwirken, Mutationen auszulösen imstande sind, und daß die solcherart entstandenen Mutationsformen mit jenen übereinstimmen, die sich

Abb. 80. Mutative Ohrlosigkeit eines Kreuzungsbockes der Karakul-Zackelrasse (F_2 = Generation) in Wolle. (Orig.-Phot.)

Abb. 81. Derselbe Bock, wie in Abb. 80. Ohransatzstelle ausgeschoren. (Orig.-Phot.)

manchmal spontan in der freien Natur finden. Ferner nimmt man an, daß verschiedenartige Reize ein und dieselbe Mutation hervorrufen können (z. B. Leptinotarsa decemlineata pallida, sowie daß anderseits dieselben (gleichen) Reize

Abb. 82. Ursprüngliche Kerry-Landrasse (S. W. Irland), Ausgangsform für die mutativ entstandenen Dexters. (Phot. n. engl. Diapositiv.)

Abb. 83. Dexter-Kerry-Kuh. Mutation aus der Kerry Zucht mit Mikromelie usw. und großer Fleischwüchsigkeit und Mastfähigkeit. (Phot. n. engl. Diapositiv.)|

verschiedene Mutationen bedingen können (z. B. sowohl die Form Leptinotarsa decemlineata pallida, als auch Leptinotarsa decemlineata immaculothorax).

Eine wesentliche Erweiterung und wohl auch eine andere Beleuchtung erfuhren die TOWERschen Untersuchungen durch MORGAN und seine Schule. MORGAN verwendete zu seinen in größtem Maßstabe unternommenen und durch Jahre fortgesetzten Studien eine Drosophilaart (Drosophila melanogaster), die Bananen-

oder Obstfliege. Er kommt zu folgendem Resultat: 1. Die Mutationen, deren Anzahl im Laufe der Züchtung auf mehrere Hunderte anwuchsen, erfolgten richtungslos. 2. Sie traten unter den üblichen Haltungsbedingungen, also wohl scheinbar ohne nachweisbare Ursache auf. 3. Die Ursachen der Mutation, idiokinetische Faktoren, konnten nicht gefunden werden. 4. Alle diesbezüglich unternommenen Versuche, wie Ätherbehandlung, Radium-bestrahlung, Verwendung von Säuren und Alkalien, von Zucker, Salzen und dergleichen verliefen ergebnislos. Und zwar war es gleichgültig, ob diese Behandlungsarten im Larvenstadium, im Puppenstadium oder mit dem Imagostadium vorgenommen wurden. Das fundamental verschiedene Ergebnis der MORGANschen Arbeiten liegt im Gegensatze zu jenem TOWERS darin, daß es unmöglich war, willkürlich irgend welche Mutation auszulösen. 5. Es traten auch sogenannte „letale Faktoren" auf, welche deshalb interessant sind, weil diese tödlichen Faktoren Eigenschaften (Mutationen) veranlassen, welche, wenn homozygot bedingt, für das betroffene Tier den Tod bedingen.

Um nur ein Beispiel einer solchen tödlichen Mutation anzuführen (MORGAN hat deren eine große Anzahl gefunden), sei jene hervorgehoben, bei welcher die homozygotischen Weibchen sich bis zur Geschlechtsreife entwickeln, auch eine normale Entwicklung der Eier in den Ovarien zeigen, dann aber nicht imstande sind die Eier abzulegen und infolgedessen zu Grunde gehen.

Abb. 84. Verkümmerungsform des brachyceren Karpathenviehs, 1893. (Orig.-Phot.)

Diese tödlichen Mutationen sind deshalb so interessant, weil sie einen Fingerzeig dafür geben, auf welche Art bei den höheren Tieren gewisse Krankheitsanlagen erblichen Charakters entstehen. E. BAUR hat die Ansicht ausgesprochen, daß das, was man als Mutation bezeichnet, vielleicht nichts Einheitliches vorstelle, sondern verschiedene Dinge umfasse. Die letalen Mutationen sind deshalb züchterisch wichtig, weil sie, wie jüngste Untersuchungen gezeigt haben, viel häufiger unter unseren Haustieren vorkommen, als man bisher meinte. Namentlich die so oft als typischer Inzestzuchtschaden bezeichnete mehr oder weniger starke Unfruchtbarkeit findet größten Teiles auf diesem Wege ihre Erklärung.

3. Verkümmern

Wenn Haustiere unter ungünstige Daseinsverhältnisse gelangen und wenn namentlich die Ernährung während bestimmter Zeiten eine ungeeignete oder ungenügende ist, dann leidet die Körperentwicklung Schaden und die Leistungen gehen zurück oder hören auf, die Tiere verkümmern. Nachdem man für gewöhnlich wohl annehmen darf, daß Züchtungsrassen angehörende Tiere nicht in derart ungünstige Verhältnisse versetzt werden, so wird das Verkümmern praktisch sich fast nur auf primitive Rassen beschränken. Verkümmerte Rassen unterscheiden sich von den ihnen verwandten nicht verkümmerten durch Spätreife, geringes Lebendgewicht mit entsprechend kleinen Körperformen, eigenartigen Körperproportionen (extreme Schmalheit und Kürze des Rumpfes) und geringer

Abb. 85. Verkümmerungsform des Schwarzviehs von der illyrischen Rasse (Imlany) aus dem Sandschak-Novibazar. Stier zirka drei Jahre alt. (Orig.-Phot. v. ADAMETZ-MAYREDER, 1891.)

Leistungsfähigkeit, wenn es sich um Milchproduktion oder Mast handelt. Der Verkümmerung unterliegen gewöhnlich nur Teile von Rassen, seltener kommt es in weiteren Gebieten durch eine Art von natürlicher Zuchtwahl zur Heranbildung eines ganzen Schlages. Dauert eine solche Schädigung nur kurze Zeit, betrifft sie eine oder höchstens zwei Generationen, dann ist die Möglichkeit vorhanden, durch gute Aufzucht und entsprechende Ernährung verhältnismäßig bald die Nachkommen wieder auf die ursprüngliche Züchtungsstufe zu bringen. Diese Art von Verkümmerung stellt sich als eine nicht eigentlich vererbbare (man spricht nur von einer 2 bis 3 Generationen betreffenden Nachwirkung) Eigenart, als eine Modifikation dar. Hat aber ein solcher Vorgang viele Generationen lang gedauert, dann hat ein natürlicher Züchtungsvorgang die dem Nahrungsminimum am besten angepaßten, etwa mutativ entstandenen Individuen besonders zur Vermehrung gebracht, und dann erscheinen die Kümmerformen in erster Linie als ein Züchtungsresultat. Aus diesen Tieren wieder gut geformte und leistungsfähige zu züchten, erfordert viel Züchterarbeit und einen langen Zeitraum, denn hier haben wir es mit einer erblichen Eigenschaft zu tun.

Als charakteristisches Beispiel eines solchen Kümmerrindes kann nach v. MIDDENDORF das sogenannte Schwanzvieh des Gouvernements Perm gelten.

Abb. 86. Steppenviehkuh des Posavina-Schlages, Nordostbosnien. (Orig.-Phot.)

Abb. 87. Ochse des verkümmerten Posavina-Steppenviehs (Nordostbosnien). Infolge Kastration deutlicher Hochwuchs gegenüber dem geschlechtlichen Individuum von Abb. 86. (Orig.-Phot. v. ADAMETZ-MAYREDER.)

Infolge der gänzlich unzureichenden Winterernährung kommt es unter anderem
zu mangelhafter Knochenausbildung. Die Stirnbeine zeigen handtellergroße un-
verknöcherte Stellen und dergleichen mehr. Seinen Namen trägt es von dem

Abb. 88.   Verkümmertes Individuum des deutschen Edelschweines mit charakteristischer Raupenform. (Orig.-Phot. v. Doz. Dr. STAFFE, Wien.)

Abb. 89.   Verkümmerte Schweine aus dem Grasland von Kamerun. (Orig.-Phot.
v. K. STAFFE, 1914.)

häufigen Vorkommen einer so weitgehenden Schwäche der Tiere am Aus-
gange der winterlichen Stallhaltung, daß sie beim Schwanze ins Freie gezogen
werden müssen.

4. Ausarten

Das Ausarten ist eine Erscheinung, die sich nach ARNDT bei leistungs-fähigen Züchtungsrassen dann einstellt, wenn Individuen derselben durch einen Umweltswechsel von ihrer Leistungshöhe herabsinken, dabei aber an Gesundheit, körperlicher Entwicklung und wohl auch in konstitutioneller Beziehung gewinnen. Im wesentlichen stellt das Ausarten einen Regenerationsprozeß vor, durch welchen eine infolge von Hochzucht gesundheitlich geschwächte, degenerativ beeinflußte Gruppe von Tieren durch neue, innerhalb gewisser Grenzen auf sie einwirkende Umweltsreize sich wieder der ursprünglichen Ausgangsform nähert. Ausarten ist, wie aus späteren Ausführungen sich ergeben wird, das Gegenteil von Entarten oder Degenerieren, es ist eine Umkehr zur ursprünglichen natür-lichen Form. Ausartungsprozesse treffen wir in der praktischen Tierzucht auf Schritt und Tritt, zum großen Teil gehören die beim Akklimatisieren von Züch-tungsrassen angehörenden Tieren beobachteten Veränderungen hieher; nur werden dieselben vom Praktiker gewöhnlich fälschlicherweise als Degeneration, das heißt als etwas für die Erhaltung der Tiere Ungünstiges angesprochen, während sie vom biologischen, wissenschaftlichen Standpunkte aus betrachtet, wie erwähnt, im Gegenteil für die Erhaltung der betreffenden Tiergruppe recht nützliche Vorgänge sind, nämlich Folgen von Regenerationsprozessen.

Besser als durch allgemeine Behandlung dieser Frage wird ein gut gewähltes Beispiel das, um was es sich hier handelt, dem Verständnisse näher bringen. Vor zirka einem halben Jahrhundert wurden in der landwirtschaftlichen Landeslehr-anstalt zu St. Michele in Südtirol Rinder der Oberinntaler Rasse rein gezüchtet. Der Rassecharakter dieses Rindes ist kurz folgender: Lebendgewicht gering; er-wachsene Kühe zirka 400 kg; Gesichtsteil relativ kurz, Beinlänge mittel, Haut dünn, Hörner fein. Milchergiebigkeit relativ bedeutend. Obwohl die eingeführten Tiere gut ausgesucht waren, auch wiederholt durch neueingestellte reinrassige Stiere frisches Blut in die Herde gebracht worden ist, änderten sich die dort nach-gezogenen Tiere nach Form und Leistung, sie arteten aus. Dabei war die Tatsache auffallend, daß die nun aufgetretenen Körperformen große Ähnlichkeit hatten mit jenen der dort einheimischen sogenannten Etschtaler Rinder. Die Tiere wurden wesentlich schwerer und ihre Körperformen größer. Am Kopf verlängerte sich der Nasenteil auffallend, so daß der Gesamteindruck des Kopfes lang und schmal war. Auch die Beinlänge nahm wesentlich zu. Die Haut wurde derb, dick und die Hörner grob, ja, sie nahmen angeblich sogar eine andere Richtung (nach unten) an. Die vorzügliche Milchergiebigkeit wandelte sich in eine schlechte um. Es wird hierüber folgendes Beispiel angeführt: Eine frisch eingeführte Original-Oberinntaler Kuh lieferte bei einem Lebendgewicht von 360 kg, neumelk täglich 18 Liter Milch. Die reinrassig erzüchtete Ururenkelin hingegen wog 557 kg und gab neumelk nur mehr 8·8 Liter Milch. Ähnlich, wenn schon nicht ganz so extrem lagen die Verhältnisse bei anderen Kühen und ihren Nachkommen.

In ganz ähnlicher Weise wurde für Preußisch-Schlesien durch umfangreiche Messungen und Wägungen festgestellt, daß das eingeführte holländisch-frie-sische Niederungsvieh in der Nachzucht schwerer wurde, im Körperbau im all-gemeinen bessere Proportionen erlangte, jedoch in der Milchergiebigkeit trotz aller Pflege und guter Fütterung zurückging.

Namentlich bei hochgezüchtetem Milchvieh kann man diese Form „des Ausartens" bei Einführung in fremde, jedoch über günstige Daseinsverhält-nisse verfügende Gebiete feststellen. Es scheint, daß dieser mit der Ein-gewöhnung in neue wenn auch nur wenig verschiedene Daseinsverhältnisse verbundene Reiz, nach Art eines „Luft- oder Klimawechsels" diese anregende, im biologischen Sinne entschieden günstige Wirkung zuwege bringt. Es braucht durchaus nicht immer der Einfluß der Scholle zu sein, der sich hier zeigt; zur Erklärung genügt der durch eine mäßige Daseinsveränderung auf den tierischen Körper ausgeübte Reiz allein schon. Diesen durch das Ausarten veranlaßten Änderungen der Leistungen der Züchtungsrassen kann nur durch kräftig einsetzende Zuchtwahl nach der gewünschten Richtung hin entgegengearbeitet werden.

5. Entartung (Degeneration)

Der Ausdruck „Entarten" wird in der praktischen Tierzucht sehr häufig, jedoch wie soeben entwickelt wurde, keineswegs immer im biologischen Sinne richtig gebraucht. In Anlehnung an Arndt hat man unter Entartung eine ganz bestimmte Art von Variation unserer Haustiere zu verstehen. Dem Wesen nach ist die Entartung nichts anderes als eine Mutation, welche sich von der gewöhnlichen Artung nur dadurch unterscheidet, daß die neu entstandenen erblichen Merkmale oder Eigenschaften für das betreffende Tier schädlich sind, und daß das betreffende Tier selbst, oder häufiger noch seine Nachkommen durch die Neuerwerbung dem Absterben, der Ausmerze überantwortet erscheinen. Ursprünglich stellte man sich den Entartungsprozeß allmählich einsetzend und über eine Reihe von Generationen verbreitet, wirksam vor. Nach den bereits besprochenen Studien Morgans braucht dies jedoch keineswegs der Fall zu sein, denn gewisse Entartungsmerkmale bedingen (wenn sie z. B. dominanten Charakter besitzen) die Vernichtung bereits ihres ersten Trägers. Wenn trotzdem solche lebensverhindernde (letale) Varianten in bestimmten Gruppen von Tieren weiter vererbt werden, so hängt dies mit einer ganz bestimmten Art (rezessiver Erbgang) ihres Auftretens zusammen, über welche später, bei Behandlung der Mendelschen Vererbung, gesprochen werden soll, weil erst die Kenntnis dieser das Verständnis für diese züchterisch interessanten Vorgänge ermöglicht.

Veranlassung zur Degeneration können ebenso wie für jede Mutation innere (endogene), wie nach Arndt leicht auch äußere (exogene) Ursachen sein. An letztere denkt speziell Arndt, wenn er sagt: „Entartung ist also nur eine einfache Fortsetzung der Artung gewisser Organismen in einer bestimmten Richtung hin, aber hervorgerufen durch Einflüsse, Reize, Verhältnisse, welche diesen im allgemeinen nicht günstig sind, den Ernährungsvorgängen in ihnen sich mehr oder weniger feindlich gegenüber verhalten, ihre Lebensenergie immer mehr schwächen, das Ganze somit hinfälliger, widerstandsloser machen, daher damit wieder dem Untergange weihen." Daß eine entsprechende Reaktionsfähigkeit der betreffenden Tiere vorausgesetzt, Mutationen, die den Charakter von Degeneration besitzen, durch verschiedenartige Außeneinflüsse, wenn sie extrem genug gewählt werden, oder häufig, oder lang genug einwirken, veranlaßt werden können, wird vielfach angenommen. Es hänge, so nimmt nun Arndt an, nur vom Grade, von der Stärke irgend eines gewählten Umweltreizes (Kälte, Wärme, Elektrizität, gewisse Chemikalien usw.) ab, um dementsprechend bloß anregend, also günstig, oder hemmend, das heißt schädlich auf die Lebensvorgänge des tierischen Organismus einzuwirken.

Arndt leitet von diesen, mit zahlreichen Reizen in der verschiedensten Weise bewahrheiteten Feststellungen sein „biologisches Grundgesetz" ab, das lautet: Schwache Reize regen an, wirken nützlich, kräftigen, starke Reize derselben Art hemmen, wirken schädlich und endlich sehr starke Reize vernichten, töten. Von diesem biologischen Grundgesetze, das unter allen Umständen auch für das Verständnis zahlreicher züchterischer Vorgänge von Wichtigkeit ist, macht nun Arndt in der folgenden Weise zur Erklärung der bald

günstigen, bald schädlichen Wirkung bestimmter Reize Gebrauch. Er beobachtet
die Wirkung irgend eines Ausgangsreizes (z. B. der Wärme) in verschiedener
Dosierung auf irgend ein Organ oder einen Organismus und findet dann: 1. daß
ein solcher mäßiger Reiz auf den Organismus günstig, anregend wirkt; 2. daß
ein stärkerer Reiz derselben Art auf denselben Organismus hemmend, ungünstig
(eventuell, nach seiner Annahme, also auch bereits auf das Keimplasma der
Keimzelle ungünstig und verändernd) einwirkt; 3. daß dieselbe Art von Reiz
in sehr starkem Maße lebensvernichtend auf denselben Organismus wirkt.

Durch dieses biologische Grundgesetz sucht ARNDT das Verständnis der
Variation teils in der Form der Modifikationen (bei schwacher), teils bereits als
Mutationen (bei starker Einwirkung) zu erklären. Er sagt dann ferner: Man kann
diesen Satz aber auch umkehren, indem man einen ganz bestimmten Reiz in
gleichbleibender Stärke auf Organismen einwirken läßt, welche einen verschiedenen Grad von Reizempfindlichkeit besitzen. Dann haben wir
den umgekehrten Fall wie früher, nämlich ein und derselbe Reiz wird auf den
Organismus A, der nur mäßig empfindlich ist, z. B. günstig, anregend wirken,
während er den stärker empfindlichen Organismus B bereits schädigen wird und
für den sehr empfindlichen Organismus C wird er bereits von vernichtender
Wirkung sein.

Eine gute Illustration zu dieser Umkehrung des ARNDTschen Satzes liefert
die in der landwirtschaftlichen Praxis bekannte Tatsache, daß die menschliche
Haut sich im Frühling rascher und stärker bräunt als in anderen Jahreszeiten,
eine Erfahrung, die manche (BERNARD) zu dem Fehlschluß veranlaßte, daß die
Frühlingssonne aktinisch stärker sei als die Herbstsonne. Und doch handelt
es sich dabei nur darum, daß während des Winters die pigmentproduzierenden
Zellen der Haut des durch die ultravioletten Strahlen ausgeübten Reizes entwöhnt werden, so daß im Frühling, wenn das Sonnenlicht allmählich wieder an
ultravioletten Strahlen reicher wird, bereits der nur mäßige Gehalt des Sonnenlichtes an dieser Strahlengattung genügt, um eine verhältnismäßig starke Wirkung
(Pigmentproduktion!) auszulösen. Gewissermaßen durch Nichtübung während
des Winters wurde die Reizempfindlichkeit der betreffenden Zellen erhöht.
DORNO (1920) sagt diesbezüglich: „... und das ist in physiologischer Hinsicht
recht interessant, denn hiemit dürfte ein guter Beweis dafür erbracht sein, daß
die Lichtentwöhnung des Menschen im Winter ihn ganz besonders reaktions-
fähig bei steigender Sonne macht. Trotz der relativ starken und anhaltenden
winterlichen Sonnenstrahlung des Hochgebirges fehlen ihr doch die kürzesten,
zur Pigmentbildung am meisten beitragenden Strahlen; sie treten erst mit
steigender Sonne auf (bzw. die im Winter als kürzeste vorhandenen nehmen mit
steigender Sonne relativ weit stärker zu als die langwelligeren Teile des Spek-
trums), und diese aktinisch besonders wirksamen Strahlen fallen auf eine Haut,
welche ihrer ganz entwöhnt war."

Diese Umkehr des ARNDTschen Satzes würde dann vielleicht zur Erklärung
jener Vorgänge heranzuziehen sein, bei denen die erblichen Variationen unter
normalen, unveränderten Lebensverhältnissen, also scheinbar aus völlig unbekannten Ursachen heraus erfolgen. In solchen Fällen handelt es sich um innere
(endogene) Ursachen und man hätte somit bei den betreffenden Individuen, die
bei unveränderten Umweltsreizen mutieren, eine aus irgend welchen Gründen
veranlaßte größere Reizempfänglichkeit anzunehmen.

Wir haben nun die Degeneration im engeren Sinn des Wortes als einen im
Grunde genommen natürlichen Vorgang kennengelernt, der einen Sonderfall
der Mutation vorstellt. Es ist bekannt, daß die Mutationen richtungslos zu
sein pflegen; stellen sie nun irgend ein für das Individuum schädliches Merkmal

oder Eigenschaft vor, betreffen sie eine ungünstige Abänderung eines lebenswichtigen Organes, dann haben wir es mit einer Sondergruppe zu tun, die als
Degenerationsmerkmale im engeren Sinne des Wortes unterschieden werden. Es
ist nun beachtenswert, daß bereits ARNDT den Zusammenhang zwischen gewissen
Merkmalen und Leistungen unserer höchst entwickelten Züchtungsrassen und
der Entartung erkannte und scharf betonte, wenn er z. B. wörtlich sagt: „Alle
veredelten Geschöpfe (in bezug auf unsere jeweiligen Bedürfnisse) sind degeneriert." Seine Begründung geht dahin, daß er darauf aufmerksam macht, wie sehr abhängig solche Züchtungsrassen von der menschlichen Pflege sind, wie sie nur künstlich, durch Einflußnahme des Menschen
überhaupt am Leben erhalten werden können usw.

In neuester Zeit ist der Eugeniker W. SIEMENS bei seinen Untersuchungen
über das Wesen der Domestikationsmerkmale zu dem auf den ersten Blick etwas
befremdenden Resultat gekommen, daß alle Domestikationsmerkmale überhaupt eigentlich pathologischer Natur wären, weil die damit ausgestatteten
Tiere unter natürlichen Verhältnissen, d. h. in der freien Natur, durch sie in
ihrer Existenz schwer gefährdet wären. Demnach müßte man nach SIEMENSscher
Auffassung alle überhaupt irgend welche Domestikationsmerkmale besitzenden
Tiere schlechtweg als degenerierte betrachten. Daß das entschieden zu weit
gegangen ist, beweist die Überlegung, daß z. B. für das Pferd gewisse Domestikationsfarben wie die Falbfarbe, oder die der Braunen, oder das hohe Widerrist
der morgenländischen Rassen, das ebenfalls ein Domestikationsmerkmal ist, und
dergleichen mehr, gewiß auch in der freien Natur keinerlei Gefahr bedeuten
würden. Selbst die Schimmelfarbe hat als eine Type des Leuzismus in einem
gewissen Milieu durchaus nichts „abwegiges", wie die im gefrorenen Boden
Nordsibiriens mit Haut und Haar erhaltenen Reste diluvialer Pferde beweisen.
Ebenso ist es wohl nicht gut einzusehen, warum die hängende Mähne des Hauspferdes ein Degenerationsmerkmal sein soll. Man muß da doch wohl unterscheiden
zwischen gewöhnlichen Domestikationsmerkmalen, welche gewöhnlich zwar nicht
im Freileben der wilden Haustiervorfahren aufzutreten pflegen, deren Schädlichkeit oder Gefährlichkeit für den Träger, wenn überhaupt vorhanden, nur unbedeutend ist, und zwischen solchen, welche offenkundigen pathologischen
Charakter besitzen, und daher für den Bestand der damit ausgestatteten Individuen verderblich sind. Die letzteren werden vielfach (biologisch betrachtet)
durch Hemmungsbildungen ausgezeichnet sein und als solche auf tiefer greifenden
Änderungen der Lebensvorgänge des Organismus beruhen.

Es ist beachtenswert, daß viele der echten Degenerationsvorgänge sich in
gleichartiger Weise bei so ziemlich allen Gattungen landwirtschaftlicher Haustiere überhaupt vorfinden. Es sind charakteristische Konvergenzerscheinungen
im Sinne der Zoologen. Ihr Erscheinen dürfte somit der Ausfluß eines vorläufig nicht näher gekannten biologischen Gesetzes sein. Beispiele solcher allgemeiner, d. h. sich auf die meisten Haustiergattungen und -rassen erstreckender
Degenerationsmerkmale sind:

1. Der Albinismus. Vollständiger Pigmentmangel der Haut, der Haare
oder Federn und des Auges (daher rötliche Augen) kennzeichnet den Albino. Daß
dies eine echte Entartung bedeutet, ergibt sich nicht nur daraus, daß es sich
dabei um eine typische Hemmungsbildung (was die Erzeugung des Pigmentes
angeht) handelt, sondern auch daß diese albinotischen Tiere gegen Gifte, Krankheitsursachen und Schädlichkeiten des Klimas und der Nahrung viel widerstandsloser sind wie gefärbte. Züchter aller möglicher Hausgeflügel- und Haussäugetierrassen haben die Hinfälligkeit der Albinos gegenüber normalbeschaffenen
tausendfach festgestellt, und sind sich über die Natur dieses Merkmales nicht

im Unklaren. Wo immer solche Albinos in der freien Natur erscheinen, verschwinden sie wegen ihrer Anfälligkeit und Hinfälligkeit sehr rasch wieder. Nirgends gelang es, in freier Wildbahn einen Bestand von Albinohirschen oder Albinorehen aus Einzelmutanden zu erzielen und dauernd zu erhalten; stets verschwanden die erzielten Tiere nach einer Reihe von Jahren ganz von selbst.

2. Wieder ein anderes, das Knochengerüst betreffende Degenerationsmerkmal, stellt die sogenannte Mopsschnauzigkeit vor. Am bekanntesten beim Hunde, wo Mops und Bulldogge diese Schädelbildung besitzen, finden wir sie aber auch häufig bei gewissen hochgezüchteten Schweinen (bei den Yorkshire namentlich älterer Zuchtrichtung) und auch beim Rinde usw. Hier bildet die sogenannte Bulldoggschädelform das „Niatarind" Südamerikas, das DARWIN zuerst beschrieb, aber irrtümlicherweise als Rasse ansprach. Auch bei dieser Form handelt es sich um eine Hemmungsbildung, welche vor allem durch eine Verkürzung des Gesichtsteiles in die Augen fällt. Während der Nasenteil des

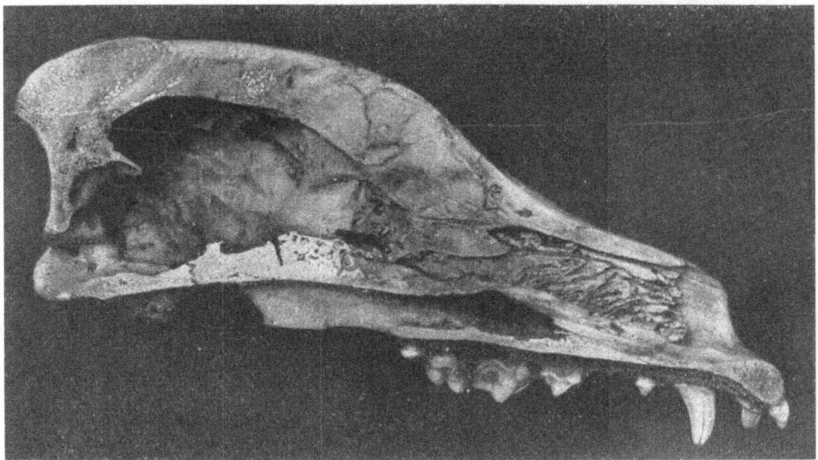

Abb. 90. Längsschnitt durch den Schädel des Bocharahundes mit normalem Bau des Türkensattels und dem entsprechenden normalen Bau der Hypophyse. (Orig.-Phot.)

Schädels stark verkürzt, oft auch noch aufgestülpt ist, zeigt die Stirne und der Unterkiefer normale Länge. Deshalb ragt der Unterkiefer stark über das Oberkieferende hinweg, wie es bei Bulldoggen oft in extremer Form vorkommt. Gerade diese ab und zu immer wieder in den halbwild auf den weiten Ebenen Südamerikas gehaltenen Rinderherden auftretenden Niatas beweisen durch ihr Verhalten sehr deutlich, daß wir es hier mit einem Degenerationsmerkmal zu tun haben. Solange nämlich das Futter auf den Pampas genügend hoch ist, können die Niata weiden. Sobald jedoch ein Dürrejahr eintritt und die Rinder genötigt sind von der normalen Art — unter Verwendung der Zunge — des Weidens abzustehen, wenn sie die abgestorbenen, am Boden liegenden Halme aufzunehmen und die Grasnarbe bis tief zur Wurzel hinab abzubeißen gezwungen sind, dann sind die Niatas verloren, weil sie mit ihren verbildeten Kiefern nicht genügend Futter aufzunehmen vermögen. Sie verenden als die ersten Opfer der betreffenden Herden an Erschöpfung. Man sieht in diesem Vorgang klar das Walten der „natürlichen Auslese". Gerade dieses Beispiel ist deshalb lehrreich, weil dies offenkundige echte Degenerationsmerkmal sofort gleichgültig für den Fortbestand der betreffenden Tiere wird, wenn der Mensch eingreift, wenn künstliche Fütterung einsetzen würde. Tatsächlich wurden denn auch solche Niatas in chilenischen Tiergärten lange Jahre gehalten.

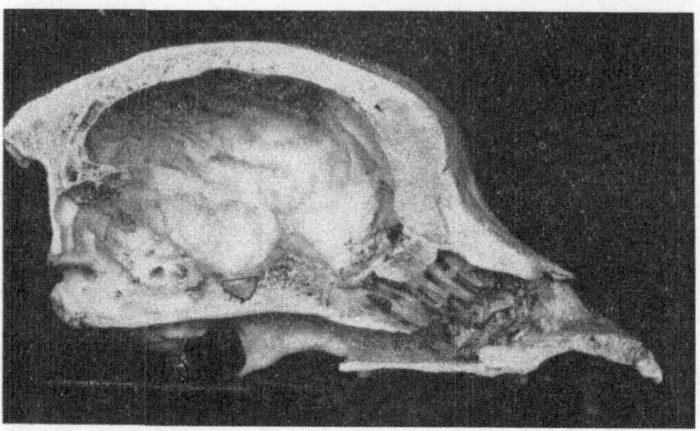

Abb. 91. Längsschnitt durch den Schädel einer Bulldogge. Man beachte den verbildeten Türkensattel als Beweis für den abnormen Bau der Hypophyse. (Orig.-Phot.)

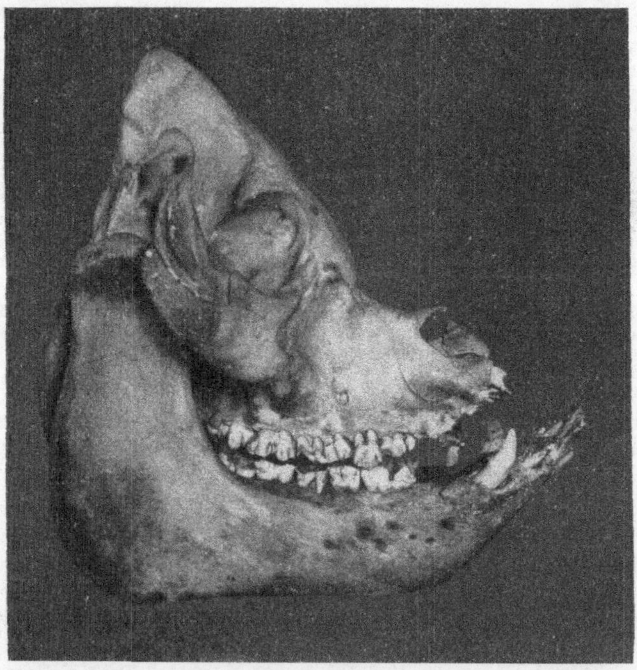

Abb. 32. Schädel eines Yorkshireschweines, degenerative Veränderungen namentlich im Gesichtsteil zeigend. (Orig.-Phot.)

Die Mopsschnauzigkeit ist in neuerer Zeit als in den Formenkreis der Achondroplasie gehörend erkannt worden; sie stellt gewissermaßen den ersten, leichtesten Grad dieser namentlich durch verschieden weitgehende Veränderungen

des Skelettes charakterisierten Abwegigkeit vor. Zwischen dieser Anfangsform
der Achondroplasie und deren lebensunfähigen Endformen (beim Rind z. B.
durch die sogenannten Bulldogg- oder Mondkälber vorgestellt) gibt es verschiedene
Zwischenstufen, von denen eine derselben seiner Zeit als sogenanntes Ankon-
oder Otterschaf eine gewisse tierzüchterische Berühmtheit erlangt hatte. Im
Jahre 1791 fiel nämlich bei dem Farmer Seth Wright in Massachusetts ein „dachs-

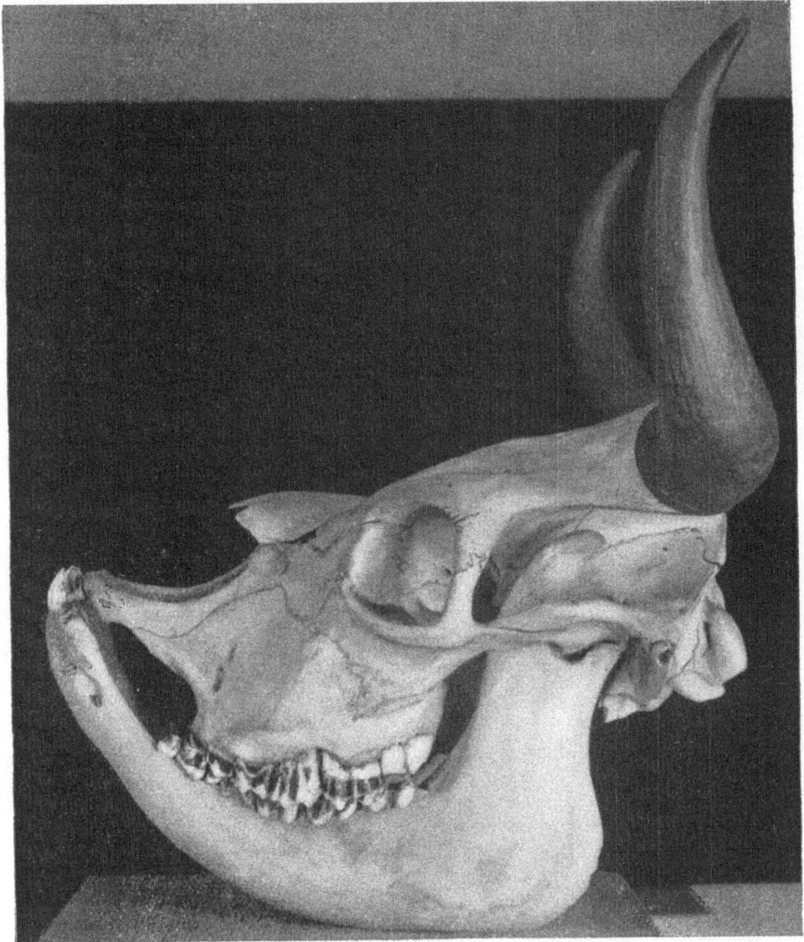

Abb. 93. Schädel des Niata-Rindes in Seitenansicht. (Orig.-Phot. des zool. Museums
in Kopenhagen.)

beiniges" Bocklamm. Herangewachsen wurde es zum Stammvater der erwähnten
Ankonzucht, welche die künstliche Zuchtwahl damals in gewissen Teilen der
Vereinigten Staaten deshalb bevorzugte, weil die Tiere infolge der Kurzbeinigkeit
keiner hohen Umzäunungen bedurften. Ein Gegenstück zum Otterschafe ist
der Dachshund. Auch diese Hundeform gehört in den Kreis der leichten und
atypischen Achondroplasie. Sie wurde, nachdem sie als degenerative Mutationsform zufällig aufgetreten war, wegen ihrer Absonderlichkeit vom Menschen
züchterisch festgehalten und zu einer Rasse verallgemeinert. In der freien Natur

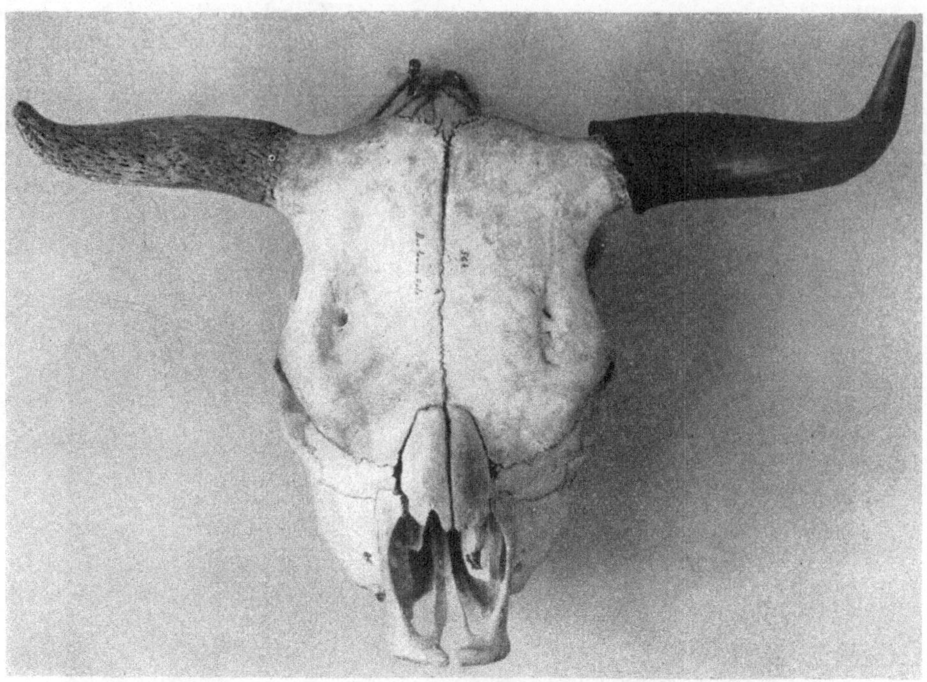

Abb. 94. Schädel des Niata-Rindes in Vorderansicht. (Orig.-Phot. des zoologischen Museums in Kopenhagen.)

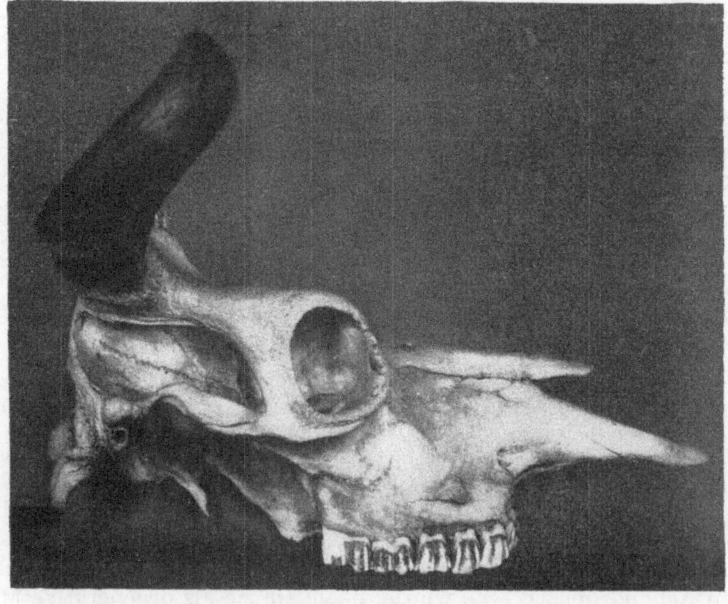

Abb. 95. Schädel eines Jersey-Stieres mit Mopsschnauze ohne deutliche Nasenverkürzung. (Orig.-Phot.)

würde sich unter gewöhnlichen Verhältnissen eine solche Hundeform niemals lebensfähig erhalten, diese Art ist eben eine entartete.

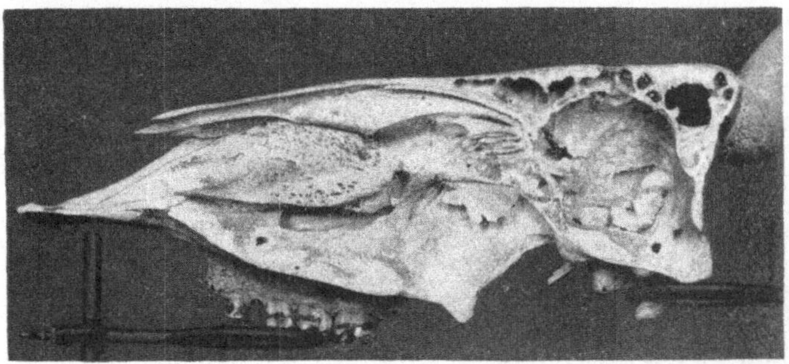

Abb. 96. Längsschnitt durch einen Schädel des ungarischen Steppenrindes mit normaler Profillinie. (Orig.-Phot. v. L. ADAMETZ aus Arbeiten der Lehrkanzel f. Tierzucht an der Hochschule f. Bodenkultur in Wien, Bd. II.)

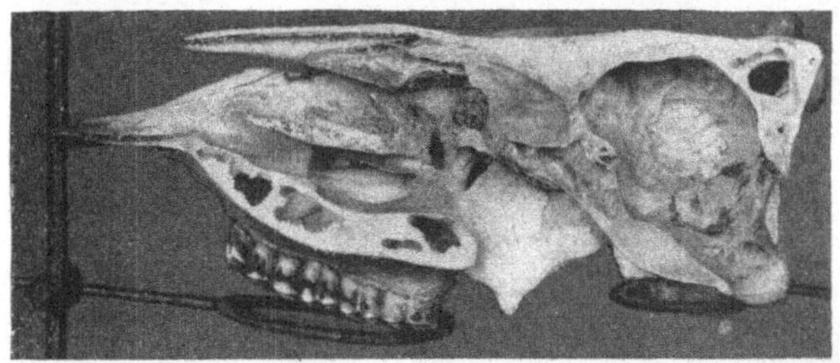

Abb. 97. Längsschnitt durch einen Tuxer-Rinderschädel. Kurzschnauzig aber nicht gemopst. (Orig.-Phot. v. L. ADAMETZ aus Arbeiten der Lehrkanzel f. Tierzucht an der Hochschule f. Bodenkultur in Wien, Bd. II.)

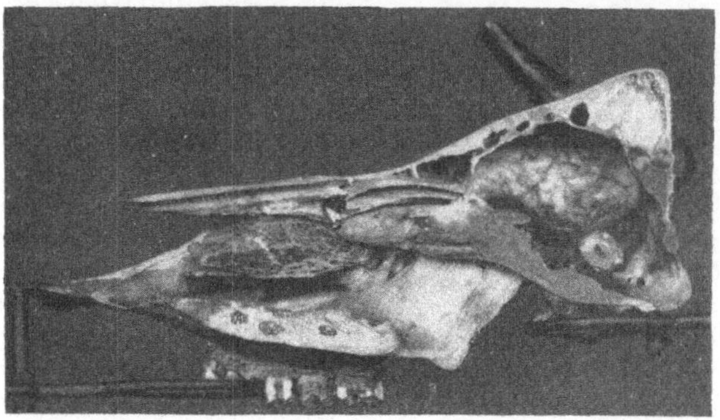

Abb. 98. Längsschnitt durch einen Tuxer-Rinderschädel. Kurzschnauzig und gemopst. (Orig.-Phot. v. L. ADAMETZ aus Arbeiten der Lehrkanzel f. Tierzucht an der Hochschule für Bodenkultur in Wien, Bd. II.)

Diese eben behandelten Entartungsmerkmale — Stigmata degenerationis — können morphologischer oder auch physiologischer (funktioneller) Natur sein.

Beide Arten sind nach ARNDT der Ausfluß derselben abwegigen, inneren „atomistisch chemischen", d. h. einschlägigen Ernährungsvorgänge in die Außenwelt. Daß sie unter Umständen aus irgend welchen Gründen, und sei es eventuell nur der der Neuheit, und fast könnte man sagen, oft der Häßlichkeit wegen, vom Menschen herausgegriffen und durch Zuchtwahl vermehrt werden, ja sogar, daß sie geradezu in charakteristische Rassenmerkmale verwandelt werden können, die, solange die damit ausgestatteten Tiere im Zustand der Domestikation leben,

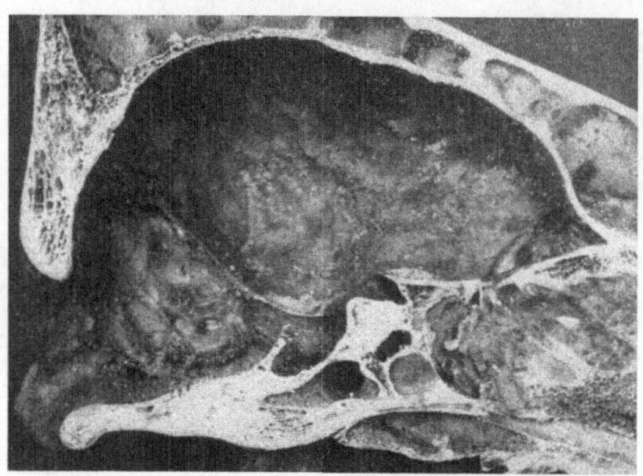

Abb. 99. Schädellängsschnitt vom Wildschwein. Sella turcica gut entwickelt, daher auf eine normal entwickelte Hypophyse weisend. (Orig.-Phot.)

für sie keine besondere Gefahr bedeuten, das alles ergibt sich bereits aus der Betrachtung der bisher angeführten Beispiele. Nicht leicht verständlich wird den Laien die bereits einmal erwähnte Ansicht ARNDTS sein, daß alle unsere höchstgezüchteten und besonders leistungsfähigen Haustierrassen mehr oder weniger degenerierte seien. Um dies zu verstehen, muß darauf hingewiesen werden, daß jedes Organ oder jedes Gewebe dadurch abwegig, unnatürlich, d. h. krankhaft beschaffen sein kann, daß es entweder gegenüber der Norm unterentwickelt, oder überentwickelt ist. Daß auch eine einseitige Überentwicklung, biologisch betrachtet, schädlich ist, geht bereits aus der Betrachtung hervor, daß hiedurch der harmonische Ablauf der Lebensprozesse, die harmonische Funktion aller Organe des Körpers gestört erscheint. Gerade ein solcher charakterisiert den vollkommenen Gesundheitszustand, die Norm. Weil nun verschiedene wirtschaftliche Hochleistungen der Haustiere ge-

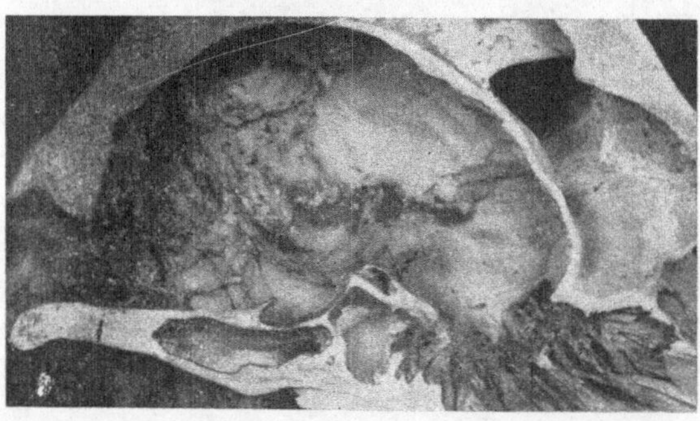

Abb. 100. Schädellängsschnitt vom Yorkshireschwein mit verkümmerter Sella turcica, Unterentwicklung der Hypophyse. (Orig.-Phot.)

rade auf einer solchen Überentwicklung bestimmter Organe beruhen, so ergibt sich bereits aus dieser Betrachtung die theoretische Berechtigung zu dieser Auffassung, denn die Überfunktion eines Organes muß notwendigerweise die Tätigkeit anderer beeinträchtigen. Sehr deutlich sehen wir dies bei einseitig hochentwickelter Milchergiebigkeit z. B. des Rindes, ausgeprägt. Extrem gute Milchkühe sind anspruchsvoll an Futter und Pflege, halten sich trotzdem gewöhnlich mager und pflegen gegen gewisse Infektionskrankheiten, besonders die Tuberkulose, eine größere Empfänglichkeit als andere Individuen zu besitzen. Ganz besonders kommt dann diese größere Anfälligkeit beim Versetzen in andere Klima- und Haltungsverhältnisse zum Ausdruck. Dieses häufige

Versagen der natürlichen Schutzvorrichtungen und der regulatorischen Einrichtungen überhaupt sehen wir denn auch bei der Einführung sehr milchreicher Zuchten in neue, weniger günstige Daseinsverhältnisse oft genug auftreten.

So sonderbar es also auch klingt, so ist tatsächlich eine besonders hohe Milchleistung vom biologischen Standpunkt aus betrachtet bereits mehr oder weniger als ein Degenerationsmerkmal anzusehen, das überdies oft noch von anderen Merkmalen dieser Art begleitet wird.

Wieder andere wichtige wirtschaftliche Leistungen, z. B. die Frühreife und Mastfähigkeit, beruhen direkt auf einem krankhaften Vorgang, dessen Wesen in einem abwegigen Stoffwechsel zum Ausdruck kommt. Die echten frühreifen Mastzuchten beruhen nämlich keineswegs bloß auf üppiger Jugendernährung; sie sind vielmehr durch eine Art von erblicher Fettsucht, die ursprünglich als Domestikationsvariation auftrat, vom Menschen aber durch Zuchtwahl zum Rassenmerkmal umgewandelt wurde, charakterisiert. Auch hier sehen wir eine erbliche Krankheitsanlage auf ganze Rassen übertragen und fixiert. Beispiele solcher hervorragender Züchtungsrassen von hohem wirtschaftlichem Wert sehen wir beim Rinde in den Shorthorns und den Aberdeen-Angus, beim Schaf in den Leicesters und Southdowns oder beim Schwein in den großen weißen Yorkshires oder noch deutlicher in den mittleren und kleinen Zuchten des englischen Schweines. Und beim Geflügel haben wir die Aylesbury- und die Rouenente, die Toulouser und Emdener Gans und das Dorkinghuhn als Beispiele solcher aus-

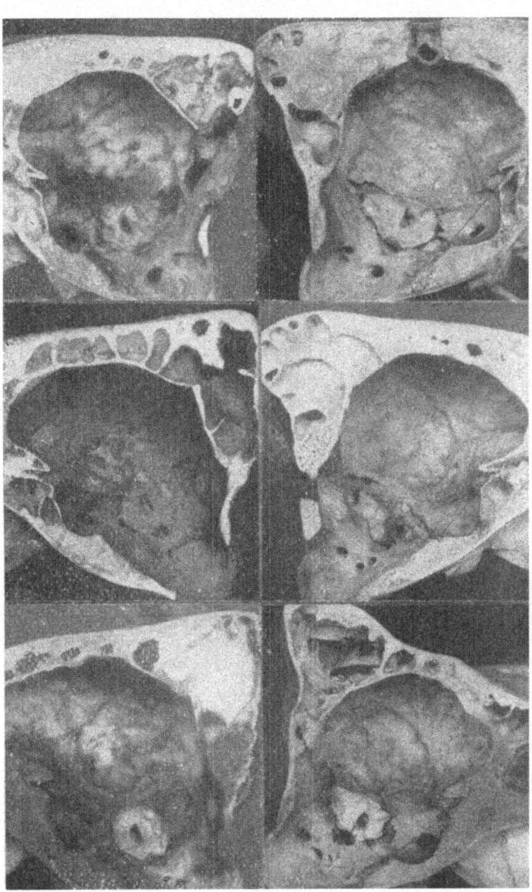

Abb. 101. Schädelkapsel, Längsschnitte von verschiedenen Rinderrassen, den normalen und abnormalen (flachen und verkürzten) Bau des Türkensattels zeigend. Obere Reihe links: Zillertaler-Rind; rechts: Ung. Steppen-Rind. Mittlere Reihe links: Pustertaler-Rind; rechts: schottisches Hochlands-Rind. Untere Reihe links: Tuxer-Rind; rechts: Jersey-Rind. (Orig.-Phot.)

gesprochener Hochzuchten auf Frühreife und Mastfähigkeit vor uns. Von allen diesen Mastrassen ist es eine allgemeine bekannte Erfahrung, daß sie gegenüber den gewöhnlichen Landrassen durch eine relative Unfruchtbarkeit, Empfindlichkeit in der Jugend und allgemeine Hinfälligkeit überhaupt charakterisiert sind. Schon alte englische Autoritäten stellten für die Shorthorns fest, daß keine andere Rinderrasse so häufig minderwertige, lebensunfähige usw. Kälber bringe als sie. Und ähnliches ist für die Leicesterschafe bekannt.

Alle diese einseitigen Mastrassen können erfahrungsgemäß nur dann bei relativer Gesundheit und fortpflanzungsfähig erhalten werden, wenn ihre Daseinsbedingungen zu optimalen gestaltet werden (Licht, Luft, bestimmte Art der Ernährung, bei Pflanzenfressern vor allem Weidegang).

3. Ein züchterisch wichtiges Entartungsmerkmal stellt ferner der Hermaphrodismus und die Pseudointersexualität unserer Haustiere vor. Vereinzelt treten zwar beide Formen innerhalb aller Gruppen von landwirtschaftlichen Haustieren auf, relativ am häufigsten findet man sie aber beim Schwein und der Ziege. Beim echten Hermaphrodismus handelt es sich um das Vorkommen sowohl von männlichen, als auch von weiblichen Keimdrüsen in demselben Individuum, welche allerdings gleichzeitig nicht vollkommen funktionieren können. Es kommen dabei verschiedene Kombinationen vor, insofern als z. B. eine Gonade ein Ovarium, die andere ein Testikel sein kann; oder aber es können beide Gonaden (eventuell auch nur eine) Ovotestes sein und endlich kommt der seltene Fall vor, daß in der Bauchhöhle desselben Individuums zwei Ovarien und in einem unvollkommen entwickelten Hodensack zwei Testikel sich vorfinden. Die Gestalt der äußeren Geschlechtsteile kann dabei eine außerordentlich verschiedene, bald mehr männlich, bald mehr weiblich orientierte sein. Eine befriedigende Erklärung dieser Erscheinung liegt nicht vor. Man spricht zwar von früherem oder schnellerem oder stärkerem Funktionieren z. B. der das weibliche Geschlecht bestimmenden Geschlechtsfaktoren gegenüber dem späteren oder langsameren oder schwächeren Einsetzen der männliches Geschlecht bestimmenden Faktoren usw., ein volles Verständnis wird jedoch hiedurch nicht vermittelt.

Abb. 102. Dachshund mit stark entwickelter Mikromelie. Vertreter der atypischen, auf die Extremitäten beschränkter Achondroplasie. (Phot. v. KLEIN, Nürnberg, aus BREHMS Tierleben, Bd. XII, 1915, 4. Aufl.)

Neben diesem echten Hermaphrodismus kommt als Folge wahrscheinlich hormonaler Abwegigkeiten bei den Haussäugetieren (besonders bei Schweinen und Ziegen) auch die sogenannte Pseudointersexualität vor. Die akzessorischen Teile des Geschlechtsapparates (WOLFFscher und MÜLLERscher Gang) und die äußeren Geschlechtsorgane sind es, welche bei solchen Tieren eine mehr oder weniger innige Mischung männlicher und weiblicher Elemente aufweisen und das abwegige Verhalten bedingen. Häufiger als bei anderen Haustiergattungen finden sich solche Pseudointersexe, bei denen nur eine Art von Keimgewebe vorkommt, bei Ziegen und Schweinen. Der gewöhnliche Fall ist der, daß ein Tier in seiner Jugend weibliches Verhalten zeigt, um bei fortschreitender Entwicklung schließlich mehr oder weniger weit in der Richtung des anderen Geschlechtes verändert zu werden. CREW, der solche Fälle besonders bei Ziegen untersuchte, fand bei den äußeren Geschlechtsorganen nahezu alle Übergänge von der weiblichen zur männlichen Form. Er erwähnt Fälle, in denen ein Tier in unerwachsenem Zustande auf Ausstellungen als weibliches Geschlecht Preise erzielte, um später, nach Eintritt der sexuellen Reife, durchaus männlichen Charakter anzunehmen.

Daß es sich dabei um genetisch begründete, d. h. vererbbare Vorgänge handelt, ergab sich aus der Tatsache, daß diese Abnormität in speziellen Familien auftrat. Nach England z. B. soll die Anlage hiezu durch drei im Jahre 1897 als Kitze eingeführte Toggenburger Ziegen gebracht worden sein. CREW meint, daß solche Intersexualität auch die Folge von Kreuzung zweier Rassen sein könne, welche bezüglich der Natur jener bei der Geschlechtsbestimmung (und bei dem diesbezüglich regulierenden Entwicklungsmechanismus) eine wichtige Rolle spielenden Genen sehr voneinander verschieden wären.

Wichtig ist es zu beachten, daß solche Degenerationsmerkmale oft genug gehäuft bei den Vertretern mancher Haustierrassen vorkommen, so daß es sogar Rassen gibt, die gleichzeitig durch eine ganze Reihe der verschiedensten morphologischen und physiologischen Degenerationszeichen charakterisiert sind; dies gilt besonders für die dem menschlichen Vergnügen dienenden Sport- und Luxusrassen beim Hunde und beim Geflügel.

Zur Vervollständigung des von der Degeneration bei unseren Haustieren gezeichneten Bildes soll im folgenden für die wichtigsten Haustiergattungen eine Reihe von typischen Degenerationsmerkmalen, die entweder innerhalb der betreffenden Tiergruppe häufig auftreten, oder direkt Rassecharakter erworben haben, kurz besprochen werden.

1. **Die Degenerationsmerkmale beim Pferde.** Es ist überaus interessant zu sehen, daß beim Pferde keine Degenerationsmerkmale höheren Grades, keine Merkmale ausgesprochener pathologischer Art auf ganze Rassen durch die künstliche Züchtung verbreitet worden sind. Es erklärt sich das offenbar aus der Art seiner Benützung, die ohne ein hohes Maß von konstitutioneller Härte und Gesundheit nicht denkbar ist. Wenn es also auch keine typischen Degenerationsmerkmale als Rassenmerkmale hier gibt, so treten selbstverständlicherweise vereinzelt, innerhalb einer jeden Rasse ab und zu all die verschiedenen Stigmata degenerationis, die bei Haustieren überhaupt vorzukommen pflegen, auch auf. **Albinismus, Rhachitis, Dummkoller, Roaren, Zwerg- und Riesenwuchs, Aspermie** (neuestens bei den Clydesdales-Pferden öfter vorkommend) mögen als bekanntere aus dem Heer der überhaupt möglichen angeführt werden.

2. **Beispiele für Degenerationsmerkmale beim Rinde.** a) Degenerationsmerkmale, die gleichzeitig Rassencharakter erlangt haben: die bereits erwähnte **extreme Frühreife und Mastfähigkeit** (erbliche Fettsucht); nur bedingt: **Hypertrophie und Hyperfunktion der Milchdrüse** (extrem hohe Milchleistung); **Hornlosigkeit** usw. b) **Albinismus, Rhachitis, Bleichsucht** (Unterentwicklung des Systems der blutbildenden Organe) **Mopsköpfigkeit, Achondroplasie,** verschiedene Formen der **Unfruchtbarkeit** usw. Als züchterisch wichtiges Degenerationsmerkmal, das speziell beim Rind bei hochgezüchteten Rassen (den Shorthorns, schwarzbuntem Niederungsvieh und Simmentalern) öfters auftritt, wäre die sogenannte **Doppellendigkeit** zu erwähnen. Es handelt sich dabei um eine typische **Hypertrophie der Muskulatur der Hinterhand,** besonders der Ober- und Unterschenkel, der eine gewisse Unterentwicklung der Vorhandmuskulatur gegenübersteht. Solche Tiere zeigen stark vorspringende Muskeln, die namentlich im Bereich der Oberschenkel sich stark nach rückwärts vorwölben. Neugeboren soll die Breite der äußeren Darmbeinhöcker zur Hüftbreite entgegengesetzt wie bei normalen Kälbern sein.

Daß es sich hier tatsächlich um ein charakteristisches Degenerationsmerkmal handelt, beweist die Tatsache, daß Doppellender-Kalbinnen relativ unfruchtbar sind (sie rindern auch seltener und weniger offenkundig), und daß sie als Kühe schlechte Milchleistung besitzen. Daß solche Doppellender-Kälber für ihre Mutter eine Gefahr bedeuten, dadurch, daß sie meist schwierige Geburten veranlassen, zeugt ebenfalls von degenerativem Charakter dieser Variation.

3. **Beispiele für Degenerationsmerkmale beim Schafe.** Hier liegen die Verhältnisse ähnlich wie beim Rinde, insofern als auch extreme Mastfähigkeit und Frühreife neben Hornlosigkeit gleichzeitig Rassenmerkmal und Degenerationsmerkmal sind und natürlich auch all die anderen schier endlosen Formen der Entartung vorkommen können. Als ein für die Gruppe der Schafe, und hier wieder für die Gruppe der feinwolligen, merinoartigen Schafe spezifisches Stigma, kann die sogenannte Traberkrankheit, eine erbliche Rückenmarkserkrankung, angesehen werden.

Abb. 103. Doppellender-Kalb (vom Niederungsvieh) mit enormer Hypertrophie der Hinterhandmuskulatur. (Phot. nach Schönberger Landwirtschaftliche Bilderbogen.)

4. **Degenerationsmerkmale bei Ziegen.** Für die Ziegen kommen als relativ häufiger auftretende eigenartige Degenerationsmerkmale besonders Unfruchtbarkeit, speziell der Böcke, als Folge von Unterentwicklung oder Unterfunktion (Infantilismen, Aspermie usw.) der Sexualorgane in Betracht, ebenso ist Pseudointersexualität in manchen hochgezogenen Stämmen nicht allzu selten.

5. **Degenerationsmerkmale beim Schwein.** Bei den hochgezüchteten frühreifen und besonders mastfähigen Schweinerassen tritt die pathologische Note dieser wirtschaftlichen Leistung unverkennbar hervor. Es unterliegt kaum einem Zweifel, daß es sich dabei um eine Art hypophysärer Fettsucht handeln dürfte. Ebenso weisen verschiedene Eigentümlichkeiten des Skelettes (Mopsschnauzigkeit, Vergrößerung der Breitenmaße des Schädels, Verbildung des Türkensattels, Mikromelie usw.) auf einen Zusammenhang mit Achondroplasie.

Von echter Zwitterbildung und von der Neigung zum Auftreten von Intersexen abgesehen, tritt Unfruchtbarkeit und Lebensschwäche der Ferkel als Folge des Vorhandenseins sogenannter „letaler" Faktoren (siehe gegebenen Ortes) relativ häufig gerade in den Hochzuchten auf.

6. Degenerationsmerkmale beim Hund. a) Rassenbedingende Entartungsmerkmale sind die bereits erwähnte Achondroplasie (Dachshund), dann die
Haarlosigkeit der Nackthunde, Zwergwuchs höheren Grades in Verbindung

Abb. 104. Bulldoggen mit charakteristischem Körperbau. (Mikromelie, Kurz-
schnauze usw.) Formenkreis der Achondroplasie. (Phot. von Th. FALL, London,
nach I. WATSON: The Dog book, Bd. II, London 1906.)

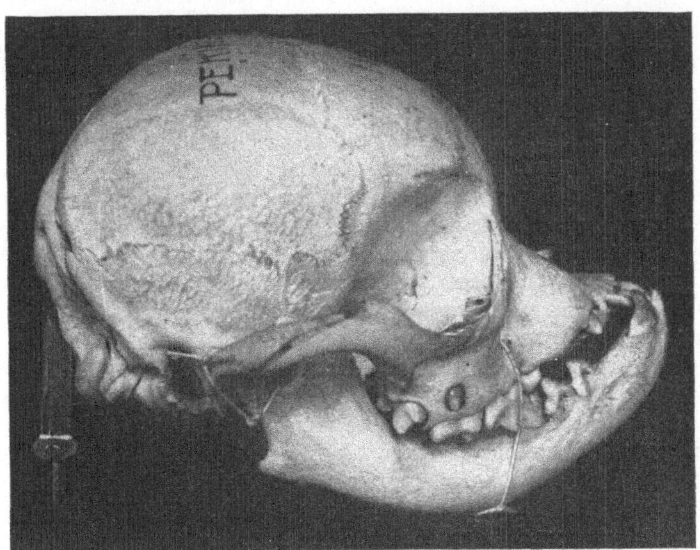

Abb. 105. Abwegig gebauter Hundeschädel. Rasse: Pekinese. (Orig.-Phot.)

mit verschiedenen anderen Hemmungserscheinungen (am Gebiß, dem Gesichts-
und Stirnschädel usw.) und die zahlreichen verschieden miteinander kombiniert
auftretenden Stigmata degenerationis, wie wir sie z. B. bei der Bulldogge wahr-
nehmen.

Adametz. Allgemeine Tierzuchtlehre   7

Speziell die Bulldogge stellt eine durch und durch pathologische Hundeform vor, bei der eine auffallende Häufung der verschiedensten Entartungsmerkmale stattgefunden hat, wie Zwergwuchs mittleren bis (bei einzelnen Zuchten) höheren Grades, Verkürzung des Gesichtsschädels, Verbildung des Stirnschädels, sehr häufig Vorkommen von Stummel- und Krummschwanz, nach neuen Feststellungen TANDLERs von Hydrocephalus und einseitiger Neigung zu Fettansatz. Bekannt sind die Schwergeburten bei dieser Rasse und ganz besonders die bei den modernen Zwergbulldoggen. Auch den für die wilden Kaniden lebenswichtigen Instinkt des Spürens hat die Bulldogge verloren. Es unterliegt keinem Zweifel, daß diese Hunde im Zustand des Freilebens in allerkürzester Zeit zugrunde gehen müßten. Ihre Lebensfähigkeit ist nur an den Domestikationszustand gebunden. Ihre Existenz verdankt diese Rasse unzweifelhaft ihrer Absonderlichkeit, ihrer Häßlichkeit, die den Menschen reizte und ihn veranlaßte, diese Type, die ursprünglich vereinzelt innerhalb der englischen Mastifform aufgetreten sein mag, festzuhalten, zu vermehren und zu einer besonderen Zucht, einer eigenen Rasse umzugestalten.

Abb. 106. King Charles Spaniel. Degenerativform mit Zwergwuchs und infantiler Schädelbildung. (Orig.-Phot. v. I. K. COLE, New-York, aus J. WATSON, The Dog book, Bd. II, London 1906.)

7. Degenerationsmerkmale beim Huhn. Ähnlich wie beim Hund, der weitgehend für Luxuszwecke des Menschen gezüchtet wurde und daher Degenerationsmerkmale in besonderer Fülle und Intensität aufweist, liegen die Verhältnisse beim Huhn, nur daß hier der Mensch fast noch weitgehender Abänderungen ungünstiger Art zustande gebracht hat. Beim Huhn finden wir sehr verschiedenartige Degenerationsmerkmale, welche teils in größerer, teils in geringerer Anzahl miteinander kombiniert, verschiedene Rassen bilden.

Solche Rassenmerkmale degenerativen Charakters, die aber gleichzeitig von großer wirtschaftlicher Bedeutung sind, wären: Die auf hohe Eierproduktion gezüchteten Hühnerrassen, wie besonders die Italiener, Minorkas und andere; ferner durch Frühreife und Mastfähigkeit besonders ausgezeichnete Rassen wie die Dorkings. Auch die als wirtschaftliche Leistung so geschätzte hohe Eierproduktion ist ihrem Wesen nach bei biologischer Auffassung, doch auch nur ein physiologisches Degenerationsmerkmal, denn diese Eigenschaft geht bei exzessiver Entwicklung naturnotwendigerweise mit dem Verlust des für die Erhaltung der Art unerläßlichen Brut- und Führungsinstinktes Hand in Hand. Es wäre ja unmöglich, daß die Tiere gleichzeitig das ganze Frühjahr und den Sommer über Eier legen und brüten, eines schließt das andere aus. So kam es, daß die mit regerem, übermäßig tätigem Geschlechtstrieb — denn die Eierproduktion ist ja eine Funktion desselben — ausgestatteten Individuen den hochwichtigen Brut- und Führungsinstinkt einbüßten. So vorteilhaft diese gesteigerte Eierproduktion in wirtschaftlicher Beziehung auch für den Menschen sein mag, die ihn veranlaßte, sie auf alle Weise zu fördern und züchterisch zu befestigen, so nachteilig stellt sie sich biologisch betrachtet dar. Im Freileben würden solche Tiere ohne Nachkommen enden und in einer Generation aussterben. Beispielsweise macht CREW (1925) darauf aufmerksam, daß es bei hervorragend guten Legehennen infolge „physiologischer Erschöpfung", hervorgerufen durch übermäßige Eierproduktion, sehr häufig zum Hervortreten von Merkmalen des männlichen Geschlechts komme (sex reversal). Er sagt: „Man darf erwarten, daß fast jede einem besonders leistungsfähigen Stamm angehörende Henne früher oder später einige männliche Merkmale entwickeln wird."

Daß die weitgehende Frühreife und Mastfähigkeit mancher Hühnerrassen degenerativen Charakter besitzt, braucht nach dem früher gesagten nicht mehr bewiesen zu werden.

Ein spezifisch morphologisches Degenerationsmerkmal finden wir sodann bei der Gruppe der sogenannten Haubenhühner, namentlich bei den mit einer Vollhaube ausgestatteten, wie den Paduanern, die als prächtige Zierhühner beliebt sind. Abgesehen davon, daß sie den für die Mittelmeer-Hühnerrassen erwähnten Instinktverlust mit diesen teilen, sind sie durch die stark entwickelte, aus langen, schlaffen, sichelförmigen Federn zusammengesetzte Haube ausgezeichnet. Diese Haube sitzt auf einer blasigen, etwa halbkugelförmigen Auftreibung der Stirnbeine. Infolge dieser Knochenblase bilden die Stirnbeine in der Profillinie mit den anschließenden Scheitelbeinen nicht wie beim gewöhnlichen Huhn eine flachbogige Linie, sondern einen rechten, bis manchmal sogar einen spitzen Winkel. Diese aufgetriebenen Stirnbeine sind sehr dünn, stellenweise sogar lückenhaft, so daß sie für das Gehirn keinen guten Schutz bieten und

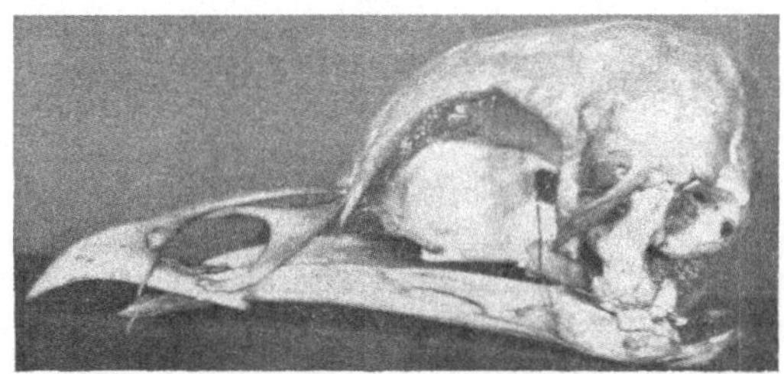

Abb. 107. Normaler Hühnerschädel, Brahmaputra-Rasse. (Orig.-Phot.)

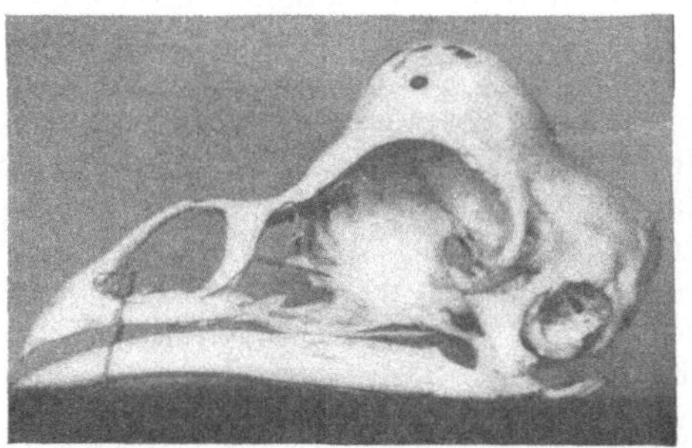

Abb. 108. Schädel eines Haubenhuhnes (Paduaner-Rasse) mit im Bereiche der Stirnbeine stark entwickelter Knochenblase und deformiertem Schnabel. (Orig.-Phot.)

den Charakter einer Mißbildung annehmen. Aber auch die Federhaube ist insofern schädlich für die Erhaltung der Art, als sie beim Naßwerden im Regen bzw. im betauten Gras, auseinanderfällt und ihre Federn den Tieren in die Augen hängen, sie dann nicht nur am Sehen direkt behindern, sondern auch leicht Anlaß zu Entzündungsprozessen des Auges abgeben. Unter solchen Umständen sind die Tiere der Gefahr ausgesetzt, eher eine Beute von Raubwild zu werden, oder sich beim Durchschlüpfen durchs Gebüsch den ohnedies wenig geschützten Schädel zu verletzen. Auch diese Zierde der ganzen Rassengruppe, diese Federhaube erweist sich somit beim näheren Zusehen als ein typisches Degenerationsmerkmal. Außerdem gesellen sich bei vielen dieser Haubenhühner noch andere Stigmata degenerationis hinzu, wie z. B. ein verkürzter, dünner, ja oft lückenhafter Schnabel, dem manchmal das halbe Dach fehlen kann und dessen Spitze gekrümmt ist. Auch Kürze der Beine tritt hinzu und bei mancher

7*

dieser Zuchten findet sich auch das pathologische Degenerationsmerkmal des
Verlustes des Brut- und Führungsinstinktes. Hier wie z. B. bei den als Mastgeflügel geschätzten Houdans und dann bei den feinknochigen (jedoch nicht zu
den Haubenhühnern gehörenden) Dorkings, findet sich als abwegiges Merkmal
noch das Vorkommen einer fünften Zehe (Polydaktylie).

Von sonstigen Degenerationsmerkmalen (leichteren Grades), die alle durch
die künstliche Zuchtwahl des Menschen zum Rassenmerkmal geworden sind,
wären beim Huhn noch zu erwähnen: die eigentümliche Veränderung der Federn
bei den sogenannten Seidenhühnern, die Schwanzlosigkeit des (Kaul-)
Huhns, der typische Zwergwuchs, dessen sichere Vererbung es möglich machte,
nahezu sämtliche Hühnerrassen, die Cochins nicht ausgenommen, in die Zwergform überzuführen, die Hüpfer, die sich nach Art der Sperlinge fortbewegen
können und andere mehr.

8. Degenerationsmerkmale bei der Taube. An Mannigfaltigkeit und Intensität der Degenerationsmerkmale werden die Hühner noch von den Tauben
übertroffen; sind doch gerade die Tauben in ganz besonderem Maße Gegenstand
der Liebhaberzüchtung durch den Menschen gewesen, und daher begreiflicherweise auch ungewöhnlich tief beeinflußt und verändert worden. Dabei ist hier
noch der Umstand zu berücksichtigen, daß gerade die Haustauben trotz der
ihnen innewohnenden ungeheuren Variabilität von einer einzigen guten Spezies,
der Columba livia abstammen.

Der Kürze wegen sei es mir gestattet, unter den zahlreichen degenerativ
beeinflußten Taubenrassen eine einzige, allerdings besonders stark degenerierte
herauszugreifen und kurz zu zergliedern: die sogenannten Purzeltauben.
Als Beispiel diene der englische kurzstirnige Purzler, der Ruhm und Stolz so
vieler Liebhaberzüchter, wie DARWIN ihn nennt. Zunächst zeigen sich die
Hemmungsbildungen an ihm schon darin, daß er so ziemlich zu den kleinsten
Haustauben überhaupt gehört (Zwergwuchs). Eine ausgesprochene Jugendform besitzt dann der runde und daher ebenfalls eine gehemmte Entwicklung
anzeigende Kopf dieser Taube. Der fast kugelige mit stark vorgewölbten
Stirnbeinen versehene, gegen die Norm verkürzte Kopf trägt einen verkümmerten, weil sehr kurzen, dünnen und schmalen Schnabel. Nach
ARNDT besagt eine Züchterregel plastisch, daß der Schnabel am runden Kopfe
wie ein in eine Kirsche eingestecktes Gerstenkorn abstehen soll. Dieser unvollkommen entwickelte Schnabel wird der Rasse doppelt zum Verhängnis.
Einmal ersticken öfters die jungen Tiere im Ei, weil sie wegen der Schwäche
des Schnabels die Eischale nicht zu bewältigen vermögen, und anderseits sterben
in jenen Fällen, wo der Pflegeinstinkt bei den Elterntauben noch vorhanden
ist, die Jungen öfters Hungers, weil der verkümmerte Schnabel der Eltern eine
ordentliche Fütterung nicht zuläßt. Gerade in den vollkommensten Zuchten
ist der Brutinstinkt übrigens verkümmert, oder auch ganz geschwunden,
so daß zur Zucht dieser Rasse sogenannte Ammen, d. h. Bruttauben gewöhnlicher Art verwendet werden müssen.

Von sonstigen morphologischen Degenerationsmerkmalen, die noch für
diese Rasse charakteristisch sind, wären die verkürzten Beine und die unvollkommen entwickelten Schwungfedern erster Ordnung zu erwähnen, von denen
statt der gewöhnlichen zehn bei diesen Purzlern nur neun entwickelt zu sein
pflegen. Eine Eigentümlichkeit soll auch in der Art der Flügelhaltung liegen;
die Tiere lassen nämlich die Flügel „als wären sie halb gelähmt" hängen.

Zu all diesen tiefgreifenden Degenerationsmerkmalen kommt nun noch
als besonders interessantes die Art des Fluges dieser Taubenrasse. Sie haben,
wie dies schon der Name anzeigt, die Gepflogenheit, im Fluge sich zu über-

schlagen, zu purzeln. Da dies Überschlagen beim Fluge sozusagen fortwährend erfolgt (vom indischen Purzler wird angegeben, daß er sich manchmal in der Minute 20- bis 30mal überschlage!), so ist es selbstverständlich, daß solche Tiere in der freien Natur sofort eine Beute der Raubvögel sein würden. Aber selbst in der Domestikation wird diesen Tauben diese Gewohnheit oft genug verhängnisvoll, wenn sie z. B. infolge des Überschlagens Hindernisse, wie Äste usw. übersehen und sich beschädigen. Diese interessante Eigenschaft des Purzelns erklärt nun ARNDT als Ausdruck einer tiefgehenden Ernährungsstörung des Nervensystems, als Ausdruck einer Neurose selbst! Vielleicht ist es hier am Platze, auf eine bei gewissen Hausmäusen vorkommende Eigenschaft hinzuweisen, die ein Analogon hiezu vorstellen dürfte, nämlich das sogenannte „Tanzen". Eine japanische Züchtungsrasse der Hausmaus besitzt die Eigentümlichkeit während des Laufes sich um sich selbst zu drehen, zu tanzen. Ähnliches wurde neuerdings auch bei Kaninchen usw. beobachtet. Auch hier handelt es sich um eine tiefgreifende nervöse Störung, um degenerativ-mutative Vorgänge im Zentralnervensystem.

Diese Beispiele mögen genügen, um im Wesen der Degeneration für die Lebensfähigkeit der mit ihnen ausgestatteten Individuen verhängnisvolle Mutationsvorgänge erkennen zu lassen. Weil diese Mutationen richtungslos verlaufen und alle Gewebe und Organe betreffen können, so erklärt es sich, daß manche von ihnen sich auch in wirtschaftlicher Richtung bewegen und dann vom Menschen als erwünschte und wertvolle Merkmale und Eigenschaften nicht nur züchterisch festgehalten, sondern durch entsprechende Züchtung gesteigert worden sind.

Überblickt man das für die verschiedenen Arten von Degenerationserscheinungen Eigenartige, so kommt man zu dem Schlusse, daß es sich bei ihnen um typische Domestikationsvorgänge handelt, welche, weil mutativ entstanden, erblicher Natur sind, und welche das Leben der betreffenden Tiergruppe unter den normalen Daseinsbedingungen der wilden Stammform, in der freien Natur teils erschweren, teils vollkommen unmöglich machen würden.

Nicht nur die Leistungen solcher Tiergruppen, sondern auch ihr Fortbestand ist an die vom Menschen geschaffene, gewissermaßen künstliche Umwelt geknüpft. Wichtig ist dabei im Auge zu behalten, daß selbst die üblichen wirtschaftlichen Leistungen der Haustiere, insoferne sie mit Hilfe der künstlichen Zuchtwahl auf eine besondere Höhe emporgezüchtet wurden, im biologischen Sinne den Charakter von mehr oder weniger tiefgreifenden Degenerationsmerkmalen erhalten haben und solcherart die Annahme W. SIEMENS bestätigen, daß, wenn schon nicht alle, so doch die meisten der sogenannten Domestikationsmerkmale pathologischer Art sind.

Selbstverständlicherweise handelt es sich auch bei ihnen um durchaus „natürliche" Vorgänge, die (als Mutationen) auch in der freien Natur vereinzelt auftreten. Hier werden sie jedoch von der natürlichen Zuchtwahl, die bei Haustieren weitgehend ausgeschaltet ist, rasch ausgemerzt. Handelt es sich doch hiebei meist um Merkmale und Eigenschaften, welche für die damit ausgestatteten Tiere schädlich sind; die Entwicklungs-, die Variationsrichtung pflegt in solchen Fällen eine ungünstige zu sein.

Von diesem Standpunkte aus betrachtet, wird ein Zusammenhang hergestellt mit jenen Gründen, aus welchen Tausende und Abertausende von Tierspezies der Vorwelt ausgestorben sind. Die Paläontologie lehrt nämlich, daß sie alle ein Opfer ihrer allzuweit getriebenen Spezialisierung geworden sind. Teils handelt es sich dabei um allzu einseitige, allzu vollkommene Anpassung an ganz bestimmte Daseinsverhältnisse, teils, was so ziemlich auf dasselbe hinausläuft, um auf die Spitze der Vollkommenheit entwickelte einzelne Merkmale. Geringfügige Änderungen in der Umwelt genügten dann, um das Aussterben solcher, an und für sich vortrefflich ausgestatteter Arten und Gattungen zu veranlassen.

Wie relativ im übrigen der Begriff der Degeneration selbst in der freien Natur, wenigstens unter bestimmten Umständen aufgefaßt werden muß, beweist das Vorkommen der fast nur flügellosen Insekten auf den Kerguelen-Inseln. Beispielsweise sind von den dort vorkommenden neun Käferspezies sämtliche flügellos, wären somit unter gewöhnlichen Umständen entschieden als „degeneriert" anzusprechen. Unter den ganz speziellen örtlichen Verhältnissen ist jedoch diese Flügellosigkeit eine durch die natürliche Zuchtwahl vermittelte Anpassungserscheinung, die geradezu als zweckmäßig, als nützlich zu beurteilen ist. Eine in der freien Natur entstandene, an und für sich ungünstige, schädliche Mutation erscheint in diesem Gebiete gegenüber den normalen, geflügelten Formen als besser angepaßt und wird durch die natürliche Zuchtwahl allein erhalten. FRANZ (1924) hebt diesbezüglich hervor: „daß im übrigen der konvergente Flügelverlust der Kerguelen-Insekten auf Züchtung im Kampfe ums Dasein beruht, da geflügelte Formen von den dort herrschenden heftigen Stürmen ins Meer geweht würden, und nur ungeflügelte Abnormitäten sich fortzüchten konnten".

Dritter Abschnitt

Einfluß der Umweltfaktoren auf den Körper der landwirtschaftlichen Haustiere

I. Der Einfluß des Klimas auf den Tierkörper

M. WILCKENS gebührt das Verdienst, die hauptsächlichsten Umweltfaktoren, nämlich das Klima, die Nahrung und die Übung, als besondere Kapitel in die allgemeine Tierzucht aufgenommen, ausführlich behandelt und dadurch ein für den praktischen Landwirt höchst wichtiges Wissensgebiet zum ersten Male betreten zu haben. Wenn auch heute das schwierige Gebiet, besonders was den Einfluß des Klimas betrifft, noch lange nicht in allen seinen Teilen wissenschaftlich erforscht ist, so dürfte es doch im Interesse eines besseren Verständnisses vieler praktischer Züchtungsfragen sein, wenigstens das, was hierüber bekannt ist, hier kurz zusammenzufassen. Nach J. HANN versteht man unter Klima die Gesamtheit der Witterungserscheinungen, welche den mittleren Zustand der Atmosphäre an einer bestimmten Stelle der Erdoberfläche kennzeichnen. Es setzt sich aus einer Reihe von Klimaelementen zusammen, wie Temperatur (Wärme und Kälte), Wassergehalt der Luft (Trockenheit und Feuchtigkeit), Bewegung (Wind) der Luft, Luftdruck, Sonnenlicht, Luftelektrizität usw.

Der Einfluß des Klimas erstreckt sich einmal als direkter auf die Körperdecke, die Haut der Tiere und auf die Atmungsorgane; dann aber auf indirektem Wege, unter Vermittlung der Hautnerven, auf den Gesamtstoffwechsel der Tiere. Die Stärke der Reaktion und der ausgelösten Veränderungen hängt ab von der Stärke, mit der die einzelnen Klimafaktoren zur Wirkung gelangen, dann aber auch in geringerem Grade von der Empfänglichkeit der betreffenden Tiere.

1. Einfluß der Temperatur auf den tierischen Körper

Im praktischen Leben ist eine Beobachtung des Einflusses vom Klimafaktor „Temperatur" allein nicht möglich, weil wohl immer andere Klimaelemente mit ihm mehr oder weniger kombiniert in Wirkung treten. Immerhin lassen sich gewisse Feststellungen dort machen, wo er in extremer Form zur Geltung kommt. Wir sehen dann, wie weitgehend abhängig sich die **Hautentwicklung vom Faktor Temperatur** erweist. Zum Verständnisse der hier auftretenden Vorgänge ist es aber notwendig, sich die Zusammensetzung der Haut, die aus drei deutlich verschiedenen Schichten gebildet wird, in Erinnerung zu rufen, nämlich: 1. Epidermis oder Oberhaut, 2. die Kutis oder Lederhaut und 3. die Subkutis oder das Unterhautbindegewebe. Die Entwicklung dieser Schichten schwankt in bedeutendem Maße je nach dem Wärmeklima der beobachteten Tiere. Ganz allgemein können wir feststellen, daß in einem warmen Klima lebende Tiere eine dünne Haut besitzen und daß an dieser dünnen Haut die Oberhaut verhältnismäßig stärker entwickelt ist als bei den in kühlem oder kaltem Klima lebenden Tieren. Umgekehrt ist die Entwicklung des Unterhautbindegewebes im warmen Klima eine auffallend schwächere. Weil die Subkutis an der Hautdicke aber einen wesentlichen Anteil besitzt, so erklärt sich die dünne, feine Haut so vieler Tiere eines warmen Klimas zum Teile durch deren Unterentwicklung. Beispiele für diese Vorgänge beim Zustandekommen der Hautdicke mögen folgende angeführt werden: Die Haut des arabischen Pferdes in seiner trocken heißen Heimat zeichnet sich durch Feinheit und weitgehende Armut an Unterhautbindegewebe aus, infolgedessen alle Knochenleisten und Muskelgrenzen scharf und deutlich durch die Haut hindurch zu erkennen sind und das zustande kommt, was der Tierzüchter mit „trockene" Form bezeichnet. Vom Rinde wieder ist auffallenderweise gerade das im relativ wärmeren (und trockeneren) ungarischen Tieflande lebende ungarische Steppenrind, trotzdem es Winter und Sommer über im Freien lebt, gegenüber den in kühleren Gebieten (z. B. in den Alpen) heimischen Rassen durch geringere Gesamthautdicke gekennzeichnet. Und ähnliche Verhältnisse finden wir bei den südspanischen Rindern, sei es in der Heimat, sei es in Südamerika, wo nach ROULIN besonders für die in den heißen Lanos halbwild lebenden Tiere die relative Feinheit der Haut bekannt ist, während die auf der Hochebene von Bogoda gehaltenen gleichrassigen Rinder eine derbe Haut besitzen. Vor vielen Jahren hatte ich Gelegenheit, durch Untersuchungen über die Dicke der einzelnen Hautschichten bei verschiedenen europäischen Rinderrassen folgendes festzustellen:

	Dicke der ganzen Haut	Dicke der Oberhaut		Dicke der Lederhaut		Dicke der Unterhaut	
		mm	%	*mm*	%	*mm*	%
Ungarisches Steppenrind	4·5	0·051	1·13	1·225	27·22	3·227	71·71
Lavanttaler Rind	9·5	0·045	0·47	1·341	14·12	8·113	85·40
Pinzgauer Rind	12·0	0·048	0·40	1·564	13·03	10·385	86·54

Bei sonst gleichen Verhältnissen sehen wir speziell zwischen jenen beiden Rassen, deren Heimat in klimatischer Beziehung die größten Unterschiede aufweist, nämlich dem ungarischen Steppenvieh in der mehr oder weniger trockenen warmen ungarischen Tiefebene und den im feucht kühlen typischen Alpenklima beheimateten Pinzgauern, auch in der Hautdicke überhaupt und in der Entwicklung der einzelnen Hautschichten den größten Unterschied auftreten.

Das ungarische Steppenrind besitzt nämlich absolut genommen eine unverhältnismäßig dünne Haut, an welcher jedoch die geringe Entwicklung des Unterhautbindegewebes (absolut wie relativ betrachtet) neben verhältnismäßig gut
entwickelter Oberhaut auffällt. Diese Epidermisdicke kann im heißen Klima
unter gewissen Umständen, bei einer bestimmten Lebensart der Tiere, enorme
Dimensionen annehmen, wie z. B. dies beim Nashorn, Elefanten, Tapir und Flußpferd der Fall ist.

Im selben Maße werden aber im warmen Klima auch die Hautgebilde,
wie die Haare, Klauen, Hufe und gegebenenfalls die Hörner, gleichsinnig
beeinflußt. Die der Epidermis der Haut entsprechenden Gehörne z. B. der Antilopen Afrikas zeichnen sich, wie WILCKENS schon anführte, durch ihre kräftige
Entwicklung vor jenen der europäischen Gemse aus, der einzigen europäischen
Antilopenart. Und die Entwicklung der Hornscheiden beim Rinde zeichnet sich
— ganz abgesehen von der Länge, die ja auch noch von der Hornzapfenlänge
abhängt — im heißen Klima durch ihre nach Dickenwachstum gerichtete Tendenz aus. Dicke Hornscheiden haben z. B. im Gegensatze zu den Rassen feucht
kühler Gebiete das ungarische Steppenvieh, besonders aber das Battussirind
des zentralafrikanischen Zwischenseegebietes. Daß an und für sich feinhornige
Rinderrassen im warmen Klima grobe Hörner erlangen, hat WILCKENS an den
nach Ungarisch-Altenburg eingeführten Allgäuer Kühen direkt feststellen können.
Und daß es auch mit der Entwicklung und Beschaffenheit von Huf bzw. Klauen
bei Pferd, Rind und Schaf die gleiche Bewandtnis hat, braucht nur mit dem
kurzen Hinweis auf dichte Hornbeschaffenheit des Hufes von in warmem und
namentlich in trockenwarmem Klima lebenden Pferden (arabisches, ungarisches
Pferd) erhärtet zu werden. Im Gegensatze hiezu steht die bekannte ungünstige
Beschaffenheit des Hufhorns bei Pferderassen Mitteleuropas.

Eine Erklärung über die in warmem Klima vor sich gehenden Anpassungserscheinungen der Haut hat WILCKENS folgenderart zu geben versucht: „Wenn
die Nerven der äußeren Haut von warmer oder von kalter Luft gereizt werden,
dann ändern sich die Blutverteilung und die Ernährung in der Lederhaut und in
der Unterhaut. Wärme erregt die Temperatur empfindenden Nerven
der äußeren Haut, die ihren Erregungszustand durch Vermittlung des Temperaturzentrums im Gehirn auf die sympathischen Nervenfasern der Blutgefäße
in der Haut übertragen; diese Nervenfasern werden durch den Einfluß der Wärme
gelähmt, die Blutgefäße erweitern sich und das Blut strömt in größerer Menge
in die äußere Schichte der Lederhaut, wo es seine Wärme durch die Oberhaut
ausstrahlt. Bei dauerndem Einflusse der Wärme — wie im warmen Klima —
wird die mittlere und innere Schichte der Lederhaut sowie die Unterhaut verhältnismäßig blutarm, weil eben das Blut in größerer Menge in die äußere, der
Oberhaut zunächst liegende Schichte der Lederhaut eintritt. Die mittlere
und innere Schichte der Lederhaut sowie die Unterhaut empfängt also weniger
Ernährungsmaterial. Daher kommt es, daß die Haare, welche in der mittleren
und inneren Schichte der Lederhaut ihren Boden haben, in ihrer Ernährung
und Wachstum beschränkt werden; sie bleiben kürzer, ihr Stand wird weiter
und sie können sogar ganz schwinden. Dagegen wird die Oberhaut dicker und
die sie ernährenden blutreichen Gefäßwärzchen der Lederhaut erstrecken sich
weit in sie hinein. Nach HER. PAUL ist es in der Tat auffallend, wie mit der Rückbildung der Behaarung und der Verdickung der Oberhaut die Ausbildung der
Gefäßwärzchen der Lederhaut zunimmt; bei dicht behaarten Tieren hat die
Oberfläche der Lederhaut gar keine oder nur wenig merklich sich erhebende
Wärzchen außer denen, die tief in der Lederhaut stecken und die Haare auf sich
tragen und ernähren. An den Stellen mit stark verdickter Oberhaut, wie an den

Sohlenballen, wo die Oberhaut einer schnelleren Abnutzung ausgesetzt ist, sind die ernährenden Lederhautwärzchen wieder in großer Zahl und entsprechender Ausbildung vorhanden." „In der spärlicher ernährten Unterhaut wird die Entwicklung des lockeren Bindegewebes beschränkt, in welchem sich das Fett ablagert. Aber nicht nur die Fettablagerungsstätte verkleinert sich, sondern auch die Fettbildung selbst wird herabgesetzt, weil das Nahrungsbedürfnis im warmen Klima geringer ist. Ein starkes Fettpolster in der Unterhaut würde die Tiere im warmen Klima oder in warmer Jahreszeit nur belästigen, weil die Wärmeabgabe dadurch erschwert würde."

Der Einfluß des kalten Klimas auf die Beschaffenheit von Haut, Horn und Haar ist dadurch charakterisiert, daß die in kaltem Klima lebenden Rassen einer bestimmten Haustiergattung durch eine beträchtlich dickere Haut ausgezeichnet sind, und daß die bedeutende absolute Dicke der Haut zum großen Teil auf Rechnung der mächtigen Entwicklung des Unterhautbindegewebes zu setzen ist. Hingegen pflegt in einem solchen Klima die Oberhaut absolut und relativ schwächer entwickelt zu sein. Beispiele, welche diese Behauptung bekräftigen, wurden schon von DARWIN und ROULIN gesammelt. So stellte ROULIN unter anderem fest, daß die Haut der in den Gebirgen von Kolumbien den größten Teil des Jahres in einer Klimazone von 9 bis 10° C verbringenden Rinder auffallend dick ist, obschon die Angehörigen derselben Rasse in den heißen Provinzen Mariquita und Neyba eine dünne, mit feinen Haaren bedeckte Haut besitzen. Desgleichen tragen die in dem 2500 m hohen Paramos-Gebirge Kolumbiens verwildert lebenden Schweine ein dickes, fast wollartig krauses Haarkleid. Auch DARWIN fand die Haut der auf den rauhen Falklandsinseln lebenden Haustiere gegenüber jener gleichrassigen des benachbarten Festlandes auffallend dick.

Was die Hornscheiden der im kalten Klima lebenden Schafe und Rinder anbelangt, so scheint allerdings, wie WILCKENS ausgeführt hat, im allgemeinen speziell bei Rindern die Neigung zur Bildung von dünnwandigen und wohl auch kurzen Hornscheiden zu überwiegen, und tatsächlich kann man beim hochgezüchteten Niederungsvieh der Nordseeküste öfters das Blut der Fleischhaut durch die feine Hornschichte an der Hornursprungsstelle durchschimmern sehen. Allein diese Tatsache, die vielleicht durch die erlangte Verfeinerung der Konstitution zu verstehen sein kann, findet in den groß und ziemlich derb gehörnten schottischen Hochlandsrindern ein in diese Regel nicht passendes Gegenstück. Rasseliche Zugehör und Art der Ernährung scheinen auf die Dicke der Hornscheiden auch von großem Einfluß zu sein. Auch die von WILCKENS als eine Folgeerscheinung des kalten Klimas angeführte Hornlosigkeit der Rinder, die besonders zahlreiche im feucht kühlen Klima Nordeuropas beheimatete Zuchten auszeichnet, muß wohl anders (durch Mutation) erklärt werden und dürfte mit dem Klima nicht zusammenhängen. Für eine solche Ansicht spricht auch der Umstand, daß Hornlosigkeit selbst bei den Hamitenrindern des alten Ägypten, also in einem sehr heißen Klima, vorkam.

Im Gegensatze zur oben behandelten Frage ist der Einfluß des kalten Klimas auf die Entwicklung der Haare sehr deutlich festzustellen. Der Haarwuchs ist nicht nur durch massenhaftes Vorkommen der sogenannten Flaumhaare bei den Haussäugetieren dichter und bietet einen besseren Wärmeschutz, sondern es treten auch gröbere, durch relativ große Dicke und Länge ausgezeichnete, sogenannte Grannenhaare in den Vordergrund. Ein charakteristisches Beispiel können die schottischen Hochlandsrinder abgeben, die nicht nur wie andere, rauhe Gebiete des Kontinents bewohnende Rinderrassen im Winter mit langer und dichter Behaarung versehen sind, sondern die diese fast spannenlangen Zoten selbst im feuchtkühlen Sommer ihrer Heimat tragen. In sehr überzeugender Weise läßt sich der Einfluß eines kühlen Klimas auf das Dickerwerden der Haut und auf das Erscheinen einer groben, struppigen Behaarung bei den gealpten Rindern feststellen. Während die derselben Rasse und demselben Stamme zugehörenden Heimkühe im Sommer das bekannte glatte, feine Deckhaar und eine rassemäßige Feinheit der Haut besitzen, haben die gealpten Tiere desselben Stalles eine dickere Haut und einen groben, oft direkt struppigen Haarwuchs.

Über die Art und Weise, auf welcher die geschilderten Veränderungen von Haut und Haar bei unseren Haustieren zustandekommen, liefert WILCKENS folgende Erklärung: „Kälte erregt die Gefühlsnerven der äußeren Haut; diese bewirken durch die Übertragung ihres Erregungszustandes auf die sympathischen Nervenfasern der Hautblutgefäße eine Erregung dieser Nerven und eine Verengerung der Blutgefäße. Dadurch wird das Blut aus der äußeren Schicht der Lederhaut herausgetrieben bzw. dessen Bestand in derselben vermindert; daher kommt die Blässe der Oberhaut in kalter Luft. Dagegen ist die mittlere und innere Schichte der Lederhaut sowie die Unterhaut stärker mit dem aus der äußeren Lederhautschichte verdrängten Blute erfüllt. Die Haare in der mittleren und inneren Schichte der Lederhaut, sowie der Unterhaut empfangen mehr Ernährungsmaterial; daraus erklären sich das üppige Wachstum und der dichtere Stand der Haare in der Lederhaut und die reichliche Entwicklung von lockerem Bindegewebe in der Unterhaut. Im kalten Klima oder in kalter Jahreszeit erhalten die Tiere auf diese Weise einen Schutz durch dichteren und längeren Haarbesatz sowie durch Bildung eines starken Fettpolsters, da sich in den zahlreichen Zellen des Unterhautbindegewebes reichlich Fett ablagern kann, wenn das in der Kälte gesteigerte Nahrungsbedürfnis durch vermehrte Nahrungsaufnahme befriedigt wird. Das Fettpolster im Unterhautbindegewebe beschränkt die Wärmeabgabe des Organismus und gewährt den Tieren einen starken Schutz gegen die Kälte.“

Es ist selbstverständlich, daß dieser von WILCKENS gelieferte Erklärungsversuch nur unter der Voraussetzung denkbar ist, daß bei den in Frage kommenden Tieren die Anlage zu vermehrter Haarentwicklung gegeben ist und daß der Kältereiz zugleich auch die Entwicklung dieser Haarkeime in der Lederhaut anregt.

Einfluß der Temperatur auf die Stoffwechselvorgänge des Tierkörpers. Nach der landläufigen Ansicht setzt eine warme Umgebung den Stoffwechsel der Tiere herab und die Kälte steigert ihn. Dieser Ansicht, welche die von der Körperoberfläche durch Strahlung und Leitung bedingten Wärmeverluste ins Auge faßt, verleiht WILCKENS mit folgenden Worten Ausdruck: „Der durch den Einfluß der Wärme auf die temperaturempfindenden Nerven der äußeren Haut ausgeübte Reiz beschränkt durch die Übertragung ihres Erregungszustandes auf die Muskelnerven die Tätigkeit der willkürlichen Muskeln. Die willkürliche Bewegung und damit die durch Muskelarbeit vermehrte Eigenwärme des Tieres wird herabgesetzt. Weil dadurch auch der Stoffverbrauch vermindert wird, so sinkt das Nahrungsbedürfnis. Die Nahrungsaufnahme wird beschränkt und damit auch die Tätigkeit der Kaumuskeln und der unwillkürlichen Muskeln des Verdauungskanals. Durch die in warmer Luft beschränkte Abgabe der Eigenwärme des Tieres erhöht sich die Blutwärme, was eine Erregung der Schweißzentren im Rückenmark zur Folge hat; durch die schweißerregenden Nerven wird die Tätigkeit der Schweißdrüsen in der Lederhaut angeregt. Der reichlich abgesonderte Schweiß verdunstet an der Oberfläche der Haut und die dazu nötige Verdunstungswärme wird dem Tierkörper entzogen, wodurch er abgekühlt wird.“

Hinzuzufügen wäre dem Gesagten noch, daß die durch Untersuchungen R. STIGLERS beim Menschen nachgewiesene Überlegenheit der Wärmeregulierung (bei schwerer Arbeit und heißer Luft) pigmentierter Haut gegenüber der schwach pigmentierten durch Leitung und Strahlung zu erklären ist. Da nach histologischen Untersuchungen die pigmentierte Haut des Negers blutgefäßreicher ist, als jene des weißen Menschen, so erklärt sich die bessere Wärmeabgabe des ersteren zwanglos, um so mehr, als bei der durch schwere körperliche Arbeit in heißer Luft bedingten gesteigerten Körpertemperatur die Hautgefäße erweitert sind und daher von mehr Blut durchdrungen werden. Übung, das heißt Anpassung spielt auch auf dem Gebiete der Wärmeregulierung, wie noch gezeigt werden wird, eine große Rolle.

Was die Kälte in ihrem Einflusse auf den Tierkörper anbetrifft, so steigert sie hauptsächlich die Tätigkeit der willkürlichen Muskeln und durch diese den Stoffwechsel. „Dadurch wird auch die Bildung der Eigenwärme erhöht. Infolge der gesteigerten Muskelarbeit wird der Stoffwechsel lebhafter und der Stoffverbrauch größer. Damit vergrößert sich auch das Nahrungsbedürfnis. Wenn dieses durch vermehrte Nahrungsaufnahme befriedigt wird, dann erhöht wiederum die gesteigerte Tätigkeit der willkürlichen und der unwillkürlichen Muskeln des Verdauungskanals die Eigenwärme des Tieres. Nimmt das Tier mehr Nahrung auf als dem Stoffverbrauche entspricht, dann wird der Überschuß als Fett aufgespeichert."

Daß auch bei scheinbarer körperlicher Ruhe bei Kälte Muskelarbeit verrichtet und der Stoffwechsel erhöht werden kann, wird u. a. durch das „Zittern" des Tierkörpers erwiesen. Eine Anpassung des höheren tierischen Körpers an eine dauernd kalte Umgebung erfolgt einerseits durch Entwicklung eines dichten, feinen Flaumhaares oder von Flaumfedern oder andererseits durch die Bildung entsprechender Fettschichten, besonders in der Subkutis. Auf beiden Wegen schützt sich der Körper vor allzu großem Wärmeverluste. Ein Beispiel für den ersten Fall sehen wir in dem auch wirtschaftlich kostbaren Pelzwerk verschiedener nordischer Tiere (Zobel, Marder, Nerz). Bei Tieren hingegen, die sich vorwiegend in einem die Körperwärme besonders gut leitenden Medium, z. B. im Wasser aufhalten, wie z. B. die Seehunde, Walrosse und ganz besonders die Wale, treten mehr oder weniger mächtig sich entwickelnde Fettschichten als geeignete Schutzvorrichtungen des Körpers auf. Schon KLUGE hat nachgewiesen, daß unter sonst gleichen Umständen bei einer Differenz zwischen Körper- und Außentemperatur von 18·2° C eine nur 0·2 cm dicke Fettschicht den Wärmeverlust auf rund die Hälfte herabsetzt. Ähnlich, wie weiter oben bezüglich der Wärmeregulierung im warmen Milieu ausgeführt wurde, scheint nach den Versuchen von DURIG und LODE an gutgenährten Hunden auch eine Gewöhnung an kalte Bäder einzutreten und daß dieselbe auf dem Wege über die Hautblutgefäße erfolgt.

Zur Vermeidung von Mißverständnissen muß ausdrücklich betont werden, daß die im vorhergehenden kurz geschilderten, durch die Temperatur veranlaßten Stoffwechselvorgänge für die praktischen Verhältnisse allein Richtigkeit haben. Wird der vom theoretischen bzw. wissenschaftlichen Standpunkte aus wichtige Grund- oder Erhaltungsumsatz allein berücksichtigt, dann allerdings findet man nach A. DURIG diesen von der Temperatur unabhängig. Unter dem Erhaltungsumsatz verstehen die Physiologen die bei absoluter Ruhe pro ein Kilogramm Lebendgewicht in der Stunde produzierte Menge Kohlensäure. Sie betrug beim Menschen 228 bis 236 cm^3 und erwies sich, praktisch ausgedrückt, überall gleich. Ob man den Grundumsatz in den Tropen (Batavia) oder im Polarklima Grönlands untersuchte, er war überall gleich hoch wie im gemäßigten Klima und hier wieder gleich im Winter wie im Sommer, im Tal oder auf großer Bergeshöhe.

Von diesem theoretischen Wert ist natürlich jener vom landwirtschaftlichen Standpunkte aus wichtige Stoffwechsel, der sich unter den gewöhnlichen Lebensverhältnissen oder der zum großen Teil durch Sinnes- und Muskeltätigkeit in seiner Intensität beeinflußt wird, verschieden. Auf diesen hat auch die Temperatur einen ganz bedeutenden, wenn auch, wie geschildert wurde, nur indirekten Einfluß. Es sei zur Illustration dieser Verhältnisse beispielsweise angeführt, daß selbst ruhende Arbeitsochsen zur Erhaltung ihrer Körpertemperatur je nach der herrschenden Stalltemperatur auf 1000 *kg* Lebendgewicht 3·8 bis 5·8 Stärkemehl (Stärkewerte) benötigen, um den Wärmeverlust zu ersetzen und die Körpertemperatur auf der normalen Höhe zu erhalten. Ein gutes Bild von der durch die Kälte veranlaßten Steigerung der Stoffwechselvorgänge sowie von der unter gewöhnlichen Lebensverhältnissen dadurch bedingten Wechselwirkung zwischen herrschender Temperatur und aufgenommener Nahrung liefert der seinerzeit, von HERZOG KARL THEODOR mit einer Katze angestellte Versuch. Das Tier wurde durch volle sechs Monate durchaus gleichmäßig ernährt. In dem auf die kalte Jahreszeit entfallenden Zeitabschnitte (16. Jännnr bis 30. März) blieb ihr Körpergewicht, praktisch betrachtet, gleich (2·557 bis 2·650 *kg*), mit der Zunahme der Temperatur beim Fortschreiten der Jahreszeit nahm auch das Körpergewicht des Tieres zu und erreichte Mitte Juni, bei Beendigung des Versuches, 3·047 *kg*. In der kalten Jahreszeit war der Stoffwechsel unter den üblichen normalen Lebensverhältnissen lebhafter gewesen; das bewiesen die größere Kohlensäureausscheidung und die ihr entsprechende größere Sauerstoffaufnahme sowie das Gleichbleiben des Lebendgewichtes. Die beobachtete, während 6 Stunden bei —3·2⁰ C produzierte Kohlensäuremenge war beispielsweise um 83% größer als jene in der gleichen Zeit bei +30·8⁰ Umgebungstemperatur gebildete Kohlensäuremenge. Infolge der Ersparnis eines Teiles der stickstofffreien Bestandteile des Futters bei warmer Umgebung in der warmen Jahreszeit konnte das Tier aus dem nicht für Zwecke der Wärmeproduktion verwendeten Teil dieser Nährstoffe Fett bilden und im Körpergewicht zunehmen.

Die Kenntnis des Zusammenhanges, der zwischen dem Stoffwechsel im tierischen Körper und der Temperatur der ihn umgebenden Luft besteht, ist wegen der z. B. bei kälterer Stalltemperatur notwendigen größeren Nährstoffmenge der Tiere für den praktischen Landwirt sehr wichtig. Ähnlich wie die Temperatur der umgebenden Luft wirkt auch jene des aufgenommenen Futters auf den Tierkörper und seinen Nahrungsbedarf. Wird zum Beispiel kaltes, eventuell noch wasserreiches Futter gegeben, so ergeben sich hieraus durch das im Körper notwendige Erwärmen des Futters Wärmeverluste, welche sich, wenn sie nicht durch einen Nahrungszuschuß gedeckt werden, in der tierischen Produktion geltend machen. Zum Beispiel lieferten in einem von MÄRKER veranlaßten Versuch Kühe, die unter anderm mit kalten Diffusionsschnitten gefüttert wurden, 13·6 *l* Milch täglich, während sie sonst unter gleichen Umständen bei Verabreichung derselben Schnittemenge in heißem Zustande 15·4 *l* Milch lieferten.

Der Vollständigkeit halber sei noch kurz des Einflusses der Temperatur auf gewisse Entwicklungs- und Wachstumsvorgänge im Tierreiche gedacht. Man kann das kurz gefaßt etwa so ausdrücken, daß man sagt: Wärme (natürlich innerhalb gewisser Grenzen) regt die tierischen Entwicklungsvorgänge an, Kälte verringert sie. Auch hier wurde zunächst auf dem Gebiete der niederen Zoologie eine Anzahl von Beweisen dieses Satzes geliefert. So war bekannt, daß gewisse, auf den Kiemen der Fische lebende Schmarotzer (Polystomum integerimum und Diplozoon paradoxum) nur im Sommer bei wärmerer Temperatur Eier produzieren, in der kalten Jahreszeit jedoch nicht. Wurden hingegen mit solchen Parasiten behaftete Fische während des Winters im Aquarium im temperierten Raume gehalten, dann erfolgte keine Unterbrechung der Eierproduktion. Ähnlich wird Hydra grisea bei 20⁰ C geschlechtsreif, nicht aber unter 10⁰. Der die Entwicklung beschleunigende Einfluß der Wärme zeigt sich deutlich bei den O. Tofohrschen Versuchen mit Eiern des Mauergecko, Tarentola mauretanica, die bei 20⁰ C 180 und bei 29⁰ C nur 120 Tage als zur Entwicklung notwendig feststellten.

Besonders wurde dann die Rolle der Temperatur bei der künstlichen Parthenogenese durch Loeb und Harvey studiert. Sie stellten fest, daß die Eier einer Molluske (Lottia gigantea), durch kleine Mengen bestimmter Chemikalien zur Reifung gebracht, diese bei 18⁰ C in nur ein Drittel der Zeit erreichten als bei 8⁰ C. Ähnliche Beobachtungen, welche alle den die Entwicklung beschleunigenden Einfluß der Wärme feststellten, liegen in Menge vor.

Die Entwicklung der Ringelnatter erfolgt nach Bohr bei 28⁰ C fast dreimal so schnell als bei 16⁰ C, die Ausbrütungsgeschwindigkeit des Hühnereies verläuft bei 40⁰ C etwa doppelt so schnell als bei 34⁰ C. Allerdings verläuft die normale Entwicklung des Hühnchens nur zwischen 35 und 39⁰ C; bei höherer Temperatur erscheinen häufig Mißbildungen und bei zirka 43⁰ C stirbt das Ei ab. Unter 28⁰ C wieder hört die Entwicklung auf, es tritt die Kälteruhe ein (Dareste).

Als Beispiel für den fördernden Einfluß der Wärme auf gewisse Lebensäußerungen sei die Beobachtung mitgeteilt, daß die Feldheuschrecke bei 15⁰ C Lufttemperatur 80 mal in der Minute zirpt, bei 20⁰ C jedoch 120 mal. Hieher gehört wohl auch die in der Praxis bekannte Tatsache, daß der bei höherer Temperatur normale, kräftige Heiltrieb der Wunden bei Kälte sich in einen ungünstigen verwandelt. Die Schilderungen der Polarforscher heben stets die langsame Heilung und die Neigung zu Eiterungen selbst kleiner Wunden hervor. Vielleicht hängt mit der tieferen Stalltemperatur im Winter die alte Erfahrung zusammen, daß gerade bei Winterlammungen die Neigung des Auftretens der Lämmerlähme besteht, und daß die einfachste und relativ sichere Vorbeuge gegen diese septische Erkrankung der Lämmer im Verschieben der Ablammung auf die wärmeren Monate liegt. Die Abwehrfunktionen der Körperzellen scheinen innerhalb gewisser Grenzen ebenfalls bei höherer Temperatur wirksamer zu sein.

Endlich wurde verschiedentlich darauf hingewiesen, daß die van 'T Hoffsche Regel (die sogenannte RGT oder Reaktions-Geschwindigkeit-Temperaturregel), welche besagt, „daß die Geschwindigkeit der meisten chemischen Reaktionen bei gewöhnlicher Temperatur, durch eine 10 gradige Temperaturerhöhung ungefähr verdoppelt bis verdreifacht wird" (Kanitz 1915), nicht bloß für die gewöhnlichen chemischen Reaktionen gilt, sondern, daß sie innerhalb gewisser Grenzen auch für die Geschwindigkeit maßgebend sei, mit welcher sich viele Lebensvorgänge abspielen. Von diesem Gesichtspunkte ausgehend hat Kanitz (1908) die Beeinflussung der Graviditätsdauer seitens der Bluttemperatur beim Menschen vermutet und berechnet, daß ein Unterschied in der Körpertemperatur der Mutter von 0·52⁰ C bereits einen Unterschied von 10 Tagen in der Schwangerschaftsdauer bedingen könne. Diese theoretische Annahme wurde nach Kanitz durch O. Wellmann (1910) gestützt, indem er nachwies, daß 1. Arbeitsstuten, die zur Zucht dienen, eine um einige Tage kürzere Trächtigkeitsdauer haben, und 2. daß die mittlere Trächtigkeitsdauer der Stuten, die im Juli bis September fohlen, merklich kürzer wäre (326 Tage), als der von März bis Mai fohlenden Stuten (343 Tage).

Dies Ergebnis sei nach dem Genannten dann zu verstehen, wenn man annimmt, daß die Körpertemperatur der Stuten in den letzten Trächtigkeitsmonaten für die Trächtigkeitsdauer ausschlaggebend wäre; und ferner durch die Annahme, daß die Körpertemperatur der Stuten im Sommer eine höhere als im Winter sei. Letztere Annahme sei deshalb sehr wahrscheinlich, weil Congdon und Sumner durch den Einfluß einer erhöhten Umgebungstemperatur bei Mäusen eine Steigerung der Körpertemperatur um 1° C nachweisen konnten. Allerdings muß erwähnt werden, daß Przybram bei seinen Wärmeratten keinen solchen Einfluß auf die Trächtigkeitsdauer beobachtet hat.

Tritt man anderseits unter diesem Gesichtswinkel an die Erfahrung heran, daß die sogenannten abendländischen Pferde, wie auch M. Wilckens nachgewiesen hat, mit einer im allgemeinen etwas höheren Körpertemperatur tatsächlich eine kürzere Trächtigkeitsdauer verbinden, während die sogenannten „Morgenländer" umgekehrt eine etwas niedrigere mittlere Körpertemperatur neben längerer mittlerer Trächtigkeitsdauer besitzen, so scheint die Erscheinung wohl für die Kanitzsche Anschauung zu sprechen.

Weniger klar kommt der Einfluß der Wärme natürlich bei den höheren, mit bestimmter gleichbleibender Körpertemperatur versehenen Tieren zum Ausdruck.

Auch hier wurde verschiedentlich, z. B. von Wilckens, auf die durch die Wärme veranlaßte raschere Körperentwicklung und namentlich auf den im heißen Klima beobachteten früheren Eintritt der Geschlechtsreife (besonders beim Schweine) hingewiesen. Allein hier kommt es doch durch das Hineinspielen anderer Faktoren (Nahrung) leicht zu Fehlschlüssen. Vor allem spielt auch die Rassen- bzw. die Spezieszugehörigkeit eine ausschlaggebende Rolle. So sei nur auf die bekannte Tatsache hingewiesen, daß die im heißen Klima lebenden arabischen Pferde spätreif, die im feuchtkühlen Klima Mitteleuropas beheimateten Flamländer und Belgier usw. aber frühreif sind. Freilich handelt es sich hier aber um zwei Pferdetypen, die deshalb nicht gut miteinander verglichen werden können, weil sie die Nachkommen zweier völlig verschiedener Spezies von Wildpferden vorstellen.

Ebenso läßt sich nicht wohl eine allgemein gültige Regel über den Einfluß der Temperatur auf bestimmte Organe (etwa Drüsen) und der von ihnen bedingten wirtschaftlichen Leistung (etwa Milchleistung) aufstellen. Auch hier spielten die Rasse bzw. die gewählte Spezies und der Umstand, ob sie in einem bestimmten Klima entstanden und an dasselbe vollkommen angepaßt ist, die wichtigste Rolle bei der Entscheidung dieser Frage. Es wurde beispielsweise der Satz ausgesprochen, daß die Milchergiebigkeit im gemäßigten Klima bei unseren Haustieren am größten sei und im heißen sinke. Diese Beobachtung gilt aber nur, wenn wir uns auf Rinder und womöglich auf das Verhalten unserer Rassen nach dem Versetzen in ein heißes Klima beschränken. Sie ist zum Beispiel falsch, wenn man sich erinnert, daß die Ziegen Arabiens enorm entwickelte Euter zeigen und an Milchergiebigkeit unseren Ziegen nicht nachstehen. Oder man beachte, daß vom Büffel, also einem in den Tropen entstandenen Haustiere, es sowohl in Indien als auch, und zwar besonders in Südchina, Rassen gibt, die sich durch eine vortreffliche Milchergiebigkeit auszeichnen. Außer dem von außen kommenden Reiz (hier die Wärme der umgebenden Luft) kommt — unter sonst gleichen Umständen natürlich — eben noch das innere Moment der Reizempfindlichkeit des betreffenden Tierkörpers in Frage. Reizempfänglichkeit und entsprechende Reaktion sind aber für verschiedene Haustierspezies oder selbst Rassen recht verschieden.

2. Einfluß geringerer bzw. größerer Luftfeuchtigkeit auf den Tierkörper

Über den Einfluß trockener bzw. feuchter Luft auf den Stoffwechsel der Tiere (unter sonst gleichen Verhältnissen) ist wenig Positives bekannt. Im allgemeinen besteht die Ansicht, daß trockene Luft innerhalb gewisser Grenzen den Stoffwechsel anregt, feuchte hingegen herabsetzt. Wird doch der günstige Einfluß des Bergklimas zum Teile wenigstens mit auf die Lufttrockenheit zurückgeführt. Es spricht hiefür ferner der allgemein bekannte außerordentlich günstige Einfluß, den das trockene und lichtreiche Klima der Steppen und Halbwüsten Süd- und Nordafrikas auf die Ausheilung der menschlichen Tuberkulose besitzt, sowie die Tatsache, daß Steppentiere, trotz ihrer großen Widerstandsfähigkeit sowohl gegen Hitze wie Kälte, gegen Feuchtigkeit recht empfindlich sind. Namentlich mit kühler Temperatur verbundene größere Luftfeuchtigkeit ruft z. B. bei Steppenschafen leicht Katarrhe der Atmungswege hervor, zu denen sich — als indirekte Wirkung feuchten Klimas — auch noch durch das ungewohnte, wasserreiche Weidefutter hervorgerufene Darmkatarrhe zu gesellen pflegen.

Zahlreiche Tiere, darunter wichtige Haustiere, sind an eine vor allem durch große Trockenheit ausgezeichnete Umwelt vorzüglich, ja zum Teil sogar so einseitig angepaßt, daß ihr normales Gedeihen geradezu von einer gewissen Lufttrockenheit abhängig ist. Wenn man von gewisse Steppen oder Halbwüsten bewohnenden Antilopen (wie Addax nasamaculatus des Sudans, Oryx leucoryx Arabiens u. a.) und Gazellen (Gazella subguturosa des persisch-mesopotamischen Grenzgebietes) absieht, welche selbst in der heißen Jahreszeit monatelang ohne Wasser zu trinken leben können, dann zeichnet sich unter den Haustieren vor allem das Kamel durch seine vorzügliche Anpassung an eine trockene, wüstenartige Umwelt aus. Nach DAUGHTY werden in Arabien die Kamele während der relativ reichen Frühlingsvegetation 2 bis 2½ Monate lang überhaupt nicht getränkt. Und nach AUGIÉRAS vermochten die Kamele in der zentralen Sahara bei anstrengendem Expeditionsdienst volle 16 Tage ohne Wasser auszuhalten. Ist jedoch den Kamelen die Möglichkeit der Weide ganz genommen, dann sind sie bereits nach einer Woche am Ende ihrer Kräfte. Nach LEHMANN ist „dem Fortkommen der Kamele überall dort eine Grenze gesetzt, wo der in der Luft enthaltene Wasserdampf im Monatsmittel eine Spannkraft von mehr als 11 bis 12 *mm* erreicht."

In ähnlichem, wenn auch bereits geringerem Grade sind gewisse Esel- und Schafrassen (z. B. der Fettschwanzgruppe) weitgehend an das Leben in trockenen Steppen und Halbwüsten angepaßt.

Diesen Arten und Rassen von Haustieren ist in Zukunft eine noch viel größere Rolle zu spielen beschieden, als es heute der Fall ist, wenn erst einmal eine Rationalisierung der (mit Ausnahme der Vereinigten Staaten von Nordamerika) bis jetzt völlig wild gehandhabten „Steppenwirtschaft" platzgreift, denn daß die Steppenwirtschaft eine mindestens ebenso große, falls nicht noch größere Bedeutung als die Alpwirtschaft für die menschliche Ernährung besitzt, geht aus dem Umstande hervor, daß nach BUXTON (1923) etwa ein Fünftel der ganzen Erdoberfläche, das ist ein Gebiet von der ungefähren Größe Afrikas, Steppe, Halbwüste oder Wüste vorstellt.

Biologisch interessant ist die Beobachtung, daß auch der Klimafaktor Luftfeuchtigkeit direkt und indirekt die Körpergröße und Fruchtbarkeit selbst höher organisierter Tiere deutlich zu beeinflussen vermag. Eine gewisse, auf mehreren kleinen, wasserlosen, im Roten Meer gelegenen Inseln vorkommende

Lokalform der Gazella arabica beispielsweise stellt nach Buxton (1923) geradezu eine Zwergform dieser Spezies vor, welche kaum ein Drittel des Lebendgewichtes der kontinentalen Form aufweist. Und die im Halbwüstengebiete Zentralaustraliens lebende mausartige Spezies Sminthopsis crassicaudata bringt in Zeiten, in denen infolge hinreichender Feuchtigkeit die Vegetation etwas besser gediehen ist, 10 Junge im Wurfe, während in den Dürreperioden sich nur 4 bis 5 Junge im Wurfe befinden (Spencer nach Buxton).

3. Einfluß des Luftdruckes auf den tierischen Organismus

In den Neunzigerjahren des vorigen Jahrhunderts hat der Physiologe Viault zu Morochocha in Peru in einer Höhe von 4390 m durch Blutuntersuchungen an sich und seinen Begleitern eine bedeutende Zunahme der roten Blutkörperchen festgestellt; die Zahl der roten Blutkörperchen war von 5,000.000 im Kubikmillimeter Blut während des Aufenthaltes der Versuchspersonen in niedrigen Höhenlagen bis auf zirka 8,000.000 in den genannten Höhen gestiegen, und zwar ging diese Vermehrung innerhalb eines relativ kurzen Zeitraumes (zirka 8 Tagen) vor sich.

Anfänglich meinte man, daß es sich dabei nur um eine scheinbare Vermehrung, verursacht durch gewisse technische Mängel bzw. Veränderungen an der Zählapparatur handle. Allein durch die zahlreichen folgenden kritischen Untersuchungen, mit strenger Kontrollanordnung über diesen Gegenstand, wurde schließlich doch der ursprüngliche Befund Viaults bestätigt. Unter anderem hatte der russische Militärarzt Lawrinovicz an 35 gesunden kräftigen Personen am Pamirhochplateau eingehende Blutuntersuchungen durchgeführt. Die Höhe des Versuchsortes betrug rund 4000 m, der mittlere Barometerstand rund 480 mm, die mittlere Jahrestemperatur 3⁰ C und die relative Feuchtigkeit nur 47%. Seine wichtigsten Resultate sind: 1. Die Zahl der roten Blutkörperchen der Versuchspersonen nahm nach kurzem Aufenthalte in dieser Höhe um 57 bis 60% gegenüber der Norm zu und 2. vergrößerte sich ebenso der Hämoglobingehalt des Blutes um 10·5% bis 15·7%. Beim Übergang ins Tal von Neu-Margelan kehrte die Zusammensetzung des Blutes nach ein bis zwei Monaten zur Norm zurück.

Zur Erklärung dieser und zahlreicher anderer ähnlicher auffallenden Befunde dienten verschiedene Hypothesen. Bunge nahm eine gewisse Eindickung des Blutes in größeren Höhen an, so daß dadurch eine scheinbare Vermehrung der roten Blutkörperchen erfolge. Dieser Eindickungshypothese steht die Zuntzsche Verteilungshypothese gegenüber, welche durch eine verschiedene Verteilung der roten Blutkörperchen eine Erklärung bieten will. Miescher endlich nahm an, daß durch den Sauerstoffmangel der dünnen Luft in größeren Höhen eine Reizung des Knochenmarkes verursacht würde, die zu einer gesteigerten Blutkörperchenbildung führe.

Unter solchen Umständen blieb zur Entscheidung dieser Streitfrage nur der Weg übrig, durch genaue Bestimmung des gesamten Hämoglobingehaltes von Tieren und durch Vergleich dieser Resultate mit jenen von äußerst sorgfältig gewählten, in jeder Beziehung (nach Abstammung, körperlichem Verhalten und Ernährung usw.) gleichen Kontrolltieren, zu sehen, ob es in der Höhenluft tatsächlich zu einer Vermehrung an Hämoglobin im Blute kommt. Diese technisch schwierigen Versuche, die namentlich von der Mieserschen und Jaquetschen Schule durchgeführt wurden, stellten die absolute Vermehrung des Hämoglobingehaltes im Blute der Höhentiere einwandfrei fest. Aber diese, wie gesagt, nicht mehr zu bezweifelnde Hämoglobinvermehrung im Höhenklima stellt sich nach Durig keineswegs als so groß dar, daß sie das Absinken des Sauerstoffdruckes in größeren Höhen zu kompensieren vermöchte.

Es wäre verlockend, aus dieser Vergrößerung des Hämoglobingehaltes, bzw. aus der Vermehrung der roten Blutkörperchen im Höhenklima auf gesundheitliches Verhalten der betreffenden Tiere Schlüsse abzuleiten. Weil gerade in landwirtschaftlichen Kreisen der Einfluß des Bergklimas bei der Alpung in manchmal unwissenschaftlicher und übertriebener Weise dargestellt wird, so verlohnt es sich der Mühe, mit einigen Worten auf die sich aus der erwähnten Blutveränderung ergebenden Momente einzugehen. Zunächst könnte man annehmen, daß infolge des durch das Bergklima gegebenen Anreizes zur vermehrten Bildung von roten Blutkörperchen die Blutbildung eine besonders günstige sein müsse, und daß, weil ja die roten Blutkörperchen die Träger des Sauerstoffes sind, die Stoffwechselvorgänge besonders lebhafte wären. Diesen Gedanken hört man tatsächlich auch oft in landwirtschaftlichen Kreisen aussprechen. Allein dem ist, wie Durig gezeigt hat, keineswegs so. Nach ihm trifft man im Gegenteile gerade in den Alpengegenden Chlorose häufig und ihre Heilung erfolgt durchaus nicht leichter als in der Ebene. Auch der an das eben Gesagte sich anschließende Gedankengang: der Eisengehalt des Blutes könne als das Kriterium für sein Sauerstoffbindungsvermögen dienen, läßt nach Durig im Stich. Beispielsweise betrage der Eisengehalt des Blutes bei Schweizern nur ein Fünftel desjenigen der Dänen! Freilich mag zur Erklärung solcher großen histochemischen Differenzen wohl auch die Rassenverschiedenheit der beiden genannten Völker beitragen. Sind doch die einen Vertreter der langschädeligen nordeuropäischen Rasse, während die modernen Schweizer in der Hauptsache der kurzköpfigen alpinen Rasse angehören.

Im niedrigeren Luftdruck haben wir wohl das charakteristischste Merkmal des Gebirgsklimas vor uns. Hand in Hand mit dem Kleinerwerden des Luftdruckes — beim Aufstieg in größeren Höhen — erfolgt natürlich auch die Abnahme des Sauerstoffdruckes und dadurch wieder eine Verschlechterung der Bedingungen für die Sauerstoffversorgung des Blutes. Theoretisch könnte man annehmen, daß diese Vorgänge zu einer kompensatorischen Vermehrung des Hämoglobins führen müsse. Allein trotz einer tatsächlich erfolgenden mäßigen Vermehrung des Hämoglobingehaltes ist, wie Durig hervorhebt, von einer vollen Kompensation keine Rede.

Beobachten wir die einschlägigen Vorgänge, d. h. die Atmungsmechanik und den Chemismus, zum besseren Verständnisse an einem nach Durig extrem gewählten Beispiel. In einer Höhe z. B. von 5000 m ist die Luftverdünnung so weit gediehen, daß der Sauerstoffteildruck in der Lunge nur mehr zirka 50 mm Hg beträgt und Mensch und Tier nur mehr rund die Hälfte jenes Sauerstoffquantums im Liter Luft atmen, wie in der Ebene. Die Folge ist eine Verschlechterung der Sauerstoffversorgung des Blutes und hiedurch ein ungünstiger Einfluß auf die Verbrennungsvorgänge. Infolge des Auftretens unvollkommen abgebauter Stoffwechselprodukte wird zunächst eine erregende Wirkung und später bei ihrem gehäuften Auftreten ein lähmender Einfluß auf die Atmung hervorgerufen.

Zunächst entstehen in mittleren Höhen, nach Durig etwa von 2000 m, wenn sich das Blut nur mehr unvollkommen mit Sauerstoff sättigen kann, im Blut unvollkommene Verbrennungsprodukte in solcher Menge, daß sie die Atmung vergrößern, und zwar geschieht dies sowohl durch Vertiefung der Atemzüge, als auch durch Steigerung ihrer Frequenz. Trotz dieser Atmungsverbesserung kann jedoch die infolge der geringen Dichte der Luft veranlaßte unzureichende Versorgung des Blutes mit Sauerstoff nicht wettgemacht werden, es tritt, wie schon erwähnt, trotzdem keine Kompensation ein. Interessant und beachtenswert ist, daß nach DURIG in geringen Höhen, etwa 2000 *m*, die Atmung nicht nur nicht wächst, sondern im Gegenteil vermindert erscheint (Verflachung). Die Erklärung für diese sonderbare Tatsache liegt darin, daß mit dem Sinken des Teildruckes des Sauerstoffes in der Lunge Hand in Hand auch ein Sinken des Teildruckes der Kohlensäure geht. Mit der Verminderung des Kohlensäurereizes vermindert sich eben auch die Atmung. Erst in Höhen von über 2000 *m* tritt dann in der eben geschilderten Weise ein mäßiges Ansteigen der Atmung wieder ein, ohne daß es jedoch zu einer vollen Anpassung der Atmung an die entsprechende Höhe kommt. Gelangt der Organismus schließlich in solche Höhe, daß saure, unvollständige Verbrennungsprodukte des Stoffwechsels in größerer Menge entstehen — eine Erscheinung, die, weil individuell sehr schwankend, in recht verschiedenen Höhen auftritt — so kommt jener Zustand krankhafter Art zur Entwicklung, den man als Bergkrankheit bezeichnet.

Eine wichtige Frage ist die nach der Beeinflussung des Stoffwechsels im Höhenklima, bzw. bei niedrigem Luftdrucke. Nach DURIG zeigt der menschliche (und daher wohl auch der tierische) Organismus im Höhenklima eine deutliche Tendenz zum Stickstoffansatz. Dies gilt sowohl für mäßige, als auch für große Höhen und der im Körper festgelegte Stickstoff werde bei der Rückkehr ins Tal nicht sofort ausgestoßen. Wenn schon der einwandfreie Beweis dafür, daß es sich bei dieser Stickstoffretention um Eiweiß handelt, noch nicht erbracht worden ist, so glaubt DURIG dies doch annehmen zu sollen. Die naheliegende Frage, ob in dieser Stickstoffzurückhaltung eine vorteilhafte Wirkung des Höhenklimas zu erblicken ist, läßt sich vorläufig noch nicht beantworten.

Zum Schlusse seien noch die interessanten Resultate der an verschiedenen Personen angestellten Versuche ALFR. LEHMANNs (Kopenhagen) mitgeteilt. Er fand, daß „der jähe Übergang vom Meeresniveau zu einer Höhe, wo der Luftdruck um 90 *mm* niedriger ist, keinen nachweisbaren Einfluß auf die Muskelkraft, die ebensowenig in konstanter Weise von einem dauernden Aufenthalt in der erwähnten Höhe beeinflußt wird, hat". „Dagegen geht mit der Rückkehr zum Meeresniveau stets eine, ja nach den Temperaturverhältnissen mehr oder weniger beträchtliche Steigerung der Muskelkraft einher." Die Erklärung LEHMANNs greift auf die bekannte Erscheinung der Vermehrung der roten Blutkörperchen im Gebirge zurück und könnte, wenn sie richtig wäre, als indirekter, aber überzeugender Beweis für die Hämoglobinzunahme im höheren Gebirge dienen. Er sagt: „Findet nun die Rückkehr nach dem Meeresniveau in wenigen Tagen statt, so kann der Hämoglobingehalt nicht sofort auf die Norm zurückgehen und das Individuum besitzt also tatsächlich mehr Hämoglobin als eigentlich notwendig. Es findet also eine stärkere Oxydation der Gewebe als unter normalen Umständen statt und dies tritt unter anderem als eine Vergrößerung der Druckkraft zutage. Der Überfluß an Hämoglobin muß aber bald verschwinden, denn rote Blutkörperchen gehen stets in großer Zahl zugrunde, und wenn unter dem veränderten Luftdrucke eine geringere Anzahl neu gebildet wird, so muß das Blut also nach und nach hämoglobinärmer werden. Wenn hier ein Rückschluß von den Veränderungen der Muskelkraft auf die Hämoglobinmenge erlaubt ist, so wird die Größe der letzteren schon in wenigen Wochen auf die Norm reduziert."

Zu diesen Versuchen muß hinzugefügt werden, daß alle anderen möglichen Klimaelemente als ausgeschlossen zu betrachten sind, und daß diese einwandfrei festgestellte Erscheinung der Zunahme der Muskelkraft nur als eine Wirkung des Überganges aus geringerem zu höherem Luftdrucke erklärt werden kann.

Physiologische Wirkungen des Höhenklimas. Wenn man berücksichtigt, daß ein beträchtlicher Teil unserer mitteleuropäischen Rinder den Sommer über gealpt wird, d. h mehrere Monate im Alpenklima verlebt, so gewinnt die Frage nach dem Einfluß des Höhenklimas auf den Tierkörper ein großes Interesse, um so mehr, als man beim Menschen dem Klima in mittlerer Höhenlage eine charakteristische Heilwirkung zuschreibt.

Der Grund für diese Heilwirkung beim Menschen und der ebenfalls bekannten günstigen, kräftigenden Beeinflussung des Haustierkörpers wird am sichersten dadurch zu erkennen sein, daß man das Verhalten der einzelnen Klimafaktoren in mittleren Berglagen feststellt und die Unterschiede ermittelt, die zwischen diesem und dem Verhalten derselben Faktoren im Tale zur selben Zeit vorhanden sind. Wir hätten dann:

1. Die Temperatur im Höhenklima. Im Bergklima werden zu der in Frage kommenden Zeit, das ist im Sommer, im allgemeinen die Temperaturverhältnisse für die Tiere günstigere als im Tale sein, wo bereits die Hitze das Befinden der Tiere häufig beeinträchtigt. Ausnahmsweise allerdings, bei Einbruch schlechter Witterung, eventuell von Schneefall, kann die Gesundheit der Tiere namentlich bei fehlenden Stallungen und eines gewissen Heuvorrates auf der Alpe direkt gefährdet sein. Namentlich entstehen unter solchen Umständen durch das aufgenommene kalte Futter leicht Darmkatarrhe, die manchmal chronisch werden. Soll doch in manchen Alpengegenden aus diesem Anlasse geradezu ein Prozentsatz des Rinderbestandes an mehr oder weniger deutlich vorhandenen chronischen Reizungszuständen der Darmschleimhaut leiden.

2. Die Feuchtigkeit der Luft. Auch dieser Faktor bietet im Alpenklima gegenüber dem Talklima keine so bedeutenden Unterschiede dar, daß der spezifische Einfluß des Höhenklimas dadurch erklärt werden könnte. Bei klarem, sonnigem Wetter dürfte wohl die Höhenluft trockener sein als die im Tale.

3. Bewegte Luft (Wind). Ein durchgreifender Unterschied zwischen Berg- und Talklima dürfte in dieser Beziehung nicht bestehen.

4. Das Licht im Höhenklima. Unter sonst gleichen Umständen erscheint das Licht in den Höhen durch die wesentlich reinere Beschaffenheit und die geringere Dichte der Luft reicher an ultravioletten Strahlen als wie im Tale. Daß unter solchen Umständen (die im folgenden zu besprechende) physiologische Wirkung des Lichtes auf den tierischen Organismus im Bergklima in vollkommenerer Weise vor sich gehen muß, ergibt sich von selbst. Das veränderte Lichtklima in Höhenlagen dürfte zum Teil an dessen Einfluß auf den tierischen Organismus beteiligt sein.

5. Das Pontentialgefälle und die Luftionisation. Bisher war ein Einfluß der elektrischen Spannung und der Unterschiede in der Luftionisation auf die physiologischen Vorgänge beim Menschen nicht nachweisbar.

6. Der Luftdruck im Höhenklima. Dieser Klimafaktor erscheint im Bergklima von jenem des Tales wesentlich verschieden; es muß daher auch aus diesem Unterschiede heraus der Einfluß des Bergklimas auf den Tierkörper ein veränderter sein. In welcher Richtung die abgeänderten physiologischen Wirkungen sich bewegen und welcher Art die abgeänderten Stoffwechselvorgänge im Höhenklima sind, wurde bereits bei der Besprechung des Einflusses geringeren Luftdruckes auf den tierischen Organismus ausführlich erörtert. Hier sei auf jene Ausführungen verwiesen. Im übrigen dürfte der in den Berglagen niedrigere Luftdruck jenes abgeänderte Klimaelement vorstellen, dem der Hauptanteil an der spezifischen Wirkung des Höhenklimas zukommt.

Unter Umständen kann speziell der Faktor „Luftverdünnung" einen Grad erreichen, daß er ausgesprochen pathologische Erscheinungen — die Bergkrankheit — auslöst. Als eine chronische Form der Bergkrankheit wurde an Rindern die in Kolorado, Wyoming und New Mexico in Nordamerika auf den dortigen Hochalpen beobachtete „brisket desease" von G. GLOVER und E. NEWSON erkannt. Als erste Erscheinungen werden eine gewisse Mattigkeit, Sträuben der Haare, Hängenlassen der Ohren und Freßunlust genannt. Die Tiere magern ab, leiden an unstillbarem Durchfall und an „feuchten Husten". Schließlich treten wassersüchtige Schwellungen im Unterhautbindegewebe der Brust- und Unterkiefergegend, sowie im Bereiche der Hinterbeine und am Bauche auf. Viele Kälber sterben bereits, ehe es zu solchen Schwellungen kommt. Sonst zeigen die erkrankten Tiere erschwertes Atmen und eine Beschleunigung der Herztätigkeit bis zu 120 Schlägen in der Minute. Manchmal erfolgt auch Blutaustritt aus der Nase. Meist sterben die Tiere innerhalb eines Monates, doch kann die Krankheitsdauer von zwei Wochen bis drei Monate währen. Am empfindlichsten erwiesen sich junge Rinder und solche, welche aus tiefergelegenen Teilen des Landes stammen, dann aber auch Tiere, die nach Tieflandsbullen gezogen waren. Der Tod erfolgt gewöhnlich durch Herzlähmung infolge von Erschöpfung, worauf das erweiterte und vergrößerte welke Herz und die Ansammlung größerer Flüssigkeitsmengen in der Brust- und Bauchhöhle, sowie in der Subkutis hinweisen. Alle Symptome und die Tatsache, daß das einzige, bei rechtzeitiger Anwendung unfehlbare Heilmittel gegen diese Krankheit der Transport der erkrankten Tiere in tiefere Lagen ist, sprechen dafür, daß es sich hiebei um eine mangelhafte Anpassung an große Höhen handelt. B. GRABCZEWSKI (1924) beobachtete bei seinen Reisen im Tian Schan, daß die von den Kirgisen auf den dortigen Hochalpen (bis über 4000 m Seehöhe!) gesömmerten Pferde, Rinder und Kamele oft verwarfen, und daß nur die Schafe, diese geborenen Hochgebirgstiere, keinerlei Zeichen vom schädlichen Einflusse der verdünnten Luft dieser Höhen erkennen ließen.

Sonst wäre noch die wesentlich größere Reinheit der Höhenluft hervorzuheben, die sich nicht bloß auf einen geringeren Staubgehalt beschränkt, sondern die auch durch eine Abnahme der Pilz- und Bakterienkeime mit zunehmender Höhe charakterisiert ist. Für die Schleimhäute der Atmungswege wirkt eine solche Staub- und keimarme Höhenluft als wesentlich geringerer Reiz als die diesbezüglich ungünstiger beschaffene Talluft.

Als letzter Punkt, der zwar selbst mit dem Höhenklima nichts zu schaffen hat, der aber als ein charakteristisches Moment der in den Alpen geführten Lebensweise anzusehen ist, wäre noch die eigenartige, den Stoffwechsel mäßig anregende Bewegung der gealpten Haustiere anzuführen. Durch die Fortbewegung auf vielfach steilem Weidegebiete, wie man es mit Vorliebe dem Jungvieh zumutet, wird eine vorzügliche Ausbildung der gesamten Körpermuskulatur und des Skeletts in die Wege geleitet und dort, wo die ererbte Fähigkeit zur Ausbildung gut gestellter Gliedmaßen und zweckmäßiger Körperformen vorhanden ist, deren Ausbildung ausgelöst.

Der Einfluß des Lichtes auf den tierischen Körper

Der Einfluß des Lichtes auf den Tierkörper ist teils ein lokaler, die Haut betreffender, teils ein allgemeiner, den Gesamtstoffwechsel beeinflussender. Das Sonnenlicht, mit dem wir es hier zu tun haben, setzt sich aus den verschiedenen sichtbaren Lichtstrahlen und (wenn wir von den ebenfalls unsichtbaren ultraroten Strahlen absehen) aus einem unsichtbaren Anteil, den sogenannten ultravioletten (so benannt, weil sie im Spektrum jenseits des Violetts liegen) Strahlen zusammen. Wegen ihrer Fähigkeit, chemische Prozesse auszulösen, heißen letztere auch chemisch aktive oder wegen ihres physikalischen Verhaltens auch kurzwellige Strahlen. Während die sichtbaren Lichtstrahlen im allgemeinen von geringerer Wirksamkeit auf die Haut sind, vermögen die ultravioletten Strahlen namentlich in der pigmentarmen Haut charakteristische Veränderungen auszulösen. Treffen solche kurzwellige, ultraviolette Strahlen etwa als Sonnenlicht z. B. auf eine pigmentarme Haut, so dringen sie einige Millimeter (in der menschlichen Haut zirka 4!) tief in dieselbe ein und erzeugen bei nur mäßiger Konzentration eine deutliche Erweiterung der Blutgefäße, sonst unter Umständen aber auch eine deutliche, mit Serum- und Blutzellenaustritt einhergehende Entzündung (Erythema solare). Gleichzeitig erfolgt durch Reizung einer in der malpigischen Schicht der Haut zu unterst liegenden Zellage eine Pigmentproduktion, welche nach erfolgter Ablösung der obersten Schichten der Epidermis die neue zarte Haut mehr oder weniger gebräunt hinterläßt. Der sich hiebei abspielende Vorgang liegt darin, daß die ultravioletten Strahlen auf die Basalzellen als Reiz wirken; infolgedessen wird durch Oxydation von Tyrosin Melanin, d. h. Pigment gebildet und dasselbe ordnet sich um den Zellkern mantelartig an und schützt ihn solcher Art vor den ultravioletten Strahlen. Bei stärkerer Einwirkung der ultravioletten Strahlen kommt es zur Durchtränkung des Gewebes mit arteriellem Serum infolge der hyperämischen Wirkung dieser Strahlen, d. h. zur Entzündung (JESIONEK, 1923).

Solche, infolge des überstandenen sogenannten „Sonnenbrandes" gebräunte, also pigmentierte Haut ist nun gegen den schädlichen Reiz der ultravioletten Strahlen (von 380 bis 325 μ Wellenlänge) geschützt. Der dabei in Frage kommende physiologische Vorgang gipfelt darin, daß die chemisch wirksamen Strahlen des Sonnenlichtes beim Auffallen auf die dunkle, pigmentierte Haut in Strahlen von größerer Wellenlänge, und zwar speziell in Wärmestrahlen umgewandelt werden, welchen kein solcher schädlicher Einfluß auf das Gewebe der Haut zukommt. Nach STIGLER hat FINSEN die Schutzwirkung des Pigmentes dadurch experimentell nachgewiesen, daß er seinen Arm stellenweise mit schwarzer Farbe bedeckte und dann der Sonne aussetzte. Die Entzündung, der Sonnenbrand, gefolgt von Pigmentierung, trat nur an den unbedeckt gewesenen Stellen der Haut auf, die geschwärzt gewesenen blieben unverändert. Die Wärme ist somit, wie bereits die HAMMERschen Versuche bewiesen, am Zustandekommen des Erythema solare und der Bräunung durchaus nicht beteiligt, wie man so häufig meint. Es ergibt sich dies auch schon aus dem Auftreten des dem Touristen wohlbekannten „Gletscherbrandes", das heißt einer von Bräunung gefolgten Hautentzündung, welche trotz der kalten Luft beim Wandern auf Gletschern bei klarem Wetter selbst im Bereiche der abgehärteten Gesichtshaut leicht auftritt, und die nur eine Folge des in der reinen und dünnen Höhenluft größeren Gehaltes des Sonnenlichtes an ultravioletten Strahlen ist, wozu auch noch das an chemisch aktiven Strahlen relativ reiche von der Schneefläche reflektierte Licht kommt.

Auch die Tatsache, daß Sonnenlicht nach dem Passieren einer wässerigen Lösung von schwefelsaurem Chinin oder von Kanadabalsam, welche Substanzen die ultravioletten Strahlen vernichten, keine Fähigkeit mehr besitzt, als Reiz auf die Haut zu wirken, beweist den Zusammenhang zwischen dem Auftreten des Erythema solare und den ultravioletten Strahlen.

Nach diesen Ausführungen kann es keinem Zweifel unterliegen, daß die physiologische Rolle des überall im Tierreiche verbreiteten Pigmentes darin besteht, die Haut der Tiere vor der schädlichen Wirkung der ultravioletten Strahlen zu schützen. Das ist um so verständlicher, als selbst die Pflanzen in gewissen Gegenden einer Reihe von Schutzvorrichtungen gegen die lebensfeindliche Konzentration dieser unter Umständen den Tod der Chlorophyll-körner und der ganzen Zellen bedingenden ultravioletten Strahlen bedürfen. Es ist interessant festzustellen, daß beispielsweise alle höheren Wirbeltiere Pigment, wenn schon nicht in Haaren und Federn, so doch in der Haut führen. Eine Ausnahme macht nur der Grottenolm, der in einem lichtlosen Milieu lebend des Schutzes gegen Licht eben nicht bedarf, der jedoch trotz alledem, wie bekannt, die Fähigkeit zur Pigmentbildung keineswegs ganz eingebüßt hat, falls das Sonnenlicht wieder auf seinen Körper wirkt.

Sonst findet man, wie gesagt, selbst bei vollkommen weißhaarigen, wild-lebenden Tierarten, wie etwa den Eisbären oder den Polarfüchsen und Polar-hasen eine intensiv pigmentierte Haut. Man nennt diese Form von mit gefärbter Körperhaut verbundener Weißhaarigkeit Leuzismus zum Unterschiede von jener Pigmentlosigkeit von Haar oder Feder, die gleichzeitig auch mit voll-kommener Abwesenheit von Pigment in der Haut verbunden ist, den Albinis-mus. Während der Leuzismus eine Anpassungserscheinung an die polare Umwelt darstellt, müssen wir im Albinismus eine erbliche Domestikationsvariation erblicken, welche ausgesprochen degenerativen Charakter besitzt. Letzteres ergibt sich aus der großen Hinfälligkeit der Albinos oder Kakerlaken, sowie aus der Überlegung, daß es sich hier um eine Hemmungsbildung handelt, die von weitgehendem Verlust regulatorischer Fähigkeiten Zeugnis gibt.

Daß das Pigment und die charakteristische Verteilung mehr noch als für den Zootechniker, für den Zoologen und Biologen insoferne Interesse hat, als hiedurch eine gewisse Färbungsanpassung bestimmter Tiergruppen an ganz bestimmte Arten der Umwelt ermöglicht wird, sei nur kurz erwähnt. So ent-steht eine mehr oder weniger weitgehende Anpassung nicht nur an die nordische Umgebung, von der bereits gesprochen wurde, sondern auch an die Umwelt der Steppe und Wüste mit ihren charakteristischen, schwer definierbaren, aus Braun, Gelb und Grau sich zusammensetzenden Farbentönen und dergleichen mehr.

Bezeichnend für viele solcher als „Wildfärbung" bezeichnete Säugetier-färbungen ist die „Zonenfärbigkeit" der Haare an bestimmten Teilen des Körpers. Man versteht darunter das zonenartige Auftreten verschiedener Farben (meist von Schwarz, Braun in allen Tönen und Weiß) am selben Haar, wie es beim Wolf, beim Wildpferd der Mongolei (Equus ferus), dann auch beim Winterkleide von Hirsch und Reh vorkommt.

Einfluß des Lichtes auf den tierischen Stoffwechsel. Wenn schon von Durig ausgeführte Versuche zeigten, daß der „Grundumsatz" beim Menschen durch Belichtung nicht geändert wird, so zeigt doch der Ausfall zahlreicher anderer Versuche, daß unter gewöhnlichen Verhältnissen und wohl auf indirektem Wege zustande gebracht, eine anregende, beschleunigende Be-einflussung des Stoffwechsels durch Licht nachweisbar ist. Schon zahlreiche ältere zoologische Untersuchungen über die Entwicklungsschnelligkeit von Eiern und Larven von Insekten oder verschiedenen Süß- und Seewassertieren lassen eine solche Entwicklungsbeschleunigung im belichteten Zustand erkennen. Dies hat Williams Edwards für die Entwicklung der Froscheier und Larven gezeigt; in schwarz umhüllten Gefäßen war sie wesentlich langsamer als in belich-teten. Was dann die einzelnen Arten von Lichtstrahlen anbetrifft, so stimmen Beclard, der mit Fliegeneiern und Fliegenlarven, und Yung, der mit verschie-denen Süß- und Seewassertieren arbeitete, darin überein, daß die beste Ent-wicklung den sichtbar violetten und blauen Lichtstrahlen entsprach. Diesen beiden Arten von Lichtstrahlen scheint somit ein belebender, den Stoffwechsel anregender Einfluß zuzukommen. Ebenso einfache, wie in ihrem Resultate klare Versuche sind seit langem bekannt. Als Beispiel mag folgender mit Tauben angeführter gelten. Tauben gleicher Herkunft und völlig gleicher Beschaffenheit wurden in zwei Partien geteilt. Die eine Partie wurde im Finstern, die andere im Lichte gehalten und festgestellt, wie lange die Tiere ohne Nahrung am Leben blieben. Während die im Lichte gehaltenen Tauben nach 14 bis 15 Tagen starben und 3·8 g täglichen Körpergewichtsverlust hatten, hielten die in der Dunkelheit gehaltenen volle 24 Tage aus. Ihre tägliche Gewichtsabnahme betrug nur 2·6 g. Daraus ergibt sich klar, daß der Stoffwechsel der Tiere im Lichte wesentlich rascher vor sich ging und die Reservestoffe des Körpers weit früher erschöpft waren, wie bei den im Dunkeln befindlich gewesenen Tauben. Die Erklärung des Gegensatzes zwischen den Resultaten dieses Versuches und den Feststellungen DURIGs, nach denen der Grund- oder Erhaltungsumsatz unabhängig vom Lichte sich erwies, liegt darin, daß die Tiere im belichteten Zustande sich lebhafter gebärdeten und solcher Art den Stoffwechsel erhöhten. Wir sehen hier ein ganz ähnliches Verhalten wie beim früher behandelten Einfluß der Temperatur auf den Stoffwechsel. Auch dort fanden wir den scheinbaren Widerspruch. Vom landwirtschaftlichen Standpunkte interessante Versuche über den Einfluß des Lichtes wurden auf Veranlassung von Prof. WEISKE von GRAFFENBERGER in Breslau ausgeführt. Verschiedene Gruppen von Kaninchen wurden bei qualitativ und quantitativ vollkommen gleicher Ernährung teils in hellem Lichte, teils unter mäßigem Abschluß des Lichtes eine bestimmte Zeit hindurch gefüttert. Das täglich zugewogene Futter wurde von beiden Partien gleich gut verdaut, jedoch nahmen die im Dunkeln gehaltenen Tiere deutlich mehr an Körpergewicht zu als die im Hellen befindlichen, bei denen der Stoffwechsel lebhafter verlief. Bei der Untersuchung der geschlachteten Tiere ergab sich, daß trotz gleichen Futterkonsums beider Gruppen die im Dunkeln gehaltenen Kaninchen wesentlich fettreicher waren. Der Fettgehalt der belichteten Tiere verhielt sich zu dem der im Dunkeln gehalteten wie folgt:

A. Junge Kaninchen:

Nach 16 tägiger Fütterung wie 100:126
„ 46 „ „ „ 100:119

B. Ausgewachsene Kaninchen:

Nach 24 tägiger Fütterung wie 100:216
„ 75 „ „ „ 100:138

Daraus ergibt sich, daß aus gleichen Futtermengen die im Dunkeln gehaltenen Tiere eine nicht unbeträchtliche größere Fettmenge gebildet hatten. Gleichzeitig ersieht man, daß die im Dunkeln gebildeten Fettmengen bei den erwachsenen Kaninchen wesentlich größere waren, als jene der jungen Tiere. Wirkte der Lichteinfluß längere Zeit auf den Tierkörper ein, so wirkte er schädlich auf den Organismus; dies erkennt man daran, daß der Fettansatz bei Lichtentzug nicht proportional der Versuchsdauer ausfiel. Bei jungen wie alten Kaninchen ging die Mehrproduktion an Fett mit der Versuchsdauer zurück. Überdies wurde der Nachweis erbracht, daß bei längerer Dauer des Lichtentzuges sich die Blutmenge ebenso verminderte, wie im Blute selbst die Zahl der roten Blutkörperchen.

Daß man in der landwirtschaftlichen Praxis von diesem günstigen Einfluß einer gewissen Verdunkelung der Ställe bei der Mastung längst Gebrauch macht, ist wohl allgemein bekannt. Weniger wird die zweite, aus dem zitierten Versuche ergebende Lehre in der landwirtschaftlichen Praxis genügend beherzigt, nämlich die Notwendigkeit eines lichten, hellen Stalles für Jung- und Zuchtvieh. Diesbezüglich sei angeführt, daß schon vor längerer Zeit von FINSEN die Zunahme des Hämoglobingehaltes des Blutes durch Lichtbehandlung nachgewiesen worden ist. Noch sei der fördernde Einfluß des Sonnenlichtes auf den Haarwuchs erwähnt, der bei der aus verschiedenen Ursachen angewandten Bestrahlung der menschlichen Haut mit Sonnenlicht nach längerer Kur beachtet wird. Nach FRANKFURTER sieht man dann die Patienten „mit einem ziemlich dichten Flaum bedeckt, welcher sich bei partieller Bestrahlung nur auf den betreffenden Körperteil erstreckt". Der im allgemeinen innerhalb gewisser Grenzen und als Heilfaktor angewandte günstige Einfluß des Sonnenlichtes zeigt sich in der nach Sonnenbädern festgestellten deutlichen Vermehrung der roten Blutkörperchen, sowie in dem von allen Heliotherapeuten übereinstimmend beobachteten „auffällig" günstigen Einfluß des Sonnenlichtes auf verschiedene Schmerzen. Die große Heilwirkung, welche dem Sonnenlichte bei dem sonst so schwierig und gewöhnlich nur chirurgisch erfolgreich zu behandelnden Fällen von Gelenkstuberkulose zukommt, ist durch die großen, erstmals zu Leysin gemachten Erfahrungen ROLLIERS geradezu weltbekannt geworden. FRANKFURTER kommt unter solchen Umständen zu dem Schlusse: „Die heilsame Wirkung des Lichtes läßt sich kurz folgender Art zusammenfassen: Gesteigerter Stoffwechsel, Besserung der Blutbildung und Blutbeschaffenheit; Erhöhung der Wachstumsvorgänge und des Gewebeaufbaues namentlich an den Knochen, Veränderung der Zirkulation, Beeinflussung des Nervensystems, Abtötung der Bakterien." Bezüglich des letzteren Punktes sei noch erwähnt, daß nach Beobachtungen an der menschlichen Haut die bakterientötende Wirkung des Lichtes aber nur bis $1.5\ mm$ in die Hauttiefe reicht und daß dieses Moment im menschlichen oder tierischen Körper wohl nicht in Frage kommt. Hingegen ist die Fähigkeit des Lichtes, bei entsprechend langer Einwirkung außerhalb des Körpers der Tiere selbst die widerstandsfähigsten Dauersporen der Bakterien zu vernichten, von außerordentlich großer hygienischer und wirtschaftlicher Bedeutung. Neu ist die Anwendung des künstlichen Lichtes in Hühnerställen zur Verlängerung der Zeit zur Futteraufnahme, um auf diesem rein indirekten Wege die Eierproduktion im Winter anzuregen.

Verhältnismäßig jüngeren Datums ist die Kenntnis des Einflusses des Sonnenlichtes auf die Knochenbildung wachsender Tiere. Diese Bedeutung des Lichtes läßt sich namentlich auf zum Teile indirektem Wege erweisen, insoferne als neuere Untersuchungen den großen Heilwert des Sonnenlichtes oder des an ultravioletten Strahlen reichen Lichtes der Quarzlampen bei Rachitis, jener beim Menschen und bei verschiedenen Haustieren vorkommenden Domestikationskrankheit, einwandfrei feststellten. Es handelt sich hiebei um eine tief in den Organismus eingreifende, fast alle Organe direkt oder indirekt in Mitleidenschaft ziehende Störung vor allem der Knochenentwicklung, bei welcher das osteoide Gewebe die Fähigkeit Kalksalze aufzunehmen und zu binden verloren hat. Unter den mannigfachen Ursachen dieser Abwegigkeit („Domestikation", „endokrine Funktionen", Kalkmangel, oder fehlerhaftes Verhältnis von Kalk zu Phosphorsäure im Futter, Mangel an fettlöslichem A-Faktor, usw.) stellt Lichtmangel den keineswegs unwichtigsten vor. Die „Ultraviolett-Licht-Bestrahlung" steht nach H. WIMBERGER (1925) bezüglich des Erfolges in der modernen Rachitisbehandlung an erster Stelle und die Lichttherapie erklärt nach ihm auch die jahreszeitlichen Schwankungen der Rachitiskurven (beim Menschen) am besten. Tatsächlich konnte auch HUTCHISON zeigen, daß in gewissen Bezirken Indiens, in denen die kleinen Kinder der Vornehmen aus religiösen Gründen „zumeist in dunklen Wohnräumen" leben, Rachitis sehr häufig ist, während sie bei den Kindern der niederen Stände, trotz vielfach unzulänglicher oder minderwertiger, am A-Faktor armen Nahrung nicht vorkommt (H. WIMBERGER 1925). Nach WIMBERGER hat RACZYNSKY bereits 1921 den günstigen Einfluß des Lichtes auf den Mineralstoffwechsel bei Hunden nachgewiesen. Nach sechswöchiger Versuchsdauer zeigte der im Lichte gehaltene Hund gegenüber dem im Dunkeln befindlichen „bedeutend höhere Kalk- und Phosphorwerte". An Ratten wurde ferner der Nachweis geführt, daß die Belichteten gegenüber den im Dunkeln gehaltenen sich nicht nur körperlich besser entwickelten, sondern daß sie auch größere Freßlust und Beweglichkeit und kräftigeren Haarwuchs zeigten — alles Momente, welche auf einen lebhafteren Stoffwechsel hinweisen. Wenn endlich WIMBERGER die auffallende Feststellung verschiedener Forscher zitiert, nach welcher von schwarzen und weißen Ratten, die bei „rachitogener" (d. h. A-Faktor-armen) Kost gehalten und kurzzeitig bestrahlt wurden, nur die schwarzen, und zwar sämtliche, erkrankten, die weißen jedoch rachitisfrei blieben, so läßt sich dies offenbar durch das bei den schwarzen Individuen in Haut und Haar vorhandene Pigment erklären; die wirksamen ultravioletten Strahlen wurden durch das reichlich vorhandene Pigment in unwirksame Wärmestrahlen umgewandelt.

Endlich schreibt PRAWOHENSKI (1914, 1915) dem durch Reichtum an ultravioletten Strahlen ausgezeichneten Lichtklima Südostrußlands vor allem die kräftige Knochenentwicklung jener dort gezüchteten Traber gegenüber den in anderen Teilen Rußlands aufgezogenen zu. Es wurde dieser Nachweis an 437 gemessenen, in verschiedenen Teilen Rußlands gezüchteten Orlow- und amerikanischen Trabern geführt. Wurde, Moskau als Zentrum, Rußland in vier Quadranten geteilt und die in letzteren gezüchteten Traber untersucht, dann stellte es sich heraus, daß die im Südostquadranten Rußlands gezüchteten Pferde im allgemeinen die kräftigste Knochenbildung besaßen. Daß es sich hier keineswegs um den Einfluß eines an Pflanzennährstoffen besonders reichen Bodens handeln kann, beweist die Tatsache, daß dieser mit Steppencharakter behaftete Südostquadrant an Güte des Bodens von dem fruchtbaren, durch seine Schwarzerde berühmten Südwestquadranten wesentlich übertroffen wird. Der Unterschied liegt nach PRAWOHENSKI im trockenen, lichtreichen Kontinentalklima dieser Steppen. Durch die günstigen Insolationsverhältnisse werden für den tierischen Organismus bezüglich der Assimilation der Kalksalze besonders günstige Verhältnisse geschaffen, welche im Vereine mit einigen anderen Faktoren jene vortreffliche Skelettentwicklung und die Eignung für andauernde große Leistungen schaffen.

II. Der Einfluß der Übung auf den tierischen Körper

Unter Übung versteht man den „regelmäßigen und dauernden Gebrauch" der Organe. Übung macht — wie das Sprichwort sagt — den Meister, d. h. überschreitet die methodische Arbeit eines Organes oder eines Organsystems nicht eine gewisse Grenze und wird dieselbe in der wachstumsfähigen Periode geleistet, so erfolgt eine vollkommenere Entwicklung dieser Organe und ihre Leistung erfährt eine entsprechende Steigerung. Umgekehrt büßt ein Organ durch Nichtgebrauch an Leistungsfähigkeit ein und kann selbst nach abgeschlossenem Körperwachstum bis zu einem gewissen Grade rückgebildet werden, atrophieren. Wenngleich ein jedes tierische Organ (und zwar innerhalb gewisser Grenzen selbst noch beim erwachsenen Individuum) dem Einflusse der Übung unterliegt, so tritt der Einfluß von Gebrauch oder Nichtgebrauch doch am schärfsten an den willkürlichen Muskeln und an den Knochen in Erscheinung. Der arbeitende, noch wachstumsfähige Muskel nimmt an Umfang und Masse zu, sein Quer-

schnitt, der in einem bestimmten Verhältnis zur Leistungsfähigkeit steht, wird
größer. Diese Zunahme resultiert aus der Vergrößerung der einzelnen Muskelfasern, die den Muskel bilden; ob in einem solchen Falle außerdem noch eine
Weiterentwicklung der stets anwesenden verkümmerten (rudimentären) Muskelfasern, die auch beim erwachsenen Tiere vorhanden sind, angeregt wird, ist
noch ungewiß. Mit dem arbeitenden Muskel wird passiv der mit ihm in Verbindung stehende Knochen bewegt und gelangt zu besserer Ausbildung.

Nach A. Durig (1916) bezeichnet man lange fortgesetzte, sich immer wieder-
holende Arbeitsperioden als Training. Je nach der Art und dem erwünschten
Grade der Arbeitsleistung ist die notwendige Dauer des Trainings sehr verschieden.
,,Während z. B. bei Marschversuchen ein maximales Training schon nach etwa
14 Tagen erreicht war, waren für das Erzielen konstanter Leistungen und Um-
sätze bei den Raddrehversuchen von Heinemann mehrere Monate erforderlich"
(Durig). Wie bedeutend das Ausmaß des Erfolges beim Training sein kann,
beweisen die Versuche von Peder, der seine Leistung am Ergographen von
4000 auf 28.000 Meterkilogramm zu steigern vermochte. Bei der Marscharbeit
im freien Terrain erzielte Durig eine Leistungssteigerung von 0·182 auf 0·282
Pferdekraft als Effekt, ,,der durch Stunden produziert werden konnte, ohne
Überanstrengung herbeizuführen". ,,Diese Steigerung war erzielt worden, indem
der Aufwand an Energie für die gleich große Leistung infolge des Trainings
herabgemindert worden war, so daß im geübten Zustande unter Erhaltung
derselben Größe der Verbrennungen, also bei gleichem Verbrauch wie vor dem
Training, mehr Arbeit geleistet werden konnte." (Durig 1916.)

Beim noch wachstumsfähigen Knochen besteht die Neigung, infolge der
Übung in der Richtung des Muskelzuges zu wachsen, sodaß hiedurch oft beträchtliche Formabänderungen am Tierkörper zustande kommen können. Sehr deutlich
läßt sich dies an der bedeutenden Längenentwicklung jener das Widerrist bildenden Dornfortsätze der Brustwirbel beim englischen Vollblutpferde im Gegensatze zum niedrigen Widerrist seiner wilden Stammform (Tarpan) und der
schweren abendländischen Pferderassen erkennen.

Ebenso erklärt Wilckens den langen Hals der Rennpferde im Gegensatze
zu den Lastpferden, ,,weil jenes bei rascher Bewegung seine, längs des Halses
verlaufenden — zum Teil auch an den Halswirbeln entspringenden — und an
Schulterblatt und Bugspitze sich ansetzenden Muskeln kräftiger wirken lassen
muß, um die Vorderbeine hoch zu heben".

Auch beim Rinde findet er hiezu ein Gegenstück: den längeren Hals des
Niederungsviehs im Gegensatze zum kurzen des Gebirgsviehs. Ersteres müsse
beim Weiden auf flachem Boden seinen Kopf tief hinabsenken, während die
Rinder im Gebirge mit dem Kopfe bergauf zu weiden pflegen.

Endlich macht Wilckens noch auf den breiteren Nacken der Weiderinder
im Gegensatze zum schmalen von Stallrindern aufmerksam und bringt die erstere
Form mit der Wirkung der beim Abrupfen des Grases tätigen Nackenmuskeln
in Beziehung. Den charakteristischen Unterschied im gesamten Körperbau
zwischen Niederungs- und Gebirgsrinder erklärt H. Behm (1911) als Folge des
Weideganges der Tiere einmal in der ebenen Niederung, das andere Mal im
Gebirge, auf mehr oder weniger steilen Lehnen, d. h. also Anpassung infolge
von Übung. Namentlich das Überbautsein des Kreuzes beim Gebirgsvieh und
die Abschüssigkeit des Kreuzbeins (infolge von Knickung nach abwärts beim
zweiten Wirbel) und Beckens beim Niederungsrinde sollen durch Übung während
der Entwicklungszeit erst entstehen, weil Kälber beider Rassegruppen gewöhnlich mit geradem Kreuz geboren werden. Behm sagt: ,,Beim Weiden in der
Niederung lehnt das Rind den Vorderkörper weit vor, die Hinterfüße werden

unter den Rumpf gestellt und der Hals wird lang vorgestreckt. Damit der Schwerpunkt des Tieres nicht vor die Vorderfüße fällt, müssen die Hintergliedmaßen nach vorn zu weit unter den Körper gestellt werden, wobei der Rücken leicht nach oben gekrümmt wird." Die Folgen dieser Art des Weidens in der Ebene sind: Verlängerung des Halses und der Schulter sowie Abschüssigkeit des Kreuzes. Das Weiden im Gebirge bedingt hingegen eine Haltung des Tierkörpers (Zurücklehnung des Tierkörpers, rückständige Stellung der Hinterfüße, Senkung der Wirbelsäule in der Lendengegend), welche eine Verkürzung des Halses und der Schulter sowie Überbautsein des Kreuzes veranlasse. Letzteres sei beim Gebirgsrinde durch Aufwärtsbiegung des Kreuzbeines, ebenfalls in der Gegend des ersten oder zweiten Wirbels, hervorgerufen.

Ein besonders lehrreiches Beispiel von der Bedeutung der Muskelübung liefert das von MIESCHER (1897) studierte Verhalten des Rheinlachses, der von dem Zeitpunkte, in welchem er das Meer verläßt und den Rhein aufwärtssteigt, bis zum Verlaichen (und auch nachher in der Regel) keine Nahrung zu sich nimmt. In dieser langen Zeit absoluten Hungers, die normal für die Baseler Rheingegend 6 bis $9\frac{1}{2}$ Monate umfaßt, entwickeln sich bei den Tieren die Geschlechtsorgane und reifen die Geschlechtsprodukte. In welchem Umfang dies geschieht, beweist der Umstand, daß die Eierstöcke, die ursprünglich nur $0\cdot2\%$ des Lebendgewichtes der Fische besitzen, bis zu 25% vom Lebendgewicht erreichen. Während dieser Hungerperiode des Süßwasserlebens der Rheinlachse werden bestimmten Teilen des Körpers Stoffe entzogen, die zur Ernährung, zum Leben der Tiere und für die Geschlechtsreifung nötig sind. Daher nimmt nicht nur das absolute Fleischgewicht, sondern auch der Eiweißgehalt des Rumpffleisches (letzterer um $4\cdot3\%$) ab. Diese Eiweißverluste betreffen hauptsächlich den Seitenrumpfmuskel, der auch mikroskopisch nachweisbar degeneriert. Interessant ist nun, daß gerade diejenigen Muskeln, die für die Fortbewegung des Tieres am nötigsten sind, die sich also in steter Übung befinden (z. B. der obere und untere Längenmuskel, die Schwanzmuskeln und die Kiefer- und Zungenbeinmuskeln) vor Abmagerung auffallend geschützt bleiben und sich vielleicht sogar auf Kosten der vom Seitenrumpfmuskel abgegebenen Stoffe ernähren (MIESCHER). Keine Veränderung zeigen auch die Brust-, Bauch-, Rücken- und Afterflossen, da auch sie in stetem Gebrauche stehen.

Bekannt ist die Tatsache, daß überall dort, wo sich Muskeln an Knochen ansetzen und wo es zur Entwicklung von Höckern oder Leisten kommt, diese um so stärker sich entwickeln, je ausgiebiger die betreffenden Muskeln gebraucht werden.

Die wesentlich intensivere Bewegung, beispielsweise der wilden Tiere, bedingen derartig weitgehende Unterschiede am Skelette, daß man meist imstande ist, die Knochen der wildlebenden Spezies von jenen ihrer domestizierten Abkömmlinge zu erkennen. RÜTIMEYER hat in dieser Beziehung auf folgende Unterscheidungsmomente an den Knochen von Wild- und Hausschwein aufmerksam gemacht:

1. Die Entwicklung der Schneide- und Eckzähne (der sogenannten Waffen) und der sie tragenden Knochen ist beim Wildschwein eine wesentlich bessere.

2. Alle Muskelansätze, besonders sichtbar am Schädel, sind hier stärker entwickelt, alle mit Muskulatur bedeckten Knochenflächen zeigen eine körnige, adrige Struktur infolge stärkerer Ausprägung aller, auch der feinsten Gefäß- und Nervenrinnen;

3. desgleichen sind beim Wildschwein auch die großen Gefäß- und Nervenrinnen (z. B. die Ober- und Unteraugenhöhlenrinnen) kräftiger entwickelt;

4. selbst die Glastafel der Knochen zeigt (auf Kosten der Diploe) eine

bessere Ausbildung, sie zeigt eine scharfe splitterige Bruchfläche, im Gegensatz zur mehr schwammigen Textur beim Hausschwein.

5. Zeigt die Knochenoberfläche der wilden Schweine einen trockenen Firnisglanz, jene der zahmen einen matten, fettartigen Glanz.

Zahlreich sind auch sonst die Beispiele, die zur Demonstration der Folgen von Gebrauch bzw. Nichtgebrauch gesammelt wurden.

DARWIN hat bereits festgestellt, daß bei unserer Hausente das Gewicht der Flügelknochen um 25% gegen dem der wilden Stammform abgenommen hat, während gleichzeitig das Gewicht der Beinknochen deutlich größer geworden ist. Erstere stehen im Zeichen des Nichtgebrauchs, letztere in dem der vermehrten Inanspruchnahme. In ganz der gleichen Weise läßt sich auch für andere Arten von Hausgeflügel (Hühner, Gänse) beweisen, daß ihre Brustmuskulatur schwächer entwickelt, daß ihre Flügelknochen leichter und kleiner und ihr Brustbeinkamm niedriger geworden ist.

Wenn DARWIN auf verschiedene Vogelarten auf kleinen Inseln im großen Ozean hingewiesen hat, die ihr Flugvermögen eingebüßt haben und wenn er darin eine ererbte Folge des Nichtgebrauches, weil dort keine Raubtiere vorhanden seien, erblicken will, so dürfte diese Erklärung bei der Mehrzahl der heutigen Biologen allerdings keinen Anklang finden. Gibt doch bereits der Umstand zu denken, daß auf manchen solcher Inseln die Mehrzahl der vorhandenen Vogelarten trotzdem ihr Flugvermögen erhalten haben. (Siehe das Kapitel „Vererbung erworbener Eigenschaften".)

Eine interessante hieher gehörende Wahrnehmung soll in manchen Gegenden Australiens an den dort verwilderten Kaninchen gemacht worden sein. Es handelt sich um eine wesentlich stärkere Entwicklung der drei letzten Zehenglieder, die aus der neuen Lebensweise heraus erklärt wird. Während der jährlichen Dürreperiode sollen nämlich die Kaninchen sich stellenweise an eine Art von Baumleben angepaßt haben, insoferne als sie auf geeignete, vielfach schräg gewachsene Bäume des Laubfutters wegen klettern.

Lehrreich sind die Versuche VOITS, um das Verhalten tätiger, geübter und untätiger Knochen bei unzureichender Nahrung festzustellen. Die mit kalkarmer Nahrung gefütterten jungen Tauben hatten Röhrenknochen, welche — weil bei den Bewegungen benützt — vom Gewichte kaum etwas eingebüßt hatten, während das Brustbein und der Schädel zu dünnen, löcherigen Gebilden verändert worden waren. „Tätige und untätige Knochen zeigten also in dem Versuche von VOIT ein verschiedenes Verhalten, insoferne als die tätigen Knochen eine Bevorzugung vor den untätigen erfuhren: es ist der Kampf der Teile im hungernden Organismus." (LIPSCHÜTZ.)

So wie die willkürlichen Muskeln, können auch die unwillkürlichen durch Übung zu stärkerer Entwicklung angeregt werden. Das bekannteste, oft zitierte Beispiel ist das vom absolut hohen Herzgewichte von Rennpferden der englischen Vollblutrasse verglichen mit ähnlich schweren, gewöhnlichen Tieren. Nach SCHWARZENECKER beträgt ersteres zirka 6 bis $6\frac{1}{2}$ kg, letzteres nur 4 bis $4\frac{1}{2}$ kg. Es hat sich in diesem wie im folgenden Falle eine zweckmäßige „funktionelle Hypertrophie" des Herzens infolge des Trainings eingestellt, die eine größere Leistungsfähigkeit dieses Organes gestattet. Ferner konnte an einem großen Materiale seinerzeit in Deutschland der Nachweis erbracht werden, daß in ähnlicher Weise bei der im zweiten Dienstjahre stehenden Mannschaft allgemein eine Vergrößerung des Herzens feststellbar war.

Wichtige neuere Arbeiten über den Einfluß der Muskelarbeit auf die inneren Organe wurden von KÜLBS ausgeführt. Er ließ Hunde desselben Geschlechtes und Wurfes in einem Tretgöpel laufen und so eine bestimmte Muskelarbeit leisten. Abgesehen davon, daß hiedurch eine bessere Entwicklung der Skelett-muskulatur überhaupt erzielt wurde, kam es auch zu einer besseren Entwicklung der inneren Organe, besonders wurden erheblich höhere Gewichte von Herz und Leber gegenüber dem Kontrolltiere festgestellt. Außerdem zeigte das Herz- und Leberfett einen bedeutend höheren Lezithingehalt beim Arbeitstier. Das Mark der Röhrenknochen war beim Arbeitstiere rot, beim Kontrolltiere (RUHN) hingegen gelb und verfettet.

Versuche an wilden Kaninchen (KÜLBS) bewiesen, daß das ursprünglich höhere Herzgewicht in der Gefangenschaft, im engen Käfig gehalten, rasch zurückgeht. Das relative Herzgewicht nahm nach sechs Monaten um 25% ab, dabei nahm das Fett des Herzbeutels um das Dreifache zu.

Die bessere Entwicklung der Muskeln als Folge von Übung ist dadurch zu erklären, daß der arbeitende Muskel wesentlich mehr Blut enthält, als der ruhende.

Da nun Blut das Baumaterial für alle Gewebe ist, so steht auch der arbeitende Muskel diesbezüglich unter günstigeren Ernährungsverhältnissen und es ist die Möglichkeit gegeben, daß er sich namentlich bei ererbter Anlage besser ent-wickelt.

Über die Blutverteilung im Kaninchenkörper liegen instruktive, wenn auch ältere Beobachtungen J. RANKES vor. RANKE untersuchte die Blutver-teilung einmal im Ruhezustande und dann durch Curare in Muskelkrampf (d. h. in dem Zustand der Arbeit) versetzter Tiere. Er fand:

	bei Ruhe	bei Muskelkrampf
Im Drüsen- und Blutleitungsapparat ...	63·4%	34·0%
Im Bewegungsapparat	36·6%	66·0%

Wie ersichtlich ist, führt der arbeitende Muskel um zirka 80% mehr Blut als der ruhende. Dazu bemerkt WILCKENS: „Der Muskel empfängt während der Verkürzung nicht nur relativ — indem sein Blutstrom beschleunigt wird — sondern auch absolut mehr Blut, so daß in der Zeiteinheit nicht nur mehr Blut durch den tätigen Muskel strömt, sondern auch in ihm enthalten ist als im ruhenden. Diese Blutmenge wird dem Drüsen- und Blutleitungsapparate entzogen.“ Und ferner: „Diese Steigerung der Blutzufuhr in einem tätigen Organe, wobei auch der Blutlauf beschleunigt und die Blutgefäße erweitert werden, haben die Versuche LUDWIGS mit SCZELKOW und SADLER an Muskeln erwiesen. J. RANKE hat nachgewiesen, daß der Muskel je nach seinem größeren oder geringeren Blutgehalte eine größere oder geringere Gesamtarbeit zu leisten vermag. Die Arbeitsfähigkeit des Muskels und damit sein Stoffumsatz steht nach RANKES Versuchen im unmittelbaren Verhältnisse zu den ihm zuströmen-den Blute.“

„Zwischen der Arbeitsfähigkeit und dem Blutgehalte eines Muskels besteht also eine Wechselbeziehung, aber stets ist der Reiz zur Arbeit — der von einem Nerven seinem Muskel mitgeteilte Erregungszustand — die erste Bedingung zur Steigerung der Blutzufuhr in dem arbeitenden Muskel. Demnach bewirkt der häufige Gebrauch eines Muskels auch eine häufige Vermehrung seines Blut-gehaltes. Damit vermehrt sich das ihm zu Gebote stehende Ernährungsmaterial; er vergrößert seine Masse durch Wachstum und durch Verdickung seiner Ge-webselemente.“

Neue Untersuchungen haben diese älteren bestätigt; so hat WEBER (1915) nachgewiesen, daß die Blutgefäße im arbeitenden, nicht ermüdeten Muskel erweitert sind, und daß derselbe daher gut durchblutet ist und somit auch gut ernährt wird. Deshalb kommt es weder zu ausgiebigerer Bildung, noch zu einer raschen Anhäufung der durch die Muskelarbeit gebildeten Ermüdungsstoffe (namentlich des Kenotoxins WEICHARDTS). Durch die größere Blutmenge erhält der arbeitende Muskel mehr Sauerstoff zur Oxydation jener Stoffe zugeführt.

DURIG macht ferner darauf aufmerksam, daß, wie PALMÉN experimentell nachgewiesen hat, das Training auch beim Erwachsenen, aber nicht Muskelgeüben zu einer Vergrößerung des Muskelvolums führt. „Wenn nun kein Zweifel bestehen kann, daß es sich hiebei nicht um eine Neubildung von Muskelfasern handelt, so zeigt doch die gleichzeitige Retention von Eiweiß, die sogar am Schlechtgenährten stattfindet, wie dies CASPARI einwandfrei nachgewiesen hat, daß der lebhaftere Muskelstoffwechsel zu einer Einlagerung von wahrscheinlich funktionell zu bewertendem Eiweiß an den vorhandenen Muskelfasern führt" (DURIG).

Auf diese Weise kommt wohl vor allem das Hartwerden des trainierten Muskels zustande, wenn schon zum Teil auch eine Steigerung des Muskeltonus und des Zellturgors hieran beteiligt sein dürfte.

Gleichzeitig mit dem arbeitenden Muskel erfährt auch der durch ihn in Tätigkeit versetzte Knochen eine vermehrte Blutzufuhr (zunächst in die Beinhaut) und erhält hiedurch die Möglichkeit zur besseren Entwicklung, falls seine Wachstumfähigkeit noch vorhanden ist und die vermehrte Blutzufuhr oft genug erfolgt.

Als Resultat der Muskelübung bzw. des Unterbleibens derselben, galt lange Zeit auch die typische Schädelform des Wildschweines im Gegensatze zu jener der hochgezüchteten Yorkshirerasse. H. v. NATHUSIUS hatte den Gedanken ausgesprochen, daß die eigentümliche, durch Verkürzung und mopsartige Aufstülpung des Gesichtsteiles nebst nach vorne geneigter Hinterhauptschuppe charakterisierte Schädelform der Yorkshireschweine eine Folge des verminderten Gebrauches der Muskeln des Rüssels und jener des Nackens sei, weil den Tieren die Möglichkeit zu ausgiebiger Wühlarbeit fehle. Beim Wühlen, so meinte er, würde die Rüsselspitze nach abwärts gedrückt, während gleichzeitig durch die energische Kopfbewegung von Seite der Nackenmuskeln ein energischer Zug nach hinten ausgeübt und das Hinterhaupt daher nach rückwärts gezogen würde. Der Schädel wird dadurch gewissermaßen ausgereckt und seine Profillinie — beim Wildschwein — schön gerade. Durch Unterbleiben des Wühlens neige sich der Schädelteil nach vorne und der Gesichtsteil nach oben, es entstünde solcherart die bekannte, mehr oder weniger stark (oft geradezu rechteckig) eingeknickte Profillinie, wie sie namentlich früher als gewünschte und beliebte Schädelform die Yorkshires kennzeichnete.

Diese v. NATHUSIUSsche Erklärung fand nicht nur in Züchter- sondern auch in Zoologenkreisen Anklang. NEHRING beispielsweise wies darauf hin, daß alle wühlenden oder grasenden Tiere eine gestreckte, alle bei der Nahrungsaufnahme keine besonderen Kopfbewegungen ausführenden Tiere eine mehr rundliche Schädelform hätten. — Heute wissen wir jedoch, daß die eben geschilderte Erscheinung in der Hauptsache eine Domestikationsform degenerativen Charakters ist, die als pathologischer Konvergenzvorgang in fast allen höheren Haustierspezies auftreten kann. Wir kennen diese Schädelform beim Schwein, Rind usw., also bei wühlenden und grasenden Spezies, ebenso aber auch beim Hund, der zur Nahrungsaufnahme keine besonders energische Kopfbewegung benötigt; ja gerade bei letzterem werden die höchsten Grade der Verbildung erreicht (Bulldogge und Mops).

Einfluß der Übung auf die Drüsen des Tierkörpers

Am häufigsten wird der fördernde Einfluß des regelmäßigen Gebrauches an der Milchdrüse entwickelt. Hier tritt er in der Tat außerordentlich deutlich hervor. Jeder Landwirt weiß, daß ein zweckmäßiges Melkverfahren (HEGELUND-sche Methode) durch den entsprechenden, mechanischen Drüsenreiz bei einem und demselben Tiere — entsprechende Fütterung natürlich vorausgesetzt — den Milchertrag erhöhen, und daß umgekehrt durch schlechtes, unvollkommenes Melken selbst gute Melkkühe rasch „verdorben" werden. Trotzdem geht es nicht an, die Sache so darzustellen, als wären die verschiedenen, durch hohe Milchleistung ausgezeichneten Rinderrassen in der Hauptsache ein Produkt der Übung, ein Ergebnis „vieljähriger, durch zahlreiche Geschlechtsfolgen fortgesetzter Übung der Milchdrüse".

Schon hier sei vorgreifend erwähnt, daß es eine Vererbung erworbener Eigenschaften in dem hier in Frage kommenden Sinne (Steigerung der Milchergiebigkeit durch gutes Melken und Vererbung dieser solcherart künstlich erhöhten Milchergiebigkeit) nicht gibt. Die hohen Milchleistungen als Rasseneigenschaft wurden vielmehr in der Weise erzielt, daß durch gutes Melken neben guter Ernährung eben jene Individuen erkannt wurden, in welchen die Fähigkeit zu hohen Milcherträgen von Haus aus erblich festgelegt war. Durch Verwendung der so erkannten, guten Melkerinnen zur Nachzucht und stets weiter geübter Zuchtwahl wurden die typischen Milchviehrassen geschaffen.

Ähnlich wie bei der Milchdrüse liegen die Verhältnisse auch bei den männlichen Geschlechtsdrüsen unserer Haussäugetiere. Auch hier kam es durch den häufigeren Gebrauch der männlichen Tiere zur Zucht in Verbindung mit ausgiebiger Ernährung zu ausgiebigerer Entwicklung des Hoden, und die einsetzende Zuchtwahl veranlaßte es, daß an Stelle der periodisch auftretenden Brunft die Dauerbrunft beim männlichen Individuum sich einstellte, und daß in vielen unserer Haustierrassen die gegenüber der wilden Stammform bereits morphologisch wesentlich stärker entwickelten Hoden als charakteristisches Domestikationsmerkmal aufzufassen sind. Die speziell bei Stieren und Böcken unserer Hausrinder und Schafe gegenüber den wilden Formen mächtig vergrößerten Hoden sind ein bekanntes Beispiel hiefür.

Nach dem Gesagten ist der Einfluß der Übung auf die Vervollkommnung der Leistung irgend eines Organes bei den aufeinanderfolgenden Generationen nur ein indirekter und keineswegs im Sinne des Lamarckismus zu deutender. Die durch Übung feststellbare, eventuell höhere Leistung eines Organes bestimmter Individuen zeigt den Grad der Reaktionsfähigkeit desselben an und bietet daher dem Züchter Gelegenheit im gewünschten Sinne Zuchtwahl zu treiben. Von einer Vererbung der durch Übung gesteigerten Leistungsfähigkeit, d. h. ganz allgemein ausgedrückt von einer „Vererbung erworbener Eigenschaften" ist nach dem heutigen Stande der Vererbungswissenschaft keine Rede, das mag, wie bereits einmal erwähnt, der fundamentalen Bedeutung dieser Tatsache wegen nochmals hervorgehoben werden.

Der Einfluß der Übung macht sich in ähnlicher Weise auch im Bereiche des Verdauungsapparates, in der mehr oder minder guten Entwicklung bzw. Funktion der verschiedenen Verdauungsdrüsen geltend.

Im tätigen Zustande, das ist während der Verdauung, ist, wie schon ältere von CLAUD BERNARD hinsichtlich der Speicheldrüsen ausgeführte Versuche bewiesen, die Blutzufuhr zu den verdauenden Organen vergrößert. Man kann sich hiefür schon auf rein praktische, einfache Weise überzeugen; beispielsweise ist die Magen- und Darmschleimhaut von während der Verdauung getöteten

Tieren durch ihre Blutfülle rötlich gefärbt und die Bauchspeicheldrüse, die Leber und Milz sind infolge von Blutfülle vergrößert. Bei hungernden Tieren ist umgekehrt die Magen- und Darmschleimhaut blaß, weil blutleer, und die genannten übrigen Verdauungsdrüsen von kleinerem Volumen.

Veranlaßt werden diese Vorgänge durch den von der Nahrung auf die in der Darmwand befindlichen Drüsennerven ausgeübten Reiz. Je nach der physikalischen bzw. in noch erhöhterem Maße je nach der chemischen Beschaffenheit der aufgenommenen Nahrung werden bestimmte Drüsenarten des Verdauungsapparates gereizt. Als Folge dieses Reizes sehen wir die stärkere Blutzufuhr und die vermehrte Abscheidung von den betreffenden Verdauungssäften eintreten.

Solcherart ist dann auch die Möglichkeit gegeben zur besseren Entwicklung der betreffenden Gewebe überhaupt, indem nach WILCKENS: „ein Teil des, infolge der Verdauungstätigkeit vermehrt zuströmenden Blutes zur Bildung der Verdauungssäfte verwendet wird, ein Teil aber dient zur Vergrößerung der betreffenden Verdauungsorgane." „Eine wirkliche Vermehrung der Gewebselemente — insbesondere der Drüsen- und Muskelfasern — ist wohl nur zur Zeit des Wachstums möglich, aber eine Verdickung derselben kommt auch nach Abschluß des Wachstums zustande."

Von dem entwickelten Gesichtspunkte aus betrachtet, wird es verständlich, daß sich je nach der Art der aufgenommenen Nahrung die Entwicklung des ganzen Verdauungsapparates eben sowohl wie jene seiner einzelnen Abteilungen ändern, sich derselben innerhalb gewisser Grenzen anpaßt. Wenn daher, wie später gezeigt werden soll, Tiere mit einer schwer verdaulichen, rohfaserreichen und kohlehydratreichen Nahrung durch einen relativ langen Magendarmkanal und mächtig entwickelten Speicheldrüsen ausgestattet sind, und wenn umgekehrt Tiere, welche ein konzentriertes, eiweißreiches Futter genießen, durch einen kürzeren Darmkanal ausgezeichnet sind, so stellt diese Beschaffenheit des Magendarmtraktes eine bis zu einem gewissen Grad durch Übung erlangte bzw. abänderungsfähige Anpassung vor. Die Nahrung wirkt hiebei durch die Art (chemische Natur) der in ihr enthaltenen Nährstoffe vorwiegend auf jene Magenabteilungen und Darmabschnitte usw. als Reiz, welche die für die Verdauung der betreffenden Nährstoffe wesentlichen Verdauungssäfte absondern. Für die Stärke kämen in Frage die Speicheldrüsen und der Pankreas (Bauchspeicheldrüse), für die Eiweißarten der Labmagen und der Dünndarm inklusive der Bauchspeicheldrüse, für die Fette vorwiegend die Leber usw.

Bei den eine besonders rohfaserreiche Nahrung genießenden Wiederkäuern endlich kommen noch jene als Vormägen bekannte Magenabteilungen in Betracht, welche zwar keinerlei verdauende Drüsen beherbergen, wohl aber das Futter in einer für die Verdauung günstigen Weise beeinflussen, eine sogenannte Vorverdauung veranlassen.

Auch auf ihre Entwicklung ist die namentlich in der Jugend aufgenommene Art von Nahrung wichtig.

Einfluß der Übung auf die Gehirnentwicklung unserer Haustiere

Wie alle Organe, so unterliegt auch das nervöse Zentralorgan, das Gehirn, dem Einflusse von Übung bzw. von vermindertem Gebrauch. DARWIN hat bereits nachgewiesen, daß das Gehirn der Hauskaninchen verglichen mit jenem der wilden, relativ kleiner geworden sei. Er erklärt diesen Vorgang, der auf eine geringere geistige Leistungsfähigkeit schließen läßt, damit, daß das Hauskaninchen durch die ihm vom Menschen erwiesene Pflege und durch dessen

Schutz keine Gelegenheit mehr hatte, sein Gehirn zu üben. Im wilden Zustande muß es stets vor Gefahren auf seiner Hut sein und befindet sich in steter Nahrungssuche. Alle Individuen, welche ein weniger leicht reaktionsfähiges Gehirn besitzen, fallen entweder Feinden zum Opfer oder gehen in Zeiten des Hungers zugrunde. Die natürliche Zuchtwahl ist hier ununterbrochen am Werke und verhindert die Fortpflanzung der mit schlechter organisiertem Gehirn ausgestatteten Individuen. Im Domestikationszustande fällt diese natürliche Zuchtwahl weg, es vermehren sich Tiere mit besserer und geringerer Entwicklungsfähigkeit des Gehirnes in gleichem Maße und überdies entfällt auch noch in weitgehendem Maße der sonst durch die Übung in der Jugend auf das Gehirn der Kaninchen ausgeübte Entwicklungsreiz, so daß als weitere Folge ein unterentwickeltes Gehirn resultiert.

In umfangreicher Weise hat neuerdings KLATT ähnliche Untersuchungen an verschiedenen anderen Haustierarten angestellt. Auch er nahm — was allerdings nur unter gewissen Voraussetzungen als richtig gelten gelassen werden darf — den Inhalt der Schädelkapsel als Maßstab für die Entwicklung des Gehirnes und als Maßstab für die Höhe der Intelligenz. Mit alleiniger Ausnahme einer bestimmten Gruppe von Haushunden zeigte sich bei allen Haustierspezies sonst eine relative Verschlechterung dieser einschlägigen Verhältnisse, das Gehirnvolumen war geringer.

Folgende, über die Veränderungen der Schädelkapazität handelnde Tabelle zeigt den Einfluß der Übung des Gehirnes bei wilden und das Unterbleiben derselben bei Haustieren sehr deutlich (nach KLATT):

Iltis, wild, mittlere Schädelkapazität	=	8	bis	10·5 *ccm*
Frettchen, zahm, Schädelkapazität	=	6	,,	8·— ,,
Wildschaf Schädelkapazität	=	130	,,	170·— ,,
Hausschaf (gleich groß) Schädelkapazität	=	110	,,	138·— ,,
Wildziege, Schädelkapazität	=	172	,,	200·— ,,
Hausziege (gleich groß) Schädelkapazität	=	117	,,	135·— ,,
Wildschwein, Schädelkapazität	=	168	,,	233·— ,,
Landschwein (bei freiem Weidegang)	=	165	,,	180·— ,,
Hochgezüchtete, englische Schweine	=	165	,,	168·— ,,
Wolf	=	150	,,	170·— ,,
Haushund (gleich groß)	=		120·—	,,
Schakal	=		70·—	,,
Haushund (gleich groß).........................	=		80·—	,,

Wie sehr bei gegebener Anlage die geistigen Fähigkeiten, besonders mancher Hunde, durch Übung entwickelt werden können, beweisen uns die zahlreichen bekannt gewordenen, hervorragenden Leistungen mancher Schäfer-, Vorstehhunde und Pudel.

Hier wäre auch der Ort, auf den großen Einfluß der Übung auf die Leistungsfähigkeit der Brieftauben zu verweisen. Der gesteigerte Ortssinn dieser Tauben kommt nämlich trotz erblicher Veranlagung doch nur durch eine sachgemäße Übung zur vollen Entwicklung. Es ist bekannt, wie gering anfänglich die Leistungen solcher Tauben sind. Schon Wettfliegen von Anfängern über eine Entfernung von 100 *km* verursacht nach H. KOHLWEY riesige Abgänge und selbst nach Monaten pflegen sich versprengte Individuen wieder einzustellen. Gerade unter den Nachkommen solchen Materiales findet man leistungsfähige Tiere. Durch Übung (unterstützt durch Auslese) erlangt dann die Ortsfindigkeit einen so hohen Grad, daß alte Tauben Entfernungen von 500 bis 600 *km* zu durchfliegen vermögen. Unterbleibt die Übung der Brieftauben, dann geht dieser bewunderungswürdige Ortssinn rasch verloren.

Und welche Bedeutung der Übung des Gehirnes beim Menschen zukommt, braucht wohl nicht erst näher ausgeführt zu werden, beruhen doch die Erziehungsmethoden aller Kulturvölker so gut wie ausschließlich auf der „Übung" des jugendlichen Gehirnes.

III. Einfluß der Nahrung auf den Tierkörper

Der Einfluß der Nahrung auf den Tierkörper ist ein zweifacher; einmal ein direkter, auf die Beschaffenheit des Verdauungstraktes gerichteter, dann ein indirekter, die Körperform überhaupt oder die Beschaffenheit bestimmter Organe betreffender.

Wie außerordentlich groß der Einfluß der Nahrung auf den Verdauungskanal ist, ersieht man, wenn man extreme Verhältnisse betrachtet. So ist beispielsweise die Darmlänge der eine leicht verdauliche, eiweißreiche Nahrung zu sich nehmenden Fleischfresser nur zirka 4·5 mal so lang als die horizontale Rumpflänge, während die Darmlänge der eine voluminöse und schwer verdauliche Nahrung genießenden Wiederkäuer bis zum 28 fachen der horizontalen Rumpflänge beträgt. Und innerhalb einer und derselben Tierspezies selbst wieder finden wir, daß beispielsweise die wilde Stammform sich meist durch einen relativ wesentlich kürzeren Darmkanal gegenüber den aus ihr hervorgegangenen Haustierrassen auszeichnet. Dies gilt nicht nur für Arten, die von Natur aus Allesfresser sind und bei denen die betreffenden Verhältnisse begreiflicherweise am allerschärfsten hervortreten, sondern es gilt sogar auch für Wiederkäuer.

Folgende Beispiele älterer Herkunft mögen das Gesagte illustrieren:

Mufflon,   Verhältnis der Rumpf- zur Darmlänge wie   1 : 23
Hausschaf,   „   „   „   „   „   „   1 : 28
Wildschwein,   „   „   „   „   „   „   1 : 9
Hausschwein (europäisches) Verhältnis der Rumpf- zur Darmlänge wie 1 : 13·5
Siamesisches Hausschwein, Verhältnis der Rumpf- zur Darmlänge wie 1 : 16.

Die Erklärung für dies charakteristische Verhalten liegt darin, daß die wilde Stammform freie Nahrungswahl besitzt, während ihre domestizierten Abkömmlinge ihrem Instinkte nicht folgen können, sondern auf jenes Futter angewiesen sind, das der Mensch für sie bestimmt. Nun ist es eine interessante Tatsache, daß bei freier Wahl die Tiere instinktmäßig gerade die eiweißreichsten Futtermittel bevorzugen. Am schärfsten muß sich daher gerade beim Schwein dieser Umstand geltend machen, da das Wildschwein vermöge seiner Lebensweise in der Lage ist, sich eiweißreiche, animalische Nahrung leichter und ausgiebiger zu verschaffen als wie sein domestizierter Nachkomme. Namentlich bei den primitiven Landrassen handelt es sich dann vorwiegend um eine weniger günstig zusammengesetzte vegetabilische Nahrung, die, weil am billigsten zu beschaffen, den Tieren geboten wird.

Und daß auch der wild lebende Wiederkäuer in der Lage ist, wenigstens während eines großen Teiles im Jahre sich zarteres Futter oder aber eiweißreichere Sämereien zu verschaffen, ist begreiflich.

Versuche, die den Nachweis solcher Veränderungen im Bereiche des Verdauungstraktes zum Ziele hatten, wurden vielfach gemacht. Am bekanntesten wurden in der zoologischen Literatur die vom englischen Anatomen John Hunter an der Seemöve ausgeführten Fütterungsversuche. — Es gelang ihm, ein Tier an Körnerfutter zu gewöhnen.

Der Magen der sich von Fischen nährenden Seemöve besitzt nun den Charakter des Raubvogelmagens, das heißt die innere Magenhaut ist weich. Durch die andauernde Körnerfütterung änderte sich dieser Raubvogelcharakter des Magens in jenen der Körnerfresser um, bei denen, wie etwa bei der Taube, die sogenannte Hornhaut des Magens das wesentlich anders geartete Moment vorstellt. WILCKENS führt die Ermittlungen EDMONSTONEs an, nach welchem die Heringsmöve der Shettlandinseln (Larus tridactylus) zweimal jährlich die Struktur ihres Magens ändert, indem sie je nach der vorwiegend aufgenommenen Nahrung im Sommer (bei Körnernahrung) die Magenbeschaffenheit des Körnerfressers, ähnlich wie bei der Taube, im Winter bei Fischnahrung, jene des Raubvogels aufweist. Ebenso wurde umgekehrt wie bei der Seemöve durch HOLMGREN experimentell der Körnerfressermagen der Taube durch Fleischfütterung in den Raubvogelmagen verwandelt.

Züchterisch wichtig sind die von M. WILCKENS vorgenommenen Fütterungsversuche bei Kälbern, um den Einfluß der Nahrung auf die verschiedenen Magenabteilungen zu demonstrieren. Zwei Kälber gleicher Rasse und Abstammung wurden folgender Art gefüttert und sodann in bezug auf die einzelnen Magenabteilungen untersucht.

Kalb Nr. I (eiweißreich ernährt) wurde durch 44 Tage ausschließlich mit Milch gefüttert und dann geschlachtet. Das Volumen der beiden wichtigsten Vormägen, des Pansens und der Haube, betrug 6430 ccm. Das Volumen des Labmagens und des aus technischen Gründen mit gemessenen Pfalters umfaßte 5075 ccm; beide Gruppen von Magenabteilungen hatten zusammen 11.505 ccm und die relativ gute Entwicklung des für die Eiweißverdauung wichtigen Labmagens ergibt sich aus dem vom Verhältnisse 1:1 wenig abweichenden Verhältnisse beider angeführter Gruppen von Magenabteilungen.

Das Kalb Nr. II, das von möglichst früher Jugend an extensiv gefüttert wurde, wurde zunächst bei der Kuh belassen, um nach 48 Tagen vollkommen entwöhnt, ausschließlich mit weniger eiweißreicher Tränke, Heu und Hafer ernährt zu werden. Im Alter von 63 Tagen hatte es das gleiche Lebendgewicht wie das eiweißreich ernährte Kalb erreicht und wurde geschlachtet. Die entsprechenden Ergebnisse bei diesem Kalbe lauteten: Volumen von Pansen und Haube = 15.000 ccm und jenes vom Lab- und Blättermagen = 7820 ccm. Das Verhältnis beider war daher rund wie 1:2 und ebenso war die Summe der beiden Gruppen von Magenabteilungen (22.820 ccm) rund zweimal so groß wie beim Kalb Nr. I.

WILCKENS zieht aus diesem trotz gewisser Mängel wichtigen, sowie aus ähnlichen Versuchen folgenden Schluß: „Durch längere Fütterung von Lämmern und Kälbern mit Milch vermochte ich die drei ersten Magenabteilungen in ihrer Entwicklung zurückzuhalten und die Entwicklung des Labmagens zu fördern, wodurch die Zahl derjenigen Drüsen vermehrt wurde, deren Saft die Eiweißkörper der Nahrung verdauen. Der Magen der jungen Wiederkäuer erhielt durch ausschließliche Milchnahrung die Eigenschaft und bezüglich der Eiweißverdauung die Leistungsfähigkeit eines Fleischfressermagens. Wenn dann nach der Entwöhnung von der Milch die Lämmer und Kälber mit einem der Milch ähnlich zusammengesetzten eiweiß- und phosphatreichen Futter (z. B. mit Leinsamen und Leinkuchen, Malzkeimen, Hafer und Heu) ernährt wurden, dann behielten sie die Eigenschaft der ausgiebigen Eiweißverdauung und ihre Körperentwicklung, insbesondere die Entwicklung ihres Rumpfes erlangte einen weit höheren Grad, als die der jungen Tiere, deren Magen eine schwer verdauliche und eiweißarme Nahrung zu verdauen hatte."

Die Erfahrungen der praktischen Tierzucht stimmen mit den WILCKENsschen Schlußfolgerungen überein.

Es ist bekannt, daß nur in der Jugend eiweißreich ernährte Tiere imstande sind, im erwachsenen Zustande in größerer Menge gebotenes eiweißreiches Futter gut zu verwerten. Umgekehrt können nur solche Individuen bei einem schwer verdaulichen und eiweißarmen Futter relativ leistungsfähig bleiben, wenn sie von Jugend an daran gewöhnt waren. So verlieren beispielsweise die Heidschnucken ihre Fähigkeit auf der Heide zu gedeihen, wenn sie trotz reiner Rasse an anderen Orten und bei besseren Futterverhältnissen aufgewachsen sind. Desgleichen geht die erst durch den Weltkrieg allgemeiner bekannt gewordene Genügsamkeit der galizischen Konikis und ihre Fähigkeit, nährstoffarmes, rohfaserreiches Futter zu verwerten, verloren, wenn sie unter günstigen Futterverhältnissen aufgewachsen sind. Der Einfluß der Übung, um den es sich auch bei diesen Vorgängen im wesentlichen handelt, tritt gerade in diesen Beispielen scharf zutage. Nichtsdestoweniger vermochte aber selbst eine jahrtausendelang während Übung nicht die besprochene Eigenschaft zu einer unter allen Umständen bleibenden, das heißt zu einer dauernden Rasseneigenschaft zu machen. Mit anderen Worten, die hundertfältig von Generationen erworbene Eigenschaft, rohfaserreiches usw. Futter zu verwerten, verwandelte sich bis zum heutigen Tage nicht in eine Erbeigenschaft, gemäß dem biologischen Gesetze, nach welchem sich erworbene Eigenschaften nicht vererben.

Was dann den Einfluß der Ernährung (und zwar speziell der Jugendernährung) auf das Skelett und den Körperbau betrifft, so kann als allgemein gültiges Gesetz jenes abgeleitet werden, daß innerhalb einer und derselben Rasse von Jugend auf eiweißreich ernährte Tiere normalen gegenüber durch größere Breitenmaße des Rumpfes auffallen. Daß die Entwicklung ebenfalls beschleunigt wird, ist wohl selbstverständlich, allein es wäre ein Irrtum zu glauben, daß man durch üppige Jugendernährung allein echte Frühreife erzeugen könne. Das was auf diesem Wege zu erreichen ist, stellt eben nur eine natürliche Frühreife, man könnte sie wohl der echten Frühreife gegenüber als physiologische oder normale bezeichnen, vor.

Ähnlich wie beim Rumpfe die Breitenmaße eine relative Zunahme als Folge üppiger Jugendernährung erkennen lassen, gilt dies auch für die Breitenmaße des Schädels.

Mit dieser Verbreiterung, besonders der Stirnmaße, geht beim Rinde häufig eine Verkürzung des Gesichtsteiles am Schädel Hand in Hand. Beim Schweine wurden ähnliche Beobachtungen über die Breitezunahme am Schädel bereits durch H. v. NATHUSIUS und später dann durch A. NEHRING gemacht, welch letzterer geradezu eine Mastungs- und eine Hungerform am Schweineschädel unterschied.

Als Folge eiweißarmer Jugendernährung resultiert eine Art von physiologischer Spätreife, die sich außer durch Verzögerung der Körperentwicklung noch häufig durch Kleinbleiben der Tiere und vor allem durch relativ schmale Formen des Rumpfes sowohl als auch des Schädels zu erkennen gibt.

Man wird nicht fehl gehen, wenn man behauptet, daß im großen und ganzen die durch die Ernährung veranlaßten Erscheinungen am Tierkörper das vorstellen, was man den Einfluß der Scholle zu nennen pflegt. Unter den dabei in Frage kommenden Faktoren spielt die Ernährung gewiß die Hauptrolle.

Daß bezüglich des Einflusses der Nahrung auf den Tierkörper in manchen landwirtschaftlichen Kreisen auch falsche Ansichten herrschen, sei noch kurz erwähnt.

Als Beispiel sei die von PALLAS und DARWIN wiedergegebene Meinung angeführt, nach der die Fettsteiß- und die Fettschwanzschafe Zentralasiens ihre mächtigen Fettpolster nur bei reichlicher Steppenweide, unter dem Einflusse der dort heimischen Salzflora entwickeln könnten. Als erster hat bekanntlich JUL. KÜHN in Halle durch den praktischen Mastversuch an Fettsteißschafen diesen Irrtum widerlegt. Und daß auch die Gruppe der Fettschwanzschafe, zu denen auch die Karakulschafe gehören, auch bei uns und bei jeglicher Art von reichlicher Fütterung mächtige Fettschwänze entwickeln, dürfte heute wohl allgemein bekannt sein. Als ähnliches Vorurteil, das heute noch in landwirtschaftlichen Kreisen weit verbreitet ist, kann die Annahme gelten, daß die erwähnte Pelzschafrasse der Karakuls ihre wertvolle Lockung des Lammvlieses nur bei Steppenfutter, ja, wie einzelne meinen, nur bei der Aufnahme einer bestimmten Grasart (einer Windhalmart) beibehält.

Es braucht wohl nicht näher ausgeführt werden, daß diese Ansicht auf einem Irrtum beruht und von arger Verkennung der einschlägigen Verhältnisse zeugt.

Daß gewisse Bestandteile mancher Futtermittel allerdings ganz merkwürdige Wirkungen, die sich u. a. selbst auf die Färbung, beispielsweise des Gefieders mancher Vögel erstrecken können, hervorzurufen vermögen, sei des Interesses wegen noch kurz angeführt.

In Kreisen der Vogelliebhaber ist es z. B. bekannt, daß beim Gimpel (Pirula europaea) die Fütterung mit Hanfsamen eine schwärzliche Verfärbung der normalerweise roten Brustfedern bedingt. Und beim mehr oder weniger hellgelb gefärbten Kanarienvogel veranlaßt während der Mauserung eine Beimischung von Paprika zum Futter eine orangerote Gefiederfärbung.

Wohl am interessantesten jedoch dürfte die bei gewissen brasilianischen Papageien von WALLACE beobachtete Umfärbung sein. Genießen die gewöhnlich grünen und den größten Teil des Jahres von Früchten lebenden Tiere das fettreiche Fleisch gewisser Welsarten, so verfärben sie ihr Federkleid in ein rötliches Gelb. Eine solche Futterperiode tritt aber alljährlich einmal ein, wenn nach dem Rückgang der großen Überschwemmungen des Amazonenstromes die zurückgebliebenen Tümpel allmählich austrocknen und die darin gefangenen Fische den Papageien eine willkommene Abwechslung in der Kost bieten.

Daß durch Zumischung von feingepulverten Krappwurzeln zum Taubenfutter, infolge Einlagerung des Farbstoffes in die Knochensubstanz die Knochen rötlich gefärbt werden, dürfte bekannt sein.

Schließlich sei noch die merkwürdige Wirkung des Buchweizenstrohes erwähnt. Werden Schafe längere Zeit mit Buchweizenstroh gefüttert und dann an die Sonne getrieben, so tritt an jenen Schafen, die mit pigmentfreien Körperstellen behaftet sind, an diesen Hautpartien eine lebhafte Entzündung, die sogenannte Buchweizenkrankheit auf. Hier handelt es sich um einen giftigen Bestandteil des Futters, der, im Blute kreisend, die Hautnerven in einen solchen Erregungszustand versetzt (sensibilisiert), daß der sonst normale und unschädliche Reiz des Sonnenlichtes genügt, um Hautentzündungen hervorzurufen.

Eine ähnliche Erklärung dürfte dem von DARWIN angeführten, Lachnantes tinctoria betreffenden Fall zugrunde liegen. Genießen die halbwild lebenden Schweine gewisser Teile der Vereinigten Staaten diese Wurzel, so bleiben die dunkel pigmentierten gesund, während den pigmentlosen die Klauen abfallen.

Daß weißgefesselte Pferde nach der Weide auf Trifolium hybridum-Schlägen öfters an heftigen Entzündungen an diesen Hautstellen erkranken, ist bekannt und ebenfalls durch das Vorkommen sensibilisierender Stoffe zu erklären.

Im neuen Lichte sehen wir endlich den Einfluß der Nahrung auf den Tierkörper durch die Arbeiten der Physiologen und Biochemiker der letzten zwei

Dezennien. Durch sie lernten wir erst die Bedeutung der Mineralstoffe der Nahrung richtig einschätzen und wurden mit den Ursachen bekannt, weshalb die Eiweißarten verschiedener Futtermittel von verschiedener Wirkung sind (vollkommene und unvollkommene Eiweißarten ?). Sogar ein vollkommen neues Gebiet der Fütterungslehre wurde eröffnet, indem die wichtige Rolle zu erforschen begonnen wurde, welche den sogenannten Ergänzungsstoffen und Vitaminen für Wachstum, Leben und Gesundheit der Tiere zukommt. Namentlich die letztgenannte Arbeitsrichtung hat in züchterischer Beziehung bereits wertvolle Resultate geliefert. Sie beweist, daß die Ernährungslehre durchaus nicht so einfach beschaffen ist, wie man bis vor kurzem meinte, da man glaubte, mit der quantitativen Feststellung einiger Nährstoffgruppen, oder mit dem Kaloriengehalt (bzw. dem Stärkewert) des Futters, das Auslangen zu finden. Diese neue Forschung hat auch bereits eine Reihe von Gesundheitsstörungen und selbst ernsten Krankheiten bekannt gemacht, die teils durch Vitamin- oder Ergänzungsstoffmangel (sogenannte Avitaminosen) oder aber durch einen solchen im Vereine mit abwegiger Zusammensetzung des Aschengehaltes des Futters verursacht werden.

Wenn wir von solchen Krankheiten, die hauptsächlich und in erster Linie durch mangelhaften Mineralstoffgehalt der Weide oder des Futters bedingt sind (z. B. Knochenbrüchigkeit!), absehen, zu welchen wohl auch eigenartige Krankheitserscheinungen der Rinder und anderer Haustiere, wie z. B. der ,,Stallmangel'' gewisser Gebirgslagen Sachsens, die ,,Bush sickness'' Neuseelands, die ,,Impaction paralysis'' Australiens, gehören dürften, dann wäre die in Südafrika in manchen Jahren in bestimmten Gebieten — meist im Anschlusse an lange Dürreperioden — auftretende, geradezu zu einer wirtschaftlichen Kalamität anwachsende ,,Stijfzickte'' und ,,Lamzickte'' als hochinteressante Weidekrankheit komplizierten Ursprungs erwähnenswert. Sie tritt namentlich bei jungen oder milchenden Rindern, bzw. Ziegen (aber auch bei Straußen), auf und läßt Knochenerkrankungen (Schwellungen der Gelenkenden gewisser Röhrenknochen, und Entartungserscheinungen im Bereiche des peripheren sowie des Zentralnervensystems) erkennen.

Folgende Ursachen (C. FUNK, nach verschiedenen Autoren, 1922) müssen sich zur Kette zusammenfügen um diese schwere, wenn unbehandelt, gewöhnlich zum Tode führende Krankheit hervorzurufen:

1. Eine in bezug auf Mineralstoffe und Vitamine ungünstige Beschaffenheit des Weidefutters (als Folge gewisser Boden- und Klimaverhältnisse).

2. Abwegiger Appetit (pica) der Tiere, ausgelöst durch das abwegig beschaffene Futter, dem zufolge solche Tiere ,,Leichenmaterial'' aufnehmen.

3. Vorhandensein faulender tierischer Teile (Kadaver).

4. Vorhandensein von Saprophyten in den faulenden tierischen Stoffen, welche Toxine bilden.

5. Vorhandensein eines Fäulnisgiftes, etwa eines dem Botulinustoxin ähnlichen, heftig wirkenden Toxins (tödliche Menge 0·000,001 mg pro 1 kg Lebendgewicht).

Das bisher auf dem Gebiete der Vitaminforschung Geleistete, erweckt die Hoffnung, daß durch sie für die Tierzucht wichtige Resultate in Zukunft zu erwarten sind. Es scheint die Zeit gekommen zu sein, in welcher die Fütterungslehre tatsächlich einen wissenschaftlichen Charakter anzunehmen beginnt, und daß die Worte (1894) eines so bedeutenden Agrikulturchemikers, wie E. SCHULZE, Zürich einer gewesen, ihre Geltung verlieren: ,,Das Gebäude der Fütterungslehre weist noch manche Lücke und Fehlstellen auf'' und ,,der Nutzen, welchen die Praxis von den wissenschaftlichen Bestrebungen auf diesem Gebiete bis jetzt gezogen hat, ist daher nur ein beschränkter.''

Vierter Abschnitt

Vererbung

Unter Vererbung versteht man die gesetzmäßige Übertragung körperlicher und geistiger Eigenschaften von einer Generation auf die folgenden. Dabei ist festzuhalten, daß die betreffenden Merkmale keineswegs immer von der Elterngeneration auf die der Kinder übertragen werden müssen, vielmehr können sie unter Umständen eine oder mehrere Generationen hindurch verborgen bleiben, um erst bei entsprechenden Paarungen, das ist also nach entsprechender Mischung der Keimplasmen, wieder zu erscheinen. Wesentlich ist hiebei nur die Gesetzmäßigkeit der Vorgänge. Es liegt in der Natur der Sache, daß nur solche Merkmale und Eigenschaften vererbt werden können, welche im sogenannten Keimplasma, der in den Geschlechtszellen vorhandenen Erbmasse, begründet liegen. Bloße Modifikationen, die eine Anpassung an die Umwelt darstellen, ohne daß das Keimplasma verändert worden wäre, sind nach dem heutigen Stande der Wissenschaft, als nicht eigentlich vererbbar zu betrachten. Gerade auf diesem, bis zum Jahre 1900 so dunklem Vererbungsgebiete sind durch die geniale Wegweisung GREGOR MENDELs in den letzten Jahren ungeahnte Fortschritte und Einblicke gewonnen worden, die man sich noch vor einem Vierteljahrhundert nicht hätte träumen lassen.

Des besseren Verständnisses halber empfiehlt es sich, zunächst kurz jene Anschauungen wiederzugeben, die vor dem Erscheinen der MENDELschen Arbeiten in den Kreisen der wissenschaftlich gebildeten Tierzüchter üblich waren. Am besten orientieren wir uns hierüber aus den gegen Ende des 19. Jahrhunderts verbreitetsten und angesehensten einschlägigen Lehrbüchern und Vererbungsschriften. Es mögen daher die Ansichten von M. WILCKENS und H. SETTEGAST, zweier auf dem Gebiete der Tierzucht führender Persönlichkeiten, angeführt werden. WILCKENS, von Haus aus Arzt, kommt (1871) in seinen Beiträgen zur landwirtschaftlichen Tierzucht zu dem Schlusse: „Die Gesetze, welche die Erblichkeit regeln, sind gänzlich unbekannt und niemand vermag zu sagen: wie es komme, daß dieselbe Eigentümlichkeit in verschiedenen Individuen einer Art und in Einzelwesen verschiedener Arten, zuweilen erblich ist, und es zuweilen nicht ist."

Er ist der Ansicht, daß „alle Abänderungen der Formen des Tierkörpers den Einflüssen der Ernährung zuzuschreiben sind" und führt als Stütze dieser Ansicht die Worte KÜHNs (1862) an: „Der ganze summarische Inhalt des Themas von Bildung und Verbesserung der Rassen, und demnach des ganzen physiologischen und ökonomischen Problems der Tierzucht, beruht auf der Ernährung des jungen Tieres." In krassem Lamarckismus befangen, nimmt WILCKENS an, daß die solcherart durch abgeänderte Ernährung ausgelösten neuen Eigenschaften, weil vom Individuum selbst erworben, auch weiter vererbbar wären, allerdings nicht als solche selbst, wohl aber in der Anlage. Und an einer anderen Stelle drückt er sich diesbezüglich in folgender Weise kraß aus: „Sämtliche Vererbungsregeln sind so regellos, daß wohl kaum zwei Tierzüchter in ihren Beobachtungen und in ihren Erfahrungen miteinander übereinstimmen, es sei denn, daß einer dem anderen nachschreibt."

Im allgemeinen wurde „als sehr sicher" angenommen und „hat die wenigsten Anfechtungen von allen Vererbungsregeln erfahren" die Behauptung: daß der Vater mehr auf den Vorderteil, die Mutter mehr auf den Hinterteil vererbe. Dieses sogenannte Vererbungsgesetz, bemerkt WILCKENS etwas malitiös, habe später ein „Amendement" erhalten, „wonach zwar die Vererbung der Mutter

auf den Hinterteil anerkannt wird, doch aber die Vererbungskraft des Vaters
der Mutter den Schweif streitig macht, so daß RUEFF behaupte, er habe in einzelnen Gestüten die Produkte mancher Hengste ausschließlich nach ihrem
Schweife ohne ein Stammregister herausfinden können".

Wenn man bedenkt, daß solche und ähnliche Anschauungen über die Vererbung in Kreisen von Tierzüchtern und Tierärzten vor knapp einem halben
Jahrhunderte gang und gäbe waren, dann erkennt man die Berechtigung
eines vor einiger Zeit gefallenen Ausspruches, daß sich alles über die Vererbung
Bekannte jener Zeit nicht wesentlich über das Niveau von „Histörchen" erhebe.
Tatsächlich muten uns diese Anschauungen an, als wären sie ein Ausfluß züchterischen Aberglaubens.

Und was SETTEGAST anbelangt, so kommt er zu dem Schlusse, daß jenes
Gesetz, nach welchen bei den Tieren die Vererbung unter allen Umständen
so wirkt, daß von vornherein der Einfluß zu bestimmen wäre, den Vater oder
Mutter, bzw. die Voreltern, auf Gestaltung und Wesen des Kindes ausüben
müssen, noch nicht gefunden worden sei. Hingegen kenne man aus zahlreichen
Einzelbeobachtungen abgeleitete Vererbungsregeln.

Unter den älteren Regeln, welche jedoch unter den praktischen Züchtern
bis zum heutigen Tage noch Anhänger besitzen, war wohl jene die verbreitetste,
nach welcher väterlicherseits die äußere Konfiguration, die Körperform und von
der Mutter die inneren Organe vererbt werden sollten. Solche und ähnliche sogenannte Vererbungsregeln waren jedoch schon in jener Zeit von den schärfer
beobachtenden Züchtern als falsch bezeichnet worden. In diesen Kreisen nahm
man an, daß die Vererbungsfähigkeit unter normalen Verhältnissen beiden Eltern-
teilen in gleichem Maße zukomme, und daß daher das Kind bezüglich seiner
Eigenschaften eine innige Mischung, „eine harmonische Verschmelzung" väter-
licher und mütterlicher Eigenschaften vorstelle. Eine größere Vererbungskraft,
worunter man das Maß der Vererbungsfähigkeit verstehen wollte, käme keinem
der beiden Geschlechter zu, und zwar auch dann nicht, wenn es sich um bestimmte einzelne Organe handelt. Und wenn man in der Praxis zwecks Veredlung von Herden sich vorwiegend männlicher Tiere bediene, so geschehe dies
nur aus dem naheliegenden Grunde, weil man eventuelle Vorzüge nur so verhältnismäßig rasch auf eine größere Anzahl von Nachkommen übertragen kann.
Allerdings waren viele Züchter der Ansicht, daß speziell dem männlichen Geschlechte eine größere Variabilität gegenüber dem weiblichen zukomme, so daß
das männliche Geschlecht in einer Herde gewissermaßen den Fortschritt, das
weibliche aber ein Element des Beharrens vorstelle.

Jene eben erwähnte „Vererbungskraft", so nahm speziell die SETTE-
GASTsche Schule an, könne von äußeren oder inneren Momenten mehr oder
weniger, und zwar vorübergehend oder dauernd, beeinflußt werden. Die Verschiedenheit der zu verschiedenen Zeiten gezeugten Geschwister fände hiedurch
ihre Erklärung. Vorübergehend könne beispielsweise die Vererbungsfähigkeit
durch zu große Jugend des Zuchttieres, durch schlechten Ernährungszustand,
Nachwehen nach Krankheit desselben und dergleichen mehr geschwächt erscheinen. Eine dauernde Herabsetzung der Vererbungskraft würde durch vorge-
rücktes Alter oder durch Siechtum bedingt. Vorgreifend sei es mir gestattet zu
erwähnen, daß die eben wiedergegebenen älteren Ansichten über die Störung
des Vererbungsganges durch die erwähnten körperlichen Zustände gegenwärtig
als unrichtig erkannt worden sind. Heute wissen wir, daß selbst zu junge oder
zu alte Tiere, sofern sie überhaupt nur fruchtbar sind, ihre bestimmten Eigenschaften und Merkmale in durchaus normaler, gesetzmäßiger Weise vererben.
Daß unter solchen Umständen die Fruchtbarkeit eventuell eine geringere sein

kann, daß vielleicht auch die Entwicklungsfreudigkeit der Nachkommen solcher Zuchttiere leiden kann, ist begreiflich, hat jedoch mit der Vererbung im engeren Sinne des Wortes nichts zu tun.

Unter dem Einfluß der Lehren LAMARCKS stehend, bekannte sich ein Großteil der Züchter zur Anschauung, daß nicht nur die altübernommenen Merkmale und Eigenschaften der Eltern, sondern auch die von ihnen im Laufe ihres Lebens erworbenen, auf die Nachkommen übertragen werden. Hieher gehören vor allem solche, welche durch die Umwelt, durch die Haltung und Ernährung, durch die Übung der verschiedenen Organe der Tiere usw. ausgebildet worden sind. Von ihnen nahm man an, daß sie „indirekt", d. h. in der Anlage vererbt würden, etwa wie die Milchergiebigkeit, Wüchsigkeit und gewisse Arten von Leistungsfähigkeit für bestimmte Gebrauchszwecke. Alle diese Ansichten haben, wie gezeigt werden wird, durch die neueren Vererbungsstudien eine starke Korrektur erfahren. Gewissermaßen als Quintessenz aller gemachten praktischen Erfahrungen konnte man im vorigen Jahrhunderte in Züchterkreisen folgende sogenannte Vererbungsregeln als richtig anerkannt finden:

1. Ähnliches mit Ähnlichem gepaart gibt Ähnliches.
2. Unähnliches mit Unähnlichem gepaart gibt Ausgleichung.

So scheinbar selbstverständlich die erste Regel auch klingen mag, so wissen wir heute dennoch, daß sie trotzdem nur unter gewissen Umständen richtig ist. Nämlich dann, wenn die mit dem gleichen Merkmal ausgestatteten, gepaarten Tiere bezüglich desselben homozygot sind. Sind sie jedoch heterozygot, dann resultiert unweigerlich Aufspaltung, die Regel versagt. Im Kapitel über die MENDELsche Vererbung werden zahlreiche Beispiele hiefür erbracht werden.

Daß die zweite Regel schon früher, in vormendelscher Zeit, als keineswegs berechtigt angesehen wurde, beweist die z. B. von M. WILCKENS vorgenommene Fassungsänderung, indem er sagt: Unähnliches mit Unähnlichem gepaart gibt Unähnliches.

Es ist hier nicht der Ort, näher auf die Sache einzugehen und zu zeigen, unter welchen Verhältnissen für diese zweite Vererbungsregel die erste Fassung zutrifft und unter welchen die zweite, die WILCKENSsche Fassung. Das folgende Kapitel über Mendelismus wird auch hierüber Aufklärung bringen.

Die Ansichten über das Wesen der Vererbungsvorgänge unter den Naturforschern waren in der zweiten Hälfte des 19. Jahrhunderts zwar weniger verworren als jene der Tierzüchter, allein auch sie waren recht unbefriedigender Natur und vermittelten keinen tieferen Einblick.

Als Beispiele für die damals herrschenden Anschauungen sei die im Jahre 1868 verkündete „provisorische" Hypothese DARWINS von der Pangenesis und dann die WEISMANNsche Lehre von der Kontinuität des Keimplasmas, gegen Ende dieses Jahrhunderts verbreitet, angeführt.

DARWIN lehrte, daß während des Lebens von jeder Körperzelle ununterbrochen „Keimchen" abgegeben würden, welche im Körper zirkulieren und auch in die Geschlechtszellen kommen würden. Hier stellten sie dann die Träger der Vererbung vor. EAST hebt diesbezüglich mit Recht hervor, daß solche Hypothesen, wie die DARWINsche, höchstens den philosophisch Veranlagten befriedigen konnten.

Ihnen gegenüber stellt die Lehre WEISMANNS (1892) entschieden einen Fortschritt vor. Nach WEISMANN ist das „Keimplasma" jene Substanz, welche die Vererbung vermittelt. Ihr Sitz sei in den Keimzellen, den Geschlechtszellen. Hier liege sie im färbbaren Anteile der Zellkerne, im Chromatin, vor und würde unverändert von einer Generation auf die folgende übertragen. Weil nämlich die Keimzellen der höheren Tiere direkt aus den elterlichen Keimzellen hervorgehen, also unabhängig von den übrigen Körperzellen entstehen, so verhielten sich die Keimzellen der aufeinanderfolgenden Generationen wie verschiedene Stücke einer und derselben Substanz (Kontinuität des Keimplasmas). Nach WEISMANN bilden daher die Keimzellen der höheren Tiere gewissermaßen den unsterblichen Anteil des Körpers, im Gegensatze zu den Zellen der verschiedenen Körpergewebe, welche dem Verbrauche, dem Tode unterliegen. Dem Keimplasma komme somit praktisch genommen Unsterblichkeit zu.

Dies Keimplasma besitzt nun nach WEISMANN die Fähigkeit, Stoffe aufzunehmen, zu wachsen und sich zu vermehren. Es besitzt einen komplizierten, durch Vererbung erlangten Bau und setzt sich aus kleinsten Einheiten, den Biophoren, zusammen. Treten die Biophoren in sich entwickelnde Körperzellen, so bedingen sie deren Charakter (als Muskel-, Nerven- usw. Zellen), sie sind die Träger der Zelleigenschaften. Die Biophoren bauen sich zu höheren Einheiten auf, den Determinanten, welche bereits über den Charakter von ganzen Zellbezirken entscheiden sollen (etwa bei der Scheckung hätte man Determinanten für die weißen und färbigen Hautstellen anzunehmen) und diese wieder bilden Ide, und diese Ide als höchstes morphologisches Element des Keimplasmas die Idanten. In den bei der Zellteilung auftretenden, bei starker Vergrößerung erkennbaren Kernstücken, den Chromosomen, sieht WEISMANN diese Idanten und in den Mikrosomen seine Ide.

Vom Boden seiner Hypothese aus mußte WEISMANN die Vererbung erworbener Eigenschaften ablehnen, da sie mit der angenommenen weitgehenden Stabilität des Keimplasmas unvereinbar war. Im übrigen genügte sie, um viele Vererbungsvorgänge befriedigend zu erklären.

Im Gegensatze zu anderen Vererbungstheorien baut sich die WEISMANNsche bereits auf verschiedenen tatsächlichen Beobachtungen zytologischer Natur auf und besitzt zum Teil eine experimentelle Basis. Sie entspricht daher, wie EAST mit Recht vor kurzem hervorhob, mehr denn alle vorherigen, jenen Anforderungen, die man an eine experimentelle Arbeitshypothese zu stellen pflegt. Sie stellt den Übergang zur modernen Vererbungslehre vor, welche auf den Vererbungsexperimenten und den sie erklärenden genialen Hypothesen G. MENDELS ruht, dessen unsterbliches Verdienst es ist, die Vererbungswissenschaft zu einer streng experimentellen gemacht zu haben.

Mendels Vererbungsregeln

Durch die von GREGOR MENDEL in den Fünfziger- und zu Anfang der Sechzigerjahre im Klostergarten zu Altbrünn durchgeführten Untersuchungen wurde erstmals der Grund zu tieferem Verständnis der Vererbungsvorgänge gelegt. MENDEL arbeitete mit Pflanzen, hauptsächlich mit Erbsen, welche Wahl sich als außerordentlich glücklich erwies. Er griff Eigenschaften bzw. Merkmale gleicher Art, sogenannte Merkmalspaare, heraus, beispielsweise rote und weiße Blüte oder gelbe und grüne Farbe der Samen usw., kreuzte, bzw. paarte die mit solchen entgegengesetzten Merkmalen gleicher Gruppenzugehörigkeit versehenen Individuen miteinander und stellte die Vererbungsweise dieser Merkmale durch Beobachtung einer Reihe von Generationen fest. Die solcherart von ihm gefundenen „MENDELschen Vererbungsregeln", durch welche unter anderem zahlenmäßig das Wiedererscheinen solcher Merkmale speziell in der zweiten Generation klargelegt wurde, fanden wider Erwarten bei den Vertretern der Wissenschaft keineswegs das richtige Verständnis. Sie blieben vom Jahre ihrer Veröffentlichung (1864) bis zum Jahre 1900 unverstanden und unbeachtet. Erst in diesem Jahre wurden

sie unabhängig voneinander durch DE VRIES, CORRENS und E. TSCHERMAK
wieder entdeckt, um von nun an eine geradezu beherrschende Stellung in der
Biologie einzunehmen. Bald darauf gelang es zu zeigen, daß diese Vererbungsregeln sich keineswegs auf das Pflanzenreich beschränken, sondern daß sie vielmehr auch bei den Tieren und sogar beim Menschen volle Giltigkeit besitzen.
Der Einfluß, den diese MENDELschen Resultate inzwischen auf die biologische
Wissenschaft im weitesten Sinne des Wortes genommen haben, kann geradezu
ein beispielloser genannt werden. Tausende von Botanikern und Zoologen,
Landwirten und Ärzten arbeiten heute in dieser Richtung, und in Amerika existiert
eine Reihe von Instituten, die, mit großen Mitteln ausgestattet, ausschließlich

Abb. 109. GREGOR MENDEL 1822 bis 1884.

in dieser Richtung forschen. Die Vererbungslehre, die bis zum Erscheinen der
MENDELschen Arbeiten in der Hauptsache ein Feld recht verschiedenartiger
Spekulationen war und der experimentellen Begründung fast ganz entbehrte,
wurde mit einem Schlage zum Range einer exakten Wissenschaft erhoben, die
in ungeahnter Weise uns Einblicke selbst in rein praktisch geartete Gebiete,
wie die Pflanzen- und Tierzucht, ja sogar die Medizin gewährte und solcherart
Fortschritte praktischer Art wie auch in Erkenntnis theoretischer Richtung
vorbereitete.

Mit VALENTIN HAECKER nehmen wir an, daß die Ergebnisse dieser MENDEL-
schen Untersuchungen in der Aufstellung dreier bei der Merkmalspaarung (Rassenkreuzung im weiteren Sinne des Wortes) gültigen Vererbungsregeln und einer
Erklärungshypothese gipfeln.

1. Vererbungsregel: Uniformitätsregel

Sie besagt, daß die Nachkommen von Eltern, welche korrespondierende, antagonistische (oder allelomorphe) Merkmale, die zusammen eines der früher erwähnten Merkmalspaare bilden, besitzen, gleich sind.

Alle Individuen einer so gebildeten ersten Filialgeneration (F_1) gleichen einander (untereinander) vollkommen.

Wenn wir die Eltern (P = Parentalgeneration), deren Merkmale sich als korrespondierende gegenüberstehen und die zusammen eben ein solches Merkmalspaar bilden, in dieser Beziehung mit der F_1-Generation, gewissermaßen mit ihren ersten Kreuzungsnachkommen, vergleichen, so sind drei Fälle möglich:

a) An den Nachkommen einer solchen Paarung (F_1-Generation) tritt das Merkmal des einen Elters in gleicher, unveränderter Art auf. Beispiel: Bei der Paarung eines vollkommen pigmentlosen Tieres (Albino) mit einem pigmentierten erscheint eine pigmentierte F_1-Generation. Dabei ist es gleichgültig, welches von den beiden Elterntieren pigmentiert und welches pigmentlos ist. Der väterliche und mütterliche Einfluß ist daher insoferne auf das Resultat des Erb-

Abb. 110.　F_1-Schafe mit einheitlichem Charakter. (Phot. SEVERSON aus East and Jones, 1919.)

ganges vollkommen gleich. Man pflegt in diesem Falle jenes elterliche Merkmal (hier also die Farbe), welches in der ersten Kreuzungsgeneration wieder erscheint, kurz als **„dominantes"** oder **„prävalierendes"** zu bezeichnen. Jenes Merkmal des anderen Elters hingegen, das in F_1 nicht auftritt, wird nach MENDEL als **„rezessives"** bezeichnet. Weil diese Art der Übertragung von MENDEL bei Erbsen beobachtet wurde, so bezeichnet man sie ganz allgemein als den **Pisumtypus.**

Diese Art der Vererbung, nach welcher nur das Merkmal des einen Elters in der ersten Paarungs-(Kreuzungs-)generation auftritt, während jenes des anderen Elters verborgen (latent) bleibt, kommt im Pflanzen- und Tierreiche häufig vor. Beispiele aus letzterem sind: Die Kurzhaarigkeit dominiert über die Langhaarigkeit bei Hunden und Meerschweinchen. Die schwarze Hautfarbe dominiert über die braune bei Hunden, Karakulschafen und manchen Rinderrassen. Die braune (in Verbindung mit schwarzer Mähne und schwarzem Schwanzhaar) über die Fuchsfarbe beim Pferde; die Schimmelfarbe über die braune ebenfalls beim Pferde. Endlich dominiert beim Karakulschafe die Schimmelfarbe (Schiras) über die schwarze. Gewöhnlich bezeichnet man die Dominanz mit dem mathematischen Zeichen für „größer" ($>$) und die Rezessivität mit jenem für „kleiner" ($<$). Schwarz $>$ Braun bedeutet somit kurz: Schwarz dominiert über Braun.

b) Die F_1-Bastarde sind intermediär, das heißt, sie besitzen genau weder das Merkmal des einen noch des anderen Elters, vielmehr verhalten sie sich intermediär, stellen eine Zwischenform beider vor. Diese Vererbungstype wird als **Zea-Typus** bezeichnet. Sie tritt im Pflanzen- und Tierreiche sehr häufig auf. Bekannt ist der schöne Fall bei der Wunderblume (Mirabilis jalapa). Aus der Kreuzung der rot- mit der weißblütigen Rasse erhält man Bastarde, welche mit rosafarbenen Blüten keiner der Elternrassen gleichen, sondern eine Zwischenform vorstellen.

Aus dem Tierreiche wären Beispiele hiefür die Fettschwänzigkeit und die Krummschwänzigkeit der Karakulschafe, ferner die Hängeohrigkeit derselben Tiere. Kreuzungen zwischen Tieren mit den genannten Eigenschaften und zwischen normalen zeigen ein intermediäres Verhalten. Intermediär ist auch die Wolle bei F_1-Kreuzungstieren, welche einer Paarung von Merinos (mit engwelliger, feiner) mit Schafrassen entspringen, deren Vlies aus grober, wenig gebeugter Mischwolle oder aus sogenannter Glanzwolle besteht.

Beim Menschen gibt der Mulatte ein charakteristisches Beispiel für die intermediäre Vererbung der Hautfarbe insoferne, als das Braune der Mulattenhaut nichts anderes als eine Verdünnung des Schwarzbraun des Negers vorstellt.

c) Die F_1-Bastarde besitzen ein scheinbar völlig neues Merkmal, das bei keinem der Elterntiere vorhanden war **(Kreuzungsnovum)**. Beispiel: Aus der Farbenkreuzung schwarzer mit bestimmt gearteten weißen Hühnern der andalusischen Rasse erhält man blaugraugefärbte Individuen. Oder aus der Paarung schwarzer Aberdeen-Angusrinder mit weißen Shorthorn erhält man eisenschimmelfarbige Kreuzungstiere.

Bei genauerem Untersuchen lassen sich diese angeführten Beispiele allerdings auf den vorerwähnten Sonderfall zurückführen. Das Blaugrau der Andalusier Hühner entsteht nämlich durch das Nebeneinanderauftreten von Schwarz und Weiß in feinster Verteilung, und ebenso kommt die Eisenschimmelfarbe der Shorthorn-Angusrinder durch das gemischte Vorkommen von weißen und färbigen Haaren zustande. Es gibt aber auch zahlreiche Fälle, in denen das neue Merkmal durchaus nicht einen solchen Mosaikcharakter besitzt, sondern einen Atavismus, einen Rückschlag auf frühere Generationen, oft genug auf die wilde Stammform vorstellt. Ein gutes Beispiel hiefür bietet die Kreuzung einer weißen (Albino-) Hausmaus mit einer schwarz und weiß gescheckten, sogenannten japanischen Tanzmaus. Die F_1-Generation ist wildgrau gefärbt und tanzt nicht, zeigt also atavistisch normale Nervenbeschaffenheit und Farbenatavismus nach der Haarfarbe der wilden Maus. Im allgemeinen kann man annehmen, daß dort, wo solche Kreuzungsnova mit atavistischem Charakter auftreten, es sich in der Regel um Merkmale von komplizierter Zusammensetzung handelt.

2. Vererbungsregel: Spaltungsregel

Sie besagt, daß in der zweiten Bastardgeneration (F_2), die aus der Paarung von F_1-Individuen entsteht, eine Aufspaltung nach den beiden ursprünglichen Merkmalen der Eltern hin erfolgt. Wichtig ist nun, daß das Auftreten der beiden Elterneigenschaften in F_2 in einem ganz bestimmten festen Zahlenverhältnis erfolgt. In der Feststellung dieses gesetzmäßigen Zahlenverhältnisses liegt die große Bedeutung dieses Fundes. Die auftretenden Zahlenverhältnisse sind nach den vorhin unterschiedenen drei Fällen verschieden:

a) Pisum-Typus: Hier treten unter hinreichend zahlreichen, zur Beobachtung dienenden Individuen von F_2 75% derselben mit dem dominierenden Merkmale und 25% mit dem rezessiven auf. Wenn man das dominierende Merk-

mal kurz mit D bezeichnet und das rezessive mit R, so hätten wir die Formel
D: R = 3: 1. Folgende Skizze erläutert dies noch besser:

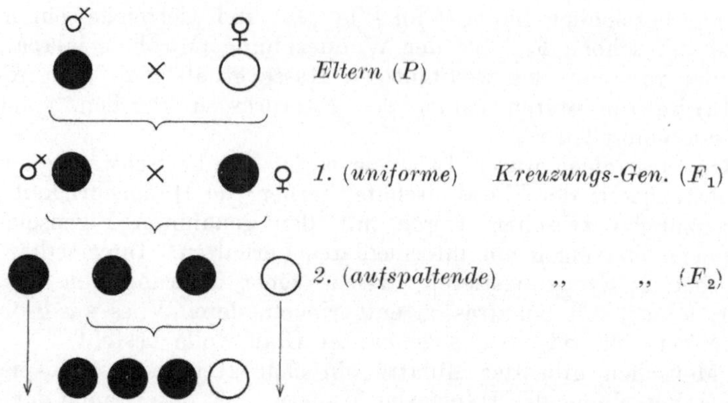

Abb. 111. Schema der alternativen Vererbung (Pisumtypus).

Sucht man in der F_2-Generation die mit dem rezessiven Merkmal versehenen
Individuen aus und paart sie untereinander, so findet man, daß sie rein weiterzüchten, also nicht aufspalten.

Bei den mit dominierendem Merkmal versehenen Individuen wird man dagegen
finden, daß nur ein Drittel rein züchtet, das heißt 25% aller Individuen von F_2.

In der Skizze wurde dieses Drittel durch den abwärts gerichteten Pfeil
gekennzeichnet. Es muß betont werden, daß jene Individuen, welche das Merkmal rein weiterzüchten, für das bloße Auge nicht erkennbar sind. Nur der Züchtungsversuch, wenn er mit einer genügend großen Zahl von F_2-Individuen
vorgenommen wird, vermag hierüber Auskunft zu liefern. Zwei Drittel der
dominantmerkmaligen Individuen von F_2 (50% aller vorhandenen F_2-Indi-
viduen) werden sich dagegen bei der Paarung genau so verhalten wie Individuen

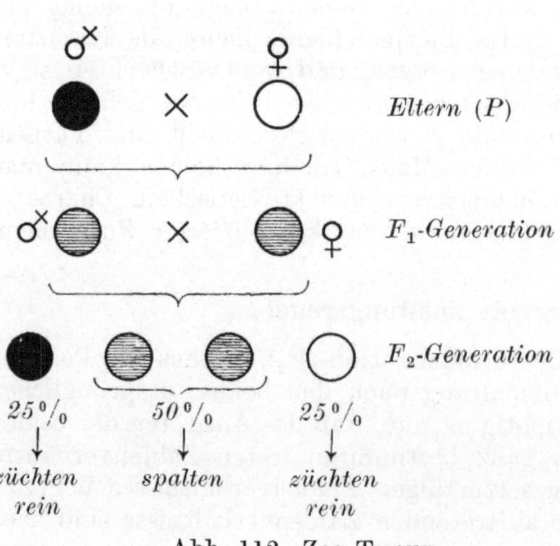

Abb. 112. Zea-Typus.

der F_1-Generation, sie spalten ebenfalls im Verhältnis von 3: 1 auf.

b) Zea-Typus. Bei diesem Spezialfalle treten in der F_2-Generation je 25% Individuen mit dem Merkmale des einen und des anderen Elters auf, während 50% derselben das intermediäre besitzen. Die nebenstehende Skizze macht eine weitere Erklärung wohl überflüssig.

Das Verhältnis, in welchem beim Zea-Typus die beiden Merkmale des elterlichen Paares (D und R) und des intermediären Merkmales (J) in der F_2-Generation auftreten ist daher

D: J: R = 1: 2: 1.

c) Kreuzungsnova. Die F_2-Generation jenes Typus, der durch das Auftreten eines neuen Merkmales in F_1 ausgezeichnet ist, zeigt ein nach jeweiligen

Kreuzungen wechselndes Zahlenverhältnis. Häufigere Zahlenverhältnisse sind: $9:3:4$ und $27:9:28$.

Zusatzhypothese zur zweiten Vererbungsregel. (Hypothese von der Reinheit der Gameten). — Zur Erklärung des gesetzmäßig auftretenden Zahlenverhältnisses in F_2 dient die sogenannte Hypothese von der Reinheit der Gameten (d. h. der Geschlechtszellen). Im Anschlusse an die klare Darstellung V. HAECKERS dieser Vorgänge sei diesbezüglich folgende Darstellung gegeben: Durch die Paarung von Eltern mit korrespondierenden (antagonistischen) Merkmalen bei der sogenannten Bastardbefruchtung — das Wort Bastardbefruchtung ist hier mendelistisch aufzufassen, d. h. es handelt sich um die Paarung zweier Individuen, welche bezüglich eines bestimmten Merkmales verschieden sind, und es ist dabei gleichgültig, ob die Tiere derselben Rasse angehören oder nicht — werden zwei verschiedene Anlagen in der befruchteten Eizelle bzw. im späteren Bastarde miteinander vereinigt. Bilden sich nun in einem solchen Bastarde (F_1) die Geschlechtszellen, so tritt eine Spaltung dieser Anlagen in der Weise ein, daß die eine Hälfte aller Gameten eines jeden Bastardindividuums die Anlage für das eine Merkmal, die andere Hälfte der Geschlechtszellen die Anlage für das andere (das korrespondierende) Merkmal erhält.

Bei der Paarung von so erhaltenen F_1-Individuen (Bastardbefruchtung) wird die Eizelle des weiblichen Tieres durch das Spermium des männlichen befruchtet, und es entsteht die Zygote. In dieser befruchteten Eizelle (der Zygote) sind die Anlagen für beide Merkmale der Eltern vereinigt. Im Individuum, welches aus dieser Zygote hervorgeht, enthalten die Zellen sämtlicher Gewebe diese Anlagen für beide Merkmale. Je nachdem es sich um volle Dominanz (Pisum-Typus) oder um Teildominanz (Zea-Typus) handelt, wird auch volle oder Teildominanz im Verhalten der betreffenden Gewebe des F_1-Individuums herrschen. Bei der Bildung der Gameten, der Geschlechtszellen, tritt nun nach dieser Hypothese eine reine Spaltung der Merkmalsanlagen in der Weise ein, daß die Hälfte aller Gameten die Anlage für das eine Merkmal und die andere Hälfte die Anlage für das andere Merkmal erhält. Jede Gamete des Bastardindividuums ist daher nur mit einer einzigen Merkmalsanlage ausgestattet. Die gemischten Anlagen des Bastards haben eine volle und reine Trennung erfahren. Es ist nach HAECKER so, als wenn zwei Personen, die ein Stück des Weges miteinander gegangen sind, nunmehr auseinandergehen würden.

Die folgende Skizze veranschaulicht diese Vorgänge für den Zea-Fall (nach HAECKER).

Durch die Annahme der Reinheit der Gameten werden die charakteristischen Zahlenverhältnisse, in denen die Merkmale in der F_2-Generation auftreten, vortrefflich erklärt. Nehmen wir zum Beispiel zwei Ausgangsindividuen an (P der beiliegenden Skizze), von denen das eine das dominante Merkmal (DD), das andere das rezessive (RR) besitzt, so werden im vorliegenden Falle die Gameten des männlichen Elters, die Anlage für das dominierende Merkmal (D) und alle Gameten des weiblichen, die Anlage für das rezessive Merkmal (R) besitzen. Bei der Vereinigung beider werden daher nur Zygoten, bzw. aus diesen später F_1-Individuen entstehen, welche beide Anlagen, sowohl jene für das dominante als auch für das rezessive Merkmal, enthalten, denn:

$$\mathrm{DD} \times \mathrm{RR} = 2\,\mathrm{DR} + 2\,\mathrm{DR}.$$

Vom männlichen ebenso wie vom weiblichen Bastardindividuum (F_1) wird nach dem Gesagten je die eine Hälfte aller Gameten die dominante, die andere

Hälfte die rezessive Anlage besitzen. Bei der Befruchtung sind nun folgende Verbindungen (Kombinationen) möglich:

1 dominante Samenzelle D mit einer dominanten Eizelle D = DD;
1 „ „ D „ „ rezessiven „ R = DR;
1 rezessive „ R „ „ dominanten „ D = RD;
1 „ „ R „ „ rezessiven „ R = RR;

Jene Individuen (bzw. Zygoten), welche die Anlage für nur ein Merkmal, und zwar gewissermaßen in doppelter Portion führen (DD oder RR) bezeichnet, man als **homozygote**; sie können sein: homozygot-dominant (DD) oder homo-

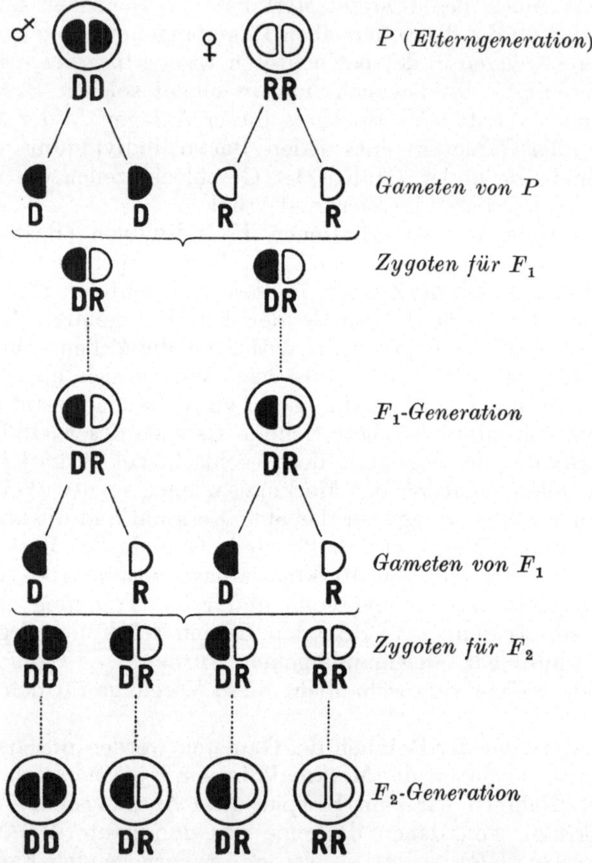

Abb. 113. Schema über die Spaltung der Anlagen in der F₁-Generation.

zygot-rezessiv (RR). Jene Individuen bzw. Zygoten, welche die Anlage für beide Merkmale besitzen (DR), nennt man **heterozygote**. Sie erhielten von jedem Elter eine verschieden geartete Portion der Anlage. Je nachdem dem gewählten Merkmal volle oder Teildominanz zukommt, werden die F₁-Individuen (DR) das dominante Merkmal in gleicher Stärke (Pisum-Typus) oder in abgeschwächter Form (Zea-Typus) zum Ausdrucke bringen. In der F₂-Generation wird daher das Zahlenverhältnis dominant- bzw. rezessivmerkmaliger Individuen beim Pisum-Fall wie 3:1 und beim Zea-Typus wie 1:2:1 sein. Wo immer solch F₂-Individuen in hinreichend großer Menge erzeugt wurden, überall, bei Versuchen mit Pflanzen oder Tieren, wurde, bei entsprechender Wahl der Merkmale, in klarer Weise das charakteristische Zahlenverhältnis festgestellt.

Die Probe auf die Richtigkeit der Hypothese von der Reinheit der Gameten kann durch die Rückkreuzung der heterozygoten F_1-Bastarde mit den beiden Elternformen gemacht werden.

a) Rückkreuzung des F_1-Bastardes mit der dominantmerkmaligen Elternform. In diesem Falle wäre:

Wie ersichtlich erhält man aus der Rückkreuzung des F_1-Bastardes mit der dominantmerkmaligen Elternform 50% homozygot-dominantmerkmalige Individuen (DD) und 50% heterozygotische Individuen (DR). Besitzt das dominierende Merkmal volle Dominanz (Pisum-Typus), dann werden alle Rückkreuzungsindividuen gleich ausschen, also dieselbe Erscheinungsform, d. h. denselben **Phänotypus** zeigen und nur die Nachzucht kann über die innere Natur, über die erbliche Zusammensetzung der einzelnen Individuen Aufschluß geben. Handelt es sich hingegen um den Zea-Typus, dann treten in der Rückkreuzungs-

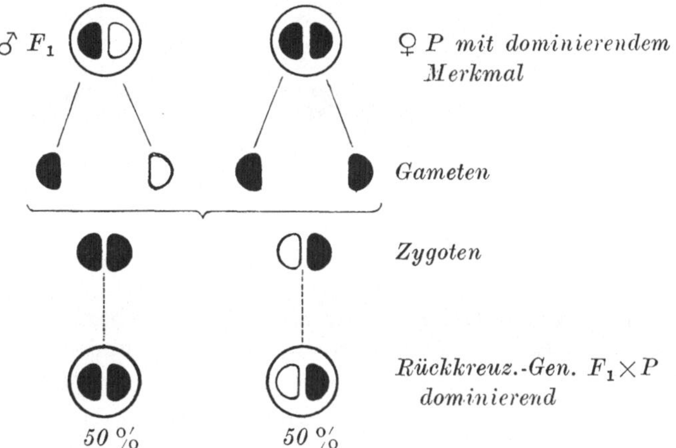

Abb. 114. Schema der Rückkreuzung DR × DD

generation zwei Arten von Individuen (2 Phänotypen) auf, nämlich die eine Hälfte, die homozygoten DD-Individuen, werden das dominierende Merkmal in voller Stärke besitzen, während die andere Hälfte, die DR-Individuen, es in abgeschwächter Form, in intermediärer Form zeigen werden. Das Verhältnis beider wird immer wie 1:1 sein.

b) Rückkreuzung des F_1-Bastardes mit der rezessiven Elternform:

Das Resultat dieser Art von Rückkreuzung wird in dem Auftreten von zwei Arten von Nachkommen (Phänotypen) bestehen. Die Hälfte derselben wird dem rezessiven Elter gleichen, die andere wird entweder das dominante Merkmal des anderen Elters in derselben Weise, d. h. gleich stark ausgeprägt haben (Pisum-Typus) oder aber, wenn es sich um den Zea-Typus handelt, in abgeschwächter (intermediärer) Form. Auch hier werden diese zwei Gruppen im Verhältnisse von 1:1 auftreten.

Um diese Rückkreuzungen durch praktische Beispiele aus der Tierzucht zu illustrieren, seien die von HAECKER nach BUNSOW angeführten Paarungen verschiedenfärbiger Individuen der englischen Vollblutrasse des Pferdes und meine eigenen Kreuzungen schwarzer und silberfarbiger Karakuls (sogenannter Schiras) wiedergegeben. Der englische heterozygotbraune Vollbluthengst Persimon zeugte mit 52 homozygoten Fuchsstuten: 32 Fuchsfohlen und 25 braune Fohlen. Der bezüglich der braunen Farbe ebenfalls heterozygote englische Vollbluthengst Florizel II., ein Bruder des Erstgenannten, zeugte mit 67 Fuchsstuten 29 Fuchsfohlen und 38 braune Fohlen. Von beiden heterozygotbraunen Hengsten stammten somit 61 Fuchs- und 63 braune Fohlen ab, was praktisch dem theoretisch geforderten Verhältnisse von 1:1 vollkommen entspricht.

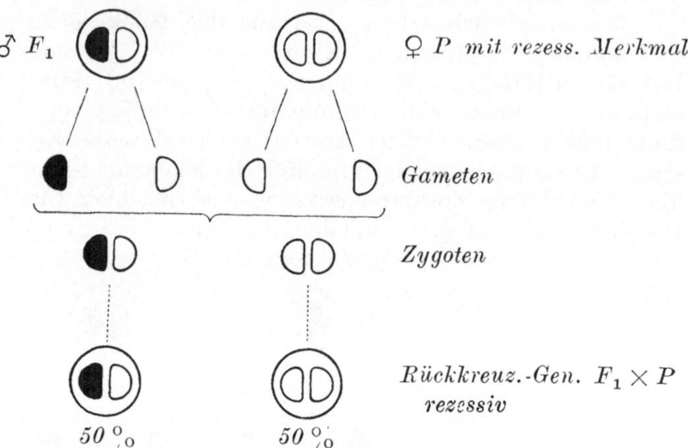

Abb. 115. Schema der Rückkreuzung DR × RR.

Dabei ist zu bemerken, daß beim Pferde Braun (D) über Fuchsfarbe (R) dominiert.

Die beiden Hengste waren somit, allgemein ausgedrückt, bezüglich der Färbung DR (D = Braun; R = Fuchsfarbe) und die Fuchsstuten RR.

$$DR \times RR = 50\% \ DR \ und \ 50\% \ RR.$$

Bei den Karakulschafen wieder ist das Silbergrau (Schiras) dominant über die schwarze Farbe. Aus 36 fruchtbaren Paarungen heterozygot-silbergrauer Individuen mit homozygoten schwarzen erhielt ich genau 18 Schiras (DR) und 18 schwarze Lämmer (RR).

3. Mendelsche Vererbungsregel: Unabhängigkeitsregel

In der vorhergehenden Besprechung der Spaltungsregel wurde nur ein Merkmalspaar berücksichtigt, d. h. die den Ausgang für die Kreuzung bildenden Eltern unterschieden sich nur durch zwei korrespondierende, ein Paar bildende Merkmale, waren sogenannte Monohybriden. Es liegt die Frage nach dem Verhalten der weiteren Generationen vor, wenn es sich um Di-, Tri-, Polyhybriden handelt, d. h. wenn die Elterngeneration sich durch zwei, drei oder zahlreiche Merkmalspaare unterscheidet.

MENDEL fand, daß sich auch bei Berücksichtigung mehrerer Merkmalspaare die Aufspaltungen so abwickelten, als wäre jedes solches Paar allein vorhanden, mit anderen Worten, die einzelnen Merkmalspaare verhielten sich **unabhängig** voneinander.

Aus pädagogischen Gründen seien die bei einem dihybriden Beispiele MENDELS beobachteten Aufspaltungsvorgänge wiedergegeben.

Es handelt sich um die Kreuzung zweier Erbsenrassen, die sich durch zwei Merkmalspaare voneinander unterscheiden, nämlich:

1. Rote Blüten und gelbe Samen (eine Rasse).

2. Weiße Blüten und grüne Samen (zweite Rasse).

Vorauszuschicken wäre, daß die rote Blütenfarbe über die weiße und die gelbe Samenfarbe über die grüne dominiert. In beiden Fällen herrscht vollkommene Dominanz. Nach dem früher Gesagten muß der so erhaltene Bastard sowohl bezüglich der Anlage der Blüten als auch bezüglich jener der Samenfarbe heterozygot sein. Seiner inneren Anlage nach wird der Bastard aus der Paarung einer rotblühenden gelbsamigen mit einer weißblühenden grünsamigen für die Blütenfarbe rotweiß und für die Samenfarbe gelbgrün veranlagt sein (rotweiß-gelbgrün). Er muß daher sowohl im männlichen als auch im weiblichen Geschlecht je viererlei Gameten bilden.

Wenn wir abkürzend für rot = r, für weiß = w, für gelb = g und für grün = gr setzen, so wäre die Beschaffenheit der Anlagen der Gameten folgende:

$$1.\ \text{r}\,.\,\text{g}\,\male,\quad \text{r}\,.\,\text{gr}\,\male,\quad \text{w}\,.\,\text{g}\,\male,\quad \text{w}\,.\,\text{gr}\,\male.$$
$$2.\ \text{r}\,.\,\text{g}\,\female,\quad \text{r}\,.\,\text{gr}\,\female,\quad \text{w}\,.\,\text{g}\,\female,\quad \text{w}\,.\,\text{gr}\,\female.$$

Es werden somit vier Arten von Pollenkörner und vier Arten von Samenanlagen von diesem Bastarde gebildet. Durch die Befruchtung der vier Typen von Samenanlagen durch die vier Typen von Pollenkörner können 16 verschiedene Zygoten gebildet werden, indem ein jedes der vier Arten von Pollenkörner jede der vier Arten von Samenanlagen befruchten kann.

In der üblichen Anordnung nach der Art eines Schachbrettes hätten wir dann: Paarung von F_1-Produkten miteinander, welche aus der Kreuzung einer rotblühenden gelbsamigen mit einer weißblühenden grünsamigen Erbsenrasse entstanden sind.

	rot—gelb ♀	rot—grün ♀	weiß—gelb ♀	weiß—grün ♀
rot—gelb ♂	rot — gelb ♂ rot — gelb ♀ **rot — gelb**	rot — gelb ♂ rot — grün ♀ **rot — gelb**	rot — gelb ♂ weiß — gelb ♀ **rot — gelb**	rot — gelb ♂ weiß — grün ♀ **rot — gelb**
rot—grün ♂	rot — grün ♂ rot — gelb ♀ **rot — gelb**	rot — grün ♂ rot — grün ♀ **rot — grün**	rot — grün ♂ weiß — gelb ♀ **rot — gelb**	rot — grün ♂ weiß — grün ♀ **rot — grün**
weiß—gelb ♂	weiß — gelb ♂ rot — gelb ♀ **rot — gelb**	weiß — gelb ♂ rot — grün ♀ **rot — gelb**	weiß — gelb ♂ weiß — gelb ♀ **weiß — gelb**	weiß — gelb ♂ weiß — grün ♀ **weiß — gelb**
weiß—grün ♂	weiß — grün ♂ rot — gelb ♀ **rot — gelb**	weiß — grün ♂ rot — grün ♀ **rot — grün**	weiß — grün ♂ weiß — gelb ♀ **weiß — gelb**	weiß — grün ♂ weiß — grün ♀ **weiß — grün**

Aus der Vereinigung dieser viererlei Pollenkörner mit viererlei Samenanlagen ergeben sich 16 verschiedene Kombinationen. Die solcherart entstehenden F_2-Individuen gehören ihrem Verhalten nach vier verschiedenen Gruppen (Erscheinungsformen oder Phänotypen) an, nämlich: je neun Individuen besitzen rote Blüten und gelbe Samen (davon ist nur ein Individuum homozygot bezüglich beider Merkmale), je drei Individuen besitzen rote Blüten und grüne Samen (davon ist ein Individuum homozygot), je drei Individuen blühen weiß und haben gelbe Samen (davon ein Individuum homozygot) und nur ein Individuum hat weiße Blüten und grüne Samen, besitzt also die rezessiven Anlagen beider Merkmalspaare, und zwar in homozygoter Form. Die vier Phänoypen treten daher im Verhältnisse von 9:3:3:1 auf. Betrachten wir jedes Merkmalspaar für sich, so finden wir, daß auf je 12 rotblühenden Individuen 4 weiße entfallen (das heißt 3:1) und daß andererseits ebenfalls auf je 12 gelbe Samen tragende Individuen 4 grünsamige kommen (3:1). Die beiden Merkmalspaare verhalten sich somit vollkommen unabhängig voneinander.

Abb. 116. Kreuzungsrinder des Sudans (El Obeid). Aufspaltung nach den Ausgangsrassen: Primigenes Hamitenrind und asiatisches Zebu zeigend, und zwar 1. nach Farbe (siehe Leopardenscheck nach Hamitenrind), 2. nach dem Höcker (links völlig höckerlos, Mitte Hintergrund Vollhöcker, Mitte Vordergrund intermediäre Höckerform) und 3. nach Hornform. (Orig.-Phot. v. Dr. F. v. WETTSTEIN.)

Daß sich auf zoologischem Gebiete die Verhältnisse ganz gleich verhalten, braucht wohl nicht erst besonders hervorgehoben zu werden, und es erübrigt sich, ein spezielles Beispiel hiefür zu geben.

Der Vollständigkeit halber sei noch ein ganz allgemein gehaltenes Beispiel für eine trihybride Kreuzung, das heißt, daß sich die gewählten Eltern durch drei verschiedene Merkmalspaare voneinander unterscheiden, angeführt. Die drei Merkmalspaare wären: A — a, B — b, C — c. A dominiere über a, B über b und C über c. Der F_1-Bastard trägt dann die Merkmale A.B.C zur Schau und erzeugt in jedem Geschlecht je acht verschiedene Arten von Gameten. Diese acht verschiedenen männlichen Gameten liefern mit den acht verschiedenen weiblichen 64 verschiedene Kombinationen als F_2. Unter diesen je 64 genotypisch verschiedenen F_2-Individuen lassen sich acht dem Aussehen nach verschiedene Gruppen (Phänotypen) unterscheiden. Wir haben in F_2 folgende Zahlenverhältnisse:

27 ABC : 9 aBC : 9 AbC : 9 ABc : 3 Abc : 3 aBc : 3 abC : 1 abc.

Hybridationstabelle für die F_2-Generation bei Mono- und Polyhybridismus nach Inzucht der F_1-Generation bei völliger Dominanz. (Nach E. BAUR.)

Bezeichnung der Kreuzung	Zahl der Merkmale, in bezug auf welche die P_1-Eltern heterozygot sind	Zahl der verschiedenen Arten von Gameten, welche die F_1-Eltern bilden	Zahl der möglichen Kombinationen der Gameten — Zygoten — Zahl der innerlich verschiedenen Kategorien von F_2-Individuen (Genotypen)	Maximale Zahl der äußerlich verschiedenen Kategorien (Phänotypen) von F_2-Individuen, wenn überall völlige Dominanz herrscht	Die äußerlich verschiedenen Kategorien (Phänotypen) von F_2-Individuen sind, wenn überall völlige Dominanz vorliegt, vertreten durch Individuenzahlen, welche zueinander in den folgenden Verhältnissen stehen
Monohybridismus	1	$2^1 = 2$	$(2^1)^2 = 4$	$2^1 = 2$	$3 : 1$ $1 \quad 1$
Dihybridismus	2	$2^2 = 4$	$(2^2)^2 = 16$	$2^2 = 4$	$9 : 3 : 3 : 1$ $1 \quad 2 \quad 1$
Trihybridismus	3	$2^3 = 8$	$(2^3)^2 = 64$	$2^3 = 8$	$27 : 9 : 9 : 9 : 3 : 3 : 3 : 1$ $1 \quad 3 \quad 3 \quad 1$
Tetrahybridismus	4	$2^4 = 16$	$(2^4)^2 = 256$	$2^4 = 16$	$81 : 27 : 27 : 27 : 27 : 9 : 9 : 9 : 9 : 9 : 9 : 3 : 3 : 3 : 3 : 1$ $1 \quad 4 \quad 6 \quad 4 \quad 1$
Polyhybridismus	n	2^n	$(2^n)^2$	2^n	$3^n : 3^{n-1} : 3^{n-1} \ldots \ldots 3^{n-2} : 3^{n-2} \ldots \ldots$ usw. $\ldots \ldots 3^0$ $1 \ldots \ldots$ usw. Koeffizienten des Binoms $(a+b)^n$.

Statt des eben entwickelten allgemeinen Falles einer trihybriden Kreuzung einen speziellen setzend, können wir auf Grund der CASTLEschen Versuche beim Meerschweinchen folgende drei Merkmalspaare berücksichtigen:

1. Rote Haarfarbe dominant über weiße.
2. Kurzhaarigkeit dominant über Langhaarigkeit.
3. Rosetthaarigkeit dominant über Glatthaarigkeit.

Der F_1-Bastard wird kurzhaarig, rothaarig und rosetthaarig aussehen (trotzdem in seinem Wesen noch die Anlagen für Langhaarigkeit, Glatthaarigkeit und weiße Haarfarbe vorhanden sind). In F_2 werden sich die 64 genotypisch verschiedenen Individuengruppen in acht äußerlich verschiedene (Phäno-) Gruppen zusammenfassen lassen, nämlich:

1. Je 27 rot-kurz-rosetthaarige Individuen.
2. Je 9 weiß-kurz-rosetthaarige Individuen.
3. Je 9 rot-kurz-glatthaarige Individuen.
4. Je 9 rot-lang-rosetthaarige Individuen.
5. Je 3 rot-lang-glatthaarige Individuen.
6. Je 3 weiß-kurz-glatthaarige Individuen.
7. Je 3 weiß-lang-rosetthaarige Individuen.
8. Je 1 weiß-lang-glatthaariges Individuum.

In welcher Weise sich die Zahlenverhältnisse bei mehrpaarigen bis n-paarigen Kreuzungen in der F_2-Generation verhalten, darüber gibt die vorstehende Tabelle Aufschluß:

Ausnahmen von den Mendelschen Regeln

Zunächst wäre die sogenannte unvollkommene oder schwankende Dominanz als Ausnahme der ersten Regel MENDELs anzuführen. Unvollkommene Dominanz ist dann vorhanden, wenn die F_1-Generation keine Uniformität bezüglich des gewählten dominanten Merkmales besitzt. Vielmehr pflegt das dominante Merkmal, in sehr verschieden starker Weise ausgeprägt, bei den einzelnen F_1-Individuen vorzukommen. Man findet oft in der ersten Generation alle Übergänge vom rezessiven zum dominanten Merkmale vorhanden. Ja es kann der Fall eintreten, daß die erste Generation (F_1) überhaupt kein deutliches Zeichen des dominanten Merkmales an sich trägt, vielmehr in durchaus rezessiver Maske auftritt. DAVENPORT, der sich mit dieser unvollkommenen Dominanz beschäftigte, fand beispielsweise, daß ein bestimmter schwanzloser Hahn ausschließlich geschwänzte Nachkommen lieferte, obschon die Schwanzlosigkeit beim Huhne ein dominantes Merkmal ist. Allerdings bewies die Weiterzucht dieser geschwänzten F_1-Tiere ihren heterozygotischen Charakter dadurch, daß Aufspaltung auftrat.

Eine vollkommen befriedigende Erklärung für diese unvollkommene (schwankende) Dominanz gibt es vorläufig nicht. Weil wir es gerade in der Tierzucht verhältnismäßig häufig mit unvollkommener Dominanz zu tun haben, so empfinden wir gerade diese Ausnahme von den MENDELschen Vererbungsregeln recht unangenehm. DAVENPORT hat sie für die Lockenbildung des Europäer-Haares, ferner beim Geflügel für das Auftreten der Extrazehe, die Glattbeinigkeit und die Schwanzlosigkeit nachgewiesen. Beim Karakulschafe konnte ich zeigen, daß die charakteristische Lockenbildung des Lammvlieses sowie die Fettschwanzbildung und die Schwanzknickung unvollkommen dominante Merkmale vorstellen. Wie ersichtlich, verhält sich in diesem Falle die F_1-Generation so, als wäre sie F_2, denn sie täuscht gewissermaßen Aufspaltung vor. Und das trotzdem, daß sie aus der Paarung von homozygot-dominanten Eltern mit bezüglich des korrespondierenden rezessiven Merkmales ebenfalls homozygot beschaffenen hervorgegangen waren.

Die Erklärungsversuche der schwankenden Dominanz bewegen sich einmal in der Richtung der später zu besprechenden Polymerie und versuchen anderseits, durch Annahme einer individuell schwankenden quantitativen Verschiedenheit gewisser Anlagen, dem Verständnisse näher zu gelangen.

Eine zweite Ausnahme von den MENDELschen Regeln betrifft die zweite, die Spaltungsregel. Das Zahlenverhältnis, in welchem die verschiedenen Phänotypen der F_2-Generation auftreten, ist öfters ein von dem früher entwickelten gewöhnlichen abweichendes. Die Ursachen hiefür können mannigfache sein. Auf manche derselben wird später an anderer Stelle zurückgekommen werden. Hier sei als Beispiel nur eine berücksichtigt, jene, welche sich aus der Lebensunfähigkeit gewisser Merkmalskombinationen ergibt. Es gibt nämlich eine ganze Reihe von Merkmalen, welche in homozygoter Form die Lebensunfähigkeit entweder schon der betreffenden gebildeten Zygote, oder später des hieraus sich entwickelten Individuums verursachen (letale Eigenschaften, bzw. Merkmale).

Ein sehr interessanter solcher Fall betrifft eine ganz bestimmte gelbe Farbenvarietät der Hausmaus. Es gibt zwei verschiedene Rassen von gelben Mäusen. Eine gewöhnlich mehr weniger gelbe verhält sich normal. Daneben kommt aber noch eine zweite, in einem anderen Ton gelbgefärbte Rasse vor, welche sich bezüglich dieses Farbenmerkmals merkwürdigerweise dominant über alle anderen Hausmausfarben verhält. Werden solche gelbe F_1-Individuen miteinander gepaart, so erhält man in der F_2-Generation, nicht wie erwartet werden sollte, drei dottergelbe zu einer gewöhnlich gefärbten, sondern statt 75% gelber Mäuse erhält man nur 66·66%. Die Erklärung ist hier durch die Lebensunfähigkeit der homozygot-gelben Zygoten gegeben. Wenn aus diesem Grunde die 25% homozygot-gelben Individuen in F_2 wegfallen, so bilden dann von den 75% verbleibenden die heterozygot-gelben eben 66·66%, und das Verhältnis gelber zu nicht gelben Mäusen ist statt 3:1, wie man vermuten sollte, 2:1. Bei der Domestikation treten nun, wie speziell die MORGANschen Arbeiten zeigten, ähnliche, von ihm letale genannte Mutationen relativ häufiger auf. Andere Ursachen einer Störung der Zahlenverhältnisse in F_2 werden später an verschiedenen Stellen berücksichtigt werden (Koppelung, Crossing-over).

Verbreitung der Mendelschen Vererbungsweise

Die Verbreitung der spaltenden, alternativen oder MENDELschen Vererbung ist im Tierreiche eine allgemeine. Tatsache ist, daß bisher kein Fall einer rein intermediären, nicht spaltenden Vererbung nachgewiesen werden konnte. Die beiden diesbezüglich früher angeführten Fälle (die Ohrlänge der Kaninchen und die Hautfarbe der Mulatten, werden heute auf andere Weise erklärt (durch Polymerie!) und bilden nur einen interessanten Sonderfall der MENDELschen, sind jedoch keine intermediäre Vererbung. Die Frage, ob die MENDELsche Vererbung, abgesehen von der Rassenkreuzung, wo sie immer auftritt, auch bei der Spezieskreuzung vorkommt, ist deshalb schwierig zu entscheiden, weil die Mehrzahl der Speziesbastarde unfruchtbar ist, eine F_2-Generation nicht erhalten werden kann.

Es hat den Anschein, als wären manche Zoologen zur Annahme geneigt, daß bei Speziesmerkmalen keine alternative Vererbung existiere. Demgegenüber sei jedoch darauf hingewiesen, daß dort, wo volle Fruchtbarkeit der Speziesbastarde vorhanden ist, auch die spaltende Vererbung hervortritt. Ich möchte diesbezüglich nur kurz auf das Verhalten verschiedener Zahnkarpfen bei Kreuzungen verweisen, welche diese Behauptung beweisen.

GERSCHLER hat Xiphophorus strigatus (♀) mit Platypoecillius maculatus (♂), das heißt zwei voneinander äußerst verschiedener sogar zu verschiedenen Gattungen gehörende Arten von Fischen miteinander gekreuzt und gefunden, daß die untereinander absolut fruchtbaren Bastarde in der F_2-Generation eine volle Aufspaltung aller wesentlichen Speziesmerkmale zeigen. Dabei kommt in Betracht, daß sich diese beiden Arten durch 20 „gut ausgesprochene" Merkmale voneinander unterscheiden. Das ist aber eine so große Anzahl von wesentlichen Merkmalen, daß GERSCHLER mit Recht sagen konnte, sie stehen für kreuzbare Arten bislang einzig da.

Ähnlich spaltend erweist sich dann die Vererbung der Artmerkmale bei verschiedenen Fasanenspezies, die ebenfalls durchaus fruchtbare Bastarde liefern.

Für die Existenz der MENDELschen Vererbung auch bei Speziesmerkmalen sprechen überdies auch wichtige indirekte Gründe: die MENDELsche Vererbung innerhalb der verschiedenen Rassenkreuzungen bei Haustieren. Man hat zu sehr übersehen, daß unsere wichtigsten Haustiergattungen, besonders die Pferde, Rinder, Schafe, Schweine, Ziegen, Hunde und andere keineswegs bezüglich ihrer Abstammung einheitlich sind. Sie alle stammen von verschiedenen guten Spezies ab und besitzen dennoch, weil sie volle Fruchtbarkeit untereinander haben, die spaltende Vererbung in charakteristischer Weise.

Ganz allgemein kann man sagen, daß einerseits alle charakteristischen Rassenmerkmale und anderseits alle jene individuellen Merkmale (innerhalb einer Rasse), denen Vererbungsfähigkeit überhaupt zukommt, nach der MENDELschen Vererbung übertragen werden. Freilich handelt es sich dabei nicht immer um die Form des alten, typischen, einfachen Mendelismus. Es tritt oft genug der sogenannte erweiterte in Geltung.

Zu den sich spaltend vererbenden, zählt auch die große Mehrzahl der sogenannten Domestikationsmerkmale überhaupt. Wenn im folgenden eine kurze Übersicht über die Vererbung einiger der wichtigsten Merkmalsgruppen gegeben wird, so ist zu berücksichtigen, daß die Untersuchungen ja nicht über die Anfänge hinaus gediehen sind, und daß man sich hiebei hauptsächlich an besonders leicht zugängliche, wenn auch wirtschaftlich weniger wichtige Momente, wie z. B. die Farbenmerkmale, Lang- oder Kurzhaarigkeit, oder beim Geflügel die Formen des Kammes, gehalten hat.

Interessant ist die Tatsache, daß die Vererbung bestimmter Domestikationsfärbungen und -merkmale überhaupt über größere Gruppen von Tieren, ja bei manchen über die Wirbeltiere überhaupt sich einheitlich nach demselben Gesetze vollzieht, während wieder in anderen Fällen äußerlich gleich erscheinende Farbenmerkmale sich bereits bei verschiedenen Rassen derselben Haustierspezies in verschiedener Weise vererben. Als sicher ist festgestellt, daß echter, vollkommener Albinismus sich rezessiv gegen welche andere Färbung immer verhält, gleichgültig, ob es sich um Säugetiere oder Vögel handelt. Ziemlich allgemeine Geltung hat auch die Regel, nach welcher Leuzismus, das heißt farbstofffreies Haar oder Gefieder bei pigmentierter Haut und Schleimhäuten sich dominant verhält. Zu diesem Domestikationsleuzismus kann man auch die Schimmelfarbe beim Pferde und die silbergraue (Schiras) Färbung gewisser Karakuls rechnen. Diese Färbung vererbt sich dominant gegenüber allen anderen Hauptfarben beim Pferde und beim Karakulschafe. Leuzismus kommt auch beim Haushuhn, z. B. bei den weißen Italienern in abgeänderter Weise (gelbes Pigment der Haut) vor und ist bei diesen ebenfalls ein dominantes Merkmal. Die wichtigsten Farbenvererbungsregeln, die für einige der untersuchten Haustiere Geltung haben, sind folgende:

Beim Pferde ist die Schimmelfarbe, wie erwähnt, über die braune, die Rapp- und die Fuchsfarbe dominant. Braun dominiert über die Rapp- und Fuchsfarbe, und letztere ist somit rezessiv gegenüber allen Farben des Pferdes; nur gegenüber echtem Albinismus ist sie dominant. Scheckung, partieller Albinismus, verhält sich gegenüber einheitlicher Färbung als dominantes Merkmal sowohl beim Pferde als auch bei gewissen Rassen des Rindes. Die sogenannte Stichelfärbigkeit (Rotschimmel und Eisenschimmel) vererbt sich beim Pferde dominant. Nur macht sich bei der Rotschimmelfarbe häufig ein Flächenfaktor geltend, insoferne als Rumpf und Beine dieser Regel folgen, während der Kopf eine Ausnahme bildet. Rotschimmel mit rein braunen Köpfen erscheinen speziell bei den Pinzgauerpferden sehr häufig.

Rind: Es dominiert nach Angabe der Züchter in manchen Gegenden beim Niederungsvieh unerwarteter Weise Rot über Schwarz. Der normale, häufigere Fall, daß Schwarz über Rot dominiert, findet sich bei den englischen Rinderrassen der Aberdeen-Angus, der Dexter-Kerry und des schottischen Hochlandrindes. Scheckung, z. B. der Simmentaler, dominiert über Einfärbigkeit. Auch die charakteristische Verteilung des pigmentfreien Hautanteiles der Pinzgauer verhält sich der echten Scheckung, z. B. der Bern-Simmentaler Rinder gegenüber, rezessiv. Dominant vererbt sich ferner das pigmentfreie helle Flotzmaul der Kuhländer gegenüber dem dunkelpigmentierten der Niederungsrasse (Friesen).

Beim Schafe findet man, daß das Schwarz der Karakulrasse dominant ist gegenüber dem Braun derselben Rasse. Es ist auch dominant gegenüber dem Weiß der Merinorasse, der Leicesters, der Zackeln, der Blackfaced und verschiedener Landschafe. Innerhalb der Merinorasse hingegen dominiert das Weiß gegenüber dem Schwarz. Je nach der benützten schwarzen Rasse beobachtet man somit ein verschiedenes Verhalten.

Beim Schweine dominiert das Weiß der großen englischen Yorkshires über das Schwarz der Berkshires und das Rot der Tamworthrasse und, nach Versuchen von KRONACHER, das Weiß des deutschen Edelschweines über das Halbrot des bayrischen Landschweines. Hingegen erweist sich nach demselben Autor das Weiß des deutschen Edelschweines nur als teildominant gegenüber dem Schwarz des Cornwallschweines.

Beim Hund dominiert Schwarz über Braun.

Bei den Nagetieren, bei Kaninchen, Meerschweinchen und Mäusen, dominiert Schwarz über Braun und dieses über Gelb. Von der Ausnahme, welche das Gelb gewisser Hausmäuse macht, indem es über alle Mäusefarben, selbst über die Wildfarbe dominiert, wurde schon gesprochen. Was die Wildfarbe der Meerschweinchen und Mäuse betrifft, die in der Zonenfärbigkeit der einzelnen Haare selbst begründet ist, so ist sie dominant gegenüber der Einfärbigkeit der Haare.

Und beim Menschen dominiert schwarzes Haar über dunkelbraunes und dieses wieder über blondes. Ähnlich verhält sich die Irisfärbung des Menschen, auch hier dominiert in der Regel die dunklere Färbung über die hellere, und reine, echte Blauäugigkeit ist rezessiv gegen dunkle Augenfarbe.

Über die Vererbung morphologischer Merkmale ist bisher noch wenig gearbeitet worden. Gerade mit Rücksicht auf den zoologischen Wert dieser Merkmale, die für die Rassenzugehörigkeit so wichtig sind, ist dies zu bedauern. Am meisten ist hierüber noch über gewisse Hautabkömmlinge (Haar und Feder) bekannt. Ziemlich allgemeine Geltung hat diesbezüglich die Regel, daß Kurzhaarigkeit über Langhaarigkeit, den sogenannten Angorismus, dominiert. Nachgewiesen ist dies für den Hund, die Katze, für Kaninchen und Meerschweinchen.

Mendelsche Vererbung gewisser Merkmale bei Hühnern
(Zusammengestellt nach amerikanischen Arbeiten)

Dominierend	Rezessiv	Bemerkung
Weiß der Leghorns	Schwarz, rot, isabell-farben	Fast vollkommene Dominanz
Schwarz, rot, isabell-farbig	Weiß (Minorka)	Fast vollkommene Dominanz
Schwarz (Hamburger, Minorka)	Rot, isabellfarben (Wyandottes)	Fast vollkommene Dominanz
Gestreiftes (gesperbertes) Gefieder (Plymouth-rocks)	Weiß, reines Schwarz	Geschlechtsbegrenzte Vererbung
Wildhuhnfarbe (Italiener)	Weiß	Geschlechtsbegrenzte Vererbung
Rein schwarzes Gefieder (Minorka)	Gestreiftes Gefieder (Brahma)	Unvollkommene Dominanz
Glattes Gefieder	Seidengefieder	Vollkommene Dominanz
Gekräuseltes Gefieder	Gestrecktes, normales	„ „
Rosenkamm	Einfacher Kamm	„ „
Einfacher Kamm	Fehlender Kamm (Breda)	„ „
Haube	Fehlende Haube	Unvollkommene Dominanz
Fehlender Schwanz	Normaler Schwanz	Unvollkommene Dominanz
Überzählige Zehen	Normaler Fuß	Unvollkommene Dominanz
Verbundene Zehen	„ „	Unvollkommene Dominanz
Silky-Pigmentierung	Normale Farbe der Mittelhautschicht	Unvollkommene Dominanz
Gelbe Hautfarbe	Weiße Hautfarbe	Vollkommene Dominanz
Gelbe Farbe der Beine	Helle Farbe der Beine	„ „
Dunkle Farbe der Beine	„ „ „ „	„ „
Dunkle Farbe der Regenbogenhaut	Braune, rote Regen-bogenhaut	„ „
Rote Ohrlappen	Weiße Ohrlappen	Unvollkommene Dominanz
Befiederte Füße	Glatte Füße	Unvollkommene Dominanz
Normaler Fuß	Geierfuß	Unvollkommene Dominanz
Kehllappen (Houdan)	Fehlender Kehllappen	Fast vollkommene Dominanz
Verlängerte Schwanz-federn (japanisches Phönixhuhn)	Normallange Schwanz-federn	Unvollkommene Dominanz
Schnelle Befiederung	Langsame Befiederung	Fast vollkommene Dominanz
Brutlust	Fehlende Brutlust	Fast vollkommene Dominanz

Bezüglich der Wolle beim Schafe konnte ich zeigen, daß die engwellige Merino-type sich gegenüber der groben, flachgebeugten Mischwolle rezessiv verhält. Rezessiv ist auch die Seidenfedrigkeit mancher Hühnerrassen, die, wie es scheint, ein Gegenstück zum Langhaar vorstellt. Beim Huhne ist ferner die Fähigkeit der Haubenbildung und jene zur Überentwicklung der Schwanzfedern, wie sie beim japanischen Phönixhuhn vorkommt, dominant (jedoch unvollkommen!) gegenüber der normalen Beschaffenheit.

Die Neigung zur Spiraldrehung von Haar und Federn sehr verschiedener Haustierrassen scheint ebenfalls eine gemeinsame Vererbungsweise zu besitzen, da sie überall als (unvollkommen) dominant auftritt. Hieher gehört die charakteristische Karakullocke am Vliese des neugeborenen Lammes der Karakulrasse des Schafes, die Haarkräuselung beim Pudel und die Lockenfedrigkeit verschiedener Tauben- und Gänserassen. Beim Menschen verhält sich die enge Kräuselung des „Pfefferkornhaares" des Buschmannes sowie das in weiteren Spirallocken angeordnete Haar verschiedener anderer Menschenrassen (vereinzelt auch beim Nordeuropäer vorkommend) analog. Überall herrscht unvollkommene Dominanz.

Andere studierte morphologische Merkmale sind das Hängeohr, der Fettschwanz und die Krümmung der Schwanzwirbelsäule der Karakulschafe. Die Hängeohrigkeit erweist sich hier (wie übrigens auch beim Pferde) als dominantes Merkmal (Zea-Typus), desgleichen auch die Neigung zur Fettschwanzbildung (Zea-Typus). In charakteristisch unvollkommen dominanter Weise vererbt sich die „S-förmige" Schwanzkrümmung bei den genannten Schafen. Die mit diesen Verkrümmungen der Schwanzwirbelsäule wahrscheinlich in ursächlichen Beziehungen stehende Schwanzverkümmerung, die Stummelschwänzigkeit mancher Haustiere, die sogar öfters zu einem Rassenmerkmal herangezüchtet worden ist, erweist sich ebenfalls als deutlich unvollkommen dominant. Sie tritt häufig beim Hunde (rassenmäßig beim Schiperke), der Katze (Katze der Insel Man und gewisser Gegenden Ostasiens) und dem Huhne auf. Merkwürdig ist, daß die Schwanzverkümmerung in manchen Fällen für die betreffenden Tiere eine bedeutungslose Mutation vorstellt, während sie wieder in anderen Fällen mit schweren anderen Degenerationsmerkmalen (bei Mäusen z. B.) verbunden ist. Die Dachsbeinigkeit, die meist als eine Form der Achondroplasie genannten Störung des Knochenwachstums angesehen wird, findet sich als zum Teil rassenbildendes, dominant vererbbares Merkmal beim Hund, Schaf und Rind. Hieher gehörende Rassen sind: beim Hunde der Dachshund, beim Schafe die ausgestorbene Ankonrasse und beim Rind die Dexters. Hier handelt es sich um ein deutlich degenerativen Charakter besitzendes Merkmal, das z. B. beim Dexterrinde häufig mit schweren Degenerationsmerkmalen kombiniert auftritt (Lebensunfähigkeit der Produkte usw.). Daß die echte Achondroplasie bei verschiedenen Haussäugetieren, ebenso wie beim Menschen (ein Großteil des Zwergwuchses ist bei letzterem durch Achondroplasie verursacht), vereinzelt als (schwankend dominant?) vererbbare Domestikationsmutation auftritt, dürfte bekannt sein. In der abgeschwächten Form als atypische oder leichte Achondroplasie kann sie alle Übergänge von der normalen Form bis zur lebensunfähigen aufweisen und durch Zuchtwahl geradezu zum Rassemerkmal werden. Von den häufigeren morphologischen, spaltend vererbbaren Merkmalen, die sich bei den verschiedensten Haustiergattungen und auch beim Menschen vorfinden, sei noch die Polydaktylie, die Mehr- oder Überzehigkeit, angeführt. Beim Menschen findet sie sich bei sehr vielen Rassen als vereinzelt auftretendes, dominant vererbbares Merkmal, das schon in der Bibel erwähnt wird und das vielfach geradezu Familiencharakter besitzt. Bei Haustieren ist es verschiedentlich geradezu ein Rassenmerkmal geworden; beispielsweise besitzen manche Hunderassen regelmäßig eine überzählige Zehe, und beim Geflügel wurde die unvollkommene Dominanz dieses Merkmals (Dorking-, Houdanrasse) genauer studiert.

Die Hornlosigkeit beim Rinde erweist sich gegenüber der normalen Hornentwicklung als dominantes Merkmal, während sie bei verschiedenen hornlosen Schafrassen einen komplizierten, an anderer Stelle erörterten Vererbungsgang besitzt.

Von den physiologischen Eigenschaften wurden bisher nur verhältnismäßig wenige auf ihren Vererbungsmodus hin untersucht, überdies sind die erhaltenen Resultate begreiflicherweise nicht ganz so klar und sicher wie bei Merkmalen anderer Art. Als gegenüber der Norm rezessiv sich verhaltend werden bisher angesprochen: das Fehlen des Brutinstinktes bei den durch hohe Legetätigkeit ausgezeichneten Zuchten verschiedener Mittelmeerrassen des Huhnes, beim Pferde die Neigung zum Paßgange, bei verschiedenen Haustierarten und beim Menschen die Neigung zu Zwillingsgeburten. Rezessiv vererbt sich auch der erbliche Drehschwindel der japanischen Tanzmäuse.

Über das erbliche Verhalten einiger physiologischer Eigenschaften, die zugleich von hohem wirtschaftlichem Werte sind, wie Milchergiebigkeit oder die Eierproduktion, wird noch an anderer Stelle gesprochen werden. Schon aus den bisher angeführten Beispielen ergibt sich klar die Tatsache, daß auch eine große Reihe von krankhaften Anlagen bei Tier und Mensch sich nach den MENDELschen Regeln vererben. Hiedurch wird die ungeheure Bedeutung bewiesen, welche die MENDELsche Vererbungsweise auch für die Medizin besitzt. Die von GALTON begründete, den Zwecken der Höherzüchtung des Menschen dienende Lehre der Eugenik, die Lehre von der sogenannten Wohlgeborenheit der Menschen, hat wohl erst durch die MENDELschen Vererbungsstudien ihre richtige Basis und größere Bedeutung gewonnen. Aus der Fülle der bekannten mendelnd sich vererbenden Krankheitsmerkmalen seien als Beispiele für den (unvollkommen) dominanten Vererbungsmodus die Polyurie, der Diabetes insipidus und der Diabetes mellitus, die Zuckerharnruhr, angeführt. Als charakteristisch rezessives Merkmal kommt die Anlage zur echten Epilepsie in Betracht.

Daß es auch Krankheiten gibt, welche vorwiegend nur an einem Geschlechte — wie die Rotgrün-Farbenblindheit beim Manne — vorkommen und die daher geschlechtsbegrenzte oder besser geschlechtsgebundene genannt werden, sei hier nur kurz erwähnt. Gerade die als Beispiel angeführte Abnormität der Rotgrün-Farbenblindheit ist dadurch charakterisiert, daß sie in heterozygoter Anlage wohl beim Manne, nicht aber beim Weibe als krankhaftes Merkmal in Erscheinung tritt. Bei letzterem tritt diese Farbenblindheit nur dann hervor, wenn ihre Anlage in homozygoter Form, gewissermaßen in doppelter Portion, im weiblichen Individuum vorhanden ist.

Daß es einen je nach den Rassen einer und derselben Haustierspezies sich bezüglich eines bestimmten Merkmales verschieden verhaltenden Vererbungsmodus, einen sogenannten Dominanzwechsel gibt, sei noch erwähnt. Bezüglich des Merkmals schwarze Haarfarbe verhalten sich z. B., wie bereits erwähnt, verschiedene Schafrassen ganz verschieden. Innerhalb gewisser Niederungsschafe und innerhalb der Merino- und der Zackelrasse ist beispielsweise die schwarze Farbe rezessiv gegenüber der weißen. Daher die Schwierigkeit, ja Unmöglichkeit für die früheren Züchter, in weißen Herden das Fallen von schwarzen Lämmern ganz zu verhindern (das englische Sprichwort sagt mit Bezug auf diesen Umstand bezeichnend: every flock has its black sheep). Hingegen ist das Schwarz der Karakulrasse dominant gegenüber dem Weiß aller bisher untersuchten Schafrassen. Es unterliegt keinem Zweifel, daß gerade dies erwähnte Verhalten der schwarzen Karakuls in einer spezifischen, quantitativen Beschaffenheit des Pigmentfaktors begründet liegt.

Ein gleicher Dominanzwechsel existiert bezüglich der Kokonfarbe verschiedener Rassen von Seidenraupen. Beispielsweise ist das Gelb des Kokons der Istrianer Seidenraupe dominant gegenüber dem Weiß der chinesischen, jedoch rezessiv gegenüber dem Weiß der Bagdadrasse.

Unter ontogenetischem Dominanzwechsel verstehen ferner die Biologen die Tatsache, daß in der Jugend bei den F_1-Individuen ein anderes Merkmal des betreffenden Paares hervortritt, als im späteren Lebensalter. Wildgraue, heterozygot den Albinocharakter führende F_1-Mäuse färben sich manchmal im Alter in Weiß um. In der Jugend fällt hier die Dominanz der grauen Farbe, im Alter aber der weißen zu.

Zum Schlusse seien noch jene Momente kurz zusammengestellt, welche einen in den Stand setzen, zu erkennen, ob ein bestimmtes Merkmal dominanten oder rezessiven Charakter besitzt. Wir bedienen uns im folgenden (nach DAVENPORT) der schon bekannten Zeichen D und R und der entwickelten Formeln.

1. Für die Dominanz eines Merkmales spricht, wenn es, bei beiden Eltern vorkommend, auch an der F_1-Generation, also an allen Nachkommen hervortritt. Und zwar sind hier entsprechend der bekannten Formel die Fälle möglich:

a) $DD \times DD = 4\,DD$; das heißt, wenn die Eltern bezüglich des dominanten Merkmales homozygot waren, so müssen (falls es sich nicht um die Ausnahme der unvollkommenen Dominanz handelt) sämtliche Nachkommen ebenfalls das Merkmal in gleicher Stärke besitzen.

b) $DD \times DR = 2\,DD\ (50\%) + 2\,DR\ (50\%)$. Bei der Paarung eines homozygoten mit einem heterozygoten Elter sind wieder zwei Fälle möglich. Gehört das betreffende Merkmal zum Pisum-Typus, ist volle Dominanz vorhanden, dann wird das untersuchte Merkmal sowohl bei den Eltern als auch bei den Nachkommen in mehr weniger gleich starker Ausprägung auftreten; sämtliche Nachkommen (100%) werden dem dominantmerkmaligen Elter gleichen. Vererbt es sich hingegen nach dem Zea-Typus, dann wird sowohl der heterozygote Elter als auch die 50% ausmachenden heterozygoten Nachkommen das Merkmal in abgeschwächter Form (intermediär) erkennen lassen. Die Hälfte der Nachkommen (DD) wird das betreffende Merkmal stark, die andere Hälfte (DR) nur schwach ausgeprägt besitzen.

c) $DR \times DR = DD\ (25\%) + 2\,DR\ (50\%) + RR\ (25\%)$. Ist das fragliche, bei beiden Eltern vorhandene Merkmal in heterozygoter Form anwesend, dann tritt dasselbe bei den meisten Nachkommen zwar auch auf, jedoch 25% aller Nachkommen sind immerhin frei von ihm. Dies hier auftretende Zahlenverhältnis von $3:1$, bzw. von $1:2:1$ (falls Zea-Dominanz!) ist besonders charakteristisch für die Erkennung dominanter Merkmale.

d) $DD \times RR = 2\,DR + 2\,DR$. Besitzt einer der Eltern das zu untersuchende Merkmal nicht, sondern nur der andere, dann tritt es bei Homozygotie des mit dem Merkmal ausgestatteten Elters an allen Nachkommen wieder auf, und zwar, je nachdem, ob es sich bezüglich desselben um den Pisum- oder Zea-Typus handelt, in gleicher Stärke oder in abgeschwächter Form.

e) $DR \times RR = 2\,DR\ (50\%) + 2\,RR\ (50\%)$. Kommt das dominante Merkmal bei dem einen Elter in heterozygoter Form vor, trägt er es, gleichgültig ob in voller oder in abgeschwächter Art, zur Schau, während der andere Elter frei von ihm ist, so erhält man die Hälfte aller Nachkommen frei von diesem Merkmale (RR), während die andere Hälfte es in ähnlich starkem Maße (DR) entwickelt zeigt, wie der dominantmerkmalige Elter es hatte.

2. Die Rezessivität eines bestimmten untersuchten Merkmales erkennt man auf Grund folgender Paarungsformeln:

a) $RR \times RR = RR$; das heißt, aus der Paarung rezessivmerkmaliger

Eltern können nur Nachkommen hervorgehen, die sämtliche dies rezessive Merkmal besitzen.

b) RR × DR = 50% DR + 50% RR. Ein mit dem rezessiven Merkmal ausgestatteter Elter, der also homozygoter Beschaffenheit sein muß, liefert, mit einem merkmalsfreien heterozygotem Elter gepaart, die Hälfte der Nachkommen mit dem Merkmale (RR), die andere Hälfte ohne demselben (DR).

c) DR × DR = 25% DD + 50% DR + 25% RR. Diese schon erwähnte Art der Paarungen ist für die Bestimmung der Rezessivität oder Dominanz eines Merkmals von ganz besonderem Werte. Diese Formel besagt, daß die Rezessivität eines Merkmals sich bereits daraus erkennen läßt, daß aus Paarungen von solchen Eltern, welche das betreffende Merkmal gar nicht besitzen, ein Teil (und zwar der vierte!) der Nachkommen es trotzdem besitzen wird. Dieser Fall MENDELscher Spaltung ist für die praktischen Züchter deshalb so hervorragend wichtig, weil unerwünschte rezessive Merkmale nach der alten, vormendelschen Züchtungstechnik aus einer Herde nicht entfernt werden können. Man konnte bisher nur mittels Auslese der erhaltenen unerwünschten rezessivmerkmaligen Jungen operieren, was aber nicht genügt. Nur wenn man auf Grund der MENDELschen Anschauungen auch die (heterozygoten!) Eltern solcher rezessiver junger Individuen mitentfernt, nur dann kann eine Herde von solch einem Merkmal befreit werden. Solche Elterntiere wurden in vormendelscher Zeit deshalb nicht von der Zucht ausgeschlossen, weil sie als Heterozygoten das unerwünschte Merkmal ja gar nicht zur Schau trugen. Hieher gehört das schon erwähnte Beispiel der schwarzen Schafe unter weißen holländischen Landschafen. Jahrzehntelange Entfernung aller gefallenen schwarzen Lämmer hatte nicht genügt, um die Herde diesbezüglich rein zu machen. Erst als man mit den schwarzen Lämmern auch deren weiße Mütter und Väter von der Zucht ausschloß, dann gelang die Reinigung der Herde in kurzer Zeit. Beim Menschen ist die genuine Epilepsie ein Beispiel für den besprochenen Fall. Als typisch rezessives Merkmal tritt sie bei Nachkommen von Eltern auf, die scheinbar vollkommen gesund waren. Ihre (der Eltern) heterozygote Natur bezüglich der Epilepsie konnte phänotypisch an ihnen nicht erkannt werden. Nur das Studium der Vorfahren hätte mit einer gewissen Wahrscheinlichkeit das Vorhandensein einer in ihnen schlummernden Neigung zu dieser Krankheit ergeben.

Man ersieht hieraus weiter, daß es viel leichter ist, rezessive Merkmale in einer Zucht zu verallgemeinern und zu fixieren als dominante, denn aus der Paarung von zwei Tieren mit dem rezessiven Merkmale (RR × RR) kann unter allen Umständen nur wieder das Merkmal hervorgehen.

Wenn hingegen die betreffenden dominanten Merkmale, auf welche man züchtet, nach dem Pisum-Typus vererbt werden, dann ist die Möglichkeit oder Wahrscheinlichkeit gegeben, daß man lange Zeit heterozygote Individuen in der Zucht unerkannt weiterführt und benützt, die gelegentlich immer wieder aufspalten. Aus der Paarung von solchen phänotypisch, mit dem betreffenden dominanten Merkmal versehenen, jedoch heterozygoten Eltern, ergeben sich dann ab und zu Nachkommen, welche das unerwünschte korrespondierende rezessive Merkmal besitzen.

Die hier behandelte Frage ist von so großer züchterischer Bedeutung, daß die ihr gebotene Breite der Behandlung wohl nötig war. Enthält doch das berühmte Buch eines neueren Biologen von großem Rufe ein konstruiertes Beispiel von Zuchtwahl, welches beweist, daß dem berühmten Autor gerade das Wesen dieser MENDELschen Spaltungsformel nicht in Fleisch und Blut übergegangen ist.

d) RR × DD = 100% DR. Wird ein homozygotes, rezessivmerkmaliges

Elterntier mit einem solchen gepaart, welches dies Merkmal nicht besitzt, so werden, falls letzterer Elter bezüglich seines korrespondierenden, dominanten Merkmals homozygot war, ausschließlich Nachkommen fallen, welche das fragliche rezessive Merkmal nicht besitzen, d. h. das gewünschte rezessive Merkmal wird kein einziges Mal (0%) an den Nachkommen dieser Paarung vorkommen.

Faktorenhypothese (Präsenz-Absenzhypothese)

Einen weiteren Ausbau erhielt der ursprüngliche Mendelismus durch die von CORRENS und BATESON begründete Anwesenheits-Abwesenheitshypothese. Eine Prüfung der Vererbungsvorgänge lehrt nämlich, daß die in der F_2-Generation auftretenden Aufspaltungen und Zahlenverhältnisse dann am schärfsten und klarsten hervortreten, wenn das gewählte Eigenschaftspaar nur aus einem positiven Merkmale allein bestand, dem als korrespondierender, antagonistischer (allelomorpher) Partner gewissermaßen ein negatives Merkmal gegenüberstand, wenn nämlich das Gegenmerkmal durch das Fehlen, Nichtvorhandensein des ersten charakterisiert wurde. Strenge genommen handelt es sich somit in allen diesen Fällen, wo die Dominanz und Rezessivität in F_2 am schönsten ausgeprägt ist, gar nicht um ein Merkmalspaar der P-Generation, sondern nur um die Anwesenheit und Abwesenheit eines Merkmales bei den untersuchten Individuen (Präsenz-Absenzhypothese). Ein allgemein gehaltenes Beispiel hiefür wird durch das Merkmalspaar: Anwesenheit von Pigment in Haut und Haar und Abwesenheit desselben (Albinismus) geboten. Dies „Merkmalspaar", wenn wir aus pädagogischen Gründen diesen strenge genommen unrichtigen Ausdruck beibehalten wollen, folgt denn auch am ausgesprochensten den MENDELschen Regeln in allen möglichen untersuchten Tiergruppen.

Wenn man früher, auf dem Boden des ursprünglichen Mendelismus stehend, etwa bei Mäusen mit Eigenschaftspaaren, wie Grau—Schwarz, Grau—Braun oder Grau—Albino usw. operierte, so müssen nach der Präsenz-Absenzhypothese die entsprechenden Merkmalspaare richtig lauten: Grau—Nichtgrau, Schwarz—Nichtschwarz, Braun—Nichtbraun. Um bei einem solchen Merkmalspaar sofort das dominierende (positive) und das rezessive (gewissermaßen negative) Merkmal hervorzuheben, bezeichnet man das erstere mit dem großgeschriebenen Anfangsbuchstaben des dafür gewählten Wortes und das letztere mit dem kleingeschriebenen. Wir hätten also in unserem Falle die Paare:

G—g (Grau zu Nichtgrau)
N—n (Schwarz zu Nichtschwarz)
B—b (Braun zu Nichtbraun).

Vor allem muß dann hervorgehoben werden, daß es sich hier, vom Boden der Präsenz-Absenzhypothese aus betrachtet, nicht eigentlich um Merkmalspaare bzw. um Merkmale überhaupt, mit denen gearbeitet wird, handelt, sondern um ein „Etwas", um die Ursache, um eine Kraft, welche hinter dem betreffenden Merkmale steckt und dessen Anwesenheit sie auslöst, sie erst zur Erscheinung bringt. Anwesenheit oder Abwesenheit eines solchen Merkmale verursachenden Elementes, für welches die Ausdrücke: **Gen, Faktor, Erbeinheit, Bestimmer** gebräuchlich sind, entscheidet über die Erscheinungsform (Phänotypus), das Aussehen und Verhalten des betreffenden Merkmales unter verschiedenen Daseinsverhältnissen. Um bei dem gewählten Beispiel: Pigmentanwesenheit (Färbung)—Pigmentabwesenheit (weiß) zu bleiben, so würde zunächst ganz allgemein durch die Anwesenheit des Gens (oder des Faktors), welches unter gewissen Bedingungen die Färbung eines Tieres oder einer Blüte bedingt, das betreffende dominante Merkmal (eben eine ganz bestimmte charakteristische

Färbung) hervorgerufen werden. Das Fehlen des Gens — das scheinbar antagonistische Merkmal zur Anwesenheit — veranlaßt dann das rezessive Merkmal, das durch das Fehlen von Pigment bedingte Weiß.

So sehr das dem praktischen Züchter gewöhnlich wider den Strich geht, so nachdrücklich muß immer wieder darauf verwiesen werden, daß nicht die einzelnen Merkmale als solche das Wesentliche bei der Vererbung vorstellen, sondern daß dies die den Merkmalen oder Eigenschaften zugrunde liegenden Ursachen, die Gene oder Faktoren, sind. Die im Individuum vorhandenen Gene bedingen dessen Aussehen, seine Erscheinungsform (den Phänotypus). Allein trotz gleicher Gene (gleichen Genotypus) kann bei verschiedenen Umwelteinflüssen das Merkmal sich verschieden darstellen. Nicht ein bestimmtes Merkmal als solches ist nach E. BAUR für die Beurteilung eines Individuums das Ausschlaggebende, sondern seine (durch die genotypische Beschaffenheit bedingte) „bestimmte spezifische Reaktionsweise". Vererbt wird nach dieser Anschauung strenge genommen nicht ein bestimmtes Merkmal, sondern eben diese „spezifische Reaktionsweise" oder, wie WOLTERECK es ausspricht, „die Reaktionsnorm".

Zwei aus dem Pflanzen- bzw. Tierreich entnommene Beispiele dürften dies biologisch hervorragend wichtige Moment verständlich machen.

Von der chinesischen Primel (Primula sinensis) gibt es rot und weißblühende Rassen. Wird eine Rasse der rotblühenden Primel bei höherer Temperatur (zirka 30⁰ C) gehalten, so blüht sie nach E. BAUR weiß. Diese Weißblütigkeit stellt den charakteristischen Ausdruck der „spezifischen Reaktionsweise" vor. Man kann hier nicht wohl von einem roten oder weißen „Merkmal" der Primel, das vererbt wurde, sprechen; nur die Reaktionsweise, bei gewöhnlicher Temperatur rot, bei höherer aber weiß zu blühen, unterliegt der Vererbung. Ein ähnlicher Fall aus dem Tierreich bezieht sich auf die Fortpflanzungsart des Grottenolms (Proteus anguineus Laur.). Nach KAMMERER erfolgt dessen Fortpflanzung bei Temperaturen unter +15⁰ C durch Gebären lebender Junge, hingegen bei Temperaturen über +15⁰ C durch Eierablage. Ein vollendetes Gegenstück zum Verhalten der chinesischen Primel finden wir im Tierreiche endlich bei den Himalaja- oder Russenkaninchen wieder. Diese Rasse ist weiß mit sogenannter Spitzenfärbung (Akromelanismus), d. h. Ohren, Schnauze, Fußenden und Schwanzspitze sind dunkelfärbig. Letztere hängt mit der an diesen Körperenden kühleren Temperatur (SCHULZ, LENZ) zusammen. Werden junge Tiere bei höherer Temperatur gehalten, dann kommt sie nicht zustande.

Man kann auch willkürlich durch Ausrupfen der weißen Körperhaare, z. B. am Rücken oder am Kreuz das Nachwachsen dunkler Haare hervorrufen, wenn die Umgebungstemperatur der so behandelten Tiere entsprechend kühl gehalten wird.

Die Haut reagiert auch bei dieser Kaninchenrasse — ähnlich wie die Blüten der chinesischen Primel — auf verschiedene Temperaturreize in verschiedener Weise. Bei höherer Temperatur erzeugt sie weiße, bei niedrigerer dunkle Haare.

Unter den Domestikationsmutationen der Drosophila melanogaster MORGANS befand sich unter anderem eine, welche durch Verdoppelung der Beine ausgezeichnet war. Das Hervortreten dieses Merkmals war jedoch an eine relativ niedere Entwicklungstemperatur der Fliegen (unter +10⁰ C) geknüpft. Bei mäßig hoher Temperatur (Zimmertemperatur) trug nur ein Teil der Tiere dies Merkmal an sich, und zwar waren es um so weniger Individuen, auf einem je späteren Entwicklungsstadium die mäßige, bzw. niedere Temperatur zur Wirkung kam. Erfolgte die Jugendentwicklung der Fliegen bei relativ hoher Temperatur, so blieb dies Merkmal verborgen, selbst jene Individuen hatten normale Beine, welche den Verdopplungsfaktor in homozygoter Form besaßen (nach NACHTS-HEIM). Die Temperaturabhängigkeit des Merkmals ist ein genaues Gegenstück zu jener der chinesischen Primel. Auch hier ist die Beinverdopplung als typische Reaktionsweise auf niedere Entwicklungstemperaturen bei den mit dem betreffenden Faktor versehenen Individuen zu erkennen.

Wenn nun für gewöhnlich beim Studium der Vererbung trotzdem immer noch von Merkmalen schlechtweg gesprochen wird und auch wir aus Bequemlichkeit im folgenden diesen Ausdruck manchmal gebrauchen dürften, so geschieht dies immer nur unter der eben entwickelten Voraussetzung. Gemeint ist immer statt des Merkmales die „Fähigkeit", die „Neigung" zur Heranbildung dieses oder jenes Merkmales, nicht eigentlich dieses selbst.

Über das Wesen dieser Faktoren, Gene, Erbeinheiten, Bestimmer, welche hinter den Merkmalen, bzw. hinter den charakteristischen Reaktionsweisen sich befinden, ist bisher nichts näheres bekannt. Ein materieller Charakter muß ihnen doch wohl zugeschrieben werden, wenn auch über dessen chemische Natur nichts bekannt ist. Am häufigsten begegnet man bei den Biologen der Annahme, es handle sich bei diesen Genen um komplizierte chemische Verbindungen fermentartiger Natur. Sitz der Gene ist die färbbare Substanz, das sind die Chromosome des Zellkernes. Sie bilden die Erbsubstanz, das Keimplasma.

Wenn wir nach dieser Abschweifung zur begonnenen Aufgabe, das Wesen der Präsenz-Absenzhypothese zu erläutern und an Beispielen zu erhärten, zurückkehren, so mag dies an der Hand der beim Studium der Haarfarbenvererbung an der Hausmaus gemachten Beobachtungen geschehen, weil gerade bei diesem Tiere solche Untersuchungen wohl am weitesten gediehen sind.

Um jedoch sogenannte Erbformeln, welche den Aufbau der verschiedenen Färbungsarten zum Ausdruck bringen (die genotypische Verfassung!), zu entwickeln und ihr Verständnis zu vermitteln, ist es vorher notwendig, sich die physiologischen Vorgänge vor Augen zu führen, welche die Pigmentbildung verursachen. Im allgemeinen sind die verschiedenen Färbungen der Säugetierhaare durch das Melanin verursacht. Art und Menge des vorhandenen Melanins bedingt die spezifische Haut- oder Haar- und Gefiederfärbung. Die Melaninbildung erfolgt nun in der Weise, daß das farblose Chromogen, die allgemeine Farbengrundsubstanz, welche nach FÜRTH unter Mitwirkung eiweißspaltender Enzyme aus dem Proteinmoleküle entsteht, durch oxydative Fermente in die recht verschiedene Färbungen besitzenden Melanine übergeführt wird.

Auf Grund dieser Erkenntnis sind wir in die Lage versetzt, für die verschiedenen Domestikationsfärbungen die sie bedingenden Faktoren zu erkennen und durch entsprechende Formeln auszudrücken. Vor allem müssen wir das Chromogen als durch ein bestimmtes Gen „C" veranlaßt berücksichtigen. Seine Anwesenheit ist die Voraussetzung für das Zustandekommen aller übrigen Färbungen. Fehlt in der Erbmasse dies Gen, dann sind alle etwa noch vorhandenen Gene für bestimmte Farben ohne Wirkung, das Tier ist pigmentlos, weiß, ein Albino. Dem dominanten C steht also als korrespondierendes Merkmal das rezessive c (Fehlen des Chromogenfaktors) gegenüber [1]).

---

[1]) Die Bezeichnung der Gene erfolgt entweder durch den Anfangsbuchstaben jenes Wortes, welches das Merkmal bezeichnet, wobei gewöhnlich jene Sprache maßgebend ist, in welcher die betreffende erste Arbeit geschrieben ist; oder aber man wählt alphabetisch der Reihe nach die Buchstaben für die verschiedenen studierten Merkmale. In beiden Fällen muß, um Mißverständnissen vorzubeugen, eine genaue Buchstabenerklärung (Legende) einer jeden solchen Arbeit vorangesetzt werden.

Dazu kommt dann für jede einzelne Farbentype ein besonderer Bestimmer, ein besonderes Gen. Für Schwarz z. B. das Gen „N" (Noir), für Schokoladebraun „Ch", für Gelb „J" (Jaune) usw.; die korrespondierenden Merkmale, welche die Abwesenheit der betreffenden Bestimmer bezeichnen, wären demnach „n" für Nichtschwarz, „ch" für Nichtschokoladebraun, „j" für Nichtgelb.

Bei der Maus und bei manchen anderen Tieren gibt es dann noch eine sogenannte Wildfarbe. Sie besteht darin, daß die einzelnen Abschnitte der Haare verschiedenfärbig (zonenfärbig) sind, bei den Mäusen gehört die gewöhnliche graue Farbe hieher. Das Gen „G" für die graue Mausfarbe ist also ein auf die Farbenverteilung am Haare Einfluß nehmendes, kein Farben-Gen im engeren Sinn des Wortes (G—g).

Ähnlich dem eben besprochenen Farbenverteilungs-Gen „G" gibt es noch andere, welche z. B. bei der Scheckung die pigmentierten und pigmentfreien Haut- und Haarbezirke regeln, oder welche wie bei den Rot- und Eisenschimmeln der Pferde, Rinder und Schirasschafe die innige Durchmischung färbiger und weißer Haare regeln. Was die einzelnen Hauptfärbungstypen bei den Haustieren betrifft, so gibt es neben den sie bedingenden Genen noch solche, welche als Intensitätsfaktoren die betreffenden Hauptfarben entweder verstärken, satter gestalten oder sie (als Verdünner) abschwächen, hellere Farbentöne bedingen.

Nach der Präsenz-Absenzhypothese wären daher die wichtigsten farbenbedingenden Gene bei der Maus folgende:

C = Anwesenheit — c = Abwesenheit des Gens für Chromogen
N =   „   — n =   „   „   „   „ Schwarz
Ch =   „   — ch =   „   „   „   „ Schokoladbraun
J =   „   — j =   „   „   „   „ Gelb
G =   „   — g =   „   „   „   „ Wildfarbe
E =   „   — e =   „   „   „   „ Einfärbigkeit

Einige Beispiele über Erbformeln für Mäusefarben wären:

CC . GG . NN . ChCh . JJ = Erbformel für die graue Maus
CC . gg . NN . ChCh . JJ =   „   „   „ schwarze Maus
CC . gg . nn . ChCh . JJ =   „   „   „ chokoladbraune Maus
cc . GG . NN . ChCh . JJ =   „   „   „ Albino-Maus
cc . gg . NN . ChCh . JJ = $\left.\right\}$ Erbformeln für Albino-Mäuse verschiedener
cc . gg . nn . chch . JJ = $\left.\right\}$ genotypischer Beschaffenheit.

Die Tatsache, daß es, abgesehen vom rezessiven Weiß (dem Weiß der Albinos), auch bei vielen Haustierrassen ein dominantes gibt, wie z. B. im Falle der Schimmel beim Pferde, der weißen Yorkshire-Schweine usw., findet in der Annahme des Vorhandenseins eines Gens, welches beispielsweise die Chromogenbildung unterdrückt, welches also, im Sinne MENDELs gesprochen, über das Gen der Chromogenbildung dominant wäre, seine ungezwungene Erklärung. Solche Faktoren, welche die Entwicklung, bzw. die Wirkung anderer unterdrücken, hemmen, werden allgemein als Hemmungsfaktoren bezeichnet. Hieher gehört auch das die Kurzhaarigkeit bedingende Hemmungs-Gen bei Hunden, Kaninchen, Meerschweinchen und anderen Tieren; seine Abwesenheit ruft verstärktes Wachstum der Haare, den sogenannten Angorismus, hervor.

Vom MENDELschen Standpunkte aus konnte man auf Grund der Beobachtung bei Mäusen Merkmalspaare bilden wie: G > N, N > Ch, G > A (Albino) usw. Nach der Präsenz-Absenzhypothese ist dies nicht angängig. Nach ihr müssen die antagonistischen Merkmale lauten: G — g, N — n, Ch — ch, C — c. Kommt nun beispielsweise in einer Zygote neben dem Faktoren für Gelb und Schokoladebraun noch der Faktor für Schwarz vor, so wird das sich heraus entwickelnde Individuum schwarz gefärbt erscheinen, die neben ihm vorhandene gelbe und braune Farbe wird nicht sichtbar sein. In diesem Falle verdeckt das Gen für das Schwarz die anderen Farbenfaktoren, und man bezeichnet diese Tatsache vom Standpunkte der Präsenz-Absenzhypothese als epistatisch. Schwarz ist epistatisch über Braun und Gelb und Grau ist epistatisch ($>$) über alle drei Farben. Umgekehrt bezeichnet man Gelb als hypostatisch ($<$) zu Braun, letzteres hypostatisch zu Schwarz und dieses wiederum gegenüber Grau. In der Praxis spricht man jedoch gewöhnlich auch in diesen Fällen noch nach der alten Auffassung von Dominanz bzw. Rezessivität. Es ist immer noch Sprachgebrauch.

Nach einem Vorschlage E. TSCHERMAKS nennt man das phänotypisch nicht wahrnehmbare Vorkommen solcher, wegen Vorhandenseins bestimmter epistatischer Gene unterdrückter Faktoren, ein „kryptomeres". In der schwarzen Maus von der Erbformel: CC . gg . NN . ChCh . JJ sind die Gene ChCh und JJ, die Gene für Braun und Gelb, solche kryptomere, denn sie werden durch das epistatische Gen für Schwarz unterdrückt. Erst durch entsprechende Paarungen (Kreuzungen) können sie frei werden und sichtbar an den Farbenbastarden hervortreten. Früher sprach man in solchen Fällen von einem latenten Vorkommen solcher Merkmale, bzw. ihrer Gene. Das Vorkommen solcher kryptomerer Gene erklärt unter anderem auch das Erscheinen der sogenannten Kreuzungsnova und das Wiederauftreten atavistischer Merkmale.

Wie die folgenden Beispiele zeigen werden, ist die Präsenz-Absenzhypothese imstande, die charakteristischen, in der F_2-Generation auftretenden Zahlenverhältnisse zu erklären. Durch die Paarung einer mit verschiedenen Genen ausgestatteten Elterngeneration (P) werden F_1-Bastarde erhalten, in welchen die verschiedenen Gene (Bestimmer für bestimmte Merkmale) unter normalen Verhältnissen in heterozygotischer Form vereinigt sind. Bei der Geschlechtszellenbildung dieser F_1-Bastarde tritt dann wieder die Aufspaltung in der zu zeigenden Weise ein.

Man hat verschiedentlich angenommen, daß die im Zustande der Domestikation auftretenden erblichen Abänderungen (Mutationen) durch das Verschwinden, den Verlust bestimmter Gene veranlaßt würden. Es handle sich dabei um Verlustmutationen, wie z. B. beim Albinismus, wo die Fähigkeit zur Pigmentbildung verloren ging, oder etwa beim Melanismus der Maus, wo der Faktor für zonenförmige Anordnung der verschiedenen Farben am selben Haare in Verlust geriet. Demgemäß müßten alle charakteristischen erblichen Domestikationsmerkmale rezessiven Charakter besitzen. Allein dies ist nicht der Fall. Eine große Anzahl von Domestikationsmutationen zeigt Dominanz, das heißt, sie müssen durch das Hinzutreten, das Neuerscheinen von Genen verursacht worden sein. Dies gilt zum Beispiel für den Domestikationsleuzismus, für die Scheckung vieler Haustierrassen, um nur einige besonders häufige und auffallende Fälle anzuführen. Man hat ferner früher gemeint, daß die phylogenetisch (stammesgeschichtlich) älteren Merkmale über die jüngeren dominieren würden. Auch dies ist ein Irrtum, wie die beiden eben angeführten Merkmale des Melanismus und der Scheckung klar beweisen, weil diese ja in vielen Zuchten in jüngster Zeit erst entstanden sind.

Beispiele für die Anwendung von Erbformeln nach der Präsenz-Absenzhypothese. 1. Kreuzung einer grauen (wilden) Maus mit einer Albino-Hausmaus. Die Bezeichnung der Gene ist die bereits früher angegebene. Wir hätten dann:

CC . GG . NN . ChCh . JJ ....wilde graue Maus
und: cc . GG . NN . ChCh . JJ ....Albino-Maus

Die F_1-Generation wird daher folgender Art beschaffen sein:

$$Cc \cdot GG \cdot NN \cdot ChCh \cdot JJ,$$

das heißt, grau, wildfärbig. Heterozygotisch ist F_1 nur bezüglich eines Faktors, bezüglich des Chromogen-Faktors. Wir haben also den Fall des Monohybridismus vor uns mit vier verschiedenen Genotypen und zwei Phänotypen in der F_2-Generation. Die Geschlechtszellen des F_1-Bastardes werden (je im männlichen und weiblichen Geschlechte) von zweierlei Art sein, nämlich:

A. Männliche Gameten: 1. $C \cdot G \cdot N \cdot Ch \cdot J$, 2. $c \cdot G \cdot N \cdot Ch \cdot J$.

B. Weibliche Gameten: 1. $C \cdot G \cdot N \cdot Ch \cdot J$, 2. $c \cdot G \cdot N \cdot Ch \cdot J$.

Bei der Befruchtung kann nun jede von beiden Spermienarten jede Art von Eiern befruchten; es sind also folgende Kombinationen (Zygoten) möglich:

1. ♂ $C \cdot G \cdot N \cdot Ch \cdot J \times$ ♀ $C \cdot G \cdot N \cdot Ch \cdot J = CC \cdot GG \cdot NN \cdot ChCh \cdot JJ$, was der Wildfarbe (grau) entspricht.

2. ♂ $C \cdot G \cdot N \cdot Ch \cdot J \times$ ♀ $c \cdot G \cdot N \cdot Ch \cdot J = Cc \cdot GG \cdot NN \cdot ChCh \cdot JJ$, Farbe dieses F_2-Individuums grau.

3. ♂ $c \cdot G \cdot N \cdot Ch \cdot J \times$ ♀ $C \cdot G \cdot N \cdot Ch \cdot J = cC \cdot GG \cdot NN \cdot ChCh \cdot JJ$, Farbe grau.

Während Nr. 1 homozygot bezüglich des Faktors C ist, sind Nr. 2 und 3 heterozygot.

4. ♂ $c \cdot G \cdot N \cdot Ch \cdot J \times$ ♀ $c \cdot G \cdot N \cdot Ch \cdot J = cc \cdot GG \cdot NN \cdot ChCh \cdot JJ$, pigmentloses Tier (Albino).

Wir erhalten somit nach der Paarung der so entstandenen F_1-Bastarde untereinander in F_2 auf je 3 graue Individuen 1 Albino. Entsprechend dem Monohybridismus haben wir in F_2 die Aufspaltung im bekannten Zahlenverhältnis von 3:1, weil Grau über Weiß vollkommen dominiert (oder anders ausgedrückt, weil C epistatisch über c ist). Im vorliegenden Beispiel wurde nur aus pädagogischen Gründen die überflüssige Gesamtausstattung mit allen wichtigeren Farbengenen in die Formel einbezogen. Es hätte aber genügt, in unserem Falle sich auf die Gene $C \cdot G \cdot N$ zu beschränken.

Ein zweites Beispiel, betreffend Eltern, die sich durch Verschiedenheit bezüglich zweier Gene (Dihybridismus) unterscheiden, und das ebenfalls aus der Mäusezucht (CUÉNOT) herrührt, ist das folgende:

$$\left.\begin{array}{l} 1.\ CC \cdot GG \cdot NN \ldots\ldots\ldots \text{graue Maus} \\ 2.\ cc \cdot gg \cdot NN \ldots\ldots\ldots \text{Albino-Maus} \end{array}\right\} \times$$

Wieder paaren wir eine graue Maus mit einer Albino-Maus, nur ist die genotypische Verfassung dieser letzteren eine andere als im ersten Falle. Hier wurde durch Mutation zunächst das Verschwinden des Faktors G veranlaßt, das heißt, es entstand zunächst eine schwarze Zucht, innerhalb welcher durch eine zweite, nächste Mutation der Faktor C verloren ging, so daß aus der schwarzen Zucht erst eine albinotische wurde.

Die F_1-Generation ist hier wieder grau, ihre genotypische Zusammensetzung lautet: $Cc \cdot Gg \cdot NN$. F_1 ist somit bezüglich zweier Faktoren heterozygot, wir haben einen Fall von Dihybridismus vor uns. Im männlichen wie im weiblichen Geschlechte werden somit je viererlei verschieden ausgestattete Gameten gebildet, nämlich:

$$\left.\begin{array}{l} C \cdot G \cdot N\,♂ \\ C \cdot g \cdot N\,♂ \\ c \cdot G \cdot N\,♂ \\ c \cdot g \cdot N\,♂ \end{array}\right\} \times \left\{\begin{array}{l} C \cdot G \cdot N\,♀ \\ C \cdot g \cdot N\,♀ \\ c \cdot G \cdot N\,♀ \\ c \cdot g \cdot N\,♀ \end{array}\right.$$

Daher sind folgende 16 Arten von Zygoten (Kombinationen) möglich, welche durch die Paarung von F_1-Individuen untereinander auch tatsächlich zustande kommen:

1. CC . GG . NN .... grau
2. CC . Gg . NN .... grau
3. Cc . GG . NN .... grau
4. Cc . Gg . NN .... grau

5. CC . Gg . NN .... grau
6. CC . gg . NN .... **schwarz**
7. Cc . Gg . NN .... grau
8. Cc . gg . NN .... **schwarz**

9. Cc . GG . NN .... grau
10. Cc . Gg . NN .... grau
11. cc . GG . NN .... weiß
12. cc . Gg . NN .... weiß

13. Cc . Gg . NN .... grau
14. Cc . gg . NN .... **schwarz**
15. cc . Gg . NN .... weiß
16. cc . gg . NN .... weiß

Wir haben hier das für dihybride Paarungen charakterische Zahlenverhältnis 9:3:4. Unter je 16 F_2-Individuen kommen auf je 9 graue 3 schwarze und 4 weiße. Daß wir es hier nicht, wie man ohne genauere Kenntnis der Zuchten meinen könnte, mit nur einem Merkmalspaar im Sinne MENDELS (grau—weiß) zu tun haben, sondern daß es sich hier um einen zusammengesetzten Charakter handelt, beweist das F_2-Zahlenverhältnis (je 16 Fälle in 3 Phäno-Typen) und das Auftreten der schwarzen Phänotype, welche bei den Eltern nicht vorkommt. Dies Zuchtresultat ist gleichzeitig auch imstande, das Wesen der Kryptomerie zu erläutern, insoferne als der in der Elterngeneration durch den Faktor für Grau verdeckte, unterdrückte Faktor für Schwarz durch Kreuzung frei wird und in F_2 in Erscheinung tritt.

Ähnliche Farbenverhältnisse wie bei den Mäusen liegen bei den ebenfalls gründlich studierten Meerschweinchen vor. Folgende Beispiele seien nach V. HAECKER ihres pädagogischen Wertes wegen noch in Kürze angeführt.

Bei den Meerschweinchen kommen drei Hauptfarben in Frage, denen natürlich auch die entsprechenden Gene zugrunde liegen, nämlich: Schwarz (N), Braun (Br) und Gelb (J). Dazu kommt noch der Zonenfaktor für Wildfarbe (Ag), die hier nach der angenommenen wilden Stammform der Meerschweinchen auch als Agutifarbe bezeichnet wird. Sie setzt sich in der Weise zusammen, daß die einzelnen Haare an der Spitze und an der Basis schwarz und im mittleren Teile rotbraun bzw. gelblich gefärbt sind. Dabei ist N epistatisch über Br und J, und Br ist epistatisch über J . Ag, der Agutifaktor ist epistatisch über alle drei einfachen Farbenfaktoren. Die Erbformeln lauten daher:

1. Für schwarze Individuen agag . NN . BrBr . JJ.
2. Für braune Individuen agag . nn . BrBr . JJ.
3. Für agutifärbige Individuen AgAg . NN . BrBr . JJ.
4. Für zimtbraune Individuen AgAg . nn . BrBr . JJ.

Die Farbenvarietät der zimtbraunen Tiere kommt dadurch zustande, daß der Faktor für Schwarz fehlt, der Faktor für Agutifarbe (Zonenfärbigkeit) jedoch vorhanden ist.

Kreuzt man schwarze mit rotbraunen Meerschweinchen:

$$(\text{agag . NN . BrBr . JJ} \times \text{agag . nn . BrBr . JJ})$$

so erhält man in F_1 schwarze Tiere

$$(\text{agag . Nn . BrBr . JJ}).$$

F_1 untereinander gepaart liefert, weil es sich hier nur um Verschiedenheit in einem Faktor handelt, auf je 3 schwarze 1 braunes Individuum. Kreuzt man hingegen schwarze Tiere mit zimtbraunen, so erhält man F_1-Bastarde, welche bezüglich zweier Merkmale bzw. zweier Gene heterozygot sind:

$$F_1 \ldots \text{Agag . Nn . BrBr . JJ}.$$

Untereinander gepaart liefert F_1 eine F_2-Generation, in welcher unter je 16 Individuen auf je 9 agutifarbene 3 schwarze, 3 zimtbraune und 1 braunes kommen. Auch in diesem Beispiele ist ein Fall von Farbenatavismus gegeben, insoferne als durch Kreuzung von Tieren mit zwei Domestikationsfärbungen in F_1 die Wildfarbe, die Färbung der wilden Stammform, wieder erscheint. Sie kommt dadurch zustande, daß neben dem Agutifaktor alle drei übrigen Farbenfaktoren in derselben Zygote vereinigt werden.

Die charakteristische Zimtfarbe der Meerschweinchen kann willkürlich, durch Kreuzung von roten Tieren mit wildfarbigen hergestellt werden. Die F_1-Generation (Agag . Nn . BrBr . JJ) ist dann ebenfalls wildfarbig und liefert, weil bezüglich zweier Gene heterozygot, in jedem Geschlecht viererlei verschieden ausgestattete Gameten, nämlich:

$$
\left.
\begin{array}{l}
\text{Ag . N . Br . J} \, \male \\
\text{Ag . n . Br . J} \, \male \\
\text{ag . N . Br . J} \, \male \\
\text{ag . n . Br . J} \, \male
\end{array}
\right\}
\times
\left\{
\begin{array}{l}
\female \, \text{Ag . N . Br . J} \\
\female \, \text{Ag . n . Br . J} \\
\female \, \text{ag . N . Br . J} \\
\female \, \text{ag . n . Br . J}
\end{array}
\right.
$$

Die Ausführung der Paarung dieser F_1-Individuen (bzw. der hier angedeuteten Kombinationen) liefert in F_2 vier verschiedene Phäno-Typen im Zahlenverhältnisse von $9:3:3:1$. Nämlich:

9 wildfarbige Tiere,
3 schwarze Tiere,
3 zimtfarbige Tiere,
1 braunes Tier.

Die Hypothese der gleichsinnig wirkenden Gene (Polymerie)

Die von NILSSON-EHLE aufgestellte Hypothese der Polymerie besagt, daß unter Umständen ein bestimmtes Merkmal von mehreren, im gleichen Sinne wirkenden Genen hervorgerufen wird, wobei ein jedes dieser Gene für sich das betreffende Merkmal in abgeschwächter Form veranlassen kann. Ein solches Gen ruft ein bestimmtes Merkmal in schwachem Maße hervor und jedes weitere hinzukommende gleichsinnig wirkende Gen verstärkt die Wirkung des ersten, verstärkt das zustandekommende Merkmal. Dabei ist keineswegs gesagt, daß die Wirkung der einzelnen gleichsinnigen Faktoren immer gleich groß sein müsse.

Die Grundidee der Polymerie liegt nach A. LANG darin, daß bezüglich gewisser Merkmale „nach der Kreuzung die Verhältnisse der F_2-Generation so sind, wie sie sein müßten, wenn ein und dieselbe Qualität von Merkmalen anstatt durch ein Gen, durch zwei oder drei selbständig spaltende Gene repräsentiert wäre, deren Wirkung sich in gewissen Fällen summiert". Am besten wird das Verständnis durch die Wiedergabe der NILSSON-EHLEschen Experimente vermittelt. NILSSON-

Ehle fand z. B., daß bei der Kreuzung einer bestimmten Sorte schwarzkörnigen Hafers mit einem weißkörnigen (wobei sich Schwarz über Weiß epistatisch erweist) in F_2 nicht, wie zu erwarten gewesen wäre, das Verhältnis von Schwarz zu Weiß wie 3:1 war, sondern daß es 15:1 betrug. Hier lag daher ein verborgener Dihybridismus vor, der zur Annahme zweier verschiedener, bezüglich der schwarzen Körnerfarbe gleichsinnig wirkenden Gene führte. Für Weizen konnte Nilsson-Ehle ganz ähnlich nachweisen, daß bei einer bestimmten rotkörnigen Sorte die rote Körnerfarbe sogar durch drei solcher im selben Sinne wirkender Gene veranlaßt wird. Jedes dieser Gene bedingt für sich allein eine schwache Rotfärbung des Weizenkornes. Das Vollrot kommt jedoch nur dann zustande, wenn alle drei Gene zusammen vorkommen.

In diesem Kreuzungsversuch eines rot- mit einem weißsamigen Weizen fand Nilsson-Ehle in der F_2-Generation auf je 63 mehr oder weniger rotkörnige Individuen ein weißkörniges. Dies Zahlenverhältnis weist deutlich auf einen trihybriden Typus hin, besonders da unter den 63 verschieden rotkörnigen Individuen nur eines mit dunkelstem Rot (dem Rot des einen Elters) versehen war. Natürlich wird durch das Vorhandensein von verschiedenen, in bezug auf Rotfärbung gleichsinnig wirkenden Genen eine verhältnismäßig große Mannigfaltigkeit von Abstufungen und Tönungen des Rot innerhalb der F_2-Generation veranlaßt. Die Zahl der solcherart entstehenden Phänotypen (hier Intensitätsgrade von Rot) hängt, wie noch gezeigt werden soll, einerseits von der Zahl der anwesenden gleichsinnig wirkenden Gene ab, dann aber, innerhalb derselben Zahl von solchen Genen, auch noch davon, ob volle Dominanz (Pisum-Typus) oder ob ein intermediäres Verhalten (Zea-Typus) der Heterozygoten vorliegt. A. Lang drückt diese wichtige Tatsache unter Bezug auf die unten folgenden Beispiele mit folgenden Worten aus: „Wir merken sofort, daß 1. bei Polymerie mit zunehmender Zahl der Genomeren (das sind gleichsinnig wirkende Gene. Anmerkung von A. L.) die durch echt Mendelsche Spaltung in der F_2-Generation entstehende Multiformität immer feiner abgestuft wird, und daß diese fein abgestufte, auf erblichen Faktoren beruhende Variationsreihe ganz den Charakter einer kontinuierlichen, durch äußere Einflüsse entstehenden Modifikationsreihe annimmt. 2. Daß ebenfalls mit zunehmender Zahl der Genomeren die relative Häufigkeit der Vertreter (die relative Frequenz) der intermediären Mittelklassen stark progressiv zunimmt, sodaß in kleinen Populationen meist nur die intermediären Mittelklassen, welche mit der elterlichen Bastardgeneration (F_1-Generation) übereinstimmen, vertreten sein werden. Für die Nachkommenschaft der intermediären F_2-Heterozygoten wird wieder dasselbe gelten wie für die Nachkommenschaft der intermediären F_1-Heterozygoten usf. Das heißt, die Vererbung bei Polymerie kann (und muß eventuell) den Eindruck einer intermediären Vererbung mit Konstanz der Bastardform erwecken.“

Zum vollen Verständnis dieser weittragenden und auch für die Tierzucht hochwichtigen Hypothese sei es mir gestattet, die pädagogisch vorzügliche Erklärung und Begründung des Wesens dieser Polymerie nach A. Lang wiederzugeben. Lang nimmt den Fall intermediären Verhaltens (Zea-Typus) des untersuchten Merkmals an und führt aus: „A sei ein Gen für Rot, a sein Fehlen. Im homozygoten Zustand AA bedingen die beiden identischen Gene die volle Ausbildung des Merkmals, Vollrot, eine volle, ganze Dosis von Rot. Im heterozygotischen Zustande Aa bedingt das einzige unpaarige Gen eine abgeschwächte Ausbildung des Merkmales, eine blaßrote, die halb-vollrote Farbe.“

P-Generation: AA (vollrot) × aa (weiß).

F_1-Generation: Aa (halb-vollrot = blaßrot).

F_2-Generation: 1 AA (vollrot) : 2 Aa (halb-vollrot) : 1 aa (weiß).

Im Falle der Polymerie nun treten in F_2 nicht bloß zwei Arten von roten Phänotypen auf, sondern z. B. bei Dimerie kommen vier Abstufungen von Rot neben dem Weiß vor:

Vollrot, $3/4$-vollrot, $2/4$-vollrot, $1/4$-vollrot und Weiß, und zwar im Zahlenverhältnis von 1 : 4 : 6 : 4 : 1. Die Erklärung liegt darin, daß nur „im homozygotisch dimeren Zustande, wenn beide Paare von Genomeren (d. h. von gleichsinnigen Genen L . A) vorhanden sind $A_1 A_1 . A_2 A_2$, kommt die volle rote Farbe zustande. Ein einziges Genomer aber bringt nur ein auf ein Viertel abgeschwächtes Vollrot, eben nur den vierten Teil einer vollen Dosis zustande".

Bei Vorhandensein dreier gleichsinnig wirkender Faktoren (Trimerie) bildet ein Gen immer nur zirka den sechsten Teil der vollen Dosis von Rot:

P_1-Generation: $A_1 A_1 . A_2 A_2 . A_3 A_3$ (vollrot) $\times a_1 a_1 . a_2 a_2 . a_3 a_3$ (weiß).

F_1-Generation: $A_1 a_1 . A_2 a_2 . A_3 a_3$ (uniform intermediär blaßrot $= 3/6$-rot).

In F_2 nach Paarung dieser F_1-Generation erhält man nach Durchführung der Kombinationen in der bekannten Weise folgende verschiedene Abstufungen von Rot:

F_2-Generation bei Trimerie (nach A. Lang)

Zahl der Genomeren (gleichsinnige Gene)	Vorhandene Genomeren						
	6	5	4	3	2	1	kein Genomer
Farbenabstufungen	$6/6$-vollrot	$5/6$-vollrot	$4/6$-vollrot	$3/6$-vollrot	$2/6$-vollrot	$1/6$-vollrot	weiß
Zahl der Individuen (Varianten) pro 64	1	6	15	20	15	6	1

Wie ersichtlich, treten hier bei drei gleichsinnig wirkenden Genen in der F_2-Generation jene Individuen, welche in bezug auf Färbung die Mittelstufe ($3/6$-vollrot) einnehmen, in größter Zahl auf (20 unter je 64). Zählt man auch die der Mittelfärbung nach oben und unten nahestehenden Färbungen ($4/6$ und $2/6$), die unter Umständen in der Praxis nur schwer vom Mitteltypus zu unterscheiden sind, hiezu (das sind 15 + 15), so wird die Zahl der mehr weniger mittelfärbigen Individuen bedeutend erhöht (auf 50 unter 63 roten, bzw. unter je 64 überhaupt). Das Vollrot und das Weiß treten dagegen unter 64 F_2-Individuen nur je einmal auf. Hat man keine große Anzahl von F_2-Individuen vor sich, so ist die Wahrscheinlichkeit vorhanden, daß die Extremglieder $6/6$-vollrot und weiß nicht auftreten; es macht den Eindruck, als seien vielmehr nur intermediärrote Individuen vorhanden; mit anderen Worten, als läge hier überhaupt keine spaltende, sondern nur eine echte intermediäre Vererbung vor. Der Anschein einer echten intermediären Vererbung wird um so eher hervorgerufen, je größer die Zahl der am betreffenden Merkmale beteiligten gleichsinnig wirkenden Gene ist. Schon bei Vorhandensein von fünf solchen gleichsinnig wirkenden Genen (Pentamerie) ist nach A. Lang folgendes Zahlenverhältnis in den verschiedenen Merkmalsabstufungen gegeben:

F$_2$-Generation bei Pentamerie (A. Lang)

Zahl der Genomeren in jeder Klasse	Zahl der vorhandenen Genomeren										
	10	9	8	7	6	5	4	3	2	1	kein Genomer
Farbenabstufungen (Klassen)	$^{10}/_{10}$-voll-rot	$^{9}/_{10}$-voll-rot	$^{8}/_{10}$-voll-rot	$^{7}/_{10}$-voll-rot	$^{6}/_{10}$-voll-rot	$^{5}/_{10}$-voll-rot	$^{4}/_{10}$-voll-rot	$^{3}/_{10}$-voll-rot	$^{2}/_{10}$-voll-rot	$^{1}/_{10}$-voll-rot	weiß
Zahl der Individuen in jeder Klasse pro 1024	1	10	45	120	210	**252**	210	120	45	10	1

Zur Erläuterung dieser Tabelle bemerkt Lang: „Bei Pentamerie treten, wie wir gesehen, unter 1024 F$_2$-Individuen, den Nachkommen einer intermediären, blaßroten F$_2$-Generation, 672 Individuen auf, welche blaßrot ($^{4}/_{10}$- bis $^{6}/_{10}$- vollrot) sind. Zählt man dazu noch die $^{3}/_{10}$- und $^{7}/_{10}$- vollroten Individuen (zusammen 240), die sich nur wenig deutlich von den exquisit intermediären unterscheiden werden, so erhält man unter 1024 F$_2$-Individuen 912 von mehr oder minder ausgesprochen intermediärem Gepräge. Nur ein Exemplar ist vollrot und nur ein Exemplar ist reinweiß. In kleinen Populationen werden also die extremen Typen, die extremen Minus- und Plusvarianten, die um so seltener sein müssen, je extremer sie sind, für gewöhnlich gar nicht auftreten. Und wenn sie gelegentlich auftreten, dann wird man entweder von Atavismus oder von Mutation sprechen.“

Es ist daher begreiflich, daß, wenn, wie es in tierzüchterischen Versuchen oft der Fall ist, die Zahl der erhaltenen F$_2$-Individuen nur eine geringe ist, dieselben scheinbar eine intermediäre, nicht spaltende Vererbung vorstellen werden. Mittels der Polymeriehypothese lassen sich auch die beiden bisher bekannten, einzigen angeblichen Ausnahmen von der spaltenden Vererbung auf Mendelsche Spaltung zurückführen: die Hautfarbe der Mulatten und die Ohrenlänge bei den Kaninchen. Inzwischen ist für die erste Frage in Amerika der Nachweis erbracht worden, daß in Mulattenfamilien bei den Kindern hie und da vollkommene Aufspaltungen in dunkler Negerfarbe und in die weiße Haut vorkommen. Es kann also keine Rede von echter intermediärer Vererbung sein.

Für die Ohrenlänge der Kaninchen, welche bei den langohrigen Rassen das Produkt einer intensiven Zuchtwahl vorstellt, hat Castle durch Paarung langohriger mit kurzohrigen Kaninchen scheinbar intermediäre Vererbung festgestellt. Lang hat aber nun gezeigt, daß auch dies letzte Beispiel von der Existenz einer intermediären, nichtmendelschen Vererbung ohne Schwierigkeit durch die Polymeriehypothese erklärt werden kann. Er weist nämlich nach, daß bereits bei der Annahme von zwölf separaten, die Ohrlänge der Kaninchen bestimmenden Genen nach theoretischer Voraussicht in der F$_2$-Generation 25, von äußeren Einflüssen unabhängigen Abstufungen der Ohrenlänge auftreten sollten und daß dieselben 16,777.216 Individuen umfassen müßten. Dabei wäre in dieser ungeheuren Zahl von Individuen nur je einmal das Auftreten eines extremen Lang-

bzw. Kurzohres zu gewärtigen. Weitaus die allermeisten Individuen würden intermediäre Ohrenlänge zeigen. Unter den gewöhnlichen Verhältnissen, unter denen solche Züchtungsversuche ausgeführt werden (beschränkte Zahl von Kreuzungstieren), müßte sich somit die Ohrenlänge in der F_2-Generation als scheinbar intermediär vererbt erweisen.

Abb. 117. Englisches Widderkaninchen mit enormer Ohrmuschelentwicklung. (Phot. nach Dr. BADE, Berlin, aus MAHLICH, Unsere Kaninchen, Berlin 1903.)

„Das Problem der Erblichkeit der Ohrenlänge läßt sich eben", wie LANG mit Bezug auf die beim Kaninchen herrschenden Verhältnisse sagt, „nur sehr schwer in ganz exakter Weise lösen."

Für die im allgemeinen mit ziemlich langen Ohren versehenen Karakulschafe konnte ich übrigens nachweisen, daß der Erbgang der Ohrenlänge bei ihrer Kreuzung mit normalohrigen Rassen typisch mendelistisch sich erweist.

Daß die extreme Langohrigkeit gewisser Kaninchenrassen das Resultat einer langgeübten Zuchtwahl der auf das Ziel möglichster Langohrigkeit hinarbeitenden Liebhaberzüchter ist, dürfte wohl gewiß sein, aber „wir werden annehmen, daß Selektion von Zeit zu Zeit wieder wirksam wurde, als zu schon bestehenden Genen (Längefaktoren, Maßeinheiten) neue hinzutraten — wie weiß man nicht". „Durch selektive, fortgesetzte Ausmerzung der kürzeren Ohren mit weniger zahlreichen positiven und mit zahlreicheren negativen Genen, durch Kumulierung und Addition immer zahlreicherer Einheiten wurde das Langohr gezüchtet."

Die verhälnismäßig breite Darstellung der Hypothese der Polymerie findet in ihrer großen Bedeutung für die Tierzucht ihre Erklärung. Man kann annehmen, daß überall dort, wo gewisse hochentwickelte tierzüchterische Merkmale die Folge von langgeübter Zuchtwahl sind, wir es ganz ähnlich wie beim extrem langen Kaninchenohr mit Polymerie zu tun haben. Polymerie z. B. spielt ziemlich sicher bei der Bildung und Vererbung der Karakullocke (Persianer Pelzwerk) eine Rolle. Sie dürfte auch beim Zustandekommen jener hohen Milchleistungen gewisser Rinderrassen und beim hohen Milchfettgehalt anderer von Bedeutung sein. Auch die Körpergröße wird sicher hieher gehören. In allen solchen Fällen dürften relativ wenig bedeutende, jedoch wiederholt aufgetretene Mutationen nach der Richtung der gewünschten Leistung hin durch strenge Zuchtwahl züchterisch fixiert worden sein. Und diese richtig erkannt zu haben, ist das Verdienst erfolgreicher Züchter. So mögen auch im Bereiche der Tierzucht die erblich begründeten Hochleistungen verschiedener Art großenteils in solcher Weise entstanden sein, daß verschiedene, vielleicht keineswegs eine große Wirkung besitzende, gleichsinnig wirkende Gene allmählich aneinander gereiht wurden.

Zytologische Begründung der Mendelschen Vererbungstheorie
(Chromosomentheorie)

Bald nach der Wiederentdeckung der MENDELschen Vererbungsgesetze wurde biologischerseits der Versuch unternommen (1902), dieselbe zytologisch zu begründen, mit den Vorgängen bei der Gametenbildung usw. in Übereinstimmung zu bringen. Wie fruchtbar dieser Gedanke war, das beweisen wohl am besten die glänzenden Resultate namentlich der zahlreichen Arbeiten der MORGANschen Schule über Drosophila melanogaster. Heute, das kann man wohl behaupten, sind daher die meisten Biologen Anhänger der Chromosomentheorie.

Wenn es auch nicht angeht, in einem Lehrbuche für allgemeine Tierzuchtlehre ausführlich auf alle einschlägigen Verhältnisse einzugehen, wenn vielmehr zum ausführlichen Studium dieses Gegenstandes auf die bekannten Lehrbücher für Vererbungslehre und andere einschlägige Werke verwiesen werden muß, so empfiehlt es sich doch, den hiebei führenden Gedankengang wenigstens flüchtig zu kennzeichnen.

Die Erbmasse, das Keimplasma, wird allgemeiner Annahme nach im Chromatin gesehen, jener färbbaren Substanz, die in Gestalt eines feinen Netzwerkes im Zellkerne ruhender Körperzellen vorhanden ist. Beim Einsetzen der Zellteilung bilden die Chromatinmassen rundliche bis mehr weniger stäbchenförmige Gebilde, die Chromosomen. Ihre Zahl ist für jede Tier- und Pflanzenspezies eine ganz bestimmt gegebene, unveränderliche. Diese Chromosomen sind an Größe und Gestalt verschieden, befinden sich jedoch (von seltenen Ausnahmen abgesehen) in einem mehr- bis vielfachen von zwei in den aktiven Zellen. Im Verlaufe der Zellteilung kommt es in den gewöhnlichen Körpergeweben im Zytoplasma zur Spindelbildung, die Chromosomen nehmen im Äquator der Spindel ihre Aufstellung, spalten sich der Länge nach, und die beiden Teile eines jeden Chromosoms bewegen sich gegen die beiden Pole der Spindel. Dann beginnt die Einschnürung der Zelle und schließlich ihre Teilung. Jede Tochterzelle enthält somit ebensoviele Chromosome (2n) wie die Mutterzelle.

Bei der Bildung der Geschlechtszellen verläuft der Prozeß jedoch in etwas anderer Weise, als es eben für die Körperzellen skizziert worden ist, insoferne, als es in einer bestimmten Phase zur Reduktion der ursprünglich vorhanden gewesenen Chromosomenzahl auf die Hälfte kommt. Im Gegensatze zu den übrigen Körperzellen enthält infolgedessen jede reife Geschlechtszelle (Ei oder Spermium) nur die Hälfte (n) der für die ersteren charakteristischen Anzahl von Chromosomen. Erst durch die Vereinigung von Ei und Spermium, also durch die Befruchtung, wird die für die einzelnen Spezies eigentümliche, volle Zahl von Chromosomen wieder erreicht.

In einer bestimmten Phase der Gametenbildung nehmen die Chromosome der Ausgangszelle eine paarige Stellung ein, und es kommt zu einer Aneinanderlagerung der zwei Partner eines jeden Paares von Chromosomen, so daß es aussieht, als wäre die ursprüngliche Chromosomenzahl auf die Hälfte reduziert worden. Tatsächlich handelt es sich jedoch nicht um eine Verschmelzung, sondern nur um eine innige Aneinanderlagerung. Wenn nun während der Spindelbildung die Halbierung der Chromosome vor sich geht, dann muß beachtet werden, daß hier bei der Geschlechtszellenbildung keine eigentliche Spaltung stattfindet, sondern daß nur eine Wiedertrennung der aneinandergelagert gewesenen beiden ursprünglichen Partnern eines jeden Chromosomenpaares erfolgt. In der Folge kommt es zum Übertritt der so gebildeten einen Partie von Chromosomen in die Tochterzelle, welche bei der Eibildung das erste Polkörperchen vorstellt, während die andere Partie, durch die zweite Hälfte der Chromosomen vorgestellt, in der ursprünglichen Zelle verbleibt. In der letzteren wird sofort eine neue Spindel gebildet, und die äquatorial gestellten, verbliebenen Chromosome teilen sich nun tatsächlich der Länge nach. Die eine Hälfte der so entstandenen Chromosomen geht in das gebildete zweite Polkörperchen über, während die andere Hälfte in der zum fertigen Ei gewordenen Gamete verbleibt. Weil sich inzwischen auch das erste Polkörperchen geteilt hat, entstehen bei der Eireifung je zwei Polkörper (abortive Eier) und ein reifes, befruchtungsfähiges Ei. Infolge der ersten, der Reduktionsteilung, enthält jedes reife Ei nur die Hälfte der für die betreffenden Spezies charakteristischen Chromosomenzahl.

Ähnlich verläuft der Vorgang bei der Spermienbildung; nur entstehen aus der Ausgangszelle nicht wie bei der Eibildung bloß je eine reife Gamete, sondern es werden je vier reife Spermien gebildet. Auch sie enthalten infolge der Reduktionsteilung nur die Hälfte der für die Spezies eigentümlichen Anzahl von Chromosomen. Wichtig ist hiebei, festzuhalten, daß jede reife, funktionsfähige Keimzelle von jedem Chromosomenpaare den einen Partner erhält, und daß die in der Urkeimzelle vorhandene volle (doppelte) Chromosomenzahl aus Paarlingen besteht, von denen der eine väterlichen, der andere mütterlichen Ursprung hat. Im Verlaufe der Gametenbildung werden nämlich, wie erwähnt, die väterlichen von den mütterlichen Paarlingen getrennt, sie gehen in verschiedene männliche bzw. weibliche Geschlechtszellen über. Durch die Befruchtung kommt von Seite eines jeden Elters ein Element, ein Chromosomenpaarling in die Zygote, so daß im entstandenen Hybriden ein jedes der vorhandenen Chromosomenpaare aus einem väterlichen und einem mütterlichen Anteil besteht, welche dann bei der Gametenbildung des Hybriden selbst wieder die eben besprochene Trennung, Aufspaltung erfahren.

Der geschilderte Vorgang läßt sich ohneweiters mit den genialen theoretischen Annahmen MENDELS (Spaltung und Neukombination von Anlagen, Gametenreinheit) in Beziehung bringen, nachdem heute ganz allgemein angenommen wird, daß der Sitz der Erbeinheiten oder Faktoren in den Chromosomen zu suchen sei. Mit anderen Worten, die Chromosome verhalten sich in der Hauptsache wie die MENDELschen Faktoren selber (CREW, 1925).

Die zytologische Begründung der MENDELschen Vererbungstheorie erwies sich, wie im folgenden an den Erscheinungen der gekoppelten und namentlich der geschlechtsgebundenen Vererbung von Merkmalen kurz gezeigt werden soll, von außerordentlich großem Wert für das Verständnis verschiedener bisnun wenig verständlicher Vererbungsvorgänge.

Als Beispiel für die Art der Darstellung MENDELscher Spaltung und Neukombination nach der Chromosomentheorie möge jener bereits gelegentlich der

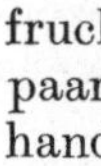

Chromosomen als Träger des allelomorphen Merkmalspaarig: schwarz und nichtschwarz (weiß).

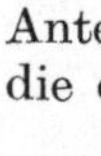

Chromosomen als Träger des allelomorphen Merkmalspaarig: kurze und lange Haare.

Abb. 118. Erklärung der Chromosomen zu Abb. 119.

Behandlung der Präsenz-Absenzhypothese angeführte Fall der Kreuzung eines homozygot schwarzen und kurzhaarigen Meerschweinchens mit einem weißen langhaarigen wiedergegeben werden. Dabei ist zu beachten, daß die Faktoren für Haarfarbe und Haarlänge in verschiedenen Chromosomenpaaren gelegen sind, was aus dem Züchtungsexperiment hervorgeht, ferner daß die Faktoren für schwarze Haarfarbe und für kurze Haare dominant gegen weiße Haarfarbe und lange Haare sind. Die Kreuzung eines homozygot schwarzen, kurzhaarigen Individuums mit einem weißen, langhaarigen würde sich dann nach der in Abb. 119 skizzierten Art darstellen lassen:

An Phänotypen sind in F_2 vorhanden:

9 Individuen = schwarz-kurzhaarig;

3 Individuen = schwarz-langhaarig;

3 Individuen = weiß-kurzhaarig;

1 Individuum = weiß-langhaarig; 9 : 3 : 3 : 1.

Unter je 16 Individuen in F_2 findet sich eines, welches bezüglich beider dominanter und eines, welches bezüglich beider rezessiver Merkmale homozygotisch beschaffen ist.

Wie ersichtlich, stimmen die zytologischen Resultate mit den genetischen vollkommen überein, und das Verhalten der Chromosomen bei entsprechenden Paarungen liefert eine befriedigende Erklärung für die MENDELsche Hypothese der Trennung und Wiedervereinigung von Erbeinheiten. Nimmt man — wie es im allgemeinen geschieht — die Chromosomen als Träger der Faktoren an, dann ist es klar, daß mehrere oder viele Faktoren im gleichen Chromosom untergebracht sein müssen, denn die Zahl der Chromosomen ist gegenüber der großen Menge von Faktoren nur eine geringe. Daraus geht aber hervor,

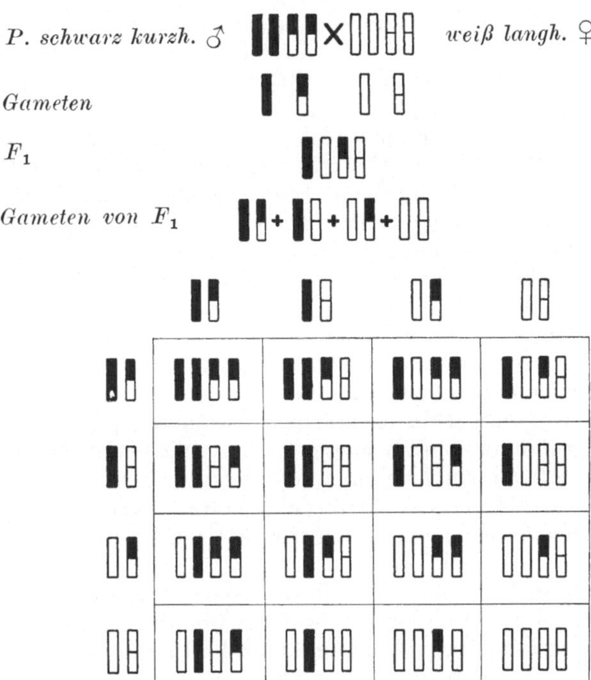

Abb. 119. Schema einer dihybriden Kreuzung.

daß jene Merkmale, deren Träger die im selben Chromosom befindlichen Faktoren sind, auch in den folgenden Generationen zusammen auftreten müssen. Alle im selben Chromosom gelegenen Faktoren bleiben unter gewöhnlichen Umständen beisammen, und die von ihnen bedingten Merkmale (Reaktionsweisen) müssen daher stets erblich mit einander verbunden bleiben.

Tatsächlich zeigen die Vererbungsexperimente das Vorkommen der Vererbung gekoppelter Merkmale und Eigenschaften. Und zwar können nur soviele Gruppen von miteinander verkoppelten Merkmalen vorkommen, als Chromosomenpaare bei der in Frage kommenden Spezies vorhanden sind. Diese Voraussetzung ist bei allen jenen Tier- und Pflanzenarten, die daraufhin untersucht worden sind, zugetroffen. Drosophila melanogaster, die Obstfliege z. B., die am eingehendsten studiert worden ist, besitzt vier Chromosomenpaare, denen tatsächlich auch die bisher festgestellten vier Gruppen sich gekoppelt vererbender Merkmale entsprechen.

Ein wichtiger indirekter Beweis für die Richtigkeit der Annahme, daß die Chromosome der Sitz der Faktoren sind und für die eben entwickelte Erklärung der gekoppelten Vererbung liegt darin, daß die Größe der Chromosomen in direktem Verhältnis steht zu der Zahl der in ihnen befindlichen Faktoren, also auch mit der Größe der entsprechenden Gruppe jener miteinander gekoppelt vererbten Merkmale. Das Vorkommen solcher sich gekoppelt vererbender Merkmale wird durch die Chromosomentheorie in ausreichender Weise erklärt, während die vor ihrer Aufstellung benützten Arbeitshypothesen nur wenig befriedigten. Es sei daran erinnert, daß solche Koppelungserscheinungen erstmals von BATESON und PUNETT beobachtet und durch die sogenannte Anziehungs- und Abstoßungshypothese zu erklären versucht worden sind. Sie kreuzten zwei Rassen von Lathyrus odoratus, welche sich unter anderen durch die Form ihrer Pollenkörner (oval oder rund) unterschieden, miteinander. In der F_2-Generation beobachteten sie, daß bei den hier auftretenden purpur- und rotblühenden Phänotypen eine grobe Störung des Verhältnisses ovaler Pollen zu runden Pollen liefernden Pflanzen eintrat.

Der Norm entsprechend hätte das Verhältnis von ovalem zu rundem Pollen wie 3 :1 sein sollen, und zwar sowohl bei den purpurfarben-, als auch bei den rotblühenden Individuen. Statt dessen war das Verhältnis bei der purpurblühenden Gruppe 12 oval zu 1 rund und bei der rotblühenden Gruppe wie 3 rund zu 1 oval. Diese Abweichung von der MENDELschen Regel innerhalb der Farbengruppe wurde vor der Chromosomentheorie durch die Annahme einer vorhandenen besonderen Anziehungskraft zwischen bestimmten Genen der Blütenfarbe und Genen gewisser Pollenformen zu erklären versucht. Man nahm an, daß die heterozygotische Generation zirka siebenmal häufiger die Gametenkombination purpuroval bzw. rotrund erzeuge als jene von purpurrund bzw. rotoval. Daß diese immerhin willkürliche Annahme gegenüber der von der zytologisch begründeten Chromosomentheorie gelieferten Erklärung weniger befriedigt, unterliegt keinem Zweifel.

Als Beispiel für die gekoppelte Vererbung möge jenes in Abb. 120 dargestellte dienen. Nehmen wir an, wir hätten ganz allgemein zwei (allelomorphe) Merkmalspaare Aa und Bb; A dominiere über a und B über b; ferner A und B hätten ihren Sitz im selben Chromosom, und ebenso wären a und b im gleichen Chromosom untergebracht, welches überdies der Paarling des ersten sei. In F_2 hätten wir dann, bei voller Dominanz im Phänotypus das Spaltungsverhältnis von 3 : 1.

Zu den bereits stark theoretisch gefärbten Kapiteln des erweiterten Mendelismus gehört jenes über das Wesen des sogenannten **Crossing-over**. Wenn auch aus naheliegenden Gründen seine experimentelle Berücksichtigung innerhalb der landwirtschaftlichen Tierzucht auf große Schwierigkeiten stoßen dürfte, sei der Vollständigkeit halber doch das Wesen dieser Vorgänge an Hand der vortrefflichen F. A. E. CREWschen Darstellung kurz skizziert.

Für Drosophyla melanogaster sind Weißäugigkeit und gelbe Körperfarbe typische rezessive und geschlechtsgebundene Eigenschaften. Ihre normalen Allelomorphe sind Rotäugigkeit und graue Körperfarbe. Wird ein Weibchen eines weißäugigen und gelbrumpfigen Stammes[1] $(\overset{+}{yw}\mathrm{X})\,(\overset{+}{yw}\mathrm{X})$ mit einem wilden

---

[1] Legende: $\overset{+}{y}$ = gelb......... $\overset{+}{Y}$ = nicht gelb, grau.
    w = weiß .... W = nicht weiß, rot.
    X = Geschlechtschromosom.
    Y = das sogenannte Y-Chromosom des Männchens.
Die Klammern zeigen an, daß die innerhalb derselben befindlichen Faktoren im selben Chromosom gelegen sind.

Männchen von grauer Körperfarbe und mit roten Augen gepaart $(\overset{+}{\text{Y}}\text{WX})\,(\text{Y})$,
dann gleichen in der F_1-Generation alle Weibchen ihrem Vater und alle Männchen
ihrer Mutter (Vererbung übers Kreuz). Wird nun ein Weibchen der F_1-Generation:
$(\overset{+}{\text{Y}}\text{WX})\,(\overset{+}{\text{yw}}\text{X})$ mit einem Männchen gepaart, das beide rezessiven Merkmale
besitzt $(\overset{+}{\text{yw}}\text{X})\,(\text{Y})$, im vorliegenden Falle haben die F_1-Männchen diese gewünschte Konstitution, dann ergeben sich folgende vier Gruppen:

1. Grau-rot 49·25%.

2. Gelb-weiß 49·25%.

3. Grau-weiß 0·75%.

4. Gelb-rot 0·75%.

Wie ersichtlich, zeigen nur 98·5% der so erhaltenen (F_2-) Individuen das
normale Koppelungsverhältnis, bei 1·5% erscheint die Koppelung aufgehoben,
gebrochen, insoferne als die Weißäugigkeit des gelben Stammes auf die graue Gruppe übergegangen ist, während zum Austausch die Rot-äugigkeit der grauen auf den gelben Stamm gewechselt ist. Diesen Vorgang nennt MORGAN das Crossing-over.

Das doppelt rezes-sive Männchen produ-ziert zwei Arten von Spermien, nämlich: $(\overset{+}{\text{yw}}\text{X})$ und (Y). Unter solchen Umständen kann das erhaltene Ver-hältnis der Phänotypen nur durch die Annahme erklärt werden, daß das Weibchen vier verschie-dene Arten von Eiern

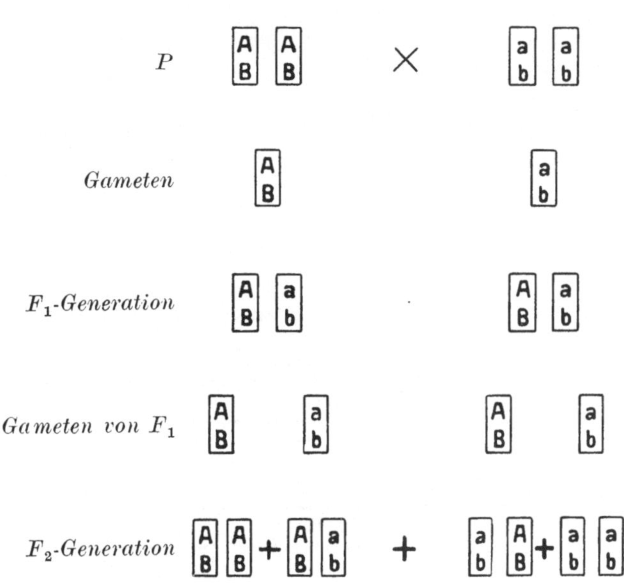

Abb. 120. Schema einer Koppelung.

geliefert hat, und zwar in demselben Verhältnis, wie jenes der vier Gruppen
von Nachkommen zueinander ist, nämlich:

1. $(\overset{+}{\text{Y}}\text{WX}) = 49\cdot25\%$;

2. $(\overset{+}{\text{yw}}\text{X}) = 49\cdot25\%$;

3. $(\overset{+}{\text{Y}}\text{wX}) = 0\cdot75\%$;

4. $(\overset{+}{\text{y}}\text{WX}) = 0\cdot75\%$.

Man muß annehmen, daß während der Eireifung in 1·5% der Fälle ein
Austausch von Chromatin und daher auch von Genen zwischen den X-Chromo-
somen erfolgte, und daß infolgedessen das Gen $\overset{+}{\text{Y}}$ mit w in Verbindung kam,

und ferner $\overset{+}{\text{y}}$ mit dem Gen W. Die Vereinigung dieser vier Arten von Eiern mit den beiden Arten von Spermien liefert dann folgendes Ergebnis:

$$\left.\begin{aligned}
&\text{1. } (\overset{+}{\text{Y}}\text{WX})\ (\overset{+}{\text{yw}}\text{X})♀ : (\overset{+}{\text{Y}}\text{WX})\ (\text{Y})♂ = \text{grau-rot}\\
&\text{2. } (\overset{+}{\text{yw}}\text{X})\ \ (\overset{+}{\text{yw}}\text{X})♀ : (\overset{+}{\text{yw}}\text{X})\ \ \ (\text{Y})♂ = \text{gelb-weiß}
\end{aligned}\right\} \text{kein Crossing-over.}$$

$$\left.\begin{aligned}
&\text{3. } (\overset{+}{\text{Y}}\text{wX})\ (\overset{+}{\text{yw}}\text{X})♀: (\overset{+}{\text{Y}}\text{wX})\ (\text{Y})♂ = \text{grau-weiß}\\
&\text{4. } (\overset{+}{\text{y}}\text{WX})\ (\overset{+}{\text{yw}}\text{X})♀: (\overset{+}{\text{y}}\text{WX})\ (\text{Y})♂ = \text{gelb-rot}
\end{aligned}\right\} \text{Crossing-over.}$$

Weil die Spermien entweder Träger der Gene für die rezessiven Charaktere sind (im X-Chromosom) oder aber gar keine Gene enthalten (im Y-Chromosom), daher wird der Charakter der Zygoten in einem solchen Falle durch die genetische Konstitution des Eies entschieden. Die Art der Eier und das prozentische Verhältnis, in welchem sie vorhanden sind, bestimmen daher die Individuumgruppen und ihr Verhältnis zueinander in der FR_2-Generation.

$$P_1 \text{ gelb-weiß } ♀(\overset{+}{\text{yw}}\text{X})\ (\overset{+}{\text{yw}}\text{X}) \times \text{grau-rot } ♂(\overset{+}{\text{Y}}\text{WX})\ (\text{Y})$$

$$F_1 \text{ grau-rot } ♀(\overset{+}{\text{yw}}\text{X})\ (\overset{+}{\text{Y}}\text{WX}) \times \text{gelb-weiß } ♂(\overset{+}{\text{yw}}\text{X})\ (\text{Y})$$

$$FR_1 \text{ grau-rot } ♀(\overset{+}{\text{yw}}\text{X})\ (\overset{+}{\text{Y}}\text{WX}) \times \text{gelb-weiß } ♂(\overset{+}{\text{yw}}\text{X})\ \text{Y})$$

$$\text{Gameten}\ldots\ldots (\overset{+}{\text{yw}}\text{X})\ldots(\overset{+}{\text{Y}}\text{WX})\ldots(\overset{+}{\text{y}}\text{WX})\ldots(\overset{+}{\text{Y}}\text{wX}) : (\overset{+}{\text{yw}}\text{X})\ldots(\overset{+}{\text{Y}})$$

$$49{\cdot}25\% \qquad 49{\cdot}25\% \qquad 0{\cdot}75\% \qquad 0{\cdot}75\%$$

$$\underbrace{98{\cdot}5\% \text{ Gameten}}_{\text{ohne Crossing-over}} \qquad \underbrace{1{\cdot}5\% \text{ Gameten}}_{\text{mit Crossing-over}}$$

$$FR_2 \ldots \underbrace{♀(\overset{+}{\text{yw}}\text{X})\ (\overset{+}{\text{yw}}\text{X}): ♂(\overset{+}{\text{yw}}\text{X})\ (\text{Y})}_{49{\cdot}25\% \text{ gelb-weiß}} \ldots \underbrace{♀(\overset{+}{\text{Y}}\text{WX})\ (\overset{+}{\text{yw}}\text{X}): ♂(\overset{+}{\text{Y}}\text{WX})\ (\text{Y})}_{49{\cdot}25\% \text{ grau-rot}}$$

$$\underbrace{\hspace{8cm}}_{98{\cdot}5\% \text{ ohne Crossing-over}}$$

$$\underbrace{♀(\overset{+}{\text{y}}\text{WX})\ (\overset{+}{\text{yw}}\text{X}): ♂(\overset{+}{\text{y}}\text{WX})\ (\text{Y})}_{0{\cdot}75\% \text{ gelb-rot}} \ldots \underbrace{♀(\overset{+}{\text{Y}}\text{wX})\ (\overset{+}{\text{yw}}\text{X}): ♂(\overset{+}{\text{Y}}\text{wX})\ (\text{Y})}_{0{\cdot}75\% \text{ grau-weiß}}$$

$$\underbrace{\hspace{8cm}}_{1{\cdot}5\% \text{ Crossing-over.}}$$

Die Hypothese des Crossing-over MORGANS beruht auf der Beobachtung, daß sich in gewissen Phasen der Zelltätigkeit die Chromosomenpaarlinge einan-

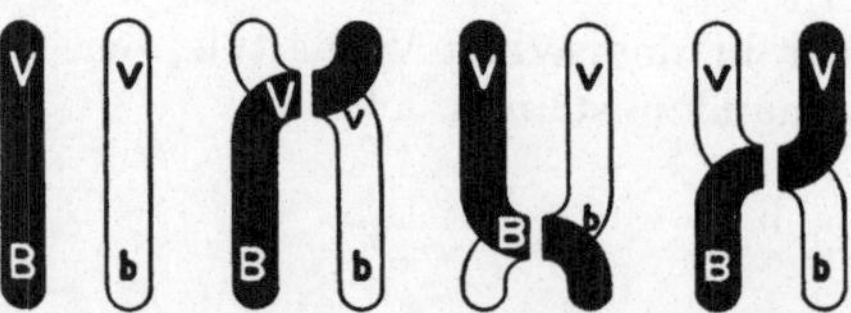

Abb. 121. Schema über den Vorgang des Crossing-over.

der nähern, aneinanderlagern, wobei es öfters zu Umschlingungen kommt und sich schließlich wieder trennen. Beim Auseinandergehen kommt es manchmal an der Umschlingungsstelle zum Bruche und dadurch zu einem Austausch von Chromosomenstücken, in welchen bestimmte Gene ihren Sitz haben. Abbildung 121 gibt die Vorstellung dieses Vorganges (aus CREW nach MULLER) wieder.

Die Vererbung des Geschlechtes vom Standpunkte des Mendelismus

Die Tatsache, daß bei sehr vielen höheren Tieren und auch beim Menschen die Zahl der männlichen und weiblichen Geburten annäherungsweise dieselbe ist, daß also im großen und ganzen das Verhältnis 1:1 vorhanden ist, haben bereits kurz nach der Wiederentdeckung der MENDELschen Regeln verschiedene Biologen auf die Weise zu erklären versucht, daß sie annahmen, es handle sich auch bei der Geschlechtsvererbung um Vorgänge, welche sich nach den MENDEL-schen Regeln abspielen. Und zwar lag es nahe, an jenen Fall zu denken, der die Rückkreuzung eines heterozygoten Elters mit einem homozygot-rezessiven betraf, und der bekanntlich ebenfalls durch das Zahlenverhältnis 1:1 ausgezeichnet ist.

Nach verschiedenen Änderungen der Anschauung dürfte die im folgenden kurz entwickelte GOLDSCHMIDTs wohl jene sein, welche gegenwärtig die meisten Anhänger zählt.

Vor allem ist zu berücksichtigen, daß bei den höheren Tieren, wie dies schon DARWIN erkannt hatte, jedes Geschlecht gleichzeitig auch die Anlagen zum anderen latent besitzt. Wir müssen somit sowohl für Männlichkeit als für Weiblichkeit einen besonderen und bei beiden Geschlechtern vorhandenen Faktor annehmen. Es geht nicht an, beide als Teile eines antagonistischen Paares zu betrachten, was anfänglich geschehen ist. Demgemäß bezeichnen wir den Faktor für Männlichkeit mit M, jenen für Weiblichkeit mit F. Je nach dem Geschlechte ist einer dieser Faktoren homozygotisch, der andere heterozygotisch anwesend. Aber auch hier verhalten sich verschiedene Tiergruppen verschieden.

Bei der Obstfliege (Drosophila melanogaster) beispielsweise ist nach den Studien der MORGANschen Schule das männliche Geschlecht heterozygotisch gegenüber dem anderen. Das im X-Chromosom (Geschlechtschromosom) gelegene Gen für Weiblichkeit (F) ist somit beim Männchen heterozygotisch, während das im Z-Chromosom (nach GOLDSCHMIDT) befindliche Gen für Männlichkeit (M) homozygot vorhanden ist. Bei Drosophila, bei den Säugetieren und höchstwahrscheinlich auch beim Menschen herrscht daher männliche Heterogamie, d. h. es werden zweierlei Arten von Spermatozoiden[1]) gebildet. Die Formeln für männliches und weibliches Geschlecht werden hier lauten:

$\male$ = MM . Ff,
$\female$ = MM . FF (Typus Drosophila).

Wieder bei anderen Tieren, z. B. beim Stachelbeerspanner (Abraxas) und beim Huhn herrscht im Gegensatze hiezu weibliche Heterogamie, es werden zweierlei Eier gebildet. Die entsprechenden Formeln lauten:

$\male$ = FF . MM.
$\female$ = FF . Mm.

Daß diese Formeln imstande sind, das im allgemeinen 1:1 betragende Geschlechtsverhältnis zu erklären, beweist folgende Überlegung:

$\male$ FF . MM $\times$ $\female$ FF . Mm . . . . P-Generation z. B. einer Hühnerrasse.

$$\text{FM} \times \begin{cases} \text{FM} \\ \text{Fm} \end{cases} \dots\dots\dots \text{ Gameten}$$

---

[1]) Nicht nur auf Grund zytologischer Verhältnisse, sondern bereits auf Grund des morphologischen Verhaltens des Spermatozoidenkopfes läßt sich für das Vorhandensein von zweierlei Arten von Spermien der Nachweis erbringen. So ist speziell für den Hengst und den Eber durch WODSEDALEK das Vorkommen von zwei Gruppen von Spermien festgestellt worden, welche sich durch die Länge des Kopfes (zweigipflige Kurven!) von einander unterscheiden.

FF . MM (50%) männliche Tiere der F_1-Generation.

FF . Mm (50%) weibliche Tiere der F_1-Generation.

Das heißt, daß männliche und weibliche Individuen im Verhältnis von 1 : 1 auftreten.

Ganz ähnlich wie bezüglich der Geschlechtlichkeit selbst liegen die Verhältnisse auch hinsichtlich der sogenannten sekundären Geschlechtsmerkmale. Werden doch letztere nach GOLDSCHMIDT oft geradezu als Marken benützt, um aus ihnen auf die Vererbung des Geschlechtes selbst zu schließen. Bezeichnet man mit GOLDSCHMIDT, der auf diesem Gebiete besonders erfolgreich gearbeitet hat, mit G den Erbfaktor (Gen) für die weiblichen sekundären Geschlechtsmerkmale und mit A den Erbfaktor für die männlichen sekundären Geschlechtsmerkmale, dann hätten wir z. B. bei Schmetterlingen, bei denen ja auch diesbezüglich das weibliche Geschlecht heterozygotisch ist, für die sekundären Geschlechtscharaktere folgende Formeln:

GG . Aa = weibliche sekundäre Geschlechtsmerkmale.

GG . AA = männliche sekundäre Geschlechtsmerkmale.

Daß unter normalen Verhältnissen, etwa beim Geflügel, im homozygoten männlichen Tiere die Gene GG (für weibliche sekundäre Geschlechtsmerkmale) nicht zur Geltung kommen, hat man sich nach GOLDSCHMIDT mit der Annahme zu erklären, daß A über G epistatisch ist, letzteres daher nicht zur Wirkung gelangen kann. Eine doppelte Portion von G jedoch ist epistatisch über eine einfache Portion A, daher tritt dann der weibliche Charakter in Erscheinung. Wie ersichtlich, schreibt GOLDSCHMIDT der Potenz der Faktoren für die sekundären Geschlechtsmerkmale bestimmte (meßbare) Werte zu. Es handelt sich um das quantitative Moment der betreffenden Gene, das nach dieser Annahme von großer Bedeutung ist. Nach GOLDSCHMIDT werden, weil die sekundären Geschlechtsmerkmale konform mit dem Geschlechte selbst vererbt werden, die Erbformeln für beide zusammen folgenderart lauten:

1. FF.GG.Mm.Aa = Erbformel für weibliches Geschlecht und weibliche sekundäre Geschlechtsmerkmale beim Huhn oder bei Schmetterlingen (Abraxas-Typus).

2. FF.GG.MM.AA = Erbformel für männliches Geschlecht und männliche sekundäre Geschlechtsmerkmale (Abraxas-Typus).

Diese eben kurz entwickelten, modernen Ansichten über die Vererbung des Geschlechtes und der sekundären Geschlechtsmerkmale sind deshalb auch für den praktischen Züchter wichtig, weil sich ganz ähnlich auch eine Reihe wirtschaftlicher Leistungen, wie nach PEARL die Fähigkeit zu größerer Produktion von Wintereiern beim Huhne, vererben.

Wie neuere Untersuchungen in immer größerem Umfange zeigen, kommt der ebenfalls in analoger Weise zu erklärenden sogenannten geschlechtsgebundenen Vererbung im Tier- und Menschenleben eine hervorragend wichtige Rolle zu. Nicht nur, daß, von nebensächlichen Domestikationsmerkmalen abgesehen, auch die Anlagen zu zahlreichen wirtschaftlichen Leistungen geschlechtsgebunden veerbt werden, kennt überdies die Medizin bereits eine erkleckliche Anzahl von Krankheitsanlagen bei Mensch und Tier, welche diesen interessanten Erbgang zeigen.

Geschlechtsgebundene Vererbung

Unter „geschlechtsgebundener Vererbung" (früher auch als geschlechtsbegrenzte Vererbung bezeichnet) versteht man jene Art von Vererbung, bei welcher das Gen des betreffenden Merkmales (bzw. der betreffenden Reaktionsweise) seinen Sitz im Geschlechtschromosom, dem sogenannten X-Chromosom hat, in welchem, wie der Name schon sagt, auch das für die Geschlechtlichkeit maßgebende Gen untergebracht ist. Aus diesem Grunde kommen solche Merkmale, falls sie heterozygotisch angelegt sind, nur in einem Geschlecht zur Auslösung. Am sichersten wird das Wesen der geschlechtsgebundenen Vererbung an folgendem Beispiele klargelegt: Unter den von MORGAN und seinen Schülern durchgeführten Drosophila-Zuchten trat unter anderem eine männliche Fliege auf, die statt der normalen roten, weiße Augen hatte und rote und weiße Augenfarbe stellen ein MENDELsches Paar vor, sind Allelomorphe. Das Gen für diese Mutation befindet sich, wie die Untersuchung zeigte, im Geschlechtschromosom-X. Bei Drosophila gibt es nun im weiblichen Geschlecht zwei Geschlechts-, zwei X-Chromosome.

Im männlichen Geschlecht, das, wie bereits erwähnt, bei dieser Fliege heterogam ist, existiert neben dem einen X-Chromosom noch ein rudimentäres, sogenanntes Y-Chromosom. Dasselbe ist jedoch, wie erwähnt, rudimentär, nach den amerikanischen Untersuchungen funktionslos; es ist somit vollkommen bedeutungslos und könnte ebenso gut fehlen. In der nebenstehenden Skizze wird dies funktionslose Y-Chromosom der männlichen Fliegen durch die Keulenform charakterisiert.

Sonst sei noch bemerkt, daß WW Rotäugigkeit, ww Weißäugigkeit, sein Allelomorph, bedeute, und

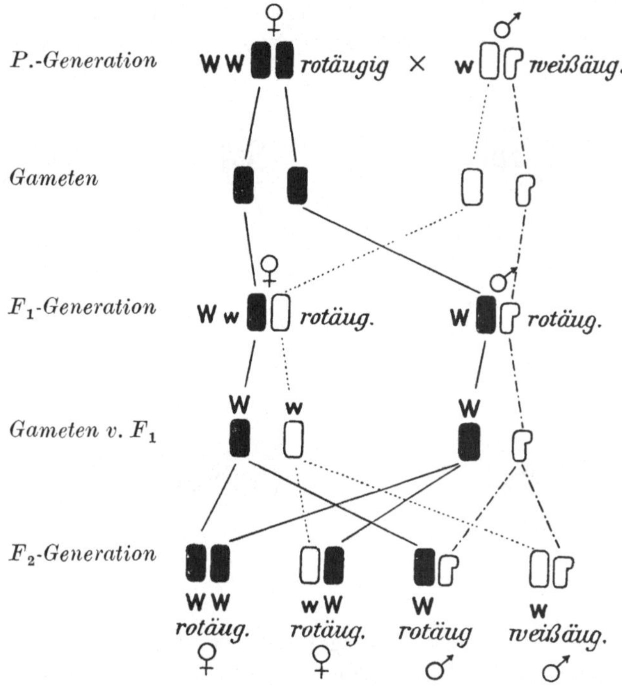

Abb. 122. Schema einer geschlechtsgebundenen Vererbung.

daß natürlich die Rotäugigkeit über Weißäugigkeit dominiere. Nach MORGAN hätten wir dann den in Abbildung 122 dargestellten Erbgang.

Wie ersichtlich, fehlt bei dieser Paarung in der F_2-Generation der Phänotypus der weißäugigen Weibchen. Die bezüglich des Faktors für Weißäugigkeit heterozygotisch veranlagten Weibchen Ww sind begreiflich rotäugig und nur die heterozygotisch weißäugigen Männchen treten tatsächlich als weißäugige Individuen auf. Weil das Gen für Weißäugigkeit an das Geschlechtschromosom X gebunden ist, das Männchen aber nur **ein** X-Chromosom besitzt, das verkümmerte Allelomorph zu ihm, das sogenannte Y-Choromosom gewissermaßen gleich Null ist, sich so verhält, als existiere es nicht, deshalb kommt der negative Faktor, obschon gewissermaßen nur in einer Dosis vorhanden, doch zur Geltung.

Wollte man auch weißäugige **weibliche** Drosophila-Fliegen erhalten, so müßte man heterozygotisch weißäugige Weibchen (Ww) mit weißäugigen Männchen paaren, dann würden bereits in F_1 neben weißäugigen Männchen

auch solche Weibchen (25%) auftreten. Der Rest der Individuen bestünde
aus 25 (heterozygotisch) rotäugigen Weibchen und aus 25% rotäugigen Männchen.

Diese geschlechtsgebundene Vererbung kommt bei zahlreichen Merkmalen und
Eigenschaften der Haustiere vor. Denselben Erbgang, jedoch mit dominantem Charakter, besitzt z. B. unter anderen die Sperberung (Gefiederfärbung) der Plymouth-
Rocks. Weil beim Huhne, wie bereits erwähnt wurde, das weibliche Geschlecht hete-
rogametisch veranlagt ist (Mm), so ergibt sich daraus, daß eine gesperberte rein
rassige Plymouth-Rocks-Henne bei der Paarung mit einem Hahne irgend welcher
einfärbiger Hühnerrasse eine Nachzucht liefert, welche nur zur Hälfte gesperbert
erscheint, und bei welcher überdies gerade die gesperberten Individuen sämtliche
männlichen Geschlechtes sind. Wird umgekehrt ein gesperberter Plymouth-Rocks-
Hahn mit einfärbigen Hennen gepaart, so erscheinen sämtliche Kücken, gleichgültig
welchen Geschlechtes sie sein mögen, sperberfärbig, denn das männliche Huhn ist be-

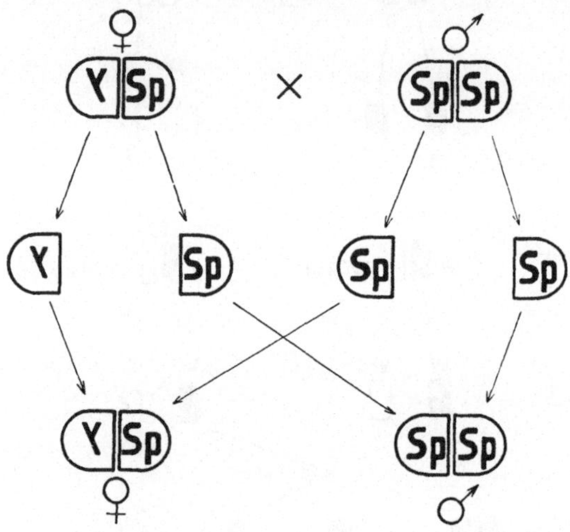

Abb. 123. Vererbung der Sperberung.

züglich des Geschlechtsfaktors
und somit auch bezüglich der
geschlechtsgebundenen Sperber-
färbung homozygotisch veranlagt
(FF . MM). Nebenstehende Skizze,
die Paarung innerhalb der reinblütigen Plymouth-Rocks (nach
Castle) betreffend, mag das erläutern:

♀ = Plymouth-Rocks-Henne;
bezüglich des Geschlechts- und
des Sperberungsfaktors heterozygotisch.

♂ = Plymouth-Rocks-Hahn;
bezüglich des Geschlechts- und
Sperberungsfaktors homozygotisch.

Äußerst interessant ist eine
Reihe von Morgan bei der Obst-
fliege (Drosophila melanogaster)
festgestellter geschlechtsgebundener Faktoren. So z. B. stellte sich eine von
Morgan „abnormal" genannte Mutation ein, welche geschlechtsgebunden und
unvollständig, schwankend dominant vererbt wird. Diese, durch besondere
Beschaffenheit der Pigmentbänder und des Abdomens charakterisierte Mutation
verhält sich insofern auch noch unregelmäßig in der Vererbung, als jene
Merkmale nur dann hervortreten, wenn die Aufzucht der Tiere mit feuchtem
Futter und in feuchtem Medium geschah. Bei trockener Kultur, in trockenen
Flaschen, entwickelten sich diese sonst dominant beschaffenen Merkmale nicht
einmal an bezüglich des Faktors Abnormal homozygotischen Fliegen. Daß es
sich hier um Reaktionsnormen handelt, ähnlich wie im früher zitierten Fall der
bei höherer Temperatur weiß blühenden chinesischen Primel, liegt auf der Hand.
Nicht das Merkmal, sondern nur die Fähigkeit, unter gewissen Umständen und
Verhältnissen es zu entwickeln (die Reaktionsnorm), wird durch den betreffenden
Faktor bedingt und vererbt.

Eine besondere Wichtigkeit erlangt dieser Vererbungsmodus dadurch, daß
es Morgan gelang, denselben geschlechtsgebundenen Erbgang für eine Reihe
von pathologischen, ja sogar auch von letalen Mutationen nachzuweisen. Letztere
sind solche, welche den Tod der Tiere bedingen, wenn der sie auslösende (letale)
Faktor homozygot vorkommt. Nur in heterozygotischer Form, wenn das domi-

nante Allelomorph vorhanden ist und die Wirkung des letalen Partners aufhebt, besteht für das betreffende Individuum Lebensfähigkeit. Daraus folgt, daß bei geschlechtsgebundenem Charakter des letalen Gens alle ihn führenden männlichen Fliegen sterben müssen, weil bei Drosophila das männliche Geschlecht heterozygot ist und daher in einem solchen Falle kein normales Allelomorph mit hemmenden Einfluß vorkommt. Im weiblichen Geschlechte, welches bei Drosophila homozygotisch ist und bei dem zwei Geschlechtschromosome vorkommen, ist Heterozygotie bezüglich eines letalen Faktors möglich, und solche Individuen sind daher lebensfähig.

Als Beispiel sei nach NACHTSHEIM die MORGANsche letale Mutation „Rudimentary" angeführt. Diese Mutanten zeichnen sich durch gewisse morphologische und physiologische Charaktere aus. Zu ersteren gehören kürzere Flügel und eigenartig beschaffene Beine. Letztere sind in einer geringeren Widerstandsfähigkeit gegenüber Umweltschädlichkeiten und vor allem darin zu erblicken, daß die bezüglich des Faktors Rudimentary homozygotischen Weibchen, trotz normaler Beschaffenheit ihrer Ovarien und trotz normaler Entwicklung der Eier nicht imstande sind, sich ihrer zu entledigen. Daran gehen sie auch zugrunde. Für die männlichen Fliegen ist dieser Faktor natürlich nicht letal, sie sind auch bei seiner Anwesenheit fruchtbar.

Die Feststellung solcher im Verlaufe der Domestikation auftretender letaler Faktoren durch MORGAN und seine Schule gewinnt insofern auch für die landwirtschaftliche Tierzucht an Interesse und Bedeutung, als es kaum einem Zweifel unterliegt, daß sie auch auf diesem Gebiet eine große Rolle spielen. Gleichgültig, ob geschlechtsgebunden oder in gewöhnlicher Weise auftretend, begegnen wir solchen letalen Faktoren gewiß oft genug bei allen unseren hochgezüchteten Haustierrassen. Ich erinnere nur an die häufig beobachtete Lebensschwäche hochgezüchteter Schweine, an ihre Unfruchtbarkeit, wenn in Verwandtschaftszucht belegt, während sie mit nicht verwandten Tieren gepaart fruchtbar sind usw. Meines Erachtens treten hier die Folgen des Vorhandenseins pathologischer bzw. bereits direkt letaler Faktoren deutlich zutage.

Und was das Vorhandensein geschlechtsgebundener letaler Faktoren anbetrifft, so ist ihre Gegenwart in der bei Mensch und hochgezüchtetem Haustier vorkommenden Bluterkrankheit (Hämophilie) wohl klar genug zu erkennen.

In neuerer Zeit wurde die geschlechtsgebundene Vererbung speziell beim Menschen für eine Reihe pathologischer Erscheinungen und auch eigentlicher Krankheiten (Domestikationsmutationen) nachgewiesen. Mit Rücksicht darauf, daß über die einschlägigen Vorgänge hinreichend Klarheit herrscht, sei auf sie im folgenden noch einmal eingegangen.

Die geschlechtsgebundene Vererbung einer Merkmalsanlage kann entweder rezessiver oder dominanter Natur sein. Interessanter Weise kennt man bereits eine Reihe von pathologischen Merkmalen (Krankheiten), speziell auch des Menschen, deren Anlage sich in den genannten beiden Richtungen bei der Vererbung bewegt. Rezessiv geschlechtsgebunden vererben sich nach FRITZ LENZ, abgesehen von der eben erwähnten Hämophilie, z. B. die Rotgrünblindheit, der fortschreitende Muskelschwund, die erbliche Sehnervenatrophie u. v. a.

Die Vererbung dieser Leiden, die auch nur pathologische Domestikationsmutationen sind, ist dadurch charakterisiert, daß das Merkmal vom Großvater durch eine dasselbe nicht besitzende, das krankmachende Gen jedoch in heterozygoter Form führende Tochter auf einen Teil der Enkel übertragen wird. (HORNERsche Regel). Vom behafteten Vater kann das Merkmal auf die Söhne nicht vererbt werden, auch nicht etwa in der Form einer latenten Anlage hiezu. Auch die Töchter erben vom behafteten Vater unter normalen Verhältnissen

nur die Anlage zum betreffenden Merkmal in heterozygoter Form. Wegen deren
rezessiver Natur gelangt das Merkmal beim weiblichen Nachkommen nicht
zur Entwicklung, das Allelomorph unterdrückt letztere. Solche weibliche Wesen,
welche in heterozygotischer Form die Anlage zu derartigen Leiden besitzen,
äußerlich (phänotypisch) jedoch gesund erscheinen, nennt man „Konduktoren"[1]). Sie übertragen nämlich die Krankheits- usw. Anlage auch mit gesunden Männern auf ihre Söhne. In der Natur der Sache liegt es, daß solche
rezessiv geschlechtsgebundene Merkmale im männlichen Geschlecht häufig, im

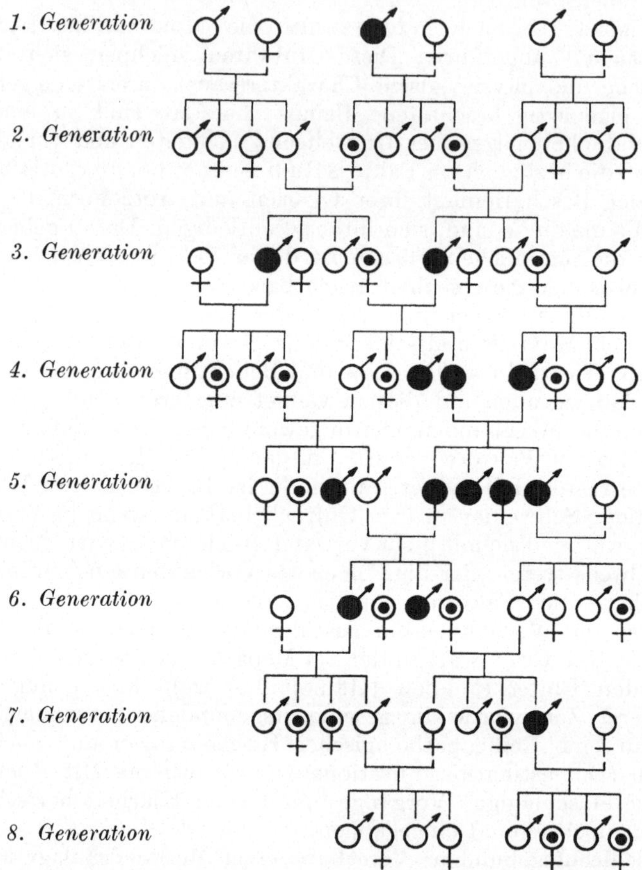

Abb. 124. Schema über den Vererbungsgang der Bluterkrankheit.

weiblichen nur selten (nämlich nur wenn homozygotisch vorhanden) vorkommen.
Durch den erweiterten Mendelismus, durch die Kenntnis der Vorgänge bei der
geschlechtsgebundenen Vererbung, wurde in diese scheinbar rätselhaften Erb-
gänge Klarheit gebracht. Man erinnere sich, daß beim Menschen ähnlich wie bei
Drosophila die genotypische Formel für das männliche Geschlecht lautet: MM .Ww
und für das weibliche MM .WW. Ersteres ist heterozygotisch beschaffen. Befindet sich nun, wie es bei geschlechtsgebundenen Merkmalen der Fall ist, der
Faktor desselben irgendwie an den Faktor für das Geschlecht gebunden, so

---

[1]) Das in der Vererbungslehre übliche Zeichen für weibliche Konduktoren ist ⊙.

genügt bei Rezessivität des Faktors bereits seine einfache Dosis im männlichen Individuum, um das Merkmal zur Entwicklung gelangen zu lassen. Es fehlt beim männlichen Individuum das hemmende Allelomorph. Im weiblichen ist es vorhanden und unterdrückt die Merkmalsentwicklung. Nur wenn in doppelter Dosis vorhanden (Homozygotie), kommt das betreffende Merkmal auch im weiblichen Geschlecht zur Entwicklung. Drückt man die Beziehungen eines solchen (geschlechtsgebundenen) Faktors zum Geschlechtsfaktor in der Weise

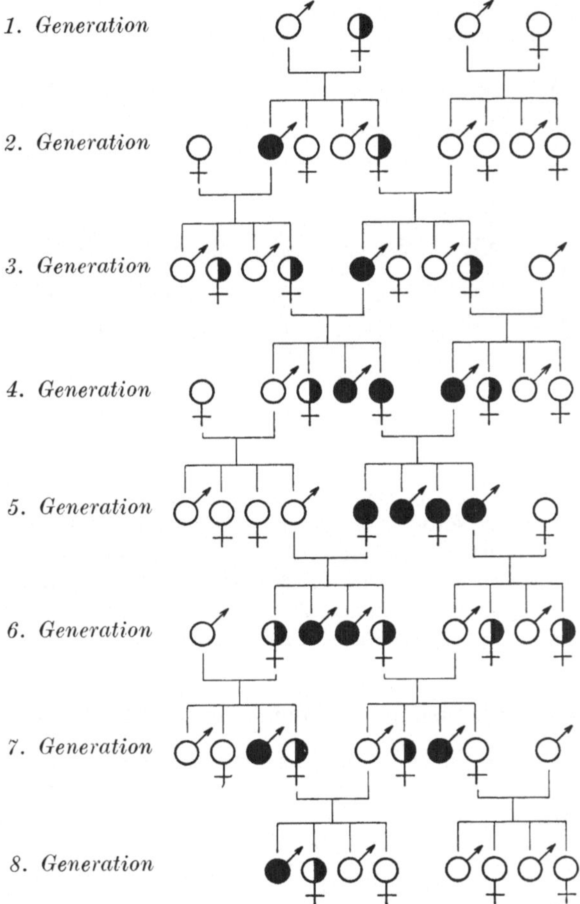

Abb. 125. Schema über den Vererbungsgang der Rotgrünblindheit.

aus, daß man z. B. ein Pluszeichen über seinen Buchstaben anbringt, dann kann ein solcher Vererbungsvorgang mittels der üblichen faktorellen Schreibweise leicht verständlich dargestellt werden. Z. B....... MM . $\overset{+}{\text{W}}$w würde die genotypische Beschaffenheit eines rotgrünblinden Mannes bezeichnen; MM . $\overset{+}{\text{W}}$W wäre dann ein weiblicher Konduktor und MM . $\overset{++}{\text{WW}}$ wäre der relativ seltene Fall eines rotgrünblinden (homozygotischen) Weibes. Die Nachkommen eines rotgrünblinden Mannes mit einer gesunden, normalen Frau wären daher:

$$\text{P} \ldots \ldots \ldots \text{MM} \cdot \overset{+}{\text{W}}\text{w} \, (\male) \times \text{MM} \cdot \text{WW} \, (\female).$$

$$\text{Gameten} \ldots \text{M}\overset{+}{\text{W}}, \text{Mw} \quad \times \text{MW}.$$

$$\text{F}_1 \ldots \ldots \ldots \text{1. MM} \cdot \text{W}\overset{+}{\text{W}} - \text{weibliches Individuum (mit heterozygoti-}$$

scher) **latenter** Anlage zur Rotgrünblindheit (**Konduktor**).

2. MM . Ww — männliches **normales** Individuum.

Aus der Ehe eines weiblichen Konduktors mit einem gesunden Manne wären
bei den Kindern folgende Genotypen zu erwarten:

$$\text{P} = (\male)\,\text{MM} \cdot \text{Ww} \;\times\; \underset{+}{\female}\,\text{MM} \cdot \text{W}\overset{+}{\text{W}}$$

$$\text{Gameten} \ldots \begin{matrix} 1. \ \text{MW} \\ 2. \ \text{Mw} \end{matrix} \Big\} \times \Big\{ \begin{matrix} \text{MW} \\ \text{M}\overset{+}{\text{W}} \end{matrix}$$

Daraus ergeben sich:

$$\text{F}_1 \ldots \ldots \left\{ \begin{array}{l} \text{1. MM} \cdot \text{WW} \ldots \ldots \ldots \text{normales Weib.} \\ \text{2. MM} \cdot \text{W}\overset{+}{\text{W}} \ldots \ldots \ldots \text{weiblicher Konduktor.} \\ \text{3. MM} \cdot \text{Ww} \ldots \ldots \ldots \text{normaler Mann.} \\ \text{4. MM} \cdot \overset{+}{\text{W}}\text{w} \ldots \ldots \ldots \text{rotgrünblinder Mann.} \end{array} \right.$$

Um eine raschere Übersicht zu ermöglichen, hat F. Lenz ein Schema für
den Vererbungsgang solcher rezessiver, geschlechtsgebundener Merkmale, wie
es z. B. die Rotgrünblindheit ist, zusammengestellt, welches in Abbildung 125
wiedergegeben ist. Geschlechtsgebunden vererbbare **dominante** Merkmale sind
beim Menschen relativ selten. Abgesehen von dem von F. Lenz für die
Basedow-Krankheit nur vermuteten dominant geschlechtsgebundenen Vererbungsvorgang ist erst neuestens (1925) von Siemens diese Art der Vererbung bei einem seltenen Hautleiden „der stachelförmigen Haarbalgverhornung"
(Keratosis follicularis spinulosa decalvans) festgestellt worden.

Praktische Bedeutung des Mendelismus für die Tierzucht

Es ist Tatsache, daß die große praktische Bedeutung des Mendelismus
für die Tierzucht von den praktischen Züchtern bisher mit wenigen Ausnahmen
nicht voll gewürdigt wurde. Deshalb ist es notwendig, dem Beispiele V. Haeckers
zu folgen und eine kurze Übersicht über die hervorragend wichtige Anwendung,
die der Mendelismus in verschiedenen Teilen der praktischen Tierzucht, sowie
auch in der Theorie der Tierzucht gefunden hat, zu liefern. Die Tierzüchter
befinden sich diesbezüglich in einem ähnlichen Gegensatze zu den Pflanzen-
züchtern wie bis vor kurzem die Botaniker zu den Zoologen. Im ersten Dezennium
dieses Jahrhunderts betätigten sich vorwiegend und für den Ausbau dieses
neuen Wissenszweiges am erfolgreichsten die Botaniker. Fast schien es, als würde
die zoologische Forschung überhaupt die Führung der neuen Forschung den
Botanikern überlassen. Das hat sich jedoch im zweiten Dezennium vollkommen
geändert. Es braucht nur an die Arbeiten der Morganschen Schule in Amerika
erinnert zu werden, um zu beweisen, wie intensiv man sich von zoologischer
Seite mit dem Mendelismus beschäftigt und welche großen Fortschritte der
Mendelismus gerade diesen zoologischen Arbeiten verdankt.

Während nun bisher tatsächlich die Pflanzenzüchter die Lehren des Mendelismus häufiger in der praktischen Pflanzenzucht verwendeten, verhielten

sich die Tierzüchter — vielleicht mit Ausnahme speziell der Geflügelzüchter — zurückhaltender. Daß diese Zurückhaltung jedoch nur vorübergehender Natur sein wird, kann als sicher angenommen werden. Sie liegt zum Teil in der Natur der Sache begründet, wie noch kurz gezeigt werden soll. Übrigens machen sich Zeichen zum Besseren bereits mehrfach geltend; gerade in der letzten Zeit wurden Arbeiten MENDELscher Richtung bekannt, welche sich auf rein tierzüchterisch praktischem Gebiete bewegen, und die Zeugnis auch vom praktischen Werte des Mendelismus ablegen.

Die Schwierigkeiten, welche sich der MENDELschen Arbeitsrichtung im Bereiche der Tierzucht entgegenstellen, liegen im folgenden begründet: Zunächst ist das Tier gegenüber der Pflanze an und für sich ein viel spröderes, schwieriger zu behandelndes Objekt. Schon die Unmöglichkeit der Selbstbefruchtung erschwert das Arbeiten. Dazu kommt der relativ hohe Wert der meisten landwirtschaftlichen Haustiere sowie die Kostspieligkeit ihrer Haltung. Ersterer spricht gegen die Verwendung von leistungsfähigen, daher wertvollen Zuchttieren zur Anpaarung an minderwertige, wie es gerade diese Studien unter anderem erfordern. Letztere wieder macht die längere Haltung erzielter Minusaufspaltungen, das heißt solcher Tiere, welche in bezug auf gewisse landwirtschaftlich wichtige Merkmale und Leistungen vermöge ihrer genotypischen Beschaffenheit minder wirtschaftlich sind, unzweckmäßig und unrentabel. MENDELsche Untersuchungen erfordern aber auch die längere Haltung und Benützung solcher landwirtschaftlich unerwünschter Individuen.

Weitere Schwierigkeiten für den Tierzüchter ergeben sich aus der meist relativ spät eintretenden Geschlechtsreife und aus der in der Natur des Gegenstandes liegenden geringen Fruchtbarkeit. Solcherart gestaltet sich die Erlangung einer notwendigen, hinreichend großen Zahl von Individuen ebenso zeitraubend wie kostspielig. Schon diese angedeuteten, rein technischen Schwierigkeiten machen es ohne weiteres verständlich, daß die Neigung, an solche Untersuchungen heranzutreten, bei den praktischen Tierzüchtern keine große sein kann.

Zu diesen technischen treten aber noch verschiedentlich Schwierigkeiten mehr oder weniger wissenschaftlichen Charakters, die wieder in der Natur des Gegenstandes, dem Tiere, begründet sind. Es sei daran erinnert, daß gerade bei tierischen Merkmalen relativ häufig die sogenannte unvollkommene bzw. schwankende Dominanz auftritt, eine Erscheinung, welche die Resultate unsicher macht und ihre Deutung schwieriger gestaltet; daß manche gerade der wirtschaftlich wichtigsten Eigenschaften und Merkmale auf komplizierter Polymerie beruhen, sowie endlich, daß am erblichen Hervortreten bestimmter Merkmale, man denke nur an die Milchergiebigkeit, eine Reihe der allerverschiedensten, in ganz anderer Richtung wirksamer Momente notwendig sind. Neben den Genen für die Entwicklung des Milchdrüsengewebes kommen noch Gene für die Entwicklung der einzelnen Abschnitte des Verdauungstraktes und der verdauende Sekrete absondernden Drüsen und dergleichen mehr in Frage. Zu alledem spielen noch Außeneinflüsse der mannigfaltigsten Art eine viel größere Rolle beim Tiere, als bei der Pflanze. Alles das ist darnach angetan, die Arbeiten des Tierzüchters auf MENDELschem Gebiete unverhältnismäßig zu erschweren.

Von den Vorteilen, welche die Tierzucht teils in ihrem wissenschaftlichen, theoretischen, teils im praktischen Teile durch den Mendelismus erlangte, wären etwa folgende hervorzuheben:

Wie schon HAECKER ausführte, wurde durch die genannten Arbeiten der Beweis erbracht, daß sich, von individuellen erblichen Eigenschaften abgesehen, vor allem viele der charakteristischen Rassenmerkmale bei der Vererbung als korrespondierende erwiesen, deren Vererbung nach den MENDELschen Regeln vor sich geht.

Ebenfalls nach HAECKER bedeutet es ferner in wissenschaftlicher Beziehung einen Fortschritt, wenn durch den Mendelismus die Vorstellung vermittelt wurde, daß die sichtbaren Merkmale durch Gene oder Faktoren bedingt sind, und daß am Zustandekommen bestimmter Merkmale mehrere Gene beteiligt sein können. Diese Gene können nun zur gleichen Art gehören, d. h. gleichsinnig wirkende sein (Polymerie), oder aber sie können etwa wie bei der Pigmentbildung gänzlich verschiedener (polygener) Art sein. Die zusammengesetzte Natur mancher Merkmale wurde solcherart gerade durch die Arbeiten in mendelistischer Richtung erkannt, was ferner wieder das Verständnis verschiedener bisher unerklärlicher Vorgänge, wie des Atavismus und des Wesens der immer wieder aufspaltenden Formen und Zuchten, der sogenannten ever sporting varieties der Engländer ermöglichte.

Bezüglich des Atavismus sei auf den folgenden besonderen Abschnitt verwiesen. Und was die Instabilität gewisser Formen anbelangt, so ist sie öfters durch ihre heterozygotische Natur allein bedingt. Es ist ja natürlich, daß ein gewisses Merkmal heterozygotischer Natur züchterisch nicht derart fixiert werden kann, daß es sich ohne aufzuspalten vererben könnte. Solche Aufspaltung und Neukombination tritt bei der Paarung solcher Heterozygoten naturgemäßer Weise immer wieder auf. Solche, nur im DR-Zustand möglicher Merkmale gibt es eine ganze Reihe. Schon früher wurden die „blauen" andalusischen Hühner erwähnt, die bei reinrassiger Paarung aus dem eben erwähnten Grunde immer wieder in schwarze, weiße und blaugraue aufspalten. Ihr Gegenstück sind die blaugrauen Wensleydale-Schafe, die aus eben demselben Grunde (weil bezüglich der Farbe heterozygot) immer wieder neben blaugrauen auch schwarze und weiße Individuen abspalten. Oder endlich die blaugrauen, eisenschimmelfarbigen Kreuzungsprodukte von schwarzen Aberdeen-Angus mit weißen Shorthorn-Rindern.

Ein sehr interessantes, durch Heterozygotie bedingtes Merkmal ist, wie HAECKER erwähnt, die Scheitelbildung bei den Kanarienvögeln. Sie wird hervorgerufen durch Paarung von gewöhnlichen Kanarien (mit glatten Federn am Kopfe) mit gehaubten. Die Haubenbildung ist auch bei den Kanarien ein unvollkommen dominierendes Merkmal (D) gegen die Normalbeschaffenheit der Kopffedern (R). Die F_1-Generation zeigt nun merkwürdigerweise diese durch die gescheitelten Kopffedern ausgezeichneten intermediär heterozygotischen Individuen (DR). Als solche müssen sie natürlich aufspalten, und daher war alle Mühe der Kanarienzüchter umsonst, diese Form in eine reinzüchtende, sicher vererbende, zu verwandeln.

Das eigentümliche Verhalten vieler Merkmale und Eigenschaften im Zustande der Heterozygotie spielt gerade in der praktischen Tierzucht, z. B. bei der Kreuzungszucht für Gebrauchszwecke eine wichtige Rolle, die keineswegs voll gewürdigt wird. Viele den praktischen Tierzüchtern seit langem bekannte Erscheinungen, wie z. B. das häufige Luxurieren der Kreuzungstiere, d. h. ihr günstigeres Verhalten bezüglich Gesundheit, Widerstandsfähigkeit gegen Schädlichkeiten verschiedener Art, alles das dürfte erst auf mendelistischer Basis volles Verständnis erlangen.

Auch zum Verständnis des Wesens der Mutationen vermittelte der Mendelismus manchen Schritt nach vorwärts. Durch ihn wissen wir, daß das Wesen der Mutation in Veränderungen der genotypischen Konstitution des in den Chromosomen des Zellkernes befindlichen Keimplasmas der betreffenden Individuen liegt. Es kann sich hier um den Verlust (Verlustmutation) oder den

Gewinn (Gewinnmutation) eines oder mehrerer Gene (Erbeinheiten) handeln. Wenn schon das Wesen der Mutation hiedurch noch nicht restlos erklärt wird, weil wir über die sie bewirkenden Ursachen noch keineswegs klar sehen, so bedeutet der erwähnte erlangte Einblick immerhin einen Fortschritt unserer Erkenntnis.

Ein viel umstrittenes Kapitel der Tierzucht, die sog. Individualpotenz, wurde durch die Arbeiten mendelistischer Richtung ganz wesentlich geklärt. Auch der Individualpotenz soll in Anbetracht ihrer hervorragenden praktischen Bedeutung ein besonderer Abschnitt im folgenden gewidmet werden, auf den hier verwiesen sei.

Dem Mendelismus verdanken wir auch eine Klärung unserer Vorstellung über „latente" Merkmale und Eigenschaften, die, wie wir sehen, zum großen Teile (rezessive) hypostatische sind und die daher bei Gegenwart epistatischer nicht sichtbar werden können. Mit Rücksicht hierauf sagt JOHANSSEN daher, daß der Begriff der Latenz in voller Auflösung begriffen sei. Eines der wichtigsten Kapitel für den praktischen Züchter ist jenes über die Züchtungsmethoden handelnde. Speziell hinsichtlich der Verwandtschaftszucht herrschten nun bei Praktikern und Theoretikern die widersprechendsten und zum Teil sogar verworrendsten Anschauungen. Auch bei diesen Fragen verdanken wir dem Mendelismus den Weg, der zum Verständnis geführt hat. Die in der praktischen Tierzucht eine wichtige Rolle spielende Lehre von den Korrelationen wurde durch den Mendelismus für uns verständlich gemacht. Man versteht unter Korrelation die Tatsache, daß jede Veränderung eines Organes notwendigerweise gleichzeitig auch Änderungen in bestimmten anderen auslöst. Mancherlei Merkmale, die zur Beurteilung gewisser wirtschaftlicher Leistungen (z. B. der Milchergiebigkeit, der Mastfähigkeit, Frühreife usw.) in der landwirtschaftlichen Praxis benützt werden, gehören hieher. Echte Korrelationen, die in der Tierzucht keineswegs häufig vorkommen, haben wir unter anderem dann vor uns, wenn ein und dasselbe Gen die korrelative Änderung bestimmter Organe hervorruft. Korrelation kann auch dann auftreten, wenn die entsprechenden Gene eine Koppelung eingehen z. B. wenn das Vorhandensein bestimmter Gene im selben Chromosom eintritt.

Daß manchmal Korrelationen an Merkmalen auftreten, welche keine genotypische Begründung besitzen, sei nur kurz erwähnt. So dürfte die in vielen Arten von Säugetieren beobachtete dunklere Färbung der männlichen Tiere im Gegensatze zu den weiblichen — eine Erscheinung, die auch für reinrassige Volksgruppen festgestellt worden ist (TALKO-HRINCEWICZ) — in diese nicht direkt genotypisch veranlaßte Gruppe von Korrelationen gehören. Hier hätten wir die Ursache wohl in gewissen, von den Sexualorganen gebildeten Hormonen zu suchen.

Ferner hat uns die MENDELsche Forschung die Grenzen erkennen gelehrt, welche der künstlichen Zuchtwahl gesteckt sind. Es unterliegt keinem Zweifel, daß in vormendelscher Zeit die Wirkung der künstlichen Zuchtwahl vielfach stark überschätzt worden ist. Heute wissen wir, daß, wenn wir das Auftreten neuer, entsprechend gerichteter Mutationen außer acht lassen, die künstliche Zuchtwahl dann am Ende ihrer Wirksamkeit angelangt ist, wenn aus einer sog. Population, d. h. einem bezüglich der betreffenden Merkmale genotypisch recht verschieden beschaffenen Individuengemisch, die reinen Linien isoliert worden sind.

Wichtig für die praktische Tierzucht ist auch die Erkenntnis, daß — wie HAECKER darauf hingewiesen hat — um Erfolge zu erzielen und um die genotypische Beschaffenheit einer bestimmten Zucht kennen zu lernen, es nicht angeht, mit Massen zu arbeiten. Nur wenn man sich auf einige typische

Individuen beschränkt und deren Erblichkeitsverhältnisse genau studiert, kommt man zum Ziele. Durch den Mendelismus wird somit zur Würdigung der Individualität geführt. Kennt man einige wenige hervorragende Individuen einer Rasse hinsichtlich ihrer genotypischen Verfassung genau, so lassen sich durch sie große züchterische Erfolge, und zwar binnen kurzem erreichen. Das Studium der verschiedenen Herd- und Zuchtbücher hat tatsächlich gelehrt, daß fast überall der züchterische Fortschritt einer Rasse oder eines Schlages durch einige wenige solcher Individuen veranlaßt worden ist, und daß ihr Blut speziell in den besseren Zuchten dieser Rassen stark vertreten ist.

Es ist ferner bekannt, daß beispielsweise in der Rinderzucht Englands die berühmtesten Züchter verschiedener Rassen nur über eine verhältnismäßig kleine Anzahl von Tieren verfügen, die aber deshalb durchwegs so wertvoll sind und selbst wieder sicher vererben, weil sie von bezüglich des erblichen Verhaltens genau studierten Vorfahren abstammen.

Endlich hat der Mendelismus unsere Ansichten über die Dauer, welche zur Festzüchtung gewisser neuer Merkmale nötig ist, verändert. Es handelt sich hiebei um die Erzielung, wie schon BATESON bemerkt, von homozygotischen Individuen. Und die sind keineswegs, wie man früher meinte, erst nach sehr lange Zeit fortgesetzte Zuchtwahl zu erhalten. Sie treten nach den früheren Ausführungen schon in der F_2-Generation auf und stellen dann den Ausgangspunkt für die Reinzucht der gewünschten Merkmale vor. Es genügen also wenige Generationen zur Fixierung derartiger neuer Merkmale und Eigenschaften.

Im folgenden sollen noch mehrere tierzüchterisch wichtige Kapitel der Vererbungslehre, wie Atavismus, Individualpotenz, Vererbung des Geschlechts und Vererbung erworbener Eigenschaften besonders und mit Rücksicht auf ihre fundamentale Bedeutung eingehender behandelt werden. Als Schluß des Abschnittes über Vererbung sind dann noch einige Worte über den züchterischen Aberglauben nötig. Derselbe ist so allgemein, und zwar selbst auch unter wissenschaftlich gebildeten Züchtern verbreitet, daß er auch heute noch in Lehrbüchern über Tierzuchtlehre behandelt werden muß, wenn schon ARNOLD LANG in seinem großen Werke über experimentelle Vererbungslehre vom Jahre 1914 diesbezüglich schreibt: „Es ist wohl beschämend, daß man heutzutage immer noch in einem wissenschaftlichen Buche über Vererbung von der Telegonie sprechen muß."

Fünfter Abschnitt

Angewandte Vererbungslehre

I. Atavismus
Ahnenerbschaft oder Rückschlag

Von Atavismus spricht man dann, wenn Merkmale oder Eigenschaften an einem Individuum auftreten, welche weder die Eltern noch die diesen vorangehenden nächsten Generationen besessen, welche aber bei ferneren Vorfahren vorhanden waren. Man spricht in der Praxis zwar häufig auch dann bereits von Atavismus, wenn Merkmale der Großeltern mit Überspringen der Elterngeneration bei den Enkeln wieder erscheinen (sogenannter Familienatavismus). Nach dieser allzu engen Fassung wäre das Wiedererscheinen jedes rezessiven Merkmals in der zweitfolgenden Generation ein Fall von Atavismus. Es empfiehlt sich, diese aus der einfachen Spaltungsregel MENDELS sich ergebenden Fälle der Vererbung mit Überspringung nur einer Generation vom „Atavismus" zu trennen. Der durch den Atavismus veranlaßte Sprung im Vererbungsgange soll der alten Auffassung nach eben eine Reihe von Generationen und einen größeren Zeitraum umfassen. Gewöhnlich hat man bisher mit dem Worte Atavismus das scheinbar vom Zufall veranlaßte, also aus unbekannten Gründen erfolgende, plötzliche und unerwartete Hervortreten von Merkmalen oder Eigenschaften bezeichnet, die eine mehr oder weniger lange Reihe von Generationen umfassende Zeit hindurch geschlummert hatten (latent gewesen sind).

Beispiele von Atavismus sind das Wiederauftreten von gehörnten Individuen innerhalb hornloser Schaf- oder Rinderrassen, oder aber bei Pferden von Tieren, welche den dunklen Aalstrich und die Querstreifung an den Vorderextremitäten besitzen, mit welchen die wilden Vorfahren vieler unserer Pferderassen, wie z. B.

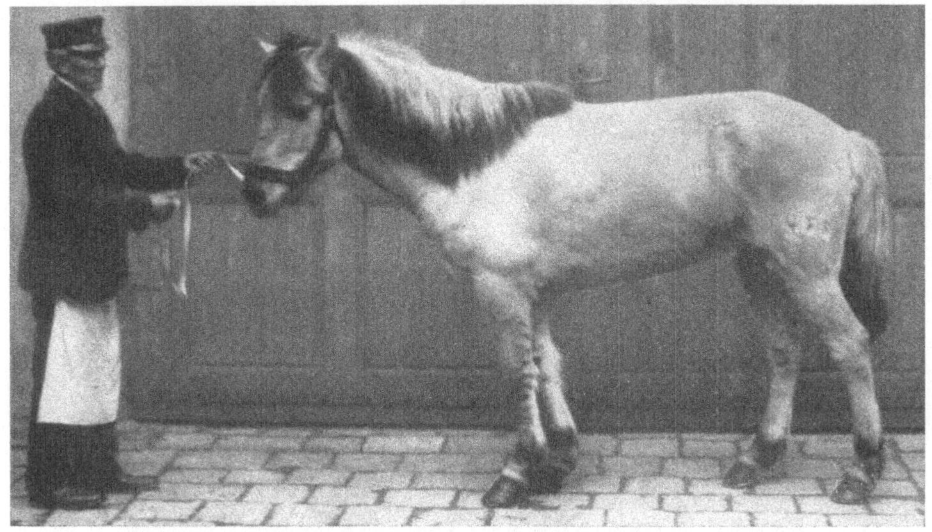

Abb. 126. Pferd der Amurkosaken, atavistische Beinstreifung wie beim Equus Przewalski. (Orig.-Phot. v. Prof. K. Keller, Wien.)

Equus ferus Ant. (Equus Przewalski Polj.) und der Tarpan, versehen waren. Bis zu jener Zeit, da die Mendelschen Regeln wieder entdeckt und Gemeingut der Biologen geworden waren, wußte man über das Wesen des Atavismus so gut wie nichts. Man nahm einen Stillstand in der Entwicklung der betreffenden Merkmale an, konnte aber über seine Gründe nichts erfahren. Bezeichnend ist in dieser Beziehung der berühmte Vergleich Darwins. Gleich wie in einem Gartenbeete Samen zahlreicher Arten von Unkräutern enthalten sein können, von denen solche mancher Arten erst nach jahrelangem Schlummern plötzlich keimen und sich entwickeln, weil vielleicht für sie irgendwelche günstige Bedingungen eingetreten sind, können die von ihm (Darwin) angenommenen Träger der Vererbung eine Reihe von Generationen hindurch verborgen in den Individuen schlummern, um bei Eintritt günstiger Verhältnisse — als Atavismus — wieder zu erscheinen.

Während man also über das Wesen des Atavismus in vormendelscher Zeit tatsächlich nichts wußte, war man über die nächsten ihn auslösenden Ursachen ziemlich gut orientiert. Von züchterischer Seite (namentlich z. B. von

M. Wilckens) werden als solche Ursachen, die eine Störung des normalen Vererbungsganges, d. h. den Atavismus auslösen sollen, folgende angegeben:

1. Das nicht Angepaßtsein eines oder beider Elterntiere an die örtlichen Daseinsverhältnisse der Zuchtstätte. Namentlich dem Klima meinte man hiebei einen Einfluß zuschreiben zu müssen.

2. Größere Ungleichheit bezüglich der Merkmale und Eigenschaften bei den zu paarenden Tieren.

3. Die Kreuzung von Rassen. Diese Ursache läßt sich jedoch in der Regel auf die beiden vorher angegebenen Ursachen Nr. 1 und 2, eventuell zumindest auf die unter 2 mitgeteilte zurückführen. Heute wissen wir nun, daß tatsächlich Ungleichheit der Elterntiere öfters und Rassenkreuzung sogar häufig mehr oder weniger den „Rückschlag" auslösen können.

Abb. 127. Lippizaner Pferd. (Pluto-Slatina III, geb., Lippiza 1901). Mittelform zwischen altspanischem und arabischem Pferde. Bau des Kopfes, des Widerristes und des Rückens zeigt den Einfluß des Arabers. (Orig.-Phot. v. Prof. K. Keller, Wien.)[1]

Der bei Rassenkreuzungen in vormendelscher Zeit beobachtete, bezüglich verschiedener Merkmale ungleiche Vererbungsgang hat seinerzeit speziell in Frankreich zur Aufstellung der Lehre vom Rassenatavismus geführt. Speziell Sanson war es, der unter den französischen Zootechnikern diese Ansicht des „Rassenatavismus" vertrat und der lehrte, daß man durch Kreuzung zweier verschiedener Rassen niemals eine ausgeglichene, gewissermaßen eine neue Zucht (oder eine neue „Rasse" im landwirtschaftlichen Sinne des Wortes aufgefaßt) erlangen könne. Dabei muß allerdings betont werden, daß Sanson das Wort „Rasse" im strengen zoologischen Sinne auffaßte, gewissermaßen im Sinne einer guten Spezies auf dem Gebiete der Zoologie. Sansons Rasseneigenschaften bezogen sich vorwiegend auf den Schädel oder Körperbau und waren daher streng erblich.

Wenn daher, wie es damals üblich war, Rassen zum Zwecke der Bildung einer neuen Mittelrasse gekreuzt wurden und diese Kreuzungstiere weiter zur

---

[1] Die Abbildungen 127 bis 129 liefern Beispiele für den Rasseatavismus.

Zucht Verwendung fanden, so mußten, wie wir heute auf Grund der MENDELschen
Regeln wissen, Aufspaltungen nach den beiden Elternrassen eintreten. Diese
Aufspaltung hatte auch SANSON erkannt. Gestützt auf diese Beobachtung
lehrte er, daß es eine Unmöglichkeit wäre, aus zwei verschiedenen Rassen eine
neue zu bilden, es käme immer zu einer „réversion normal", d. h. stets würde
sich besonders eine von beiden verwendeten Rassen durchsetzen, besonders
häufig und durchschlagend vererben. Was man damit erreichen könne, sei
bestenfalls eine Abart (Schlag) der einen, sicherer sich vererbenden Rasse.
SANSON bewies seine Ansicht an folgenden Beispielen: Einmal am Anglo-
Normänner-Pferde. Er bewies auf Grund zahlreicher Untersuchungen, daß die
hauptsächlich „brachyzephalen" Schädelbau besitzende englische „Vollblutrasse", mit dem abendländischen „dolichocephalen" Pferde der Normandie

Abb. 128. Lippizaner Pferd. (Majestoso Prezovica, geb., Lippiza 1898.) Kopf und
Rumpf nach dem altspanischen Pferde. (Orig.-Phot. v. Prof. K. KELLER, Wien.)

gekreuzt, bei der Weiterzucht vorwiegend kurzköpfige Tiere liefere. Die Re-
version folge hier eben vorwiegend im Sinne der englischen Rasse.

Beim Rinde zeigt er, daß bei der Ayrshire-Rasse innerhalb einer und
derselben Zucht Individuen auftraten, welche in bezug auf den Körperbau vollkommen teils der Shorthorn-, teils der Kerry-Rasse glichen, d. h. jene Rassenformen spalten aus der Mischrasse auf, aus welchen die Ayrshire gebildet worden
waren.

Desgleichen bewies er, daß die in Frankreich durch Kreuzung von Merinos
mit dem frühreifen mastfähigen Leicesterschafe seinerzeit erzielte und beliebte
Type eines Fleisch-Woll-Schafes keinen dauernden Bestand hatte, sondern,
besonders wieder im Schädelbau, in die Ausgangsrassen zurückschlug.

Endlich wies er noch auf die interessanten, komplizierten Aufspaltungen
beim hochgezüchteten englischen Yorkshire- und Berkshire-Schweine hin, welche
Zuchten aus dem altenglischen, nordeuropäischen, dann dem romanischen und

dem asiatischen Schweine hervorgegangen waren. Nach Bau des Schädels und des Rumpfes konnte er dort die verschiedensten Spaltungen bzw. Kombinationen von Merkmalen und Eigenschaften der genannten drei Rassen feststellen.

Im Kerne der Sache hatte SANSON entschieden recht, wenn er lehrte, daß aus heterogenen Rassen durch Kreuzung entstandene Mischtypen wieder aufspalten. Speziell bei späterer Verwendung von Tieren der ersten Kreuzungsgeneration mußten ja, wie wir heute wissen, beide Ausgangsrassen in F_2 neu erscheinen. Nach dem, was wir über Dominanz und Rezessivität heute kennen, mußte natürlich auch dieses oder jenes charakteristische Merkmal jener Elternrasse, die Dominanz besaß, häufiger erscheinen, ein Umstand, der SANSON zur Meinung veranlaßte, es würde sich allmählich hauptsächlich nur eine Abart

Abb. 129. Lippizaner Pferd. (Majestoso XVII, von Majestoso Erga a. d., Nr. 69, Konversano-Virtuosa, geb., Fogarasz 1893.) Kopf nach dem altspanischen, Rumpf mehr nach dem arabischen Pferde. (Orig.-Phot. v. Prof. K. KELLER. Wien.)

der einen von den Elternrassen bei solchen Mischungen gewissermaßen von selbst herausbilden.

Diese Beobachtungen SANSONs sind nicht nur an und für sich richtig, sondern sie sind vom Standpunkt der modernen MENDELschen Vererbungslehre auch vollkommen erklärlich. Nach den heutigen Anschauungen geht es jedoch nicht an, darin eine Art von Atavismus zu sehen. Es handelt sich vielmehr in allen diesen Fällen um den gewöhnlichen, normalen Vererbungsgang, allerdings den spaltenden oder MENDELschen, der, wie wir bisher wissen, überall bei Rassenkreuzungen Platz greift. Je nachdem es sich um Dominanz oder Rezessivität eines bestimmten Merkmals handelt, und je nachdem, wie sich die vom Menschen geübte Zuchtwahl dazu stellt, werden die erzielten Kreuzungszuchten bald mehr der einen, bald der anderen Ausgangsrasse gleichen, eventuell aber auch bis zu einem gewissen Grade eine Mittelform aufweisen.

In die Frage des Atavismus brachte dann der Mendelismus Klarheit. Es konnte gezeigt werden, daß die bei weitem meisten Fälle von Atavismus eine Folge von ursprünglich erfolgter Aufspaltung und späterer Neukombination derjenigen Faktoren waren, welche hinter den betreffenden atavistisch auftretenden Merkmalen als veranlassende Ursache stecken. Atavismus betraf daher polygene Merkmale, d. h. solche, die aus mehreren Genen verschiedener Art hervorgingen. Durch die Domestikationsmutation wurden z. B. die beiden gemeinsam ein bestimmtes Merkmal bedingenden Faktoren getrennt und auf zwei verschiedene Zuchten (Rassen) verteilt. Beiden neuen Rassen fehlte somit das ursprüngliche Merkmal so lange, als sie getrennt für sich rein gezüchtet wurden. Wurden jedoch die beiden Rassen miteinander gekreuzt, dann vereinigten sich auch wieder diese beiden getrennt gewesenen Faktoren in der Zygote, und am so entstandenen Individuum trat das betreffende Merkmal als Atavismus hervor. Folgendes Beispiel aus der Färbung der Mäuse (siehe das Kapitel über Präsenz- und Absenzhypothese) mag den Vorgang erklären. Aus einer wildfärbigen grauen Maus = CC . GG . NN . ChCh entsteht durch Domestikationsmutation infolge Ausfalls des Faktors G für Grau eine schwarze Form = CC . gg . NN . ChCh. In einer anderen wildfarbigen grauen Zucht entsteht durch Ausfall des Faktors für das Chromogen (als Mutationsfolge) eine weiße, albinotische =

$$cc . GG . NN . ChCh.$$

Zur Hervorbringung der grauen Wildfarbe müssen die Faktoren C, G, N und Ch usw. in einer und derselben Zygote zusammentreffen. In unserem Falle geschieht dies, wenn wir die weiße Maus mit der schwarzen paaren; als F_1-Generation erhalten wir dann: Cc . Gg . NN . ChCh = eine graue Maus, die, wie ersichtlich, bezüglich der beiden Faktoren für Chromogen (Cc) und Zonenfärbung (Gg) heterozygot ist.

Dieser Neukombination war die Abspaltung einmal bezüglich des Faktors C, das andere Mal bezüglich des Faktors G vorangegangen, jeder von beiden Faktoren wurde auf eine andere, neu entstandene Farbenrasse verteilt, indem eine weiße, bzw. eine schwarze Rasse gebildet worden war. Spaltung und Neukombination sind daher in der Mehrzahl der Fälle die Vorbedingungen eines Atavismus.

Man kann nun den Atavismus mit PLATE einteilen: 1. In einen sogenannten Hybridatavismus und 2. in einen Spontanatavismus.

1. Hybridatavismus

Darunter versteht man, wie der Name andeutet, den durch Kreuzung ausgelösten Atavismus, bei welchem die betreffenden Merkmale, allgemein gesprochen, polygener Natur sind. Die Vereinigung dieser verschiedenen Faktoren kann schon in der F_1-Generation oder aber erst in der F_2-Generation erfolgen.

a) **Rückschläge, die in F_1 eintreten.** Diese Art, zu welcher das eben angeführte Beispiel von der Wildfarbe der Maus gehört, ist sehr häufig. In vielen Fällen können wir die sog. Wildfarbe, die meist auf Zonenfärbigkeit der Haare beruht, bei den verschiedenen Spezies bei Haustieren durch entsprechende Rassenkreuzungen beliebig hervorrufen, z. B. in analoger Weise wie bei den Mäusen auch bei Kaninchen und Meerschweinchen. Hieher gehört das an anderer Stelle mitgeteilte Beispiel der Kreuzung von zimtfarbigen mit schwarzen Meerschweinchen, welche in F_1 wild, d. h. agutifarbene (= wildfärbige) Tiere liefert:

AgAg . nn . BrBr . JJ × agag . NN . BrBr . JJ = Agag . Nn . BrBr . JJ, d.h. wildfarbige Tiere. Ferner: Kreuzt man scheckige japanische Tanzmäuse mit weißen albinotischen Hausmäusen, so erhält man eine wildfarbige, graue, nichttanzende F_1-Generation. Hier erhalten wir somit einen Rückschlag sowohl in bezug auf die Farbe, als wie auf die charakteristische Beschaffenheit des Nervensystems.

Die Kreuzung brauner mit gelben Kanarien liefert die grünlich gefärbte Farbe, welche die wilden Stammtiere der Kanarien auf Teneriffa besitzen. Ähnliche Wildfärbungen kommen aber manchmal dann zustande, wenn verschiedene Arten, Spezies, miteinander gekreuzt werden. Kreuzungen vom Stieglitz und gelben Kanarienvögeln liefern nach PLATE Produkte, welche am Rücken und den Seiten ähnliche Streifen zeigen wie die wilden Kanarien.

Wohl eines der schlagendsten und schönsten Beispiele für den Atavismus ist folgendes aus dem Pflanzenreich gewählte. BATESON kreuzte zwei durch verschieden geformte Staubgefäße gekennzeichnete Rassen von rein weißblühenden Lathyrus odoratus miteinander. Die F_1-Generation zeigt nun eine dunkelrote Blüte, ähnlich der in Sizilien einheimischen wilden Pflanze. Die einfache Erklärung ergibt sich aus der genotypischen Zusammensetzung beider Rassen:

1. Rasse: CC . rr (d. h. es ist allein der Faktor für Chromogen anwesend).
2. Rasse: cc . RR (d. h. es ist allein der Faktor für Rot anwesend).

F_1 ist dann: Cc . Rr = rotblühend, denn der Faktor für Chromogen muß mit dem für rote Farbe zusammen vorkommen, um überhaupt erst Farbe zu erzeugen. Ein äußerst auffallendes Beispiel von Färbungsatavismus liefert die Kaninchenzucht. Kreuzt man z. B. (nach CASTLE 1925) das blauäugige Wiener w e i ß e K a n i n c h e n mit einer bestimmten vollkommen weißen (genetisch ein gelbes Chinchilla Kaninchen vorstellenden) Rasse, so erhält man eine g r a u e, d. h. w i l d f ä r b i g e F_1-Generation.

Handelt es sich um auf verschiedene Zuchten oder Rassen verteilte Faktoren rezessiven Charakters, dann tritt ihre Vereinigung, d. i. der Atavismus, erst in F_2 ein.

b) **Rückschläge in der F_2-Generation.** Werden rosenkämmige Hamburger Hühner und erbsenkämmige Brahmas miteinander gekreuzt, so entsteht eine F_1-Generation mit sogenanntem Wallnußkamm. Und diese liefert eine F_2-Generation, innerhalb welcher als Atavismus auf die wilde Stammform des Huhnes (Gallus bankiva) der einfache Blätterkamm erscheint. Als zweites, berühmtes Beispiel dieser Art sei das von DARWIN seinerzeit ausgeführte und 1908 von STAPLES wiederholte Experiment mitgeteilt: Die Kreuzung der schwarzen Berber(Barb)taube mit der weißen Pfauentaube liefert eine F_1-Generation, die schwarz mit etwas weiß ist. Die F_2-Generation enthält dann auch einige Tiere mit blauem Gefieder und den schwarzen Endstreifen an den Schwanzfedern. Diese Färbung ist aber ein Atavismus auf die wilde Stammform der Haustaube, der Columba livia. Ferner: Paart man weiße japanische Seidenhühner mit weißen Italienern (Leghorns), dann erhält man in F_2 eine Anzahl von Individuen mit der Färbung des wilden Bankivahuhns.

2. Spontanatavismus

PLATE unterscheidet unter dieser Bezeichnung jene Form atavistischer Erscheinungen, welche o h n e vorhergegangener Rassenkreuzung nur infolge äußerer oder innerer (meist keineswegs bekannter) Reize plötzlich auftritt. Er unterscheidet innerhalb dieser Gruppe:

a) den **Degressionsatavismus.** Wenn eine lange Zeit hindurch latent gewesene Anlage plötzlich wieder (ohne Kreuzung) aktiv hervortritt. Hieher zählt PLATE das Wiederauftreten mehr oder weniger gut entwickelter Hörner innerhalb normalerweise vollkommen hornloser Rinderzuchten (z. B. Galloways, Suffolks), das Wiedererscheinen der sog. Livrée an Ferkeln verwilderter Schweine und das Erscheinen einer Kralle am Hinterfuß bei Hunden solcher Rassen, die damit nicht behaftet zu sein pflegen.

b) Den **progressiven Spontanatavismus.** Hieher rechnet PLATE Neubildungen, die eine verschieden weitgehende Ähnlichkeit (aber keine vollkommene Übereinstimmung) mit früheren phyletischen Zuständen besitzen. Es handelt sich hier — und dies ist der springende Punkt — nicht um eine genaue Wiederholung jenes einstigen Merkmals. Hieher gehören nach neuerer Auffassung z. B. die

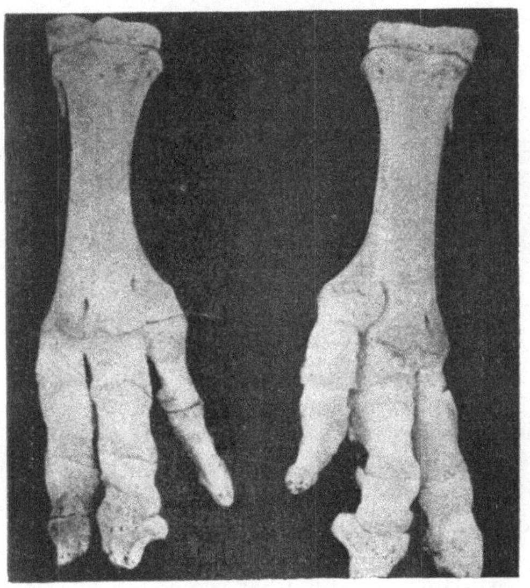

Abb. 130. Mehrzehige Rinderextremitäten. Als Rückschlag auf mehrzehige Vorfahren gedeutet. Wahrscheinlich jedoch als atavistisch orientierte Mutation anzusprechen. (Phot. n. SEVERSON, Journ. of Hered., 1918.)

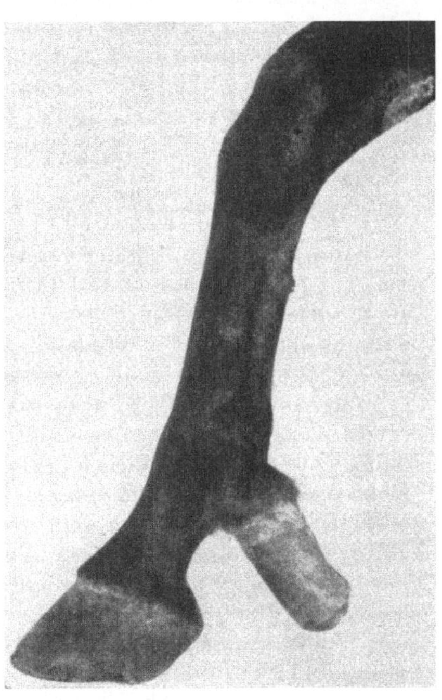

Abb. 131. Mehrzehige (hier zweizehige) Pferdeextremität, früher als Atavismus nach den mehrzehigen Pferdevorfahren angesehen. Richtiger wohl als atavistisch orientierte Mutation zu betrachten. (Phot. n. SEVERSON aus Journ. of Hered., 1918.)

Fälle von Pferden mit mehreren Zehen, also mit mehr oder weniger Hipparion ähnlichem Zehenbau. Wollte man dies als Atavismus deuten, so müßte man, abgesehen von der keineswegs vollkommenen anatomischen Übereinstimmung, annehmen, daß sich diese Art von Mehrzehigkeit geradezu durch Millionen von Jahren als latente Anlage erhalten habe. Es ist viel näherliegend, anzunehmen, daß es sich in diesen Fällen um Mutationen handelt, welche sich zufällig in der Richtung der bei den einstigen Hipparions vorhanden gewesenen Extremitätenbeschaffenheit bewegt. Deshalb möchte ich lieber diese Gruppe von Erscheinungen vom Atavismus vollkommen trennen oder eventuell zweckmäßiger als Mutationsatavismus bezeichnen, um anzuzeigen, daß es sich hier in erster Linie um eine Mutation, also um einen Neuerwerb handelt, der allerdings sich in gewissermaßen atavistischer Richtung bewegt.

c) Den **Kastrationsatavismus.** Es ist bekannt, daß durch frühzeitige Kastration sowohl männlicher als auch weiblicher Tiere sich eine Art von asexuellem Typus heranbildet, der in beiden Arten von Kastraten ein ähnliches Bild liefert. Und diese Form weist häufig auf gewisse Stamm- oder Ausgangsformen hin, ist gewissermaßen atavistischer Art. Allgemein bekannt ist z. B. die weitgehende Übereinstimmung des Schädelbaues von frühkastrierten Individuen der Rinder mit dem wilden Bos primigenius, Boj.

Ob man gewisse Hemmungsbildungen, die, wie z. B. der Kryptorchismus[1]) bei verschiedenen Haustieren und dem Menschen, mit gewissen Phasen des embryonalen Lebens übereinstimmen, auch noch zum Atavismus rechnen soll, mag dahingestellt bleiben. Es handelt sich hiebei um eine ausgesprochene Mißbildung, die auf einer Hemmungsbildung beruht.

II. Individualpotenz

Unter Individualpotenz versteht man in der landwirtschaftlichen Tierzucht jene Tatsache, vermöge welcher bestimmte Einzeltiere, gleichgültig welchen Geschlechtes, einen kleinen oder größeren Teil ihrer Merkmale und Eigenschaften in ungewöhnlich und auffallend sicherer und häufiger Weise vererben. Begreiflicherweise tritt diese gewissermaßen „verstärkte Vererbungskraft", mit der man sich solche Tiere ausgestattet dachte, bei männlichen Tieren deutlicher hervor als bei weiblichen, weil sie zu zahlreichen Paarungen verwendet werden können und natürlich eine viel größere Zahl von Nachkommen zu liefern pflegen. Solche Individuen „schlagen durch", wie man in der Praxis sagt, ihre Nachkommen aus verschiedenen, selbst recht verschiedenen Paarungen, erben besonders häufig die betreffenden Merkmale, wie verschieden sonst auch die zu den Paarungen verwendeten weiblichen Tiere gewesen sein mögen. Bis zum Erscheinen des Mendelismus gab es für diese Erfahrungstatsache der praktischen Zucht keine irgendwie befriedigende oder überzeugende Erklärung. Es kann daher nicht verwunderlich sein, wenn in der zweiten Hälfte des vorigen Jahrhundertes innerhalb der Tierzüchter ein erbitterter Streit über die Existenz oder Nichtexistenz dieser Individualpotenz geführt wurde. Zum Nachweis ihres Vorhandenseins wendete man die Aufmerksamkeit gerne besonders in die Augen springenden Merkmalen zu. SETTEGAST, Begründer und energischer Vertreter dieser Lehre wies daher darauf hin, daß gerade Neubildungen der Natur häufig mit einer das gewöhnliche Maß überragenden, gewissermaßen potenzierten Vererbungskraft ihrer Träger vereinigt seien. So sei es auch erklärlich, daß auf dem Boden dieser Individualpotenz neue Haustierrassen entstanden wären. In seinem berühmten Lehrbuche der Tierzucht führt SETTEGAST zwei Beispiele hiefür an, auf welche einzugehen es sich verlohnt, weil sie häufig zitiert werden. Durch Individualpotenz, so meint SETTEGAST, sei z. B. die sog. „Mauchamp-Rasse" des Schafes in folgender Art entstanden: Auf dem Gute Mauchamp im Departement de l'Aimes fiel im Jahre 1828 in der Merinoherde des Pächters Graux ein Bocklamm, welches statt der üblichen Merinowolle eine lange, kaum gewellte, seidenglänzende Wolle trug. Aufgezogen, vererbte dieser Bock vermöge der ihm zugeschriebenen Individualpotenz seine eigenartige Wollbeschaffenheit auf einen Teil seiner Nachkommen, so daß 20 Jahre später, trotz Ausmerze mancher mangelhaft gebauter seidenwolliger Tiere, diese neue Type auf bereits 131 Köpfe

---

[1]) Unter Kryptorchismus versteht man das Verbleiben der Hoden in der Bauchhöhle.

angewachsen war und der Stock einer „neuen Rasse", der Mauchamp-Rasse, wie man sie nannte, gegeben erschien.

Die neuere, kritische Nachprüfung dieser Entstehung der Mauchamp hat nun das interessante Resultat ergeben, daß es sich hier keineswegs, wie man eine Zeitlang dem neuen Stande der Wissenschaft entsprechend es meinte, um eine Mutation gehandelt hat, die, weil in Veränderungen des Keimplasmas begründet, erblich sein müßte, sondern, daß hier eine unbeabsichtigte, zufällige Paarung auf der Weide vorliegt. Ein Merino-Mutterschaf der Grauxschen Herde war von einem Bock einer englischen Glanzwollrasse der Nachbarschaft belegt worden und das bewußte Bocklamm war das Produkt dieser unbeabsichtigten Kreuzung. Die Mauchamp-Wolle ist in Wirklichkeit nichts anderes als eine Kreuzungstype, welche die neuerdings wieder modern gewordenen Meles — eine absichtlich erzeugte Merino-Leicester-Kreuzung — auch besitzen.

Wenn, zwecks Vermehrung dieser Type, es bei der Rückkreuzung zu keiner deutlichen und vollkommenen Aufspaltung kam, so ist das deshalb erklärlich, weil es sich bei den fraglichen Wolltypen um Polymerie handelt, welche die Häufigkeit des Auftretens speziell der rezessiven Merinowolle verringert. Überdies ist aber bekannt, daß ein Teil der nach dem Ausgangsbocke gefallenen Lämmer keine Glanzwolle besaß und ausgeschieden wurde. Dieses häufig zitierte Beispiel für das Walten der Individualpotenz entpuppte sich somit bei genauerem Zusehen als einfaches, ganz normales Kreuzungsergebnis, das weder mit der Individualpotenz noch mit Mutation etwas gemein hat.

Als zweites Schulbeispiel führt SETTEGAST die Entstehung des sog. Ankonoder Otterschafes in Nordamerika durch Individualpotenz an. In Massachusetts fiel vor Einführung der Merinos in einer Herde von Landschafen ein Bocklamm mit extrem kurzen Beinen. Wegen der häufigen Verluste an Schafen, welche die niedrigen Hürden nachts übersprangen und dem Raubwild zum Opfer fielen, waren kurzbeinige Formen erwünscht, und deshalb wurde dieses Bocklamm aufgezogen und zur Zucht verwendet. Weil es seine Kurzbeinigkeit vererbte, so gelang es durch geübte Zuchtwahl eine Type von Schafen mit gewissermaßen dachshundeartigen Beinen in jener Gegend zu erzüchten, welche selbst niedrige Hürden nicht zu übersetzen vermochten und daher beliebt waren.

Heute, da man wohl allgemein annimmt, daß auch die Mikromelie der Dachshunde in die große Gruppe der achondroplastischen Erscheinungen einzureihen ist, und da eine nicht geringe Zahl von sogenannten Rassen und Zuchten der Haustiere mehr oder weniger weit vorgeschrittene Achondroplasten sind (Bulldoggen, Kurzbeinziege, Dexter-Kerryrind, Tux-Zillertalerrind usw.) dürfte man wohl mit der Annahme kaum fehlgehen, daß auch diese heute ausgestorbenen Otterschafe in dieselbe Gruppe gehörten. Diese Achondroplasie, die in allen möglichen Übergängen vom normalen Individuum bis zur lebensunfähigen Mißgeburt auftreten kann, ist aber, wie man heute weiß, eine Domestikationsmutation pathologischen Charakters, welche bei Mensch und Tier gar nicht so selten auftritt, und die mit unvollkommen dominanten (schwankend dominanten) Vererbungsgange ausgestattet zu sein scheint. Auch in diesem Falle handelt es sich keineswegs um eine spezifische, um eine besonders verstärkte Vererbungskraft, vielmehr ist der Vererbungsgang ein den MENDELschen Regeln entsprechender.

Wie verhält sich nun die neue Vererbungslehre zur Lehre von der Individualpotenz ? Es ist sehr interessant zu sehen, wie „die Fähigkeit einzelner, besonders männlicher Tiere, bestimmte morphologische oder funktionelle Eigenschaften unabhängig von der Qualität des anderen Elters annähernd gleichmäßig auf die Nachkommen zu übertragen" (V. HAECKER), in befriedigender Weise mit Hilfe des Mendelismus erklärt werden kann. Und zwar durch:

1. Homozygotie dominanter Eigenschaften oder Merkmale. Jedes dominante Merkmal, das in homozygoter Form in einem Zuchttier vorhanden ist, wird von diesem mit voller Sicherheit auf dessen Nachkommen übertragen, entsprechend der bekannten Formel: $DD \times DR = DD\ (50\%) + DR\ (50\%)$ oder selbst $DD \times RR = DR\ (100\%)$. Um einen extremen Fall aus der Praxis anzuführen, erinnere ich an jenen in Frankreich gezogenen Schimmelhengst der englischen Vollblutpferderasse, der, weil bezüglich der Schimmelfarbe homozygot, ausschließlich (100%) Schimmel als Nachkommen hatte, welcher Farbe auch die mit ihm gepaarte Stute angehört haben mochte.

2. Dominant homozygote Beschaffenheit bezüglich solcher Merkmale, die durch mehrere gleichsinnig wirkende Gene (Polymerie) veranlaßt sind. Viel drastischer als im ersten Falle tritt in diesem die als Individualpotenz bisher angesprochene sichere Vererbung derartig ausgestatteter Tiere hervor. Nehmen wir den Fall an, ein bestimmtes Merkmal sei durch drei verschiedene, aber gleichsinnig wirkende Faktoren hervorgerufen $(D'D'\,.\,D''D''\,.\,D'''D''')$. Man kann dann sicher sein, daß bezüglich aller drei gleichsinnigen Gene homozygote Tiere sehr selten sein werden. Werden solche zufällig polymer homozygote Individuen z. B. mit solchen gepaart, welche das Merkmal mangelhaft oder eventuell gar nicht entwickelt haben (z. B. $D'd'\,.\,d''d''\,.\,d'''d'''$ bzw. $d'd'\,.\,d''d''\,.\,d'''d'''$), dann werden sie unter solchen Umständen kräftig durchschlagen und ihre Nachkommenschaft wird eine trotz großer Verschiedenheit der Muttertiere auffallende Übereinstimmung unter sich und mit dem Vatertier aufweisen. Als aus der Praxis entnommenes Beispiel möchte ich für diesen Fall einen von mir 1907 als Lamm aus Bochara importierten Bock der Karakulrasse anführen, der sowohl bei Dr. Duré, der das Böckchen an Ort und Stelle ausgesucht und erstanden hatte, als auch bei mir auffallend viel erstklassige Pelzqualitäten an den Lämmern erzeugte und der selbst als altes Tier und mitten in der Akklimatisation an das von unserem mährischen Gebirgsklima völlig verschiedene Keczkemeter Tieflandsklima Ungarns begriffen, dort an Kreuzungslämmern prachtvolle Qualitäten schuf.

Da wir annehmen müssen, daß mindestens drei oder noch mehr gleichsinnig wirkende Gene allein an der Bildung der Karakullocke (was ihre Drehung betrifft) beteiligt sind, woraus sich die große Mannigfaltigkeit der Pelzqualitäten selbst bei reinrassigen Tieren erklärt, können wir mit Sicherheit annehmen, daß der fragliche Bock bezüglich der meisten, falls nicht aller Lockenfaktoren tatsächlich homozygot gewesen ist.

3. Mutationen. Handelt es sich nicht um rasseliche oder gewöhnliche individuelle Eigenschaften oder Merkmale, sondern um neu auftretende, um sogenannte Mutationen, so werden alle jene mit einer größeren Sicherheit vererbt werden, deren Charakter dominant ist. Keineswegs immer tritt dabei die Mutation in homozygoter Form auf. In den häufig beobachteten Fällen, wo der Neuerwerb heterozygot erfolgt, wo nur die halbe Portion des dominanten Genes auftritt (wie z. B. bei den oft vorkommenden, spontanen Fällen von Stummelschwänzigkeit der Hunde), wird der bekannten Gleichung gemäß nur ungefähr die Hälfte aller Nachkommen das neue Merkmal besitzen. Mutationen werden also dann unter dem Bilde einer Individualpotenz in Erscheinung treten, wenn sie durch Entstehung eines neuen dominanten Faktors charakterisiert werden und ganz besonders dann, wenn derselbe sogleich in homozygoter Form auftritt. Aus der Fülle von hieher gehörenden Beispielen für dominante Mutationen sei etwa die Hornlosigkeit innerhalb normal gehörnter Rassen des Rindes oder Schafes oder der von Arenander an einer Kuh der schwedischen Landrasse beobachtete extrem niedrige und sich sicher vererbende Milchfettgehalt $(1\cdot75\%)$ angeführt.

4. Vorkommen verschieden beschaffener Blutstränge innerhalb einer Rasse oder Zucht. Auf folgenden interessanten Fall von als Individualpotenz in Erscheinung tretender Vererbung macht V. Haecker in seinem bekannten Lehrbuch über Vererbung aufmerksam: Setzt sich eine Rasse oder Zucht aus verschiedenen Stämmen, Blutsträngen (gewissermaßen „reine Linien") zusammen, welche bezüglich irgend eines Merkmals sich verschieden verhalten, z. B. die Stränge A, B, C, ... und ist bei diesen der Entwicklungsgrad dieses Merkmales oder dieser Eigenschaft etwa in der Weise abgestuft, daß a > b > c ... ist, dann wird nach Haecker bei der Paarung eines Individuums A etwa mit einem aus dem Blutstrange C usw. das Produkt die Eigenschaft a mehr oder weniger deutlich besitzen, das heißt sich besser verhalten wie die C-Individuen. Innerhalb dieser Stämme sind nun sowohl Plus- als auch Minusvarianten unter den Individuen vorhanden. Infolge irgend welcher Umwelteinflüsse können, wenn diese z. B. besonders günstige sein sollten, sogenannte Plusvarianten entstehen, oder, falls sie ungünstiger Natur sind (z. B. ungünstige Jugendernährung, Erkrankung usw.), werden Minusvarianten die Folge sein. Auf diese Weise erklärt sich das Auftreten von manchmal sehr guten oder leistungsfähigen Individuen innerhalb von Stämmen oder von Eltern mit durchschnittlich geringer Leistung, es sind eben Plusvarianten, die durch zufällig besonders günstige Daseinsverhältnisse sich besser verhalten, als sie es unter gewöhnlichen Verhältnissen ihrer genotypischen Beschaffenheit nach tun würden. Sie vererben jedoch ihre Anlage zu geringerer Leistungsfähigkeit trotzdem. Ebenso können Einzeltiere von sehr guter Abstammung und vorzüglichem Genotypus manchmal nichts besonderes leisten, wenn sie infolge schlechter Lebensverhältnisse (besonders in der Jugend) Minusvarianten guter Linien sind. Trotzdem aber werden solche Tiere ihre gute Anlage weitervererben und auffallend viel gute, leistungsfähige Nachkommen produzieren. In diese Kategorie dürfte offenbar jener Hengst des Wirtes Morgan gehört haben, welcher der Begründer der geschätzten nordamerikanischen Type von Halbblutpferden gleichen Namens wurde.

III. Vererbung des Geschlechtes

Die das Geschlechtsverhältnis angeblich regulierenden Faktoren

Die Frage nach der Art und Weise, auf welche die „Vererbung des Geschlechtes" erfolgt und nach einer willkürlichen Einflußnahme auf das Geschlecht der Neugeborenen bei Mensch und Tier, bewegt seit den ältesten Zeiten das Gemüt der Menschen. Ein französisches Bauernwort bezeichnet in etwas brutaler Weise diesen Gedanken: „O Gott, schenk mir nur Knaben und laß meine Haustiere nur weibliche Individuen gebären." Für den Gebrauchstierzüchter und den Durchschnittslandwirt — man denke an den Milch- oder Eierproduzenten — wäre die Möglichkeit, im Sinne einer Vermehrung der weiblichen Geburten vorzugehen, tatsächlich von großer Bedeutung. So erklärt sich denn auch die Heranziehung und Prüfung einer Unzahl von Faktoren, von denen man mit mehr oder weniger Recht einen regulierenden Einfluß auf das Geschlechtsverhältnis der Neugeborenen annahm.

Zunächst lehrt die Erfahrung, daß, wenn sich die Beobachtungen auf große Reihen von Geburten erstrecken, bei allen Arten von Haustieren männliche und weibliche Geburten im ungefähren Verhältnisse von 1:1 vorkommen. Ein genaues Hinzusehen lehrt jedoch, daß geringe Abweichungen bei allen Haustierarten auftreten, und daß dieselben um so größer zu sein pflegen, je kleiner das Beobachtungsmaterial ist. In der Fachliteratur wird das Verhältnis, in welchem männliche und weibliche Neugeborene vorkommen, gewöhnlich in der Weise ausgedrückt, daß man die auf je 100 weibliche entfallenden männlichen Geburten angibt und diese Zahl kurz als „Geschlechtsverhältnis" bezeichnet (z. B. 104 bis 107 beim Menschen). Dies Geschlechtsverhältnis ist verschieden je nach der untersuchten Haustierspezies, ferner nach Rasse, Schlag, Stamm, Familie, und selbst die Individualität spielt unter Umständen eine wichtige Rolle. Über die durch Spezies-Zugehörigkeit bedingten Verschiedenheiten des Geschlechtsverhältnisses geben folgende Ermittlungen einen Überblick:

1. Beim Menschen .... 104 bis 113 (nach Gebieten schwankend)
2.   „   Pferde .... 97·3 (nach M. WILCKENS)
3.   „   „   .... etwas über 100 (nach neueren Gestütsangaben)
4.   „   Rinde .... 107·3 (nach M. WILCKENS)
5.   „   „   .... 113·3 (nach PEARL und PARSHLEY)
6.   „   „   .... 100·12 (nach PEARL, neu)
7.   „   „   .... 101·58 (nach GOWEN)
8.   „   Schafe .... 97·4   (nach WILCKENS)
9.   „   Schwein ...... 111·8
10. Bei der Maus ...... 103·1 bis 104·1 (LITTLE und WELDON)
11. Beim Hund .... 118·5
12.   „   Huhn .... 93·4 bis 94·7 } nach CREW von verschiedenen
13. Bei der Taube ...... 115·0   } Beobachtern gesammelt

Einen experimentellen Beweis von dem bezüglich des Geschlechtsverhältnisses verschiedenen Verhalten bestimmter Stämme, erbrachte HELENE KING. Innerhalb einer wenig zahlreichen, nur von zwei Paaren herrührenden Population weißer Ratten vermochte sie zwei Stämme nachzuweisen, von denen der eine ein Geschlechtsverhältnis von 83, der andere hingegen von 125 besaß. Dieser große Unterschied beider Stämme im Geschlechtsverhältnis war erblicher Natur. Ähnliche Verhältnisse kommen bei allen Rassen der Haustiere vor und bieten dem Züchter die Gelegenheit, wenigstens in mäßigem Grade auf das Geschlechtsverhältnis seiner Zuchtprodukte Einfluß zu nehmen.

Das Vorkommen eines bestimmten, nur wenig von 1:1 abweichenden Geschlechtsverhältnisses brachte die Züchter schon früh auf die Vermutung, daß hierin der Ausdruck bestimmter regulierender Faktoren zu erblicken sei und veranlaßte die Suche nach solchen. Daß hiebei auch Irrwege beschritten wurden ist begreiflich, und A. LANG behält im allgemeinen wohl Recht, wenn er sagt: „Das Gebiet der Geschlechtsbestimmung ist das Dorado des Aberglaubens und der Unwissenschaftlichkeit."

Einige jener Momente, von denen man vermutete, daß sie das normale Geschlechtsverhältnis zu beeinflussen vermöchten, sollen im folgenden kurz berücksichtigt werden.

1. Bereits HIPPOKRATES lehrte im Altertume, daß aus den Produkten der rechten Keimdrüse beim Menschen männliche Individuen, aus jenen der linken weibliche hervorgingen und trug damit einem im Volke damals weit verbreiteten Glauben Rechnung. Dieser Gedanke tauchte von Zeit zu Zeit immer wieder bis in die neueste Zeit (1921 RUMLEY DAWSON) auf. Der experimentelle Beweis seiner Unrichtigkeit wurde vor zirka 1½ Dezennien von WYMER, dann von DONCASTER und MARSCHAL (einseitige Exstirpation ändert nichts am Geschlechtsverhältnisse usw.) erbracht.

2. Sehr alt ist ferner die Ansicht über den Einfluß des Alters der Zeugenden auf das kommende Geschlecht, eine Ansicht, die bereits von ARISTOTELES geäußert wurde. Wir finden diesen Gedanken, wenn auch etwas verändert, in

dem auf Grund großer statistischer Untersuchungen aufgestellten sogenannten HOFACKER-SADLERschen Gesetze wieder. Auch dieses wurde dann von KISCH etwas umgestaltet und lautet für den Menschen im wesentlichen folgenderart: a) wenn die Frau jung (20 bis 25 Jahre) ist, der Mann aber um mindestens 10 Jahre älter, dann entstehen bedeutend mehr Knaben als der Norm entspricht; b) ist die Frau älter als 26 Jahre und der Mann um 10 Jahre älter, dann sind noch mehr Knaben zu gewärtigen; c) ist die Frau unter 20 Jahren und der Mann in mittleren Jahren, dann entstehen weniger Knaben als normal; d) sind beide Gatten gleich alt, dann sind mehr weibliche Kinder zu erwarten; e) ist die Frau älter als der Mann, dann tritt ein mäßiger Knabenüberschuß ein.

3. Um die Mitte des vorigen Jahrhundertes spielte namentlich in den Kreisen der Schafzüchter die etwas rätselhafte Vorstellung von einer sogenannten „geschlechtlichen Kraft" eine wichtige Rolle unter den geschlechtsbestimmenden Ursachen. Ein gewisser MARTEGOUT hat auf Grund von Beobachtungen in der Schäferei des Herrn Violett in Blanc behauptet, daß, solange die geschlechtliche Kraft eines Bockes eine große sei, das heißt zu Beginn des Brünstigwerdens der Mutterschafe, derselbe vorwiegend sein männliches Geschlecht vererbe; später, wenn die Hauptmenge der Mütter in Brunst gerate, der Bock daher überanstrengt und in seiner „geschlechtlichen Kraft" geschwächt werde, resultierten vorwiegend weibliche Lämmer. Endlich in der dritten Periode, da es sich nur mehr um vereinzelte Nachzügler der Brunst handle, steige wieder mit der geschlechtlichen Kraft des Bockes die Zahl seiner männlichen Nachkommen. MARTEGOUT charakterisiert diese drei Perioden folgenderart:

1. Lämmer der 1. Brunstperiode .... 76·80% männlich
2.   „   „ 2.   „   .... 16·60%   „
3.   „   „ 3.   „   .... 69·23%   „

Diese schönen Zahlen erhielten jedoch später durch einen Herrn VAN DEN BOSCH eine Korrektur. Auf Grund zehnjähriger Beobachtungen in seiner Schafherde erhielt er bei den aus den gleichen Brunstperioden stammenden Lämmern folgende Geschlechtsverhältnisse:

1. Periode 1 .... 44·4% männliche Lämmer
2.   „   2 .... 47·9%   „   „
3.   „   3 .... 48·4%   „   „

Es braucht wohl nicht erst besonders hervorgehoben zu werden, daß man sich unter größerer oder kleinerer „geschlechtlicher Kraft" nichts bestimmtes vorstellen kann; und wenn man als Ausdruck derselben etwa einen stärkeren Geschlechtstrieb annehmen wollte, so ist es nicht gut einzusehen, was derselbe mit der Vererbung des Geschlechtes zu tun haben kann.

4. Geschlechtsverhältnis und Jahreszeit der Zeugung. In der zweiten Hälfte des vorigen Jahrhundertes trat der Züricher Frauenarzt BRESLAU mit der Behauptung hervor, daß aus den in den sechs wärmeren Monaten des Jahres erfolgten Konzeptionen relativ weniger Knaben entspringen würden und umgekehrt mehr Knaben aus den im Winter vor sich gegangenen Befruchtungen. Es sei also gerade jene Jahreszeit, in welcher die Fruchtbarkeit, die Zahl der erfolgten Konzeptionen, größer sei (der Sommer), durch ein niedriges Geschlechtsverhältnis ausgezeichnet. Relativ am meisten Knabengeburten gingen aus Frühlingskonzeptionen hervor. Die Beziehungen zwischen dem Geschlechtsverhältnis suchte man ganz allgemein aus dem vermuteten verschiedenartigen körperlichen Verhalten der Eltern in den verschiedenen Jahreszeiten abzuleiten.

Auch dieser Gedanke wurde später von anderen Beobachtern (M. WILCKENS,

Heape, Dighton und anderen) aufgegriffen und mit zum Teil einander recht widersprechenden Zahlen widerlegt. Auf Grund eines großen, beim englischen Windhund (Greyhound) gesammelten Materiales findet z. B. Dighton, daß das niedrigste Geschlechtsverhältnis (87·6 bis 104) den im Oktober bis Dezember gezeugten Jungen entspricht, und das höchste (106 bis 122) den im Juli bis September gezeugten. Jedoch auch bezüglich des Hundes weichen die Resultate neuester Arbeiten von denen Dightons ab.

5. Die reichliche Ernährung der Frucht im Mutterleibe in ihrem Einfluß auf das Geschlechtsverhältnis. Ploss, ein Frauenarzt in Leipzig, machte die Beobachtung, daß gerade in den reichen Familien, wo Wohlleben und Luxusernährung vorherrschen, die Zahl der weiblichen Geburten eine auffallend erhöhte ist. Zur Erklärung dieses Umstandes nahm er an, daß die reichliche Ernährung der Frucht im Mutterleibe hieran Schuld sei. Reiche Ernährung des Fötus bedinge die Ausbildung weiblichen Geschlechtes. Wilckens hat diesen Gedanken aufgegriffen und versuchte ihn durch Beobachtungen in Gestüten und Rinderherden zu erhärten. Zu Kisber und Babolna fand er, daß 96 gut genährte Stuten 67 Stut- und 29 Hengstfohlen brachten (100:43), 119 schlecht genährte Stuten 36 Stut- und 83 Hengstfohlen brachten (100:231).

Ferner stellte er in verschiedenen Rinderherden fest, daß 1751 milchreiche Kühe 814 Kuh- und 937 Stierkälber hatten (100:115·1), 1514 schlechtere Melkkühe 754 Kuh- und 760 Stierkälber hatten (100:100·8).

Die Prüfung dieser Hypothese auf ihre eventuelle Richtigkeit stößt insoferne auf große Schwierigkeiten, als es strenge genommen kaum möglich ist, unter den Verhältnissen der Praxis ein richtiges Bild über die Ernährungsverhältnisse des Fötus zu erlangen. Ein guter Ernährungszustand des Mutterindividuums braucht noch keineswegs einen solchen der Frucht bedingen.

6. Das Geschlechtsverhältnis in Beziehung zu den aufeinanderfolgenden Trächtigkeiten. Vielfach besteht die Ansicht, daß das Geschlechtsverhältnis in den ersten Würfen ein höheres sei, und daß dasselbe sich mit den aufeinanderfolgenden Würfen erniedrige. H. King (1915) z. B. stellte für weiße Ratten in den ersten Würfen ein Geschlechtsverhältnis von 122 fest. Dasselbe sank mit den weiteren Geburten und betrug im dritten und vierten Wurf nur mehr 101·6 bzw. 103·1. Dies Moment scheint ein Analogon in der Geflügelzucht zu besitzen. Auch bei den Geflügelzüchtern besteht die Ansicht, daß die ersten, von einer jungen Henne gelegten Eier bei den daraus erbrüteten Kücken ein erhöhtes Geschlechtsverhältnis liefern. Mit fortschreitender Legezeit nähme allmählich die relative Zahl der männlichen Individuen ab und erlange am Ende der ersten Legeperiode den niedrigsten Wert. Folgende, von Jull (1923 zit. nach Crew) im Versuche mit 45 Hennen gefundenen Zahlen illustrieren das Gesagte:

Legeziffern der Eier:	Geschlechtsverhältnis:
0 bis 20	62·91 ± 1·44
21 „ 40	57·46
41 „ 60	45·00
61 „ 80	44·61
81 „ 100	37·65
101 „ 120	32·53 ± 1·15

7. Hieran schließen sich dann die Beobachtungen über den Einfluß der geschlechtlichen Beanspruchung auf das Geschlechtsverhältnis. Hays (1921 zit. nach Crew) fand beim Kaninchen, daß, während beim ersten Sprung der Böcke in den resultierenden Würfen ein Überschuß an männlichen Individuen vorhanden ist (56·33%$_0$♂), sich das Geschlechtsverhältnis mit den

folgenden Sprüngen immer mehr erniedrigte, so daß nach dem zehnten Sprung der Prozentsatz von männlichen Jungen auf 44·44% sank, um nach dem zwanzigsten gar nur mehr 21·87% zu betragen (siehe hiezu das unter Punkt 3 dieses Kapitels Gesagte).

8. Geschlechtsverhältnis und Zahl der Jungen im Wurfe. Vielfach wurde behauptet, daß das Geschlechtsverhältnis mehrgebärender Tiere bis zu einem gewissen Grade von der Zahl der Jungen im Wurfe abhängig sei. M. WILCKENS verknüpfte diese Ansicht mit der PLOSSschen Annahme und glaubte z. B. beim Schweine einen Einfluß der Jungenzahl auf das Geschlechtsverhältnis insoferne feststellen zu können, als bei jenen Würfen, die aus zahlreichen Individuen bestehen, das männliche Geschlecht der Ferkel relativ häufiger, als es der Norm entspricht, auftrete, und daß umgekehrt individuenarme Würfe relativ mehr weibliche Tiere enthalten. Das ersterwähnte Verhalten sei dann verständlich, wenn man beachte, daß die größere Zahl von Jungen im Wurfe eine schlechtere Ernährung der Einzeltiere bedinge; in den individuenarmen Würfen hingegen sei der umgekehrte Fall gegeben. Spätere Untersuchungen (von WENTWORTH, MACHENS und PARKES) zeitigten widersprechende Ergebnisse. Neueste, von AGNES BLUHM (1924) mit großer Sorgfalt mit Mäusen durchgeführte Versuche haben jedoch die von WILCKENS angeführte Tatsache einer größeren Männchenziffer in individuenreichen Würfen bestätigt und über alle Zweifel erhoben; nur die Erklärung lautet anders. Wenn in großen Würfen relativ mehr männliche Individuen und in kleinen relativ weniger Männchen vorkommen, so liegt der Grund hievon darin, daß die kleinen Würfe solche sind, von welchen eine relativ größere Zahl von Embryonen absterben und resorbiert wurden. Nun ist es eine bekannte Tatsache, daß im Mutterleibe wesentlich mehr männliche Individuen zugrunde gehen als weibliche. So erklären sich die widersprechenden Resultate (Vorkommen oder Fehlen dieser Art letaler Gene in verschiedenen Stämmen).

9. Der Reifegrad des Eies im Augenblicke der Befruchtung und das Geschlechtsverhältnis. Im Jahre 1863 trat der Genfer Botaniker THURY mit folgender Hypothese in die Öffentlichkeit. Wird ein Ei möglichst bald nach dem Verlassen des Eierstockes, d. h. also in einem Zustand unvollkommener Reife befruchtet, dann entwickelt sich aus ihm ein weibliches Individuum. Erfolgt hingegen die Befruchtung möglichst spät, bei dem gewissermaßen überreifen Ei, dann entsteht ein männliches Individuum. Bei der ersten praktischen Prüfung, die mit Rindern in der Weise durchgeführt wurde, daß, um weibliche Tiere zu erhalten, die Belegung sofort bei den ersten Anzeichen der Brunst der Kühe veranlaßt wurde, erhielt der Landwirt Condroz nach 29 fruchtbaren Paarungen 22 Kuhkälber und nur 7 Stierkälber. Die Sache schien also praktisch brauchbar und wichtig zu sein. Später vorgenommene vereinzelte Prüfungen ergaben ein weniger klares Resultat, namentlich auch die zu Eldena ausgeführten Versuche, wo — es wurden Kuhkälber gewünscht — das Verhältnis der Stier- zu den Kuhkälbern sich wie 77:83 verhielt. So geriet die THURYsche Hypothese allmählich in Vergessenheit, bis sie anfangs dieses Jahrhunderts wieder zu neuem Ansehen gelangte. Es war R. HERTWIG, der, mit bestimmt gewählten Versuchstieren (Fröschen) arbeitend, einwandfrei zeigen konnte, daß der Reifegrad im Augenblicke der Befruchtung tatsächlich von ausschlaggebender Bedeutung für die Geschlechtsbildung ist.

HERTWIG zwang seine weiblichen Frösche, die Eier über die normale Zeit im Uterus zurückzuhalten. Im ersten Versuch, in dem die Eiablage zirka 64 Stunden verhindert wurde, die Eier zum Teil überreif sein mußten, erhielt HERTWIG nach der Befruchtung dieser Eier 24 weibliche und 177 männliche Individuen.

Der Kontrollversuch lieferte hier 89 Männchen und 99 Weibchen. Spätere Versuche derselben Art von KUSCHAKIEWICZ bzw. HERTWIG, bei denen die Eiablage 89 bzw. 94 Stunden verzögert wurde, ergaben ein absolut positives Resultat. Weibliche Tiere wurden überhaupt nicht gebildet, während Männchen in der Menge von 299 bzw. 271 auftraten.

Die Sterblichkeit war in diesen Versuchen sogar etwas niedriger als bei den Kontrollversuchen, ein Beweis, daß aus der künstlich verursachten Überreife keinerlei Schädigung für die Eier resultierte und keinerlei Selektion veranlaßt worden war.

In Amerika wurde die Richtigkeit dieser Hypothese bzw. ihre praktische Anwendbarkeit beim Rinde in den letzten Jahren von PEARL und SALAMAN an der Hand eines großen Materiales neuerdings geprüft und gefunden: 1. daß von frühzeitig befruchteten (im Anfang der Brunst befindlichen) Kühen 75·3 Stierkälber zu 100 Kuhkälbern stammten. Erfolgte die Befruchtung im mittleren Stadium der Brunst, dann war das Geschlechtsverhältnis 115·5. Gegen Ende der Brunst belegte Kühe lieferten hingegen 175 Stierkälber auf je 100 Kuhkälber.

Diese auf Grund eines großen Materials und unter Verwendung der biometrischen Methode erhaltenen Resultate sprechen unzweideutig für die Gültigkeit der THURYschen Hypothese auch bei den Säugetieren. Die in der Natur der Sache gelegene mangelhafte Beherrschung der sich abspielenden physiologischen Vorgänge bedingt begreiflicherweise ein weniger durchschlagendes Resultat als wie bei den Versuchen mit Fröschen. Allerdings darf nicht verschwiegen werden, daß eine spätere Prüfung dieser Frage durch PEARL (1917) seinen ersten Befund nicht bestätigte.

Die THURYsche Hypothese vom Einflusse des Reifegrades des Eies im Augenblicke der Befruchtung auf die Geschlechtsbildung der Frucht fand auch beim Menschen Anwendung. Diesbezüglich veröffentlichte SIEGEL folgende Tabelle, nach welcher aus jener seit der letzten Menstruation verflossenen Zeit, der Reifegrad des Eies bei der in einem bestimmten Zeitpunkte erfolgten Kohabitation erschlossen werden kann. Der sich ergebende Reifegrad läßt dann ferner wieder mit einer gewissen Wahrscheinlichkeit das Geschlecht der werdenden Frucht bestimmen.

Kohabitationstermin und Kindesgeschlecht (SIEGEL).

Menstruationszyklus	Aus der Kohabitation in folgenden Tagen nach der Menstruation sind mit 90⁰/₀ Wahrscheinlichkeit zu erwarten	
	Knaben	Mädchen
3 Wochen	1.— 7. und 21.	13.—19.
3—4 ,,	1.— 7.	15.—19.
4 ,,	1.— 9. und 27.—28.	15.—23.
4—5 ,,	1.— 9.	18.—23.
5 ,,	1.—11. und 33.—35.	18.—27.
3—5 ,,	1.— 7.	18.—19.

Zum Verständnis dieser Tabelle und des SIEGELschen Gedankenganges muß hinzugefügt werden, daß SIEGEL die alte Ansicht vom Zusammenfallen der Menstruation mit dem Austritte eines Eies aus dem Ovarium nicht teilt. Mit neueren Physiologen nimmt er an, daß der Follikelsprung in der Zwischenzeit zwischen den aufeinanderfolgenden Menstruationen liegt.

An einer großen Anzahl von während des Weltkrieges gemachten Beobachtungen will SIEGEL die Richtigkeit der THURYschen Hypothese und ihre Anwendbarkeit in der von ihm vorgeschlagenen Form für den Menschen erwiesen haben. Es darf jedoch nicht verschwiegen werden, daß hierüber auch weniger günstig lautende Erfahrungen vorliegen.

10. Die Lebhaftigkeit des Stoffwechsels als geschlechtsbeeinflussender Faktor wurde von dem Wiener Physiologen SCHENK behauptet. Ursprünglich wollte er im Auftreten von Spuren von Zucker im Harn der schwangeren Frau den schwächeren Stoffwechsel erkennen, der seiner Meinung nach eine weibliche Frucht bedingen sollte. Später änderte er seine Ansicht dahin ab, daß er eine gewisse Menge von Harnstickstoff als Maß des energischen Stoffwechsels betrachtete, durch den vorwiegend männliche Früchte erzielt werden sollten. Die Resultate stimmten nicht, die entsprechend eingeleiteten Stoffwechselkuren besserten nichts, und die „SCHENKsche Hypothese" verschwand rasch wieder nicht nur von der medizinischen Tagesordnung, sondern auch aus den Spalten der für sie ein besonderes Interesse zeigenden Tagesblätter.

11. In den Neunzigerjahren des vorigen Jahrhunderts kam von Amerika die Hypothese des texanischen Farmers FIQUET nach Europa und fand vorübergehend Anhänger. FIQUET behauptete, bei Weiderindern beobachtet zu haben, daß, wenn die Kühe nach strengen Wintern stark herabgekommen waren und sie dann von kräftigen, gut gepflegten Stieren belegt wurden, auffallend viele Kuhkälber resultierten. Er glaubte aus dieser Beobachtung die Lehre ableiten zu dürfen, daß bei Nachkommen einer Paarung jenes Geschlecht größere Aussicht habe aufzutreten, dessen elterlicher Träger im gegebenen Falle am hinfälligsten und daher am meisten gefährdet sei. Es bildet sich also vorwiegend jenes Geschlecht, nach welchem im Zeitpunkt der Paarung gewissermaßen der dringlichste Bedarf sei. Diese teleologisch gefärbte Erklärung der behaupteten Beobachtungen FIQUETS hatte viel Bestechendes an sich; auch schien sie sich nicht allzu schwer in der Praxis anwenden zu lassen. Es genügte darnach, jene Tiere, deren Geschlecht man in vermehrter Menge bei den Nachkommen wünschte, auf geeignete Weise (durch Ernährung, große körperliche Anstrengung, eventuell bei männlichen Tieren durch vorherige große geschlechtliche Inanspruchnahme) in ihrer körperlichen Verfassung herabzustimmen. Verschiedentliche Versuche in dieser Richtung lieferten jedoch ebenfalls kein befriedigendes Ergebnis.

12. Geschlechtsverhältnis und Spezieskreuzung. Bei zahlreichen Spezieskreuzungen erfolgt eine tiefgreifende Änderung des Geschlechtsverhältnisses insoferne, als je nach der in Frage kommenden Tiergruppe das eine Geschlecht allein oder nahezu allein auftritt. Das bei solchen Kreuzungen vollkommen fehlende oder aber selten auftretende Geschlecht ist nach HALDANE das jeweils heterogametische. Daher gilt dies bei Säugetieren für das männliche, bei Vögel für das weibliche Geschlecht, weil dieses bei den Vögeln das heterogametische ist.

Als Beispiel mag für die Säugetiere die Kreuzung Wisent-Hausrind (Bison americanus oder Bos bonasus × Bos taurus) dienen. Aus solchen Paarungen resultieren vorwiegend weibliche Bastarde, männliche sind sehr selten, und wenn sie vorkommen, dann bereitet ihre Geburt große Schwierigkeiten, und überdies sind sie mit einer geringen Lebensfähigkeit ausgestattet.

Aus dem Bereiche von Spezieskreuzungen bei Vögeln seien folgende von CREW nach verschiedenen Versuchsanstellern zusammengestellte angeführt:

Streptopelia risoria × Columba livia 38♂:0♀.
Streptopelia alba risoria × Columba livia 11♂:0♀.
Streptopelia risoria × Zenaidura carolinensis 16♂:0♀.
Gallus domesticus × Phasianus colchicus 100♂:0♀.

Zum Schlusse seien mehr der Kuriosität wegen noch zwei Ansichten über die Beeinflussung des kommenden Geschlechtes angeführt, welche bereits das Gebiet züchterischen Aberglaubens streifen. Manche glauben, daß sich das auftretende Geschlecht abwechselnd mit der Brunst ändere. Bringt z. B. eine Kuh ein Stierkalb, so werden die aus der nach der Geburt auftretenden 1., 3., 5. usw. (n+1.) Brunst resultierenden Jungen weiblichen, hingegen jene, die aus der 2., 4., 6. usw. (n-ten) Brunst hervorgehen, männlichen Geschlechtes sein. Zur Begründung wurde angeführt, daß die beiden Ovarien abwechselnd reife Eier produzieren würden, und daß (siehe Seite 200) jedes der beiden Ovarien Eier eines bestimmten Geschlechtes hervorbringe.

Naiv ist endlich die manchmal geäußerte Meinung, daß beispielsweise nach der Befruchtung einer Kuh mit milchgefülltem Euter ein weibliches Kalb, umgekehrt, nach dem Belegen einer vorher ausgemolkenen Kuh aber ein Stierkalb zu erwarten sei.

All den verschiedenen Ansichten über Art und Weise, auf welche die Geschlechtsbildung erfolgen soll, steht die moderne, auf dem Mendelismus und auf zytologischen Beobachtungen fußende Anschauung hierüber, gegenüber. Inwieweit es möglich ist, von diesem Standpunkte aus ein Verständnis jener von der Norm abweichenden Geschlechtsverhältnisse zu gewinnen, sollen die folgenden Ausführungen lehren.

Vom mendelistischen Standpunkte aus sollte nach dem an anderer Stelle Gesagten das Geschlechtsverhältnis bei unseren Haustieren genau wie 100:100 sein, wobei allerdings für alle befruchteten Eier eine gleiche Lebens- und Entwicklungsfähigkeit angenommen wird. Nun lehren aber genaue Beobachtungen, daß immerhin mäßige Abweichungen hievon die Regel sind. Man muß daher zunächst annehmen, daß aus irgend welchen Gründen bereits von dem heterogametischen Geschlechte die beiden Arten von Gameten nicht in gleicher Menge gebildet werden.

Ehe auf die einen solchen Vorgang bedingenden Gründe eingegangen werden soll, ist zu berücksichtigen, daß ganz allgemein dreierlei Arten des Geschlechtsverhältnisses zu unterscheiden sind: das primäre, sekundäre und tertiäre. Unter primärem Geschlechtsverhältnis versteht man jenes, welches den eben entstandenen Zygoten zukommt; sekundäres Geschlechtsverhältnis ist das bei den neugeborenen vorkommende und tertiäres ist das an den erwachsenen Tieren vorhandene. Es ist bekannt, daß die drei Arten von Geschlechtsverhältnis keineswegs miteinander genau übereinstimmen. So wird beim Menschen ein primäres Geschlechtsverhältnis von etwa 120 angenommen, während das sekundäre etwa 106 ist. Und beim Rinde ist ersteres 123, letzteres 107. Es tritt offenbar ein häufigeres Absterben männlicher Früchte während der Trächtigkeit ein. Ähnlich ist auch das tertiäre Geschlechtsverhältnis beim Menschen verschieden vom sekundären, es ist erwiesenermaßen durch das häufigere Absterben der Knaben kleiner als dieses. Wir haben hier somit sowohl einen pränatalen als auch postnatalen Ausscheidungsvorgang männlicher Früchte oder Individuen vor uns, dessen Folge dann ein abgeändertes Geschlechtsverhältnis ist.

Zunächst gilt es die Frage zu beantworten, auf welche Weise eine Abänderung des primären Geschlechtsverhältnisses möglich ist, d. h. unter welchen Umständen vom heterogametischen Geschlecht die zwei verschiedenen Arten von Geschlechtszellen in ungleicher Anzahl gebildet werden können. Beim Versuche, alle jene Momente, welche hier eine Rolle spielen, zu besprechen, möchte ich in der Hauptsache den einschlägigen klaren Ausführungen CREWS folgen. Bei Schmetterlingen und Vögeln ist bekanntlich das weibliche Geschlecht das heterogametische, dasjenige, welches zwei Arten von Geschlechtszellen (X- und Y-Chromosom führende Eier) erzeugt. Unter normalen Verhältnissen geht bei der Polkörperbildung entweder das X- oder das Y-Chromosom in das erste Polkörperchen über, so daß, weil dieser Prozeß in gleicher Weise beide Arten von Chromosomen betrifft, X- und Y-Chromosom führende Eier ebenfalls in gleicher Menge resultieren müssen. Wenn jedoch aus unbekannten Gründen mehr X-Chromosome als Y-Chromosome ausgestoßen werden, dann müssen natürlich Y-Chromosom führende Eier in größerer Anzahl entstehen, welche, wenn später von den homogametischen (stets X-Chromosome führenden) Spermien befruchtet, entsprechend mehr weibliche Zygoten liefern. Dann ist das primäre Geschlechtsverhältnis zugunsten des weiblichen Geschlechts gestört. Für Talaeparia tubulosa hat SEILER (1920) gezeigt, daß es möglich ist, die Entstehung von männlich, bzw. weiblich orientierten Eiern willkürlich zu beeinflussen, und zwar, wie die folgende Tabelle zeigt, durch Verwendung verschiedener Temperaturen.

| Temperatur | X-Chromosom | | Geschlechts-verhältnis |
	im Ei verblieben	in den Polarkörper übergegangen	
18° C	61	45	136 : 100
35—37° C	52	84	62 : 100
3·5° C	48	31	155 : 100

Auf ähnliche Weise scheinen auch die früher zitierten, an Fröschen gewonnenen Resultate HERTWIGS und KUSCHAKIEWICZ' ihre Erklärung zu finden, insoferne, als es durch die künstlich veranlaßte Überreife der Eier zu einseitig vermehrtem Übertritt vom Y-Chromosomen in das Polkörperchen und somit zu vermehrter (bzw. ausschließlicher) Produktion von männlichen Individuen kam.

Außer durch solche und ähnliche abwegige Vorgänge bei der Reifeteilung des Eies können auch noch auf andere Weise Änderungen des primären Geschlechtsverhältnisses hervorgerufen werden. In jenen Fällen, wo das männliche Geschlecht das heterogametische ist (Säugetiere, Drosophila), können sich die produzierten beiden Arten von Spermatozoiden (nämlich die das X-Chromosom oder das Y-Chromosom führenden) hinsichtlich ihrer Beweglichkeit, Lebensfähigkeit oder Empfindlichkeit gegenüber verschiedenen Schädlichkeiten verschieden verhalten. Aus dem verschiedenen Bau dieser beiden Arten von Spermatozoiden (X-Chromosom führende Weibchenbestimmer und Y-Chromosom führende Männchenbestimmer) und vor allem aus ihrem verschiedenen Gehalt an Chromatin ergibt sich das Verständnis für verschiedene Grade von Beweglichkeit und der Schnelligkeit beim Wettlauf nach dem zu befruchtenden Ei. Diesbezüglich kann der Unterschied besonders bei der Einwirkung verschiedener Schädlichkeiten chemischer Natur auf beide Spermiengruppen deutlich hervortreten.

In überzeugender Weise sprechen für diese Anschauung die Versuche von AGNES BLUHM (1924). Sie zeigte, daß durch Behandlung von Männchen weißer Mäuse mit bestimmten Drogen (Alkohol, Yohimbin-Spiegel und Koffein) die Zahl ihrer männlichen Nachkommen gegenüber den weiblichen erheblich gesteigert wird. Hingegen hatte umgekehrt die Behandlung weiblicher weißer Mäuse keinen Einfluß auf das Geschlechtsverhältnis. Die Resultate des Alkoholversuchs lauten: 67 vollständige Würfe, die aus Paarungen normaler, unbehandelter Weibchen mit alkoholisierten Männchen entsprangen, lieferten 331 Junge mit einem Geschlechtsverhältnis von 122·14 (= 54·98% ♂).

In Anbetracht dessen, daß der von A. BLUHM benützte Mäusestamm unter normalen Verhältnissen ein Geschlechtsverhältnis von nur 79·8 ($= 44\cdot38\%\,\male$) besaß, kommt die Verfasserin zu dem Schlusse: „Die starke Alkoholvergiftung des Vaters hat also zu einer erheblichen Verschiebung des Geschlechtsverhältnisses zugunsten der Männchen geführt." Daß es sich im vorliegenden Falle keineswegs um einen Zufall handelte, beweist das normale Geschlechtsverhältnis der Nachkommen derselben zum Alkoholversuch benützten Männchen vor und nach der Alkoholperiode. Bei den Nachkommen derselben Väter, die während der Abstinenzperiode von diesen erzeugt worden waren, stellte sich sehr charakteristisch ein sofortiger und jäher Abfall des Geschlechtsverhältnisses gegenüber demjenigen der Alkoholperiode ein. Zur Gegenprobe dienten 35 Weibchen, die in gleicher Weise wie in der anderen Versuchsreihe die Männchen alkoholisiert und mit nicht alkoholbehandelten Mäusen gepaart wurden. Sie lieferten nur neun vollständige Würfe mit einem Geschlechtsverhältnisse von 100:100.

Die Erklärung dieser durch Alkoholisieren der heterogametischen Männchen weißer Mäuse veranlaßten Erhöhung des Geschlechtsverhältnisses, der Männchenzahl, liegt nach A. BLUHM in der lähmenden Wirkung, welche der Alkohol (nach einem vorhergehenden, kurzen Erregungsstadium) auf das Plasma der Spermien ausübt. Durch den Alkoholrausch sei die Beweglichkeit jener das weibliche Geschlecht bedingenden, das X-Chromosom führenden Spermien stärker oder länger herabgesetzt worden, als diejenige der Männchenbestimmer unter den Spermien. Daß erstere von der Alkoholnarkose stärker getroffen werden als letztere, soll auf ihrer chromatinreicheren Beschaffenheit beruhen. Anderseits seien die Männchenbestimmer unter den Spermien chromatinärmer, deshalb könne sich die lähmende Wirkung des Alkohols bei ihnen weniger stark geltend machen, sie seien daher beweglicher, rascher und erreichen die zu befruchtenden Eier beim Wettlaufe eher und in größerer Zahl als die chromatinreicheren und daher stärker beeinträchtigten Weibchenbestimmer.

Die Berechtigung der BLUHMschen Erklärung, d. i. der Annahme einer lähmenden Wirkung des Alkohols auf die Spermien, ergibt sich aus folgendem von COLE und DAVIES (1914) durchgeführten Kaninchenversuch (zit. nach CREW, 1925). Ein weibliches Kaninchen wurde unmittelbar nacheinander von den verschiedenen Rassen angehörenden Rammlern A und B gedeckt. In wiederholten Fällen fiel die Mehrzahl der Jungen nach dem A-Rammler. Seine Spermien waren offenbar die beweglicheren. Wurde nun die Doppelbefruchtung des weiblichen Kaninchens in der Weise vorgenommen, daß das Sperma des durchschlagenden Rammlers A derart mit Alkohol behandelt wurde, daß es, wenn auch geschwächt, trotzdem für sich allein noch immer befruchtungsfähig war, dann zeigten die Nachkommen dieses Doppelsprunges nicht mehr wie sonst die Merkmale des A-Rammlers. Es traten an ihnen die Eigenschaften des B-Rammlers hervor. Die lähmende Wirkung des Alkohols zeigte sich hier deutlich in der geringeren Beweglichkeit der alkoholgeschädigten Spermien gegenüber den normalen des B-Rammlers; erstere blieben beim Wettlauf nach den Eiern zurück.

Der Yohimbinversuch A. BLUHMs ging von folgendem Gedankengang aus: innerhalb gewisser Grenzen verabreicht, wirken Yohimbinverbindungen anregend auf die glatte Muskulatur; es lag daher die Wahrscheinlichkeit vor, daß eine ähnliche anregende Wirkung auch auf das Plasma der Spermien ausgeübt werden würde. 46 männliche weiße Mäuse, die längere Zeit hindurch täglich mit Yohimbin hydrochloricum Spiegel behandelt wurden, lieferten mit unbehandelten Weibchen in 80 vollständigen Würfen 339 Junge mit einem Geschlechtsverhältnis von 120·13 ($= 54\cdot57\%\,\male$). Gleich wie durch Alkohol- wurde auch durch Yohimbinbehandlung der männlichen Mäuse eine gegenüber der Norm (um 10·19%) erhöhte Männchenziffer der Nachkommen veranlaßt; das Geschlechtsverhältnis war zugunsten der Männchen stark verschoben worden. Der Gegenversuch — Yohimbinisierung der Weibchen allein — blieb ohne jeden Einfluß auf das Geschlechtsverhältnis der Nachkommen.

Der Koffeinversuch endlich stützte sich auf die Tatsache, daß Koffein für Herz und das ganze Nervensystem ein Erregungsmittel ist. Es sollte sich daher diese spezifische Wirkung auch bei den Spermien geltend machen. Das Ergebnis der ersten 25 von koffeinisierten Männchen und unbehandelten Müttern herrührenden Würfen war insoferne ein unerwartetes, als die Männchenziffer der Nachkommen zunächst unter die Norm sank (71·21 gegenüber normal 79·8). Weil dabei auch die Wurfgröße abgenommen hatte und die Sterblichkeit der koffeinisierten Tiere eine große war, so muß man schließen, daß das Coffein in so beträchtlicher Dosis verabreicht, auf die Spermien als Gift gewirkt hatte, etwa in der Weise, daß dadurch männchenbestimmende Spermien in größerer Zahl getötet wurden als weibchenbestimmende. Im weiteren Verlaufe des Versuches trat Gewöhnung an das Gift ein, es wirkte nunmehr auf die „Plasmairritabilität" erhöhend ein und erhöhte die Beweglichkeit der Männchenbestimmer mehr als jene der Weibchenbestimmer, so daß erstere häufiger zur Befruchtung gelangen konnten. Solcherart erhöhte sich das primäre und in der Folge auch das sekundäre Geschlechtsverhältnis. Tatsächlich hatte eine der folgenden je 25 Würfe umfassenden Partien ein Geschlechtsverhältnis von sogar 126·08. Schließlich trat eine weitere Gewöhnung an das Koffein ein, so daß das Geschlechtsverhältnis etwas sank, es betrug nämlich bei den letzten 25 Würfen dieses Versuches 112·06. Im Ganzen waren beim Koffeinversuch 150 vollständige Würfe erhalten worden mit 677 Individuen und einem Geschlechtsverhältnis von 95·66, das somit trotz des anfänglichen Sinkens unter die Norm immer noch deutlich größer war als diese (79·8). Eine erhebliche Steigerung der männlichen Nachkommen wurde also durch die Koffeinisierung der Rammler ebenso erzielt, wie bei der Behandlung mit Alkohol und Yohimbin. Der Unterschied in der Wirkung dieser drei Substanzen liegt darin, daß durch den Alkohol die weibchenbestimmenden (X-Chromosom führenden) Spermien stärker gelähmt wurden als die männchenbestimmenden (Y-Chromosom hältigen), während Yohimbin und Koffein auf die Beweglichkeit der männchenbestimmenden Spermien steigernd einwirkte. In allen Fällen war die Erhöhung der Männchenziffer unter den Neugeborenen die Folge.

Manche Forscher nehmen nun an, daß ähnlich wie Alkohol, Yohimbin und Koffein, auch verschiedene Stoffwechselprodukte, also andere Momente, ja zum Teil auch Einflüsse der Umwelt, indirekt selektiven Einfluß auf die beiden Arten von Spermien unserer Haustiere ausüben und solcherart zunächst das primäre Geschlechtsverhältnis beeinflussen können. Verschiedene physiologische Zustände der Elterntiere, ferner die Beschaffenheit der weiblichen Geschlechtsorgane, eventuell sogar die Reaktion des Scheidenschleims usw. sollen unter Umständen ähnlich selektiv wirken.

Dort wo das weibliche Geschlecht das heterogametische ist, bei den Vögeln, wird manchmal eine verschiedene Anziehungskraft der Spermien seitens der beiden Gruppen produzierter Eier angenommen, um abgeänderte Geschlechtsverhältnisse zu erklären. Auf solche Weise oder durch die Annahme oben geschilderter, abnorm verlaufender Reifungsvorgänge, ist z. B. das Resultat der HEAPEschen Versuche zu verstehen, durch welche der Einfluß von Umwelteinflüssen auf das Geschlechtsverhältnis bei Kanarien festgestellt worden ist. HEAPE züchtete zwei Partien von Kanarien unter vollkommen verschiedenen

Daseinsbedingungen. Die eine hatte viel Licht, günstige Temperatur und hinreichende, jedoch nicht üppige Ernährung zur Verfügung; die andere wurde bei gedämpftem Licht, wechselnder Temperatur und üppigem Futter gezüchtet. Dabei lieferte die erste Gruppe fast dreimal mehr Männchen als die zweite, und dies abnorme Geschlechtsverhältnis änderte sich nicht, als ein Austausch der Vögel vorgenommen wurde. Nach CREW gehört hieher auch die PEARLsche Beobachtung, nach welcher beim Haushuhn dadurch eine größere Anzahl von weiblichen Nachkommen erzielt werde, als es der Norm entspricht, wenn die Hennen vor ihrer Befruchtung sehr viele Eier gelegt hatten und sich daher wohl in einer Art von Erschöpfungszustand befinden mögen. Im allgemeinen geht aus diesen Betrachtungen hervor, daß die Möglichkeit, das Geschlechtsverhältnis zu beeinflussen, bei jenem Geschlechte am wahrscheinlichsten ist, welches das heterogametische ist.

Was das sekundäre Geschlechtsverhältnis anbetrifft, das für die praktische Tierzucht für gewöhnlich allein Berücksichtigung findet, so wird es von folgenden Momenten beeinflußt: 1. von dem primären Geschlechtsverhältnis, das sich begreiflicherweise auch im sekundären widerspiegelt; 2. von der eventuellen verschiedenen Sterblichkeit männlicher und weiblicher Zygoten und Föten (selektive fötale Sterblichkeit); die mehr oder weniger einseitige Sterblichkeit frisch entstandener Zygoten und von Föten eines bestimmten Geschlechtes kann selbst wieder bedingt sein: a) durch ungünstige Zustände während der Trächtigkeit des Muttertieres und b) durch das Vorkommen letaler und semiletaler Faktoren. Daß beim Menschen und bei Säugetieren die Empfindlichkeit männlicher Früchte während des Embryonallebens ganz allgemein größer ist, und daß daher unter solchen Umständen mehr männliche als weibliche Früchte absterben, ergibt sich aus der speziell beim Menschen einwandfrei festgestellten größeren Zahl abortierter oder tot geborener männlicher Individuen (G.-V.= 130). Wenn auch eingehendere Untersuchungen bei unseren Haustieren hierüber meines Wissens nicht vorliegen, so sprechen hiefür doch die PARKESschen Untersuchungen. PARKES (zitiert nach CREW) hat nachgewiesen, daß Mäuse, die bald nach dem Werfen, wenn sie ihre Jungen noch säugen, trächtig werden, wesentlich individuenärmere Würfe bringen, in denen die Zahl der Weibchen wesentlich erhöht ist. Es scheinen also die ungünstigen physiologischen Zustände ein erhöhtes Absterben männlicher Zygoten und Föten zu veranlassen.

Auf die große Bedeutung dieser Verhältnisse für den Menschen hat CREW mit Recht hingewiesen. Er erwähnt, daß das sekundäre Geschlechtsverhältnis bei jenen Völkern am größten sei, welche unter günstigen Daseinsverhältnissen leben und bei welchen die „pränatale Hygiene“, wie er es nennt, am vollkommendsten ist. Am höchsten entwickelt sei dieselbe bei den Juden. Ähnlich lägen nach ihm die Verhältnisse bei den Haustieren, bei denen ebenfalls in dieser Beziehung große Unterschiede vorhanden sind. Deshalb würden entsprechende Untersuchungen wohl ebenfalls, z. B. bei gut gepflegten Rassepferden, gegenüber den übermäßig angestrengten Tieren primitiver Völker, ein höheres Geschlechtsverhältnis erkennen lassen. Ebenso sei aus Mangel an pränataler Hygiene, wegen ungünstiger Verhältnisse, unter denen uneheliche Mütter gewöhnlich leben, die bei den unehelichen Kindern gegenüber den ehelichen festgestellte niedrigere Knabenziffer zu verstehen.

b) Einen wichtigen Einfluß auf das Geschlechtsverhältnis der Tiere hat ferner das Vorkommen sogenannter letaler und semiletaler Faktoren im Sinne MORGANS. Manche dieser letale Mutationen auslösenden letalen Faktoren treten nämlich geschlechtsgebunden auf, und es kommen, wie MORGAN gezeigt hat, manchmal sogar mehrere solcher Faktoren in derselben Zygote zusammen. Beispielsweise hat Morgans Letalfaktor 1 und 3 bei Drosophila melanogaster ein Geschlechtsverhältnis von nur 12·5 veranlaßt. Goldschmidt wieder zeigte, daß bei Lymantria dispar durch eine die Raupen hauptsächlich zur Zeit der fünften Häutung heimsuchenden Krankheit (Flascherie) vorwiegend die weiblichen Individuen ergriffen und vernichtet werden, so daß hiedurch ein stark gestörtes Geschlechtsverhältnis verursacht wird. Solche letale und semiletale Faktoren entstehen auch in der geschlechtsgebundenen Form, besonders bei hochgezüchteten Haustieren, ab und zu; sie kündigen ihre Anwesenheit dann gewöhnlich durch ein stark abgeändertes Geschlechtsverhältnis an.

Zum Schlusse sei noch erwähnt, daß durch jene Vorgänge, welche als Umkehr des Geschlechtes (sex reversal) bezeichnet werden, eine ebenfalls weitgehende Veränderung des Geschlechtsverhältnisses bewirkt werden kann; unter Umständen kann hieraus sogar das völlige Verschwinden des einen Geschlechtes die Folge sein. Crew sagt hierüber: ,,Es ist eine ausgemachte Tatsache, daß ein Individuum mit der Chromosomenzusammensetzung eines bestimmten Geschlechtes, also beispielsweise ein genotypisches Männchen oder Weibchen, so verändert werden kann, daß es die Ausstattung und Funktion des entgegengesetzten Geschlechtes erlangt. Eine Henne mit der genotypischen Beschaffenheit XY kann unter Umständen die Funktion eines Hahnes erlangen und mit einer normalen Henne gepaart eine Nachkommenschaft liefern, deren Geschlechtsverhältnis 50:100 ist. Wenn andererseits ein weibliches Amphibium oder ein weibliches Säugetier mit der genotypischen Konstitution XX als Männchen funktioniert, dann wird dessen Nachkommenschaft ausschließlich aus Weibchen bestehen.'' Z. B.:

XY = Geschlechtschromosome der geschlechtsverkehrten Henne;
XY = Geschlechtschromosom der normalen Henne;

$$\text{X Y} \times \text{X Y} \dots\dots\dots\dots\dots\dots \text{P}$$

$$\text{X} \quad \text{Y} \quad \text{X} \quad \text{Y} \dots\dots\dots\dots\dots\dots \text{Gameten}$$

$$\text{X X} + 2\,\text{X Y} + \text{Y Y} \dots\dots\dots\dots\dots\dots F_1\text{-Generation}$$

$$1\,\male \quad 2\,\female\female \quad \text{lebensunfähig}$$

Daher ist hier ein Geschlechtsverhältnis von 50 $\male\male$ zu 100 $\female\female$ oder:

XX..... Geschlechtschromosom des geschlechtsverkehrten weiblichen Säugetieres;
XX..... Geschlechtschromosom des normalen weiblichen Säugetieres;

$$\text{XX} \times \text{XX} \dots\dots\dots\dots\dots\dots \text{P}$$

$$\text{X} \quad \text{X} \quad \text{X} \quad \text{X} \dots\dots\dots\dots\dots\dots \text{Gameten}$$

$$\text{XX} + \text{XX} + \text{XX} + \text{XX} \dots\dots\dots\dots\dots\dots F_1\text{-Generation}$$

In diesem Falle resultieren somit ausschließlich Weibchen.

IV. Vererbung erworbener Eigenschaften

Die Frage nach der Vererbung erworbener Eigenschaften ist auch für den praktischen Züchter von so ungeheurer Bedeutung, daß ein tieferes Eingehen auf das Wesen der ,,erworbenen Eigenschaften'' vor allem notwendig ist. Um so mehr, als es nicht viele Kapitel in der Tierzucht gibt, in denen so viele und so schwerwiegende Mißverständnisse an der Tagesordnung sind.

Im engeren Sinn des Wortes können erworbene Eigenschaften nur jene genannt werden, welche entweder durch Einflüsse der Umwelt hervorgerufen werden, welche also Anpassungserscheinungen vorstellen, und welche mit keinerlei Veränderung im Keimplasma verbunden sind (Somationen, Modifikationen) oder solche, welche durch funktionelle Anpassung entstanden sind. Würde sich beispielsweise ein Muskel durch Übung wesentlich besser entwickeln und würde sich dieses wirklich erlangte, neue Merkmal auf die Nachkommen vererben, dann wäre dies ein klarer Fall von Vererbung einer erworbenen Eigenschaft im wahren Sinne des Wortes. Oder wenn durch den Melkreiz das Euter der Kühe sich besser entwickelt und besser funktioniert, und wenn diese bessere Entwicklung sich wirklich auf die Nachkommen übertragen ließe. Oder endlich, wenn irgend ein Pferd aus einem milden Klima und von guter Pflege, mit feiner, kurzer Behaarung unter ungünstige Verhältnisse versetzt wird, wo das Klima rauh, und die Pflege, eventuell die Stallhaltung fehlt. Wie allbekannt, stellt sich dann ein grober, langer und wohl auch dichter Haarwuchs ein. Gäbe es eine Vererbung solcher „erworbener" Eigenschaften, dann müßte sich diese durch Anpassung erlangte neue Art der Behaarung auch bei der Zurückversetzung ins milde Klima erhalten.

Bei der Behandlung dieses Themas hat man sich jedoch nicht auf solche einwandfreie Fälle beschränkt, vielmehr wurden alle möglichen Arten von scheinbar oder wirklich neu entstandenen Merkmalen und Eigenschaften, auch solche, welche Veränderungen des Keimplasmas entsprangen, herangezogen und auf diese Weise eine große Verwirrung angerichtet. Soll eine klare Antwort auf die Frage nach der Vererbung erworbener Eigenschaften ermöglicht werden, dann müssen wir uns darauf beschränken, nur solche Merkmale oder Eigenschaften, welche wie die angeführten Beispiele den Charakter einer funktionellen Anpassung besitzen, als „erworbene" im engeren Sinn des Wortes herauszuschälen und zu untersuchen. Die Vererbung dieser Art von erworbenen Eigenschaften hat bekanntlich LAMARCK gelehrt.

Um Mißverständnisse auszuschalten, müssen zunächst einmal eine Reihe von Erscheinungen aus diesem Kapitel ausgeschaltet werden, die gewiß mit einer solchen Art von „Erwerbung", wie wir sie eben charakterisiert haben, nichts zu tun haben. Ausgeschaltet müssen einmal werden:

1. **Die sogenannten intrauterinen Infektionen,** d. h. die im Mutterleibe erfolgende Ansteckung mit irgend einer Infektionskrankheit. Weil es manchmal tatsächlich sich ereignet, daß z. B. ein Kalb mit Tuberkulose behaftet, geboren wird, deshalb spricht man in Kreisen der Praktiker häufig von einer ererbten Tuberkulose. Das ist falsch, denn das Kalb ist nur deshalb mit Tuberkulose behaftet geboren worden, weil es im Mutterleibe von der tuberkulosekranken Mutter angesteckt wurde. Daß sich die „Neigung", die Anlage zu Tuberkulose, allerdings von einer Generation auf die andere vererben kann, ist etwas ganz anderes; sie hängt mit einer bestimmten Beschaffenheit des Keimplasmas zusammen und diese, weil durch bestimmte Vererbungsgene bedingt, vererbt sich natürlich. Charakteristischer noch ist der Fall etwa der Geburt eines mit syphilitischen Erscheinungen behafteten Kindes. Auch hier handelt es sich um eine Ansteckung im Mutterleib und gewiß nicht um eine „Vererbung", namentlich deshalb, weil die Syphilis eine reine typische Infektionskrankheit ist, welcher gegenüber im allgemeinen keine größeren Unterschiede hinsichtlich der Neigung zur Erkrankung bei den einzelnen Menschen derselben Rasse bestehen.

Der Vollständigkeit halber sei darauf hingewiesen, daß die Ursachen solcherart „angeborener Krankheiten" zweifacher Art sein können. Es kann sich einmal um eine plazentare Infektion handeln, anderseits um eine sogenannte konzeptionelle (germinative). Erstere ist für Milzbrand, Pneumoniakokken,

Typhusbazillen, Eiterkokken, ja selbst für die Malariaerreger nachgewiesen worden. Die Übertragung der betreffenden Krankheitserreger erfolgt unter Umständen trotzdem, daß die Blutgefäße des Kindes im Mutterleibe mit den mütterlichen nicht direkt kommunizieren.

Die zweite Ursache für die Geburt von Nachkommen, die mit gewissen Krankheiten der Mutter behaftet sind (konzeptionelle Infektion), geschieht in der Weise, daß mit dem männlichen Sperma die betreffenden Krankheitserreger in die Eizelle gelangen. Hier können sie sich, ohne die Weiterentwicklung des befruchteten Eies zu unterdrücken, erhalten, um zu einem gewissen Zeitpunkte die betreffende Krankheit auszulösen. Einen solchen Vorgang nimmt man bei der Übertragung der Tuberkulose auf die Nachkommen, speziell beim Huhne, öfters an. Sicher festgestellt ist diese Übertragungsart für die Pebrinekrankheit der Seidenraupen. Die Erreger dieser verheerenden Krankheit, eine Art von Sporozoen, gehen auch auf das Ei und das Spermazoid über, wenn die betreffenden Individuen an dieser Krankheit leiden, und zwar ohne die Keimzellen selbst zu schädigen. Dieselben befruchten, bzw. können befruchtet werden, und die Fähigkeit der Entwicklung und das weitere Wachstum bleiben erhalten. Erst das entwickelte Tier erliegt der Krankheit.

Die angeführten Beispiele dürften genügen, um zu beweisen, daß die Gruppe solcher Ansteckungen im Mutterleibe entweder auf planzentarem Wege oder durch Übertragung des Krankheitskeimes durch das Sperma oder Ei erfolgt, mit der Vererbung erworbener Eigenschaften jedoch nichts zu tun hat.

2. Gehören keinesfalls in das Kapitel erworbener Eigenschaften die **Verstümmelungen** und **Verletzungen,** obschon der Volksglaube dies annimmt. Ein besonders berüchtigtes Kapitel stellen diesbezüglich die absichtlich oder unabsichtlich erfolgten Schwanzverstümmelungen bei Hunden und Katzen vor, die sich angeblich vererbt hätten. Es ist noch gar nicht solange her, so wurde ein solcher Fall in einer ehrwürdigen und berühmten Akademie der Wissenschaften mit einer derartigen Erklärung erörtert. Die Hinweise darauf, daß man speziell in der Schafzucht bei vielen Rassen (Merinos, englische Fleischschafe usw.) seit langen Jahren alljährlich Tausende von Individuen ihres Schwanzes beraubt, daß aber trotzdem, wo man das Kupieren unterläßt, sofort der normale lange Schwanz wiedererscheint, dieser Hinweis hat noch keineswegs den Glauben der Anhänger dieser Irrlehre erschüttern können.

Und wie verhält es sich mit der seit Jahrtausenden bei Juden, Mohammedanern und vielen heidnischen Stämmen geübten Beschneidung? Läßt sich dort ein Schwund oder auch nur eine Unterentwicklung des Präputiums feststellen? Im Gegenteil, diesbezügliche Untersuchungen im Gebiete Südasiens haben ergeben, daß, wenn Individuen solcher Stämme, welche gewöhnlich Beschneidung übten, aus irgend welchen Gründen davon verschont blieben, sogar verhältnismäßig oft Phimosis, d. h. eine zu stark entwickelte und zu enge Vorhaut aufwiesen. Das gerade Gegenteil von der erwarteten Verstümmelung hat sich oft genug gezeigt (KÜLZ).

Bei der Frage nach der Vererbung von Verletzungen und Verstümmelungen spielten bis auf die jüngste Zeit die Versuche von BROWN-SÉQUARD eine hervorragende Rolle. Wurde z. B. beim Meerschweinchen der Nervus ischiaticus durchschnitten oder verletzt, so traten, wie BROWN-SÉQUARD zeigte, bei diesen Individuen Krämpfe, welche als eine Form der Epilepsie angesprochen wurden, auf, und die Nachkommen solcher, auf künstlichem Wege an epileptiformen Krämpfen erkrankter Tiere zeigten durch mehrere Generationen eine ähnliche Neigung. Bis auf die jüngste Zeit glaubte man hierin einen vollen Beweis von der Vererbung dieser durch Verletzungen hervorgerufener Krampferscheinungen

erblicken zu müssen, um so mehr, da Nachprüfungen dieser Versuche durch
ROMANES und OBERSTEINER positiv ausfielen. Durch neuere englische Untersuchungen (1912) und besonders durch solche von MACIESZA und WRZOSEK in
Krakau (1911) wurde jedoch einwandfrei nachgewiesen, daß es sich keineswegs
um eine Vererbung der bei den Eltern künstlich hervorgerufenen Epilepsie
handeln kann. Man hatte eben übersehen, daß gerade für Untersuchungen in
dieser Richtung Meerschweinchen deshalb ein ungeeignetes Objekt vorstellen,
weil sie auch unter normalen Verhältnissen eine auffallende Neigung zu solchen
epileptiformen Krämpfen besitzen.

Einen recht charakteristischen und überzeugenden Beweis für die falschen
Auslegungen der BROWN-SÉQUARDschen Versuche hat später A. MACIESZA (1915)
erbracht. Er arbeitete mit durchaus normalen, und ein gesundes Nervensystem
besitzenden Meerschweinchen, denen er nur das Kratzen unmöglich machte.
Diese Tiere hatten, wie so viele Meerschweinchen, Läuse. 51 Individuen bettete
er die Krallen der Hinterfüße in Filz ein, so daß sie sich nicht kratzen konnten.
Nach Ablauf einer individuellen verschieden langen Frist waren bei 45 Tieren
teils unvollständige, teils aber auch vollständige epileptische Anfälle hervorgerufen. Vom zehnten Tage an war der Beginn (im Mittel) der unvollständigen
Anfälle, vom 29. Tage begannen allgemeine Krämpfe ohne terminalen Tetanus und
vom 62. Tage an waren vollständige Anfälle auszulösen. Die Versuche MACIESZAS
beweisen, „daß man einzig und allein durch Aufkleben eines Filzstückes auf
die Krallen der hinteren Extremität bei gesunden Meerschweinchen einen
ebensolchen Zustand hervorrufen kann, wie er durch verschiedenartige, das
Nervensystem dieser Tiere schädigenden operativen Eingriffe erzeugt wird“.
Man kann also die BROWN-SÉQUARDsche Epilepsie bei Meerschweinchen auch
ohne irgend welche direkte Schädigung des Nervensystems hervorrufen.

Heute sind daher auch diese berühmten BROWN-SÉQUARDschen Versuche
als Beweise von Vererbung erworbener Eigenschaften erledigt.

3. **Angebliche Vererbung von Merkmalen, die durch Nahrungsänderungen
ausgelöst worden sind.** Mit zu den sichersten Beweisen für die Vererbung erworbener Eigenschaften zählte man bis auf die jüngste Zeit die Resultate PICTETS,
welcher durch Fütterung von Raupen verschiedener Spezies mit ungewöhnlicher
Nahrung bei den resultierenden Schmetterlingen eine große Variabilität nach Dimensionen, Färbung usw. festgestellt zu haben meinte, welche dann auch weiterhin an
den Nachkommen der veränderten Individuen im gleichen Sinne bestanden haben
soll. Beispielsweise erzielte PICTET durch Fütterung der Raupen vom Eichenspinner (Lymantria dispar) mit Nußblättern (statt mit Eichenblättern) Schmetter-
·linge, die sich durch kleinere Gestalt, blasse Färbung u. dgl. m. von der gewöhnlichen Form unterschieden. Diese durch veränderte Fütterung erzwungene Abänderung habe sich nun weiter vererbt. In ähnlicher Weise will PICTET bei der
Nonne (Psilura monacha) durch Fütterung der Raupen mit Nußblättern die
schwarzen Formen nigra und eremita, die übrigens nach LENZ in Norddeutschland in Kieferwäldern bei völlig normaler Nahrung als Rassen vorkommen,
erhalten haben. Eine Reihe ähnlicher Erfahrungen mit verschiedenen Spezies
von Schmetterlingen seitens PICTETS liegen in der Literatur vor und galten,
wie gesagt, bisher als verläßliche Beweise für die Vererbung erworbener Eigenschaften. In den letzten Jahren wurden nun diese Fütterungs- und Züchtungsversuche von FRITZ LENZ wiederholt. In streng wissenschaftlicher Weise, unter
steter Berücksichtigung von Kontrollversuchen, gelang es LENZ, den Irrtum
PICTETS überzeugend nachzuweisen. Der Irrtum PICTETS bestand darin, daß
er dem geänderten Futter Eigenschaften hervorzurufen zuschrieb, die in Wirklichkeit durch Selektion schon im verwendeten Materiale vorhandener verschiedener

Rassen, entstanden sind, bzw. isoliert worden waren. Es blieb sich ganz gleich, ob die Raupen vom Eichenspinner (in den Versuchen von LENZ) auf Eichenblättern oder auf Weidenblättern gezogen wurden, die beiden Rassetypen blieben auf beiden Blättern unverändert durch die veränderte, ungewohnte Nahrung. Der Unterschied im Falterkleid beider Zuchten war allein durch die Selektion veranlaßt worden. Die Behauptungen PICTETS sind somit durch die kritischen Experimente LENZ' als nicht stichhältig nachgewiesen worden; eine ungewohnte, geänderte Nahrung kann die Farbenänderungen in den Falterkleidern von Lymantria dispar nicht auslösen; vielmehr handelt es sich hiebei um normale, wenn auch verschiedene Rasseeigenschaften, die sicher vererben und sich durch die Selektion scharf trennen lassen, durch Futteränderung jedoch unbeeinflußt bleiben.

4. Was die angeblichen **Instinktvariationen,** die, künstlich hervorgerufen, sich sicher vererben sollen und deren Hauptstütze ebenfalls PICTET ist, anbetrifft, so bewies (1922) ebenfalls LENZ am gleichen Materiale die Unrichtigkeit dieser Behauptung. PICTET z. B. behauptet, daß die Räupchen von Lymantria dispar bereits in der zweiten Generation die Fichtennahrung leichter und lieber angenommen hätten und erklärt diese Beobachtung mit Vererbung der erworbenen Instinktvariation. LENZ hingegen konnte diese Beobachtung PICTETS nicht bestätigen, es gab keine Vererbung einer Instinktvariation.

5. Auch die sog. **Keimvergiftungen** gehören nicht in das Gebiet der „erworbenen Eigenschaften". Man versteht darunter den schädigenden Einfluß, den verschiedene, im Körper der Elterntiere zirkulierende Gifte auf die Keimzellen ausüben. Unter dem Einflusse solcher Gifte (wie z. B. von Alkohol, Quecksilber- und Bleiverbindungen oder dem von den Erregern der Syphilis im Körper der daran erkrankten Individuen abgeschiedenen Gifte) werden die Nachkommen häufig mit einer minderwertigen Konstitution, mit einer gewissen Lebensschwäche, die manchmal bis zur früh einsetzenden Lebensunfähigkeit gesteigert erscheint, geboren. Weil in solchen Fällen die Vererbung der elterlichen Merkmale durchaus nicht gestört ist, die Keimzellen und die sich daraus entwickelnden Individuen aber geschwächt sind, so kann man nur auf eine gewisse Schädigung der Keimzellen, vielleicht auch nur ihres Plasmateiles, von dem dann die Ernährung des Keimplasmas selbst wieder vor sich geht, schließen. Es kann dabei auch zur Beeinträchtigung des Keimplasmas selbst in der Weise kommen, daß dessen Ernährung ungünstig verändert wurde usf., aber direkte Veränderungen im Keimplasma können gewöhnlich deshalb nicht vor sich gegangen sein, weil, wie erwähnt, die elterlichen Eigenschaften sich an und für sich normal zu vererben pflegen.

6. Durch die Entwicklung der Bakteriologie und der mit ihr zusammenhängenden **Immunitätsforschung** schien die Möglichkeit geboten zu sein, diese wichtige Frage der Vererbung erworbener Eigenschaften besonders erfolgreich zu studieren. Bekanntlich gibt es eine Reihe von Krankheiten, welche nach dem Überstehen in dem betreffenden Individuum eine kürzere oder längere Zeit währende Immunität hinterlassen. Ja gewisse Krankheiten, wie z. B. die Masern, machen unter normalen Verhältnissen den Körper des Menschen, der sie überstanden hat, für das ganze fernere Leben unempfänglich gegen eine Neuinfektion (MARTIUS).

Gäbe es eine Vererbung erworbener Eigenschaften, so müßte sich eine so tief in die Lebensvorgänge des Körpers eingreifende Immunität doch gewiß auf die Nachkommen übertragen. Jedermann weiß, daß dies nicht der Fall ist. Trotzdem das europäische Menschengeschlecht seit Jahrtausenden Masern in der Jugend durchgemacht hat, muß sie, praktisch gesprochen, doch jedes neue

Individuum von neuem durchmachen, denn die aus unbekannten Gründen angeborene Immunität gegen Masern findet sich unter Tausenden von Individuen höchstens einmal. Bleibt ein Mensch durch Zufall in seiner Jugend vor Masern geschützt und steckt er sich im erwachsenen Zustande erst damit an, so stellen sie bekanntlich eine der schwersten Erkrankungen überhaupt vor. Es wurde also trotz dieser fortwährenden Neuimmunisierung der Menschen nicht einmal eine wesentliche Abschwächung des Krankheitsverlaufes erzielt. Gerade diese Nichtvererbung der Immunität gegen Masern, Typhus, oder beim Hunde gegen die Staupe u. dgl. muß mit als einer der überzeugendsten Beweise gegen die Existenz einer Vererbung erworbener Eigenschaften angesehen werden. Allerdings existieren Versuche, in welchen scheinbar eine Vererbung der Immunität von der künstlich immunisierten Mutter auf die Jungen erfolgen würde. So haben z. B. Charrin und Gley weibliche Kaninchen gegen den Bacillus pyocyaneus immunisiert und gefunden, daß deren Jungen bis zu einem gewissen mäßigen Grade von der Immunität der Mutter geerbt hatten. Keine Immunität zeigte sich jedoch bei der Paarung eines immunisierten männlichen Kaninchens mit einem nichtimmunisierten weiblichen. Die Erklärung dieser Scheinvererbung liegt darin, daß jene die relative Immunität bedingenden Antitoxine entweder durch das Protoplasma der Eizelle oder durch die Plazenta auf die Nachkommen übertragen werden.

Eine solche plazentare Übertragung der im Körper der Mutter gebildeten Antitoxine erwies auch Ehrlich bei Mäusen. Er immunisierte Mäuse mit steigenden Dosen von Pflanzengiften (Rizin und Abrin), so daß die Tiere eine hohe Widerstandsfähigkeit gegen diese Gifte erlangten. Daß es sich in diesem Falle nicht um wirkliche, durch das Keimplasma vermittelte Vererbung handelt, ergibt sich daraus, daß diese erworbene Immunität von Seite des Männchens überhaupt nicht übertragen wurde, und daß auch jene von der immunisierten Mutter auf die Jungen übertragene Immunität nur bestimmte Zeit währte und längstens in der zweiten Generation verschwand.

Wieder in anderen Fällen erfolgte die Ausscheidung solcher immunisierender Antitoxine von der Mutter durch die Milch und bedingte bei den betreffenden Jungen, wie Brieger-Ehrlich zeigten, so lange eine gewisse Immunität, als sie an der Mutter säugten. Wurde die immunisierte Mutter durch eine nicht immunisierte Amme ersetzt, so besaßen die von der ersteren geworfenen Jungen keine Immunität.

7. Wieder ein anderes Kapitel von Erscheinungen, welche man im praktischen Leben zu den „erworbenen Eigenschaften" rechnet, ist das der sog. **Nachwirkung**. A. Cieslar hat (1899) das Zuwachsvermögen und den Habitus von Fichten studiert, welche in der Ebene aus Samen von Bäumen aus Hochlagen gezogen waren. Er zeigte, daß das von den Samenbäumen in den rauhen Hochlagen durch Generationen erworbene langsamere Wachstum und ihr geringeres Zuwachsvermögen sich zum Teile weiter erhielt, wenn aus ihren Samen Kulturen in den tieferen Tallagen angelegt wurden und meinte dadurch ebenfalls eine Vererbung erworbener Eigenschaften bewiesen zu haben. Nach der heutigen Auffassung ist die für das Verständnis der angeführten Beobachtungen angenommene Erklärung in dem Phänomen der sog. Nachwirkung zu erblicken. Falls nicht etwa im Laufe der Zeit Selektion mitgewirkt hat am Zustandekommen des Habitus der Hochbergfichte mit ihren kurzen Jahrestrieben, den kurzen, aber dicht gestellten Nadeln, den kleinen und leichteren Zapfen und Samen, dem stark entwickelten Wurzelsystem usw., dann ist diese Veränderung nur eine Folge des rauhen Bergklimas mit der kürzeren Vegetationszeit und stellt daher in diesem Falle eine einfache Modifikation vor. Wenn die

im Tale aus solchen Bergsamen gewachsenen Fichten zwar wesentlich größere Triebe machen als die Mutterbäume, aber trotzdem die Zuwachsverhältnisse der gleich alten, aus Talsamen gezogenen Bäumchen nicht ganz erreichen, auch im Habitus noch Anklänge an ihre Herkunft von den Hochlagen Zeugnis ablegen, so ist dies ein typischer Fall von Nachwirkung. Es ist ja verständlich, daß aus dem leichteren und viel kleineren Bergsamen allein schon schwächere, kleinere Sämlinge entstehen müssen, die dann natürlich auch weiterhin nicht besonders lange und starke Triebe zu machen in der Lage sind.

Einen ähnlichen Fall haben wir im Bereiche der Tierzucht bei manchen hochgezogenen Kulturrassen unserer Haustiere zu verzeichnen. Viele derselben sind ausgesprochene Üppigkeitsformen. Kommen deren Nachkommen in ungünstige Ernährungsverhältnisse, dann erreichen sie natürlich nicht die körperliche Entwicklung und das Lebendgewicht ihrer Eltern, aber sie werden doch im Verhältnis zu der betreffenden einheimischen Rasse (z. B. beim Rinde) zunächst immer noch größere und schwerere Formen besitzen — als Folge der sog. Nachwirkung. Erst nach einer oder der anderen Generation der Zucht unter ungünstigen Verhältnissen kann man Formen erwarten, welche mehr oder weniger ähnlich den dort einheimischen sind.

Auch die Versuche PRZYBRAMS mit Ratten, die bei höherer Temperatur gezüchtet worden sind, gehören hieher. Werden z. B. Ratten durch mehrere Generationen bei 30 bis 35⁰ C gezüchtet, so erhält man Tiere, die sich körperlich in verschiedenen Punkten von normalen unterscheiden. Diese „Hitzeratten" sind kleiner, haben ein schütterer behaartes Fell, sind früher geschlechtsreif und weisen eine auffallende Hypertrophie der männlichen Geschlechtsorgane auf. Werden nun solche weibliche, trächtige Hitzeratten der dritten Generation in normale Temperatur zurückversetzt, so zeigen die unter diesen normalen Temperaturverhältnissen geworfenen Jungen bei der späteren Entwicklung manche Züge der sog. Hitzeratten, allerdings in stark abgeschwächtem Maße.

Dies wären Beispiele für die „Nachwirkung", ein Phänomen, welches, wie eine kritische Betrachtung lehrt, mit der Vererbung „erworbener Eigenschaften" nichts zu tun hat, denn eine bestimmte, einheitliche Veränderung des Genotypus ist durch die Umwelt nicht nachweisbar.

Die letzte Gruppe von Erscheinungen, welche mit der Vererbung „erworbener Eigenschaften" nichts zu tun haben, obschon sie häufig als Beweise für dieselbe angeführt worden sind, haben wir

8. in den **Mutationen** gegeben.

Unter Mutationen versteht man, wie bereits früher erwähnt worden ist, neue, gewöhnlich ohne erkennbare Ursache auftretende Merkmale oder Eigenschaften (Reaktionsnormen) an Einzeltieren, welche sich gesetzmäßig weitervererben, und die mit Atavismus nichts gemein haben. Die sichere Vererblichkeit beweist, daß in diesen Fällen Veränderungen im Keimplasma, im Genotypus die Ursachen derselben sein müssen. Als Vererbung erworbener Eigenschaften pflegt man diese Gruppe von Erscheinungen nicht anzusprechen.

In der Mehrzahl der Fälle sind die äußeren oder inneren Ursachen der Veränderung im Keimplasma der Mutanden unbekannt. Die Ausgangstiere solcher Mutationsformen entstanden fast stets unter gewöhnlichen Lebensverhältnissen und die auslösenden Ursachen waren durchaus unbekannt. Ein überzeugendes Beispiel für diese Unmöglichkeit, willkürlich mutierte Individuen zu erzeugen, liefern die Arbeiten MORGANS und seiner Schüler über die Obstfliege (Drosophila melanogaster). Trotz Einwirkens verschiedenartigster Reize (chemischer, physikalischer, thermischer, klimatischer Natur) auf verschiedene Entwicklungsstadien dieses Tieres gelang es nicht, bestimmte Mutationen hervorzurufen. Vielmehr wurden all

die zahlreichen (zirka 300) Mutanden im Verlauf der Züchtung unbeabsichtigt,
also zufällig erhalten.

Auf ähnliche Weise, unbeabsichtigt, sind auch wohl die meisten jener
Domestikationsmutationen aufgetreten, die zum Ausgangspunkt unserer wichtigsten landwirtschaftlichen Kulturrassen geworden sind. Allerdings liegen auch
Versuche vor, wie jene Towers mit dem Koloradokäfer (Leptinotarsa decemlineata), in welchen es anscheinend gelang, durch Außeneinflüsse Veränderungen im Keimplasma von Tieren hervorzurufen, welche sich im Hervortreten neuer Merkmale an den Nachkommen äußerten. Solcherart vermochten
abgeänderte Lebensbedingungen der Eltern (z. B. höhere Temperatur, Trockenheit der Luft, Verringerung des Luftdruckes) bei den Nachkommen die Färbung
der Flügeldecken der Käfer, die Zahl und Anordnung der Streifen und verschiedene
andere Merkmale zu verändern. Tower erzeugte auf diese Weise die Mutationen

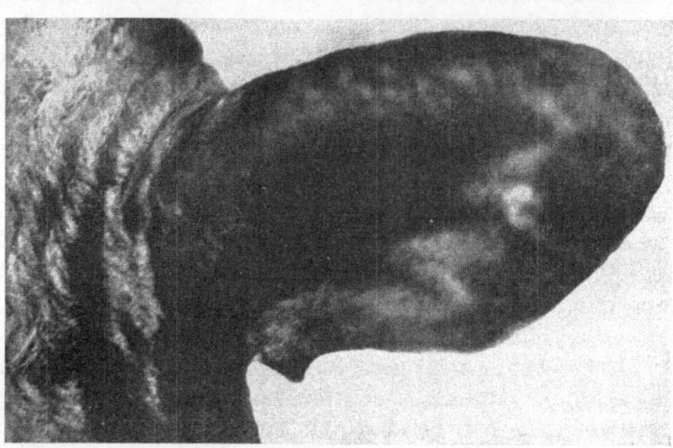

Lept. deceml. pallida
und imaculothorax, For-
men, die sich auch in
der freien Natur vor-
finden, und welche als
echte Mutationen des-
halb zu bezeichnen sind,
weil sie sich, den Men-
delschen Regeln fol-
gend, vererben.

Zu beachten ist
jedoch, daß unter glei-
chen abgeänderten Be-
dingungen einerseits
verschiedene mutierte
Abarten und anderseits
wieder umgekehrt unter
verschiedenen abgeän-
derten Lebensverhält-
nissen die gleichen Mu-
tanden erzielt worden
sind. Von der willkür-

Abb. 132. Ohreinschnitt beim Rind als Mutation auftretend. Die Ähnlichkeit mit einer künstlich gemachten
Kerbe kann Veranlassung zum Glauben an Vererbung
erworbener Eigenschaften geben. (Phot. v. I. Lush
aus Journ. of Hered., 1922.)

lichen Erzeugung einer bestimmten Mutationsform war keine Rede, der
nähere Zusammenhang zwischen angewandtem Reiz und erzeugtem Merkmal
war nicht erkennbar. Die Möglichkeit einer genotypischen Abänderung des
Keimplasmas durch Änderung der Lebensbedingungen der Elterntiere wäre nach
diesen Towerschen Versuchen als erwiesen anzunehmen, falls Wiederholungen
der nicht allseits ohne Kritik hingenommenen Versuche zum gleichen Resultate
gelangen. Damit wäre eine Vererbung erworbener Eigenschaften im weiteren
Sinn des Wortes zwar festgestellt worden, jedoch würde es sich nach A. Lang
nur um plastogen erworbene Eigenschaften handeln. Eine Vererbung „erworbener Eigenschaften" im engeren Sinn des Wortes fand in diesen Versuchen
deshalb nicht statt, weil, wie Strasser hervorhebt, durch die gleiche Einwirkung
(auf die elterlichen Käfer) keineswegs zugleich auch dieselben Veränderungen
bei diesen veranlaßt worden sind. Das Soma der Eltern blieb unverändert, nur
ihre Keimzellen, wie es scheint, erlitten Veränderungen und damit natürlich
auch die aus ihnen hervorgehenden Nachkommen. In den Towerschen Versuchen
fehlte die gleichsinnige Einwirkung der neuen Reize auf Elternsoma und Eltern-
keimzellen (die sog. äquifinale Einwirkung). Unter solchen Umständen ist es

begreiflich, wenn R. Goldschmidt in der zweiten Jahresversammlung der deutschen Gesellschaft für Vererbungswissenschaft zu Wien 1922 auf die Frage: „Was verursacht die Genmutation" die Antwort geben mußte: „Wenn wir ehrlich sein wollen, können wir sagen, daß wir darüber nichts, rein gar nichts wissen."

Die Besprechung der Mutation kann nicht geschlossen werden, ohne auf die wichtige Rolle hinzuweisen, welche sie unter anderem speziell in der landwirtschaftlichen Tierzucht spielt. Die ungeheure Zahl von erblichen Domestikationsmerkmalen, die häufig zur Rassenbildung Anlaß gegeben haben, leiten ihren Ursprung von Mutationen her. Mutativ entstanden sind sogar auch die wirtschaftlichen Hochleistungen unserer Züchtungsrassen, wie wir heute wissen. Mutationen spielen aber anderseits auch eine schädliche Rolle insoferne, als sie z. B. auch die erblichen Krankheitsanlagen bei Mensch und Tier verursachen. Besonders verhängnisvoll sind jene Mutationen, welche als letale oder semiletale bezeichnet werden und welche entweder durch den Ausfall, das Verschwinden bestimmter Gene, oder aber umgekehrt durch das Neuauftreten solcher letaler Gene hervorgerufen werden.

Die Kenntnis solcher Gene, bzw. der von ihnen bedingten letalen Mutationen, verdanken wir vor allem Morgan, der sie im Verlaufe seiner Züchtungsexperimente mit Drosophila melanogaster erstmals festgestellt hat und von denen bereits zirka 35 an Drosophila beobachtet und studiert worden sind. Sie können alle Organe des Tierkörpers betreffen und entsprechende morphologische oder physiologische Veränderungen auslösen. Manche von ihnen zeigen einen geschlechtsgebundenen Vererbungsgang. Besonders das Studium solcher letaler Drosophilamutationen hat sich als außerordentlich wichtig für das Verständnis der Vererbungsvorgänge auch bei höheren Tieren erwiesen. Ihr Vorhandensein liefert beispielsweise die Erklärung für ein abnormes Geschlechtsverhältnis und für das Verständnis gewisser Folgen der Verwandtschaftszucht (wie z. B. Unfruchtbarkeit).

Eine der ersten bei Säugetieren beobachteten letalen Mutationen betrifft die gelbe Farbentype Cuénotscher Mäusezuchten. Es wurde bereits früher erwähnt, daß die mit dieser Art von Gelbfärbung ausgestatteten Mäuse nur heterozygot vorkommen (Gelb mal Gelb liefert 2 Gelb zu 1 Grau), weil homozygot gelbe Individuen nicht lebensfähig sind. Entweder stirbt die Zygote oder aber später die Embryonen. Letzteren Umstand beweist die gegenüber der Norm auffallende Kleinheit der Würfe gelber Mäuse; überdies erbringen neuere Arbeiten (Kirkham, Isben und Steigler) den Nachweis des Vorkommens eigentümlich geschrumpfter, abgestorbener Embryonen in nach gelben Männchen trächtigen gelben Weibchen, eine Erscheinung, die bei trächtigen Individuen anderer Farbenrassen nicht vorkommt. Übrigens bringt schon die heterozygot gelbe Beschaffenheit, die Anwesenheit des Gelbfaktors in einfacher Dosis abwegige Zustände mit sich; es ist z. B. die große Neigung dieser gelben Mäuse zu abnormaler Fettbildung nach A. Lang allen Züchtern bekannt. Allerdings ist nach neuerer Ansicht nicht der Faktor für gelbe Haarfarbe der Träger dieser lebensvernichtenden Eigenschaften, sondern dieses Gen ist mit einem besonderen letalen Gen verkoppelt.

Ganz ähnlich ist nach Little (1921) bei Mäusen auch mit dem Faktor für Weiß oft ein letaler Faktor verbunden, gekoppelt, so daß ähnlich wie im Falle der Cuénotschen gelben Mäusetype auch bei solchen weißen Mäusen homozygote weiße Individuen nicht vorkommen, weil sie im Mutterleibe absterben. Für die Katze vermutet Crew einen solchen Faktor bei einer bestimmten Form der weißen Farbenvarietät. Er schließt hierauf aus der Individuenarmut der Würfe solcher weißer Katzen. Den Beweis der Richtigkeit dieser Behauptung erbrachte Jones (1922), er zeigte, daß trächtige weiße Katzen eine größere Anzahl abgestorbener Embryonen enthielten als färbige. Nach ihm soll dieser mit weißer Haarfarbe gekoppelte Letalfaktor unter Umständen schon bei heterozygotischem Vorkommen lebensvernichtend wirken. Gleich wie bei der Maus und der Katze Letalfaktoren mit bestimmten Formen der Weißhaarigkeit gekoppelt auftreten, ist das auch beim Pferde der Fall. Dies gilt für den weißen Pferdestamm des Gestütes von Fredericksborg, über den im Abschnitt über Verwandtschaftszucht eingehend berichtet wird. Für den Hund haben CHR. WRIEDT, MOHR und RAEDER das Vorkommen semiletaler Faktoren bei der norwegischen „Dunkerzucht" festgestellt. Die normale Type zeigt auf grauem Grund dunkle Sprenkelung bis Scheckung, eine andere Type bilden aber Individuen, die auf weißem Grund mit unregelmäßigen Flecken versehen sind, und diese Tiere sind in vielen Stücken abnormal. Die Hündinnen werden selten läufig, die Jungen sind gegen Krankheiten und Schädlichkeiten wenig widerstandsfähig, neigen zu Taubheit und sind oft infolge von Augenmißbildungen (gespaltener Iris, kleine Augäpfel) mehr oder weniger blind. Bei der mit zahlreichen degenerativen Mutationen versehenen Bulldogge bedingt ein besonderer semiletaler vollkommen rezessiver Faktor den gespaltenen Gaumen. Infolge dieser Mißbildung gelangt die Muttermilch beim Saugen den Jungen in die Nase, und die Tiere sterben während der Säugeperiode. Eine Paarung bezüglich dieser Mißbildung heterozygoter, also scheinbar normaler Individuen lieferte 33 Junge, von denen 24 normal waren und 9 gespaltene Gaumen hatten. Beim Schwein ist für die Züchter namentlich jene Form letaler Faktoren wichtig, welche als entsprechende Mutation das Absterben der Embryonen im Mutterleibe veranlassen, wodurch eine verschieden stark ausgeprägte relative Unfruchtbarkeit hervorgerufen wird. HAMOND untersuchte 22 trächtige Säue und fand bei 17 verschrumpfte Embryonen (von 243 waren 49 verschrumpft). Faktoren dieser Art, dann aber auch solche, welche eine gewisse Lebensschwäche veranlassen, vermöge welcher die Ferkel während der Entwicklungsperiode zugrunde gehen, findet man bei hochgezüchteten Schweinerassen häufig. Ihr Vorkommen hat zu der weitverbreiteten Annahme Veranlassung gegeben, daß die Verwandtschaftszucht als solche, besonders beim Schweine, die Fruchtbarkeit vernichte. Einschlägige Beispiele von amerikanischen Züchtungsversuchen finden sich im Abschnitt über die Verwandtschaftszucht. Der neuestens gemachte Einwurf, daß ähnlich wie bei gewissen Rattenversuchen auch beim Schweine eine an Vitaminen und Ergänzungsstoffen oder an bestimmten Mineralsalzen unzureichende Ernährung das Absterben der Früchte im Mutterleibe veranlassen würde, ist deshalb unberechtigt, weil unter ganz denselben Daseins- und Futterverhältnissen gehaltene Schweine, die frei von solchen letalen oder semiletalen Genen sind, normale Fruchtbarkeit zeigen und widerstandsfähige, gut gedeihende Ferkel bringen.

Beim Schafe ist eine letale Mutation jüngsten Datums jene, welche CREW in einer hochgezüchteten Herde Walesscher Bergschafe im Jahre 1924 beschrieb. Die meist totgeborenen Lämmer litten an einer merkwürdigen Deformität der Beine. Die Anwesenheit eines letalen Faktors in der betreffenden Herde beweist das schon nach wenigen Tagen erfolgende Sterben auch der ausnahmsweise lebend geborenen Lämmer.

Beim Rinde seien folgende zwei Beispiele charakteristischer letaler Mutationen angeführt. HADLEY (1925) fand in einigen Herden von Holländer Rindern Wisconsins eine eigenartige, von ihm Epitheleogenesis imperfecta neonatorum genannte Mutation bei normal ausgetragenen, aber sehr lebensschwachen und trotz Pflege nach wenigen Wochen sterbenden Kälbern. Sie ist dadurch charakterisiert, daß an verschieden großen, unregelmäßig gestalteten Stellen der Beine, Wangen und Ohren die Hautbildung vollkommen unterblieben war. Ebenso wurde am Flotzmaul und an der Zunge keine Schleimhaut gebildet.

Eine zweite, züchterisch interessante letale Mutation betrifft die Entstehung der sogenannten „Mondkälber" (der bulldog calves) speziell bei den Dexterrindern. Wir haben hier nämlich das Beispiel einer zunächst unschädlichen Mutation vor uns, welche erst durch Angliederung gleichsinnig wirkender neuer Faktoren an den ursprünglichen ersten einen wirklich letalen Charakter erlangt. Den Ausgangspunkt dieser morphologisch sich zunächst durch Kurzgliedrigkeit (Mikromelie) und Kurzgesichtigkeit (sogenannte Brachycephalie) bei großen Schädelbreiten äußernden Anfangsmutationen stellen Veränderungen (Unterfunktion) im Vorder- und Mittellappen der Hypophyse vor, die durch einen dominanten Faktor ausgelöst werden. Diese erste Mutationsstufe trat nach CREW bei den ersten Dexter-Kerrys auf, und nach ADAMETZ bildet sie heute noch das rasseliche Wesen der sogenannten Tiroler brachycephalen Rinderschläge (das ist der Tux-Zillertaler und der Pustertaler). Durch strenge Zuchtwahl in der Richtung auf kurzbeinige, stämmige und mastfähige Dexterformen stellte sich ein weiterer gleichsinnig wirkender Faktor ein, der mit dem ersten gekoppelt war. Ein oder zwei solche neu hinzugekommene gleichsinnige Gene veranlassen dann in den mit ihnen homozygot behafteten Individuen letale Folgen — das Vorkommen der Bulldoggkälber bei den modernen Dexterhochzuchten.

Ganz ähnlich wie bei den Haussäugetieren kommen auch bei verschiedenen domestizierten Vogelarten letale Mutationen vor. Analog wie bei den weißen Mäusen und Katzen wurde jüngst eine weißgefiederte Kanarienvarietät beschrieben, in welcher mit dem Weißfaktor ein Letalfaktor verkoppelt sein muß, weil homozygot weiße Individuen nicht erhalten werden konnten. Ebenso erkannte DUNN (1923) einen mit dem Faktor für weißes Gefieder verbundenen Letalfaktor in Zuchten der weißen Wyandottes. Endlich hat CREW zwei letale Faktoren beim Huhne festgestellt, von denen der eine den Charakter „frizzle" (gekräuselte Federn?) bedingt oder mit ihm verbunden ist, während der andere sich bei den schottischen Dumpies vorfindet. Beide Faktoren sind dominant und bedingen, wenn homozygot vorhanden, das Sterben der Kücken im Ei.

Selbstverständlich ist auch der Mensch von solchen durch Letalfaktoren verursachten letalen Mutationen nicht verschont geblieben. Als Beispiel für eine solche Mutation kann die bereits früher erwähnte Bluterkrankheit (die Hämophilie) gelten. Hier handelt es sich um das Vorhandensein eines Momentes, welches den Eintritt der Blutgerinnung verzögert (normaler Gerinnungsbeginn in 5 bis 5½ Minuten), den Ablauf der Gerinnung verlangsamt (normal 4 bis 8 Minuten, hämophil 15 bis 120 und mehr Minuten), und anders beschaffene Gerinnungsprodukte liefert (normal elastische Klumpenbildung, Hämophilie zerbröckelnde Fibrinkoagula). Nach den eingehenden Untersuchungen H. SCHLOESSMANNS über die Hämophilie in Württemberg (1925) dürfte die lange behandelte Streitfrage darüber, ob es auch weibliche Bluter gibt, dahin entschieden worden sein, daß es solche nicht gibt. Alle sogenannten „Bluterinnen" erwiesen sich als Konduktoren, das heiß bezüglich des Bluterfaktors als heterozygot veranlagt. „Hämophilie im eigentlichen Sinne, entsprechend der des Mannes, gibt es beim Weibe nicht. Daher ist auch noch nie eine „Bluterin" verblutet. Wo bei Frauen hämophile Erscheinungen sichtbar werden, handelt es sich nicht um eine der Erkrankung des Mannes ebenbürtige Erkrankung, sondern um ein teilweises Hervortreten der latenten Erbanlagen in einer Konduktorform" (SCHLOESSMANN).

Bei der Hämophilie des Menschen haben wir es somit mit einem echten, rezessiven, letalen Merkmal zu tun, das charakteristisch geschlechtsgebunden auftritt und in homozygoter Form, die nur im weiblichen Geschlechte möglich wäre, Lebensunfähigkeit bedingt. Bezeichnen wir wie üblich die rezessive Anlage der Hämophilie mit h, so wäre ihr dominantes Allelomorph H der Faktor für normale

Blutbeschaffenheit; h befindet sich, weil eine geschlechtsgebundene Eigenschaft vorliegt im Geschlechtschromosom (X-Chromosom) untergebracht. Beim Menschen ist das männliche Geschlecht das heterogametische, es besitzt nur ein X und wenn dieses die Anlage für Hämophilie (h) enthält, dann wird beim Manne die Bluterkrankheit in Erscheinung treten. Das menschliche Weib hingegen enthält zwei X-Chromosome. Wenn nun, wie das bei den Konduktorfrauen der Fall ist, nur das eine Geschlechtschromosom die Anlage für Hämophilie enthält (h), dann befindet sich im zweiten X-Chromosom als Allelomorph der Faktor für normale Bluteigenschaft (H), und weil dieser dominant ist gegenüber der Bluteranlage, so paralisiert er mehr oder weniger weitgehend den Einfluß von h; echte Blutereigenschaften werden also nicht vorhanden sein, wohl aber lassen bei der Untersuchung auftretende Blutgerinnungsabweichungen den Konduktor als solchen erkennen. Weil es auch hier Valenzunterschiede des Faktors H (anderseits wahrscheinlich auch von h) gibt, so werden die großen Unterschiede, welche das Bild der Blutgerinnung verschiedener Bluterindividuen zeigt, verständlich (leichte oder schwere Fälle, früher oder später Untergang). Die doppelte Dosis der Bluteranlage, die nur beim zwei X-Chromosomen führenden Weibe möglich ist, schließt die Lebensfähigkeit der damit behafteten, frisch entstandenen Zygote aus, weibliche Bluter kommen nicht zustande.

Die genetischen Konstitutionsformeln würden lauten:

(hX) (Y) ... Bluter;

(hX) (HX).. Konduktorweib;

und (hX) (hX)... wäre die Formel für das nicht existenzfähige Bluterweib. Die Klammern zeigen die Lage der Anlagen bzw. Faktoren im gleichen Chromosom, die Koppelung an.

Wenn wir auch, wie bereits hervorgehoben, über die wahre Ursache der Mutation nichts Bestimmtes wissen, so spricht doch Erfahrung und Beobachtung dafür, daß Mutationen dann am ehesten und wohl am häufigsten hervortreten, wenn die betreffende Tiergruppe unter optimalen Daseinsverhältnissen sich befindet und daher eine gesteigerte Vermehrung vor sich geht. Es ist z. B. kein Zufall, daß L. Plate in einem Mäusejahr jene im Freileben entstandene gelbe pathologische Farbenrasse fand. Desgleichen machte I. Greissing in der Slowakei in einem ganz besonders schlimmen Mäusejahr die Beobachtung, daß auf der Höhe der Mäusevermehrung plötzlich scheckige wilde Mäuse auftraten, die sich nicht von verwilderten Hausmäusen herleiten ließen, die vielmehr einer richtigen Mutation innerhalb der wilden entsprangen. Und ähnliche Verhältnisse — Fehlen irgend welcher gefährlicher Feinde — waren nach Abel und Antonius Ursache, daß sich unter den Höhlenbären der Mixnitzhöhle verschiedene, namentlich das Gebiß betreffende, ausgesprochen degenerative Merkmale eingestellt hatten, die als typische Domestikationsmutationen degenerativen Charakters angesprochen werden müssen. Man erhält den Eindruck, als würden die gewöhnlichen Verhältnisse des Freilebens, der mehr oder weniger harte Kampf ums Dasein, alle oder fast alle Individuen mit selbst nur kleinen Mutationen (bzw. Mutationsvorstufen) ausmerzen, und zwar selbst dann schon, wenn es sich nur um heterozygot rezessive Formen handelt. Auf diese Weise wird die relative Beständigkeit der Arten und das in der freien Natur nur selten zu beobachtende Auftreten von Mutationen verständlich.

Vom züchterischen Standpunkte beachtenswert ist die Ansicht mancher Biologen, daß letal wirkende Mutationen, die allerdings in ihren Endresultaten vorerst so unbedeutend sind, daß sie unerkannt bleiben, relativ häufig vorkommen. „Unerkannte" Letalfaktoren „bedingen möglicherweise die allergewöhnlichsten Mutationen" (Crew 1925).

Vererbung erworbener Eigenschaften in engerem Sinne des Wortes

Wir kommen nun zur Frage nach der Vererbung erworbener Eigenschaften im engeren, eigentlichen Sinne des Wortes. Es wurde soeben gezeigt, daß neue Eigenschaften und Merkmale, welche bei den Nachkommen normaler Tiere auftreten, dann nicht als ein Beweis für die Lehre von der Vererbung erworbener Eigenschaften gelten können, wenn sie plastogener Natur sind, d. h., wenn sie Folgen von Veränderungen im Keimplasma, in der genotypischen Beschaffenheit der Eltern vorstellen. Das sind eben Mutationen. Ihnen stehen jene Eigenschaften und Merkmale von Nachkommen normaler Tiere gegenüber, welche somatogener Natur sind. Hier handelt es sich um das Auftreten neuer Eigenschaften infolge von Übung oder Anpassung an neue Umweltsverhältnisse. Diese Merkmale werden also erst während des Lebens von den Tieren erlangt und äußern sich in Gestalt gewisser Veränderungen im Soma, im Körper der betreffenden Tiere. Die Übung eines Muskels oder einer Drüse bedingt z. B. deren bessere Entwicklung und Funktion. Das sind typische „erworbene Eigenschaften“ im engeren Sinne des Wortes. „Die Diskussion über die Vererbung erworbener Eigenschaften kann sich also nur auf erworbene Eigenschaften beziehen, welche erstmals somatogen entstanden sind, infolge veränderter Außenbedingungen, welche auf den Organismus erst im Verlaufe seiner Entwicklung eingewirkt haben und die in keiner Weise bereits durch die Veränderung der ursprünglichen Keimanlage bedingt sind.“ (H. Strasser.)

Es tritt nun die Frage heran, werden solche somatogen erworbene Eigenschaften vererbt? In diesem Fall müßten also durch geänderte Außenbedingungen und die hiedurch bedingten Reize im betreffenden Tierkörper, in seinen Geweben und Organen, nicht nur bestimmte Veränderungen erzeugt werden, sondern es müßten dieselben Außenreize auch das Keimplasma, die Erbsubstanz durchaus gleichsinnig beeinflussen. Und zwar derart, daß in ihr genau dieselben genotypischen Veränderungen hervorgebracht (vererbt) werden müßten, welche an den Nachkommen der zuerst somatogen beeinflußten Eltern erzeugt worden waren.

Um ein charakteristisches Beispiel zu geben, müßte sich eine durch Übung von Jugend an erzeugte Überentwicklung der Armmuskulatur eines Mannes auch auf dessen Nachkommen vererben, zunächst natürlich nur in der Anlage zu einer solchen Überentwicklung. Nach unseren heutigen Kenntnissen vom Vererbungsgange könnte dies nur dann möglich sein, wenn durch den Reiz der Arbeit nicht nur die bessere Entwicklung der Armmuskulatur, sondern gleichzeitig auch auf irgend eine Weise jene genotypische Veränderung im Keimplasma des betreffenden Individuums hervorgebracht werden würde, vermöge welcher die Neigung zur besseren Entwicklung der Armmuskulatur übertragen werden kann. „Solche Einflüsse, welche einerseits am Soma des Elternorganismus, anderseits an den in ihm heranwachsenden Keimzellen angreifen und am ersteren direkt, am Nachkommen aber indirekt durch Vermittlung seiner abgeänderten Ursprungskeimzelle das gleiche somatische Endresultat hervorbringen, nennen wir äquifinal.“ (Strasser.)

Die Lehre von der Vererbung dieser somatogenen Eigenschaften wurde erstmals ausgebaut und in zusammenfassender Form von J. Lamarck verkündet. Er lehrte, daß der häufige Gebrauch ein Organ stärke, zur besseren Entwicklung bringe, während umgekehrt Nichtgebrauch eines Organes dasselbe schwäche und allmählich zum Verschwinden bringe. In beiden Fällen würden sich die so erzielten Veränderungen auf die Nachkommen vererben, falls sie bei beiden in Frage kommenden Eltern vorhanden wären. Auf solche Weise, denkt Lamarck, sei der lange Hals der Giraffe, die lange Zunge des Spechtes durch Übung, die Rückbildung der Zähne beim Walfisch oder die Rückbildung der Augen beim Maulwurf und das Verschwinden der Extremitäten bei Schlangen durch Nichtgebrauch veranlaßt worden.

Die Frage nach der Vererbung erworbener Eigenschaften im engeren Sinne des Wortes läuft somit auf die Untersuchung hinaus, ob die LAMARCKsche Hypothese tatsächlich richtig ist oder nicht. Ist sie richtig, besteht LAMARCKs Hypothese zu Recht, dann müssen, wie STRASSER hervorhebt, vom Elternorganismus während seines Entwicklungsganges erworbene neue, somatogene Eigenschaften übertragen werden, und zwar ist das nur in der Weise möglich, daß eine „äquifinale" Beeinflussung des elterlichen Somas und der in dem elterlichen Körper zur Ausbildung gelangenden „Keimbahnzellen" erfolgt. Die „äquifinale Beeinflussung" des elterlichen Tierkörpers und der Keimbahnzellen ist denkbar und kann veranlaßt werden

1. durch somatogene oder somatische Induktion im Sinne von L. PLATE,
2. durch Parallelwirkung.

Bei der so m a t is c h e n (somatogenen) I n d u k t i o n handelt es sich darum, daß veränderte Lebensbedingungen (oder veränderter Gebrauch oder Nichtgebrauch von Organen) im Elternkörper bestimmte Veränderungen hervorrufen (nach STRASSER bestimmte Reaktionsvorgänge bedingen). Auf irgendwelche Weise wirken dann diese ausgelösten Reaktionsvorgänge erst wieder auf das Keimplasma, auf die Keimbahnzellen zurück. Dann wäre die Vererbungsmöglichkeit gegeben.

Bei der Parallelwirkung (Parallelinduktion) muß eine bestimmte Ursache, ein bestimmter Außenreiz nicht nur am Elterntier ein bestimmtes Merkmal (oder eine bestimmte Reaktion), sondern es muß hiedurch auch gleichzeitig eine ganz bestimmt geartete Beeinflussung der Keimzellen erfolgen, vermöge welcher dasselbe Merkmal oder dieselbe Reaktion an den aus den veränderten Keimzellen hervorgegangenen Nachkommen zustande kommt.

Die somatische Induktion kann sich nach Ansicht verschiedener Forscher auf zweierlei Weise abspielen. Es kann eine a) d y n a m i s c h e I n d u k t i o n oder aber b) eine s t o f f l i c h e I n d u k t i o n möglich sein. Bei der dynamischen handelt es sich „um eine Form der Weiterleitung von Erregung auf einem bestimmten Leitungsweg zu dem korrespondierenden Punkt der Projektion in der Keimzelle" (STRASSER). Diese Weiterleitung soll nach dem einen auf dem Wege über das Nervensystem, nach dem anderen durch die „protoplasmatischen Verbindungsbrücken" zwischen den Zellen vor sich gehen. Auf diese Weise wäre es möglich, daß selbst von örtlich streng und eng umgrenzten Stellen des Körpers aus die Keimzellen in äquifiner Weise beeinflußt werden können.

In diese Gruppe von Hypothesen gehört auch die von R. SEMON 1904 veröffentlichte („Mneme"), welcher wie HERING in den Vererbungsvorgängen eine Ähnlichkeit mit den Gedächtnisvorgängen erkennen möchte. Nicht nur, daß die Annahme SEMONs, wonach alle Körperzellen untereinander und mit den Keimzellen durch Protoplasma verbunden sind, nach der Ansicht der Histologen nicht zutreffen soll, kommt speziell H. STRASSER auf Grund eingehender kritischer Prüfung zu dem bedeutungsvollen Schlusse: „Wir müssen also der SEMONschen Lehre jede Bedeutung für die Erklärung der Vererbung erworbener eng lokalisierter Eigenschaften absprechen." Gleichsinnige (äquifinale) Veränderungen an einer bestimmten Stelle im Elternkörper und an dem aus deren dynamisch induzierten Keimzellen hervorgegangenen Nachkommen müssen also als nicht erwiesen betrachtet werden, besonders weil schon die hiebei notwendigen Reizleitungswege nicht nachgewiesen werden können.

Die Hypothese der stofflichen Induktion stützt sich auf die Blutzirkulation, welche eine Übertragung bestimmter Stoffteilchen bei den Tieren denkbar erscheinen läßt. Man könnte annehmen, daß durch äußere Einflüsse an einer bestimmten Stelle des Tierkörpers gewisse Veränderungen veranlaßt werden, im Verlaufe welcher gewisse chemische (also nicht organisierte) Stoffe erzeugt und durch die Blut- und Säftezirkulation zu den Keimbahnzellen geführt werden. Nun wäre aber die weitere, wohl unwahrscheinliche Annahme noch nötig, daß diese Stoffe die Erbsubstanz genau an jener Stelle verändern, an welcher sich der Sitz der betreffenden Gene befindet, d. h. jener Gene, welche am Nachkommen genau dasselbe Merkmal oder dieselbe Eigenschaft bedingen, welche die Eltern durch Übung oder Nichtgebrauch, durch Anpassung u. dgl. m. im Verlaufe ihres Lebens erworben haben. Eine kritische Betrachtung aller hier wichtigen Momente läßt H. STRASSER zu folgendem Schlusse kommen: „Es ist also schlechterdings nicht einzusehen, wie durch Transport irgend welcher stofflicher Agentien, die von eng begrenzten Stellen des elterlichen Somas nach den Keimbahnzellen stattfände, in diesen äquifinale Veränderungen zustande kommen könnten, so daß die vom Elter erworbenen lokalisierten neuen Eigenschaften und Organisationsverhältnisse bei den Nachkommen erbgemäß wieder auftreten.“

In den letzten Jahren machten bei den Biologen die Resultate der Versuche von M. E. GUYER und E. A. SMITH (1918 bis 1922) großes Aufsehen. In ihnen glaubte man endlich einen klaren Beweis für die „Vererbung erworbener Eigenschaften“ sehen zu können, insoferne als sie speziell von mancher Seite als Ausdruck „somatischer Induktion“ gedeutet wurden. Zum mindesten aber glaubte man, entsprechend der Deutung seitens der genannten Forscher, einen überzeugenden Fall von „Parallel-Induktion“ (d. h. von gleichzeitiger und gleichsinniger Beeinflussung von Organanlage und Keimplasma des betreffenden Individuums) vor sich zu haben. Deshalb erscheint ein Eingehen auf sie unerläßlich. GUYER-SMITH behandelten trächtige Kaninchen (anfänglich auch Mäuse der Gruppe Peromys) mit Serum solcher Hühner, die gegen die Augenlinsen dieser Tiere immunisiert worden waren.

Zu diesem Zwecke wurden die in physiologischer Kochsalzlösung verriebenen Augenlinsen intraperitoneal oder in die Oberschenkelvene von Hühnern wiederholt eingespritzt. Das von so behandelten Hühnern gewonnene Immunserum wurde den trächtigen Albino-Kaninchen zu jenem Zeitpunkt in die Oberschenkelvene gespritzt, wo im Ektoderm die Linsenanlage begann. Von 61 so erhaltenen Jungen waren 4 mit schweren, 5 mit leichteren Augendefekten behaftet. Letztere bestanden in mißgebildeten, zu kleinen (manchmal nahezu fehlenden) Augäpfeln, abwegig beschaffener Linse, gespaltener Iris usw., kurz umfaßten Erscheinungen, die auf schwere, möglicherweise durch Augenlinsenantiserum veranlaßte Entwicklungsstörungen hinwiesen. Kontrollversuche (Injektion von gewöhnlichem, normalem Hühnerserum) bei allerdings kleinem Material (12 Junge) verursachten keine Augenmißbildungen. Ähnliche, spontan auftretende Augendefekte hatten die Verfasser in ihren Zuchten zwar nicht beobachtet, doch ist, wie aus den völlig negativ verlaufenen umfangreichen Nachprüfungen seitens anderer Forscher hervorgeht, die Möglichkeit nicht ausgeschlossen, daß sich die Anlage hiezu dennoch in dem von GUYER-SMITH verwendeten Kaninchenstamme befunden hat, um so mehr, als es sich hier um ein wahrscheinlich rezessives Merkmal handelt, das in außerordentlich schwankendem Maße in Erscheinung tritt.

Von Bedeutung ist die fernere Feststellung, daß diese Augenmißbildung sich eine Reihe von Generationen (bis zu acht) hindurch forterbte, wodurch die genetische Bedingtheit erwiesen ist.

Daß keine Scheinvererbung vorliegt, d. h., daß etwa durch den Plazentar-
kreislauf die Übertragung der Antilinsenkörper auf die Jungen erfolge, schließen
die Verfasser aus der Paarung eines äußerlich gesunden männlichen F_1-Tieres
(entstanden aus einem krankäugigen männlichen Individuum mit gesunden
Müttern) mit defektäugigen Müttern, die krankäugige Nachkommen lieferte.

Auf Grund ihrer Versuchsresultate kommen die Verfasser zu der Ansicht,
daß es sich hier um einen Fall von Vererbung erworbener Eigenschaften handelt,
für dessen Erklärung zwei Möglichkeiten bestehen: somatische Induktion oder
Parallelinduktion.

Würde es sich um die erstere handeln, dann müßte das Antilinsenserum
zunächst die Augenmißbildungen der Embryonen veranlaßt haben und diese
Abwegigkeit müßte in irgend einer Weise auf das Keimplasma der Keimzelle
einwirken, so daß dessen für die Augen- und Linsenbildung bestimmten Gene
verändert werden würden.

Auf Grund Ausfalls gewisser Paarungen[1]) lehnen die Verfasser diese Annahme ab; sie sehen vielmehr in ihnen Züchtungsergebnisse, die Folgen einer
stattgefundenen Parallelinduktion seien. Sie nehmen also an, daß das im Blute
befindliche Linsenantigen gleichzeitig die Augen- und Linsenanlagen des Embryos
und die für die Augen- und Linsenbildung maßgebenden Gene des Keimplasmas
beeinflußt hätte.

In einer kritischen Besprechung dieser Versuche kommt KOEHLER (1923)
zu dem Schlusse, daß durch sie noch durchaus kein Beweis für das Walten einer
somatischen Induktion geliefert worden sei, sondern daß vielmehr durch diese,
in anderer Hinsicht höchst bedeutungsvollen Versuche, wie schon so oft, die
Frage nach der Vererbung erworbener Eigenschaften der Lösung um keinen
Schritt näher gebracht worden sei. Hingegen ist KOEHLER geneigt, in den Resultaten eine auf neuem Wege erhaltene Möglichkeit zu sehen, willkürlich Mutationen
hervorzurufen.

In einem anderen Lichte erscheinen die Versuche der genannten Forscher,
nach den Resultaten, welche bei den Nachprüfungen seitens verschiedener
anderer Forscher (FINLAY, HUXLEY, CARR und SAUNDERS und besonders POYNTER
und ALLEN) inzwischen erhalten worden sind.

Sie alle erhielten nämlich auf dem vorgeschriebenen Wege nur durchaus
negative Resultate, so daß die verschiedentlich gelieferten Erklärungsversuche
der von GUYER-SMITH beobachteten Vererbungsvorgänge (auch z. B. jener von
NACHTSHEIM 1922) wohl überflüssig erscheinen.

Zum besseren Verständnis seien speziell die von C. W. POYNTER und E. V.
ALLEN (1925) durchgeführten Versuche dieser Art erwähnt, die zum Teil mit
Ratten, dann aber vor allem mit Kaninchen in genau derselben Weise vorgenommen wurden wie jene von GUYER-SMITH. Das Resultat aller dieser Versuche
ging dahin, daß von mit Antilinsenserum behandelten Muttertieren auch nicht
ein einziger augenkranker Nachkomme erzielt werden konnte, und daß
ferner auch bei deren Nachkommenschaft, somit in F_2, ebensowenig irgendwelche
Störungen der Augenbildung feststellbar waren.

Wenn man sich nach einer Erklärung dieser einander vollkommen widersprechenden Versuchsergebnisse umsieht, dann kommt man unwillkürlich
auf den Gedanken, ob es sich beim Ausfall der GUYER-SMITHschen Züchtungsversuche nicht etwa ähnlich verhalten mag, wie mit der angeblichen Vererbung

---

[1]) Gesundäugige Individuen einer mit Antilinsenserum behandelten Mutter
lieferten miteinander — obwohl sie selbst keine Antilinsenserum-Behandlung erfahren
hatten — ein augenkrankes Junge.

der erworbenen Meerschweinchen-Epilepsie BROWN-SÈQUARDS, die, wie an anderer Stelle ausgeführt, eine höchst einfache und natürliche Lösung fand. Tatsächlich ist es in Kreisen der Kaninchenzüchter bekannt, daß bei den Kaninchen des Handels Augenmißbildungen gar nicht so selten sind. Beachtet man dann, daß solche Mißbildungen in den GUYER-SMITHSchen Versuchen in außerordentlich schwankendem, manchmal sehr geringem Maße vorkommen, so liegt die Annahme des Übersehens einer solchen vorhandenen Anlage im von GUYER-SMITH verwendeten Ausgangs-Zuchtmaterial, trotz allem, im Bereiche der Möglichkeit.

Bezüglich dieser aufsehenerregenden Mitteilungen von GUYER-SMITH ist daher nur so viel sicher, daß sie weder eine Vererbung erworbener Eigenschaften beweisen, noch selbst auch nur die absichtliche Hervorrufung einer Mutation sicherstellen.

Überblickt man das Gesamtgebiet der Tatsachen von der Vererbung erworbener Eigenschaften im engeren Sinne des Wortes, d. i. solcher, welche auf somatogene Weise durch Übung oder Nichtgebrauch, durch Anpassung an verschiedenartige Klimaverhältnisse oder an verschiedene Ernährung, durch Dressur usw. hervorgebracht worden sind, dann kommt man zu dem Schlusse, daß kein einziger einwandfreier Fall der Vererbung einer solchen erworbenen Eigenschaft bisher bekannt ist. Der sog. Lamarckismus fand bisher nirgends noch eine experimentelle Stütze. Alle jene Versuche, welche in diesem Sinne ausgelegt worden sind, vor allem zahlreiche KAMMERERS (z. B. über Färbung bei Salamandern, über die Vererbung der künstlich hervorgerufenen Daumenschwiele beim Männchen der Geburtshelferkröte, Alytes obstetricans u. a.), lassen, wie von namhaften Biologen bewiesen worden ist, eine andere Deutung zu, sind aber keine Beweise für die Vererbung solcher Veränderungen bei Tieren welche Resultate funktioneller Anpassung vorstellen. Unreine Linien, Populationen als Ausgangsmaterial und Nichtberücksichtigung der (selbst eventuell auch unbewußt ausgeübten) künstlichen Zuchtwahl, haben viel zur falschen Auslegung der Versuchsresultate seitens KAMMERERS beigetragen.

Auch durch Übersehen gewisser Momente der Haltung, etc. kam KAMMERER irrtümlicherweise zur Annahme der Vererbung erworbener Eigenschaften. Dies gilt z. B. für den von KAMMERER als sehr überzeugend hingestellten Ciona-Versuch. KAMMERER schnitt die Siphonen der Seescheide (Ciona intestinalis) ab und beobachtete die Regeneration neuer von übernormaler Länge. Entfernte er diesen Tieren auch die Keimdrüse, so bildete sich eine neue und die aus dem regenerierten Keimstock erzogenen Nachkommen hätten angeblich infolge Vererbung erworbener Eigenschaften auch Siphonen von übernormaler Länge. H. M. Fox zeigte nun (Ref. in „Die Naturwissenschaften“ 1924) wie KAMMERER zu dieser falschen Auffassung gekommen ist. Unter solchen Umständen finden viele Biologen das Urteil JOHANNSENS: KAMMERERS Resultate bedürften einer wissenschaftlichen Quarantaine, für berechtigt.

Den klaren Beweis für obige Behauptung erbringen die sorgfältigen, eben veröffentlichten, an anderem Orte schon besprochenen Untersuchungen F. LENZ', durch welche die PICTETschen Schlüsse, die seit Jahren als verläßliche Stützen des Lamarckismus betrachtet worden waren, als irrtümliche nachgewiesen wurden. Vererbt werden nur solche neue, also im weiteren Sinne des Wortes „erworbene“ Eigenschaften, welche Mutationen sind, die selbst wieder aus Veränderungen im Keimplasma der Vorfahren dieser Individuen hervorgingen. Die willkürliche Auslösung von Mutationen liegt nun, wie gezeigt worden ist, nicht in unserer Macht, speziell wenn es sich darum handelt, bestimmt geartete erbliche Variationen auszulösen. Vorläufig wenigstens spielen die inneren Ursachen der Mutation gegenüber den äußeren nahezu die alleinige Rolle.

15*

Für den Züchter ist diese Erkenntnis von fundamentaler Bedeutung, denn seine Aufmerksamkeit wird deshalb in erster Linie wieder den Mutationen (auch den sog. kleinen!) und der künstlichen Zuchtwahl zu gelten haben, die bisher vielfach zugunsten eines überschätzten Einflusses der Umwelt (der sog. „Scholle") in den Hintergrund getreten sind. Es ergibt sich aber auch weiters noch aus der Betrachtung des Gesagten die Notwendigkeit, jene Grenzen genau kennen zu lernen, bis zu welchen der Einfluß der Umwelt bei unseren Haustieren reicht. Nicht überall ist sie nämlich schon scharf genug erkennbar. Die Grenzen zwischen den Folgen genotypischer Beschaffenheit und somatogener Beeinflussung sind für viele Haustiermerkmale und Eigenschaften noch keineswegs klar gezogen.

Züchterischer Aberglaube

I. Das „Versehen" der Muttertiere

Unter Versehen versteht man den vermuteten Einfluß, den gewisse seelische Eindrücke eines trächtigen Muttertieres auf dessen werdende Frucht ausüben, und der dadurch zum Ausdruck gelangen soll, daß zwischen dem Gegenstand, welcher den Affekt verursacht hat und gewissen Merkmalen des geborenen Jungen eine mehr oder weniger deutliche Ähnlichkeit bestünde. Wenn vom Versehen begreiflicherweise beim Menschen viel häufiger gesprochen wird als bei unseren Haustieren, so wird doch auch für sie in der züchterischen Praxis der Einfluß des Versehens sehr häufig als Tatsache angenommen. Der Glaube an das Versehen, gleichgültig ob es sich um Menschen oder Haustiere handelt, ist uralt; er hat schon im alten Ägypten existiert, wo die öfters vorkommende Vielbrüstigkeit der Frauen (Polymastie) als Folge der starken seelischen Eindrücke, die durch die Anbetung der vielbrüstig dargestellten Isis ausgelöst worden sein sollen, angesehen wurde. Allgemein bekannt und verbreitet ist der Glaube an das Versehen durch die Bibel geworden. Es ist die Stelle, die von den künstlich verursachten Versehen der trächtigen Mutterschafe handelt, welches zur Übervorteilung Labans durch Jakob benützt wurde. Jakob, der für seine Dienste die gesprenkelten Lämmer des kommenden Wurfes erhalten sollte, schälte die Zweige von Weißpappel, Mandelbaum und Platane „bunt" und legte sie in die Tränkrinnen, die von den Herden benützt wurden. Solcherart veranlaßt, trat dann der häufige Wurf gescheckter Lämmer auf.

Unter dem Volke findet man auch heute noch den Glauben an das Versehen recht häufig. Es werden vollkommen genaue Gegenstücke zum angeführten biblischen Beispiel als angebliche Beobachtung mitgeteilt, etwa wie das Auftreten eines scheckigen Fohlens, weil die trächtige Stute durch einen scheckigen Hund erschreckt wurde. Ja auch solche Fälle findet man sogar angeführt, wo der stark seelische Eindruck im Moment der Paarung, also noch vor dem eigentlichen Beginne der Trächtigkeit eintretend, ebenfalls Versehen hervorgerufen haben soll (plötzliches Erscheinen eines scheckigen Jagdhundes während des Paarungsaktes beim Pferde).

Nicht uninteressant ist es, zu verfolgen, wie im Laufe der Zeiten und im Wechsel der Völker auch der Charakter des Versehens ein verschiedener war. Im alten Griechenland z. B., der Heimat des Schönen, empfahlen die Philosophen den Frauen, Götterstatuen im Schlafgemache aufzustellen, um schöne Kinder zu gebären. Das Versehen wurde hier in den Dienst der Schönheit gestellt. Im Gegensatze hiezu erlangte im Mittelalter und in Mitteleuropa das Versehen mehr und mehr den Charakter des Häßlichen und Krankhaften. Namentlich verschiedene Formen von Mißgeburten wurden als durch Versehen entstanden angenommen. Auch der heutige Volksglaube bewegt sich in der Hauptsache noch immer in dieser Richtung. Man denke nur an die sogenannten „Feuermale" (Muttermale), an die „Hasenscharte", den „Wolfsrachen" u. dgl. m. Der Anblick einer Feuersbrunst, ein Hase usw., so nimmt man im Volke vielfach an, verursache bei manchen schwangeren Frauen einen so tiefreichenden seelischen Eindruck, daß das geborene Kind eine gewisse Ähnlichkeit mit dem den betreffenden Affekt bedingenden Vorgang oder Gegenstand an sich trägt.

Um Beispiele tierzüchterischer Art anzuführen, seien folgende erwähnt: Im Jahre 1864 wurde in einer Versammlung der Londoner zoologischen Gesellschaft vom Kurator des britischen Museums GRAY ein Hühnchen mit einem entfernt papageiähnlichen Schnabel und kurzen Füßen demonstriert, welches, ebenso wie mehrere andere desselben Zuchtstammes, diese Ähnlichkeit dem Versehen ihrer Mutter verdanken sollte. In der Nähe des Hühnerstalles befände sich nämlich ein Papagei, durch dessen Schreie die sich öfters dem Käfig nähernden Hennen sehr erschreckt werden sollten (DRZEWIECKI). Ich selbst hörte vor zirka 30 Jahren von einem sehr gebildeten Großgrundbesitzer und Züchter (Absolvent des Züricher Polytechnikums), daß sein Freund eine gekaufte Scheckstute nach der Paarung mit einem einfärbig braunen Hengst dadurch erfolgreich durch Versehen zur Geburt eines Scheckfohlens brachte, daß er am Stande der trächtigen Stute einen Spiegel so anbringen ließ, daß sie sich selber sehen konnte. Also Versehen am eigenen Körper! Berücksichtigt man, daß die Scheckung beim Pferd ein typisch dominantes Merkmal ist, so braucht allerdings die durch Versehen gebotene Nachhilfe nicht allzuhoch eingeschätzt werden. Diese Beispiele, denen leicht eine unendlich große Reihe anderer angefügt werden könnte, und die beweisen, daß auch heute noch der Glaube an das Versehen tief im Volke, und zwar keineswegs bloß beim ungebildeten Teil desselben steckt, mögen genügen.

Die kritische Prüfung der Frage des Versehens gestattet folgende Feststellung:

1. Von einem „Versehen" im geschilderten Sinne, das heißt, daß der Eindruck des trächtigen Muttertieres eine gewisse Ähnlichkeit des Jungen mit der Ursache des „seelischen Traumas" veranlassen soll, kann natürlich keine Rede sein. Weder gibt es hiefür eine annehmbare biologische Erklärung, noch besteht eine solche Ähnlichkeit wirklich. Alle Merkmale, die als Beispiel solchen Versehens angesprochen werden, sind mehr oder weniger Miß- oder Hemmungsbildungen, welche auch ohne Versehen zustande kommen; die behauptete Ähnlichkeit ist nur eine eingebildete.

2. Anders liegt zunächst die Sache hinsichtlich der Frage, ob nicht etwa durch schwere Affekte, durch schwere seelische Traumen auf irgend eine Weise überhaupt Mißbildungen ausgelöst, veranlaßt werden können. Man stellte sich das noch vor wenigen Dezennien physiologisch sehr roh und unwahrscheinlich so vor, daß etwa, ähnlich wie der Zorn eine Blutwelle ins Gesicht treibt, heftige seelische Eindrücke ähnliche Erscheinungen, ja sogar (HENNINGS 1886) eine Welle im Fruchtwasser erzeugen können, durch die die Frucht mechanisch geschädigt werden könne.

Auch durch auf nervösem Wege veranlaßte Uteruskontraktionen wurden als mögliche Schädigungsursache angenommen oder auf dem Blutwege veranlaßte Ernährungsstörungen (ERNST 1907).

Nahe lag es endlich auf nervösem Wege vermittelte Störungen der Funktion endokriner Drüsen als Ursache eines schädlichen, eventuell Mißbildungen veranlassenden Einflusses zu vermuten, der aber natürlich mit dem „Versehen" selbst unter keinen Umständen etwas zu tun haben könnte. Wenn schon es nun auch nicht ganz ausgeschlossen erscheint, daß durch starke seelische Affekte auf dem Umweg über die endokrinen Drüsen ein schädlicher Einfluß auf die Frucht ausgeübt werden kann, so ist es nach dem heutigen Stande der Wissenschaft doch wohl sehr fraglich, ob dadurch gerade Mißbildungen, und zwar gerade der hieher gezählten Art veranlaßt werden können. Soweit man diese Dinge heute übersehen kann, liegt die Ursache derselben doch wohl in einer gewissen inneren Anlage der betreffenden Individuen. Sie treten nur dort hervor, wo an und für sich schon eine degenerative Grundlage vorhanden ist.

Vom wissenschaftlichen Standpunkte aus findet die Lehre vom Versehen keine Stütze, sie gehört vielmehr trotz ihrer großen Verbreitung bei praktischen Züchtern und vereinzelt selbst auch noch bei Ärzten einfach in das Gebiet des züchterischen Aberglaubens.

Im folgenden seien noch einige Gründe angeführt, welche gegen die Existenz des Versehens sprechen. Zunächst wurde darauf hingewiesen, daß mächtige seelische Affekte besonders schwangerer Frauen doch sehr häufig vorkommen, während Folgen des „Versehens" verhältnismäßig selten zu beobachten sind; ja es sind zahlreiche Fälle bekannt, wo nach heftigsten seelischen Eindrücken von Frauen vollkommen normale Kinder geboren worden sind. Umgekehrt werden Mißbildungen nach Art jener durch Versehen bedingten ohne die geringste nachweisbare Ursache geboren, ja von gewissen Individuen wiederholt oder innerhalb gewisser Familien von verschiedenen Gliedern, so daß die erblich fixierte Anlage klar hervortritt. Auch solche Fälle sind hiefür bezeichnend, in denen ein und dieselbe Frau mit verschiedenen Männern oder umgekehrt ein und derselbe Mann mit verschiedenen Frauen derartige Mißbildungen erzeugte. Oft genug handelte es sich dabei noch dazu um die gleiche Art der Mißbildungen seitens des betreffenden Individuums (z. B. armlose Früchte). Sehr charakteristisch ist auch die Tatsache, daß nicht selten von Zwillingen der eine mit einem solchen angeblich durch Versehen der Mutter verursachten Merkmal geboren wird, während der andere vollkommen normal ist. Durch die Wirkung des Versehens ist sie unerklärbar, hingegen durch Annahme einer erblichen Anlage seitens der Mutter (oder des Vaters). Es handelt sich dann hier — bei natürlich zweieiigen Zwillingen — um einfache MENDELsche Aufspaltung.

Desgleichen lassen sich embryologische Bedenken gegen das Versehen ins Feld führen. In der Hauptsache sind nach 4 bis 6 Wochen die Organe des Embryos bereits angelegt (BISCHOFF-München). Zu diesem Zeitpunkt weiß die betreffende Frau nichts von ihrer Schwangerschaft. Spätere seelische Traumen müßten, falls sie auf den Embryo übertragen würden, mit Zerstörungen oder mehr weniger weitgehender Verletzung schon vorhandener Organe und Gewebe verbunden sein, und diese müßten sich, auch bei angenommenen Heilungs- bzw. Regenerationsvorgängen doch irgendwie auch später noch in irgend einer Weise (Narben?) erkennen lassen.

Wichtig ist endlich der Umstand, daß alle die angeblichen, durch Versehen veranlaßten Merkmale und Mißbildungen in die bekannten Gruppen entweder der gewöhnlichen Domestikationsmerkmale (die scheckigen Lämmer Jakobs, die scheckigen Pferde des kleinpolnischen Züchters) oder in jene von Domestikationsmerkmalen degenerativen Charakters, wie Mißbildungen und Hemmungsbildungen (Hasenscharte, Wolfsrachen, Feuermale usw.) gehören. Von irgend einer wirklichen Ähnlichkeit zwischen Ursache und Wirkung des Versehens ist keine Rede. Die behauptete Ähnlichkeit solcher Merkmale oder Mißbildungen mit dem sie angeblich verursacht habenden Gegenstand, ist, wie BISCHOFF-München zeigte, eine erzwungene und phantastische. Daß solche Folgen des angeblichen Versehens (wie z. B. die Hasenscharte) in Gegenden vorkommen, wo die betreffenden Affektauslöser gar nicht vorkommen (hier z. B. die Hasen), sei nur nebenbei erwähnt.

Wichtig endlich zur Kenntnis solcher Mißbildungen ist die Tatsache, daß auch sie bei allen höheren Tieren in gleicher Art vorkommen, es sind eben typische Konvergenzerscheinungen (Mutationen), die, wie z. B. die sogenannte Hasenscharte, nicht bloß beim Menschen, sondern ganz analog bei allen stärker domestizierten Haustierspezies, wie den Hunden, Schweinen usw. ebenfalls auftreten.

Aus dem Gesagten ergibt sich somit durchaus klar und eindeutig, daß es ein Versehen im landläufigen Sinne gewiß nicht gibt, ja daß es selbst sehr unwahrscheinlich ist, ob durch seelische Eindrücke Mißbildungen irgend welcher Art veranlaßt werden können.

II. Züchterische Infektion, züchterische Influenz (Telegonie)

Mit dem eben besprochenen züchterischen Aberglauben des Versehens wetteifert an Verbreitung unter den praktischen Züchtern auch der Gegenwart jener von der Existenz einer züchterischen Infektion. Sehr viele Züchter und bis gegen Ende des vorigen Jahrhunderts auch Naturforscher von Rang glauben bzw. glaubten, daß durch die erste Befruchtung eines weiblichen Individuums dessen Organismus gewissermaßen für immer mit der Erbmasse des befruchtenden männlichen Tieres versehen, gewissermaßen imprägniert würde [1]). Mit anderen Worten: nicht nur die Nachkommen der ersten erfolgreichen Paarung sollen Merkmale und Eigenschaften von diesem ersten Vatertiere besitzen, sondern jene auch aller späteren Paarungen, und zwar auch dann, wenn andere männliche Tiere zur Zucht verwendet worden wären. Durch die erste fruchtbare Paarung werde dem Muttertiere durch das männliche ein bleibender und dauernder Stempel aufgedrückt, den auch sämtliche spätere Nachkommen aufweisen würden. Irgend welche Teile des Spermas des erstmals verwendeten männlichen Tieres oder durch das Sperma oder durch die Frucht veranlaßte Vorgänge im Körper der Mutter äußerten sich auch später bei Nachkommen anderer Väter durch Auftreten von Merkmalen oder Eigenschaften des ersten Vatertieres. Auch dieser Glaube von Züchtern und Physiologen ist sehr alt. Er wurde aber speziell durch die Stellungnahme DARWINs zu dieser Frage zu einer gewissermaßen sicheren wissenschaftlichen Tatsache. DARWIN erwähnt Nachrichten von verläßlichen Beobachtern aus Südafrika und Brasilien erhalten zu haben, welche entschieden für das Vorkommen der Infektion im züchterischen Sinne sprächen, insoferne als Stuten, die zuerst zur Maultierzucht verwendet worden waren, auf die später in Reinzucht erzeugten Fohlen deutlich Merkmale des Eselhengstes übertragen haben sollen. Geradezu biologische Berühmtheit erlangte dann der durch DARWIN weiten Kreisen bekanntgewordene Fall jener $7/_8$-blütigen Araberstute des Lord MORTON. Mit einem Quaggahengste (Anfang des 19. Jahrhunderts) gepaart, lieferte sie einen charakteristischen Bastard. In den Besitz des Gore Ouseley übergegangen, warf sie nach einem schwarzen Araberhengst 1818 und 1819 je ein Stut- und ein Hengstfohlen. Zwei- bzw. einjährig wurden diese Fohlen von L. MORTON besichtigt, der über das Besichtigungsresultat einen Bericht an die Akademie der Wissenschaften richtete. Dem Berichte nach waren sie in Gestalt typische Araberpferde, nur in der Farbe, gewissen Streifen und

---

[1]) So soll ROMANES noch im Jahre 1893 nach eingehender Behandlung dieser Frage zu dem Schlusse gekommen sein, daß die Telegonie keineswegs, wie allgemein angenommen wird, häufig sei, sondern daß sie nur in 1 oder 2% der möglichen Fälle sich ereigne.

Zeichnungen und der Mähne erinnerten sie angeblich deutlich an den Quaggahengst. Beide hatten nämlich den dunklen Aalstrich den Rücken entlang, dunkle Streifen in der unteren Hals-, Schulter- und Vorderrückengegend und auch an den Beinen. Bei dem Stutfohlen war die Mähne kurz und aufrecht, beim Hengstfohlen zwar hängend, jedoch steifhaarig und anfänglich nach oben gerichtet, ähnlich wie beim Bastard. MORTON erwähnt dann noch, daß die Beinstreifung sowohl bei den Fohlen als auch beim Quaggabastard wesentlich schärfer und dunkler gewesen war als wie beim Quagga selbst, bei dem sie nur schwach angedeutet gewesen wäre.

Mit diesem berühmt gewordenen Fall von angeblich nachgewiesener Telegonie hat sich neuerdings KOSSAR EWART in einem Vortrage, den er als Gastprofessor an der landwirtschaftlichen Hochschule zu Ames-Jowa (Vereinigte Staaten) hielt, eingehend und kritisch beschäftigt. Er stellt noch einmal kurz die wesentlichsten für diese Annahme sprechenden Gründe fest, nämlich erstens, daß die Beinstreifung bei den reingezogenen Fohlen und Bastard schärfer ausgeprägt war als beim Quagga. Zweitens, daß die Streifung in der Vorderhand zahlreicher waren als beim Quaggabastard, drittens, daß die Mähne des Hengstfohlens zwar lang, aber steif war und im Bogen auf die Halsseite fiel, viertens, daß die Mähne des Stutfohlens kurz, steif und aufrecht war, obschon der Pferdewärter angab, sie sei nicht geschoren worden. Bezüglich der zwei ersten Punkte erinnert EWART daran, daß die in Indien angekaufte, hochblütig arabische Stute MORTONS höchstwahrscheinlich dem Kattiawarschlage angehört haben dürfte, von dem es bekannt sei, daß derartige Streifen am Körper und nicht bloß an den Beinen häufig vorkommen. Ebenso spricht auch die schwarze Farbe des verwendeten Araberhengstes dafür, daß er nicht reiner arabischer Rasse gewesen sei, zumindest nicht einem der berühmten fünf Blutsträngen arabischer Pferde angehört haben könnte. Die Vorhand und Halsstreifen an den nachgezogenen Fohlen sind daher in viel einfacherer und wahrscheinlicher Weise, als statt durch Infektion, durch Atavismus auf jene gestreiften Wildpferde entstanden anzusprechen, von denen die Kattiawars und andere ähnliche Pferdeschläge abstammen. Die angeblich charakteristische kurze und aufrechte Mähne des Stutfohlens zur Zeit der MORTONschen Untersuchungen erklärt sich nach EWART am ungezwungendsten aus der irrtümlichen Angabe des Pferdeknechtes bezüglich des Scherens derselben. Beweis für diese Auffassung ist das von dem berühmten, gut beobachtenden Tiermaler AGASSE im der MORTONschen Besichtigung folgenden Sommer angefertigte Bild des Stutfohlens, daß sich im Royal College of Surgeons befindet. Dies Bild zeigt das Tier mit einer deutlich auf dem Halse liegenden Mähne. Auch die dort gegebene Darstellung des Schwanzes dieses Pferdes spricht nach EWART — wegen der zwischen Entwicklung der Schwanzbehaarung und Mähnenbeschaffenheit bestehenden Korrelation — entschieden für das Vorhandensein einer Hängemähne an diesem Tier. Entweder beruht also (was wahrscheinlich) die Aussage des Pferdewärters auf Irrtum oder behielt in diesem Fall die Mähne des Stutfohlens zufällig ihre aufrechte Form ungewöhnlich lange, statt, wie es normal zu sein pflegt, nach zirka fünf Monaten in die Hängemähne überzugehen. Auf Grund dieser kritischen Prüfung kommt EWART zu dem Ergebnisse, daß der DARWINsche Schluß, nach welchem es sich bei den MORTON-OUSELEYschen Versuchen um Telegonie handle, auf sehr schwachen Füßen stehe. In Anbetracht des Interesses dieses Gegenstandes entschloß sich EWART im Jahre 1895 das MORTON-OUSELEYsche Experiment in möglichst großem Maßstabe zu wiederholen. Statt des Quagga, das bekanntlich inzwischen ausgerottet worden ist, verwendete er einen Hengst des Burchells-Zebra (der Capmann-Varietät), den er mit 20 Stuten verschiedener

Rassen (Araber, englisches Vollblut, Hochlandspony und andere) und verschiedener Haarfarben paarte; 30 weitere Stuten dienten zu Kontrollversuchen. Von diesen erwiesen sich nur 13 fruchtbar mit dem Zebrahengst. Im ganzen wurden von ihnen 16 Bastarde und nachher mit Hengsten verschiedener Pferderassen 22 Pferdefohlen erzeugt. Eine schwarze Hochlandponystute, die vorher zur Zebroidenzucht verwendet worden war, warf als erste (1897) nach einem arabischen Schimmelhengst ein undeutlich gestreiftes Fohlen, so daß Ewart unwillkürlich an die erfolgte Infektion durch den Zebrahengst dachte. Die Sache klärte sich indes bald auf, als nach demselben Araberschimmelhengst aus Stuten der Hochlandponys noch viel reicher und stärker gestreifte Fohlen fielen, obschon dieselben niemals ein Zebra auch nur gesehen hatten. Übrigens hatten die Pferdefohlen aller vorher zur Zebroidenzucht erfolgreich verwendeten Stuten im Körperbau nicht die geringste Ähnlichkeit mit den Bastarden, auch dann nicht, wenn sie, was bei einigen der Fall war, streifige Abzeichen hatten. Von Telegonie konnte somit in dem Ewartschen Versuch keine Rede sein.

Zu dem gleichen negativen Resultat kam auch Baron Parama in Brasilien, der um dieselbe Zeit mit einem Hengste des typischen Burchellzebras Versuche anstellte. Dieser Züchter teilte wertvolle Erfahrungen größten Stiles aus der Maultierzucht Brasiliens mit. Manche seiner Bekannten züchteten jährlich 400 bis 1000 Maultiere. Weil dort unter den Maultierzüchtern die Ansicht verbreitet ist, daß Stuten, nachdem sie mehrere Male zur Kreuzung mit dem Eselhengst verwendet worden sind, steril werden, deshalb besteht der Brauch, nach zwei oder höchstens drei erhaltenen Maultierfohlen die betreffenden Stuten zur Reinzucht mit Pferden zu verwenden. Niemals nun, so schreibt Baron Parama, wurde unter all den vielen tausend beobachteten Fällen auch nur ein einziges Mal der Fall festgestellt, daß solch ein nachgezüchtetes Pferdefohlen in irgend einem Teile seines Körpers Ähnlichkeit mit dem Maultier oder gar dem Esel gehabt hätte. Unter diesen Umständen wirft es auf den Formensinn und die Rassenkenntnisse des zu seiner Zeit in Angelegenheiten der Pferdezucht als Größe geltenden Grafen Veltheim ein merkwürdiges Licht, wenn er meinte, die charakteristischen Merkmale der spanisch-neapolitanischen Pferde seien aus Telegonie heraus entstanden und zu verstehen, weil in jenem Lande die Maultierzucht so verbreitet wäre.

Sehr interessant sind auch die Mitteilungen C. Ewarts über die ganz allgemeine Verbreitung des Glaubens an die züchterische Infektion unter den Pferdezüchtern Englands (noch gegen das Ende des neunzehnten Jahrhunderts). Vollblutstuten z. B. könnten durch erstmaliges Belegen mit Shire- oder Clevelandbayhengsten züchterisch infiziert werden, ja sogar auch durch Hengste der Vollblutrasse, wenn sie verschiedenen anderen Stämmen oder Linien angehören würden. Umgekehrt wieder könne man durch erstmalige Paarung einer groben Shirestute mit einem Vollbluthengst veranlassen, daß die späteren Fohlen derselben Shirestute nach Shirehengsten edlere Formen besäßen, infolge von Telegonie. Manche Vollblutzüchter glaubten, aus kleinen, überfeinerten Vollblutstuten später kräftigere und größere Nachkommen zu erhalten, wenn sie sie vorher von einem Hengst eines schweren Wagenschlages oder einem schweren Hunterhengst decken ließen. Teils durch experimentelle Prüfung, teils dadurch, daß er einzelnen Fällen auf den Grund ging, konnte Ewart auch bei der Pferdezucht den Nachweis erbringen, daß es sich niemals um Telegonie gehandelt haben könne, und zwar gleichgültig, ob bei dem angeblich infizierenden Hengst die Zugehörigkeit zu einer anderen Rasse oder nur zu einer anderen Linie in Frage kam.

Im Jahre 1924 ereignete sich im südlichen Schottland folgender charakteristischer Fall, der auf die selbst heute noch vorhandene weite Verbreitung

züchterischen Aberglaubens (speziell der Telegonie) der dortigen Züchter ein
grelles Licht wirft. Eine Kalbin der schwarzen ungehörnten Aberdeen-Angus-
Rasse wurde zufällig vom Hereford-Stier eines Nachbarn gedeckt. Der Besitzer
der Kalbin klagt den Besitzer des Hereford-Stieres auf Schadenersatz, weil die
Kalbin hiedurch angeblich züchterisch entwertet worden wäre. Der Richter
forderte ein fachliches Gutachten von einem der bekanntesten schottischen
Vererbungsforscher. Derselbe wies auf die Unrichtigkeit dieser Ansicht hin, riet
jedoch nebenbei mit Rücksicht auf den bei den praktischen Züchtern weit verbreiteten Glauben an Telegonie schon deshalb zu einem Ausgleich, weil nach
demselben ja auch der Stier züchterisch minderwertig geworden sein müsse.
Und so geschah es auch.

Daß Beobachtungen über Telegonie gerade bei Zuchten, die selbst aus
komplizierten Kreuzungen von Rassen (Rasse im zoologischem Sinne aufgefaßt)
hervorgegangen sind, wie etwa das englische Vollblut (das ja nur in praktisch
landwirtschaftlichen, nicht aber im wissenschaftlich zoologischem Sinne als
Rasse bezeichnet werden kann), höchst ungeeignet für diesen Zweck sind, liegt
auf der Hand. MENDELsche Aufspaltungsvorgänge und Neukombinationen,
die unausweichlich sind, müssen manchmal das Bild verwischen und können
leicht Telegonie vortäuschen. Der Mendelismus kann daher unter Umständen
auch dann zur Erklärung scheinbarer Fälle von Telegonie mit Nutzen herangezogen werden, wenn es sich nicht um Atavismus im engeren Sinne des Wortes
handelt. Im allgemeinen kann man heute wohl mit Sicherheit behaupten, daß
alle Fälle von scheinbarer Telegonie direkt oder indirekt auf dem Umwege über
den Atavismus, durch den Mendelismus erklärt werden können.

Denn auch die Neigung zum Auftreten verschiedener Hemmungsbildungen
oder sogenannter „Mißgeburten" setzt eine erbliche Anlage voraus, die in gewissen Familien oder Individuen als Folge von degenerativen Domestikationsmutationen vorhanden ist. Weil es sich dabei oft um Merkmale handelt, die
polygener Natur sind oder schwankende (unvollkommene) Dominanz besitzen,
ist der Vererbungsgang nicht immer leicht und scharf zu erkennen.

Zum Schluß sei noch erwähnt, daß es keine auch nur annähernd brauchbare physiologische Erklärung gibt, welche Telegonie zu erklären vermöchte.
Die von Anhängern dieser Lehre manchmal angeführten sind: Die Spermatozoiden des die erste Befruchtung vornehmenden männlichen Tieres sollen die
zarte Haut der Eierstockoberfläche durchbohren und in die vorhandenen Ei-
anlagen oder in Entwicklung befindliche Eierchen gelangen. Sie seien natürlich
nicht imstande, eine Befruchtung derselben zu veranlassen, wohl aber könnten
sie durch Verschmelzung mit ihnen später bei der Entwicklung des Eies dasselbe
entsprechend beeinflussen. Niemals gelang es jedoch, irgend ein Zeichen dafür
zu finden, daß diese Annahme richtig wäre. Ein anderer Erklärungsversuch
geht dahin, daß aus dem befruchteten Ei, oder aus der sich entwickelnden Frucht
irgend welche Teilchen vom Keimplasma des männlichen Tieres (welches die
erste Befruchtung vornahm) in den Körper des Muttertieres gelangen würden
und sich in demselben dauernd erhalten können. Offenbar dachte man irrtüm-
licher Weise hier an jene Vorgänge, welche sich bei der Immunisierung abspielen,
übersah jedoch, daß in Wirklichkeit die Immunisierungsvorgänge durchaus anders
erfolgen. Wäre es möglich, daß irgend welche stoffliche Teilchen des männlichen
Tieres in der erwähnten Weise in den Säftestrom des weiblichen übergehen und
sich hier erhalten könnten um später noch die reifenden oder schon befruchteten Eier zu beeinflussen, dann müßte doch gewiß auch der Einfluß des Muttertieres, in dessen Körper ja dann ebenfalls Teilchen seiner Erbmasse zirkulieren
müßten, imstande sein, befruchtete Eier anderer Muttertiere zu verändern.

Die Unmöglichkeit dieser Annahme wurde seinerzeit bereits von LENHOSEK in Budapest experimentell nachgewiesen. Einem Kaninchen der Rasse A, das kurz vorher von einem Rammler derselben Rasse A belegt worden war, wurde in der Narkose frisch befruchtete Eier eines anderen Kaninchens der Rasse B einverleibt. Auch diese zweite Paarung erfolgte reinrassig, der die Befruchtung vornehmende Rammler gehörte natürlich ebenfalls der Rasse B an. Im Wurfe dieses Kaninchens zeigten sich der Eierzahl entsprechend unter den Jungen scharf getrennt beide Rassen. Von irgend welcher stattgefundenen Beeinflussung der im Körper der A-Mutter sich entwickelnden fremdrassigen B-Eier, bzw. B-Früchte war keine Spur zu sehen. Damit ist indirekt auch der erwähnte zweite Erklärungsversuch der züchterischen Infektion als unmöglich nachgewiesen. Selbst wenn man theoretisch die Möglichkeit einer züchterischen Infektion zugeben würde, gäbe es, wie gezeigt wurde, keine physiologische Erklärung dafür. Die theoretische Betrachtung ergänzt somit die Resultate kritischer Untersuchungen zahlreicher vermeintlicher Fälle von Telegonie; beide Wege führen zur Erkenntnis, daß es eine züchterische Infektion oder Influenz nicht gibt.

III. Der Glaube an die züchterische Saturation

Für den Menschen, ebenso wie von praktischen Züchtern für die verschiedenen höheren Haustiere, wird vielfach angenommen, daß von den aufeinander folgenden Nachkommen eines und desselben Paares jeder folgende eine immer größere Ähnlichkeit mit dem männlichen Elter erlange. Gleichzeitig soll auch der weibliche Elter dem männlichen immer ähnlicher werden. Das ist der Inhalt von dem alten Züchterglauben der Saturation. Man stellt sich eben in diesem Falle die Sache so vor, als würden mit jeder Befruchtung und mit jeder Trächtigkeit dem weiblichen Körper immer neue, immer mehr männliche Stoffe einverleibt, so daß es endlich zu einer Art von „Sättigung" bei demselben komme. Weil es klar erkennbar ist, daß die Saturation im wesentlichen auf dasselbe hinausläuft wie die Telegonie, gewissermaßen eine Fortsetzung, eine Verstärkung derselben vorstellt, kann auf das eben (bezüglich der Telegonie Gesagte) verwiesen werden. Irgend welche physiologischen Gründe zur Erklärung der Saturationsidee gibt es also nicht. Und daß auch die züchterische Erfahrung bei kritischem Vorgange ebenfalls kein einziges Beispiel zur Stütze dieser Meinung anführen kann, ist wissenschaftlichen Kreisen wohl bekannt.

IV. Aberglaube und Vererbung erworbener Eigenschaften

Als letztes Glied in der Kette des züchterischen Aberglaubens wäre nach dem heutigen Stand der Biologie wohl auch der Glaube an gewisse krasse Arten der Vererbung erworbener Eigenschaften einzufügen. Man findet darunter angebliche Beobachtungen von solcher Beschaffenheit, daß man A. DIETRICH wohl beistimmen muß, wenn er von ihnen sagt, sie würden sich nicht über das Niveau sogenannter „Histörchen" erheben. Das Schlimme an der Sache ist dabei, daß ab und zu unter den Vertretern wildesten „Lamarckismus" auch Namen von wissenschaftlich gutem Klang sich befinden. Was soll man z. B. von folgendem, von WEISMANN angeführten und richtig gestellten Beispiel anderes halten, als daß es Aberglaube ist? — Ein Herr hatte am linken Ohr eine von einem früheren Schlägerhieb herrührende Narbe. Sein Töchterlein hatte an derselben Stelle des linken Ohres eine der Narbe entsprechende „Umbildung der Anthelix", die als Vererbung der Narbe aufgefaßt wurde. WEISMANN ging der Sache nach und stellte fest, daß der Vater die gleiche Mißbildung, allerdings am rechten Ohre besaß, auf die er nie geachtet hatte. Unzählige zitierte Beispiele von ähnlicher Art von angeblicher Vererbung von Narben usw. sind, wie das oben angeführte nur die Folge oberflächlicher Beobachtungen.

Zum züchterischen Aberglauben gehörig zähle ich dann unter anderem die in einem feierlichen Vortrage in einer wissenschaftlichen und züchterischen Gesellschaft von U. Dürst ausgesprochene Behauptung, daß jene nackten Teile des Halses, welche für das Siebenbürger Nackthalshuhn und das Truthuhn charakteristisch sind, und die sich bekanntlich völlig sicher vererben, Folgen von fixierten Verletzungen wären, die durch die häufigen Kämpfe dieser Tiere ursprünglich nur erworben worden wären. Eine solche Behauptung mutet fast wie ein schlechter Scherz an, weil man von solcher Seite doch die Kenntnis voraussetzen muß, daß es sich hier z. B. beim Nackthalshuhn um eine entweder rein zoologisch[1]) zu deutende Erscheinung, oder um eine bei allen höheren (Säugetieren und Vögeln) Haustieren vorkommende Domestikationsmutation fast pathologischen Charakters handelt, die bei diesem Huhne zufällig partiell auftritt. Selbst vollständig über den ganzen Körper verbreitet (nicht nur auf einen Teil des Halses beschränkt) kommt diese Nacktheit bei Züchtungs- und sogar auch bei primitiven Rassen verschiedener Haustierarten vor. Ich selbst sah sie 1914 bei einem mischblütigen Landhuhn im nördlichen Mähren in vollendetster Form

---

[1]) Inzwischen hat L. Freund 1925 die Behauptung Dürsts und seines Schülers Sassenhagen, daß der nackte Hals des Siebenbürger Nackthalshuhnes die erblich gewordene Folge von mechanischen Insulten (Ausreißen der Halsfedern) in Verbindung mit einer durch Sonnenlicht hervorgerufenen Hautentzündung wäre, auf Grund genauer histologischer Untersuchungen der nackten Halshaut dieser Hühnerrasse als falsch und, weil auf „Oberflächlichkeit" der Untersuchung beruhend, als gegenstandslos nachgewiesen.

Nicht um eine von den Voreltern ererbte „Dermatitis chronica hypertrophica traumatica verbunden mit Hypopterycystosis congenita" wie es Dürst haben möchte, handelt es sich bei den Nackthälsen, sondern um ein zoologisches Gebilde, dessen Charakteristik nach Freunds Untersuchungen darin liegt, „daß eine starke Gefäßversorgung der Cutis unter der Epidermis eingetreten ist, indem eine Art Schwammbildung von kleinen und kleinsten Gefäßen sich hier schichtenförmig ausbreitet".

Analoge Schwammkörperbildungen fand Freund im Kamm und dem Kehllappen der Hühner, „so daß wir zwanglos den Gefäßschwammkörper in der Halshaut an den des Kammes und Kinnlappen anreihen können."

Durch Vakularisation der Halshaut bedingte Veränderungen fand Freund auch beim Perl- und Truthuhn. Sie alle weisen einen gemeinsamen Bau auf und die schwankende Durchblutung dieser Schwammkörper steht mit sexuellen Erregungszuständen während der Fortpflanzungsperiode im Zusammenhang.

Auch die während der Brutperiode auftretenden temporären kahlen Stellen der Bauchhaut der Hühner, die sogenannten Brutflecke, gehören ebenfalls in diese Gruppe von Erscheinungen.

Es ist klar, daß diese Domestikations-Mutation beim Siebenbürger Haushuhn an und für sich noch nicht eigentlichen pathologischen Charakter besitzt, daß sie aber trotzdem entsprechend den Ausführungen von W. Siemens für das Freileben des Tieres, etwa für das wilde Huhn, kaum günstig wäre.

Und diese Mutationstype würde bestimmt und deutlich ins Pathologische umschlagen, wenn sie nicht bloß auf den Hals beschränkt wäre, sondern auch auf andere Teile des Tierkörpers übergreifen würde.

Sowohl die Nackthalserklärung Dürsts als auch seine weiteren Ansichten über die Entstehung der Hörner beim Rinde und anderen Tieren, oder über das Zustandekommen der Kreuzschnabelbildung, tragen derartig grob sichtbar den Stempel der Unmöglichkeit an sich, daß man sie nur im Kapitel über den züchterischen Aberglauben, keineswegs aber bei den Hypothesen über die Vererbung erworbener Eigenschaften unterbringen kann.

ausgeprägt. Es handelte sich um eine Mutation, da weder vorher noch nachher in der betreffenden Zucht ähnliches vorkam. Ja selbst innerhalb einer reinrassigen Zucht des Steppenrindes sah ich 1913 bei einem mir befreundeten Züchter in Keczkemet ein Gegenstück, ein vollkommen nacktes Kalb. Es geht doch nicht gut an, nach DÜRST anzunehmen, daß sich in diesen Fällen die Eltern bei ihren Kämpfen so vollendet gerupft bzw. enthaart hätten, sintemalen beim Steppenvieh das Haarausreißen nicht üblich zu sein pflegt.

Viel zur Verbreitung solcher extrem lamarckistischer, natürlich falscher Ansichten haben leider auch die unkritischen Mitteilungen von sonst sehr verdienten praktischen Züchtern beigetragen. Zum Beweise führe ich aus dem sonst gewiß vortrefflichen Werke B. v. OETTINGENS (Die Pferdezucht, II. Aufl., 1921) zwei charakteristische Beispiele verschiedener Type an. 1. VON OETTINGEN sah 1887 im russischen Hauptgestüt zu Derkul auf vortrefflichen Steppen reingezogene Percheron, welche schon in der zweiten Generation einen „arabischen Ausdruck" erlangt hatten. Abgesehen von der Kruppe erweckten sie ob ihres Adels, der Trockenheit und der Lebhaftigkeit ihres Temperamentes den Eindruck einer Araber Kreuzung. Daß das Beispiel kein geeignetes für die Vererbung erworbener Eigenschaften vorstellt, ergibt sich aus folgender Erwägung: die Percherons haben an und für sich osteologisch einen „edlen", d. h. morgenländischen Schädelbau, der nur bei dickerer Haut — eine somatische Folge des französischen Klimas — verdeckt wird. Die im Steppenklima erfolgende, rein somatisch bedingte, abgeänderte Reaktion (trockenere und leichtere Formen) hält nicht länger an, als das Steppenklima und die Steppenernährung andauern, sie ist also nicht ein Ausfluß des veränderten Keimplasmas, nicht erblich nach dem Rückversetzen in die heimatlichen Verhältnisse.

Aber am zoologischen Charakter, am Schädelbau, hat sich überhaupt nichts Wesentliches geändert, bestimmte dem Araber ähnliche Züge waren gewiß ohnehin vorhanden, aus dem einfachen Grunde, weil im Percheron ein gut Teil Tarpanblut steckt, d. h. derselben Stammform, von der auch die Araber sich ableiten. Mit anderen Worten, die Kenntnis der Reaktionsweise in Verbindung mit der Kenntnis der zoologischen Beschaffenheit und Herkunft der Percherons, läßt es von vorneherein erwarten, daß sie sich unter den abgeänderten Verhältnissen gerade so verhalten müssen, wie es geschildert wurde; jedoch hat diese veränderte Reaktionsnorm (bei übrigens unverändertem Schädelbau, so weit es sich um das knöcherne Schädelskelett handelt) durchaus nichts mit der Vererbung durch das Klima abgeänderter, also „erworbener" Eigenschaften zu tun.

Das zweite dort befindliche Beispiel von der Vererbung erworbener Eigenschaften dürfte schon mehr in das Kapitel des züchterischen Aberglaubens gehören. Dort wird Seite 15 angeführt, der amerikanische Traber Mambrino Chief (geboren 1844) habe sich vor dem Trainieren schlecht vererbt, seine Kinder hätten keine Rennen gewinnen können. Nachdem sich der Hengst aber mehrere Jahre in Trabtraining befunden habe, habe er seine Anlage zum Traben sehr gut vererbt. Es wäre natürlich oberflächlich, wollte man aus der Ferne, ohne genaue Kenntnis aller Umstände, diesen Fall auf natürliche Weise zu erklären versuchen. Nur eines steht trotzdem fest, daß die Versuche ultralamarckistischer Erklärung gewiß unter keinen Umständen zutreffen werden.

Auf Seite 17 desselben Werkes steht desgleichen der lamarckistische Satz: „Der erhöhte Prozentsatz der Fohlensterblichkeit, wenn der Hengst oder die Mutterstute 20 Jahre oder älter waren, spricht auch für die Vererbung erworbener Eigenschaften." Diese Feststellung ist gewiß richtig, unrichtig ist nur die Deutung. Es besteht eine gewisse Neigung zu verringerter Lebensfähigkeit bei den Fohlen alter Pferde offenbar deshalb, weil die Ernährungsvorgänge der

Vererbungssubstanz durch altverändertes Zellplasma ungünstigere sind. Trotzdem vererben aber auch alte Tiere, wie ich auf Grund langjähriger eigener Erfahrung (allerdings nicht speziell bei der Pferdezucht) weiß, keineswegs schlechter als in der Jugend. Die Keimzellen dürften eben eine somatische Schwächung erfahren haben, das ist alles. Vererbung erworbener Eigenschaften kommt aber auch hier nicht in Frage.

Im Interesse des Züchters ist es daher gelegen, wenn die Wissenschaft als Bringerin der Wahrheit und Aufklärung ihn vom Aberglauben der Vererbungsmöglichkeit somatogen erworbener Eigenschaften befreit. Dadurch erwächst ihm doch nur Nutzen und ich verstehe, wie gesagt, nicht, auf welche Weise v. OETTINGEN zu der Ansicht kommen kann (Seite 19) „der Glaube an die Vererbung erworbener Eigenschaften ist der Hauptstimulus des Züchters zu fleißiger und überlegter Arbeit; ohne diesen Glauben würde die Gefahr der Vernachlässigung des Zuchtmateriales zunehmen".

Sechster Abschnitt

Die Züchtungsmethoden

In der landwirtschaftlichen Tierzucht unterscheidet man drei (bzw. vier) verschiedene Methoden, nach welcher die Wahl der zu paarenden Tiere vor sich gehen kann, nämlich: 1. die Reinzucht, 2. die Verwandtschaftszucht mit dem Sonderfall der sogenannten Inzestzucht, das ist die Paarung innerhalb der engsten Verwandtschaftsgrade und 3. die Kreuzungszucht. Bedingt kann man dem üblichen Brauche nach noch die sogenannte Blutauffrischung als 4. Zuchtmethode den vorhergehenden anfügen.

I. Die Reinzucht

Unter Reinzucht versteht man die Paarung von Individuen miteinander, welche derselben Rasse, strenge genommen auch demselben Schlage angehören, jedoch in keinem Verwandtschaftsgrade zueinander stehen. Die Erfahrung lehrt, daß dieser Methode weder spezifische Vor-, noch Nachteile anhaften. Sie ist die naheliegendste. Man kann im allgemeinen annehmen, daß die aus solchen Paarungen entstandenen Nachkommen zunächst die für die betreffende Rasse charakteristischen Merkmale und Eigenschaften (soferne natürlich die Eltern sie besessen hatten) ebenfalls besitzen werden. Besondere Merkmale individueller Natur werden, soferne die Eltern sie besaßen und wenn sie genotypisch veranlaßt sind, natürlich ebenfalls weiter vererbt.

II. Die Verwandtschaftszucht

Unter den verschiedenen Züchtungsmethoden, der Reinzucht, Verwandtschaftszucht und der Kreuzungszucht hat speziell die Verwandtschaftszucht sowohl seitens der Züchter als auch der Biologen eine wechselnde und zu verschiedenen Zeiten recht verschiedene Beurteilung erfahren. Im Verlaufe der letzten Jahre, infolge des Aufblühens des Mendelismus und seiner ausgiebigen Verwendung in der landwirtschaftlichen Tierzucht, gelangte man zu neuen Gesichtspunkten hinsichtlich der Beurteilung der Wirkungsweise der Verwandtschaftszucht.

Wie sonderbar es auch klingen mag, es ist doch Tatsache, daß wir erst jetzt auf der Basis mendelistischer Forschung stehend, zu einem besseren, tieferen Verständnisse der Verwandtschaftszucht gelangt sind. Nur mit Hilfe des Mendelismus begreifen wir das Wesen dieser hervorragend wichtigen Züchtungsmethode.

Wie erwähnt, unterlagen die Ansichten der landwirtschaftlichen Züchter über den Wert der Verwandtschaftszucht im Zeitlaufe großen Schwankungen. Wenn wir davon absehen, daß es, wie es in der Natur der Sache liegt, in der vor- und frühhistorischen Zeit eine lange während Periode gab, in der die Verwandtschaftszucht unbewußt und ungewollt in der Tierzucht angewendet worden ist, so interessiert uns zunächst jene etwa um die Hälfte des 18. Jahrhunderts liegende und bis gegen die Mitte des 19. während Zeit, in welcher sie besonders hoch eingeschätzt wurde. Man wies darauf hin, daß man mit ihrer Hilfe am leichtesten und raschesten eine gewisse Ausgeglichenheit (sogenannte Konformität) und in der Folge auch Konstanz innerhalb der betreffenden Zuchten erzielen könne; man glaubte vielfach sogar, daß der Grund hiefür in der Methode als solcher gelegen sei.

Ferner wurde geltend gemacht und als Beweis für die Richtigkeit solcher Anschauungen angeführt, daß eine große Reihe hervorragend leistungsfähiger, berühmter Zuchten der verschiedensten Haustierspezies auf diesem Wege erzüchtet worden sei.

Es wurde vor allem auf die glänzenden Resultate eines Bakewell beim Langhornrinde, den Leicesterschafen und den Shirehorses, auf jene der Brüder Colling, den Erzüchtern der weltberühmten Shorthornrinder und zahlreicher anderer Züchter, welche sich die Veredelung der verschiedensten Haustiergattungen zum Ziele gesetzt hatten, verwiesen. In allen diesen Fällen spielte die Verwandtschaftszucht, und zwar in ihrer schärfsten Form, als Inzestzucht angewandt, eine wichtige Rolle. Speziell auf Basis der letzteren waren viele solche Zuchten aufgebaut und weitergeführt worden.

Es konnte daher nicht wundernehmen, daß die Verwandtschaftszucht zahlreiche Anhänger nicht nur in der großen landwirtschaftlichen Praxis gewann, sondern daß auch Tierzüchter von wissenschaftlicher Bildung sie als das geeignetste und wertvollste Mittel zur Verbesserung, Veredlung der Haustiere überhaupt empfohlen (Weckherlin) haben.

Es folgte dann eine Zeit, in der die Ansichten über den Wert der Verwandtschaftszucht ins Gegenteil umschlugen. Es geschah dies ungefähr um die zweite Hälfte des vorigen Jahrhunderts. Dieser Zustand blieb bis zum Anfang dieses Jahrhunderts bestehen, ja man kann getrost behaupten, daß die Verwandtschaftszucht auch heute noch von der großen Mehrzahl der praktischen Züchter als eine spezifisch schädliche Züchtungsmethode angesehen wird, als deren Folge „Degeneration" im weitesten Sinne des Wortes, namentlich aber Unfruchtbarkeit, Überbildungserscheinungen, Widerstandslosigkeit gegen Schädlichkeiten verschiedener Art und selbst Mißbildungen und Krankheitsanlagen anzusehen wären.

Namentlich unter dem Einflusse des erweiterten Mendelismus bereitet sich neuerdings ein abermaliger Wandel in den Ansichten über das Wesen der Verwandtschaftszucht vor. Man erkennt, daß die Methode als solche weder unbedingt nützlich und gut, noch aber schädlich und schlecht ist. Es hängt eben ganz von der Art ihrer Verwendung und vom benützten Ausgangsmateriale ab, ob sie das eine oder das andere ist. Daß sie in der Tat vollkommen neutral, in ihren Folgen an und für sich weder spezifisch nützlich noch schädlich ist, soll im folgenden zu zeigen versucht werden.

Zu diesem Zwecke ist eine objektive Prüfung der vorgebrachten Angaben unerläßlich. Im Verlaufe einer solchen sehen wir, daß an der Tatsache, daß eine große Anzahl von hervorragend leistungsfähigen Zuchten, so ziemlich aller wichtigeren Arten von Haustieren, mittels enger, vielfach engster Verwandtschaftszucht geschaffen worden ist, nicht gezweifelt werden kann.

Als eines der vielen, allerdings extremen solchen Beispielen starker Inzestzüchtung, bei trotzdem höchster wirtschaftlicher und züchterischer Leistung sei die Abstammung der berühmten Kuh Robert Collings, Clarissa (nach HERMANN V. NATHUSIUS) angeführt.

$$
\text{Clarissa}
\begin{cases}
\text{Wellington}
\begin{cases}
\text{Komet}
\begin{cases}
\text{Favorite} \\
\text{Young Phönix}
\end{cases}
\begin{cases}
\text{Favorite} \\
\text{Phönix}
\end{cases} \\[2em]
\text{Wildfire}
\begin{cases}
\text{Favorite} \\
?
\end{cases}
\end{cases} \\[3em]
\text{Tochter von}
\begin{cases}
\text{Favorite} \\
\text{Tochter von}
\begin{cases}
\text{Favorite} \\
\text{Tochter von}
\begin{cases}
\text{Favorite} \\
\text{Tochter von}
\begin{cases}
\text{Favorite} \\
-
\end{cases}
\end{cases}
\end{cases}
\end{cases}
\end{cases}
$$

Ganz ähnliche Beispiele enger Inzestzucht, ohne daß irgend welcher Schaden zu beobachten gewesen wäre, stehen auch aus der Zucht des Aberdeen-Angusrindes zur Verfügung. Überhaupt fällt es nicht schwer, auf Grund verläßlicher Literaturangaben zu zeigen, wie außerordentlich häufig gerade hervorragende Hochzuchten fast aller wichtigeren Haustierspezies mit Hilfe von Inzestzucht herangebildet worden sind.

Verfolgt man nun solche durch Verwandtschaftszucht geschaffene und dieser Methode treu bleibende Hochzuchten längere Zeit hindurch, so findet man, daß im Laufe der Zeit in vielen sich gewisse höchst mannigfach beschaffene Störungen einstellten, welche zur Folge hatten, daß von der Verwandtschaftszucht Abstand genommen, oder daß wenigstens vorübergehend fremdes Blut zugeführt wurde (Blutauffrischung). Zu letzterem Vorgange sollen sich selbst so energische Anhänger der Verwandtschaftszucht, wie die Shorthornzüchter Bates und R. Colling, veranlaßt gesehen haben.

Überprüfen wir die verläßlichen Literaturangaben über das Auftreten ungünstiger Erscheinungen bei Verwandtschaftszucht, so läßt sich nicht leugnen, daß solche Vorkommnisse nicht selten zu verzeichnen sind. Es muß jedoch von vorneherein festgestellt werden, daß wir außer der nackten Tatsache, daß diese oder jene unerwünschte oder schädliche Eigenschaft auftrat, nichts näheres erfahren. Wir erhalten keinen genauen Einblick in den betreffenden Zuchtbetrieb, über Ernährung, Haltung und Pflege, hören nichts über die züchterische Beschaffenheit des Ausgangsmateriales, über seine eventuellen gesundheitlichen Mängel oder Krankheitsanlagen. Solche Kenntnis wäre aber wichtig, weil sie imstande ist, vieles von dem, was sich später in der Zucht ereignete, verständlich zu machen.

Ohne auf solche wichtige Einzelheiten Rücksicht zu nehmen, klammerten sich die meisten Beobachter oder Züchter an die bloße Tatsache der bei angewandter Verwandtschaftszucht erfolgten Schädigung. Es wurde zum Teil auch übersehen, daß manche solcher einst berühmter Zuchten wegen vollkommen anders gearteter Ursachen (keineswegs wegen auftretender züchterischer Mängel) verschwanden oder in den Hintergrund gedrängt worden sind. Ökonomische Gründe kommen hier ebenso in Frage wie durch bloße Mode bedingte Momente. Mode, dies in seinem Wesen so schwer faßbare Ding, ist z. B. nach Hoffmann einzig und allein die Ursache des Verschwindens der so hoch gezüchteten Langhorns gewesen. Ihr unerwartetes und erfolgreiches Wiederauftreten in allerletzter Zeit bestätigt diese Ansicht vollkommen. Und ähnlich mag es sich auch mit dem In-den-Hintergrund-treten der Southdownschafe Ende des vorigen Jahrhunderts verhalten haben, welche plötzlich wieder (bald nach Anfang dieses Jahrhunderts) in außerordentlich vollkommener Form erschienen und dieser Rasse — man denke nur an die, was züchterische Höhe anbetrifft, geradezu einzig dastehende Zuchtherde von Brabram Hall — mit einem Schlage wieder zu ihrem alten Rufe, wenigstens in England, verhalfen. Es scheint eben tatsächlich das englische Züchterwort richtig zu sein, „every day has its dog".

Unter solchen Umständen bildete sich in Züchterkreisen ziemlich allgemein der Glaube an eine spezifische Schädlichkeit der Verwandtschaftszucht als solcher. Viele Züchter kamen zu der Ansicht, daß der Verwandtschaftszucht an und für sich, gewissermaßen aus geheimnisvollen inneren Gründen, eine besondere Schädlichkeit innewohne. Später wurde dann wiederholt der Versuch gemacht, in scheinbar wissenschaftlicher, tatsächlich aber roher und unklarer Weise (namentlich in chemischer Richtung) Erklärungen zu konstruieren.

Ihre, der Verwandtschaftszucht, Anwendung, so meinte man, berge unter allen Umständen eine gewisse Gefahr, und überall dort, wo sie längere Zeit hindurch geübt würde, müßten sich früher oder später „besorgniserregende" Erscheinungen, wie Unfruchtbarkeit, Überfeinerung, konstitutionelle Schwäche, Mißbildungen u. dgl. m. einstellen. Es wurde in weiten Züchterkreisen allmählich zum Grundsatze, daß es keine Zucht irgend welcher Tiere — seien es wilde oder Haustiere — gebe, welche eine Reihe von Generationen, ohne Schaden zu nehmen, auf dem Wege der Verwandtschaftszucht vermehrt worden wäre. Und die Schnelligkeit, mit der sich die Schädlichkeiten einzustellen pflegten, hinge selbst wieder vom benützten Verwandtschaftsgrade ab.

Anfang der Neunzigerjahre des vorigen Jahrhunderts hat Schiller-Tietz diese Ansicht vieler praktischer Züchter in den Satz zusammengefaßt, daß die Erfahrung bestätige, daß das frühere oder spätere Eintreten nachteiliger Folgen vom Intensitätsgrade abhinge, in dem die Verwandtschaftszucht zur Anwendung gelange. Das frühere oder spätere Eintreten der Degeneration stehe im geraden Verhältnisse zur Nähe oder Ferne des Verwandtschaftsgrades der gepaarten Tiere. Am ungünstigsten seien die Geschwisterpaarungen, dann folgen solche zwischen Eltern und Kindern usw. Diese Ansichten herrschten, wie ich durch zahlreiche Anfragen aus eigener Erfahrung kenne, tatsächlich ziemlich allgemein unter den praktischen Züchtern speziell im letzten Viertel des vergangenen Jahrhunderts.

Werfen wir nun vorerst einmal einen Blick auf die Natur jener Schädlichkeiten, die oft genug den Bestand von Verwandtschaftszuchten bedrohten. Zunächst, so heißt es, ehe die eigentlichen schweren Entartungserscheinungen hervortreten würden, sollen sich gewisse „dem geübten Auge" erkennbare Vorboten zeigen. Sehr charakteristisch erblickte man sie darin, daß gewisse spezifische Merkmale oder Leistungen der betreffenden Rasse oder Zucht eine auffallende Steigerung erfahren und daß eine zunächst vielfach erwünschte mäßige Verfeinerung der Tiere sich einstellt — vielfach als „züchterischer Adel" gewertet. Diesen Vorzügen, die keineswegs von allen Züchtern bereits als schlimme Vorboten erkannt werden, sollen dann rasch die sogenannten Überbildungen oder „Hyperbildungen" auf dem Fuße folgen. Hier handle es sich bereits um weiter-

gehende, höhere Grade der Verfeinerung der Tiere, die bereits eine gewisse
Schwäche in sich schließen sollen. Das Skelett (besonders der Kopf und die
Metakarpal- und die Metatarsalknochen) der Tiere, vor allem aber die Haut
sind fein. Letztere ist auffallend dünn und an den Ohren, um die Augen und am
Bauche schütter, also mangelhaft behaart, vielfach sogar haarlos. Häufig bleiben
diese Tiere auch klein. Gleichzeitig sind sie anspruchsvoller in bezug auf Pflege
und Ernährung als normale.

Diesen angeblichen Folgen von Verwandtschaftszucht folgen wieder die
schwereren Degenerationserscheinungen. Folgende werden von praktischen
Züchtern als durch länger geübte Verwandtschaftszucht ausgelöst angegeben:
Unfruchtbarkeit, manchmal durch Unterentwicklung der Sexualorgane (Hemmungsbildung!) veranlaßt, öfters aber auch ohne nachweisbare Ursachen auftretend. In letzterem Falle erweisen sich die betreffenden miteinander unfruchtbaren verwandten Individuen ab und zu dann als fruchtbar, wenn sie mit nichtverwandten Tieren gepaart werden. Von Stoffwechselstörungen werden oft
solche entgegengesetzter Art als Folgen der Verwandtschaftszucht angegeben;
teils sollen solche Individuen das Futter, auch wenn es reichlich und gut
beschaffen ist, schlecht verwerten, sie sind daher immer in schlechtem Er-
nährungszustande und es fehlt die freudige Jugendentwicklung, teils wieder
trete einseitige Futterverwertung in der Weise ein, daß Neigung zu einseitigem
Fettansatz besteht, neben welcher öfters noch Frühreife vorkommt. Ferner wird
angegeben, daß häufig wichtige Instinktverluste als Inzuchtfolge zu beobachten seien. Die Jungen z. B. besitzen keinen Sauginstinkt oder die Mütter lassen
nicht saugen usw. Selbst geistige Anomalien verschiedener Art, beim Menschen
z. B. schwere Erkrankungen des Zentralnervensystems (Epilepsie, Idiotie)
wurden auf Rechnung der Verwandtschaftszucht gesetzt.

Ebenso wird gewöhnlich das Auftreten von Mißbildungen als Inzuchtfolge
angesehen wie z. B. die Mopsschnauzigkeit bei verschiedenen Haustierspezies,
oder bei Hunden umgekehrt das sogenannte Schweinsmaul. Von anderen morphologischen Mißbildungen (bzw. Hemmungsbildungen) werden Hasenscharte und
Wolfsrachen angegeben. Als Hemmungserscheinung physiologischer Art wird mit
Vorliebe der Albinismus als durch Verwandtschaftszucht hervorgerufen hingestellt.

Soll nun in die große Menge der teils für, teils gegen die Verwandtschaftszucht sprechenden Ansichten, Tatsachen und Beispiele Ordnung gebracht
werden, um schließlich zu einem objektiven Urteile über deren Wert zu gelangen,
so muß zunächst darauf hingewiesen werden, daß manche der von den Inzuchts-
gegnern angeführten Zuchtbetriebe aus anderen Ursachen und nicht etwa durch
die verwendete Verwandtschaftszuchtmethode Schiffbruch gelitten habe. Nur
ausnahmsweise pflegen aber die Einzelheiten der Zucht so weit bekannt zu sein,
daß eventuelle Ursachen des Verfallens anderer Art mehr oder weniger klar
erkennbar sind (Beispiel hiefür: die CRAMPEsche Rattenzucht).

Zur richtigen Einschätzung des Wertes (bzw. Unwertes) der Verwandtschaftszucht dürfte es zweckmäßig sein, sich zunächst darüber zu vergewissern, ob
tatsächlich, wie behauptet wird, keine irgendwie längere Zeit in Verwandtschaft
vermehrten Tierbestände bekannt sind. Wenn man von Versuchen mit niederen
Tieren absieht (zum Beispiel hat CASTLE 59 Generationen von Drosophila,
WOODROFF 2000 Generationen von Paramecium ohne irgend welche Schädigungen
der späteren Generationen in nächster Verwandtschaft gezüchtet), so fällt es
nicht schwer, auch von höheren Tieren zahlreiche Fälle von lange fortgesetzter
Verwandtschaftszucht zu verzeichnen, die ohne jegliche schädliche Folge verliefen. L. HOFFMANN z. B. führt die Rosensteinerzucht weißer Damhirsche als
solches Beispiel an. Seit den Zwanzigerjahren des 19. Jahrhunderts lebt dort

ein Rudel weißer Dammhirsche in einem nur zirka vier Hektar großen Parke. Ende des 19. Jahrhunderts war an den Tieren noch kein schädliches Merkmal feststellbar. Obschon sich die Tiere in „enger" Inzucht seit Jahrzehnten fortgepflanzt hatten, war ihre Fruchtbarkeit vollkommen erhalten. Ferner: von den wenigen angeblich durch Inzucht aussterbenden Elentieren Ostpreußens ist es bekannt, daß sie die zur „Blutauffrischung" ausgesetzten skandinavischen Individuen abschlugen, sich mit ihnen nicht paarten, trotzdem aber dadurch sofort züchterischen Aufschwung nahmen, daß alle schwächlichen, konstitutionell minderen Individuen, die früher geschont worden waren, rücksichtslos abgeschossen wurden. Wohl das großartigste, überzeugendste Beispiel dieser Art für das Wesen der Verwandtschaftszucht bietet aber die Einführung europäischer (englischer) Edelhirsche nach Neuseeland. Vor zirka zehn Jahren betrug der Bestand an (wilden) Edelhirschen der Nordinsel rund 5000 Stück. Trotzdem alle von nur drei im Jahre 1864 aus England eingeführten Individuen abstammen, also typischer Verwandtschaftszucht entsprungen sind, sind sie vollkommen frei von jeder Krankheitsanlage und erweisen sich ihrer englischen Ausgangsform gegenüber physisch und konstitutionell überlegen.

Diese Beispiele mehr zoologischer Natur für die unter Umständen volle Unschädlichkeit der Verwandtschaftszucht mögen genügen.

Kehren wir zu den Haustieren zurück. Auch unter ihnen finden wir Beispiele sehr lange fortgeführter Verwandtschaftszucht ohne schädliche Folgen. Beim Pferde speziell möchte ich die Kladruber Zucht altspanischer Rasse als ein solches bekanntes und berühmtes Beispiel anführen. Es ist um so wichtiger, als ich in der Lage bin, gewisse Einwände, die gegen das vollkommen normale Verhalten dieser alten Zucht hie und da in der Literatur gemacht wurden, zu widerlegen. Gerade die Kladruber Zucht beweist, wie unendlich wichtig es ist, die Verhältnisse, unter denen eine Zucht geführt wird, genau zu kennen, falls eine falsche Beurteilung vermieden werden soll. Diese Pferderasse rein abendländischen Gepräges vom Typus Equus Abeli wird seit rund 100 Jahren in mäßig starker Verwandtschaftszucht in Kladrub gezüchtet. In der Literatur wird angegeben, daß zwar keine körperlichen Entartungsmerkmale zu beobachten wären, jedoch habe die Fruchtbarkeit nachgelassen, vor allem seien die Brunsterscheinungen der Stuten so abgeschwächt, daß das Rossen leicht zu übersehen sei. Hierin sei also bereits eine Folge der Verwandtschaftszucht erkennbar. Ferner fiel mir selbst bei meinen jährlichen Besuchen und Demonstrationen in den ehemaligen Hofstallungen in Wien (seit dem Jahre 1883) auf, daß in den letzten 15 bis 20 Jahren die Größe der dort eingestellten Hengste nicht unerheblich abgenommen habe. Was lag näher, als darin eine Folge der Verwandtschaftszucht zu erblicken? Meine Erkundigungen teils beim langjährigen Leiter des Gestütes, Herrn Direktor R. MOTLOCH, teils bei einem anderen Herrn vom Gestüte, der früher mein Hörer gewesen ist, ergaben folgende Tatsachen: 1. Die Fruchtbarkeit der Kladruber Stuten altspanischer Rasse ist eine vollkommen normale. 2. Von dem „Im-Fluge-erhaschen-müssen" der Rosse ist keine Rede. Wie bei vielen anderen Zuchten oder Einzelstuten, sogar solchen vom Kreuzungstypus, ist die Rosse zwar nicht auffallend heftig, aber doch normal. Es dürfte übrigens bekannt sein, daß manche Pferdezüchter gerade solche, weniger stürmisch verlaufende Brunst der Stuten aus züchterischen Gründen lieber sehen als die sehr lebhafte. 3. Meine eigenen Beobachtungen über die Größenabnahme endlich fanden durch die Aufklärung seitens des Herrn Direktors MOTLOCH eine überraschende Lösung: die Zuchtwahl! Weil gerade die „edleren" Hengste von kleineren Formen waren, deshalb wurden sie zur Zucht eingestellt und deshalb mußte selbstverständlich die Nachkommenschaft an Größe und Masse einbüßen!

Mit einem Worte, an den Kladrubern ist durchaus kein Entartungsmerkmal zu finden, das als Folge der zirka ein Jahrhundert lang betriebenen Verwandtschaftszucht angesehen werden könnte. Alles gegensätzlich Mitgeteilte beruht auf Mißverständnissen oder ist nicht richtig. Sogar eine relative (für Pferde abendländischer Type!) Ausdauer muß zugegeben werden, wenn man Direktor Motloch hört, der oft drei Meilen in normalem Gange und ohne Peitsche zu gebrauchen mit ihnen zurücklegte.

Vorgeworfen wird unter anderem den Kladrubern, daß ihre Fohlen öfters Bockhufe besitzen. Demgegenüber aber ist festzuhalten, daß sie sich bei den Fohlen regelmäßig bis zu einem Alter von $\frac{1}{2}$ Jahr, spätestens $\frac{3}{4}$ Jahren von selbst verlieren und daß anderseits bei den Fohlen wohl der meisten schweren abendländischen Pferderassen oft eine Neigung zu ähnlichen und anderen unregelmäßigen Beinstellungen vorkommt. Bei den Kladrubern beachte man ferner, daß in früherer Zeit der „fuchtelnde“ Gang erwünscht war, als schön galt und daher nach diesem Zuchtziele gezüchtet worden ist.

Der Vorwurf endlich, daß die Kladruber zuviel fressen, ist natürlich bei einem Luxuspferd von solch respektablen Formen kein Vorwurf; er ist vielmehr eher ein Zeichen einer kräftigen Konstitution, die in Verbindung mit einem mächtigen Körperbau selbstverständlicherweise einen guten Appetit voraussetzt.

Herzfehler, von deren Vorkommen man manchmal sprechen hört, sind nach Direktor Motloch bei den Kladrubern nicht konstatiert worden. Übrigens dürfte man sie, wie aus dem später Gesagten hervorgeht, auch wenn sie vorkämen, nicht der Verwandtschaftszucht zur Last schreiben.

Ich habe absichtlich beim Kladruber Beispiele länger verweilt, weil ich zeigen wollte, wie nötig es ist, alle Einzelheiten einer bestimmten Zucht genau zu kennen, wenn man nicht in schwere Irrtümer bei der Beurteilung der gehandhabten Zuchtmethode verfallen will.

Man wird daran erkennen, daß auch dort, wo sich tatsächlich schädliche Folgen bei der Verwandtschaftszucht einstellen, die Ursachen oft genug ganz wo anders, keineswegs aber in der Methode, wenigstens primär nicht, zu suchen sind. Und wie viele Zuchten verschwinden nicht sang- und klanglos, die keine Verwandtschaftszucht trieben?

Wäre die Verwandtschaftszucht unter allen Umständen wirklich so gefährlich, wie manche Züchter glauben, dann dürften auch keine Fälle vorkommen, in denen sie durch zahlreiche Generationen ohne den geringsten Schaden ausgeübt werden konnte.

So wie die Unschädlichkeit beim Kladruber eben nachgewiesen worden ist, gibt es in der Literatur reichlich Beispiele gleicher Art, welche aus der Zucht aller anderen wichtigsten Haustiergattungen, ja selbst aus der Schweine- und Hundezucht, entnommen worden sind. Gerade Hunde und Schweine gelten nämlich nach der landläufigen Anschauung als gegen Verwandtschaftszucht besonders empfindliche Tierarten. Um nicht zu weitschweifig zu werden, verweise ich auf die vielen Beispiele unschädlicher und nützlicher Verwandschaftszucht, welche vor allem A. DE Chapeaurouge in seiner Broschüre aus dem Bereiche der verschiedensten Haustiergattungen zusammengestellt hat. Sonst möchte ich noch erwähnen, daß die genauere Durchsicht der Herdbücher z. B. bei fast allen bisher untersuchten leistungsfähigen Rinderrassen gezeigt hat, daß das Blut einiger hervorragender Zuchttiere stark verbreitet ist. Bekannt ist in dieser Hinsicht, daß sich die modernen schwarzbunten Ostfriesen nach Wilsdorf auf eine einzelne Herde, ja strenge genommen auf ein einziges Tier, den Stier „Matador“, zurückführen lassen. Seinem Blute begegnet man in allen guten Zuchten dieser Rasse. Und selbst für die Simmentaler Rinder, welche in dieser

Weise noch nicht so eingehend studiert sind, weist L. Hoffmann die Verwendung der Verwandtschaftszucht nach, wie folgende Ahnentafel des im Rütti (1899) gezogenen Stieres „Zar" beweist:

$$
\text{Zar}
\begin{cases}
\text{Lord}
\begin{cases}
\times\,\text{Max} \\
\text{Miß}
\begin{cases}
\times\,\text{Max} \\
\text{Kaiser}
\end{cases}
\end{cases} \\[2em]
\text{Hirz}
\begin{cases}
\text{Sultan}
\begin{cases}
\text{Munter}
\begin{cases}
\times\,\text{Max} \\
\text{Gölde}
\end{cases} \\
\text{Freude}
\begin{cases}
\times\,\text{Max} \\
\text{Krone}
\end{cases}
\end{cases} \\
\text{Strauß}
\begin{cases}
\times\,\text{Max} \\
\text{Prinz}
\end{cases}
\end{cases}
\end{cases}
$$

Von Inzuchtstudien bei Ziegen mögen jene von C. Kronacher (1924) mitgeteilt werden. Sie sind deshalb für die Beurteilung des Wesens der Verwandtschaftszucht wichtig, weil das für die Züchtungsversuche verwendete Ausgangsmaterial absichtlich wahllos aus den sogenannten „Landziegen" herausgegriffen worden war.

Diesen Stamm von Landziegen (ein Bock, drei Geißen), deren Vorfahren wahrscheinlich auch schon mehr oder weniger verwandtschaftlich gepaart worden sein mögen, züchtete Kronacher in engster Inzestzucht acht Generationen hindurch. Irgend welche schädliche Erscheinungen sind in all dieser Zeit nicht hervorgetreten. Wohl aber hatte sich im Gegensatze zur herrschenden schulmäßigen Ansicht über die Inzestzucht, offenbar infolge besserer Haltung, die Fruchtbarkeit ganz wesentlich erhöht; während der Ausgangsstamm ein bis zwei Kitze setzte, betrug bei den späteren, inzestgezüchteten Generationen die Zahl der Jungen im Wurfe schließlich drei bis vier! Außerdem war auch die geschlechtliche Frühreife außerordentlich erhöht worden. Die Böckchen zeigten schon mit sieben Wochen deutlichen Geschlechtstrieb, und zwei weibliche Tiere (der zweiten und dritten Inzuchtsgeneration) wurden im Alter von vier Monaten erfolgreich gedeckt, brachten normal entwickelte, gesunde Junge, und sie selbst hatten später eine gute Milchergiebigkeit.

Weil von den beiden Haustiergattungen Hund und Schwein, wie erwähnt, von den Landwirten vielfach eine größere als bei anderen Haustieren vorhandene Empfindlichkeit gegenüber der Verwandtschaftszucht angenommen wird, will ich aus ihrem Bereiche noch ein oder das andere Beispiel herausgreifen, welches trotzdem die vollkommene Unschädlichkeit der Verwandtschaftszucht selbst bei diesem Haustier scharf beleuchtet. Zunächst ein besonders lehrreiches und gut beobachtetes nach Chapeaurouge vom Hunde. Es handelt sich um die Bildung eines Stammes von Möpsen, welche unter Benützung intensivster Verwandtschaftszucht vor sich ging. Dieser sich durch vollendete Gesundheit auszeichnende Stamm ging auf den weiblichen Mops M unbekannter Abstammung zurück. Der Verlauf der Zucht ergibt sich aus folgender Nachkommenskizze:

$\underbrace{M_1\,♀\ (\text{Möpsin}) \times B_1\,♂\ (\text{Boxer ?})}$

$\qquad\underbrace{B_2\,♂ \times M_1\,♀}$ .... 1. Generation

$\qquad\quad\underbrace{B_3\,♂ \times M_1\,♀}$ .... 2. Generation

$\qquad\qquad\underbrace{B_4\,♂ \times M_1\,♀}$ .... 3. Generation

$\qquad\qquad\quad\underbrace{B_5\,♂ \times M_1\,♀}$ usw. .... 4. Generation

Der Hund B$_5$, der ein Sohn und gleichzeitig auch der Ururenkel der Möpsin M gewesen ist, wurde, da er sich rasselich bereits dem Mopstypus näherte, zum Stammvater eines überaus zahlreichen Geschlechtes ausersehen. Er wurde neuerdings mit seiner Mutter M und seinen Geschwistern gepaart. Vom vortrefflichen Gesundheitszustande der so entstandenen Zucht konnte sich CHAPEAU-ROUGE nach vielen Jahren, da sie auf zirka 50 Häupter angewachsen war, persönlich überzeugen. Gleich wie in diesem Falle die scharfe Inzestzucht nicht nur keine schädlichen Folgen zeigte, sondern im Gegenteile züchterisch und gesundheitlich günstig gewirkt hatte, finden sich auch Beispiele ähnlicher günstiger Folgen in manchen Meuten berühmter englischer Züchter. Unter allen Umständen kann man somit behaupten, daß selbst beim Hundegeschlechte neben solchen Zuchten, in denen sich nach Verwendung der Inzestzucht schlimme Folgen zeigten, eine ganze Reihe anderer sich feststellen läßt, in welchen umgekehrt nur Nützliches, Erwünschtes resultierte und nicht die geringste nachteilige Erscheinung festzustellen war.

Eine zweite, nach Ansicht der meisten praktischen Züchter für die Verwandtschaftszucht ungeeignete, weil sehr empfindliche Haustiergattung stellt auch das Schwein vor. Es läßt sich auch tatsächlich nicht leugnen, daß wir beim Schwein unter dem Einflusse von Verwandtschaftszucht häufiger von ungünstigen Begleiterscheinungen als bei anderen Haustieren hören. In Hochzuchten tritt dann relativ oft Unfruchtbarkeit, mangelnde Entwicklungsfreude sowie geringe Widerstandsfähigkeit gegen Schädlichkeiten aller Art ein. Schon H. v. NATHUSIUS und H. SETTEGAST haben auf diesen Umstand hingewiesen, und wohl die meisten Schweinezüchter von heute stimmen mit ihnen in diesem Punkte überein. Unter solchen Umständen ist es besonders interessant festzustellen, daß trotz alledem eine Reihe von hochleistungsfähigen Schweinezuchten bekannt sind, welche unter Benützung der Verwandtschaftszucht begründet und weitergeführt wurden, und welche nichtsdestoweniger keine ungünstigen Erscheinungen erlebten. Auf Grund der Durchsicht der Zuchtbücher der Friedrichswerter Stammzucht kommt z. B. FRÖLICH zu dem Schlusse, „daß bei sehr robusten und fruchtbaren Muttertieren nicht nur die Verwandtschaftszucht überhaupt, sondern selbst nahe Verwandtschaftszucht keine ungünstige Beeinflussung der Fruchtbarkeit zu bewirken vermag".

Und WILSDORF erwähnt, daß die berühmte Stammherde des Herrn Hoesch-Neukirchen, in der Hauptsache auf den Eber Richard aufgebaut sei. Trotzdem sein Blut so stark vertreten erscheint, ist sie durch hervorragende Fruchtbarkeit, Wüchsigkeit und Frühreife nach wie vor ausgezeichnet.

Aber selbst innerhalb mancher Zuchten des Landschweines ist, was nicht genügend bekannt zu sein scheint, von der Verwandtschaftszucht ausgiebiger Gebrauch gemacht worden. So hat ZÜRN für das unveredelte Braunschweig-Hildesheimer Landschwein nachgewiesen, daß auch bei ihm die Verwandtschaftszucht, und zwar besonders in den besseren Zuchten, eine ziemlich große Rolle gespielt hat.

Wenn wir die angeführten und die nur angezogenen Beispiele von voller Unschädlichkeit von Verwandtschaftszucht in fast allen Haustiergruppen überblicken, so finden wir, daß es innerhalb einer jeden Haustiergattung charakteristische Beispiele für jene die Verwandtschaftszucht begleitenden schädlichen Erscheinungen gibt, daß aber ebenso häufig solche Schädlichkeiten trotz derselben angewendeten Züchtungsmethode ausbleiben. Ja, umgekehrt befestigt gerade die Verwandtschaftszucht oft genug gerade besonders erwünschte Eigenschaften, wie Gesundheit, Frohwüchsigkeit und Frühreife usw., d. h. alles Eigenschaften, von denen man der herkömmlichen Meinung nach annehmen müßte, daß sie mit Verwandtschaftszucht unvereinbar wären und durch sie verloren gehen müßten.

Schon aus den bis jetzt besprochenen, zunächst der landwirtschaftlichen Praxis entnommenen Beispielen geht klar hervor, daß die Verwandtschaftszucht als Methode ebensowenig als einseitig mit schädlichen, wie etwa als nur mit günstigen Folgen verknüpft zu betrachten ist. Bei allen Haustierkategorien finden wir Hochzuchten, die durch Verwandtschaftszucht begründet und lange Zeit ohne Schaden weitergeführt worden sind neben solchen, in denen gewisse Schädlichkeiten auftraten, von denen es aber erst nachgewiesen werden müßte, daß sie durch Verwandtschaftszucht auch tatsächlich hervorgerufen worden sind.

Als Züchtungsmethode erscheint sie schon nach diesen Feststellungen als vollkommen neutral. Ob sie nützliche oder schädliche Folgen zeitigt, hängt ganz vom speziellen Falle ab, in dem sie angewendet wird. Besondere Umstände, soweit sie mit dem Ausgangsmateriale, der Zuchtrichtung oder bestimmten Haltungs- und Ernährungsverhältnissen zusammenhängen, entscheiden über ihre Nützlichkeit oder Schädlichkeit. Zu jener Zeit, da man die Verwandtschaftszucht unter allen Umständen als gefährlich und schädlich betrachtete und sie grundsätzlich vermied, beging man denselben Fehler wie vorher, da man sie überschätzte und ihr förmlich geheimnisvolle Kräfte der Veredlung zuschrieb.

Diesen eben entwickelten Standpunkt von der Neutralität der Verwandtschaftszucht als solcher gegenüber dem Auftreten nützlicher oder schädlicher Eigenschaften und Merkmale haben denn auch vielfach bereits manche Tierzuchtlehrer und Biologen der vormendelschen Zeit eingenommen. Sie gingen von der Voraussetzung aus, daß nahe verwandte Tiere eine bestimmte „Blutähnlichkeit", wie es die praktischen Züchter nannten, besitzen, die sich im Vorhandensein gewisser Merkmale und Eigenschaften äußern wird. Durch Paarung blutsverwandter Individuen mit ähnlichen Eigenschaften und Anlagen ist die Wahrscheinlichkeit gegeben, daß sich diese letzteren mit größerer Sicherheit weiter vererben werden; ja es ist sogar der Fall möglich, daß es hinsichtlich derselben zu einer Verstärkung kommen kann. So wie nun innerhalb einer jeden Familie gewisse günstige, erwünschte Eigenschaften vorhanden zu sein pflegen (Familieneigenschaften), kommen vielfach innerhalb derselben Familie neben den ersteren auch ungünstige, unerwünschte Eigenschaften vor, oft genug selbst Krankheitsanlagen. Im selben Maße, wie durch enge Verwandtschaftszucht die erwünschten Merkmale und Eigenschaften sich bei den Nachkommen häufen, fixieren und selbst verstärken, genau ebenso ist dies bei den ungünstigen der Fall. Auf diese Weise erklärte man sich vielfach in vormendelscher Zeit die Tatsache, daß so häufig in Hochzuchten sich auch degenerative Züge zeigten, infolge welcher manche berühmte Zuchten entweder von der Verwandtschaftszucht lassen mußten oder sogar daran zugrunde gingen. Überlegungen ähnlicher Art waren es, welche manche Züchter veranlaßten, einen vermittelnden Standpunkt in diesem Widerstreit der Ansichten einzunehmen, insoferne als sie empfahlen, die Verwandtschafts-(Inzest-) Zucht so lange anzuwenden, als sich keine ungünstigen Merkmale in der betreffenden Zucht erkennen ließen. Sobald die ersten noch so leisen ungünstigen Zeichen erscheinen, etwa in Gestalt sogenannter „Überbildungen", dann müsse man sofort nichtverwandtes Blut zuführen. Und auch beim Menschen wurde Inzucht abwechselnd mit Kreuzung als besonders vorteilhaft angesehen (REIBMEYER).

Es läßt sich nicht leugnen, daß diese Ansicht auch dann manches für sich hat, wenn man vom modernen mendelistischen Standpunkte aus diese Frage behandelt.

Will man den Kern des Wesens der Verwandtschaftszucht erforschen, so muß man sich vor allem über die Natur jener Schädlichkeiten Klarheit verschaffen, welche nach Ansicht praktischer Züchter als Folgen der Verwandtschaftszucht in Frage kommen. Sie lassen sich mehr oder weniger in folgende Gruppen zusammenfassen:

1. Verfeinerung der Körperformen bis zur ausgesprochenen Überbildung.

2. Eine gewisse Lebensschwäche, welche sich unter anderem in mangelhafter Jugendentwicklung äußert, ferner in Widerstandslosigkeit gegen Schädlichkeiten des Klimas und des Futters. Die amerikanischen Züchter fassen diese Gruppe von Erscheinungen unter der Bezeichnung des „fehlenden Vigors" zusammen, solche Tiere haben gewissermaßen keine rechte „Lebenskraft".

3. Unfruchtbarkeit, und zwar relative bis absolute, beide manchmal nur beschränkt auf Verwandtschaftspaarungen.

4. Abwegigkeiten des Stoffwechsels (einseitige Fettsucht, übertriebene Magerkeit bei mehr weniger normaler Ernährung).

5. Mißbildungen (zum Teil mit dem Charakter von Hemmungsbildungen): Hasenscharte, Wolfsrachen, Schweinemaul, Mopsschnauzigkeit (mit und ohne Brachycephalie), Kurzbeinigkeit (Mikromelie), echte, vollkommene Achondroplasie, echter Zwergwuchs usw.

6. Echter Albinismus (vollkommener Pigmentmangel in der Haut und deren Abkömmlingen, den sichtbaren Schleimhäuten, der Iris usw.).

7. Instinktverluste, psychische Defekte verschiedener Art bis zu den schwersten Erkrankungen des Zentralnervensystems (z. B. Epilepsie).

Ein Blick auf diese keineswegs vollständige Zusammenfassung der nach Verwandtschaftszucht öfters beobachteten Schädlichkeiten beweist deren ungewöhnlich große Mannigfaltigkeit, Verschiedenheit und läßt infolgedessen bereits erkennen, daß es wohl nicht angeht, für ihr Auftreten eine einheitliche Ursache verantwortlich zu machen. Heute weiß man, daß fast alle diese Erscheinungen ihrem Wesen nach sogenannte Domestikationserscheinungen sind. Es sind dies im Zustande der Domestikation erfolgte Variationen erblicher Natur, sogenannte Mutationen, allerdings Mutationen pathologischen Charakters, denn sie rücken die betreffenden sie besitzenden Individuen dem Aussterben nahe, falls dieselben unter natürlichen Verhältnissen, in der freien Natur, leben würden. Auf dem Wege der natürlichen Zuchtwahl würden alle mit solchen Domestikationsmutationen ausgestattete Individuen ausgemerzt werden und rasch wieder verschwinden.

Domestikationsmutationen, gleichgültig welcher Art immer, ob ökonomisch nützlich oder schädlich und ob biologisch nützlich oder ob pathologisch, degenerativ, können aber, wie wir heute wissen, primär keineswegs durch Verwandtschaftszucht ausgelöst werden. Nur eine Befestigung, eine Häufung können sie erfahren, die selbst wieder eine völlig gesetzmäßig verlaufende, den Vererbungsgesetzen folgende ist. Wenn wir heute die letzte Ursache der Mutationen auch noch nicht kennen, sie im allgemeinen auch nicht absichtlich hervorrufen können, so steht doch so viel fest, daß sie sich auch ohne alle Verwandtschaftszucht in Züchtungsrassen ebenso wie in primitiven einstellen können. Tatsächlich findet man denn auch alle jene Degenerationsmerkmale und -eigenschaften, welche man in der landwirtschaftlichen Praxis der Verwandtschaftszucht zuschreibt, ebenso innerhalb solcher Zuchten, welche diese Methode nicht anwenden. Haben wir aber alle jene Schädlichkeiten, deren Entstehung herkömmlicherweise der Verwandtschaftszucht zugeschrieben wird, als einfache „Domestikationsmutationen", allerdings als solche von ausgesprochen pathologischem Charakter, erkannt, dann ist es selbstverständlich, daß sie die Verwandtschaftszucht nicht ausgelöst, primär nicht verursacht haben kann.

Nach dieser Feststellung verstehen wir auch die Behauptung der Anhänger der Verwandtschaftszucht, welche ihr eine nützliche, züchterisch gewissermaßen eine veredelnde Wirkung zuschreiben. Wir müssen uns nur vergegenwärtigen, daß es auch zahlreiche Domestikationsmutationen gibt, welche wirtschaftlich und züchterisch sehr wertvoll und erwünscht sind. Sie sind gewissermaßen ein Gegenstück zu den schädlichen und können wie diese durch Verwandtschaftszucht in gewissen Familien eine Verankerung und Häufung erfahren.

Auf diese Weise können wir den scheinbaren Widerspruch erklären, daß ganz gegen alle Annahme vieler Praktiker manche Zuchten durch Verwandtschaftszucht eine größere Fruchtbarkeit, härtere Konstitution usw. erlangt haben.

Ehe ich auf jene Momente näher eingehe, welche zum vollen Verständnis des Wesens der Verwandtschaftszucht führen, wird es angezeigt sein, die älteren, vor Wiederentdeckung der Mendelschen Vererbungsgesetze ausgesprochenen Meinungen und Erklärungsversuche speziell über die oft beobachteten schädlichen Folgen bei benützter Verwandtschaftszucht kurz anzuführen und auf ihre Fähigkeit, uns ein Verständnis über die sich abspielenden Vorgänge zu vermitteln, zu prüfen.

1. H. Settegast meinte: Die Vorsehung wolle keine stereotypischen Formen, wie sie durch die Verwandtschaftszucht zustande kämen. Die Stabilität der Typen widerspräche dem Schöpfungsplane.

2. Nach Hensen besäßen bei den Produkten nach Verwandtschaftszucht die den Sitz der Vererbungssubstanz vorstellenden Kerne der Zellen nicht mehr die volle Vererbungskraft gegenüber jenen, die nicht verwandten Paarungen entsprungen seien.

3. Gust. Jäger ist der Ansicht, daß bei den aus Verwandtschaftspaarungen hervorgegangenen Tieren das Nuklein der Zellkerne weniger leicht zersetzbar sei. Gerade im Nuklein seien die „Formungs- und Bildungskräfte" enthalten. Hieraus erkläre sich das weniger lebhafte Wesen der Verwandtschaftszucht-Produkte und das Latentbleiben gewisser Charaktere.

4. Schiller-Tietz (1892) schreibt, daß die gegenseitige Befruchtungsfähigkeit auch von der Stärke der elektromotorischen Spannung zwischen den beiden Befruchtungsstoffen abhinge. Der Grad der elektrischen Spannung hinge aber wiederum von der chemischen Differenz beider Befruchtungsstoffe ab. Nur eine gewisse Gleichheit der Protoplasmen der Erzeuger sei für die Befruchtung günstig, jedoch keine zu weitgehende, wie sie z. B. bei Blutsverwandtschaft vorkomme.

„Absolute Gleichheit darf zwischen zwei in das Befruchtungsverhältnis tretende Protoplasmen nicht bestehen, da absolut gleiche chemische Stoffe nicht aufeinander einwirken können."

Wenn ich diesen uns etwas altmodisch anmutenden, einseitig chemisch orientierten Erklärungsversuchen, die uns doch wohl kein Verständnis der angeblich schädlichen Folgen der Verwandtschaftszucht vermitteln können, noch eine ganz neue, 1921 veröffentlichte Hypothese anfüge, so geschieht es deshalb, weil sie, ganz im Fahrwasser der alten chemischen Anschauungen sich bewegend, die moderne, mendelistische Forschung souverän ignoriert und auch die schier unzähligen Erfahrungen der praktischen Tierzucht nicht verarbeitet.

5. L. Löhner behauptet: „Das Wesen der Inzuchterscheinungen" liege gerade in einem negativen Momente, nicht aber in einem positiven, und zwar „im Fehlen eines wirksamen biochemischen Reizes als Folge zu weitgehender Ähnlichkeit im Aufbau". Als spezifische „Inzuchterscheinungen" kommen nach Löhner in Frage: Abnahme der Körpergröße, der „Zeugungsfähigkeit" und Fruchtbarkeit, eine gewisse Trägheit, Apathie, Herabsetzung der Widerstands-

fähigkeit gegen verschiedenartige Schädlichkeiten. Diese typischen „Inzuchterscheinungen" seien also durch zu geringe „biochemische Individualspezifitäts-Unterschiede", d. h. durch zu weitgehende biochemische Ähnlichkeit der elterlichen Geschlechtszellen veranlaßt. „Die Ursachen der Inzesterscheinungen liegen nicht in einer gegenseitigen direkten Schädigung der Keimplasmen infolge genannter zu weitgehender Übereinstimmung, sondern im Fehlen eines für Wachstum und Entwicklung wichtigen, biochemischen Reizes. Infolge der weitgehenden Substratidentität sind die optimalen Bedingungen für eine bestimmte Enzym- (Hormon-) Bildung und -Wirkung nicht gegeben."

Daß die älteren Erklärungsversuche nicht befriedigen und ungenügend sind, braucht wohl nicht weiter ausgeführt zu werden. Auch vom chemischen Standpunkte (besonders nach SCHILLER-TIETZ) gibt es keine wirkliche Erklärung, schon deshalb, weil die angeblichen Inzuchtschädigungen oft genug ausbleiben, wie entgegen der landläufigen Meinung die Ergebnisse lange fortgesetzter Züchtungsexperimente beweisen. Gerade jene Eigenschaften, welche angeblich mit naher Verwandtschaftszucht unvereinbar sind, wie Fruchtbarkeit, Wüchsigkeit, „Vigor" u. dgl. m., wurden, wie neue einwandfreie Züchtungsexperimente zeigten, in solchen Inzestzuchten verstärkt und festgelegt.

Wenn nun LÖHNER noch im Jahre 1921 strenge genommen denselben Gedanken wie SCHILLER-TIETZ, nur in pompösere Worte gekleidet („biologische Individualspezifitäts-Unterschiede"), uns auftischt und meint, nicht nur etwas vollkommen Neues damit zu sagen, sondern mit seiner Hypothese auch die widerspruchsvollen Beobachtungen zu erklären, nach welchen bei manchen Tierarten schädliche, bei manchen wieder keine solche Folgen aus Verwandtschaftszucht resultieren, so fordert dies doch zur Kritik heraus. Einmal sagt er entschieden nichts wesentlich anderes, als was SCHILLER-TIETZ viel einfacher fast ein Menschenalter vor ihm bereits gesagt hat. Unverständlich bleibt es, wenn LÖHNER, den Gedankengang von SCHILLER-TIETZ kritisierend, sagt: Nicht das positive Moment, das ist die zu weitgehende Übereinstimmung in der Konstitution der Keimplasmen, bedinge die schädlichen Folgen der Verwandtschaftszucht, sondern gerade ein negatives, nämlich das Fehlen eines wirksamen biochemischen Reizes als Folge zu weitgehender Ähnlichkeit verwandter Keimplasmen. Diese Sätze LÖHNERs, in denen er den alten Gedanken des SCHILLER-TIETZ durchaus zu einem neuen, eigenen umgestalten will, erscheinen doch als unzutreffend, wenn man jene Worte von SCHILLER-TIETZ liest, welche ich weiter oben unter Punkt 4 angeführt habe. SCHILLER-TIETZ sagt doch deutlich: „Es dürfe deshalb keine absolute Gleichheit zwischen den betreffenden Keimplasmen vorkommen, da absolut gleiche chemische Stoffe nicht aufeinander einwirken können." Damit ist doch hinreichend klar auch das notwendige negative Moment, auf das LÖHNER so großes Gewicht legt, zum Ausdruck gebracht; die Keimplasmen dürfen nach SCHILLER-TIETZ nur eine „gewisse" Ähnlichkeit, bzw. Gleichheit miteinander besitzen, wenn keine schädlichen Inzuchtfolgen auftreten sollen; damit ist aber doch zugleich auch gesagt, daß sie eben eine „gewisse" Verschiedenheit haben müssen. Damit ist im wesentlichen dasselbe ausgedrückt, was LÖHNER etwas schwülstig den notwendigen „biochemischen Individualspezifitäts-Unterschied" zu nennen beliebt.

Aber abgesehen davon, daß der LÖHNERsche Gedanke eben kein neuer ist, und abgesehen davon, daß durch diese rein chemische (etwas rohe) Auffassung, uns kein wirkliches Verständnis der angeblich schädlichen Verwandtschaftszuchtfolgen (die nicht einmal immer und überall aufzutreten brauchen) vermittelt wird, läßt er jede Berücksichtigung der mendelistischen Seite vermissen und gerade diese allein vermag uns, wie gezeigt werden soll, wertvolle Einblicke in diese dunkle Frage tun. Unter gar keinen Umständen spielt diese LÖHNERsche Hypothese jene Rolle des rettenden Engels in der Inzuchtfrage, die ihr Schöpfer derselben zuschreiben möchte; hier scheint er sich wohl einer Täuschung hinzugeben.

6. Eine neueste Hypothese zur Erklärung der Schädlichkeit der Verwandtschaftszucht hat DEMOLL-München (1925) veröffentlicht. Unter Berufung auf DARWIN verwirft er die Ansicht von der Häufung gewisser Krankheitsdispositionen oder minderwertigen Anlagen als Grund für die ungünstige Wirkung der Inzucht und knüpft an die Beobachtung an, nach welcher Blut eines Tieres, dem anderen eingespritzt, eine gewisse Reaktion in demselben auslöst. Das fremde Blut wirkt bloß zu einem gewissen Grade giftig und wird durch diese Reaktion unschädlich zu machen gesucht. Diese Beobachtung verwertend, schließt DEMOLL: ,,Wenn wir nun eine Eizelle dieses Tieres mit einer Samenzelle des anderen zusammenbringen, so dürfen wir wohl annehmen, daß in ähnlicher Weise eine gegenseitige Einwirkung stattfindet, besonders aber gilt dies von den einerseits vom väterlichen, anderseits vom mütterlichen Erbteil bestimmten, sich entwickelnden Anlagen des Embryos. Der entstehende Organismus kann somit als Doppelwesen aufgefaßt werden, in welchem die beiden Bestandteile aufeinander giftig wirken und Entgiftungsprozesse auslösen.'' Nach dieser Ansicht soll die normale Befruchtung darin bestehen, daß dieser Entgiftungsprozeß ,,in normaler Weise verläuft''! Gehören die beiden aufeinander wirkenden Geschlechtsprodukte Tieren verschiedener Spezies an, dann wird die erzeugte Giftigkeit so groß, daß keine völlige Entgiftung mehr möglich ist und die sogenannten Bastardschäden auftreten. ,,Auf der anderen Seite aber, wenn nun diese beiden Partner immer näher miteinander verwandt werden, wird die Differenz, die als Reiz wirkt, zu schwach, um diese Entgiftungsaktion in normaler Stärke auszulösen. Schließlich wird sie ganz unterbleiben.'' Damit der normale Entgiftungsprozeß zustande komme, muß der Reiz einen gewissen ,,Schwellenwert'' überschreiten. Bei enger Verwandtschaftszucht wird dieser Schwellenwert nicht überschritten, und deshalb ,,verläuft diese lebenswichtige Reaktion nicht im erforderlichen Umfange oder überhaupt nicht ab''. ,,Trotzdem aber wirken die beiden gegenseitig nicht entgifteten Bestandteile bis zu einem gewissen Grade giftig aufeinander. Daß bei diesem Ausbleiben der Entgiftungsreaktion die, wenn auch geringe, gegenseitige Giftigkeit der beiden Bestandteile nun zur Wirkung gelangt, darin sehe ich den Schaden der Inzucht. Dadurch wird erklärlich, warum bei engster Inzucht der Schaden ausbleibt.''

Zur Beurteilung dieser Hypothese wichtig ist dann der Schlußsatz: ,,Gehen wir davon aus, daß Ei und Samen nahezu identisch sind, so wird hier eine Entgiftungsreaktion zwar auch nicht stattfinden, die Identität ist aber so groß, daß auch keine Schädigung des werdenden Organismus auftreten kann.'' Ist die wiedergegebene Anschauung richtig, so schließt DEMOLL, dann muß man sie durch Erhöhung der Widerstandsfähigkeit des Organismus auch zurückhalten können. In der Tat soll es DEMOLL gelungen sein, bei Mäusen, die in ,,extremer Inzucht'' vermehrt wurden, durch Arsengaben während vieler Generationen den Inzuchtschaden vollständig fernzuhalten. Nur bei durch Inzucht bereits stark degenerierten Stämmen versage Arsen. Eine Prüfung dieser Hypothese lehrt vor allem, daß die Behauptung: extreme Inzucht schade nicht, im Gegensatze zu den Erfahrungen der praktischen Tierzucht steht. Diese lehrt nämlich, daß, wenn überhaupt in einem Stamme Verwandtschaftszucht schadet, dann die Schäden gerade bei den engsten Graden derselben stärker hervortreten. Schon SCHILLER-TIETZ hat dieser allgemeinen züchterischen Erfahrung klaren Ausdruck verliehen. Sodann ist das Wesen der DEMOLLschen Hypothese auch nicht neu. Es tritt uns, abgesehen von der alten Schiller-Tietzschen Fassung, auch in den Ausführungen Löhners entgegen. Neu ist nur die Bezeichnung jener Vorgänge, jener Reaktionen, welche die normale, von jeder Abwegigkeit freie Entwicklung gewährleisten mit „Entgiftung“. Ein drittes Moment, das an dieser Hypothese auffällt, ist die Unterlassung einer Auseinandersetzung mit den neuen, auf dem Mendelismus gegründeten Erklärungen des Wesens sowohl der unschädlichen als auch der schädlichen Verwandtschaftszuchtresultate. Dies fällt um so schwerer ins Gewicht, als mit Hilfe des Mendelismus selbst die schwierigsten Seiten der Verwandtschaftszuchtfrage befriedigend beleuchtet werden. Es sei nur an die vielen neuen Arbeiten über den Mais, „jener auf Inzucht bekanntlich ungewöhnlich scharf reagierenden Pflanze“, erinnert. Es ist wohl zu verstehen, wie gerade hier die neue Hypothese all die vielen interessanten Einzelheiten verständlich machen könnte, die dem Mendelismus so klar erfaßt und dem Verständnisse zugänglich macht. Es wäre gewiß erwünscht gewesen, hätte Demoll seine Arsenkuren irgendwie beim Mais versucht. Unter solchen Umständen ist eine Nachprüfung auch der Inzuchtschäden verhindernden Wirkung von Arsengaben in der landwirtschaftlichen Tierzucht dringend notwendig.

Daß von allen diesen Erklärungsversuchen kein einziger auch nur halbwegs befriedigt, ist wohl sicher. Wir müssen uns daher nach anderen umsehen. Um diesem Ziele näher zu kommen, müssen folgende Momente eingehender berücksichtigt werden:

1. Die Tatsache, daß viele, vielleicht die meisten Hochleistungen unserer Haustiere an und für sich einen Zustand schaffen, der an die Grenze von Krankheit heranreicht, soferne er eine solche nicht bereits direkt vorstellt.

2. Daß sich im Laufe der Zeit in sehr vielen Zuchten oder Familien unserer Haustiere infolge von Mutation auch echte Krankheitsanlagen eingenistet haben.

3. Daß die landwirtschaftliche Hochzucht vielfach Schläge und Rassen geschaffen hat, die auf Grund einer pathologischen Mutation entstanden sind, und die daher an und für sich schon (rassenmäßig) einen pathologischen Charakter besitzen oder unter anderem gewollte Mißbildungen vorstellen. Alle Übergänge vom fast normalen Zustande bis zum ausgesprochen lebensunfähigen können dabei vorkommen. Zum Beweise der Richtigkeit des Gesagten (zunächst des Ersterwähnten) erinnere man sich an die extremen Grade von Frühreife und Mastfähigkeit, an die besonders hohen Milchleistungen, an die enorme Eierproduktion oder an die äußersten Grade der Wollfeinheit usw. mancher unserer Haustierrassen. In allen diesen Fällen handelt es sich um eine Störung des harmonischen Ablaufes aller Lebensvorgänge, aller Organfunktionen; und doch liegt gerade in dieser harmonischen Zusammenarbeit das Wesen der Gesundheit. Es liegt nahe, zu vermuten, daß Individuen mit dauernden Hochleistungen solcher Art gerade aus diesem Grunde Nachkommen erzeugen, welche trotz guter (genotypisch bedingter) Anlage in der betreffenden Richtung, weniger gut gedeihen, eventuell auch empfindlicher und deshalb schließlich sogar weniger leistungsfähig sein werden.

Nicht das Keimplasma braucht deshalb unter allen Umständen verändert zu sein, nur seine Ernährung vom Kern- und Zellplasma usw. aus kann irgendwie beeinflußt sein. Auf diese Weise wäre z. B. eine manchmal beobachtete Neigung inzestgezüchteter Tiere zu kleinen Formen verständlich. Ebenso leidet bei gewissen Hochleistungen dann leicht die Ernährung des Fötus. Was z. B. Kühe mit ungewöhnlich hoher Milchleistung anbetrifft, so ist es bekannt, daß erfahrene amerikanische Hochzüchter von ihnen keine erstklassige Nachzucht, vor allem nicht solche weiblichen Geschlechtes, erwarten. Ebenso ist die Neigung ungewöhnlich mastfähiger und gut genährter Kühe, relativ schwächere Kälber zu liefern, allgemein bekannt. Von Oettingen hat sogar gezeigt, daß Stuten, unmittelbar nach ihrer Renntätigkeit zur Zucht eingestellt, keine Chancen haben, beim nächsten Fohlen Siegerpferde zu gebären, und doch handelt es sich hier um eine Leistung, welche äußerste Gesundheit fordert, und die scheinbar keine ungünstige Nachwirkung auf das Werden der Jungen im Mutterleibe ausüben sollte, weil sie gewissermaßen eine natürliche ist. Und dennoch ist selbst diese Art von Funktion (der Muskeln!), wenn schon in geringerem Grade imstande, einen gewissen entwicklungsdämpfenden Einfluß auf die Nachzucht auszuüben. Bei dieser Gruppe von Ursachen kann durch zweckmäßige Ernährung und vor allem entsprechende Nutzung viel zur Vermeidung ungünstiger Folgen beigetragen werden.

2. Wenn, wie es tatsächlich in vielen Zuchtherden von Ruf der Fall war, sich im Laufe der Zeit bei angewandter Verwandtschaftszucht bestimmte Krankheiten und Mißbildungen usw. einstellen oder aber sich häufen, so wissen wir heute, daß in diesem Falle die Neigung hiezu gewöhnlich bereits im Ausgangsmateriale dieser Zuchten vorhanden gewesen sein dürfte. Es sei denn, was zwar möglich, aber nicht wahrscheinlich, daß erst im Laufe der Zeit durch eine Mutation in der betreffenden Zucht sich das Übel eingestellt hätte, um später, veranlaßt durch Verwandtschaftspaarungen, häufiger zu werden. Daß die Verwandtschaftszucht an der Schaffung solcher Krankheitsanlagen oder Neigungen zu Mißbildungen unschuldig ist, wurde bereits ausgeführt, sie ruhen vielmehr wie so viele andere Anlagen im Keimplasma der betreffenden Familien. Ihre Vererbung folgt den allgemeinen Vererbungsgesetzen. Trägt die Vererbungsweise des betreffenden Übels den Charakter der Rezessivität oder der sogenannten schwankenden Dominanz, in welch letzterem Falle öfters heterozygotische Individuen in rezessiver Maske auftreten, d. h. das unerwünschte Merkmal nicht kenntlich besitzen, dann vermag auch die Zuchtwahl nicht ohne weiteres der Sache Herr zu werden, und die betreffenden Erscheinungen können sich bei Verwandtschaftszucht in einer erschreckenden Weise häufen. Und gerade die schwankende Dominanz finden wir in der Haustierzucht bei so vielen Merkmalen, erwünschten und unerwünschten, wirksam.

Für eine abwegige Eigenschaft rezessiver Natur ist der echte Albinismus ein gutes Beispiel, für uns um so wichtiger, als er von praktischen Züchtern als eine typische Folge von Verwandtschaftszucht angesehen wird. Dem ist natürlich nicht so; er ist eine Mutation und kann ebenso ohne Verwandtschaftszucht als mit ihr in Erscheinung treten. Weil das Studium des Albinismus besonders geeignet ist, die Bedeutung des Mendelismus für das Verständnis jener angeblichen Inzuchterscheinungen zu zeigen, und weil es uns über jene Rolle aufklärt, welche die Verwandtschaftszucht bei der Verankerung und Häufung solcher Merkmale spielt, deshalb sei es mir gestattet, einen Augenblick dabei zu verweilen. Bekanntlich versteht man unter Albinismus die Unfähigkeit des tierischen Organismus, in der Haut und in ihren Abkömmlingen, in den sichtbaren Schleimhäuten, der Regenbogenhaut des Auges usw. Pigment zu bilden. Dieser Hemmungsvorgang galt seit Settegast als eine charakteristische Folgeerscheinung von Verwandtschaftszucht. Heute wissen wir, daß er ebenso gut auch in nicht blutsverwandten Zuchten und außerdem selbst auch bei wildlebenden Tieren auftreten kann (Mutation!). Der Albinismus kommt durch das mutative Verschwinden jenes Genes, welches die Chromogen- (Farbengrundstoff-) Bildung veranlaßt, zustande, oder er ist bedingt durch das Verschwinden jener, die einzelnen Farbentöne bestimmenden Gene. Es gibt also, genotypisch betrachtet, zunächst zwei Gruppen von Albinismus. Man kennt heute den Vererbungsgang des Albinismus (er ist rezessiv) und kann ihn bei Kenntnis der genotypischen

Beschaffenheit seiner Zuchttiere nach Belieben, natürlich auch ohne jede Verwandtschaftszucht, hervorrufen. Durch Verwandtschaftszucht braucht er somit gewiß nicht veranlaßt zu werden; damit stimmen auch ältere, nach CHAPEAUROUGE bereits von HUTH mit Kaninchen ausgeführte eingehende Versuche überein. Es gelang HUTH niemals, auf dem Wege der Verwandtschaftszucht Albinismus zu erzeugen.

Die Rolle, welche die Verwandtschaftszucht bei Vorhandensein dieses Merkmales innerhalb einer bestimmten Zucht spielt, und welche praktisch auf dessen Fixierung und Häufung hinausläuft, ist durch die MENDELschen Vererbungsregeln genau vorgezeichnet. Sein Auftreten läßt sich in einem solchen Falle ziffernmäßig voraussagen, und es kann unter Umständen sogar der nach früheren Züchteransichten ans wunderbare grenzende Fall eintreten, bzw, konstruiert werden, daß durch Paarung zweier absolut blutsfremder, pigmentfreier Individuen, mit Pigment versehene entstehen.

Allein man bedarf nicht einmal der An- und Abwesenheitshypothese, um durch den Mendelismus vortrefflichen Einblick in die Rolle der Verwandtschaftszucht bei der Verbreitung des Albinismus oder eines ähnlichen rezessiven Merkmales in einer bestimmten Zucht zu erlangen, es genügt hiezu der ursprüngliche einfache Mendelismus. Wenn man sich erinnert, daß der echte Albinismus ein rezessives Merkmal vorstellt, so muß seine Vererbung nach der immer wieder zu benützenden, fundamental wichtigen Vererbungsformel vor sich gehen: $DR \times DR = DD + 2DR + RR$, wobei R das Albinomerkmal, D die Fähigkeit der Pigmentbildung vorstellt. Der Albino ist hier RR (homozygot rezessiv), während ein DR-Individuum bereits ein farbstoffführendes (jedoch heterozygotisches) Tier ist. Kommen z. B. zwei aus fremden Zuchten stammende, vollkommen blutsfremde Tiere zur Paarung, welche DR-Charakter besitzen, d. h. aus Familien stammen, in denen Albinos vorkommen, dann erfolgt die spaltende Vererbung des Albinismus nach der eben mitgeteilten Regel. Letztere klärt auch über die Häufigkeit auf, bis zu welcher die Verwandtschaftszucht hier führen kann (25%) und gibt die Mittel an die Hand, ihn vollständig aus der Zucht zu entfernen; Ausschaltung nicht nur der Albino selbst (RR) von der Zucht, sondern auch ihrer färbigen Eltern (DR).

Ganz gleich verhält es sich mit gewissen rezessiven, Mensch und Haustier gemeinsamen Krankheiten des Zentralnervensystems, wie z. B. die typische Epilepsie eine solche ist. Auch sie wird nicht durch Verwandtschaftszucht hervorgerufen, wie man vielfach meinte, sondern ist eine pathologische Domestikationsmutation, die überall und auch ohne alle Verwandtschaft entstehen kann. Als rezessives Merkmal ist sie in heterozygotischem Zustande (DR) am betreffenden Individuum nicht erkennbar und kann daher am Ausgangsmaterial (falls deren Vorfahren unbekannt sind) bei der Bildung von Zuchten oder Familien nicht festgestellt werden. Im übrigen gilt alles über die Ausbreitung des Albinismus in den Zuchten durch Verwandtschaftszucht Gesagte auch für die Epilepsie.

Ein Beispiel für das Verhalten solcher hieher gehörenden Schädlichkeiten, welche sich bei der Vererbung schwankend (unvollkommen) dominant verhalten, ist die Achondroplasie, der weiter unten Erwähnung getan werden soll.

3. Nicht genügend berücksichtigt scheint die Tatsache zu werden, daß eine Reihe verschiedener Haustierrassen, welche züchterisch sehr erwünschte, wichtige Leistungstypen darstellen, ausgesprochen pathologischen Charakter besitzen, ein Moment, auf welches schon vor mehr als einem Vierteljahrhundert ARNDT hingewiesen hat. Wie ich vor kurzem zu zeigen versuchte, gehört z. B. eine aus den verschiedensten Haustiergattungen gebildete, durch sogenannte Mopsschnauzigkeit (beim Rinde ,,Brachycephalie'') ausgezeichnete Gruppe von Rassen

in den Formenkreis der Achondroplasie, einer typisch pathologischen Erscheinung, welche, wenn stärker ausgeprägt, völlige Lebensunfähigkeit bedeutet. Nur durch die heterozygoten Formen und vielleicht dadurch, daß sie auch in homozygoten Formen in quantitativ verschieden starker Weise ausgeprägt auftritt, ist der Bestand solcher Formen als Schlag oder Rasse überhaupt möglich. Als Konvergenzerscheinung im Sinne der Zoologen kommt diese Achondroplasie sowohl beim Menschen (eine Form des disproportionierten Zwergwuchses) als auch bei verschiedenen Haustieren vor (beim Rinde als Dexters, Zillertal-Tuxer, beim Schweine unter anderem als gewisse stülpnasige Richtungen der Yorkshires, beim Hunde als Bulldogge, Mops usw.).

Hier haben wir das interessante Beispiel vor uns, daß gerade jene Stoffwechselvorgänge, welche durch Veränderungen im endokrinen Drüsensysteme (besonders der Hypophyse) bedingt sind, und welche gerade das pathologische, abwegige Moment vorstellen, zugleich das sehr erwünschte, züchterisch und ökonomisch wichtige Leistungsmerkmal in sich schließen (guter Ernährungszustand bei mäßiger Ernährung.)

Höchst lehrreich ist besonders der Fall bei den Dexter-Kerryrindern. Innerhalb der spätreifen, muskelarmen, primitiven Kerries trat eine kurzschnauzige, kurzbeinige, muskelreiche und dabei äußerst mastfähige Mutation auf, welche nach einem Züchter als Dexters bezeichnet wird. Das Verhalten des Gesichtsteiles, der Extremitäten, sowie, von anderen Merkmalen abgesehen, der abgeänderte Fettstoffwechsel charakterisieren diese Dexters als eine achondroplastische Form der gemeinen Kerries. Früher benützte man diese Dexters mit Vorliebe zur Paarung mit den ursprünglichen, spätreifen und mageren Landkerries. Dadurch erzielte man wüchsige, fleischige, mastfähige und dennoch gesunde Tiere von wirtschaftlich höchst brauchbaren Eigenschaften. Als jedoch später das Dexter-Herdbuch eingerichtet wurde, mußten diese Dexters streng rein untereinander gezüchtet werden. Infolge ihrer nicht allzu zahlreichen Individuen kam dabei auch Verwandtschaftszucht vor. Die Folge war eine Häufung und zugleich auch Verstärkung (offenbar unter anderem infolge von Entstehung homozygoter Individuen) der achondroplastischen Erscheinungen, die in solcher Art wieder das Auftreten lebensunfähiger Kälber in größerer Zahl (bis zu 20 und mehr Prozent!) veranlaßten. Nach WILSONs Worten ist auf diese Weise aus der früheren, wirtschaftlich äußerst nützlichen Dextertype eine geradezu hinfällige, von geringem Werte gemacht worden.

Vom mendelistischen Standpunkte aus betrachtet, ist dies Vorkommnis vollkommen verständlich. So lange die achondroplastischen Merkmale in heterozygoter Form, d. h. gewissermaßen verdünnt und abgeschwächt auftraten, waren sie ökonomisch wertvoll. Sobald jedoch homozygote Achondroplasten entstanden, trat die pathologische Art in ihr Recht, es kam zur Lebensunfähigkeit. Und daß homozygote Individuen besonders leicht bei Verwandtschaftszucht entstehen müssen, ist natürlich. Hier mußte daher Verwandtschaftszucht durch Häufung der schweren Formen von Achondroplasie besonders schädlich wirken.

Das Beispiel von der Achondroplasie bildet den Übergang zur vierten Gruppe von ungünstigen Erscheinungen, welche in der züchterischen Praxis als Folge von Verwandtschaftszucht gelten:

4. Diese Gruppe umfaßt Erscheinungen, die dadurch charakterisiert sind, daß bestimmte, aus Verwandtschaftszucht hervorgegangene Individuen miteinander gepaart mehr oder weniger unfruchtbar sind, während sie oft mit nicht verwandten Tieren normale Fruchtbarkeit entwickeln. Auch die oft angeführte auffallende Lebensschwäche inzestgezüchteter Tiere, als deren Folge bereits in der ersten Jugend eine große Sterblichkeit zu verzeichnen ist, gehört

hieher. Beide Erscheinungen werden relativ häufig beim Schweine beobachtet. Zum richtigen Verständnisse der sich hier abspielenden Vorgänge ist es notwendig, auf die neuen, epochemachenden Arbeiten Morgans und seiner Schule zurückzugreifen. Im Verlaufe seiner Vererbungsstudien stellte Morgan an der Obstfliege (Drosophila) eine ganze Reihe von sogenannten letalen Mutationen fest, welche durch das ohne nachweisbaren Grund erfolgende Auftreten von letalen Genen oder Faktoren im Verlaufe der künstlichen Züchtung (Domestikation!) ausgelöst wurden. Es handelt sich dabei um das Erscheinen teils morphologischer, teils physiologischer Momente, welche die Lebensunfähigkeit, das Absterben des damit behafteten Individuums in irgend welchem Entwicklungsstadium veranlassen. Diese tödlichen Erscheinungen können jedes Organ und jede Entwicklungsstufe (hier: Larve, Puppe, Imago) des Tieres betreffen.

Die Übertragung der Neigung zu solchen lebensvernichtenden, durch letale Gene veranlaßten Eigenschaften auf die Nachkommen kann, wie aus dem Gesagten hervorgeht, für gewöhnlich nur durch Heterozygoten erfolgen.

Wenn wir uns diese eben vorgebrachten Tatsachen vor Augen halten, dann werden wir wohl kaum fehlgehen, wenn wir die speziell bei hochgezüchteten Schweinen häufiger festgestellte Unfruchtbarkeit zwischen blutsverwandten Individuen und die ebenfalls nicht seltene Hinfälligkeit und Lebensschwäche vieler aus Verwandtschaftszucht stammender Ferkel als auf diesem Wege entstanden annehmen. Die sicher erwiesene Existenz letaler Gene bei Drosophila, Mäusen und anderen Haustieren (man denke an die schweren Formen der Achondroplasie! z. B. „Mondkälber" beim Rinde) schafft uns das Verständnis für eine von der landwirtschaftlichen Praxis am häufigsten angeführte Gruppe von Schädlichkeiten, welche der Verwandtschaftszucht als Methode in die Schuhe geschoben werden, nämlich der relativen Unfruchtbarkeit bei Verwandtschaftspaarungen und der Hinfälligkeit und Lebensschwäche von Inzestprodukten.

Versuchen wir einmal, diesen Gedanken an den in dieser Beziehung sehr lehrreichen mehrjährigen (1915 bis 1917) Verwandtschaftszuchtversuchen mit Schweinen zu prüfen, welche unter der Direktion von Haywards an der landwirtschaftlichen Delaware-Versuchsstation ausgeführt worden sind. Die Versuchsansteller begnügen sich in ihrem Berichte mit der einfachen Feststellung von Tatsachen und Vorkommnissen und bezeichnen die gehandhabte Verwandtschaftszucht demnach als schädlich. Sie verzichten auf eingehendere Erklärungsversuche der aufgetretenen Schädlichkeiten. Gerade deshalb eignen sich diese Züchtungsversuche vortrefflich zu einer kritischen Betrachtung vom Standpunkte des erweiterten Mendelismus' aus.

Zunächst wurde (1915) unter Verwendung von Tieren der Berkshirerasse festgestellt, daß Produkte der Verwandtschaftszucht (Inzestzucht) gegenüber Produkten blutsfremder Paarungen eine unverkennbare „Lebensschwäche" besitzen, insoferne, als bei ihnen während der Säugezeit eine große Sterblichkeit auftritt und die Ferkel auch kein freudiges Wachstum zeigen.

Überdies zeigte sich, wie schon so oft beobachtet, auch hier weitgehende Unfruchtbarkeit bei den Verwandtschaftspaarungen. Folgende Beispiele sollen dies beleuchten:

Art und Zahl der Würfe	Mittel der Jungen im Wurf	Prozent lebend bei der Geburt	Prozent lebend nach 24 Wochen
1. 8 Inzestwürfe........	7·1	85·7	40·6
2. 8 nichtverwandte Würfe	8·9	93·0	67·6

In einem weiteren Versuche wurde von zwei Schwestern (Berkshirerasse) die eine mit einem nah verwandten Eber, die andere mit einem blutsfremden gedeckt. Das Resultat ist folgendes:

Art der Paarung	Gewicht der Ferkel in englischen Pfund		
	bei der Geburt	nach 4 Wochen	nach 16 Wochen
1. Mit verwandtem Eber	2·1	10·0	33·0
2. Mit nichtverwandtem Eber...............	2·5	11·8	66·8

Noch deutlicher trat die Lebensschwäche, die Hinfälligkeit (der mangelnde „Vigor" der amerikanischen Züchter) bei zwei im Jahre 1917 vorgenommenen Verwandtschaftspaarungen auf: die eine Berkshiresau lieferte zehn Ferkel, welche alle innerhalb von sechs Wochen starben, die andere hatte drei Ferkel, von denen eines, normal aussehend, tot geboren wurde, während zwei andere Mißbildungen vorstellten.

Es liegt nahe, anzunehmen, daß ein höherer Grad von sogenannter „Lebensschwäche" sich nicht erst nach der Geburt, sondern vielmehr schon vor derselben, innerhalb des Mutterleibes in einem früheren Entwicklungsstadium des Fötus, eventuell schon kurz nach erfolgter Befruchtung der Eizelle geltend machen kann. Dann muß sich dies aber als Unfruchtbarkeit äußern. Tatsächlich erwiesen sich denn auch dort unter acht weiteren Verwandtschaftspaarungen fünf Säue als vollkommen unfruchtbar, sie wurden überhaupt nicht trächtig, und eine sechste wurde es erst beim zweiten Sprung.

Wenn man sich an die Feststellungen MORGANs erinnert, so drängt sich der Gedanke an das Vorhandensein von letalen Genen in den hier zur Zucht benützten Berkshires auf. Daß es sich nicht um irgend einen Fütterungs- oder Haltungsfehler handelte, beweisen die im Jahre 1917 dort vorgenommenen Doppelpaarungen (sogenannte double matings).

Zu diesem Zwecke wurden zwei Berkshiresäue zuerst mit einem Eber der weißen Chesterrasse und hierauf sofort mit einem blutsverwandten Eber der schwarzen Berkshires gepaart. Weil das Weiß der Chesters über das Schwarz der Berkshires dominiert, so lassen die erzielten Produkte ohne weiters ihre Herkunft erkennen.

Das Paarungsresultat war folgendes: 1. Berkshiresau A hatte zwölf Ferkel im Wurfe. Davon waren fünf Stück Berkshires (rührten also von Verwandtschaftspaarung her). Sämtliche starben innerhalb eines Monates. Sieben Stück des Wurfes waren Kreuzungstiere; sie alle entwickelten sich normal.

2. Die Berkshiresau B lieferte nach double mating elf Ferkel. Davon rührten drei vom verwandten Berkshireeber. Sie starben innerhalb zweier Monate. Acht Stück waren Kreuzungstiere; sie entwickelten sich bis zur Erlangung der Verkaufsreife durchaus normal.

Der Wert dieser Doppelpaarungen für das Verständnis des Wesens der Verwandtschaftszucht ist klar ersichtlich. Das Vorhandensein eines oder möglicherweise sogar mehrerer letaler Faktoren in jener in der Delaware-Station vorhandenen Berkshirezucht ist unverkennbar. Gerade die Feststellung, daß nach Verwandtschaftspaarung neben Unfruchtbarkeit und Lebensschwäche auch gewisse, nicht näher beschriebene „Mißbildungen" auftraten, spricht deutlich dafür, daß sich von Haus aus in jener Berkshirezucht ein degeneratives Element befunden haben muß; denn nach der heute in der Biologie üblichen Annahme entstehen viele solcher Mißbildungen auf der Basis eines allgemeinen degenerativen Zustandes, der natürlich im Keimplasma begründet liegt. Wenn schon HAYWARD und HAY sich mit der bloßen Feststellung der Schädlichkeit der Verwandtschaftszucht begnügen, so spricht doch nach dem Gesagten vieles für die Existenz ähnlicher faktorell begründeter Anlagen im Keimplasma der dort gezüchteten Berkshires, ähnlich jenen, die MORGAN bei Drosophila festgestellt und als letale Faktoren bezeichnet hat.

Gerade beim Schwein scheinen pathologische und solche letale Mutationen verhältnismäßig häufig vorzukommen, wenn sie bisher auch noch nicht studiert worden sind. Aus der Fülle vorhandener führe ich aufs Geratewohl folgende interessante Feststellung schweizerischer Herkunft an: In der bernischen Molkereischule in Rütti-Zollikofen wurde 1918/19 bei einer Partie Faselschweine eine „unaufgeklärt gebliebene Krankheit" beobachtet, der sie erlagen. Es heißt darüber: „Die Tiere waren anscheinend gesund und fraßen noch bei der Abendfütterung. Meist über Nacht stand dann ein Tier um das andere um . . ." „Die Untersuchung von zwei verendeten Tieren im Tierspital hat nichts Bestimmtes zutage gefördert." „Es handelte sich nicht um eine Seuche, sondern wohl eher um eine ‚Familienkrankheit', weil nur aus der gleichen Zucht stammende Tiere befallen wurden." Die bereits von den Verfassern des Berichtes geäußerte Vermutung trifft wohl das Richtige.

Als ein besonders lehrreiches Beispiel vom Vorkommen letaler Gene, die an eine bestimmte Art der Färbung gebunden sind, sei die Frederiksborger Schimmelzucht angeführt. Fast in allen über die Verwandtschaftszucht handelnden Arbeiten werden als Beweis für die Schädlichkeit dieser Zuchtmethode die im seinerzeit berühmten dänischen Gestüt zu Frederiksborg gemachten Erfahrungen angeführt. Dort hatte man einen rein weißen Pferdestamm mit dunklen Augen erzüchtet, der, in Verwandtschaftszucht weitergeführt, in der zweiten Hälfte des 18. und später im 19. Jahrhundert durch weitgehende Unfruchtbarkeit bekannt wurde.

Bis auf die jüngste Zeit begnügten sich so ziemlich alle über diesen Gegenstand schreibenden Autoren mit der Angabe, daß die Unfruchtbarkeit dieser Pferde, die mit ein Grund zur Auflassung der früheren Zuchtrichtung wurde, einfach als Folgeerscheinung der Verwandtschaftszucht betrachtet werden müsse. Den tieferen und wahren Ursachen ging man nicht nach. Erst die Kenntnis der MORGANschen Arbeiten ermöglichte auch hier eine erfolgreiche Suche nach den eigentlichen Gründen der Unfruchtbarkeit, indem sie einer richtigen Deutung der vorhandenen Nachrichten die Wege wies.

Nach CHR. WRIEDT (1925) stellte J. JENSEN diesbezüglich fest, daß z. B. im Jahre 1770 von 13 solchen durch einen rein weißen Hengst desselben Stammes belegten Schimmelstuten keine einzige ein Fohlen brachte. Hingegen fielen im folgenden Jahre aus denselben Stuten nach einem grauen, einem anderen Stamme angehörenden Hengst zehn Fohlen. An und für sich waren also die fraglichen Stuten keineswegs unfruchtbar, vielmehr handelte es sich hier um ein ganz bestimmtes biologisches Moment als Ursache. Ferner wurden 1840 13 Stuten des Frederiksborger Schimmelstammes auf ihre Fruchtbarkeit hin untersucht. Es zeigte sich, daß dieselben zwei bezüglich der Fruchtbarkeit bei Reinzucht völlig verschiedenen Linien angehörten. Die eine Gruppe, vier Stuten umfassend, erwies sich auch mit Hengsten des Frederiksborger Schimmelstammes durchaus normal fruchtbar. Von weißen Hengsten brachten sie in 46 Paarungen 37 gesunde Fohlen, zweimal trat Verwerfen ein und siebenmal blieben sie galt.

Die zweite Linie dieser Schimmelgruppe setzte sich aus neun Stuten zusammen, und diese brachten nach 70 Paarungen mit Hengsten des weißen Frederiksborger Stammes nur 22 Fohlen; und auch von diesen gingen sieben teils bald nach der Geburt zugrunde, teils starben sie jung an Lebensschwäche. Von diesen neun Stuten der unfruchtbaren Linie waren dann vier mit fremden, andersfärbigen Hengsten gepaart worden; sie lieferten in 20 Paarungen 16 Fohlen, erwiesen sich daher mit Hengsten anderen Stammes sogar als recht fruchtbar. Dieselben vier Stuten des Frederiksborger Stammes wurden dann 36mal mit zwölf verschiedenen Hengsten desselben weißen Stammes gepaart und warfen nur elf Fohlen. Aus diesen Paarungsresultaten ergibt sich somit unzweideutig das Vorhandensein eines letalen Faktors in dem weißen Stamme des Frederiksborger Gestütes. Das Vorkommen einiger Stuten des Schimmelstammes mit normaler Fruchtbarkeit auch bei Farbenreinzucht (wie z. B. die vier oben erwähnten) beweist, daß nicht der Faktor für weiße Haarfarbe selbst die letale Wirkung besitzen kann, sondern daß mit diesem eben ein anderer, ein letaler Faktor gekoppelt in einer Linie des Frederiksborger Schimmelstammes vorhanden sein mußte, und diese Linie war deshalb bei Farbenreinzucht, d. h. in Verwandtschaftszucht, weitgehend unfruchtbar (siehe das Kapitel über die Mutationen).

Wir finden Verhältnisse wieder, welche bei weißen Mäusen und Katzen und auch bei weißen Wyandottehühnern studiert worden sind, und die zu dem Resultate führten, daß mit den betreffenden Faktoren für weiße Haar-, bzw. Gefiederfärbung verkoppelte letale Faktoren das Absterben diesbezüglich homozygoter Zygoten oder Embryonen veranlassen. Daraus ergibt sich die weitgehende Unfruchtbarkeit solcher weißer Tiere. Das überlieferte Frederiksborger Zahlenmaterial spricht dafür, daß hier vorhandene, mit dem Schimmelfaktor verkoppelte Letalfaktoren den Tod von Zygoten oder Embryonen verursacht haben müssen, und daß unter Umständen sogar selbst dann, wenn dieser Todesfaktor in heterozygoter Form (gewissermaßen in einfacher Dosis) anwesend war, das Leben der Früchte im Mutterleibe bedroht gewesen sein dürfte.

Obige, nach WRIEDT wiedergegebene Züchtungsergebnisse beweisen hinreichend klar, daß es unmöglich die Methode der Verwandtschaftszucht an sich sein konnte, welche die Unfruchtbarkeit des Frederiksborger Schimmelstammes hervorrief, sondern einer der uns nun schon wohlbekannten, bei hochgezüchteten Haustierrassen auftretenden Letalfaktoren.

Aus pädagogischen Gründen sei mir noch ein weiteres Beispiel für die „Schädlichkeit der Verwandtschaftszucht" bei Schweinen anzuführen gestattet. In einer Züchterei wurden von einem Dutzend scheinbar vollkommen normaler, gesunder Säue Ferkel geworfen, die teils gar keine Augäpfel hatten, teils nur Rudimente eines solchen besaßen, oder die mit Hornhautentzündung behaftet waren und nach einiger Zeit erblindeten. Auch der verwendete Eber war normal, dürfte aber wahrscheinlich blutsverwandt mit den Mutterschweinen gewesen sein. Weil dieselben Mütter nach vorgenommenen Eberwechsel sofort normale Ferkel ohne jede Anomalie brachten, schließt der Berichterstatter: „Es muß deshalb die Annahme des Beobachters als zu Recht bestehend anerkannt werden, daß der pathologische Zustand der Sehorgane in diesem Falle als Folge von Inzucht aufzufassen ist."

Hiezu wäre zu bemerken, daß gerade jene Stelle der betreffenden Chromosomen, welche den Sitz der für die Augenbildung maßgebenden Faktoren vorstellt, Schädigungen (auch solcher Art von Keimvergiftung wirkender?) leicht ausgesetzt ist. Weil angeblich durch Naphthalinfütterung trächtiger Tiere ähnliche Augendefekte (z. B. bei Kaninchen) an den Jungen ausgelöst werden können, so wäre füglich der Gedanke nicht von der Hand zu weisen, daß eventuell doch eine schädliche Futterwirkung vorliegen könnte. Im anderen Falle würde es sich um eine der schier unzähligen möglichen pathologischen Domestikationsmutationen handeln, die bei unseren Haustieren vorkommen, und welche sich auf Veränderungen an der für die Augenanlage maßgebenden Stelle des betreffenden Chromosoms beziehen.

Natürlich wäre dann die Verwandtschaftszucht als solche nicht die Ursache dieser Mutation, wohl aber käme sie für die Häufung und Fixierung dieses Merkmales in Frage. Diese Mitteilungen aus der Praxis zeigen ferner auch deutlich, daß die praktischen Züchter auch die große Gruppe der Mißbildungen und direkten Krankheitsanlagen nach wie vor als Inzuchtfolgen ansprechen und sie als durch Verwandtschaftszucht veranlaßt anzusehen geneigt sind. Es geht also nicht an, wie LÖHNER dies tut, diese Gruppe von Erscheinungen als mit der Streitfrage der Verwandtschaftszuchtfolgen nicht zusammenhängend zu betrachten.

Die landwirtschaftlichen Züchter, und deren Ansicht kommt bei der Behandlung der Frage nach dem Nutzen oder Schaden der Verwandtschaftszucht in erster Linie in Frage, stehen unbedingt auf dem Standpunkte, daß diese Züchtungsmethode auch das Auftreten von Mißbildungen oder Krankheitsneigungen verursachen könne. Und diesem Umstande muß Rechnung getragen werden.

Während wir bisher hauptsächlich die Erfahrungen der großen landwirtschaftlichen Züchtungspraxis berücksichtigt haben, sollen zum Schlusse noch die Resultate einiger sorgfältig ausgeführter Züchtungsversuche, die in Instituten ausgeführt, mehr weniger den Charakter eines wissenschaftlichen Experimentes besitzen, besprochen werden. Bei ihnen sind so ziemlich alle begleitenden Umstände der Haltung und Ernährung bekannt, so daß manche das Versuchsergebnis trübende äußere Momente in ihrem Einflusse abgeschätzt werden können. Der Wert solcher Züchtungsversuche ist natürlich ein größerer gegenüber manchen Ermittlungen der gewöhnlichen praktischen Züchtung. Von den vorhandenen Untersuchungen möchte ich zwei herausgreifen. Eine ältere (CRAMPE), in der Hauptsache ungünstig verlaufende, und eine neuesten Datums mit vollendet unschädlichem Verlaufe (HELEN DEAN KING). Erstere ist deshalb wichtig, weil schon der Züchter den wahren Grund des Mißlingens erkannt hatte und ihn klar aussprach. In der Literatur fanden die Versuchsergebnisse CRAMPEs merkwürdigerweise vielfach nicht die richtige Darstellung, und es wurden demgemäß auch falsche Schlußfolgerungen aus ihnen gezogen. Der Grund davon liegt vielleicht in der etwas wenig übersichtlichen und sehr eingehenden Wiedergabe der Versuchsresultate durch CRAMPE, welche die Durcharbeitung der Arbeit etwas mühsam und zeitraubend gestalten. CRAMPE begann seine Züchtungsversuche in den Siebzigerjahren des vorigen Jahrhunderts mit — strenge genommen — nur einem Paare Ratten, einem Albinoweibchen und einem scheckigen Männchen, beide Individuen waren überdies wahrscheinlich schon miteinander verwandt.

Von diesem Paare züchtete CRAMPE über 1500 Individuen in strenger Verwandtschaft (zum Teil Inzest) und mehrere Tausende in gewöhnlicher Reinzucht oder in Kreuzung (mit wilden Ratten). Fundamental wichtig ist, daß CRAMPE bezüglich seines Ausgangsmateriales ausdrücklich erwähnt, daß es von vornherein minderwertig gewesen sei, „es taugte nichts“ und war „hinfällig“. Am Schlusse der ersten Arbeit weist CRAMPE wörtlich darauf hin, „wie hinfällig und leistungsunfähig, wie schwer belastet mit erblichen Leiden das Zuchtmaterial war, damals, als ich meine Versuche begann“. Unter den Weibchen waren anfänglich viele unfruchtbare vorhanden und die fruchtbaren waren sehr spätreif. Aber — und das ist wieder wichtig — Geschwülste der Eierstöcke und des Uterus waren nicht vorhanden. Dieses mangelhafte und hinfällige Material wurde während der ersten Generationen „unzureichend“ ernährt, derart, daß das Lebendgewicht auf 96·8 g herabsank. Kein Wunder also, daß „unter diesen

Umständen die Zucht in Verwandtschaft verderblich" war. Nach solcherart erzüchteten zirka fünf Generationen wurde die Ernährung rationell gestaltet und nun entwickelte sich die Zucht bei strenger Inzestzucht trotzdem gut weiter. Es stieg die Leistungsfähigkeit, die Tiere wurden, bei geübter Zuchtwahl, größer, schwerer und fruchtbarer, und die früher beobachtete Unfähigkeit, die Jungen zu säugen oder den Geburtsakt zu vollziehen, kam nicht mehr vor.

Neben diesen günstigen Folgen reichlicher Fütterung und besserer Pflege stellten sich aber auch einige ungünstige ein. Es wurden nämlich manche Schwächlinge am Leben erhalten, großgezogen und kamen zur Fortpflanzung. Solche Zuchtmütter wären im Freileben von der Fortpflanzungsfähigkeit ausgemerzt worden. Hieraus folgt, wie CRAMPE selbst sehr richtig hervorhebt, daß durch diese üppige Ernährung und vortreffliche Pflege der Boden für allerlei „Krankheiten und erbliche Leiden" vorbereitet wurde. Es ist daher begreiflich, daß ein beträchtlicher Teil der Jungen späterer Generationen infolge dieser Verweichlichung ganz außergewöhnlicher Pflege und üppigster Ernährung (Ammen und später starke Fleischfütterung) bedurfte, um zu gedeihen. Dabei stellte sich, wie wir heute ziemlich klar erkennen, eine pathologische Mutation ein, welche Eierstock- und Uterusgeschwülste in die Zucht brachte. Speziell in der Linie C erfolgte dann durch Inzucht eine solche Häufung dieses, wie es scheint rezessiven Leidens, daß sie rasch ausstirbt. CRAMPE selbst sagt von dieser Familie, daß ihre Geschichte ein düsteres, geradezu grau in grau gemaltes Bild vorstelle. Aber auch in den anderen Blutlinien hatte sich dieses neue Erbleiden allmählich eingenistet, derart, daß selbst die Familie B, welche bis zur zehnten Generation überhaupt keine Eierstockgeschwülste aufwies, und die selbst noch am Ende des Versuches noch hinreichend individuenreich gewesen zu sein scheint, in der 17. Generation bei 6·1% der Mütter diese Neubildung zeigte.

Wir sehen hier den interessanten Fall mutativen Entstehens einer pathologischen, verhängnisvollen Eigenschaft vor uns und seine deutliche Ausbreitung durch die Verwandtschaftszucht innerhalb dieses Rattenstammes. Für diese Deutung spricht die Tatsache, daß alle untersuchten weiblichen wilden Ratten (40 Stück) an Ovarien und Uterus vollkommen gesund waren und daß, wie erwähnt, auch die ersten Generationen der CRAMPEschen Zucht frei von dieser Krankheit gewesen sind.

Verglichen mit den Anfangsgenerationen erwiesen sich die letzten (17. und 18.) als schwerer (Männchen = 315 g gegen 167 g der ersten sechs Generationen), von größerer Frühreife (2. bis 4. Generation mit 152 bis 210 Tagen geschlechtsreif, 15. Generation mit 84 Tagen!) und fruchtbarer. Nicht nur, daß die anfänglich häufige Unfruchtbarkeit seltener geworden war, war auch die mittlere Individuenzahl innerhalb der Würfe größer geworden. Sie betrug z. B. bei der Blutlinie B in den ersten zehn Generationen 5·3, in den letzten sieben Generationen aber 5·7 Junge. Entgegen der allgemeinen Ansicht hatte also in diesem Versuche die Fruchtbarkeit trotz lange Zeit geübter Inzestzucht sogar noch eine mäßige Zunahme erfahren. Hingegen war es mit der Lebensfähigkeit und der Entwicklungsfreudigkeit der Jungen entschieden schlecht bestellt.

Zum guten Gedeihen bedurften sie ganz besonderer Pflege und üppigster Ernährung und selbst da erwiesen sich die Tiere oft nicht lebensfähig. Daß sich im CRAMPEschen Versuch eine gewisse Lebensschwäche einstellte, kann nach dem Gesagten nicht wundernehmen, war doch bereits das Ausgangsmaterial anerkanntermaßen minderwertig (und zwar erblich, genotypisch bedingt, nicht bloß verkümmert). Außerdem war die gewählte, ungewöhnlich üppige Jugendernährung und die sorgfältigste Pflege ganz darnach angetan, konstitutionell minderwertige Individuen für die Weiterzucht großzuziehen. Unter solchen

Umständen ist es eigentlich zu wundern, daß diese Rattenzucht so lange fortgeführt werden konnte, wenigstens in der Blutlinie B. Inzestzucht mußte hier unbedingt schlechte Resultate liefern, denn der Selektion stand kein brauchbares Material zur Verfügung. Das alles hat CRAMPE klar erkannt, und er sagt mit Rücksicht auf das Vorgebrachte ausdrücklich: „Die Fortpflanzung zwischen Individuen, belastet mit den gleichen Mängeln, kann den Verfall nicht aufhalten, und er wird beschleunigt durch die Fortpflanzung in Blutschande."

In seiner zweiten Arbeit kommt CRAMPE wiederholt auf die Hinfälligkeit seiner im Inzest gezüchteten Rattengeneration zurück.

Als Ursache dieser Erscheinung betrachtet er 1. die Inzestzucht, 2. die übermäßig gesteigerte Frühreife, ein Gedanke, der sehr wichtig ist. Im Widerspruche mit seinen Angaben an anderen Stellen der ersten Arbeit spricht er hier von einem hohen Prozentsatz unfruchtbarer Weibchen bei den frühreif gewordenen zahmen Ratten, den er auch S. 747 sogar mit 20·8% angibt, gegenüber den absolut fruchtbaren wilden (100%). Verständlich wäre dies deshalb, weil es eine ziemlich allgemeine Erfahrung ist, daß große Frühreife namentlich mit üppiger Ernährung Hand in Hand zu gehen pflegt und oft auch mit größerer Hinfälligkeit.

Wenn man beachtet, daß CRAMPE die Frühreife seiner Tiere sich als vornehmstes Zuchtziel gesetzt hatte, dann wäre bereits aus diesem Gesichtspunkte heraus — ganz abgesehen von der Verwandtschaftszucht — eine gewisse Hinfälligkeit verständlich. CRAMPE hat auch das erkannt, denn er schreibt auf S. 747: „Es ist somit zweifelhaft, ob Zucht in Blutschande oder Zuchtwahl, gerichtet auf Frühreife und Fruchtbarkeit, die in den letzten Generationen der zahmen Ratten auftretenden bedenklichen Erscheinungen verschulden. Jedenfalls werden darauf beide von Einfluß gewesen sein." Beachtenswert ist (S. 748) die Bemerkung CRAMPES, daß die durch Zuchtwahl erreichte Frühreife nur auf Kosten anderer Eigenschaften erzielt wurde, und unter diesen ist das frühe Erlöschen der Zuchtfähigkeit angeführt. Es hätte die Mehrzahl der zahmen, verwandtschaftlich gezüchteten Ratten nur drei- bis viermal geworfen und sei dann steril geblieben. Das spricht tatsächlich gegen die im ersten Teil der Arbeit gemachte Mitteilung von der Fruchtbarkeitssteigerung. CRAMPE scheint an verschiedenen Stellen der Arbeit das Wesen der Fruchtbarkeit doch verschieden aufgefaßt zu haben. Gewiß gäbe es bezüglich dieses den einen oder anderen Widerspruch aufzuklären.

Zu diesen unter allen Umständen verdienstvollen Studien CRAMPES möchte ich mir erlauben, eine vielleicht nicht ganz unwichtige Bemerkung zu machen, ich möchte auf einen Punkt seiner Untersuchungen hinweisen, welcher imstande ist, das Versuchsergebnis immerhin deutlich zu trüben, es ist dies die Art der Rattenernährung. CRAMPE fütterte die abgesetzten Jungen fast ausschließlich mit Fleisch, und auch die erwachsenen erhielten es reichlich. Nach dem heutigen Standpunkte der Ernährungslehre dürfte durch solche einseitige und kaum naturgemäße Ernährung der Tiere, namentlich durch Generationen hindurch geübt, eine gewisse Schädigung der Gesundheit veranlaßt worden sein. Sei es, daß den Tieren hiedurch ein gewisser Mangel an dem einen oder anderen Ergänzungsstoffe (Vitamin) erwuchs, oder daß sich infolge der an animalischem Eiweiß reichen Nahrung einseitig gewisse Stoffwechselprodukte bildeten, welche im Laufe der Zeit nach Art der „Keimvergiftung" wirkten, oder endlich, daß gewisse Mängel in der mineralischen Zusammensetzung der Nahrung daraus resultierten, kurz, es ist keineswegs ausgeschlossen, daß infolge dieser eigenartigen Ernährung allein schon eine gewisse Hinfälligkeit, eine gewisse „Lebensschwäche" hervorgerufen wurde, welche sich im Laufe der Generationen steigerte.

In dieser Beziehung möchte ich auf die interessanten, auffallend aralog verlaufenden Versuche von HOUZEAU erinnern. Er fütterte Hühner ausschließlich mit Fleisch und er erzielte dadurch zunächst auch bessere Körperentwicklung, größere Lebendgewichte und Fruchtbarkeit und Frühreife. Aber nach wenigen Generationen brach der Umschwung ein; es zeigte sich Unfruchtbarkeit, Hinfälligkeit, die bis zur vollen Lebens-, bzw. Entwicklungsschwäche ausartete, so daß der anfangs blühende Stamm mit der sechsten Generation ausstarb. Auch darüber finden wir keine Angaben, ob sich die frühreif gewordenen Tiere nicht durch charakteristische Formen von den normalen unterschieden, mit anderen Worten, ob es sich nicht an und für sich um pathologische Formen der Frühreife, wie sie in der Domestikation häufig mit Mastfähigkeit kombiniert auftreten, gehandelt hat. Weil die Frühreife nach CRAMPE in den verschiedenen Stämmen in verschiedenen Generationen auftrat und auch sonst sich „sprungweise" zeigte, muß man an eine solche pathologische Form denken. Und daß solche Arten der Frühreife, durch Mutation endokriner Drüsen bedingt, schon an und für sich den degenerativen Charakter besitzen, ist heute wohl ziemlich allgemein angenommen.

Wenn man das alles berücksichtigt, dann geht aus diesen Versuchen mit Gewißheit hervor, daß — und CRAMPE weist ja selbst zum Teil darauf hin — die Inzestzucht im gegebenen Falle keinesfalls für die primäre Entstehung jener zuchtschädigenden Erscheinungen (der Hinfälligkeit) verantwortlich gemacht werden kann. Es genügen folgende, mit den Versuchen verbunden gewesene Momente, um all das Beobachtete zu erklären. Und zwar sind dies noch einmal kurz zusammengefaßt:

1. die von CRAMPE selbst erwähnte (genotypische) Minderwertigkeit des Ausgangsmateriales;

2. die intensive, auf Frühreife gerichtete Zuchtwahl;

3. die Möglichkeit, daß sich hypophysäre Formen der (vor allem geschlechtlichen) Frühreife mutativ eingestellt haben;

4. die Möglichkeit eines Mangels an Ergänzungsstoffen (unter anderem der Vitamine) im gereichten Futter, und

5. durch die einseitige und intensive Fleischfütterung veranlaßte Keimvergiftung.

Daß die CRAMPEschen Versuche unter solchen Umständen durchaus nicht als Beweis für das Entstehen schwerer, durch Verwandtschaftszucht hervorgerufener Schädlichkeiten gelten können, in welchem Sinne in der Fachliteratur sie gewöhnlich gedeutet werden, ist sicher. Sie besagen, strenge genommen, nichts anderes, als daß es CRAMPE gelang, ein hinfälliges und von Haus aus dem Aussterben überliefertes Ausgangsmaterial mit allen Hilfsmitteln des Züchters längere Zeit am Leben zu erhalten und in ihm trotz der Verwandtschaftszucht für einige Zeit sogar noch eine gewisse erhöhte Fruchtbarkeit, Wüchsigkeit und Körpergröße zu erzielen.

Als Gegenstück seien dann noch von verläßlichen diesbezüglichen Versuchen allerjüngster Zeit jene ebenfalls mit Ratten angestellten von HELEN DEAN KING besprochen. Auch hier handelt es sich um Albino-Ratten, d. h. um eine eigentlich an und für sich hinfällige Form. Begonnen wurde der Versuch mit zwei Paaren von Geschwistern. Der Versuch ging bis zur 22. Generation und wurde, nur weil als von genügend langer Dauer verlaufen, abgebrochen. Nicht die leiseste Verfallserscheinung war damals, als er aufgelassen wurde, zu beobachten. Nebenher liefen Kontrollversuche mit nichtverwandten Tieren. Erzüchtet wurden rund 10.000 Inzestindividuen. In jedem Wurf wurden die beiden besten Individuen (also immer echte Geschwister) zur Zucht ausgewählt, die anderen ausgeschieden.

Beachtenswert ist, daß der Hauptzweck des Versuches der war, zu untersuchen,
ob durch Inzestzucht das Geschlechtsverhältnis geändert wird, was von mancher
Seite behauptet wird. Die Frage nach einem eventuell schädlichen Einflusse
der Inzestzucht stand erst an zweiter Stelle. Zuchtwahl in diesem Sinne wurde
also nur nebenher angewendet. Folgende, sehr interessante Resultate wurden
erhalten:

1. **Lebendgewicht.** In der zweiten Hälfte der Wachstumsperiode über-
holten die Inzestzuchtratten die normal gezüchteten, so daß die Inzestzucht-
männchen nach 150 Tagen im Mittel um 15% und die Inzestzuchtweibchen um
3% schwerer waren als die normalen. Das schwerste überhaupt gezüchtete
Männchen gehörte der siebenten Generation an und wog mit 15 Monaten 550 *g*
gegen ein Normalgewicht von 320 *g*. Es handelte sich um einen wahren
Riesen.

2. **Fruchtbarkeit.** Obschon keine Zuchtwahl in der Richtung nach
erhöhter Fruchtbarkeit geübt worden ist, so stellte sie sich doch bei den inzestgezüchteten Tieren als deutlich größer heraus. Nach dem Studium von
1200 Würfen (1918) ergab sich, daß die mittlere Größe eines Wurfes bei den
inzestgezüchteten Individuen 7·5 Junge betrug, während sie bei den nicht ver-
wandtgezüchteten Individuen nur 6·7 Junge umfaßte. Die Fruchtbarkeit war
daher in diesem groß angelegten Züchtungsversuche trotz der Inzestzucht deutlich
größer, als es der Norm entspricht. Überdies erwies sich kein einziges der
vielen, in die Inzestzucht eingestellten Weibchen als unfruchtbar.

3. **„Vigor"** („Lebenskraft"). Vollkommen entgegengesetzt zu den Crampeschen Resultaten war hier die Feststellung, daß die Lebenskraft, der „Vigor"
der amerikanischen Züchter, bei den Inzestzuchtratten genau ebenso groß war
als bei den aus nicht verwandten Paarungen stammenden Tieren. Unter den
gegebenen Versuchsverhältnissen lebten beide Gruppen von Ratten gleich lang.
Die Tatsache, daß im Kingschen Züchtungsversuche die Inzestzucht intensivsten
Verwandtschaftsgrades (nämlich des ersten), durch 22 Generationen hindurch
angewendet, auch nicht die geringsten schädlichen Folgen gezeitigt hat, ist
besonders wichtig. Offenbar ist dieser Erfolg nur dem Umstande zuzuschreiben,
daß das benützte Ausgangsmaterial vollkommen gesund und frei von allen
Krankheitsanlagen gewesen ist. Es ist dies um so merkwürdiger, als es sich um
Albinos handelte, also immerhin um biologisch empfindlichere, hinfälligere Tiere
überhaupt. Zwar geübte, aber keineswegs strenge Zuchtwahl tat dann das übrige
zum Gedeihen der Zucht, trotz der sonst so gefürchteten Inzestpaarungen.

Der Schlüssel zum Verständnis der Verwandtschaftszucht und ihrer Folgen
liegt in der Selektion. Durch Zuchtwahl kann eine Häufung bestimmter Charaktere
erzielt werden. Ist der betreffende selektionierte Charakter gut, erwünscht,
dann sind für uns die Folgen der Inzestzucht gute, im anderen Falle eben schlechte.
Die Züchterin schließt ihre Arbeit mit dem bezeichnenden Satze: „Die übertriebene Furcht vor jeder Form der Verwandtschaftszucht, welche so lange über
den ausübenden Züchtern praktischer Richtung schwebte, ist im raschen Verschwinden begriffen; für den ‚Genetiker' hat sie schon seit langem zu existieren
aufgehört."

Wir beobachten im Kingschen Rattenzüchtungsversuch ein ähnlich günstiges
Resultat wie im Falle der nach Neuseeland eingeführten Hirsche. Dort hatte
allerdings die natürliche Zuchtwahl für eine kräftige Gesundheit jener drei Stücke
des Ausgangsmateriales gesorgt. Von den sieben Stück in England eingeschifften
Individuen waren nämlich vier während der schweren Überfahrt, weil weniger
widerstandsfähig, den Strapazen erlegen. Die drei konstitutionell härtesten
waren zwar in einem erbärmlichen Zustande in Christ Church ausgeschifft worden,

erholten sich aber, freigelassen, rasch und vollkommen. Sie stellten dann eben jenes vorzügliche, gesunde, erprobte Ausgangsmaterial für die Hirsche der Nordinsel Neuseelands vor, welches sich ohne jeden Schaden in Verwandtschaftszucht fortpflanzen konnte.

Verwandtschaftszucht beim Menschen

Nach der Umschau nach jener Rolle, welche die Verwandtschaftszucht bei den Haustieren spielt, empfiehlt es sich zur Vervollständigung des Bildes noch einen flüchtigen Blick auf die einschlägigen Verhältnisse beim Menschen, der angeblichen Krone der Schöpfung, zu werfen. Auch er steht ja, und zwar seit grauer Vorzeit, im Zeichen der Domestikation, etwa seit jener Stunde, da im Hirne eines auserwählten Individuums der Gedanke aufblitzte, den ersten Feuerbrand irgend einem durch Naturereignisse hervorgerufenen Brande zu entlehnen und zum Wohle der Menschenfamilie zu verwenden.

Daß Inzest in jenem Zeitpunkte, in welchem die Stunde der Menschwerdung zu schlagen begann, geherrscht haben wird, ist wohl anzunehmen. Kann man auf diese Weise doch verstehen, auf welche Art die Sitte inzestzüchterischer Ehen von vielen Völkern des Altertums übernommen wurde. Sie erhielt sich bekanntlich sogar bis in die Gegenwart, und zahlreiche Völkerschaften verschiedener Erdteile halten auch heutigen Tages an ihnen noch fest. Nach HUTH war z. B. die Geschwisterehe im alten Inkareiche nicht nur in der vornehmen Schichte, sondern auch in den gewöhnlichen Kreisen allgemein verbreitet. Bei den Vornehmen und Kriegern, „um das Blut der Sonne, von der sie zu stammen glaubten, rein zu halten". Und für die Herrscher gab es sogar diesbezüglich strenge Hausgesetze. Obschon der vierzehnten Inzestzuchtgeneration angehörend, soll der von den Spaniern ermordete letzte Inkaherrscher, Atahualpa, geistig und körperlich vollkommen normal gewesen sein. Auch sonst ist ja die blühende Kultur des Inkavolkes ein Beweis dafür, daß von irgend einem Verfall, irgend welcher Degeneration keine Rede sein konnte.

Ein anderes uraltes Kulturvolk, die alten Ägypter hamitischen Stammes, huldigten ebenfalls in ausgiebigem Maße der Sitte der Geschwisterehen, die sich bis an die Grenze geschichtlicher Zeit zurückverfolgen lassen soll.

Nach FLINTERS PETRIE waren Geschwisterehen beim ägyptischen Volke eine allgemein verbreitete Einrichtung. Vor allem waren sie in der königlichen Familie Pflicht und so wurden sie als uraltes Überkommnis auch von den Ptolomäern übernommen.

Aber nicht bloß in der Aristokratie wurde sie geübt, sie war auch beim gewöhnlichen Volke so häufig Brauch, daß für Weib und Schwester dasselbe Wort diente. Daß das ägyptische Volk trotz jahrtausendelanger Übung dieses Brauches keineswegs der Entartung anheimfiel, darf als bekannt vorausgesetzt werden.

Auch bei arischen Völkern waren Inzestehen speziell in den führenden Schichten üblich, dies beweisen die einschlägigen Verhältnisse bei den alten Persern und Indern. Auch bei den alten Juden, diesem in der Hauptsache hettitisch-semitischen Mischvolke, waren Inzestehen verbreitet und gehörten zur Stammessitte.

Was das Vorkommen von Inzestehen bei modernen Völkern betrifft, so kommen sie bei zahlreichen mehr oder weniger hamitisches Blut führenden Volksstämmen Afrikas, speziell in den Häuptlingsfamilien, vor. FLINTERS PETRIE führt als solche an: Bahima, Banyoro, Baganda usw. In den Adern aller dieser Hirtenstämme fließt das Blut derselben Rasse, welcher auch die alten Ägypter

angehörten, und die Sitte der Geschwisterehen geht offenbar auf den ältesten
noch gemeinsam gewesenen Stamm zurück. Und bei gewissen Gallastämmen,
deren körperliche Tüchtigkeit anerkannt ist, ist der Brauch der Geschwisterehen
heute noch, und zwar nicht nur bei den Vornehmen, sondern selbst beim Volke
ganz gewöhnlich. Daß sich bei allen diesen Stämmen nicht im entferntesten Anzeichen irgend welcher Entartung — sei es eine solche körperlicher oder geistiger
Art — feststellen lassen, ist ebenfalls bekannt.

Speziell in körperlicher Beziehung sind z. B. die sehnig-schlanken, riesenhaft
gewachsenen Bahima, über die so oft von Reisenden berichtet worden ist, geradezu
von mustergültiger Beschaffenheit.

In Asien aber findet sich nach H. ROHLEDER Inzest bei dem Battavolke auf
Sumatra und den Battuis auf Westjava. Nirgends wurde bei ihnen eine Spur
von Degeneration nachgewiesen.

Von Amerika liegen neuere Beobachtungen über nahe Verwandtschaftszucht
von den Indianern Mexikos vor. Nach EFFERTZ sollen sich dieselben vielfach
im Inzest zwischen Vater und Tochter fortpflanzen, ohne daß er an den Nachkommen aus diesen Verbindungen irgend welche Schädlichkeiten hätte nachweisen können.

Infolge von durch örtliche Verhältnisse bedingten starkem Untereinander-
heiraten und daraus sich ergebender Blutsverwandtschaft der Bewohner kommt
Verwandtschaftszucht in verschiedenen Gegenden Mitteleuropas bis in die jüngste
Zeit vor. Ohne daß irgend welche schädliche Folgen festzustellen gewesen wären,
wird dies angegeben für die Gemeinde Schockland am Zuidersee (BÜCHNER),
das Dorf Straither (HUTH), ferner für Islaux im Departement Isère (DEVAY, 1830).

Im letzgenannten Orte litten viele Personen an Sechsfingrigkeit, welche
jedoch, das ist charakteristisch für den Einfluß der Verwandtschaftszucht, auswärts entstanden und durch Zuwanderung einer damit behafteten Person in den
Ort gebracht und durch die Heiraten untereinander dann verbreitet worden ist.

Als Beweis für „absolute Unschädlichkeit" blutsverwandter Ehen vom
dritten und vierten Grade an, führt A. VOISIN das Beispiel des auf einer Halbinsel
isoliert gelegenen Dorfes Batz im Departement Nieder-Loire an.

In 46 solchen Verwandtschaftsehen gab es bei den Kindern keine Degener-
rationserscheinungen und vor allem keine Abnahme der Fruchtbarkeit, denn fast
jede Familie wies vier Kinder auf, „eine für Frankreich enorme Fruchtbarkeit".

Es ist nach dem, was wir über das Wesen der Verwandtschaftszucht auf
Grund tierzüchterischer Erfahrungen bereits wissen, nur selbstverständlich, daß
neben den aufgezählten Beispielen unschädlich verlaufender Verwandtschaftsehen verschiedentlich auch solche Fälle festgestellt wurden, in denen schädliche
Erscheinungen auftraten. Diesbezüglich führt ROHLEDER den kleinen englischen
Ort Stewkey (1908) an, dessen Einwohner „geistig und körperlich zu sehr ver-
kommen" untereinander heiraten müssen, weil Ehen mit ihnen von den Ein-
wohnern anderer Dörfer verschmäht werden. Es wäre jedoch hier schon von
vornherein nicht zu unterscheiden, was Ursache und Wirkung sei, und überdies
komme hier noch das Moment des keimvergiftenden chronischen Alkoholismus
hinzu.

Zur Weltberühmtheit gelangte dann das durch ein eigenartiges, angeblich
aus der Verwandtschaftszucht entsprungenes Degenerationsmerkmal bekannte
sogenannte „Bluterdorf" Tenna in Graubünden (GRANDIDIER und HÖSSLI). Hier
handelte es sich um die entsetzliche „Bluterkrankheit", die Hämophilie, die
als eine auch bei hochgezüchteten Haustieren vorkommende, ausgesprochen
pathologische Domestikationsmutation die wissenschaftliche Aufmerksamkeit
auf sich zog.

Genau so wie alle Domestikationsmutationen überhaupt aus unbekannten Ursachen entstehen, ist auch die Hämophilie hier und anderwärts aus inneren Ursachen aufgetreten. Heute, da der Vererbungsgang der Hämophilie, bei der das weibliche Element als sogenannter „Konduktor" eine so verhängnisvolle Rolle spielt, hinreichend aufgeklärt ist und die Krankheit hinsichtlich ihrer Vererbung des ihr früher anhaftenden Rätselhaften weitgehend entkleidet worden ist, vermögen wir auch die Rolle der Verwandtschaftszucht in ihrem Verhältnis zur Verbreitung des Leidens zu beurteilen. Sie besteht darin, daß auch dieses Merkmal nach den bekannten Regeln der geschlechtsgebundenen Vererbung übertragen wird. Am primären Entstehen ist die Verwandtschaftszucht unschuldig, wohl aber vermag sie gerade bei dieser charakteristischen Art der Vererbung das verhängnisvolle Merkmal auf zahlreiche Individuen zu verbreiten und es somit in gewissen Familien zu verankern.

Die beim Menschen über die Folgen der Verwandtschaftszucht gemachten Erfahrungen decken sich daher vollkommen mit den bei Haustieren gemachten.

FEER hat im allgemeinen recht, wenn er mit Rücksicht auf die bald günstigen bald ungünstigen Folgen der Verwandtschaftszucht bezugnehmend sagt, daß es sich in allen diesen Fällen um den Ausdruck allgemeiner Vererbungsgesetze handle, welche physiologische und pathologische Ähnlichkeiten um so stärker und öfter hervorbringen, je näher die Verwandtschaft sei.

Indirekte Konsanguinität und Interzucht

In den Kreisen der praktischen Züchter besteht vielfach die Ansicht (siehe SCHILLER-TIETZ l. c.), daß eine sehr gleichförmige Aufzucht und Haltung selbst bei an und für sich nicht blutsverwandten Tieren eine gewisse, oft weitgehende „Blutähnlichkeit", die sogenannte „indirekte Konsanguinität" hervorrufen könne. Der Enderfolg sei dann ähnlich wie bei der Verwandtschaftszucht, d. h. es würden sich leicht verschiedenartige, namentlich konstitutionelle Schädigungen einstellen, deren Ausdruck vornehmlich größere Empfindlichkeit und Hinfälligkeit, wohl auch Unfruchtbarkeit seien.

Umgekehrt wiederum könne man selbst blutsverwandte Individuen konstitutionell kräftigen und den Eintritt jener aufgenommenen Inzuchterscheinungen verzögern oder vermeiden, wenn man blutsverwandte Tiere an verschiedenen Orten und unter verschiedenen Haltungsverhältnissen aufzöge.

Namentlich in der Kleintierzucht wird dieser Vorgang in England und Deutschland öfters eingehalten. Man teilt gleich von Anfang an das vorhandene, nahverwandte Zuchtmaterial in zwei (oder mehrere) Gruppen, die unter verschiedenen äußeren Verhältnissen gehalten und weitergezüchtet werden. Kommt es in der Folge in einer oder der anderen Zucht zu sogenannten Inzuchterscheinungen, dann steht ein durchaus ähnlich beschaffener, naheverwandter Stamm von anderer Örtlichkeit zur Verfügung. Mit ihm kann eine Art von Blutauffrischung vorgenommen werden. Dadurch sind wesentliche Störungen in der örtlichen Leistungs- bzw. Zuchtrichtung vermieden, während die richtige Blutauffrischung, d. h. die Verwendung blutsfremder Tiere, selbst wenn sie leistungsfähigen Familien gleicher Züchtungstype angehören, erfahrungsgemäß oft züchterisch recht störend einwirken kann.

In England ist diese Methode als „Interzucht" (CHAPEAUROUGE) im Gegensatze zur gewöhnlichen Verwandtschaftszucht (Inzucht) bekannt.

Daß der geschilderte Züchtungsvorgang unter Umständen nützlich sein kann, ist sicher. Nur die Erklärung muß anders als bisher lauten. Durch eine sehr gleichmäßige einheitliche Haltungsweise wird keineswegs, wie manche

Praktiker glauben, eine Blutähnlichkeit in dem Sinne bedingt, daß die genotypische Beschaffenheit der betreffenden blutsfremden Tiere dadurch geändert, ähnlicher werde. Ebenso wird auch im umgekehrten Falle — bei der Inzucht — zunächst durchaus keine Änderung in der Beschaffenheit des Keimplasmas der blutsverwandten Tiere verursacht. Das Keimplasma, überhaupt die genotypische Beschaffenheit, bleibt im allgemeinen (zufällig auftretende Mutationen natürlich ausgeschlossen) durch die Art der Haltung zunächst unberührt. Trotzdem kann es bei sehr gleichmäßiger, alle gröberen klimatischen usw. Einflüsse ausschließender, üppiger, mit einem Wort bei verweichlichender Haltung dazu kommen, daß schon vorhandene, konstitutionell schwächlichere Varianten als Zuchttiere in Verwendung kommen und ihre minderwertige konstitutionelle Beschaffenheit oft noch in allmählich gesteigertem Maße auf die folgenden Generationen übertragen wird.

Der Ausfall der Selektion kann dann im Laufe der Zeit, nach einigen Generationen sogar, unter Umständen eine gewisse genotypische Verschiebung im betreffenden Stamme (soweit es sich um den diesbezüglichen Mittelwert handelt!) veranlassen. Abgesehen von dem oben angeführten CRAMPEschen Züchtungsversuche mit Ratten, der zum Teile wohl auch hieher gehört, haben wir in dem berühmten Jerseyrinde ein lehrreiches, der landwirtschaftlichen Praxis entnommenes Beispiel dafür, wohin verweichlichende Haltung und Abhaltung jeglicher Schädigungsmöglichkeit (Schutz vor Infektion) führen kann.

Obschon es auf der Insel Jersey selbst unter den Rindern tatsächlich keine Tuberkulose gibt, so gelten die Jerseys überall anderswo, wo die Möglichkeit einer Infektion mit Tuberkulose gegeben ist (sogar im benachbarten England) geradezu als Tuberkulosefänger. Sie haben durch das seit 1½ Jahrhunderten bestehende und genau eingehaltene Verbot des Importes von fremden Rindern nach der Insel keine Infektionsmöglichkeit mit (Rinder-) Tuberkulose mehr gehabt, die Selektion war also ausgeschlossen.

Genau umgekehrt wird vielfach die auffallende, wissenschaftlich einwandfrei festgestellte, weitgehende relative Immunität gegen Tuberkulose der europäischen Juden der durchgelebten Ghettoperiode zugeschrieben, in welcher die strenge Selektion das bekannte Resultat zeitigte.

Und was die Hinfälligkeit gegen Klima und Futterschädlichkeiten anbetrifft, falls die „Übung" im Ertragen solcher unterbleibt, sehen wir deutlich am riesenhörnigen Bahima- und Battussirinde des gesunden, klimatisch gleichmäßigen und daher verweichlichenden zentralafrikanischen Zwischenseegebietes, das sofort dem Klima- und Futterwechsel erliegt, wenn es von seinen gesunden Hochflächen ins Steppengebiet herabgebracht wird. Hingegen verträgt das harte kleine Zebu dieses Gebietes den umgekehrten Wechsel ganz gut (O. BAUMANN).

Aber abgesehen von solchem sich erst nach Generationen fühlbar machendem, durch Ausschalten der Selektion zustandekommendem schädigendem Einflusse verweichlichender Haltung, kann sich auch dadurch schon nach verhältnismäßig kurzer Zeit eine schädliche Wirkung äußern, daß die Tiere direkt verweichlichen. Haben Tiere längere Zeit keine Gelegenheit, ihre regeneratorischen Fähigkeiten spielen zu lassen, zu üben, so sinkt deren Leistungsfähigkeit. Solche Tiere werden zu empfindlich, reagieren zu heftig und leiden daher selbst bei mäßigen Reizen der Umwelt. Auf diese Weise kann durch Verweichlichung in Hochzuchten Hinfälligkeit hervorgerufen werden.

Die hier in Frage kommenden Vorgänge gehören in das Gebiet der Übung bzw. des Unterbleibens der Übung und können von diesem Gesichtspunkt verstanden und erklärt werden. Zum vollen Verständnis dieser bei sehr gleichmäßiger, verweichlichender Haltung zu beobachtenden Vorgänge ist die Kenntnis des an anderem Orte bereits erläuterten sogenannten ARNDTschen biologischen Grundgesetzes erforderlich. Wie erinnerlich, lautet es: „Schwache Reize fachen die Lebenstätigkeit an, mittelstarke beschleunigen sie, starke hemmen sie und stärkste heben sie auf" (R. ARNDT 1895 und 1897). Es hat in seiner Umkehrung natürlich dieselbe Bedeutung, d. h. wenn der Fall eintritt, daß auf eine Anzahl von Individuen mit abgestufter Reizempfindlichkeit ein und derselbe, also vollkommen gleichstarke Reiz einwirkt. In dieser letzteren Form erklärt es uns z. B. die schädlichen Folgen allzu gleichmäßiger, verweichlichender Haltung und somit auch das, was die landwirtschaftliche Praxis als indirekte Konsanguinität bezeichnet.

Wenn wir zum Schluß noch einmal einen Blick auf das Walten der Verwandtschaftszucht im Reiche der domestizierten höheren Tiere und beim Menschen werfen, so lassen sich überall, innerhalb einer jeden Gattung von Wesen, zwei nebeneinander verlaufende, jedoch in ihrer Art vollkommen gegensätzliche Reihen von Beispielen feststellen, und welche man beide in der züchterischen Praxis gewohnt ist, als direkte Folgen der Verwandtschaftszucht anzusehen. Die eine Gruppe umfaßt Beispiele von völliger Unschädlichkeit der Verwandtschaftszucht, auch wenn sie viele Generationen hindurch angewandt wurde, während eine zweite Gruppe verderbliche, schädliche Folgen der Verwandtschaftszucht illustriert, die manchmal zum Aufhören der Zucht führten oder doch zum Aufgeben der Verwandtschaftszucht zwangen. Wir finden ferner, daß kein prinzipieller Unterschied in der Empfänglichkeit für die schädlichen Inzuchtfolgen bei den verschiedenen Haustiergattungen, wie CORNEVIN behauptet, besteht. Wohl aber steigert sich die Gefahr solcher Schädlichkeiten mit der Höhe und Intensität der Durchzüchtung und namentlich bei einseitigen Zuchtrichtungen. Hiedurch wird das scheinbare Zutreffen der CORNEVINschen Ansicht in Einzelfällen (wie z. B. beim Schwein!) verständlich. Extreme Hochzüchtung bestimmter Merkmale und Leistungen schafft dann Verhältnisse, unter denen es leicht zur Schädigung des Organismus kommen kann. Allein dieselben verdanken nicht der Methode (der Verwandtschaftszucht) ihr Entstehen, wenigstens nicht primär; es sind die naturgemäßen Folgen der Überentwicklung bzw. der Überfunktion irgend eines Organes. Die Paläontologie lehrt, daß ungezählte Tierspezies durch solche einseitige Überentwicklung oder durch einseitige, zu weitgehende Anpassung an bestimmte extreme Lebensverhältnisse zum Aussterben gebracht wurden.

Die Verwandtschaftszucht ist an solchen Vorgängen nur indirekt beteiligt, insoferne als durch sie die Erreichung solcher extremer Formen und Zuchtziele ermöglicht wird.

Wenn wir die angeblichen Schädigungen der Verwandtschaftszucht näher betrachten, so finden wir bei Außerachtlassung der eben erwähnten Gruppe von Beispielen zu einseitiger Zuchtrichtungen meist eine genotypisch bedingte Ursache vorliegen. Schon im benützten Ausgangsmaterial ruhten gewöhnlich jene Anlagen und Neigungen zu krankhaften Vorgängen, waren jene pathologischen und letalen Gene anwesend, welche dann nach den Gesetzen der Vererbung auf die Nachkommen übertragen wurden und unter entsprechenden Daseinsverhältnissen (Umwelt, Scholle!) zum Ausbruch gelangten.

Im Verlaufe der Domestikation sind schier unzählige solcher pathologischer oder letaler Mutationen aus uns unbekannten Gründen aufgetreten und konnten sich infolge weitgehender Ausschaltung der natürlichen Zuchtwahl im Haustierzustand erhalten. Es dürfte daher nicht viele Familien beim Menschen oder hochgezüchteten Haustiere geben, welche von solchen ungünstigen Anlagen frei wären. Sind zufällig in demselben Individuum züchterisch erwünschte Eigenschaften mit schädlichen vereinigt und haben erstere zufällig dominanten, letztere rezessiven Charakter, dann liegt ein für die Verwandtschaftszucht besonders ungünstiger Fall vor.

Viele solcher schädlichen Anlagen, die sich oft unter anderem in Form von sogenannter „Lebensschwäche" oder von „Hinfälligkeit" äußern, mögen rezessiver Natur sein (Albinismus, Epilepsie), dann treten sie nur hervor, wenn sie in homozygotischer Form im Individuum vorkommen. In diesen Fällen wurden nun gerade durch die Inzestzucht bezüglich solcher Eigenschaften homozygotische (übrigens gleichgültig ob rezessiv oder dominant) Individuen herangebildet und die Zucht gewinnt allmählich den Eindruck des Verfalles, weil so geschädigte Individuen relativ häufig auftreten. Polymerie im Sinne von NILSSON-EHLE hinsichtlich der ungünstigen Anlage, oder schwankende Dominanz derselben vermag den Vorgang zu komplizieren. Kennt man daher das verwendete Ausgangsmaterial nicht ganz genau, ist dessen genotypische Beschaffenheit unbekannt, und richtet man sich nur nach dem Phänotypus (der Erscheinungsform, dem äußeren Ansehen), dann ist man stets der Gefahr ausgesetzt, ein mit ungünstigen Anlagen versehenes Ausgangsmaterial zur Inzucht zu benützen und dann muß früher oder später durch Häufung und Verstärkung solcher Anlagen (Entstehung homozygotischer Individuen) das degenerative Moment hervortreten. Aus dem Gesagten erhellt die ungeheure Bedeutung, welche dem benützten Ausgangsmaterial zukommt, dessen Herkunft und Werdegang nicht scharf genug geprüft werden kann, um wenigstens Anhaltspunkte für seine genotypische Beschaffenheit zu erlangen.

Bei alledem muß aber immer noch mit der Möglichkeit gerechnet werden, daß im Verlauf der Zucht, innerhalb ursprünglich gesunden Zuchtmateriales sich ungünstige, möglichenfalls selbst pathologische oder letale Mutationen einstellen, wie im besprochenen Versuch CRAMPES. Nur durch eine fortlaufende und sorgfältige Beobachtung kann eine solche rechtzeitig erkannt und ausgeschieden werden.

Das, was die züchterische Praxis gemeinhin als schädliche Folgen der Verwandtschaftszucht ansieht, ist daher in Wirklichkeit primär geschaffen durch: 1. Einseitige, übermäßig entwickelte Hochleistung irgend welcher Art; 2. Vorhandensein von ungünstigen degenerativen Anlagen im Zuchtmaterial, mit dem die Verwandtschaftszucht begonnen wird; 3. Auftreten von Mutationen ungünstiger Art durch Hervortreten, Entstehung pathologischer oder letaler Gene im Verlauf der Zucht; 4. Fehler in der Haltung und Ernährung, welche infolge abgeänderten Stoffwechsels nach Art von Keimvergiftung wirkend, sich allmählich steigern und schädliche Folgen bedingen; 5. allzu gleichmäßige und üppige, verweichlichende Haltung; durch Wegfall der Übung der regeneratorischen Kräfte des Tierkörpers tritt Überempfindlichkeit und daher Hinfälligkeit auf; 6. gewissermaßen als vereinigender Rahmen um das Ganze weitgehende Einschränkung, zum Teil Wegfall der natürlichen Zuchtwahl.

Eines oder das andere dieser Momente schafft die primäre, wirkliche Ursache für jene überaus mannigfachen schädlichen Erscheinungen, die man in der Praxis meist der Verwandtschaftszucht zuschreibt. In Wirklichkeit liegen jedoch die Beziehungen zwischen ihnen und der Verwandtschaftszucht nur darin, daß sie eine naturgemäße Häufung solcher Anlagen verursacht, namentlich aber durch Hervorbringung diesbezüglich homozygoter Individuen auch eine auffallende Verstärkung in dieser Beziehung bedingt.

Die Verwandtschaftszucht muß daher als solche, als Methode betrachtet, als vollkommen neutral hinsichtlich des Auftretens guter oder schlechter Eigenschaften beurteilt werden. Es kommt nur darauf an, in welchem Material und in welcher Art, unter welchen besonderen Umständen sie angewendet wird, das allein entscheidet über die Natur der Folgen. Mit ihrer Hilfe können ebensogut nützliche, wirtschaftlich erwünschte Merkmale und Eigenschaften, als andererseits schädliche Erscheinungen in einer Zucht befestigt, verstärkt und verallgemeinert werden.

Für die eben entwickelte Auffassung, d. h. für die Unschädlichkeit der Verwandtschaftszucht als Züchtungsmethode treten gegenwärtig wohl am schärfsten amerikanische Züchter und Biologen ein. So stehen unter anderem EAST und JONES in ihrem neuen Werke auf dem Standpunkt, daß, wenn infolge von Inzestzucht sich unerwünschte Charaktere zeigen, dies dann deshalb geschähe, weil sie schon vorher in der betreffenden Zucht vorhanden gewesen seien. Nur dadurch, daß sie von dominanten unschädlichen oder gar nützlichen Charakteren überdeckt und verborgen worden seien, wodurch die Zuchtwahl natürlich nicht eingreifen konnte, war es möglich, daß sie sich erhielten, solange bis die Verwandtschaftszucht „die Maske wegzog". Sie machen den drastischen Vergleich: Wenn einmal „die Verwandtschaftszucht Schlechtes ans Licht bringt, dann ist sie darob ebenso wenig zu tadeln, wie es der Detektiv ist, der ein Verbrechen aufdeckt; statt verdammt sollte sie belohnt werden".

In der Verwandtschaftszucht sehen die Genannten geradezu ein züchterisches Reinigungsmittel, um einen Zuchtstamm von allen seinen unerwünschten Charakteren zu reinigen. Solche und ähnliche Urteile wurden namentlich von amerikanischen Biologen und Züchtern in der letzten Zeit des öfteren gefällt. Und daß auch im Kreise deutscher Züchter sich diesbezüglich allmählich eine Wandlung der Anschauungen vollzieht, beweist der Anklang, den das Werk von CHAPEAUROUGE über diese Frage gefunden hat.

In diese neue Richtung, was die Beurteilung des Wesens der Verwandtschaftszucht anbelangt, gehört auch die jüngst (1924) von C. KRONACHER veröffentlichte Arbeit. Seine, auf moderner genetischer Grundlage fußende Ansicht über das Wesen der sogenannten Verwandtschaftszuchtschäden geht dahin, daß er, ähnlich gewissen vormendelistisch geäußerten Anschauungen, in ihnen die Folgen einer Häufung von Anlagen für konstitutionelle Schwäche erblickt. Nach im lehre die praktische Tierzucht, daß jene Rassen und Stämme am unempfindlichsten gegen Inzucht seien, welche durch längere Zeit inzüchterisch vermehrt worden wären. Dadurch wären die meisten Anlagen für konstitutionelle Schwäche im Laufe der Zeit zur Ausscheidung gelangt.

Bei Ziegen z. B., die vielfach ingezüchtet werden, fand er, wie bereits näher ausgeführt worden ist, auf Grund seiner Züchtungsversuche Inzucht unschädlich. Bei Schweinen hingegen, wo die von ihm verwendeten Ausgangsindividuen komplizierten Paarungen verschiedener Rassen entstammten, denen somit eine vorausgegangene, gewissermaßen konstitutionell reinigende, inzüchterische Vermehrung fehlte, traten ungünstige Erscheinungen schon nach kurzer Zeit währender Verwandtschaftszucht hervor.

Eine Bestätigung seiner Ansicht erblickt KRONACHER ferner in der Feststellung PER TUFFS an der Telemark-Rinderrasse Norwegens. Trotz, oder vielmehr eben wegen seit langem geübter Verwandtschaftszucht erweist sich dieselbe hier unschädlich.

Wie richtig im allgemeinen tatsächlich auch diese neueren Anschauungen über das Wesen der Verwandtschaftszucht sein mögen, so darf doch nicht übersehen werden und muß immer wiederholt werden, daß bei extrem hocherzüchteten einseitigen Leistungen allein schon ein gefährliches Moment in die betreffende Zucht eingeführt wird, welches (auf plasmogenem Wege) eine ungünstige Einflußnahme bei der Nachkommenschaft veranlassen kann.

Ein zweites, besonders beachtenswertes Moment vor Entscheidung über die Verwendung der Verwandtschaftszucht ist jenes, aus der Überlegung sich ergebendes, daß nur selten Familien unserer höher gezüchteten Haustiere zu finden sein dürften, in welchen nicht die Anlage zu diesem oder jenem Übel oder einer bestimmten Krankheit vorhanden wäre.

Für Zwecke der großen züchterischen Praxis läßt sich nach dem Gesagten die Lehre ziehen, daß Verwandtschaftszucht am wenigsten bedenklich ist bei primitiven, infolge natürlicher Lebensverhältnisse im Zeichen einer schärferen natürlichen Auslese stehenden Rassen, daß sie aber bei Züchtungsrassen und namentlich in hochgezüchteten, leistungsfähigen Stämmen nur in der Hand eines praktisch und theoretisch erfahrenen Züchters gefahrlos, ja im Gegenteil sogar nützlich sein wird.

In der landwirtschaftlichen Tierzucht ist bei uns — anders als selbst im Pflanzenbau — eine schärfere Trennung zwischen Hochzuchten im engeren Sinne des Wortes und der gewöhnlichen Massenzucht durch den Großteil praktischer Züchter eigentlich nicht zu beachten. Aber es läge im Interesse des züchterischen Fortschrittes, daß es zu einer solchen Trennung im ausgedehnten Maße komme. Eine der vornehmsten Aufgaben solcher Hochzuchten müßte heute darin erblickt werden, in den schon vorhandenen, leistungsfähigen Züchtungsrassen der wichtigsten landwirtschaftlichen Haustiergattungen (speziell vom Rind, Schaf und Schwein) eine bessere konstitutionelle Beschaffenheit, und sei es selbst auf Kosten schon erreichter Hochleistungen zu erzielen. Heute wissen wir nun, daß auch diese am vollkommensten und raschesten auf dem Wege einer richtig angewandten Verwandtschaftszucht durchzuführen ist. Geradezu von volkswirtschaftlicher Bedeutung wäre auch die Schaffung der bei uns noch vollkommen fehlenden tierzüchterischen Zuchtstätten wissenschaftlichen Charakters, zur Erforschung der Vererbungsvorgänge und der wichtigsten wirtschaftlichen Leistungsanlagen (Milch, Mast, Frühreife usw.). Daß auch diese Stätten viel zur Klärung einiger praktisch wichtiger, mit der Verwandtschaftszucht in gewissen Beziehungen stehenden Vererbungsfragen (z. B. der sogenannten Nachwirkung, der Vererbung „erworbener Eigenschaften" usw.) beitragen könnten, ist wohl selbstverständlich. In Deutschland allerdings wurde in jüngster Zeit nach dieser Richtung ein Anfang gemacht, und zwar durch die Gründung des Institutes für Vererbungsforschung in Dahlem bei Berlin.

H. v. Nathusius äußerte sich einmal: „Der Streit über Inzucht und Verwandtschaftszucht ist so alt wie die Wissenschaft von der Tierzucht und, wenn auch nach der Meinung der Streitenden bald für, bald gegen dieselbe entschieden, doch in der Tat nicht erledigt."

Diese Worte behielten für lange Zeit, für fast ein halbes Jahrhundert, ihre Geltung; und noch um die Wende des 20. Jahrhunderts hatte es den Anschein, als bliebe uns ein tieferer Einblick in das Wesen der Verwandtschaftszucht verschlossen. Da änderte sich durch die Wiederentdeckung der Mendelschen Gesetze die Sachlage mit einem Schlage. Reißend schnell erfolgte der Ausbau der neuen Lehre und gleich wie so viele andere Fragen der Biologie infolgedessen eine Durchleuchtung erfuhren, geschah es auch auf dem solange dunklen Gebiet der Verwandtschaftszucht. Wenn wir heute bereits auch in dieser für die Tierzucht fundamentalen Frage hinreichend klar sehen und vieles bis dahin an ihr Geheimnisvolle für uns verschwunden ist, so verdanken wir diesen Fortschritt der genialen Lehre Mendels und der Arbeit seiner Nachfolger, welche sie ausbauten und weiterentwickelten.

III. Die Kreuzungszucht

Unter Kreuzung versteht man die Paarung von Tieren miteinander, welche verschiedenen Rassen, bzw. verschiedenen Schlägen angehören. In letzterem Falle (bei der Kreuzung verschiedener Schläge) sprechen manche Züchter nur dann von Kreuzung, wenn sich die beiden Schläge durch mehrere und auch deutlichere, wesentlichere Merkmale oder Eigenschaften unterscheiden, wenn mit anderen Worten ein schärferer Unterschied zwischen ihnen besteht.

Im allgemeinen wird es sich bei der Kreuzung um Paarung innerhalb derselben Art (Spezies) handeln, insoferne als die betreffenden Rassen Abkömmlinge derselben Spezies sein dürften. Weil jedoch die meisten landwirtschaftlichen Haustiergattungen von verschiedenen „guten Spezies" abstammen, so wird auch die einfache Rassenkreuzung oft genug im wesentlichen auf eine Spezieskreuzung hinauslaufen. Die Annahme, daß „gute Spezies" unter allen Umständen unfruchtbare Produkte liefern, beruht nämlich auf Irrtum, wie die dauernd und vollkommen fruchtbaren Paarungen verschiedener Tauben-, Fasanen- usw. -Arten und vor allem die vollendet fruchtbaren Steinbock-Ziegenbastarde einwandfrei beweisen. Überdies hat die Erfahrung gezeigt, daß die Fruchtbarkeit der Spezies miteinander im Zustand der Domestikation entschieden erhöht wird.

Die Produkte der Rassenkreuzungen bezeichnete man gewöhnlich als Mestizen, jene von Spezieskreuzungen als Bastarde; jedoch wird die letztere Bezeichnung neuerdings auch für die ersteren gebraucht und man spricht von Rassen-, bzw. von Speziesbastarden.

Die Methode der Kreuzungszucht wird in der landwirtschaftlichen Tierzucht zu verschiedenen Zwecken und in verschiedener Art der Durchführung angewendet, und zwar:

1. **Zur Produktion von Gebrauchstieren,** d. h. von Tieren, welche durch eine bestimmte Art der Produktion oder der Gebrauchsfähigkeit ihren wirtschaftlichen Zweck erfüllen, die jedoch zur Weiterzucht keine Verwendung finden.

2. **Als Veredlungskreuzung,** als verbesserndes Element zur Verbesserung von Form und Leistung gewisser Rassen.

3. **Als Verdrängungskreuzung,** um bestimmte, meist mehr oder weniger primitive (Land-) Rassen wenigstens bezüglich der wichtigsten und charakteristischesten Merkmale und Eigenschaften in jene der gewählten Edelrasse überzuführen.

4. **Um sogenannte Mittelrassen zu erzeugen.** Es sollen dabei aus mit verschiedenen Eigenschaften ausgestatteten Rassen durch Kreuzung neue gebildet werden, welche die betreffenden Eigenschaften mehr oder weniger vollkommen in sich vereinigen.

5. **Zur Herstellung von Speziesbastarden im engeren Sinne des Wortes** unter Verwendung wilder, noch nicht domestizierter Arten.

Wesen und Charakteristik der Methode der Kreuzungszucht

Wenn man berücksichtigt, daß bei jeder Art von Kreuzung die Paarung von Individuen stattfindet, welche sich durch eine verhältnismäßig große Zahl wesentlicher wie auch unwesentlicher erblicher Merkmale und Eigenschaften voneinander unterscheiden und ferner, daß nach den bisherigen Erfahrungen alle erblichen Rassenmerkmale den entsprechenden, einfach oder kompliziert spaltenden Vererbungsgang zeigen, dann ist es selbstverständlich, daß von der zweiten Kreuzungsgeneration angefangen eine beträchtliche Mannigfaltigkeit nach Form und Leistung unter den erzüchteten Individuen auftreten muß.

Ohne besondere Zuchtwahl wird daher jede auf der Kreuzungsmethode aufgebaute Zucht durch weitgehende Unausgeglichenheit charakterisiert sein. Zum Wesen der Kreuzungszucht gehört eben in erster Linie die größere Verschiedenheit des benützten Ausgangsmateriales, die sich infolge von Aufspaltungsvorgängen an den erzüchteten Individuen von der zweiten Generation an erkennbar macht. Das Verständnis vermitteln auch hier die Vererbungsgesetze, aber keineswegs liegt diese charakteristische Folgeerscheinung der Kreuzungszucht primär in der Methode als solcher.

Der wahre Grund für die Vielgestaltigkeit der Kreuzungsprodukte späterer Kreuzungsgenerationen liegt in den verschiedenen Genotypen der durch die Kreuzung zu Bastarden zunächst vereinigten Rassen, welche dann in den folgenden Generationen, entsprechend den allgemein gültigen Vererbungsgesetzen, wieder getrennt werden. Weil diese Frage im Kapitel über den Mendelismus ausführlich behandelt worden ist, erübrigt sich ein näheres Eingehen an dieser Stelle.

Ein weiteres charakteristisches Merkmal für die Methode der Kreuzungszucht ist in der Neigung zum Auftreten des Atavismus gegeben. Auch der Atavismus fand in einem besonderen Kapitel und in jenem über die MENDELsche Vererbung bereits ausführliche Behandlung; es sei daher auf die betreffenden Abschnitte verwiesen. Nur soviel sei wiederholend erwähnt, daß das Auftreten von Merkmalen und Eigenschaften der Vorfahrengenerationen heute keineswegs mehr etwas Rätselhaftes an sich hat, kann man ihn doch, bei genotypischer Kenntnis des Zuchtmaterials, nach Belieben willkürlich hervorrufen. Es handelt sich eben beim Atavismus nur um den Ausdruck der normalen Vererbungsgesetze. Dementsprechend muß gerade die Kreuzungsmethode naturgemäß überall dort Atavismus auslösen und in Erscheinung treten lassen, wo es sich um Merkmale polygener Natur handelt. Durch die Domestikationsmutation wurden die einzelnen Gene, welche zusammen das fragliche Merkmal bilden, auf verschiedene Rassen verteilt und bleiben so lange getrennt, als letztere in Reinzucht vermehrt werden. So lange bleibt auch das fragliche Merkmal verborgen. Erst durch Kreuzung solcher Rassen werden die betreffenden Gene in ein und derselben Zygote vereint und es kommt zum Wiederauftreten des fraglichen Merkmals. (Beispiel: Trennung der Fähigkeit zur Chromogenbildung einerseits, zur Farbenbestimmerbildung anderseits auf verschiedene Rassen. — Folge: In beiden Rassen Albinismus; durch Kreuzung derselben: Zusammentreffen von Chromogen und Farbenbestimmer, somit Eintritt der Pigmentbildung.)

An dieser Stelle ist es angezeigt, auf die häufig gemachte Beobachtung kurz einzugehen, nach welcher Kreuzungstiere meist durch ein lebhaftes, oft scheues und wildes Temperament ausgezeichnet sind. Auch diese Erscheinung, die manchmal auch mit einer Neigung zum Verwildern verbunden ist, muß wohl nur als ein Sonderfall des Rückschlages, als Atavismus besonderer Art gedeutet werden. Schon GUSTAV JÄGER hat seinerzeit darauf hingewiesen, als er von der Neigung der Maskenschweinbastarde zum Verwildern schrieb. Interessant ist dann auch die Erfahrung der Schafzüchter Patagoniens, nach welcher nahezu alle verwilderten Schäferhunde, die sich das Reißen der Schafe angewöhnt hatten und großen Schaden verursachten, Rassenbastarde waren.

Aber selbst beim Geflügel liegen ähnliche, an typischen Rassenbastarden gemachte Erfahrungen vor. Ich selbst züchtete mehrere Jahre hindurch bestimmter Zwecke halber F_1-Produkte von Langshan-($\female$) und Minorka-($\male$) Huhn. Hier passierte mir, was niemals vorher noch nachher innerhalb der Reinzuchten vorkam, daß gleich mehrere dieser Kreuzungshähne wegen ganz ungewöhnlicher Bösartigkeit geschlachtet werden mußten; sie griffen ohne sichtbaren Grund selbst erwachsene Personen an. Ähnliches berichtet JUAN VILARO über Bastarde vom Perlhuhn und der Kämpferrasse des Huhnes. Von sechs solchen beobachteten Bastarden mußte er vier, einen nach dem andern, ihres agressiven Wesens halber opfern.

Und beim Menschen ist das oft extrem gesteigerte Temperament und die Leidenschaftlichkeit der Rassenkreuzungsprodukte ebenfalls bekannt; sie sind

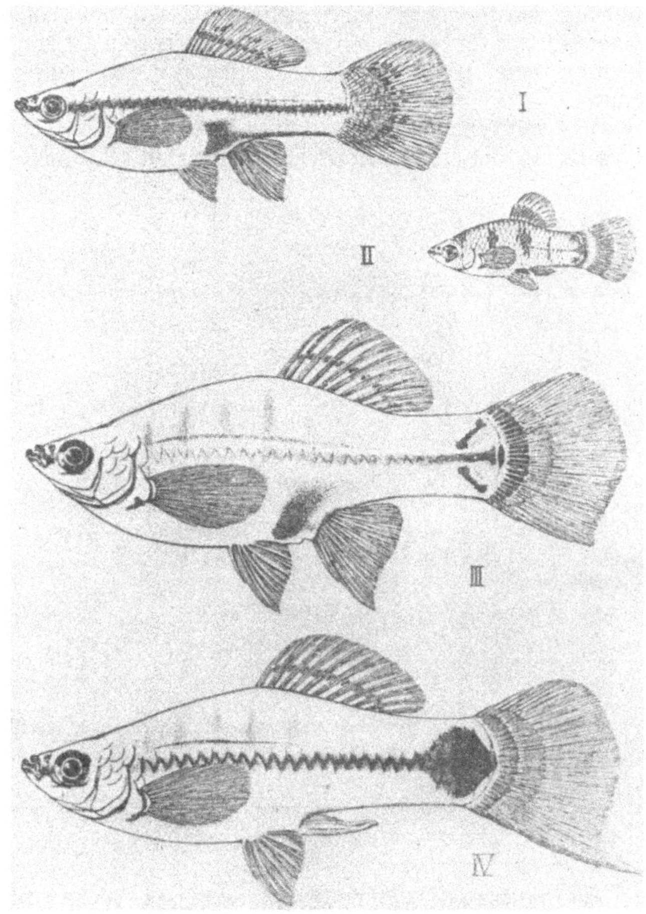

Abb. 133. Luxurierende Zahnkarpfen-Kreuzungen. I. Xiphoptorus strigatus (♀); II. Platypoecilius maculatus (♂); III. Bastardweibchen (F₁); IV. Bastardmännchen (F₁). (Phot. n. W. GERSCHLER aus Zeitschr. f. ind. Abstammungs-u. Vererbungslehre, 1914.)

die Quelle, aus der heraus manche jener schlechten Eigenschaften ihren Ursprung nehmen, derentwegen die Bastarde einander fernerstehender Menschenrassen so hart beurteilt zu werden pflegen.

Daß auch das psychische Verhalten vieler Bastarde auf mendelistische Weise zu erklären ist, dürfte wohl anzunehmen nahe liegen. Die Kreuzungsmethode löst diese Erscheinungen wohl aus, veranlaßt ihr Hervortreten, erzeugt es jedoch nach dem Gesagten primär durchaus nicht.

Drittens ist das sogenannte Luxurieren ein ziemlich häufiges, in die Augen springendes Merkmal der Kreuzungszucht. Es ist eine seit langem bekannte Tatsache, daß Rassenkreuzungsprodukte in vielen Fällen (allerdings nicht bei allen Rassenkreuzungen) ganz besonders robust, gesund, wüchsig und konstitutionell hart zu sein pflegen, oft genug übertreffen sie in dieser Beziehung beide elterliche Ausgangsrassen; ganz besonders gilt dies für Schnelligkeit der Entwicklung, schließliche Größe und Schwere und für die Gesundheit. Diese Beobachtung wurde sowohl in der Pflanzen- wie auch in der Tierzucht gemacht und speziell die Erfahrungen der Gärtner waren es, auf Grund deren man diese Neigung zum Luxurieren der Bastarde besonders überzeugend feststellen konnte.

Um bereits hier mit einem charakteristischen Beispiel zu dienen, möchte ich nach GOLDSCHMIDT an den riesenhaften Burbankschen Bastard von der euro-

Abb. 134. F$_1$-Maispflanzen, stark luxurierend und Uniformität zeigend. (Phot. aus East und Jones, 1919.)

päischen und amerikanischen Walnuß erinnern. Sein Wuchs ist so mächtig beschleunigt, daß er innerhalb gleicher Altersgrenzen seiner Jugendentwicklung das doppelte an Höhe und Größe zeigen soll, wie eine jede Elternform.

Ähnliche Beobachtungen über Luxurieren von Bastarden liegen auch von Haustierrassen in großer Zahl vor, und zwar gleichgültig, ob es sich bei den gekreuzten Rassen um Abkömmlinge derselben oder aber verschiedener Spezies handelt. Um auch aus der Tierzucht ein typisches Beispiel für das Luxurieren zu bieten, erinnere ich an die Versuche der Brüder SIMPSON, die zeigten, daß Kreuzungen der Tamworthrasse mit Schweinen der Poland-Chinarasse F$_1$-Produkte lieferten, welche gegenüber beiden Edelrassen unter sonst völlig gleichen Verhältnissen ganz wesentlich größere Lebendgewichtzunahmen, einen viel größeren „Vigor" zeigten. Im Alter von zwölf Monaten betrug der Vorsprung dieser Bastarde im Maximum bis 45 kg. Was das bedeutet, mag man aus dem Umstand ermessen, daß bereits beide benützte Elternrassen an und für sich schon neben Frühreife und Mastfähigkeit eine beträchtliche Wüchsigkeit besitzen.

Diese gesteigerte Wachstumsfähigkeit als Ausdruck des Luxurierens findet man aber keineswegs bloß auf Haustierkreuzungen beschränkt, sie kommt auch bei der Kreuzung von wilden Tieren und von scharf getrennten Arten vor, wie die Bastardzucht von Löwe und Tiger HAGENBECKS beweist, in welcher das Kreuzungsprodukt „schwerer und größer als die Eltern" wurde.

Das Luxurieren der Produkte mancher Rassenkreuzungen wird in der züchterischen Praxis auch oft als Folge erhöhter Lebensfähigkeit, Lebenstätigkeit oder wie man auch zu sagen pflegt, als Folge erhöhter Lebenskraft, dem Vigor der amerikanischen Züchter (physiological vigor, SHULL) oder wie die Brüder SIMPSON sich ausdrücken, als „Rejuvenation" bezeichnet.

Das Wesen dieser Erscheinung charakterisiert eine feste Gesundheit, die sich in großer Widerstandsfähigkeit gegen Schädlichkeiten klimatischer Art und solchen, die der Ernährung entspringen, äußert. Auch gegen manche Infektionskrankheiten herrscht eine verhältnismäßig größere Widerstandskraft, oder aber wenn Erkrankung erfolgt, ist der Verlauf der Krankheit ein milderer, was auf eine veränderte „konstitutionelle Beschaffenheit" hindeutet. Solche Tiere sind daher schon in der Jugend anspruchsloser, gedeihen selbst unter weniger günstigen Verhältnissen recht gut und sind mit einem Worte leichter aufzuziehen. Ferner entspricht, wie eben ausgeführt worden ist, dem Luxurieren eine größere Wüchsigkeit, die sich teils in den einzelnen Jugendperioden zu erkennen gibt, teils aber auch den Elternrassen gegenüber in bedeutender Größe und größerem Lebendgewicht am erwachsenen Tiere in Erscheinung tritt. Ja es hat sogar den Anschein, als mache sich die größere Wachstumsneigung mancher F_1-Kreuzungsprodukte schon während des intrauterinen Lebens am Embryo geltend, weil nach WENTWORTH die Shorthorn-Gallowaykälber weit mehr als

Abb. 135. Amerikanische Methode der Doppelkreuzung beim Mais zwecks Erzielung von Maximalernten. Obere Reihe: Zwei Paare von P.; Mittelreihe: zwei luxurierende F_1-Kolben, hervorgegangen aus je einem Elternpaar; untere Reihe: neuerdings und stärker luxurierende F_2-Kolben, hervorgegangen aus den beiden F_1-Gruppen. (Phot. aus E a s t und J o n e s , 1919.)

10% vom Lebendgewicht der Mutter haben und deshalb nicht selten an der Mortalität der Kühe bei der Geburt schuld sind.

Das lebhafte, manchmal an Wildheit heranreichende Temperament vieler Rassenbastarde kann ebenfalls, zum Teil wenigstens in den Kreis der durch das Luxurieren bedingten Erscheinungen verwiesen werden. Dasselbe gilt, allerdings nicht unter allen Umständen, für die Fruchtbarkeit, welche bei gewissen Rassenbastarden eine deutliche Erhöhung zeigt (unter anderem von Zürn-Leipzig für das Geflügel behauptet).

Weniger leicht als für die Wüchsigkeit, läßt sich für die zähere, härtere Konstitution der Rassenbastarde der klare Nachweis führen. Folgendes, der landwirtschaftlichen Praxis entnommene Beispiel, dürfte vielleicht entsprechen: In den Neunzigerjahren des vorigen Jahrhundertes wurde auf einer Hochalpe (2400 m) des Schmittmannschen Besitzes in Salzburg infolge eines großen sommerlichen Schneefalles eine aus reinrassigen Steinschafen und aus Steinschaf-Hampshiredown-Bastarden bestehende Schafherde eingeschneit. Nur ein kleiner Teil arbeitete sich durch den Schnee zur anderthalb Gehstunden tiefer talabwärts gelegenen Hütte, die übrigen blieben zehn Tage lang durch Lawinen abgesperrt, oder direkt eingeschneit ohne Nahrung. Als dann die Rettung einsetzte, zeigte es sich, daß von 60 Stück Steinschafen 15·6% der Mütter und 71·4% der Lämmer tot waren, während von den 120 Stück Steinschaf-Hampshiredownkreuzungen nur 4·7% Mütter und 12·5% Lämmer zugrunde gegangen waren. Beachtet man, daß die einheimischen Steinschafe vortrefflich an die alpinen Wetterunbilden angepaßt sind, und daß sie sich vorwiegend im felsigen Terrain bewegen, wo es eine zusammenhängende Grasnarbe und üppigere Ernährung nicht gibt, dann spricht dieses Vorkommnis wohl deutlich zugunsten einer wesentlich härteren Konstitution oder wenn man will Lebenszähigkeit der Rassenbastarde.

Einen ähnlichen Beweis für eine gesteigerte Vitalität, eine härtere Konstitution oder wie man das nennen will, erweisen auch die bekannten Crampeschen Züchtungsexperimente mit Ratten. Crampe kreuzte unter anderem auch seine zahmen, zum großen Teil in Verwandtschaft gezüchteten Ratten mit wilden und studierte deren Verhalten nach den verschiedensten Richtungen hin. Er gelangte zu dem Resultate: „Im allgemeinen gediehen die Mischlinge mehr weniger bei äußeren Lebensbedingungen, unter welchen die beiden an ihrer Herstellung beteiligten reinblütig gezogenen Stämme, die zahmen und wilden Ratten, verkümmerten". Abweichend ist in seinen Versuchen die Feststellung, daß es nicht wie gewöhnlich die F_1-Produkte waren, welche die härtere Konstitution hatten, sondern deren Rückkreuzungsprodukte an die zahmen, die ein Viertel wildblütigen oder wie Crampe sie nennt „unterhalbblütigen Individuen". Crampe sagt diesbezüglich: „Die unterhalbblütigen Mestizen gediehen auch unter ungünstigen äußeren Lebensbedingungen und erreichten eine stattliche Länge und Schwere unter Verbältnissen, unter welchen die halbblütigen Mestizen und zahmen Ratten verkümmern." Desgleichen kamen damit in Übereinstimmung als Zeichen gesteigerter Fruchtbarkeit (und wohl auch der Vitalität) Würfe mit im Maximum 14 Jungen außer bei wilden Ratten nur bei unterhalbblütigen Mestizen vor.

Von grundlegender Wichtigkeit ist bei der Frage nach dem Wesen des Luxurierens die Tatsache, daß dies Aufpeitschen der Lebensäußerungen, dieser Vigor, deutlich und allgemein nur an den Individuen einer Generation, und zwar in der Regel nur in der F_1-Generation hervortritt. Die Individuen der folgenden Generation (F_2 u. s. f.) verhalten sich bereits verschieden, ein eigentliches Luxurieren aller Einzeltiere ist nicht mehr zu erkennen.

Diese Beobachtungen, und die selbst vereinzelt dastehende, eben angeführte CRAMPES, weisen offenbar auf Vorgänge mendelistischer Natur hin. Sie lassen den alten, ausschließlich chemischen Erklärungsversuch, nach welchem eine gewisse chemische Verschiedenheit des Keimplasmas als Ursache des Luxurierens angenommen wurde, als nicht befriedigend erscheinen. So einfach und so klar wie in der Frage der Verwandtschaftszucht sehen wir allerdings das Wesen des durch Kreuzung ausgelösten Luxurierens noch keineswegs. Es sind nicht viel mehr als Vermutungen, die uns die Literatur bisher zum Verständnisse des Luxurierens bietet. SHULL, der den Vigor z. B. an dem diesbezüglich ganz besonders geeigneten Mais studiert hat, kommt zur Ansicht, daß er durch die Heterozygotie der Bastarde, durch die Gegenwart heterozygotischer Elemente in den Hybriden hervorgerufen sei. Er nimmt an, daß der Grad des Vigor in Korrelation stünde mit der Zahl von Eigenschaften, bezüglich welcher die Hybriden heterozygotisch wären; allerdings sei diese Korrelation eine relative, keine absolute.

Allerdings steht dieser Hypothese aber eine andere von BRUCE gegenüber, der umgekehrt meint, der Vigor hänge mehr von der Zahl der vorhandenen dominierenden Elemente als der heterozygotischen ab.

Vielleicht wäre es möglich, dem Verständnisse des Luxurierens näher zu kommen, wenn wir auch hier analog wie z. B. beim Farbenatavismus die betreffenden luxurierenden Merkmale bzw. Eigenschaften als zusammengesetzte, als durch verschiedenartige Gene hervorgerufen auffassen würden. Erst durch die Vereinigung der nötigen verschiedenartigen Gruppen von Genen im selben Individuum käme dann die erhöhte Wüchsigkeit usw. zustande. Aus der polygenen Natur jener, das Luxurieren bedingenden Eigenschaften ließe sich sowohl das plötzliche Emporschnellen des Vigors, z. B. bei den F_1-Produkten, erklären, als auch sein auffallend rasches Abklingen in den folgenden Generationen verstehen. Aus pädagogischen Gründen sei mir aus der Pflanzenzucht ein Beispiel anzuführen gestattet, welches die einschlägigen Verhältnisse scharf beleuchtet. SHULL arbeitete unter anderem mit zwei Maislinien (A und B), welche, beide in Reinzucht (durch Selbstbefruchtung) gezogen, ungemein kleine Pflanzenindividuen darstellten, welche in entsprechender Individuenanzahl unter bestimmten Verhältnissen im Mittel 12, bzw. 13 Pfund Körnerertrag lieferten. Wurde A (♀) mit B (♂) oder umgekehrt B (♀) mit A (♂) gekreuzt, so stieg unter völlig gleichen Umständen der Körnerertrag der nun großwüchsig gewordenen F_1-Pflanzen auf 48 bzw. 55 Pfund (englisch). Wir haben hier einen extremen Fall von Luxurieren vor uns. Durch Selbstbefruchtung der Bastarde erfolgt Größenabnahme der Pflanzen und des Körnerertrages, und zwar besonders scharf erkennbar in der erstfolgenden, nächsten Generation.

In den weiteren klingt diese Differenz immer mehr ab, um schließlich ganz zu verschwinden. Wenn dann völlige Reinheit der Zucht erreicht ist, bleiben Pflanzengröße und Körnerertrag gleich, unverändert.

Aus diesen Beobachtungen schließt SHULL, daß die Selbstbefruchtung auch beim Mais keineswegs an und für sich schädlich sei, wie DARWIN gemeint hat; es komme ja zu keiner Selbststerilität. Gerade aus diesen neuestens von EAST und JONES wesentlich vertieften Untersuchungen am Mais geht hinreichend überzeugend hervor, daß es sich auch in diesem besonders charakteristischen Falle des Luxurierens um irgend welche, vielleicht kompliziertere Formen der MENDELschen Vererbung handeln wird. Im übrigen werfen diese Feststellungen beim Mais auch bis zu einem gewissen Grade Licht auf die anderen analogen, weniger eigenartigen Fälle bei unseren Haustieren. Im einzelnen bleibt auf diesem Gebiete natürlich noch vieles zu erklären. Die bei gewissen Tieren (z. B. Schnecken und Turbularien) und Pflanzen vorhandenen

Einrichtungen zur Verhinderung der Selbstbefruchtung, wie Selbststerilität, Präpotenz des Fremdsamens und sukzessiver Hermaphroditismus harren noch der befriedigenden biologischen Erklärung. Mit der bloßen Annahme, daß sie entstanden seien, um die inzüchterische Vermehrung der betreffenden Spezies zu verhindern, und daß sie in einer gewissen chemischen Verschiedenheit des Keimplasmas begründet wären (LÖHNER) ist es nicht getan, wie an anderer Stelle (im Kapitel über Verwandtschaft) gezeigt worden ist.

Anwendung der Methoden der Kreuzungszucht in der landwirtschaftlichen Tierzucht

A. Die Zucht von Gebrauchstieren. Die Gründe, wegen welcher die Kreuzung zum Zwecke der Produktion von Gebrauchstieren, welche zur Weiterzucht keine Verwendung finden, in der landwirtschaftlichen Tierzucht angewendet werden, sind:

1. Die Tatsache des Luxurierens der F_1-Produkte bei bestimmten (keineswegs allen) Rassenkreuzungen.

2. Um bestimmte Merkmale oder Eigenschaften, welche nur in heterozygoter Form möglich sind, hervorzurufen (z. B. gescheitelte Kanarien, Dichte der Straußfedern, blaue Andalusier-Hühner oder blaugraue Shorthorn-Aberdeen-Rinder, die sogenannten blue greys der Engländer).

3. Um wirtschaftlich wertvolle Merkmale oder Eigenschaften zweier Rassen in der F_1-Generation möglichst vollkommen miteinander zu vereinigen (z. B. Milchergiebigkeit der Oberinntaler, mit hohem Fettgehalt der Jerseys, Verbesserung verschiedener Körperpartien bei den F_1-Tieren, durch Kreuzung von roten Ostfriesen mit Kuhländern, Vereinigung von Größe und Wüchsigkeit mancher Landschweine mit der Frühreife und Mastfähigkeit englischer Hochzuchten usw.).

4. Als Sonderfall des vorhergehenden käme die Abschwächung in übermäßig hohem Grade bei bestimmten Rassen ausgebildeter Eigenschaften behufs Erzeugung von entsprechenden Gebrauchstieren in Frage. Solche an und für sich wirtschaftlich erwünschte Eigenschaften können unter Umständen in so extrem hohem Grade in gewissen Rassen festgelegt sein, daß die Gebrauchsfähigkeit der Produkte darunter leidet (ganz abgesehen von den gesundheitlichen Nachteilen solcher einseitigen Höchstleistung). Beispielsweise ist bei Schafen die Mastfähigkeit bei manchen Leicesterstämmen eine so große, daß ihr überfettetes Fleisch an die Grenze der Marktfähigkeit, ja fast der Genußfähigkeit heranrückt. Ähnlich verhält es sich mit der Mastfähigkeit gewisser Zuchten des kleinen englischen Schweines. Eine Abschwächung, eine gewisse Verdünnung solcher Eigenschaften und Neigungen erscheint daher für Marktzwecke erwünscht und wirtschaftlich notwendig. Solcherart können die Bedürfnisse des Marktes befriedigt werden, ohne daß die betreffende Edelrasse selbst in ihrer Züchtungshöhe irgendwie gefährdet wäre.

Zu diesen für die Anwendung der Gebrauchstierzucht sprechenden Gründen teils wirtschaftlicher, teils biologischer Natur kommen noch solche nebensächlicher, mehr persönlicher Art für den Züchter in Frage. Diese Züchtungsart erfordert nämlich relativ ein geringes Betriebskapital und stellt auch an die züchterischen Kenntnisse und an die Erfahrungen des Züchters wesentlich geringere Ansprüche als andere Züchtungsmethoden; sie ist äußerst einfach, bequem, erfordert wenig Kapital und ist in ihren Erfolgen relativ sicher. Zwar wird von ihr innerhalb aller landwirtschaftlichen Haustierarten Gebrauch gemacht, allein eine ganz systematische und ausgedehnte Anwendung findet sie doch vor allem in der Schweine- und der Schafzucht.

Daß solche in morphologischer und physiologischer Beziehung wohlgelungene, wertvolle F_1-Produkte wegen des in der folgenden (F_2-)Generation einsetzenden Aufspaltens trotz alledem für die übliche Weiterzucht kein sehr empfehlenswertes Material vorstellen, ergibt sich aus dem im Kapitel über Vererbung Gesagten zur Genüge.

Um einige Beispiele für die Gebrauchstierzucht in der landwirtschaftlichen Praxis zu geben, sei zunächst beim Pferde daran erinnert, daß vielfach die besten ausdauerndsten Hunters solche gut gelungene F_1-Produkte von der orientalischen und abendländischen Rassentype vorstellen. Ähnlicher Herkunft sind die mittelschweren, in Österreich und den Nachfolgestaaten als unverwüstliche landwirtschaftliche Arbeitspferde bekannten Murinsulaner. Ihre Leistung in den schweren, für die Wiener Verhältnisse ungeeignet gewesenen Omnibuswagen der anfangs dieses Jahrhunderts neugegründeten „Österreichischen

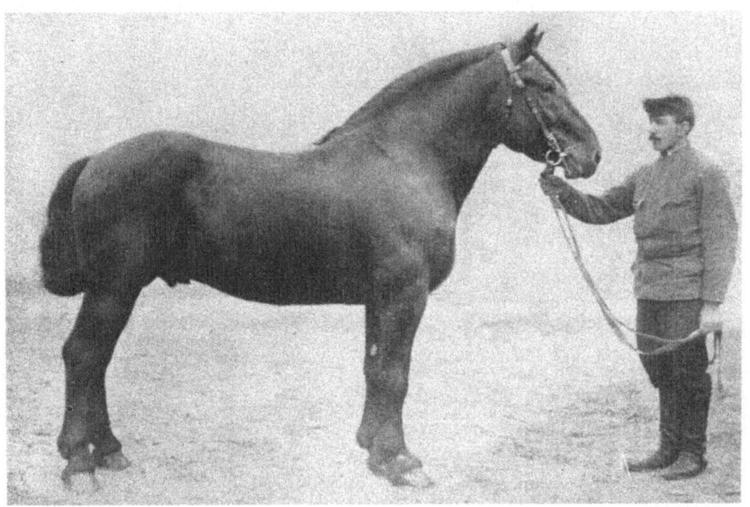

Abb. 136. Pinzgauer mal Wallone (kleine Belgier). Zucht in Stadl, Oberösterreich. Ausgeglichene F_1-Form als vorzügliches Gebrauchstier geeignet. Neunzigerjahre des vorigen Jahrhunderts. (Orig.-Phot.)

Omnibusgesellschaft" stellte jene der speziell für die neue Wagentype eingeführten, viel schwereren amerikanischen Pferde völlig in den Hintergrund. Auch sie waren in der Hauptsache Kreuzungsprodukte des abendländischen Equus abeli-Typus (Norisches Pferd) mit dem morgenländischen ungarischen Landpferde.

Beim Rinde wurde und wird von der Kreuzung behufs Erzeugung von Gebrauchstieren häufig Gebrauch gemacht. Vor allem zur Erzeugung von infolge von Luxurieren besonders wüchsigen Mastrindern. Es ist z. B. gewiß kein Zufall, daß die auf den jährlich im Dezember stattfindenden großen Fettviehschauen des Smithfieldklubs zu Islington mit den höchsten Preisen ausgezeichneten besten Tiere so häufig Kreuzungsmaterial gewesen sind. Aufs Geratewohl Notizen aus dem Jahre 1889 herausgreifend, erhielt im genannten Jahre den „höchsten Ehrenpreis" von 100 Guineen ein zweijähriger Shorthorn-Gallowayochse, und der zweite Ehrenpreis für vom Aussteller selbst gezüchtete Tiere (150 Guineen) fiel ebenfalls auf ein zweijähriges Kreuzungsrind

(965 *kg* Lebendgewicht). Posener Züchter haben seinerzeit, das Luxurieren der Kreuzungsprodukte ausnützend, Niederungskühe mit Freiburger, der Frontosustype angehörenden Stieren gekreuzt, um schwere, milchige, aber dabei auch mastfähige Kühe zu erzielen.

Aus ähnlichem Grunde, sowie um einen Ausgleich in der Körperform zu erzielen, wurden nach E. Sedlmayr in Ungarn Steppenviehkühe mit Murbodner Stieren erfolgreich gekreuzt, ebenso vorgenommene Kreuzungen von Kuhländern (weiblich) mit Stieren der roten Ostfriesen wurden neuestens von H. Weiss auf dem Gute Grodiec studiert und wohl zum ersten Male die bei den F_1-Produkten erzielten Veränderungen an den einzelnen Körperpartien zahlenmäßig festgestellt.

Ein günstiger Zufall fügte es hier, daß gerade die wünschenswerten besseren Körperformen und Eigenschaften, seien sie bei den Kuhländern oder bei den

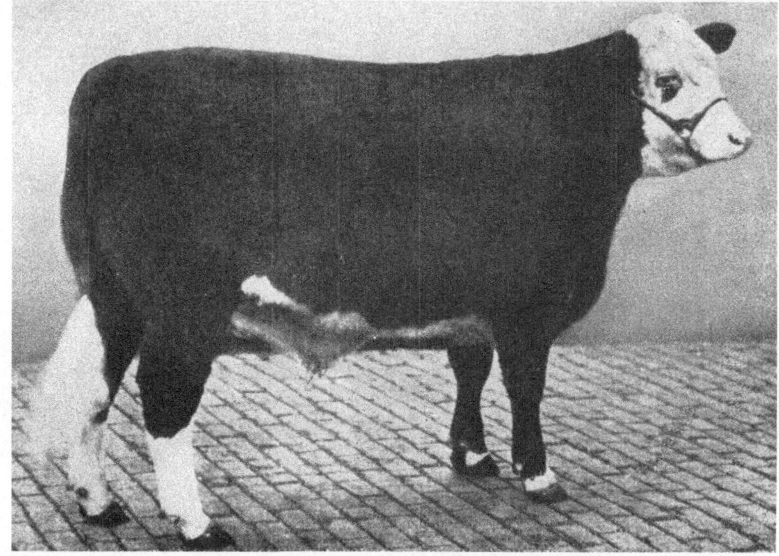

Abb. 137. Hereford mal Shorthorn „California Favorite". Luxurierende F_1-Generation. Championstier der internationalen Tierzuchtausstellung 1916. (Phot. n. East and Jones, 1919.)

Ostfriesen vorhanden, dominanten Charakter besitzen und daher in F_1 mehr oder weniger vollständig auftreten.

Die Vereinigung hoher Milchleistung mit hohem Fettgehalt bei relativ mäßigen Futteransprüchen wurde seinerzeit von Baron Wattmann in Galizien (Roza rozaniecka) durch Kreuzung von Oberinntaler Kühen mit Jerseystieren erzielt. Auch an den Ursprung der Ansbach-Triesdorfer Rinder sei erinnert (Niederungskühe mit Berner Stieren). Selbst zwischen einander so ferne stehenden Rinderrassen, wie es die Afrikaner Kühe Südafrikas und die Friesen (männlich) sind, wurden höchst wertvolle Kreuzungsindividuen für Gebrauchszwecke erzeugt. Die Produkte vereinigten bei guter (allerdings gegenüber den Friesen etwas geringerer) Milchergiebigkeit hohen Fettgehalt derselben mit vortrefflicher Brauchbarkeit für Schlachtzwecke. Dabei sollen sie ebenso konstitutionell hart wie die einheimische Rasse gewesen sein und doch weit größere und schwerere Körperformen besessen haben (Louis Botha).

Eine hervorragend wichtige Rolle spielt die Kreuzungszucht behufs Gewinnung mastfähiger, raschwüchsiger, fleischiger, jedoch nicht überfetter F_1-Produkte für Gebrauchszwecke beim Schafe. Als Beispiel eines namentlich im nördlichen England im großen durchgeführten Züchtungsvorganges sei die dort vielfach übliche Gewinnung solcher erstklassiger Mastlämmer (nach Direktor LAWRENCE-PENRITH) angeführt. Dort und im anschließenden Schottland liegt die Heimat eines kleinen, harten, anspruchslosen, gängigen Bergschafes (Herdwicks, Limestoneschaf, Blackfaceschaf). Sie alle besitzen keine Neigung zur Frühreife und Mastfähigkeit, hingegen liefern sie genügend mageres, saftiges und im entsprechenden Alter auch zartes Fleisch. Diese Schafe liefern das weibliche Ausgangsmaterial für die Kreuzungen, die mit Böcken der Borderleicester vorgenommen werden. Diese Rasse ist durch große Frühreife und ungewöhnliche Mastfähigkeit sowie große Körperformen bei trotzdem relativ kleinen Köpfen ausgezeichnet. Wegen der übermäßigen Fettablagerung ist jedoch das Fleisch dieser Rasse minder geschätzt, und Farmer und Fleischer behaupten überdies, daß es zu wässerig sei. In den F_1-Produkten dieser beiden Rassentypen erzielt man wüchsige, mit viel saftigem, nicht überfettetem Fleisch ausgestattete, höchst gesuchte und gut bezahlte Mastlämmer in frühester Jahreszeit. Ähnliche Kreuzungszuchten, nur natürlich mit anderer weiblicher Rassengrundlage und zum Teil auch anders gewählter Edelrasse, sind dann vielfach in Wales üblich.

Eine ähnliche wichtige Rolle spielt die Gebrauchstierzucht in der Form der ersten Kreuzung beim Schweine. Alle erfahrenen Schweinezüchter stimmen darin überein, daß durch Kreuzung zweier entsprechend gewählter Rassen ganz besonders vollkommene und wirtschaftlich geeignete F_1-Produkte zu erzielen sind, während die Weiterführung der Kreuzungszucht durchaus unbefriedigend verläuft. Das Luxurieren, offenbar durch Vereinigung einiger für Wachstum und konstitutionelle Beschaffenheit wichtiger Gene (Kombination) in F_1, ist so in die Augen springend, daß es die Schweinezüchter der verschiedensten Länder erkannt und stets hervorgehoben haben. Ich erwähne z. B. E. ZÜRN (jun.), der schon 1904, die Erfahrungen deutscher Schweinezüchter zusammenfassend, schrieb: Die Erfahrung lehre, daß die erste Kreuzung zweier Schweinerassen oder -schläge immer eine gute Nachzucht liefere, ,,während weiter nachfolgende Kreuzungen oft total versagen''. BRINKMANN schreibt über dänische Züchtererfahrungen (1906), daß es besonders die erste Generation nach stattgehabter Kreuzung sei, welche sich durch Größenwachstum und vorzügliche Entwicklungsfähigkeit auszeichne. In Amerika äußerten sich die praktisch erfahrenen und auch theoretisch, vererbungswissenschaftlich auf voller Höhe stehenden Schweinezüchter, die Brüder SIMPSON (1907), auf Grund 25jähriger Beschäftigung mit allen Zuchtmethoden: ,,Kein Mensch, der je Kreuzungstiere in der Weise zog, daß er zwei lange bestehende reine Rassen paarte, hat die außerordentlich verstärkte konstitutionelle Kraft solcher Kreuzungsprodukte übersehen können.'' Ferner: ,,Fast jeder der in dieser Versammlung anwesenden Landwirte, der Schweine züchtete, wird das empirische Gesetz formuliert haben, daß die erste Kreuzung gut und die zweite schlecht war.'' Sie führen dann das schon einmal zitierte Beispiel an, daß F_1-Produkte vom Tamworthschweine mit der Poland-Chinarasse mit zwölf Monaten im Maximum bis zu 45 kg schwerer als irgend ein rein gezogenes Individuum beider Ausgangsrassen gewesen sind.

Im allgemeinen ist der beim Schweine in der Praxis geübte züchterische Vorgang der, daß weibliche Tiere einer Landrasse oder des veredelten Landschweines mit einem Eber irgend einer frühreifen, mastfähigen Edelrasse (Yorkshire, Deutsches Edelschwein, Berkshire, Poland-China) gepaart werden.

Die solcherart erzüchteten Individuen (F_1) zeigen die Eigenschaft des Luxurierens, sie sind wüchsig, setzen viel saftiges (nicht überfettetes) Fleisch an, das wegen anderer kolloidaler Beschaffenheit, als z. B. das Yorkshirefleisch sie besitzt, zur Fabrikation von Dauerwürsten gut brauchbar ist, und sind von harter Konstitution. Daß durch solche Kreuzungspaarungen vielfach eventuell schon vorhandene pathologische oder gar letale Gene der Edelrasseindividuen verdeckt und unschädlich gemacht werden, wurde bereits früher erwähnt.

In der landwirtschaftlichen Praxis erfordert diese Art von Gebrauchstierzucht beim Schweine (meist als sogenannte „Doppelzucht" angewendet) größere Betriebe oder doch wenigstens genossenschaftliche Durchführung. Vom betreffenden Landschweine werden in einem solchen Falle etwa 10% der besten Muttertiere zur Reinzucht behufs Nachschaffung des Kreuzungsausgangsmateriales benützt, und 90% derselben finden zur Kreuzung für Gebrauchszwecke Verwendung. Die hiezu nötige Beschaffung, eventuell Haltung des einer Edelrasse angehörenden anderen Ebers verursacht bei dieser Doppelzucht natürlich einige Unbequemlichkeiten, die aber durch die großen Vorteile der Methode aufgewogen werden.

Methodische Anwendung fand diese Art der Gebrauchstierzucht beim Schweine (Doppelzucht) seinerzeit in Dänemark, als die dänische Schweinezucht dadurch an den Rand des Verderbens gebracht worden war, daß sie viel zu einseitig und intensiv in die anspruchsvolle, hinfällige Yorkshireedelzucht geraten war und das überfette Produkt am englischen Markte keinen willigen Käufer mehr fand.

Ferner wurde die Doppelzucht (und wird es wohl noch jetzt?) bewußt in Deutschland, vor allem im Regierungsbezirk Hildesheim, geübt.

Beim Hunde waren z. B. in den Siebzigerjahren des vorigen Jahrhunderts auf den Fürst Liechtensteinschen Jagdgebieten in Südmähren vielfach Kreuzungsprodukte (F_1) zwischen dem ruhigen, eher phlegmatischen deutschen Vorstehhunde und dem hitzigen, nervösen englischen Pointer beliebt. Diese Tiere arbeiteten weder so langsam noch so ungestüm wie die betreffenden Eltern und waren sicher, ausdauernd und vorzüglich brauchbar.

Beim Geflügel gehen vorzügliche Gebrauchstiere aus der Kreuzung des mastfähigen französischen Haubenhuhnes (Houdans) mit der großwüchsigen Brahmarasse hervor. Bekanntlich soll diese Kreuzung auch die Grundlage für die modernen Faverolles (Lachshühner) abgegeben haben.

Auf Grund eigener Erfahrung kenne ich die F_1-Produkte der Langshan-Minorkakreuzung als vortreffliche, klimaharte, wüchsige Tiere mit guter Eierproduktion (dabei trat in meinem Falle als Kreuzungsnovum eine ganz eigentümliche, violettbraune, bei einzelnen Individuen ausgesprochen dunkelviolette, ganz unnatürlich aussehende Färbung der Eierschalen auf).

Bei den Fischen endlich wurde bei verschiedenen Rassen- ebenso wie Spezieskreuzungen ebenfalls ein deutliches Luxurieren beobachtet. In besonders auffallendem Maße war dies z. B. bei den in allerjüngster Zeit in Osiek durch Herrn Rudzinski vorgenommenen Kreuzungen einer raschwüchsigen Lokalrasse des galizischen Spiegelkarpfens (weiblich) mit dem wilden Schuppenkarpfen der Weichsel (männlich) der Fall.

Ein Überblick über die Beispiele vielfach geübter, wissenschaftlich sehr zweckmäßiger Gebrauchstierzucht läßt es wahrscheinlich scheinen, daß gerade diese Art von Zucht in Zukunft eine viel wichtigere Rolle spielen wird, als es bisher der Fall war. Aus diesen Betrachtungen geht aber auch noch die große Bedeutung hervor, welche den primitiven Rassen aus rein praktischen, keineswegs theoretischen Gründen zukommt. Auch um Regenerationsmaterial für alle Fälle zur Hand zu haben, sollten die berufenen Kreise trachten, auf irgend eine Weise — wenigstens in gewissen Gebieten — sie rein zu erhalten. Genau so wie die Pflanzenbauer aus ähnlichen praktischen Gründen das Erlöschen oder Verkreuztwerden gewisser primitiver Formen zu verhüten trachten, müssen es auch die Tierzüchter tun — ehe es zu spät wird.

B. **Veredlungskreuzung** (im weiteren Sinne des Wortes). Mit diesem Namen bezeichnet man zweckmäßigerweise jene (vorübergehend vorgenommenen) Einkreuzungen in eine bestimmte Rasse, welche SETTEGAST als „Kreuzung zur Umbildung von Rassen" nennt und die den Zweck haben, irgend ein bestimmtes Merkmal oder eine Eigenschaft in einer gegebenen Rasse zu verbessern. Als charakteristisches Beispiel für diese Kreuzungsart kann die seinerzeit vorübergehend und vorsichtig vorgenommene Einkreuzung der Shorthornrasse in gewisse Schläge des Niederungsviehs gelten. Auf diese Weise wurde das charakteristische breite Shorthornbecken als morphologisches und eine gewisse Anlage zur Mastfähigkeit als physiologisches Merkmal in die betreffenden Zuchten eingeführt. Strenge Zuchtwahl war natürlich notwendig, um die Weitervererbung auch noch anderer Rassenmerkmale der Shorthorns zu verhindern und die typischen Merkmale der in Verbesserung genommenen ursprünglichen Niederungsrasse zu erhalten. Um das Vorübergehende einer solchen Einkreuzung hervorzuheben, sprechen die Züchter in einem solchen Falle gewöhnlich von der Zuführung „eines Tropfen Blutes" jener zur Veredlung herangezogenen Rasse. Auch der von DARWIN und SETTEGAST angeführte Fall der Zuführung eines solchen „Tropfen Blutes" der Bulldoggrasse in gewisse englische Zuchten des Windhundes, um deren Mut und Angriffslust zu erhöhen, gehört hieher. In gleicher Weise fand beim Pferde die englische Vollblutrasse vorübergehend zur Verbesserung gewisser Warmblutzuchten des Kontinentes oder die belgische Rasse zur Formverbesserung mancher Kaltblutzuchten Verwendung.

Daß diese Art der Anwendung der Kreuzungszuchtmethode große züchterische Erfahrung erfordert, ist naheliegend. SETTEGAST hat mit Recht über sie gesagt: „Soll eine größere Leistungsfähigkeit der Rasse das Ergebnis dieser Methode vorübergehender Bluteinmischung sein, so ist ein sicherer Blick für die Mängel, denen abgeholfen werden soll, ein gesundes Urteil über Art und Maß des für die Verbesserung zu verwendenden Blutes unerläßliche Bedingung."

C. **Verdrängungskreuzung** (Veredlungskreuzung im engeren Sinne). Handelt es sich darum, auf dem Wege der Kreuzung nicht bloß das eine oder das andere Merkmal einer Züchtungsrasse, sondern deren möglichst viele in eine bestimmte primitive oder wenig veredelte Landrasse einzuführen, und zwar in der Weise, daß die erhaltenen Kreuzungsprodukte (F_1, $F_1 \times P$ usw.) immer wieder mit der benützten Züchtungsrasse rückgekreuzt werden, so spricht man von Verdrängungskreuzung (manchmal wohl auch von Veredlungskreuzung im engeren Sinne des Wortes).

Man beabsichtigt durch solche stete Rückkreuzungen eine primitive oder eine Landrasse allmählich in die gewählte Züchtungsrasse überzuführen, sie womöglich in die erstere umzuwandeln. Es soll die Landrasse allmählich in der Züchtungsrasse aufgehen. SETTEGAST sagt bezeichnend für die Anschauungen der älteren tierzüchterischen Schule über diese Züchtungsmethode: „Das Verfahren, dieses Ziel zu erreichen, besteht darin, die Kreuzung zwischen männlichen Vollbluttieren und den weiblichen Individuen der zu veredelnden Zucht so lange fortzusetzen, bis die Nachzucht mit Vollblut übereinstimmt, mithin das Blut der Rasse, die einst der Veredlung unterworfen wurde, verdrängt oder absorbiert ist."

Während man sich in vormendelscher Zeit die Sache ziemlich einfach vorstellte und meist nur darüber stritt, wie viele solcher Kreuzungsgenerationen (meist wurden fünf als ausreichend erachtet) notwendig wären, um eine bestimmte Rassse in die gewählte Edelrasse überzuführen, wissen wir heute, daß, strenge genommen, das Ziel keineswegs so leicht zu erreichen ist. Man erinnere sich vor allem, daß das Wesen der Rasse aus einer großen Anzahl von charakteristischen erblichen Merkmalen und Eigenschaften zusammengesetzt erscheint; ferner daß diese „Rassenmerkmale" oder „Rasseneigenschaften" zum größten Teile unabhängig voneinander sich vererben. Manche besitzen dominanten, andere rezessiven Erbgang. Dabei treten als komplizierende Momente neben voller Dominanz (Pisum-Typus) auch abgeschwächte (Zea-Typus) und unvollständige oder schwankende Dominanz, ferner Polymerie und geschlechtsgebundene Vererbung auf. Es ist also von vornherein unwahrscheinlich, daß bei der großen Zahl solcher „Rassenmerkmale" mit derart verschiedenem Erbgange ein vollständiges Aufgehen einer Rasse in einer anderen möglich ist. Diese Auffassung wird dann zu Recht bestehen, wenn man das Wesen der Rasse zoologisch, streng wissenschaftlich, auffaßt. Begnügt man sich hingegen mit der praktischen, landwirtschaftlichen Auffassung des Wesens der Rasse, faßt man also nur eine mäßige Zahl von Eigenschaften ins Auge, und zwar solche weniger von zoologischem als vielmehr von wirtschaftlichem Charakter, der überdies gewöhnlich weitgehend von äußeren Momenten (Ernährung usw.) abhängt, dann allerdings wird eine solche Umwandlung einer Landrasse in eine Edelrasse in mehr oder weniger vollkommener Weise möglich sein. Selbstverständlicherweise trifft aber auch dies nur dann zu, wenn die gegebenen Daseinsbedingungen das Hervortreten der erwünschten Merkmale und Eigenschaften der Edelrasse in entsprechendem Maße gestatten, was keineswegs immer der Fall ist. Es darf nie außer acht gelassen werden, daß es sich auch bei den „Rassemerkmalen" und „Rasseeigenschaften" um Reaktionsnormen im Sinne von E. BAUR handelt. Diese Bedingtheit der Überführungsmöglichkeit einer Rasse in eine andere hat z. B. bereits SETTEGAST gefühlt, als er schrieb: „Wenn Vollblut und Reinblut identische Begriffe wären, so würde man selbst durch die längste Generationsfolge im Wege der Veredlung zu Vollblut zu gelangen nicht vermögen."

Das Gesagte soll im folgenden durch Beispiele verständlicher gemacht werden. Bei der Heranbildung des englischen Vollblutpferdes kamen naturgemäß vorwiegend Individuen der orientalischen Rassentype zur Verwendung. Immerhin wurden ursprünglich aber auch ab und zu Vertreter der abendländischen Rassentype, eventuell bereits in Form von ihren Kreuzungsprodukten verwendet. Für sie gilt also der eben erwähnte Fall, sie werden in der Mehrzahl der Paarungen solche Rückkreuzungen vom Charakter der Verdrängungskreuzung erfahren haben. Bei dem ziemlich hohen Alter des englischen Vollblutes werden bereits viele solcher Paarungen (vom Charakter der Rückkreuzungen) vorgekommen sein, und man sollte annehmen, daß der orientalische Rassencharakter im englischen Vollblutpferde den abendländischen vollkommen verdrängt hätte. Dem ist aber, wie jeder, der eine größere Anzahl von englischen Vollblutpferden genauer untersucht hat, weiß, keineswegs so. Nur hinsichtlich gewisser Merkmale und Eigenschaften, wie Körperbau, namentlich Beschaffenheit des Vorderrumpfes, des Widerristes, der Hinterhand, der Extremitäten besteht Übereinstimmung, dann auch hinsichtlich solcher physiologischer Momente, welche zur Rennleistung in Beziehung stehen. Hingegen gibt es keine Übereinstimmung hinsichtlich des Schädelbaues, also eines zoologischen Momentes, das als wissenschaftliches Rassemerkmal aber ausschlaggebend ist. Man findet nämlich hie und da durchaus rein gezogene englische Vollblutindividuen, welche infolge atavistischer Vorgänge den geradezu häßlichen langen, schmalen Stirn- und

Nasenteil besitzen, der für die abendländische Rassentype so charakteristisch ist, und der im vollen Gegensatz steht zum breiten Stirn- und kürzeren Nasenteil des orientalischen Pferdes. Ebenso kommt der abendländische sechste Lendenwirbel nicht selten vor.

Wir sehen somit, daß beim englischen Vollblutpferde durch die langgeübte Verwendung des morgenländischen Rassentypus keineswegs alle abendländischen Rassenmerkmale des ursprünglich teilweise verwendeten Ausgangsmateriales dauernd verdrängt worden sind, nur ein Teil, wie z. B. der niedrige Widerrist. Nur solche Merkmale der morgenländischen Rasse, welche mit dem Zuchtziele, größtmögliche Schnelligkeit, in Beziehung stehen, finden sich ausnahmslos, diese haben tatsächlich die unerwünschten und dem Zweck widersprechenden Gegenstücke verdrängt. Eine Reihe anderer, zum Teil hochwichtiger, weil zoologischer Merkmale, wie z. B. die schmale, wenig gewölbte Schädelkapsel, die Beschaffenheit der Nasenpartie oder des sechsten Lendenwirbels treten, wie gesagt, vereinzelt immer wieder auf, sie wurden — allerdings weil die Zuchtwahl keine Notiz von ihnen nahm — nicht verdrängt.

Das englische Vollblutpferd ist daher ein vorzügliches Beispiel für eine Rasse im „landwirtschaftlichen Sinne", denn vom zoologischen Standpunkt aus ist es trotz alledem nur eine Mischzucht. Für den Landwirt genügt eben eine mäßige Anzahl von Merkmalen und Eigenschaften, für gewöhnlich solche, welche mit der gewünschten wirtschaftlichen Leistung, hier der Schnelligkeit, in Beziehung stehen, um das Wesen der Rasse zu erschöpfen. Für ihn ist das englische Vollblutpferd tatsächlich eine Rasse.

Um ein ähnliches Beispiel vom Rinde anzuführen, verweise ich auf das Fleckvieh in Böhmen und Mähren. In den meisten Teilen dieser Länder ist das vorhandene rotscheckige Landvieh im Verlaufe von rund einem Jahrhundert aus der wiederholten Kreuzung eines primitiven, brachyceren, rotbraunen Landviehs dieser Gegenden mit dem rotscheckigen Berner Rinde von Frontosus- (also primigenem) Charakter entstanden.

Auch hier handelt es sich in der Hauptsache um Paarungen von der Art der Rückkreuzungen, also um Verdrängungskreuzung. Bei oberflächlicher Betrachtung trägt das gegenwärtige Landvieh tatsächlich manche Rassenmerkmale des schweizer Fleckviehs, ähnelt ihm in manchen Stücken. Wenn man von der Größe und Schwere absieht, deren Fehlen durch weniger günstige Daseinsverhältnisse erklärt wird, so wird zunächst tatsächlich der Eindruck erweckt, daß hier die Merkmale des schweizer Rindes jene des Sudetenviehs verdrängt hätten. Untersucht man jedoch speziell den Schädelbau des Sudetenfleckviehs genauer, dann findet man bei vielen Individuen, in manchen Landesteilen wohl bei allen, den brachyceren Schädelbau, die Neigung zum rückwärts spitzen, engen Becken usw. mehr oder weniger deutlich ausgeprägt. Auch hier sind die zoologischen Rassenmerkmale des ursprünglichen, brachyceren Landviehs der Sudetenländer keineswegs durch die oft vorgenommenen Rückkreuzungen mit dem durch Dezennien immer wieder eingeführten oder sonst im Lande selbst rein gezüchteten Berner Rinde vollständig verdrängt worden. Mehr oder weniger scharf treten sie immer wieder hervor. In der Hauptsache allerdings zeigt der Körperbau und die Eignung zur kombinierten Leistung eine deutliche Beeinflussung durch die Berner Rinder; diese Merkmale mehr landwirtschaftlicher Natur, wenn ich so sagen darf, auf welche bei der Zuchtwahl schärfer geachtet wurde, wurden vom Berner Typus infolge von Zuchtwahl bei den Kreuzungsprodukten viel vollkommener übernommen. Als landwirtschaftliche Rasse betrachtet, ist das Sudetenrind im Berner Typus aufgegangen, letzterer verdrängte den ursprünglichen. Bei Anwendung des wissenschaftlichen Maßstabes für die

Rassenauffassung hingegen kann von einer vollkommenen Verdrängung der ursprünglichen Rassenmerkmale durch die Berner beim Landvieh der Sudetengebiete trotz der lange Zeit geübten Rückkreuzungen nicht wohl gesprochen werden.

Beim Schafe wurde in früherer Zeit die Methode der Verdrängungskreuzung häufig angewendet, um die Wollqualität mancher Landrassen durch die Merinotype zu veredeln. Weil beim Schafe der Wollcharakter ein besonders wichtiges Rassenmerkmal (speziell wenn man Rasse im landläufigen landwirtschaftlichen Sinne auffaßt) vorstellt, und weil anderseits die für Merino . eigentümliche, scharfe, gleichmäßige Beugung der Wollhaare, wie es nach meinen Versuchen scheint, rezessiven Erbgang gegenüber grober Mischwolle besitzt, gelingt in diesem Falle die Verdrängung des typischen Merkmales der Landrasse, das Aufgehen derselben in der Edelrasse, verhältnismäßig leicht und bei geübter Zuchtwahl auch vollständig.

In neuester Zeit wird die Verdrängungsmethode verschiedentlich bei Landschafen mit Mischwolle oder mit gröberer, wenig gewellter Wolle (oder bei Glanzwollschafen) durch Verwendung von Karakulböcken angewendet, um Pelzschafe zu erzeugen. Weil die Fähigkeit der Lämmer solcher Pelzschafe zur charakteristischen Lockenbildung unvollständig, schwankend dominant vererbt wird und offenbar auf Polymerie der betreffenden, diese Eigenschaft verursachenden Gene beruht, deshalb braucht es hier länger fortgesetzter Rückkreuzungen und besonders scharfer Zuchtwahl, um zum Ziele zu gelangen. Aus dem genannten Grunde hält es nämlich schwer, auf diesem Wege bezüglich der Lockenbildung homozygotische Individuen, die sicher vererben und „Individualpotenz" zeigen, zu erhalten.

Ausgiebig wurde und wird zum Teil auch heute noch die Verdrängungskreuzung beim Schweine geübt. Durch Verwendung von Ebern der Yorkshirezucht oder des Deutschen Edelschweines usw., die selbst wieder nur im landwirtschaftlichen, jedoch nicht im wissenschaftlichen (zoologischen) Sinne „Rassen" vorstellen, wurden den spätreifen, weniger mastfähigen Landschweinen vieler Gegenden die ökonomisch wichtigen Eigenschaften der Edelrassen (Frühreife, Wüchsigkeit und enorme Mastfähigkeit), und zwar oft in so vollkommener Weise übermittelt, daß daraus geradezu manchmal züchterische oder wirtschaftliche Nachteile erwuchsen. Hier, ebenso wie in vielen anderen Fällen, erschöpft sich für praktische Verhältnisse der Rassebegriff in der Hauptsache in einigen wenigen Merkmalen und Eigenschaften. Andere wiederum, selbst wenn sie wissenschaftlich geradezu das Wesen der Rasse überhaupt ausmachen, wie z. B. der Schädelbau, Form des Tränenbeines usw., wurden beiseite gelassen.

Aus den angeführten Beispielen der landwirtschaftlichen Praxis ersieht man, daß es bei Beschränkung auf einige wenige Merkmale gelingt (in Verbindung mit Zuchtwahl), durch die Verdrängungsmethode (wiederholt durchgeführte Rückkreuzungen an die gewählte Edelrasse) die gewünschten Eigenschaften den zu veredelnden Landrassen zu verleihen, die ursprünglichen also zu verdrängen.

Das Ergebnis der Besprechung kann kurz dahin zusammengefaßt werden, daß es durch die Veredlungskreuzung wohl gelingt, im landwirtschaftlichen Sinne aufgefaßte Rassen mehr oder weniger vollkommen in die gewählten Edelrassen zu überführen, daß dies jedoch praktisch nicht möglich ist, wenn man „Rasse" im wissenschaftlichen, mehr zoologischen Sinne auffaßt. Es scheitert letzteres Beginnen an der zu großen Zahl von Merkmalen und Eigenschaften jener vom wissenschaftlichen Standpunkt aus als Rasse zusammengefaßten Gruppe von Haustieren und an dem verschiedenen Verhalten derselben beim Erbgange.

Vom rein praktischen Standpunkt aus betrachtet, haben jedoch viele dieser wissenschaftlich wichtigen Merkmale nur untergeordnete Bedeutung, deshalb werden sie vernachlässigt, und so kommt es, daß man in der praktischen Tierzucht annimmt, man könne durch eine größere oder kleinere Zahl vorgenommener Rückkreuzungen die ursprünglichen Merkmale einer Landrasse völlig verdrängen und die Landrasse in die benützte Edelrasse direkt überführen. Solange man sich an den rein praktisch ausgelegten Rassebegriff hält, ist diese Anschauung richtig. Bei wissenschaftlicher Auffassung des Wesens der Rasse trifft diese Ansicht, wie ausgeführt wurde, nicht zu.

Es ergibt sich aus dem Gesagten, daß der seinerzeit heftig geführte Streit darüber, ob durch Verdrängungskreuzung man tatsächlich eine Rasse in eine andere überführen könne, müßig ist und insoferne auf einem Mißverständnis beruht, als jede der Parteien von einer anderen Auffassung des Rassebegriffes ausgeht.

In diesem Sinne ist auch der Ausspruch SETTEGASTs zu verstehen: „Darüber kann also kein Zweifel herrschen, daß es in unsere Hand gelegt ist, durch Veredlungskreuzung allmählich Vollblut zu erzeugen, ein Vollblut, das sich als solches nicht durch absolute Blutreinheit, sondern durch Leistungsfähigkeit auszuweisen hat."

Bei der Anwendung der Verdrängungskreuzung (Veredlungskreuzung im engeren Sinne des Wortes) sind somit folgende Punkte zu berücksichtigen, falls die Methode Erfolg haben soll:

1. Beschränkung auf einige wenige Merkmale oder Eigenschaften.

2. Verwendung von bezüglich der gewählten Merkmale oder Eigenschaften homozygotisch veranlagten Individuen der Edelrasse (Individualpotenz solcher Tiere im Sinne SETTEGASTs).

3. Geübte Zuchtwahl an den erzielten Produkten, soferne sie zur Weiterzucht dienen sollen.

4. Schaffung solcher Lebensverhältnisse, daß sich die gewünschten Eigenschaften auch tatsächlich entwickeln können — ein Punkt, der trotz aller Selbstverständlichkeit in der landwirtschaftlichen Praxis keineswegs immer beachtet wird.

Die Frage, wieviele Rückkreuzungsgenerationen notwendig sind um hinsichtlich der gewünschten Merkmale oder Eigenschaften ein Aufgehen in die Züchtungsrasse zu veranlassen, läßt sich nach dem Gesagten allgemein nicht beantworten. Daß die häufig geäußerte Ansicht, es seien fünf Generationen hiezu nötig, unter günstigen Umständen und strenger Zuchtwahl zutreffen kann, ist zugegeben, ja es kann dies ausnahmsweise sogar früher möglich sein.

An dieser Stelle ist es angezeigt, kurz auf die sogenannten Blutanteile von Kreuzungsprodukten verschiedener Generationen einzugehen, entsprechend dem Sprachgebrauch der züchterischen Praxis. Wenn man in üblicher Weise die Landrasse mit 0 Blutanteilen ausgestattet annimmt und die Züchtungsrasse mit 1, dann hat das Halbblut (F_1) $^1/_2$ Blutanteil der Züchtungsrasse. F_1 zurückgepaart mit der Edelrasse liefert $^3/_4$-blütige Individuen. Während die Halbblutindividuen (F_1) bei solchen Rassekreuzungen meist (aus bekannten Gründen allerdings nicht immer) mehr oder weniger einheitlich ausfallen, so daß man, wenn man die Ausgangsrassen kennt, sich von vornherein ein Bild von ihnen machen kann, ist dies bei den $^3/_4$-blütigen Rückkreuzungstieren ($F_1 \times$ Edelrasse) im allgemeinen nicht mehr der Fall. Hier kann bereits Aufspaltung auftreten, und zwar je nach dem berücksichtigten Merkmale wird die Aufspaltung, bzw. das Verhalten nach folgenden wohlbekannten Formeln vor sich gehen:

1. Bei vollkommener Dominanz des Merkmales (Pisum-Typus) DR × DD =
= 50% DR und 50% DD. Alle Individuen werden phänotypisch sich gleich verhalten, werden das betreffende Merkmal besitzen.

2. Bei abgeschwächter Dominanz des Merkmales (Zea-Typus) werden wir
hingegen zwei verschiedene Phäno-Typen erhalten. 50% DD-Individuen und
50% DR-Individuen, welch letztere als Heterozygoten durch schwächere Ausprägung des Merkmales charakterisiert sein werden.

3. Falls der Charakter des gewählten Merkmales jedoch rezessiv ist, dann
erfolgt die Vererbung nach der Formel DR × RR = 2 DR + 2 RR, d. h. wir
erhalten 50% der Tiere mit dem gewählten Merkmale (RR) und 50%, welche
es nicht besitzen.

Schon aus dieser theoretischen Betrachtung ergibt sich die große Bedeutung,
welche der Zuchtwahl bei dieser Verdrängungskreuzung zukommt. Ohne Zuchtwahl kann es zu einer vollen Verdrängung der ursprünglichen Merkmale gar nicht
kommen. Sie zeigt aber auch, wie wenig die bloße Bezeichnung $^3/_4$-Blut oder
$^7/_8$-, $^{15}/_{16}$-Blut usw. besagt, und wie verschieden sowohl der Geno- als auch Phänotypus unter den Individuen einer solchen bestimmten Rückkreuzungsgeneration
sein kann.

Bekanntlich hat die alte Tierzuchtschule, entsprechend der Anschauung,
daß mit jeder neuen Rückkreuzung an die Edelrasse ein immer größerer Blutanteil der letzteren in die resultierenden Individuen gebracht wird, ihren Ausdruck in folgender mathematischer Schreibweise gefunden:

$$
\begin{aligned}
&\text{Züchtungsrasse (Vollblut)} \ .\ .\ .\ \ 1\\
&\text{Landrasse} \ .\ .\ .\ .\ .\ .\ .\ .\ .\ .\ \ 0\\
&\text{Züchtungsrasse} \times \text{Landrasse} = {}^1/_2\text{-Blut} \ \ (1.\ \text{Generation})\\
&{}^1/_2\text{-Blut} \times \text{Züchtungsrasse} = {}^3/_4\text{-} \ ,, \ \ (2. \qquad ,, \qquad)\\
&{}^3/_4\text{-} \ ,, \ \times \text{Züchtungsrasse} = {}^7/_8\text{-} \ ,, \ \ (3. \qquad ,, \qquad)\\
&{}^7/_8\text{-} \ ,, \ \times \text{Züchtungsrasse} = {}^{15}/_{16}\text{-} \ ,, \ \ (4. \qquad ,, \qquad)\\
&{}^{15}/_{16}\text{-} \ ,, \ \times \text{Züchtungsrasse} = {}^{31}/_{32}\text{-} \ ,, \ \ (5. \qquad ,, \qquad)\ \text{usw.}
\end{aligned}
$$

Nach dieser Auffassung ist z. B. schon in der fünften Kreuzungsgeneration
nur mehr ein verschwindend kleiner Blutanteil ($^1/_{32}$) von der ursprünglichen
Landrasse vorhanden, so daß man annehmen könne, sie sei, praktisch gesprochen,
bereits in der Edelrasse aufgegangen.

Demgegenüber ist darauf hinzuweisen, daß aus dem im Kapitel über den
Mendelismus Gesagten sich mit aller Sicherheit die Unrichtigkeit einer solchen
Anschauung ergibt. Folgendes aus der Praxis der Karakulzucht entnommene
Beispiel soll die eben theoretisch angeführten Bedenken praktisch erhärten.
Vorausgeschickt muß werden, daß von den beiden Farbenvarietäten der Karakulrasse, der grauen (auch Schiras in Bochara genannt) und der schwarzen (Arabi),
die erstere sich gegenüber der schwarzen dominant verhält, und daß in Bochara
einer alten Tradition gemäß nur Halbblutschiras (die natürlich grau sind), und
zwar aus naheliegenden Gründen nur im weiblichen Geschlecht, gehalten werden.

Wenn wir, wie ich es tat, solch ein Halbblutschiras-Individuum mit einem
schwarzen Arabi paaren: $^1/_2$ Blut Schiras (grau) × Arabi (schwarz) = $^3/_4$ Blut
Arabi, dann erhalten wir in der Hauptsache zwei Phänotypen. Einen mehr oder
weniger grauen Phänotypus (50%) und einen rein schwarzen (50%). Die
$^3/_4$ blütigen Arabis sind also dem Aussehen nach sehr verschieden. Wenn wir
nun der alten Anschauungsweise gemäß in den grauen, $^3/_4$ Arabi-blütigen
Individuen das Arabiblut durch neuerliche Rückkreuzung mit schwarzen Arabis
stärken, das Schirasblut verdrängen wollen, dann haben wir: $^3/_4$ Blut Arabi
(grau) × Arabi (schwarz) = $^7/_8$ Blut Arabi.

Auch hier erhalten wir wieder zwei Gruppen von Individuen. Rund 50% schwarze und 50% mehr oder weniger graue (Schiras). Und wenn wir nun noch eine 4. Kreuzungsgeneration (so weit reichen meine Versuche) durch Paarung grauer $^7/_8$ blütiger Arabis mit schwarzen Arabis bilden, so erhalten wir wieder wie in der 2. und 3. Rückkreuzungsgeneration 50% mehr oder weniger graue und 50% rein schwarze Tiere. Trotzdem somit der alten Ansicht gemäß der Blutanteil der Arabis in der 4. Generation bereits $^{15}/_{16}$ ausmacht, ist zwischen dieser 4. Generation und dem viel weniger Arabiblut führenden 3. und 2. phänotypisch kein Unterschied festzustellen. Die $^1/_2$-, $^3/_4$-, $^7/_8$- und $^{15}/_{16}$ blütigen Arabis der grauen Type sehen alle vollkommen gleich aus, trotz der großen Unterschiede in den angeblichen Blutanteilen. Auf Grund dieser und ergänzender Erfahrungen aus Bochara kann man daher behaupten, daß das Operieren mit Blutanteilen im Sinne der älteren Tierzucht keinen Zweck hat, nicht richtig ist, weil es uns keinerlei Verständnis der sich abspielenden Vorgänge vermittelt, ja im Gegenteil mit ihnen im Widerspruch steht. Wir können z. B. im angeführten Falle die hochblütigen grauen Arabischiras-Individuen noch so oft mit reinen Arabis rückkreuzen, wir werden niemals das graue Blut verdrängen, obschon doch, nach der herkömmlichen Meinung, mit jeder neuen Rückkreuzung sich der Blutanteil der schwarzen Arabiform vergrößert.

Andererseits sehen wir gerade in dem gewählten Beispiel den großen Einfluß der Zuchtwahl auf den Enderfolg — das Aufgehen in der gewählten Rasse, hier der rezessiven, schwarzen Arabitype. Wählen wir nämlich z. B. aus der Gruppe der $^3/_4$ blütigen Kreuzungsgeneration schwarze Individuen und kreuzen diese wieder mit der schwarzen normalen Arabiform zurück, so erhalten wir ausschließlich schwarze Nachkommen ($^7/_8$ Arabi), welche nicht bloß bei Rückpaarung an Arabis, sondern auch untereinander gepaart (weil homozygote RR-Tiere), ausschließlich schwarze Nachkommen liefern. Die Schirasform erscheint also verdrängt und (was die Haarfarbe anbelangt) in die Arabiform vollständig überführt worden zu sein.

Das angeführte, der Praxis entnommene Beispiel beweist hinreichend klar die Unbrauchbarkeit der älteren Methode: durch Bruchzahlen den angeblichen Grad der Annäherung einer Zucht an eine Züchtungs- oder Edelrasse richtig auszudrücken.

Die sich bei solchen Kreuzungen abspielenden Vorgänge folgen den allgemeinen Vererbungsgesetzen, welche nur mittels des „erweiterten" Mendelismus unserem Verständnis nähergebracht werden können.

D. Kreuzung zur Erzeugung von Mittelrassen. Der Gedanke, bestimmte, erwünschte Merkmale oder Eigenschaften, welche auf verschiedene Rassen verteilt vorkommen, durch Kreuzung dieser Rassen zu vereinigen und solcherart gewissermaßen eine neue Rasse zu bilden, welche rein weiterzüchten soll, ist in der züchterischen Praxis oft genug durchzuführen versucht worden. Tatsächlich sind denn auch viele im landwirtschaftlichen Sinne als Rassen angesprochene Haustiergruppen auf diese Art entstanden. Daß demgegenüber bei wissenschaftlicher Auffassung des Rassebegriffes neue Rassen auf diesem Wege nicht gebildet werden können, ist nach dem heutigen Stand der Wissenschaft sicher und wurde bereits ausführlich besprochen. In solchen Fällen treten immer wieder Aufspaltungen, sogenannter Rassenatavismus vormendelscher Zeit, bzw. die sogenannte réversion normal der französischen Züchtungsschule (Sanson), auf. Betreffen solche Aufspaltungen nur Merkmale wissenschaftlicher, zoologischer Art, dann nimmt der praktische Züchter gewöhnlich keinen Anstoß daran; es genügt ihm, wenn nur die vereinigten wirtschaftlichen Eigenschaften von den Kreuzungsprodukten mehr oder weniger gut vererbt werden, wobei allerdings eine gewisse Zuchtwahl unvermeidlich ist, wenn der durch die Kreuzung erlangte Mitteltypus aufrecht erhalten werden soll. Die wissenschaftliche Erklärung für das Zustandekommen solcher Mittelzuchten liegt darin, daß es gelingt, die gewünschten zu vereinigenden Merkmale in homozygotischer Form in den Kreuzungsindividuen zu vereinigen. Gelingt es z. B., das Merkmal A′ der Rasse A und das Mermal B′ der Rasse B auf dem Kreuzungswege in den Nachkommen allmählich in homozygotischer Form (A′ A′ B′ B′) zusammenzuführen, dann wird eine so geschaffene Mittelform imstande sein, rein weiterzuzüchten. Daß dies nur bei Beschränkung auf einige wenige Merkmale und Eigenschaften möglich sein wird, ergibt sich aus dem früher Gesagten von selbst. Alle, oder auch nur die meisten Merkmale usw. zweier guter Rassen (nach wissenschaftlicher Auffassung des Rassebegriffes) in homozygotischer Form durch Kreuzungszucht zu erhalten, wird praktisch unmöglich sein.

Die strenge Scheidung der praktisch züchterischen von der wissenschaftlichen (zoologisch orientierten) Auffassung des Rassebegriffes schützt vor Mißverständnissen, welche sonst Ursache heftig geführten Streites in der tierzüchterischen Literatur sein können, bzw. es waren. In seinem Buche über die Vererbung hat seinerzeit SANSON diese Frage ausführlich behandelt und den wissenschaftlichen Nachweis geführt, daß Haustierzuchten, welche vom praktischen Landwirt als „Rasse" betrachtet werden und welche diesem Gedanken: die Eigenschaften zweier oder mehrerer Rassen in einer neuen (durch Kreuzung) zu erreichen, ihre Entstehung verdanken, wie z. B. die Anglo-Normänner-Pferde, die Ayrshire-Rinder, die Dishley-Merinos und die englischen Schweinehochzuchten, in ihren zoologischen Merkmalen keine Einheitlichkeit besitzen. Infolge immer wiederkehrender Aufspaltungen konnte SANSON bei Untersuchung einer größeren Anzahl von Individuen der genannten Zuchten neben tatsächlichen Mittelformen stets auch noch Tiere feststellen, welche die zoologischen Merkmale einer oder der anderen Ausgangsrasse allein besaßen, also diesbezüglich eine Rückkehr zur betreffenden Ausgangsform vorstellten. Vom wissenschaftlichen Standpunkt aus beurteilt, verhielten sie sich nichtsdestoweniger als Mischzuchten. Ein sehr charakteristisches Beispiel aus der modernen Tierzucht für den Versuch, solche neue Mittelrassen zu schaffen, stellen die sogenannten „Meleschafe" vor, ein Gegenstück zu den Dishley-Merinos des vorigen Jahrhunderts. Durch Kreuzung der sehr frühreifen und mastfähigen langwolligen Leicester mit den edlere Wolle besitzenden Merino sucht man eine neue Mittelform zu schaffen, die wüchsig, frühreif, mastfähig ist und viel Wolle von Mittelqualität besitzt; dabei sollen diese vereinigten Eigenschaften sich intermediär vererben. Daß solche Meleschafe folgender Generationen aber doch Verschiedenheit, wenigstens in der Wollbeschaffenheit besitzen, also in dieser Beziehung nicht ganz sicher vererben, und aufspalten, geht schon daraus hervor, daß man die Tiere einer jeden Herde nach ihrer Wollbeschaffenheit in zwei Stämme einzuteilen pflegt, aus welchen dann je nach örtlichem Bedarf zur Wiedergewinnung der entsprechenden mittleren Wollqualität die Wahl der Böcke erfolgt.

Ähnlich ist man auch vielfach in der Schweinezucht vorgegangen, wo derartige Mittelzuchten sehr erwünscht sind. Mit Rücksicht auf die Schwierigkeit, mittels der Kreuzung neue „Rassen", und seien es auch nur Rassen im landwirtschaftlichen Sinne gemeint, zu schaffen, äußert sich schon SETTEGAST mit Recht dahin, daß sich nur der erfahrene Züchter ihrer Lösung unterziehen solle, „der Anfänger möge nicht den kleinen Bakewell spielen wollen".

E. **Spezieskreuzung (Bastardzeugung).** Die Paarung von verschiedenen Spezies angehörenden Tieren verläuft entweder unfruchtbar (z. B. wie normalerweise die Paarung zwischen Schaf und Ziege) oder aber es resultieren als Blendlinge oder Bastarde bezeichnete Produkte. Im letzteren Falle können die untereinander gepaarten Bastarde entweder unfruchtbar oder aber unbeschränkt fruchtbar sein, wie es z. B. bei den Ziegen×Steinbock-, Hausschaf×Muflon-, Hausrind×Zebu-, Haushund×Wolf-Bastarden der Fall ist. Die Unfruchtbarkeit der Bastarde kann ihrerseits eine absolute (z. B. normalerweise bei den Maultieren oder den Tulus) oder aber insoferne eine relative sein, als bei Anpaarung, namentlich der weiblichen Bastarde, an eine der Elternspezies Fruchtbarkeit vorhanden ist. Das letztere gilt für die Hausrind×Wisent-, Hausrind×Yak- und Hausrind×Gayal-Bastarde, deren männliche Individuen unfruchtbar zu sein pflegen. Die wirtschaftlichen Gründe, wegen welcher solche Bastarde von Spezies gezüchtet werden, sind sehr verschieden.

Die landwirtschaftlich wichtigsten Speziesbastarde und die von ihnen erfüllten wirtschaftlichen Zwecke sind folgende:

1. Das Maultier (das Produkt von Eselhengst und Pferdestute). Wirtschaftlicher Zweck: die größere Härte der Konstitution (Maultiere werden bis über 90 Jahre alt). Dem Pferde gegenüber größere Ausdauer im trockenen warmen Klima und im Gebirge, geringere Neigung zu Koliken und größere Anspruchslosigkeit in der Ernährung bei ähnlicher Leistung wie das Pferd.

2. Der Maulesel (das Produkt von Eselstute und Pferdehengst). Zweck: ähnlich wie beim Maultier.

3. Zebroid (Zebra×Pferd). Wirtschaftlicher Zweck: Resistenz gegen durch Blutparasiten verursachte Seuchen des tropischen (zentralen) Afrika, welche außer den verschiedenen Zebraarten die Einhufer (Pferd, Esel) dahinraffen.

4. Europäisches Hausrind×Zebu. Die Bastarde haben eine bessere Anpassungsfähigkeit an das Tropenklima als die europäischen Rinder und besitzen dabei höhere wirtschaftliche Leistungen als die reinblütigen Zebus. Ferner ist ihre Widerstandsfähigkeit gegen durch gewisse Blutparasiten hervorgerufene Seuchen (z. B. Texasfieber), namentlich in den Tropen, wichtig. Diese Widerstandsfähigkeit soll angeblich zum Teil dadurch verursacht werden, daß jene gewisse Krankheitserreger übertragenden Zecken die Bastarde, ebenso wie die reinblütigen Zebus, nicht, oder fast nicht angehen. Letzteres soll durch eine eigenartige Beschaffenheit des Hauttalges vom Zebu, die sich auch auf die Bastarde vererbt, verursacht werden.

5. Europäisches oder asiatisches (Mongolen) Hausrind×Yak. In manchen Teilen von Tibet und der Mongolei werden diese Bastarde wegen ihrer Neigung zum Luxurieren und wegen ihrer größeren konstitutionellen Härte gezüchtet.

6. Europäisches Hausrind×Bison americanus. Der Bastard und seine Anpaarungsprodukte an den Bison werden teils ihrer größeren konstitutionellen Härte und der gerade dem Hausrind gegenüber wesentlich größeren Widerstandsfähigkeit gegen die auf freiem Weidegebiet für die ersteren vernichtenden Blizzards (Wirbelstürme), teils auch ihrer Fleischbeschaffenheit wegen gezüchtet. Überdies sollen deren Häute (Felle) als Surrogat für echte Bisonfelle (Jagdtrophäen!) beliebt sein.

7. Ziege×Steinbock. Biologisch sind diese Bastarde durch ihre absolute Fruchtbarkeit (auch der untereinander gepaarten F_1-Produkte) interessant — einer der vielen Beweise dafür, daß die Unfruchtbarkeit keineswegs das ausschlaggebende Kennzeichen für Speziesdifferenz wäre.

8. Tulu, das Produkt aus der Paarung des zweihöckerigen (Trampeltier — Camelus bactrianus) und einhöckerigen (Dromedar — Camelus dromedarius) Kamels. In den kleinasiatischen Zuchtgebieten

wird der Trampelhengst für Dromedarstuten benützt. Die dem Dromedar ähnlichen Bastarde besitzen Neigung zum Luxurieren — nach ANTONIUS dürften seinerzeit die von Barnum gezeigten „turkestanischen Riesendromedare" solche Tulus gewesen sein. Hervorragend wichtig ist bei den männlichen Tulus das Fehlen der Brunst, die bei den Hengsten beider Ausgangsspezies den Verkehr mit ihnen so unangenehm, je selbst lebensgefährlich macht.

Um mit einem Beispiele zum Teil unbeabsichtigter Bastardzucht aus dem Gebiete der Jägerei zu schließen, sei auf die ungeheure Mannigfaltigkeit der Gefiederfärbung in den Fasanenbeständen mancher Reviere Mitteleuropas, besonders aber Englands hingewiesen, welche durch die unkontrollierten Kreuzungen des sog. böhmischen (Phaseanus colchicus), des Ring-(Phaseanus torquatus) und des japanischen Fasans (Phaseanus versicolor) in freier Wildbahn entstanden sind. Auch unter diesen Fasanspezies sowie unter anderen herrscht nämlich vollkommene Fruchtbarkeit der Bastarde. Speziell die Vermischung vom Gold- mit dem Lady Amherst-Fasan soll so weit gediehen sein, daß kaum ein zoologischer Garten Europas tatsächlich reinblütige Lady Amherst-Fasane besitzen dürfte.

Schon früher wurde erwähnt, daß nach dem heutigen Stande der Abstammungswissenschaft zu schließen, in zahlreichen Rassen vieler Haustiergattungen das Blut mehrerer Spezies gemischt vorhanden ist, ohne daß hiedurch ihrer Fruchtbarkeit im geringsten Abbruch getan würde. Übrigens hat es den Anschein, als würde durch die Domestikation diese Art von biologischem Speziesunterschied (Unfruchtbarkeit!) verringert.

Blutauffrischung

In Anbetracht der kreuzungsähnlichen Wirkung der Blutauffrischung erscheint es zweckmäßig, diese Zuchtmethode im Anschlusse an die Kreuzung zu behandeln. Unter Blutauffrischung einer bestimmten Herde oder Zucht versteht man die Einführung und Verwendung von Tieren derselben Rasse, desselben Schlages, ja selbst von in der angestrebten Leistung den eigenen möglichst ähnlichen Individuen, welche jedoch nicht verwandt mit den Tieren der aufzufrischenden Zucht sein dürfen. Selbstverständlich sollen die zur Blutauffrischung verwendeten Tiere einer Zucht angehören, welche durchaus gesund und frei von Erbübeln ist, aber in ihren Leistungen tunlichst hoch steht. Auch die Leistungsrichtung muß, wie erwähnt, dieselbe sein wie die der aufzufrischenden Zucht.

Blutauffrischung wird gewöhnlich dort angewendet, wo sich infolge von einseitiger Hochzüchtung oder infolge von unrichtig betriebener Verwandtschaftszucht gewisse körperliche Mängel oder eine gewisse konstitutionelle Hinfälligkeit eingenistet, bzw. gezeigt haben, kurz, wo degenerative Erscheinungen in einer sonst hochstehenden Zucht auftreten. Am rasselichen, ebenso wie am spezifisch züchterischen Bild des in Frage kommenden Stammes soll nichts geändert werden, nur die jeweils vorhandene unerwünschte Eigenschaft soll ausgemerzt werden, das ist der Zweck der Blutauffrischung.

Es liegt in der Natur der Sache, daß Blutauffrischung besonders bei Züchtungsrassen und in leistungsfähigen Hochzuchten in Verwendung zu kommen pflegt. Gerade in solchen Herden schleichen sich gerne ungünstige, meist pathologische oder gar letale Mutationen ein und durch die Blutauffrischung soll Abhilfe geschaffen werden. Sie soll ähnlich leistungsfähiges (gewöhnlich in Form männlicher Tiere!), hochgezüchtetes, aber dabei gesundes und von den betreffenden Mängeln freies Material verwenden. Über jene biologischen Vorgänge, welche die Blutauffrischung begleiten oder nach sich zieht, liefert das in den Kapiteln über Mendelismus und über Kreuzung Gesagte Aufschluß. In Schlagworten noch einmal kurz zusammengefaßt, besteht ihr eventueller Erfolg darin, daß sie:

1. unter anderem vorübergehend nach Art des Luxurierens bei Kreuzung eine aufpeitschende Wirkung äußern kann (aber nicht muß!);

2. je nach der Art jener in der aufzufrischenden Zucht vorhandenen schädlichen Gene die unerwünschte Eigenschaft dadurch verdeckt und scheinbar aus dem Wege schafft, daß diesbezüglich heterozygote Individuen entstehen. An und für sich ist auch in diesem Falle ihr Erfolg nur ein vorübergehender. Eine vollkommene Ausmerzung der Mängel wird auch nach Blutauffrischung erst dann möglich, wenn strenge Zuchtwahl einsetzt und wenn eine vom züchterischen Standpunkte richtige, sich mit den üblichen Angaben der modernen Fütterungslehre also keineswegs immer deckende Ernährung und naturgemäße Haltungsweise gewährt wird.

Am häufigsten geübt wird die Blutauffrischung (und ist wohl dort auch am notwendigsten) beim hochgezüchteten Schweine. Gerade bei den Züchtungsrassen dieses Haustieres kommen, wie wir gesehen haben, pathologische und selbst letale Mutationen besonders häufig vor.

Es läßt sich nicht leugnen, daß aus übertriebener Furcht vor Verwandtschaftszucht Blutauffrischung oft dort getrieben wird, wo sie gar nicht am Platze ist. Daß eine überflüssige Anwendung der Blutauffrischung züchterisch falsch ist, ergibt sich daraus, daß die Stabilität einer alten Zucht dadurch in den meisten Fällen leiden muß und daß eventuell sogar durch das fremde, wenn auch scheinbar hochleistungsfähige Blut Rückschritte in der Zucht veranlaßt werden können (Transgression nach unten!).

A. DE CHAPEAUROUGE macht in dieser Beziehung vielleicht nicht mit Unrecht darauf aufmerksam, daß die Blutauffrischung oft genug ohne Berechtigung diesen Namen führt, und daß sie bei näherer Betrachtung manchmal eigentlich kaum etwas anderes als Kreuzung sei. „Jede Blutauffrischung und jede Kreuzung ohne innere Notwendigkeit und ohne richtige Grundlage bedeutet nur wieder neuen Hasard in der Zucht, da man wieder mit weiteren Faktoren zu rechnen hat, die man erst kennen lernen soll.‟

Eine Abart der Blutauffrischung wäre noch zu erwähnen, nämlich jene, welche behufs Erhaltung von Form und Leistung auf ursprünglicher Höhe einer von auswärts eingeführten, an andere Daseinsverhältnisse angepaßten Rasse oder Zucht überhaupt, nötig ist. Daß die neue Umwelt, in die sie versetzt wurden, gerade hochgezüchteten, anspruchsvollen und empfindlichen Rassen oder Zuchten häufig nicht entspricht, ist eine in der landwirtschaftlichen Tierzucht oft zu beobachtende Erscheinung. Solche Tiere, obschon reinblütig weitergezogen, ändern sich gerne nach Form und Leistung, arten aus und setzen sich allmählich mit den örtlich vorhandenen Lebensbedingungen ins Gleichgewicht. Um diesen Veränderungsprozeß aufzuhalten, pflegt man daher in solchen Gebieten zur „Blutauffrischung‟ von Zeit zu Zeit Originaltiere aus der Heimat einzuführen. Beispiele für diese Art von Vorgängen gibt es in der landwirtschaftlichen Tierzucht in Hülle und Fülle. Man denke nur an die Neigung des arabischen Pferdes in Europa die Formen zu ändern, „sich zu verengländern‟ und die daher stets notwendige „Blutauffrischung‟ (Weil, Babolna!) oder in viel größerem Maßstabe: die vielen Zuchtgebiete, in denen Zuchten der Niederungsrasse oder aber Simmentaler-Rinder eingeführt und rein weitergezüchtet werden. In dieser Beziehung sind die folgenden, sich auf ähnliche züchterischen Vorgänge beziehenden Worte DE CHAPEAUROUGES so beherzigenswert, daß ich sie unverändert wiedergebe: „Allgemein hat sie sich (die Blutauffrischung! Bemerkung des Verfassers) schädlich gezeigt, wo es sich darum handelte, einen an dürftige Ernährung und besondere klimatische Verhältnisse allmählich gewöhnten Stamm durch Tiere aus besseren und anspruchsvolleren Verhältnissen im züchterischen Niveau zu heben, sobald die äußeren Bedingungen zu weit auseinandergingen."

„Gelang es nicht, diese gleichfalls zu bessern, so kam die Nachzucht aus dem Gleichgewicht mit ihrer Umgebung, sie entartete körperlich und vermochte sich, namentlich gegenüber den klimatischen Schädlichkeiten vielfach überhaupt nicht zu halten." Er fährt dann fort: „Man kann aber diesen deutlichen Beispielen gegenüber auch bei weniger schroffen Gegensätzen und Veränderungen unmöglich annehmen, daß es richtig ist, die in nicht sehr günstigen äußeren Verhältnissen lebende Zucht eines Landteiles fort und fort durch einen zu starken und dauernden Zufluß anspruchsvolleren Blutes zu stören."

„In solchen Fällen wurde das außer acht gelassen, was Mutter Natur sonst selbst vorzunehmen pflegt: eine Sichtung des Materials durch Zurückgreifen auf diejenigen Tiere, welche das beste Anpassungsvermögen gezeigt hatten. Je nach den äußeren Verhältnissen konnten das nicht immer die größten, schönsten und stärksten sein, welche sonst wohl das Auge zur Weiterzucht wählte und damit nicht selten fehlgriff."

Siebenter Abschnitt

Die Zuchtwahl im Dienste der landwirtschaftlichen Tierzucht

Natürliche und künstliche Zuchtwahl

In zweierlei Gestalt tritt uns in der landwirtschaftlichen Tierzucht die Zuchtwahl entgegen; einmal als sog. natürliche (die natural selection DARWINS) und dann als künstliche Zuchtwahl. Ganz unabhängig davon, ob der natürlichen Zuchtwahl bei der Entstehung der Arten wirklich jene Bedeutung zukommt, die ihr DARWIN beigemessen hat oder nicht, bleibt ihr Einfluß bei den wildlebenden Spezies ein gewaltiger. Sie merzt erbarmungslos jedes Individuum aus, das an die gegebenen Lebensbedingungen nicht vollkommen angepaßt ist. Variationen scheinbar geringfügiger und nebensächlicher Art, wie z. B. gewisse Farbenveränderungen des Haar- oder Federkleides, die beim Haustier vollkommen gleichgültig sind, unterliegen beim wilden Tier bereits strenger Auslese. Es dürfte W. SIEMENS in der Hauptsache Recht behalten, wenn er meint, daß alle Domestikationsmerkmale schlechtweg für die Erhaltung der Art im wilden Zustande, in der freien Natur, ungeeignet seien.

Man kann füglich auch annehmen, daß die weitgehende relative Gleichförmigkeit und Beständigkeit der wilden Spezies, die im Gegensatze zu der Variabilität der Haustiere auffällt, zum großen Teil gerade eine Folge der natürlichen Zuchtwahl ist.

Wenn das landwirtschaftliche Haustier natürlich auch keineswegs frei von der Fessel der natürlichen Zuchtwahl sein Leben führt, so ist es anderseits doch ihrem Einflusse weitgehend entrückt. Züchtungsrassen in höherem Maße, primitive weniger. Durch sorgfältige Pflege, Haltung und Ernährung werden speziell bei den ersteren zahlreiche Individuen am Leben erhalten und zur Vermehrung gebracht, die außerhalb dieser künstlichen Umwelt, unter natürlichen Verhältnissen lebend, rasch der Vernichtung anheimfallen würden. Sind es ja vielfach gerade die spezifischen Merkmale oder Eigenschaften vieler Kultur- oder Züchtungsrassen, welche die Unmöglichkeit der betreffenden Tiere so zu leben bedeutet, wie ihre wilden Vorfahren.

Natürlich gibt es auch hier verschiedene Grade und Übergänge. Bei primitiven, halb wild lebenden, nach keiner Seite hin hochgezogenen Rassen oder aber bei hochgezüchteten, welche jedoch trotzdem eine natürliche Lebensweise führen, wie z. B. manche Pelzschafe Mittelasiens, tritt der Einfluß der natürlichen Zuchtwahl weniger stark in den Hintergrund. Wir sehen bei solchen Haustierrassen oft sehr charakteristische Folgen der natürlichen Zuchtwahl auftreten, insoferne

Abb. 138. CHARLES ROBERT DARWIN, 1809—1882.

als sie gewisse Eigenschaften erlangen können, welche anderen Rassen derselben Spezies ganz oder zum größten Teile fehlen. Als ein Beispiel für auf solche Art (durch natürliche Zuchtwahl) erlangter Abänderung möchte ich auf die Immunität algerischer Fettschwanzschafe gegen Milzbrand, auf die weitgehende relative Immunität brachycerer Zuchten des Landviehs der Sandomirer Heide und der Rokitno-Sümpfe gegen Blutharnen, gewisser osteuropäischer und zentralasiatischer Rinderzuchten gegen Rinderpest u. dgl. hinweisen. Bekannt ist ferner auch das Vermeiden der Aufnahme von Giftpflanzen durch das einheimische Weidevieh gewisser Gegenden. Auf das sonderbare Zusammentreffen und kombinierte Zusammenarbeiten sowohl der natürlichen als auch der künstlichen Zuchtwahl, deren Resultat uns in Gestalt z. B. der Fettschwänze beim Schafe entgegentritt, sei ebenfalls kurz hingewiesen.

Die künstliche Zuchtwahl

Man versteht unter künstlicher Zuchtwahl die mit Rücksicht auf ein ganz bestimmtes Zuchtziel vorgenommene Wahl der miteinander zu paarenden Tiere. Das Zuchtziel selbst kann unendlich verschieden sein. Bald sind es gewisse morphologische Merkmale, bald wieder gewisse physiologische Eigenschaften, welche das Zuchtziel abgeben. Auch muß es sich dabei durchaus nicht immer um grob wirtschaftliche Momente im engeren Sinne des Wortes handeln, im Gegenteile kommen in zahlreichen Fällen Liebhabereien in Frage, Formen, die durch Absonderlichkeit oder durch absonderliches Gebaren (Tanzmäuse, Purzeltauben) das Interesse des Menschen erwecken, und die deshalb gerade in der betreffenden Richtung besonders sorgfältig gezüchtet werden (hieher

Abb. 139. Älteste und primitivste Type des Pinzgauerpferdes.
(Phot. v. Schnaebeli, Berlin.)

gehören alle die zahlreichen Sportrassen, besonders des Hundes, Kaninchens, Meerschweinchens oder gar der Tauben und Hühner).

Die Bedeutung der von den Tierzüchtern seit den ältesten Zeiten geübten künstlichen Zuchtwahl, die DARWIN die Anregung für seine berühmte Hypothese von der Entstehung der Arten lieferte, ist um die Wende des vergangenen Jahrhunderts von mancher Seite entschieden unterschätzt worden. Wurden ihre Resultate früher vielleicht manchmal etwas überschätzt, so war nun öfters das Gegenteil der Fall.

Von mancher wissenschaftlichen Seite pflegte man von oben auf sie und ihre Leistungen herabzublicken und sonderbarerweise gab es anderseits auch im Kreise landwirtschaftlicher Züchter Stimmen, welche sie nicht richtig beurteilten, nicht entsprechend würdigten, und welche dem Einflusse der „Scholle" einen überwältigenden Anteil an den erzielten Resultaten zuschreiben wollten.

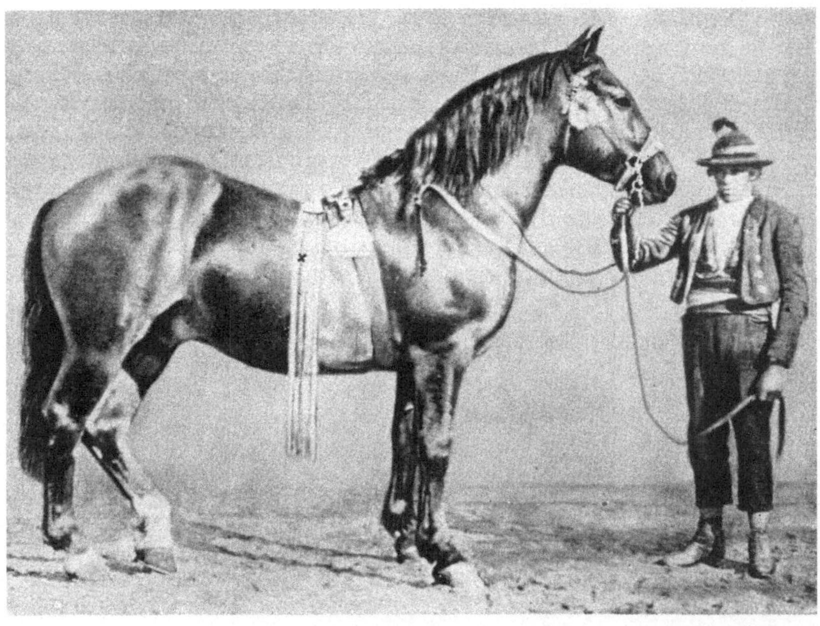

Abb. 140. Pinzgauerpferd der ursprünglichen Zuchtrichtung mit den häufigen Fehlern: Senkrücken, abfallendes Kreuz usw. (Phot. von der Wiener Weltausstellung v. Schnaebeli, Berlin.)

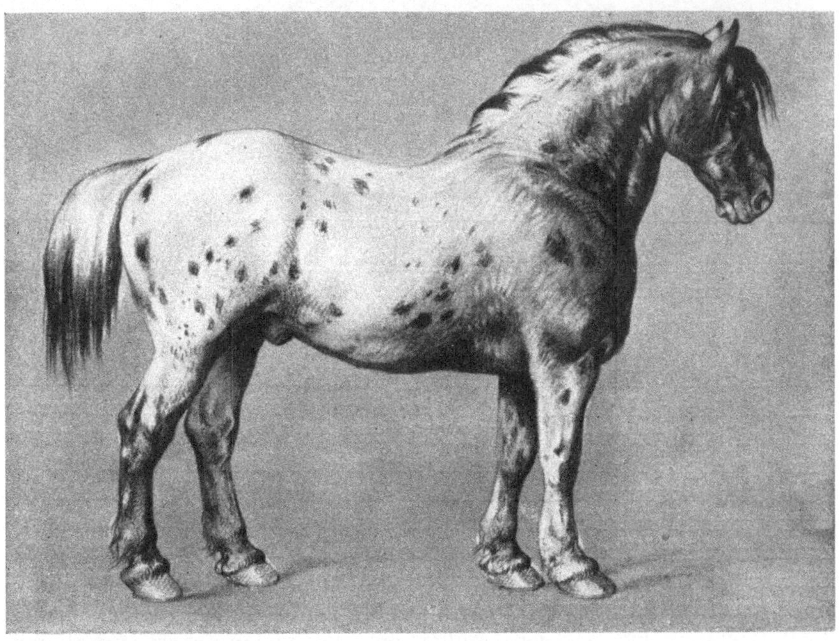

Abb. 141. Nach Form und Färbung typisches Pinzgauerpferd guter Zucht der Siebzigerjahre. (Nach einer im Besitze der Lehrkanzel f. Tierzucht d. Hochschule f. Bodenkultur befindlichen Originalzeichnung v. J. v. BLAAS.)

Bezeichnend für die Unvertrautheit mancher Biologen bzw. Vererbungstechniker in landwirtschaftlich züchterischen Dingen ist unter anderem die von GOLDSCHMIDT in der zweiten Auflage seines Lehrbuches für Vererbungslehre aufgestellte Behauptung, nach welcher nicht Mutationen und somit natürlich auch nicht die solche erkennende und verwendende Zuchtwahl die Mehrzahl der Rassenmerkmale (und diese Rassen selbst) geschaffen habe, sondern daß die landwirtschaftlichen Züchter einfach durch Kreuzung zu ihren Erfolgen gekommen wären. Auf Seite 270 heißt es wörtlich: „Immer wieder zeigt sich in der Tierzucht, daß neue Eigenschaften, von denen man glaubte, daß sie nur durch Mutationen entstanden sein könnten, nach Bastardierung auftraten." „....Wir

Abb. 142. Staatshengst Max Diamont der norischen Rasse, stationiert bei Farmach-Saalfelden. Repräsentant der ursprünglichen Pinzgauertype, 1924. (Photographie überlassen v. Ministerialrat Dr. LIEBSCHER, Wien.)

zweifeln nicht, daß sich so die Mehrzahl, wenn nicht alle Neueigenschaften, wie etwa die Strömung der Dogen, das Pudelhaar, Frühreife, Schnellwüchsigkeit und andere Nutzeigenschaften der Zuchttiere auf Interferenzkonstruktionen im Anschlusse an Speziesbastardierungen werden zurückführen lassen."

Diese Anschauungen auf ihre Richtigkeit zu prüfen ist in Anbetracht der Bedeutung jener Persönlichkeit, von der sie ausgehen, unerläßlich.

Zunächst wäre hierauf zu antworten, daß die Neigung zur Lockenbildung („Pudelhaar") einer notorischen Mutation ihren Ursprung verdankt und ebenso ist dies einwandfrei nachgewiesen für die echte Frühreife und Schnellwüchsigkeit. Die Lockenbildung ist erwiesenermaßen eine bei vielen Haustieren (keineswegs bloß bei Säugetieren, auch bei Vögeln, ja auch beim Menschen) im Domestikationszustande auftretende Konvergenzmutation und auch von der landwirtschaftlichen Frühreife, Mastfähigkeit usw. ist es sicher, daß sie einer Mutation

innersekretorischer Drüsen, nicht aber einer Spezieskreuzung ihren Ursprung verdanken. Auch sie sind, wie wohl fast alle Mutationen, Konvergenzerscheinungen,
die nicht nur bei allen domestizierten Arten (Spezies), sondern natürlich auch
wieder in allen Rassen auftreten können bzw. auch aufgetreten sind.

Wer die Geschichte des Entstehens der Haustiere kennt, weiß, daß diese
Mutationen, wenigstens in der Form, in welcher sie uns in ihrer Vollendung
entgegentreten, keineswegs wie vom Himmel in den Schoß der Züchter gefallen
sind. Im Gegenteile, meist handelt es sich bei den qualitativen oder quantitativen
Neuerscheinungen um ursprünglich kleine Mutationen und es bleibt das Verdienst

Abb. 143. Hengst der norischen Rasse „Gothe Vulkan“, stationiert in Saalfelden.
Repräsentant der neuesten Zuchtrichtung. Körperbau deutlich in der belgischen
Richtung. (Phot. überlassen v. Ministerialrat Dr. LIEBSCHER, Wien.)

der Züchter, schon diese geringen Abänderungen erkannt und durch künstliche Zuchtwahl nicht nur verallgemeinert und gefestigt, sondern auch insoferne verstärkt zu haben, als in den Nachkommen solcher Merkmalsträger
offenbar neue, gleichsinnig auftretende Mutationen sich wieder einstellten
(Polymerie wohl der meisten solcher Domestikationsmerkmale!), welche wieder
von den Züchtern erkannt und durch die Zuchtwahl weiter benützt worden sind.
Wie gering, wie armselig sind nicht die Anfänge der Lockenbildung bei jener
Schafrasse, aus welcher heraus das berühmte Karakulschaf entstanden ist (also
etwa beim Fettschwanzschafe Syriens und des Zwischenstromlandes!), und
wolch sorgfältiger Zuchtwahl bedarf es nicht dauernd, auch heute noch, soll
die Qualität nicht herabgehen. Oder man denke an das Entstehen und die Aus-

gestaltung einer völlig neuen Eigenschaft, etwa wie jener des Winterlegens der Hühner; oder an die Art und Weise, wie gleichsinnig erfolgende Mutationen zur Fähigkeit hohen Milchfettgehaltes allmählich gefunden und benützt werden mußten, um schließlich diese Rasseneigenschaft der Jerseys zu bilden. Und wieviele gleichsinnig gerichtete Mutationen mußten nicht beim Kaninchen abgewartet, erkannt und durch die Zuchtwahl verwendet werden, um das Riesenohr von 76 *cm* zu erzüchten!

Abb. 144. Kuh des Spreca-Tales, illyrische Blondviehrasse (Nordbosnien). Körperform schon in der ersten Generation bei zweckmäßiger Aufzucht wesentlich verbessert. Euterform erst im Beginne der Entwicklung, im übrigen weitgehende Ähnlichkeit mit dem ebenfalls brachyceren Jerseyrind. (Orig.-Phot. v. ADAMETZ-MAYREDER.)

Daß man in der landwirtschaftlichen Tierzucht in irgendeiner Rasse einmal entstandene Mutationen nicht nur dazu benützte, bezüglich des neuen Merkmals einheitlich beschaffene Unterrassen (Rassen im gewöhnlichen landwirtschaftlichen Sinne) zu bilden, sondern daß man solche mutierte Formen auch sonst noch zur Kreuzung mit anderen Rassen, um das neue Merkmal oder die neue Eigenschaft in diese überzuleiten, verwendete, ist begreiflich. Ist es doch viel bequemer, schon vorhandene Mutationen zu benützen, als die Erscheinung derselben Mutationen in anderen Rassen erst abzuwarten. So erklärt sich der von GOLDSCHMIDT angezogene Fall der großen Frühreife und Mastfähigkeit, welche aus der asiatischen Vittatus-Rasse des Schweines auf zahlreiche europäische Zuchten rasch und züchterisch bequem übertragen werden konnten. Aber selbst hier sind die erwähnten landwirtschaftlich wichtigen Eigenschaften keineswegs erst durch die Rassen- bzw. Spezieskreuzung entstanden, sie sind nur als Mutation

Abb. 145. Jerseykuh „Golden Stream" aus der Herde des Herrn Ahier auf St. Lowrance-Jersey," 1912. Körperformen auf einseitig hohe Milchergiebigkeit weisend. Muskelarmut besonders der Vorhand. Enorm entwickeltes, weit nach vorne reichendes Euter. Beispiel einer Hochzucht. (Orig.-Phot. v. Dr. Keil.)

früher schon in der asiatischen Schweinerasse entstanden, und von diesem Umstande hat man vernünftigerweise in Europa profitiert.

Die Bedeutung der Zuchtwahl für die züchterischen Erfolge und Fortschritte ist daher unter allen Umständen eine sehr große und es bleibt das Verdienst der praktischen Züchter, sie in geeigneter und erfolgreicher Weise angewendet zu haben.

Zu welchen bedeutenden Resultaten (die, wie es in der Natur der Sache liegt, meist quantitativer Art sind) die zweckmäßig gehandhabte Zuchtwahl geführt hat, mögen folgende flüchtigen Hinweise erkennen lassen.

1. Beim Pferde: Der Vater des Messengers, des Begründers der amerikanischen Traberzucht, der englische Vollbluthengst Mambrino (1768), trabte die englische Meile (1·6 *km*) in 4 Minuten 17 Sekunden. Nachdem um die Mitte des vorigen Jahrhunderts die Trabschnelligkeit für längere Zeit auf zirka 3 Minuten gestiegen war, wurde im Jahre 1903 der Zweiminuten-Rekord bei normaler Gangart erreicht; von Paßgängern, sogenannten Pacers, war er sogar schon etwas früher (nach WRANGEL) erreicht worden. Die mittels der künstlichen Zuchtwahl erzielte Zunahme der Trabgeschwindigkeit ist somit eine ganz gewaltige.

2. Beim Rinde: Hier fällt unter anderem die durch Zuchtwahl veranlaßte enorme Zunahme der Milchergiebigkeit, bzw. des Milchfettgehaltes auf. Man beachte: die während einer Laktation produzierte Milchmenge halbwilder Kühe beträgt 700 bis 800 Liter. Ihnen stehen zahlreiche Rassen und Schläge von Hochzuchten gegenüber, deren mittlere Milchleistung das Fünffache (3500 bis 4000 Liter) beträgt. Ja es gibt unter ihnen Einzeltiere, welche das 14- bis 18fache (zirka 14.000 Liter) leisten. Und bezüglich des Fettgehaltes kann man annehmen, daß er für gewöhnlich im Mittel 3·5% beträgt. Dem stehen die mittels Zuchtwahl auf 5 bis 6% (im Mittel!) gebrachten Jerseys gegenüber. Und es gibt Einzeltiere dieser Rasse, deren mittlerer, auf die ganze Laktation bezogener Milchfettgehalt sogar 8% ausmacht.

3. Ähnlich liegen die Verhältnisse beim Schafe. Nach CORNEVIN haben verschiedene Milchschafzuchten Frankreichs ihre Milchleistung im Verlaufe der letzten 100 bis 150 Jahre verdoppelt.

Besonders charakteristisch ist das Schaf deshalb, weil es über eine eigenartige Mutation dominanten Charakters, nämlich der Lockenbildung gewisser Pelzschafe und über eine zweite höchst typische (der gemeinen Mischwolle gegenüber) rezessiver Natur des Merinohaares, verfügt. Beide Mutationen traten bereits im frühen Altertum auf und haben strenge genommen das Erscheinen neuer Merkmale zur Folge gehabt.

4. Beim Huhn. Im Verlauf weniger Dezennien wurde beim Huhn ein beträchtlicher Fortschritt in der Eierproduktion erzielt, und zwar wieder mittels der Zuchtwahl, wobei noch hervorgehoben werden muß, daß gerade hier in vormendelscher Zeit die Art und Weise, in welcher die Zuchtwahl vorgenommen wurde, eine unvollkommene war und zu Höchstleistungen nur durch Zufall führen konnte. Berücksichtigt man, daß noch im letzten Viertel des vorigen Jahrhunderts die mittlere Eierproduktion selbst in Gegenden mit guter Geflügelhaltung nur 100 Stück betrug, dann sind die Leistungen, welche gegenwärtig für einzelne (allerdings kleinere) Stämme mit 280 bis fast 300 Eiern angesetzt werden können, gewiß gewaltige. Und als Gesamtresultat von Zuchtwahl und Haltung stehen dem bestenfalls zirka zwei Dutzend Eier beim wilden Bankivahuhn die 280 bis 300 Eier der besten Hochzuchten gegenüber (rund 1 : 10). Überdies hat sich die künstliche Zuchtwahl beim Huhn eines neuen Merkmales mutativen Ursprungs bemächtigt, nämlich der Produktion von Wintereiern.

Daß es sich bei diesen wenigen, aufs Geratewohl herausgegriffenen Beispielen von der Bedeutung der Zuchtwahl tatsächlich um positive Leistungen, um das Hervorbringen neuer, wenn auch nur quantitativ neuer Leistungen handelt, ist gewiß.

Man könnte zwar, auf gewisse Ermittlungen JOHANNSENS sich stützend, einwenden, die künstliche Zuchtwahl vermöge aus vorhandenen Populationen (z. B. den landwirtschaftlichen Rassen) nur die einzelnen sie zusammensetzenden Linien, Familien oder wie man diese Elementargruppen sonst nennen will, zu isolieren. Ihr Erfolg reiche also höchstens so weit, uns zu ermöglichen, das leistungsfähigste Element (Linie) der betreffenden Rasse herauszuzüchten. Damit wäre natürlich nichts Neues geschaffen worden.

Daß dieser Einwurf unberechtigt wäre, beweist folgende Überlegung: Linien, Stämme usw. von so hoher Leistung wie die Züchtungsrassen in den verschiedensten wirtschaftlichen Leistungsrichtungen tatsächlich aufweisen, gibt es weder bei den wilden Stammformen, noch bei den primitiven Rassen. Wir mögen deren Daseinsverhältnisse noch so günstig gestalten, wir werden kein Individuum finden, welches auch nur entfernt ähnliche Leistungen, wie es die Durchschnittsleistungen unserer Züchtungsrassen sind, besäße. Mit anderen Worten, die primitiven Rassen enthalten überhaupt keine Linien von jener Qualität welche die Züchtungsrassen auszeichne. Das Verständnis hiefür vermittelt uns die Erkenntnis, daß wohl so ziemlich alle landwirtschaftlichen Leistungen auf Polymerie im Sinne von NILSSON-EHLE beruhen. Zwischen den Züchtungsrassen und den primitiven bestehen meist nur quantitative Leistungsunterschiede, die jedoch erblicher (konstitutioneller) Natur sind. Sie sind das Resultat verschiedener gleichsinnig gerichteter Mutationen, die zu verschiedenen Zeiten vor sich gingen. Diese Mutationen erkannt, durch Zuchtwahl züchterisch ausgenützt zu haben und so schließlich die heutigen, den ursprünglichen gegenüber entschieden großartigen Leistungen geschaffen zu haben, ist unter allen Umständen eine beachtenswerte Leistung und ein großes Verdienst der praktischen Tierzüchter.

Im folgenden sollen die wichtigsten Momente, welcher der landwirtschaftliche Züchter bei der künstlichen Zuchtwahl zu beachten hat, besonders berücksichtigt werden.

Maßgebende Gesichtspunkte für die künstliche Zuchtwahl

Rasse

Ein wichtiger Punkt im Rahmen der künstlichen Zuchtwahl wird durch die Rassenzugehörigkeit der zu wählenden oder zu beurteilenden Zuchttiere vorgestellt. Hier handelt es sich, nebenbei erwähnt, um „Rasse" im landwirtschaftlichen, also mehr praktisch züchterischen Sinne des Wortes.

Die zu wählenden Tiere sollen nach Form und Leistung dem Typus der gewählten Rasse entsprechen. Die Beurteilung der morphologischen und der Farbenverhältnisse ist ohneweiters möglich; weniger vollständig sind die physiologischen Rasseneigenschaften einer raschen und verläßlichen Prüfung zugänglich. Vielfach wird man sich damit begnügen müssen, aus den Körperformen und sonstigen sichtbaren Merkmalen auf die Rassenzugehörigkeit und somit auch auf den Leistungsgrad der Tiere in bezug auf die verschiedenen wirtschaftlichen Richtungen zu schließen.

Abgesehen hievon wird man im allgemeinen annehmen können, daß jene Individuen, an denen die sichtbaren Rassenmerkmale typisch und möglichst vollständig vorhanden sind, auch bezüglich der übrigen, nicht ohneweiters erkennbaren Eigenschaften sich der Norm entsprechend verhalten dürften. Es darf nämlich nicht übersehen werden, daß es unter den Eigenschaften mancher Rassen oder Schläge, ja selbst nur mancher Zuchten oder Stämme auch solche gibt, die schwer zu fassen sind, die sozusagen zu den züchterischen Imponderabilien gehören. Trotzdem können sie für die betreffende Gegend oft sehr wichtig sein.

Körpermaße verschiedener Pferderassen (Mittelwerte nach S. v. Nathusius) in Zentimetern

Nr.	Bezeichnung der Rasse	Zahl d. gemess. Tiere ♂	♀	Widerristhöhe ♂	♀	Beinlänge ♂	♀	Brust Tiefe ♂	♀	Brust Umfang ♂	♀	Brust Breite ♂	♀	Kruppenbreite ♂	♀	Rumpflänge ♂	♀	Röhrbeinumfang ♂	♀	Gewicht kg ♂	♀
1.	Englisches Vollblut	77	33	160·3	159·2	85·2	82·5	75·2	76·6	182·3	185·4	42·5	39·8	—	52·5	162·2	161·0	20·3	19·0	513	—
2.	Ostpreußen	421	31	161·4	161·2	84·8	84·5	76·6	77·0	187·9	193·2	44·2	43·0	—	56·5	163·1	162·9	21·0	19·9	555	542
3.	Hannoveraner	497	98	162·7	162·6	85·7	83·0	77·0	79·6	189·9	196·0	46·0	43·6	—	58·3	163·6	165·9	21·7	20·4	588	585
4.	Holsteiner	12	27	162·8	164·2	86·8	84·1	76·1	80·0	190·8	195·4	44·5	46·1	—	60·5	168·3	169·6	21·8	20·5	592	603
5.	Oldenburger	124	48	163·6	164·1	86·1	83·9	77·6	80·1	195·5	201·4	48·6	46·6	—	63·5	169·1	171·5	22·9	21·6	634	635
6.	Ostfriesen	35	—	164·3	—	86·6	—	77·7	—	204·4	—	50·8	—	—	—	171·3	—	23·9	—	676	—
7.	Dänisch-nord-schleswigsches Pferd	—	61	—	162·1	—	81·0	—	81·2	—	201·1	—	47·1	—	62·8	—	171·9	—	21·4	—	602
8.	Original Belgier	112	76	161·8	162·0	82·6	79·3	79·2	82·1	204·4	208·2	54·0	50·9	—	66·5	171·8	173·8	24·9	23·4	715	741
9.	Schweres engl. Pferd	48	28	163·6	163·5	83·4	81·0	80·2	82·5	203·5	203·0	53·6	49·5	—	67·0	174·4	173·5	26·6	24·6	772	708
10.	Pinzgauer (WEISS-TESSBACH)	10	42	164·8	163·0	—	—	77·3	76·0	198·0	195·5	46·0	46·8	—	—	170·6	171·4	25·0	22·5	—	—

Körpermaße verschiedener Pferderassen in Prozent der Widerristhöhe (nach S. v. Nathusius)

Nr.	Bezeichnung der Rasse	Zahl d. gemess. Tiere ♂	♀	Widerristhöhe ♂	♀	Beinlänge ♂	♀	Brust Tiefe ♂	♀	Brust Umfang ♂	♀	Brust Breite ♂	♀	Kruppenbreite ♂	♀	Rumpflänge ♂	♀	Röhrbeinumfang ♂	♀
1.	Englisches Vollblut	77	33	100	100	53·1	51·8	46·5	48·2	113·7	116·5	26·5	25·0	—	33·0	101·2	101·1	12·7	11·9
2.	Ostpreußen	421	31	100	100	52·6	52·0	47·5	48·0	116·4	119·9	27·4	26·7	—	34·9	101·0	101·2	13·0	12·1
3.	Hannoveraner	497	98	100	100	52·7	51·1	47·3	48·9	116·7	120·6	28·3	26·2	—	35·8	100·5	102·2	13·3	12·6
4.	Holsteiner	12	27	100	100	53·3	51·2	46·7	48·8	117·2	119·1	28·5	28·1	—	36·9	103·3	103·4	13·4	12·5
5.	Oldenburger	124	48	100	100	52·6	51·2	47·1	48·8	119·4	122·3	29·7	28·4	—	38·7	103·3	104·6	14·0	13·1
6.	Ostfriesen	35	—	100	100	52·7	—	47·3	—	123·2	—	30·9	—	—	—	104·3	—	14·6	—
7.	Dänisch-nordschleswigsches Pferd	—	61	100	100	—	50·1	—	50·1	—	122·6	—	28·7	—	38·3	—	104·9	—	14·0
8.	Original Belgier	112	76	100	100	51·0	49·9	48·9	51·1	126·3	128·6	33·4	31·5	—	41·1	106·2	107·3	15·4	14·4
9.	Schweres engl. Pferd	48	28	100	100	50·9	49·4	49·1	50·6	122·9	124·2	32·4	30·5	—	41·0	105·0	106·4	15·5	15·0
10.	Pinzgauer (nach WEISS-TESSBACH)	10	42	100	100	—	—	47·0	46·6	120·1	120·0	27·9	28·8	—	—	103·3	105·2	15·4	13·9

Körpermaße verschiedener Rinderrassen in Zentimetern

Rasse	Autor	Stückzahl	Rumpflänge horizontal	Widerristhöhe	Kreuzbeinhöhe	Beinhöhe		Brust				Beckenbreite		Umfang der Vorderröhre
						Vom Ellbogenhöcker	Vom Bielerschen Punkt	Tiefe	Breite (Buggelenke)	Breite (Schulterblatt)	Umfang	äußere Darmbeinhöcker	Sitzbeinhöcker	
Ostfriesen	WERNER	38	157·9	133·5	136·0	76·0	—	74·0	46·0	46·5	195·5	50·5	25·0	20·0
Jersey (Original)	KEIL	63	139·6	116·3	119·1	68·9	57·6	62·3	32·7	29·2	163·5	45·5	17·7	14·8
Montafoner (Original)	PETER	20	147·2	127·0	129·1	73·2	67·3	67·8	46·2	41·9	174·6	50·6	31·8	19·5
Oberinntaler	DREXEL	111	135·2	116·2	119·8	—	63·5	61·1	37·9	36·2	159·0	46·0	29·9	16·6
Improved Shorthorn	WERNER	10	170·4	139·3	—	74·0	—	89·0	65·6	—	233·0	67·6	—	—
Common Shorthorn	WERNER	4	159·4	139·3	—	72·0	—	79·0	49·4	—	213·5	61·0	—	—
Devon (Herdbuch)	WEISHEIT	14	147·2	125·2	128·5	71·8	64·7	68·1	40·0	40·7	179·9	49·8	28·7	18·5
Devon (nicht Herdbuch)	WEISHEIT	45	152·0	125·5	128·7	70·9	64·3	73·3	40·6	40·0	200·0	55·4	29·4	18·6
Tux-Zillertaler	KALTENEGGER	30	161·2	125·5	—	70·6	—	65·6	52·1	48·5	192·0	54·0	—	—
Oldenburger	WERNER	28	167·5	134·5	135·5	75·5	—	75·5	51·0	49·0	205·5	53·5	29·0	19·0
Simmentaler	WERNER	22	163·9	140·0	143·5	73·5	—	76·6	56·0	—	206·6	57·7	—	—
Hannaberner	MOHAPL	96	171·2	140·0	142·0	81·8	—	73·9	50·7	49·2	200·8	—	30·4	20·7
Pinzgauer	KALTENEGGER	?	156·1	127·7	—	71·6	—	65·9	44·7	46·4	183·0	51·8	—	—
Polnisches Rotvieh	ADAMETZ	81	144·3	121·5	125·3	70·0	64·7	65·6	40·1	37·2	172·9	47·1	22·0	16·6
Waldviertler	BITTERLICH	45	142·1	117·0	116·5	68·9	64·1	60·9	37·2	36·1	159·8	38·6	25·9	15·4
Karpathenrind	ADAMETZ	15	126·5	109·9	115·0	65·0	60·0	56·9	32·7	32·6	148·9	40·3	—	—
Montenegrinisches Rind	ADAMETZ	31	114·0	99·3	103·8	58·2	—	—	30·2	27·7	138·3	37·3	—	—

Körpermaße verschiedener Rinderrassen in Prozent der Rumpflänge

Rasse	Autor	Stück-zahl	Rumpf-länge	Wider-rist höhe	Kreuz-bein-höhe	Beinhöhe		Brust				Beckenbreite		Umfang der Vorderröhre
						Vom Ellbogen-höcker	Vom Bielerschen Punkt	Tiefe	Breite (Buggelenke)	Breite (Schulterblatt)	Umfang	Darmbeinhöcker	Sitzbeinhöcker	
Ostfriesen	WERNER	38	100·0	84·5	86·1	48·1	—	46·8	29·1	29·4	123·7	31·9	15·8	12·6
Jersey, Original	KEIL	63	100·0	84·7	85·3	49·6	41·2	44·6	23·4	20·9	117·1	32·5	12·6	10·6
Montafoner, Original	PETER	20	100·0	86·2	89·1	49·8	45·8	46·0	31·3	28·4	118·6	34·3	21·6	13·2
Oberinntaler	DREXEL	111	100·0	86·0	88·6	46·9	—	45·3	28·0	27·4	117·6	34·0	19·9	12·3
Improved Shorthorn	WERNER	10	100·0	81·1	—	43·4	—	52·2	38·5	—	136·6	39·6	—	—
Common Shorthorn	WERNER	4	100·0	87·5	—	45·1	—	49·5	37·2	—	133·9	38·2	—	—
Devon (Herdbuch)	WEISHEIT	14	100·0	85·1	87·4	48·8	43·9	46·3	27·2	27·7	122·2	33·9	19·5	12·6
Devon (nicht Herdbuch)	WEISHEIT	45	100·0	82·6	84·7	46·7	42·3	48·3	26·7	26·3	131·5	36·4	19·3	12·2
Tux-Zillertaler	KALTENEGGER	30	100·0	77·8	—	43·7	—	40·7	32·4	30·0	119·1	33·5	—	—
Oldenburger, Wesermarsch	WERNER	28	100·0	80·3	80·8	45·1	—	45·0	30·4	29·2	122·6	31·9	17·1	11·3
Simmentaler	WERNER	22	100·0	85·4	87·5	44·8	—	46·7	34·1	—	126·0	35·2	—	—
Hannaberner	MOHAPL	96	100·0	81·7	83·0	47·8	—	43·2	29·6	28·7	117·2	—	18·0	12·1
Pinzgauer	KALTENEGGER	?	100·0	82·1	—	46·2	—	42·3	28·7	29·5	117·7	33·3	—	—
Polnisches Rotvieh	ADAMETZ	81	100·0	84·2	86·8	48·5	44·9	45·2	27·7	25·7	119·8	32·7	15·2	11·5
Waldviertler	BITTERLICH	45	100·0	82·3	81·9	48·5	45·1	42·8	26·2	25·6	112·4	27·2	18·2	10·8
Karpathenrind	ADAMETZ	15	100·0	86·8	90·0	51·3	47·4	44·9	25·8	25·7	117·7	31·8	—	—
Montenegrinisches Rind	ADAMETZ	31	100·0	87·0	91·0	50·9	—	—	26·5	24·3	121·2	32·6	—	—

Sind sie doch oft das Resultat von in langen Zeiträumen erfolgten Anpassungen an bestimmte klimatische oder Daseins- und Ernährungsverhältnisse. Deshalb sind sie gewöhnlich auch von großem wirtschaftlichen Werte für Gegenden mit eigenartigen Daseinsverhältnissen. Je ursprünglicher die Lebensverhältnisse der Haustiere eines Gebietes sind, desto wichtiger ist es, beispielsweise mit einheimischen, gut angepaßten Rassen oder mit solchen, die aus gleichen Verhältnissen stammen, zu arbeiten. So fundamental dieser Satz auch ist, so wenig pflegt er dort befolgt zu werden, wo die Tierzucht gefördert werden soll. Der fast allgemein begangene Fehler liegt in einem radikalen Rassewechsel, ohne daß man sich vorher Rechenschaft darüber legt, ob die Ansprüche an Qualität und Quantität des Futters und ferner an Pflege der neueingeführten Rasse auch befriedigt werden können.

Die Berechtigung der Forderung nach vollzähligem Vorhandensein aller charakteristischen Rasseneigenschaften bei den betreffenden zu wählenden Zuchttieren ergibt sich nach dem Gesagten von selbst. Zugegeben muß allerdings werden, daß auch hier unter anderem zu weit gegangen werden kann. Dies gilt namentlich für gewisse übertriebene Forderungen hinsichtlich bestimmter Farbenverteilungen oder Abzeichen oder Hornformen beim Rinde usw. Oft genug bemächtigt sich die Mode auch bei unseren landwirtschaftlich genutzten Haustieren bestimmter nebensächlicher Merkmale, die weder biologisch, noch wirtschaftlich von Bedeutung sind, und verursacht solcherart die Ausschaltung oft hervorragend wichtiger Individuen von der Weiterzucht. Der große Schaden, den z. B. gewisse „Farbenspielereien", speziell in der Rinderzucht, angerichtet haben, ist allbekannt. Als ein Beispiel, das in dieses Kapitel gehört, sei das Vorkommen kleiner weißer (pigmentloser) Flecken in der Eutergegend beim Ostschweizer Braunvieh und ähnlichen einfärbigen Rassen erwähnt. Es gab eine Zeit, in der die damit behafteten Tiere verpönt waren, mochten sie sonst noch so rassentypisch und wirtschaftlich noch so leistungsfähig sein. Ähnlich übertrieben strenge und wirtschaftlich wie biologisch unbegründete Anschauungen hegen manche Beurteiler bezüglich der Farbenverteilung an den Extremitäten beim Niederungsvieh, des Vorkommens von färbigen Augenringen (Brillenzeichnung!) bei Kuhländern, Hannabernern und ähnlichen Abkömmlingen der alten Berner Rinder. Wie ersichtlich, leitet dies Kapitel bestenfalls allmählich zu dem von den Schönheitsfehlern handelnden hinüber. Es geht natürlich nicht gut an, in einem Lehrbuch über allgemeine Tierzucht die Lehre vom Exterieur der wichtigsten Haustierspezies unterzubringen, und ebenso mußten die Beschreibungen der Rassen der speziellen Tierzuchtlehre vorbehalten bleiben.

Um jedoch trotzdem einen raschen Überblick über das Verhalten wichtigster Körpermaße bei einigen der verbreitetsten Pferde- und Rinderrassen zu ermöglichen, gebe ich zunächst die von S. v. NATHUSIUS auf Grund eigener, an verschiedenen Pferderassen vorgenommenen Messungen zusammengestellten Tabellen wieder. In ähnlicher Weise habe ich dann eine Zusammenstellung der Maße von einer Reihe sehr verschiedenartiger Rinderrassen angefügt. Diese Zahlen geben rasch und sicher Aufklärung: 1. über die jeweilige rasseliche Körperform und 2. klären sie bis zu einem gewissen Grade darüber auf, welche Körperform für eine bestimmte Leistungsrichtung typisch, bzw. die geeignetste ist.

Sie illustrieren vielfach das mit Zahlen, was an anderer Stelle mit Worten beschrieben wurde oder noch werden wird.

Zu bemerken wäre nur, daß speziell in der Rindertabelle die Ostfriesen als Muster des nicht einseitigen Milchtypus des Niederungsviehs, Montavoner und Oberinntaler als Mustertypus des Alpenbrachyceros gelten. Jersey repräsentieren den Milchtypus des brachyceren Keltenviehs. Shorthorns und Devons (letztere nicht in Ausstellungskondition gemessen, daher mit geringeren Werten für Tiefe und Breite der Brust) kommen als Mastrassen in Betracht. Tux-Zillertaler sind Repräsentanten der sogenannten Brachycephalus-Type (mit Mikromelie). Das Wesermarschrind repräsentiert die Kombination Fleisch-Milch. Simmentaler, Hannaberner und Pinzgauer sind Beispiele für Züchtungsrassen vom Typus für kombinierte Leistung. Das polnische Rotvieh älterer Type stellt Vieh für kombinierte Leistung einer Übergangsrasse vor. Waldviertler (unverbesserte), Karpathen- und Montenegrinisches Rind sind Vertreter primitiver Landrassen.

Gesundheit

Vor allem ist bei der Wahl der zu paarenden Tiere aus selbstverständlichen Gründen auf eine möglichst gute Gesundheit zu achten. Wenn man jedoch beachtet, daß nach einer vielfach angenommenen älteren Definition die Gesundheit durch ein harmonisches Funktionieren aller Organe des Körpers bedingt erscheint, dann ergibt sich daraus die Tatsache, daß eine absolute Gesundheit bei manchen Haustieren bestimmter Zuchtrichtungen nicht vorhanden sein kann. Bedingt doch in diesem Falle jede einseitig gesteigerte Funktion eines bestimmten Organes bereits eine gewisse Störung im Ablauf des Lebens, insoferne als hiedurch die Ausbildung oder die Leistung anderer, vielfach mehr oder weniger ungünstig beinflußt wird. Allbekannte Beispiele liefern die einseitig und extrem gesteigerte Milchleistung, die so oft mit ungünstigerer Beschaffenheit des Baues des Brustkorbes, der Entwicklung der Lunge und auch, abgesehen davon, mit großer Anfälligkeit hinsichtlich verschiedener Infektionskrankheiten (vor allem aber der Tuberkulose) verbunden zu sein pflegt. Ähnliches sehen wir bei extrem entwickelter Frühreife und Mastfähigkeit; jedem Landwirt sind wohl die großen Ansprüche nicht nur an Futter, sondern auch an Pflege bekannt, welche z. B. die Shorthornrinder oder die Dishley(Leicester-)schafe und die Yorkshireschweine stellen. Einem weitverbreiteten züchterischen Irrtum, um nicht zu sagen Selbstbetruge, muß hier entgegengetreten werden, das ist die Ansicht, als wäre man durch bloße Alpung oder bloßen Weidegang imstande, weitgehende Immunität gegen Tuberkulose zu erzielen. Das ist nicht der Fall. Die Abhärtung gegen Erkältung hat nichts mit dem Schutz vor Infektion mit Tuberkulose zu tun.

Überall hat bei leistungsfähigen Hochzuchtrassen die angezüchtete Überentwicklung oder Überfunktion bestimmter Gewebe und Organe eine große Empfindlichkeit ausgelöst, so daß man von einer vollkommen normalen „festen“ Gesundheit bei ihnen nicht mehr sprechen kann. Die Anfälligkeit gegenüber verschiedenen Krankheiten wird aber, abgesehen von der Zucht auf einseitig hohe Leistung, auch noch dadurch vielfach verstärkt, daß infolge besonderer Pflege konstitutionell schwache Individuen aufgezogen werden, die sich dann fortpflanzen und deren Nachkommen unter Umständen die betreffende Krankheitsneigung in erhöhtem Maße besitzen. Solange solche Individuen durch sorgfältige Haltung vor dem Zusammentreffen mit gewissen Krankheitserregern geschützt bleiben, sind sie gesund. Sie erkranken jedoch wesentlich leichter als gewöhnliche, wenn sie Gelegenheit zur Aufnahme der einschlägigen krankheitserregenden Mikroben haben. Ein charakteristisches Bild über diese Verhältnisse liefert uns das Verhalten der Jerseyrinder gegen Tuberkulose. Auf der Insel Jersey selbst kommt nach übereinstimmenden Aussagen aller Beteiligten (auch des alle nach Amerika verkauften Tiere auf Tuberkulose prüfenden amtlichen Tierarztes) Tuberkulose beim dortigen Rinde, praktisch gesprochen, nicht vor.

Seit dem Ende des 18. Jahrhunderts wußten sich die Jerseyzüchter durch strenge und auch eingehaltene Gesetze vor der Einfuhr fremden Viehs auf die Insel zu schützen. Damit wurde die Infektionsquelle verschlossen. Dieser Umstand, im Vereine mit der guten Pflege, erklärt die Tuberkulosefreiheit des Inselviehs, obschon gerade hiedurch und durch den solcherart bedingten Ausschluß der natürlichen Selektion eine bedeutende Steigerung der Neigung zur Erkrankung an Tuberkulose bei diesem Rinde geschaffen worden ist. Statt, wie man auf den ersten Blick, auf Grund der Impfresultate meinen könnte, eine hervorragend gegen Tuberkulose widerstandsfähige Rinderrasse vor sich zu haben, neigt sie erfahrungsgemäß, in andere Gebiete versetzt, wo dieses Fehlen der Ansteckungsmöglichkeit nicht vorhanden ist, in ganz besonders hohem Maße zur Ansteckung und schweren Erkrankung. Nicht etwa nur am Kontinent wurden diese Erfahrungen gemacht, auch auf der englischen Hauptinsel mit ihrem immerhin ähnlichen Klima und so weiter. Ja man trägt dort dieser Anfälligkeit der Jerseys gegen Tuberkulose soweit Rechnung, daß man manchmal selbst ein Angrenzen der Jerseyweiden mit jenen einer anderen englischen Rasse, trotz vorhandener Zäune oder Hecken streng vermeidet. Man sieht hier ein vorzügliches Beispiel für die Ausschaltung der natürlichen Zuchtwahl bei der künstlichen Zuchtwahl.

Das Angeführte mag genügen, um zu beweisen, wie hervorragend wichtig die Berücksichtigung der relativen Gesundheit der zur Paarung ausgewählten Tiere ist.

Ein spezielles Eingehen auf die Zeichen beginnender Krankheit gehört nicht in den Bereich dieser Ausführungen. Es genüge der Hinweis, daß bereits die leisesten Gesundheitsstörungen sich im individuellen (dem praktischen Züchter genau bekannten) Benehmen und der Futteraufnahme zu erkennen geben.

Schönheit und Schönheitsfehler

Schön ist alles das, dessen Anblick in uns Lustgefühle erweckt. Je nach der Individualität des Beschauers sind daher im speziellen Falle die Ansichten über Schönheit verschieden. Auch unter Berücksichtigung des Vorhandenseins gewisser konventioneller Regeln für die Beurteilung der Schönheit bleibt die Feststellung dessen, was schön ist, stets etwas recht variables, weil von der subjektiven Seite ganz abgesehen auch noch Tradition, Gewohnheit, zeitlich und örtlich wechselnde Mode usw. das Urteil mit beeinflußen. Wir sehen dies schon in der Beurteilung der menschlichen Schönheit. Wenn z. B. einerseits dem Europäer der Gesichtsschnitt und der Schädelbau des Mongolen nicht den Eindruck der Schönheit machen, so gefällt anderseits wieder das schmale Gesicht des Europäers den Mongolen nicht. Nach SCHWARZ bezeichnen z. B. die Kirgisen Turkestans das europäische Gesicht etwas despektierlich als „Pferdegesicht". Und bei verschiedenen Völkerschaften Westasiens ist bekanntlich das weibliche Schönheitsideal untrennbar mit hohem Lebendgewicht und ausgiebiger Mastfähigkeit verbunden. Daß ferner endlich nicht nur bei zahlreichen Negerstämmen, sondern auch bei den Somalis die Steatopygie als Inbegriff der Schönheit des Weibes gewertet wird, ist durch DARWIN weiten Kreisen bekannt geworden.

Unter solchen Verhältnissen ist es daher begreiflich, daß auch das Bild der Haustierschönheit nach Ort und Zeit ein schwankendes ist.

Wenn wir von den zahlreichen Sportzuchten der verschiedenen Haustierarten, die nur dem Vergnügen, oft genug ihres absonderlichen Aussehens wegen dienen, und bei denen die gerade jeweils herrschende Mode allein entscheidet, so zwar, daß oft genug absolute Häßlichkeit in vollendete Schönheit umgewandelt erscheint, wenn wir von diesen Rassen absehen, dann können wir zwei verschiedene Arten, Typen von Schönheit bei den landwirtschaftlichen Haustieren unterscheiden. Die erste Type umfaßt jene Rassen, bei denen man von einer harmonischen Schönheit des Körperbaues sprechen kann. Deren Erscheinung entspricht dem Geschmack des Künstlers, zeichnet sich durch die Harmonie der Linien aus und zeigt die Einheitlichkeit des Bauplanes des Tierkörpers an, dessen einzelne Teile in bestimmten Verhältnissen zueinander stehen müssen. Aber selbst hier kann nicht ein einheitlicher Kanon für alle Rassen, geschweige denn für verschiedene Haustierarten zur Anwendung kommen. Man hat zwar verschiedentlich versucht, von einem einheitlichen Gesichtspunkt aus den Tierkörper auf seine Schönheit zu beurteilen, allein die Unmöglichkeit solchen Beginnens trat rasch und deutlich hervor. Von England kam z. B. so um die Mitte des vorigen Jahrhunderts die Mode, den Tierkörper nach seiner größeren oder kleineren Ähnlichkeit mit einem Parallelopipedon zu beurteilen. Daß ein so einseitig für Fleisch und Mastformen zugeschnittener Schönheitsmaßstab ungeeignet war, braucht nicht näher ausgeführt zu werden. Später dann wurde die schon einmal verkündete Lehre vom Bau des Tierkörpers nach der Regel des goldenen Schnittes zu neuem Leben erweckt und fand namentlich durch WILCKENS als Maßstab zur Beurteilung der Schönheit des Körpers verschiedener Haustierarten vorübergehend Anwendung. Die horizontale Rumpflänge diente als Haupt- und Grundlinie, die nach der genannten Regel geteilt, den Major und Minor lieferte, welche Maße selbst wieder in den verschiedenen Körper- usw. Dimensionen wieder erscheinen sollten. Es zeigte sich, daß die Harmonie der Körperformen bei allen Haustierarten und -rassen auch durch die Verwendung der Regel vom goldenen Schnitt keineswegs tatsächlich nachweisbar ist.

Am ungezwungensten läßt sich diese Art von Schönheit des Tierkörpers, die mit Nützlichkeit eigentlich kaum vieles gemeinsam hat, bei gewissen Kategorien von Luxuspferden prüfen (etwa den Karossiers).

Die zweite Art von Schönheit landwirtschaftlicher Haustiere ergibt sich aus dem Zusammenhang von Körperbau und Leistung. Je schärfer der Körperbau eines Tieres auf eine bestimmte hochentwickelte wirtschaftliche Leistung hinweist, als desto schöner wird das betreffende Tier beurteilt werden müssen. Immer natürlich unter der Voraussetzung, daß kein körperlicher Defekt nebenher vorkommt. Diese Art von Schönheit geht mit wirtschaftlicher Zweckmäßigkeit Hand in Hand; wo sie vorkommt, wird mit großer Wahrscheinlichkeit auch auf entsprechend hohe Leistung in der einschlägigen wirtschaftlichen Richtung gerechnet werden dürfen.

Aus der Überlegung heraus, daß wenigstens bis zu einem gewissen Grade mit der Eignung zu hoher wirtschaftlicher Leistung mehr oder weniger auch die vorerwähnte, harmonische Schönheit verbunden sein kann, beurteilt man heute wohl ziemlich allgemein die Schönheit der landwirtschaftlichen Haustiere von diesem doppelten Standpunkt. Es ist dabei natürlich nicht zu vermeiden, daß je nach der Persönlichkeit des Beurteilers bald mehr der eine oder der andere Standpunkt besonders zur Geltung kommt.

In der Natur der Sache ist es ferner gelegen, daß bei der Beurteilung der einzelnen Leistungskategorien verschiedene Maßstäbe angelegt werden müssen (z. B. für die Milch-, Mast- oder kombinierte Leistung des Rindes oder des Schafes usw.).

Als Beispiel für eine von vielen Seiten angenommene erschöpfende Definition für die Schönheit des Rindes sei im folgenden jene A. KRÄMERS in seinem bekannten Buche über das schönste Rind befindliche wiedergegeben. Sie trägt, wie ersichtlich, beiden Typen von Schönheitsbegriffen Rechnung und lautet:

„Das schönste Rind ist dasjenige, welches in bezug auf Ebenmaß der Figur, Haltung, Gangart, Temperament und Charakter den allgemeinen Anforderungen unseres Schönheitssinnes entspricht und mit diesen Eigenschaften die höchste Leistungsfähigkeit für bestimmte wirtschaftliche Zwecke verbindet."

Wie alle anderen Definitionen rechnet auch die KRÄMERsche mit „den allgemeinen Anforderungen unseres Schönheitssinnes" und räumt daher der Persönlichkeit, der Individualität des Beurteilenden hinreichend Spielraum ein. Damit ist ferner auch gesagt, daß die Grundsätze der Beurteilung der Schönheit nicht nur individuell, sondern auch noch zeitlich und örtlich verschieden sind und der Mode unterliegen können.

Bei der Beurteilung der Schönheit bestimmter Haustierarten (z. B. des Rindes) greift man gewöhnlich ergänzend noch auf die Rassenmerkmale zurück und fordert zur Vollendung deren Vorhandensein.

So berechtigt dies im allgemeinen wohl ist — gleichen die Rassenmerkmale doch gewissermaßen den Fabrikszeichen gesuchter Waren — so darf doch nicht übersehen werden, daß hier oft durch Übertreibung der Bedeutung von ganz nebensächlichen Rassenmerkmalen züchterisch direkt Schaden angerichtet wird. Es sei nur an die bekannten Farbenspielereien erinnert. Manche norddeutsche Käufer von Niederungsvieh fordern z. B., daß das Schwarz vom Unterarm nur bis zur Handwurzel hinabreiche, nicht darüber hinausgehe; beim Pinzgauer Rind wird manchmal den bekannten weißen Querbinden, den Faschen ein übertriebener Wert, oft sogar auf Kosten wirtschaftlicher Leistung, beigelegt. Beim Ostschweizer Braunvieh wieder fordern manche eine möglichst an allen Körperteilen gleichmäßige, einheitliche graubraune Färbung, also ohne Aalstrich usw.

Bedenklicher als diese Farbenspielereien, die nur indirekt Schaden stiften, sind aber gewisse Forderungen der Schönheit oder des Rassetums, welche hinsichtlich des Körper- oder Schädelbaues oder hinsichtlich Baues und der Stellung der Extremitäten erhoben werden.

Vom Standpunkt der Gängigkeit z. B. ist es gewiß nicht gleichgültig, wenn man extrem steile Sprunggelenke, wie man sie namentlich bei gewissen Zuchten der Schweiz findet, ruhig hingehen läßt, oder sie wohl gar noch als Zeichen moderner Hochzuchtrichtung schätzt. Beim Yorkshireschweine hatte man bekanntlich Dezennien hindurch in den extremen Mopsköpfen geradezu ein Zeichen der Zugehörigkeit zu einer richtigen Hochzucht sehen wollen. Heute wissen wir, daß diese Mopsschnauze, abgesehen davon, daß solche Tiere nicht ordentlich kauen können, ein Zeichen eines weit vorgeschrittenen achondroplastischen Prozesses ist, der für die weitere Zucht gewisse Gefahren anzeigt.

Desgleichen war die um die Wende des vorigen Jahrhunderts herrschende und in ihren Folgen heute noch nicht ganz überwundene Mode der ganz hellen flavistischen Simmentaler aus konstitutionellen Gründen entschieden ein Übel.

Bekannt ist ferner in biologisch gebildeten Züchterkreisen, daß die Mode speziell beim Italiener Huhn eine Schönheit, bzw. eine Rassenforderung aufgestellt hat, die deshalb schädlich ist, weil sie einer Zuchtwahl nach schlechterer Eierproduktion gleichkommt. Besonders in Nordamerika werden beim Italiener Huhn reinweiße Ohrscheiben streng gefordert, gelblich gefärbte sind verpönt. Nun ist aber der Nachweis erbracht worden, daß zwischen der gelblichen Verfärbung der weißen Ohrscheiben (und intensiv gelben Beinen) einerseits und Neigung zur höheren Eierproduktion anderseits ein Zusammenhang besteht.

Um endlich noch ein Beispiel für den Wandel der Anschauungen darüber, was schön ist, ganz im allgemeinen zu geben, erinnere ich an die stark geramsten Köpfe der altspanischen Pferde, die fast in ganz Europa einige Jahrhunderte hindurch als Muster von Schönheit galten, während diese Kopfform heute im allgemeinen geradezu als häßlich angesehen wird. Unter solchen Umständen ist es nicht zu verwundern, wenn ganze Rassen einfach aus dem Grunde verschwinden, daß sie nicht mehr Mode sind. Beim Rinde hat nach L. HOFFMANN einzig und allein die Mode das Verschwinden der Longhorns veranlaßt und dasselbe ist beim Hunde der Fall mit der Rasse der Möpse. Für die tierischen Rassenmerkmale gilt, wie man sieht, dasselbe, was schon von HUMBOLDT für die menschlichen behauptet und nachgewiesen worden ist: der Mensch ist bestrebt, vorhandene Rassenmerkmale zu übertreiben, ins Extrem zu führen; bei den Haustieren macht er dasselbe, und dort gelingt es ihm durch entsprechende Zuchtwahl eben leichter und vollkommener.

Wird die Schönheit der zu paarenden Tiere gelegentlich der künstlichen Zuchtwahl beurteilt, so erfolgt gewöhnlich unter einem gleichzeitig auch die Prüfung auf eventuelles Vorkommen sogenannter Schönheits-, Gebrauchs- und Erbfehler.

Schönheitsfehler, Gebrauchsfehler, Erbfehler

Schönheitsfehler. Schönheitsfehler spielen bei jenen Gruppen von landwirtschaftlichen Haustieren gelegentlich der Zuchtwahl eine gewisse Rolle, welche bis zu einem bestimmten Grade Luxuszwecken dienen, also vor allem beim Pferde. Es gehören bestimmte Abzeichen hieher, wie z. B. „Blässen“, „Laternen“, wohl auch umfangreichere pigmentfreie Hautpartien an den Extremitätenenden. Beim Rinde kann man die weißen „Domestikationszeichen“ an der Rumpfunterseite, bei Kühen in der Eutergegend und unmittelbar vor derselben auftretend, dazuzählen. Sie sind für einfärbige, meist der Brachycerosgruppe angehörenden Rassen typisch und konnten selbst von den Züchtern des Ostschweizer Braunviehs nicht abgezüchtet werden. Schönheitsfehler lassen sich von den sogenannten „Erbfehlern“ nicht trennen. Denn die Neigung zu ihrem Auftreten vererbt sich, wenn schon nicht immer der genaue Vererbungsmodus bis jetzt bekannt ist. Bei den schwarzen Karakulschafen z. B. scheint sich die Neigung zum Auftreten solcher, meist unbeliebter weißer Abzeichen (am Scheitel und Schwanz) rezessiv zu vererben. Daß auch zwischen Schönheitsfehlern und Gebrauchsfehlern keine scharfe Grenze besteht, beweist die Empfindlichkeit weißer Hautpartien an den Enden der Extremitäten der Pferde, welche bei schädigenden Einflüssen äußerer (Kot, Schmutz) oder innerer Natur (Aufnahme von Futter, das sensibilisierende Substanzen enthält, wie unter Umständen der Schwedenklee) mit Entzündungserscheinungen reagieren.

Gebrauchsfehler. Daß solche Fehler, welche den normalen Gebrauch der betreffenden Tiere beeinträchtigen, und die, weil im ungünstigen Bau und Funktion bestimmter Körperteile gelegen, wenigstens in der Anlage meist auch erblich sind, bei der Zuchtwahl strenge beurteilt werden müssen, ergibt sich von selbst. Hieher gehört z. B. Senkrücken, ungünstige Beinstellungen usw. beim Pferde, Rinde usw. Beim Rinde, und zwar ganz besonders bei jenen Rassen, welche zur Arbeitsochsenzucht benützt werden, gehört die neuerdings öfter zu beobachtende extreme steile Stellung des Sprunggelenkes hieher.

Erbfehler. Unter dieser Bezeichnung wurde früher speziell in der Pferdezucht eine Reihe von Merkmalen und Eigenschaften entschieden pathologischen Charakters zusammengefaßt, die den Gebrauch der damit behafteten Tiere wesentlich beeinträchtigten, und die eine ausgesprochene Neigung sich zu vererben haben. Nach dem Gesagten ist es überflüssig, auf sie besonders einzugehen, weil, wie schon erwähnt, selbst für viele der sogenannten Schönheits- und Gebrauchsfehler die Neigung zur Vererbung bekannt ist.

Trotzdem mögen des Herkommens wegen im folgenden die speziell beim

Pferde als „Erbfehler" angesehenen krankhaften Zustände kurz angeführt werden:

1. Die **Mondblindheit** (periodische Augenentzündung). Ihr Wesen besteht in Entzündung der Regenbogenhaut, Aderhaut und des Strahlenkranzes und führt allmählich zur Erblindung. Vererbt wird nur die Anlage zu dieser Erkrankung, die sie meist im sechsten bis siebenten Lebensjahre auslösenden Momente sind nicht genauer bekannt.

2. **Grauer Star.** Durch erbliche Anlage bedingte Trübung der Linse des Auges.

3. **Schwarzer Star.** Auf erblicher Basis erfolgende Veränderung der nervösen Apparate des Auges.

4. **Dumkoller.** Ein Gehirnleiden, das als Folge einer auf erblicher Anlage beruhenden Gehirnkammerwassersucht angesprochen wird.

6. **Krippensetzen** (Koppen). Durch vorhergehendes Luftschlucken veranlaßtes Rülpsen. Eine wahrscheinlich auf Grund einer hiefür bestehenden nervösen Anlage sich bei „temperamentvollen" Pferden in der Langeweile häufigen Stallaufenthaltes entwickelnde schädliche Untugend, die auf Stallgenossen unter Umständen auch dann als psychische Infektion wirken kann, wenn bei denselben keine solche nervöse Disposition vorhanden ist.

7. **Dämpfigkeit.** Verrringerung oder Verlust der Elastizität des Gewebes im Bereich der Lungenalveolen (Lungenemphysem). Relativ häufig bei bosnischen Pferden vom Tarpantypus.

8. **Kehlkopfpfeifen** (Roaren). Charakterisiert durch Schwund der vom linksseitigen N. recurrens oder laryngeus inferior versorgten Kehlkopfmuskeln infolge von Lähmung dieses Nerven und dadurch bedingte einseitige Lähmung des Kehlkopfes.

9. **Spat.** Neubildung von Knochensubstanz an der inneren Seite des Srunggelenkes (Osteophyten) an einzelnen oder allen das Sprunggelenk bildenden Knochen.

10. **Rehbein.** Dasselbe an der äußeren, lateralen Seite des Sprunggelenkes (meist im unteren Teile).

11. **Hasenhacke.** Dasselbe an der hinteren Seite des Sprunggelenkes.

12. **Schale.** Wucherungen von Knochensubstanzen am Kronen-, Huf- (eventuell Fessel-) Gelenke.

13. **Überbeine.**

14. **Hufstrahlkrebs**, ferner zu weiches oder zu hartes, sprödes, brüchiges Hufhorn, Neigung zur Spaltenbildung usw.

15. **Gelenksgallen** und **Sehnenscheidengallen** (Sekret-, bzw. Flüssigkeitsausscheidungen innerhalb der Gelenkskapseln oder der Sehnenscheiden).

Daß sich diese „Erbfehler" in der Anlage vererben, ist vollkommen sicher; unbekannt hingegen sind bisnun der Vererbungsmodus und die auslösenden Momente. Es wäre eine verlockende Aufgabe, diese Frage vom mendelistischen Standpunkte aus in Gestüten experimentell (nicht rückschauend aus den für solche Zwecke nicht genügenden Zuchtbüchern) zu prüfen. Ohne größere materielle Opfer ging es dabei allerdings nicht ab. Wenn wir die vorliegenden Erfahrungen über die Vererbung bei Tieren, namentlich jenen der Drosophilastudien uns vor Augen halten, so liegt der Gedanke an drei Momente nahe, welche die Klarheit der Übertragung trüben und die Sache schwieriger gestalten: 1. Das wahrscheinliche Vorkommen der schwankenden (unvollkommenen) Dominanz mancher Merkmale (Auftreten von Heterozygoten in rezessiver Maske). 2. Rezessivität gewisser solcher Merkmale (Epilepsie ?) und 3. Mannigfaltigkeit der auslösenden Ursachen.

Abstammung und Verwandtschaft der Zuchttiere

(Ahnentafeln, freie Generationen, Ahnenreihen)

Zur Beurteilung sowohl der Rassenreinheit, als ganz allgemein solcher Anlagen und Eigenschaften eines Zuchttieres, welche züchterisch wichtig sind, jedoch aus irgend welchen Gründen am betreffenden Individuum nicht direkt festgestellt werden können, dient die Feststellung seiner Abstammung. Seine Beziehungen zu näherverwandten und genau bekannten Vorfahren können erfahrungsgemäß diesbezüglich wertvolle Winke gewähren. Mittels der sogenannten Ahnentafel, welche, wie das nebenstehende (Ahnentafel des Messenger, bzw. des Komet) zeigt, über die Abstammung, über die Ahnen bestimmter Individuen Auskunft erteilen, erfährt man zugleich auch über deren Verwandtschaft mit irgendwie auffallenden, im guten wie im schlechten Sinne hervorstechenden Vorfahren. Beachtet man, daß fast alle züchterisch wichtigen Merkmale und Eigenschaften, gleichgiltig ob sie Rasse- oder nur individuellen Charakter besitzen, erblicher Natur sind, dann begreift man, daß eine solche Art festgestellter Verwandtschaft mit einer gewissen Wahrscheinlichkeit gestattet, auf die Beschaffenheit auch des betreffenden zu prüfenden Individuums zu schließen. Diese Ahnentafeln haben denn auch tatsächlich viel Nutzen gestiftet und bieten unter anderem auch bei der Wahl zu paarender Tiere manche Erleichterung. Voraussetzung dabei ist natürlich, daß neben den Ahnentafeln, die ja zunächst nur Namen oder Nummern enthalten, in den Zucht- und Herdbüchern über alle wichtigen und züchterisch interessanten Merkmale und Eigenschaften der aufgenommenen Individuen erschöpfend Auskunft gegeben wird. Die Einrichtung dieser, in der fortschrittlich landwirtschaftlichen Tierzucht verwendeten Ahnentafeln, ergibt sich aus dem obenstehenden Beispiele. Zur leichteren und rascheren Übersicht erhalten die Namen der in den Ahnentafeln öfter vorkommenden Tiere bestimmte Zeichen, und zwar Vollzeichen (schwarz, rot und grün) beigesetzt: quadratische, dreieckige Flächen, Kreisscheiben, Rechtecke horizontal oder senkrecht gestellt, aufrechte und liegende Kreuze, Sterne usw. Kommen unter den Ahnen Tiere vor, welche mit jenen durch Vollzeichen hervorgehobenen verwandt sind, so erhalten sie ein Hohlzeichen der gleichen Art beigesetzt. Im vorliegenden Beispiele, der Ahnentafel des Messenger, des Begründers der nordamerikanischen

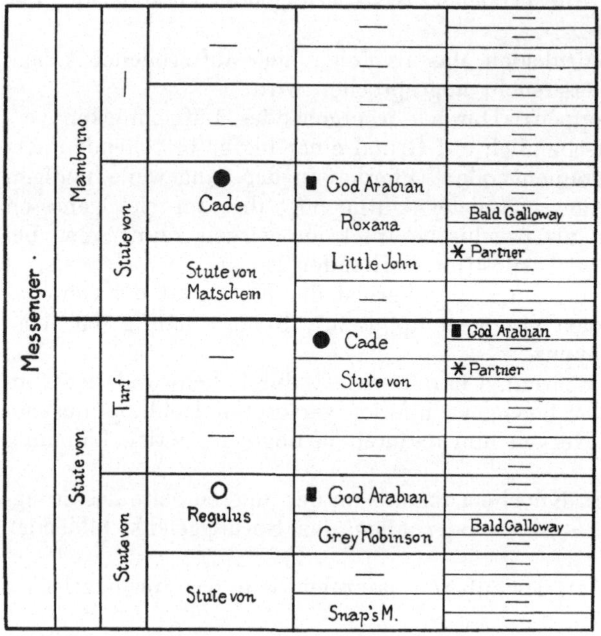

Messenger ·					
Messenger ·	Mambrino	│	—	—	—
				—	—
			—	—	—
				—	—
		Stute von	● Cade	■ God Arabian	—
				Roxana	Bald Galloway
			Stute von Matschem	Little John	✳ Partner
				—	—
	Stute von	Turf	—	● Cade	■ God Arabian
				Stute von	✳ Partner
			—	—	—
		Stute von	○ Regulus	■ God Arabian	—
				Grey Robinson	Bald Galloway
			Stute von	—	—
				Snap's M.	—

Abb. 146. Ahnentafel des Messenger, des Begründers der amerikanischen Traber

Traberzucht, trägt Cade als Vollzeichen die schwarze Kreisfläche. Sein Halbbruder Regulus hat daher das entsprechende Hohlzeichen, die Kreislinie erhalten.

Vielfach werden diesen Hohlzeichen Bruchzahlen eingeschrieben oder beigesetzt. Diese Brüche bedeuten sogenannte „Blutanteile" und sollen den in Brüchen ausgedrückten Verwandtschaftsgrad der beiden (mit den Voll- und Hohlzeichen versehenen) Tiere anzeigen.

Im Messenger Beispiele könnte dem Kreise des Regulus der Bruch $^3/_4$ eingeschrieben sein. Das würde bedeuten, daß nach der landläufigen Ansicht Regulus $^3/_4$ Blutanteile mit seinem Halbbruder Cade gemeinsam hat. Diese Brüche werden unter der Annahme erhalten, daß jedes Individuum von seinen beiden Eltern zusammen $^2/_2$ Blutanteile, von seinen vier Großeltern zusammen $^4/_4$ und von den acht Urgroßeltern $^8/_8$ Blutanteile usw. erben würde. Regulus hat mit Cade den Vater gemeinsam das heißt $^1/_2$ Blutanteil aus der ersten Generation; von den Großeltern hat Regulus mit Cade den Großvater mütterlicherseits gemeinsam $= ^1/_4$ Blutanteil; zusammen also $^1/_2 + ^1/_4 = ^3/_4$ Blutanteile.

Unbeschadet des Wertes der Feststellung einer bestimmten Verwandtschaft ganz im allgemeinen, ist es anderseits wieder klar — wenn man sich das vergegenwärtigt, was im Kapitel über den Mendelismus gesagt worden ist —, daß solche Versuche, die „Blutähnlichkeit" bestimmter Tiere in der beschriebenen Weise durch Brüche streng mathematisch ausgedrückt, festzustellen, über eine züchterisch mathematische Spielerei nicht hinausgehen. Von anderen Methoden der landwirtschaftlichen Tierzucht, die Art und den Grad der Verwandtschaft festzustellen, wäre noch zu erwähnen:

a) Die Feststellung der „freien Generationen" nach Graf Lehndorff. Unter „freien Generationen" versteht man die Summe jener Generationen, welche zwischen der Elterngeneration des zu prüfenden Tieres und jenen Generationen liegen, in welchen der gemeinsame Ahne väterlicher- und mütterlicherseits vorkommt. Die Elterngeneration wird dabei ebenso wenig mitgezählt, als jene Generation, in welcher der gemeinsame Ahne vorkommt. Daher ist Messenger drei freie Generationen von Cade entfernt, nämlich zwei mütterliche und eine väterlicherseits. Von Godolphins Arabian ist Messenger vier freie Generationen entfernt (2 + 2).

Nach O. Oettingen entspringen die bewährtesten Vaterpferde des englischen Vollblutes Paarungen in einer Verwandtschaft, die drei, vier und fünf freie Generation umfaßte.

b) Ahnenreihen (removes). Man stellt fest, in welcher Ahnenreihe und wie oft der gemeinsame Ahne unter den Vorfahren väterlicher- und mütterlicherseits auftritt. Hier wird die Elterngeneration ebenso mitgezählt, wie jene, in welcher die Ahnen vorkommen. In Ahnenreihen ausgedrückt, ist Messenger IV bis III auf Cade ingezüchtet. Ferner ist Messenger IV, V bis VI Ahnenreihen auf Godolphins Arabian ingezüchtet.

c) Es liegen auch Versuche vor, den Verwandtschaftsgrad durch komplizierte mathematische Formeln auszudrücken, wie es von Pearl und Sewall Wright versucht worden ist. Man kann aber von diesen Formeln behaupten, daß auch sie keine richtige Einschätzung des Verwandtschaftsgrades ermöglichen. Johannsens bekannte Warnung vor einem Übermaß an Mathematik in der Biologie gilt in diesem Falle besonders. Und ob sich unsere Züchter für solche komplizierte mathematische Operationen überhaupt besonders erwärmen würden, ist mehr als fraglich. Je nach dem eine gewisse Verwandtschaft zwischen den zu paarenden Individuen besteht, oder nicht besteht, spricht man von Verwandtschaftszucht (Inzucht = inbreeding) oder Fremdzucht (outbreeding).

Nach dem Vorgange des Grafen LEHNDORFF spricht man speziell in der Pferdezucht von ingezüchteten Tieren dann, wenn zwischen den Eltern eines bestimmten Pferdes und deren gemeinsamen Stammvater und Stammutter weniger als in Summa vier Generationen liegen. Demgemäß gelten z. B. die Produkte einer Paarung von Urgroßkindern desselben Stammvaters oder derselben Stammutter nicht mehr als ingezüchtet im engeren Sinne des Wortes.

Unter mäßiger Verwandtschaftszucht versteht ferner Graf LEHNDORFF eine Paarung von Zuchttieren, die von ihrem gemeinsamen Stammvater vier, fünf oder sechs Generationen entfernt sind. „Ob diese Generationen sich auf beiden Seiten gleichmäßig zu je zwei bzw. drei verteilen, oder ob das eine Individuum dem Stammvater oder der Stammutter näher steht als das andere, ist dabei gleichgiltig."

Ganz allgemein wird heute in der landwirtschaftlichen Tierzucht nach KRONACHER die Verwandtschaftszucht in folgende Grade eingeteilt:

a) Engste Verwandtschaftszucht = Inzestzucht: Geschwisterpaarungen, Paarungen von Eltern mit Kindern und von Großeltern mit Enkeln.

b) Enge Verwandtschaftszucht: Paarungen von Geschwisterkindern, Onkel und Nichte und von Tante und Neffe;

c) Mäßige Verwandtschaftszucht: Paarungen innerhalb der nächstfolgenden Verwandtschaftsgrade.

Früher und zum Teil auch jetzt noch hat man die Grade der nächsten Verwandtschaft (unter den vom Menschen entlehnten Beziehungen) folgender Art abgestuft:

1. Grad: Geschwisterpaarung.

2. Grad: Paarung von Eltern mit Kindern.

3. Grad: Paarung von Geschwisterkindern.

4. Grad: Paarung von Onkel mit Nichte oder Tante mit Neffe.

Was das Wesen der Verwandtschaftszucht als Zuchtmethode anbetrifft, so ist dasselbe in einem besonderen Kapitel bereits an anderer Stelle ausführlich behandelt worden. Es genügt in Erinnerung zu bringen, daß der Kern der Sache in der aus dieser Methode resultierenden Bildung bezüglich der gewünschten Merkmale und Eigenschaften homozygotisch veranlagter Individuen in größerer Zahl und auf raschere und sichere Weise liegt.

Speziell die Inzestzucht schafft im vollen Gegensatz zur Kreuzung sicher, rasch und in größerer Anzahl homozygotisch veranlagte Individuen; ferner verursacht sie noch und zwar aus dem gleichen Grunde — das Hervortreten für gewöhnlich in den Familien verborgen ruhender rezessiver Merkmale oder Eigenschaften.

Darin liegt in gleicher Weise ihr Vorzug wie ihre Gefahr.

Was den Wert speziell der Ahnentafeln für die Tierzucht anbelangt, so ist er gewiß ein großer. Durch sie wurde beispielsweise erkannt, daß bestimmte Hochzuchten der verschiedensten Haustiergattungen, ja geradezu ganze Schläge vorwiegend unter dem Einflusse einzelner hervorragender und sicher vererbender Zuchttiere zustande gekommen sind (z. B. wie allgemein bekannt u. a. der Stier Matador bei den Ostfriesen).

Gewisse Familien, gewisse „Blutlinien" sind durch ihre Abkömmlinge die vornehmsten Träger der guten Eigenschaften solcher Zuchten. Ihre Erbmasse, ihr „Blut", wie die Züchter sagen, ist am stärksten vertreten und drückt der ganzen Zucht den Stempel auf.

Desgleichen erkannte man, daß aus der Paarung von Tieren bestimmter solcher Blutlinien die Wahrscheinlichkeit der Erzüchtung besonders leistungsfähiger Tiere erhöht, in anderen Fällen wieder, bei der Vereinigung anderer

Linien, aber verringert erscheint. Ja es kann auch der Fall vorkommen, daß aus der Verbindung gewisser Blutlinien miteinander direkt unerwünschte Eigenschaften, eventuell sogar Defekte sich ergeben.

Trotzdem muß erwähnt werden, daß die Ahnentafeln allein größeren Ansprüchen, etwa wie zur Erfassung des Erbganges bestimmter Merkmale und Eigenschaften, nicht genügen. Namentlich für Arbeiten mendelistischer Richtung sind sie unzureichend, ganz abgesehen von allem anderen schon deshalb, weil sie keine Auskunft über die Geschwister der Vorfahren und der zu prüfenden Tiere geben. Zu solchem Zwecke ist eine Kombination der Ahnentafel mit der Nachkommentafel nötig, nach Art der in der menschlichen Erblichkeitslehre üblichen Verwandtschaftstafeln (Rüdin). Die Zusammenstellung dieser Tafeln, welche einen tieferen Einblick über die Art der Vererbung (z. B. ob dominant oder rezessiv, geschlechtsgebunden oder nicht usw.) in speziellen Fällen und unter Umständen die Aufstellung des gesetzmäßigen Erbganges gestatten, hängt von der Vollständigkeit der geführten Herd- und Zuchtbücher ab, deren großer Wert sich hieraus ergibt.

Im übrigen läßt sich der genaue Grad der Verwandtschaft durch keine der bekannten Methoden feststellen wie Per Tuff am internationalen Kongresse im Haag (1923) mit Recht hervorgehoben hat.

Passendstes Alter der wichtigsten Haustiere zur Zucht

Der Beginn der geschlechtlichen Reife fällt normalerweise bei den Haustieren in einen Zeitpunkt, in welchem die Körperentwicklung noch mehr oder weniger weit von ihrem Abschlusse entfernt ist. Erfolgt in diesem Zeitpunkte die Benützung der Tiere zur Zucht, so leidet, trotz der im Organismus bestehenden Tendenz zur Wiedergutmachung der hieraus sich ergebenden Verzögerung der Körperentwicklung, die letztere bei den Zuchttieren mehr oder weniger stark. Namentlich der regelmäßige Gebrauch zu junger, männlicher Tiere verursacht erfahrungsgemäß ein Zurückbleiben in der Körpergröße und meist auch eine frühe Erschöpfung der Zeugungskraft. Daß ein frühes Trächtigwerden der jungen weiblichen Tiere wegen der für die Entwicklung des Jungen im Mutterleibe benötigten Nahrungsstoffe das Wachstum der Mutter unterbrechen muß, ist begreiflich und so erklärt sich die zu beobachtende endgültige körperliche Unterentwicklung zu jung benützter weiblicher Zuchttiere von selbst. Trotzdem wird gerade beim Rinde die erstmalige Benützung der Kalbinnen zur Zucht deshalb oft in einem relativen frühen Zeitpunkte gewählt, weil die Erfahrung gelehrt hat, daß hiedurch bis zu einem gewissen Grade die Anlage zur Milchleistung gewinnen soll.

Aus diesem Grunde z. B. lassen die Züchter auf der Insel Jersey die Kalbinnen sehr früh, mit 14 bis 15 Monaten, ja manchmal sogar noch früher erstmals decken. In dieser Zeit ist die körperliche Entwicklung der Kalbinnen noch weit zurück. Vielleicht dürfte in dieser Übung mit die Ursche des auffallend geringen Lebendgewichtes der Original-Jersey liegen, die sowohl in England als auch in Amerika wesentlich schwerer werden als in der Heimat.

Beim weiblichen Rinde kann der entwicklungshemmende Einfluß der zu frühen ersten Trächtigkeit zum Teile dadurch gebessert werden, daß nach dem Kalben eine längere Pause bis zum zweiten Belegen eingeschaltet wird.

Aus den angeführten Gründen, welche die Gefährlichkeit zu früher Zuchtbenützung weiblicher Rinder charakterisieren, ist man verschiedentlich in den entgegengesetzten Fehler des zu späten ersten Belegens gefallen. Namentlich dort, wo man besonders großwüchsige und schwere Tiere erzüchten wollte. In solchen

Fällen, wo die Verwendung zur Zucht in eine Zeit lange nach entwickelter Geschlechtsreife fiel, da die Kalbinnen nahe dem Abschlusse ihres Wachstums standen, zeigte sich häufig relative, ja eventuell sogar absolute Unfruchtbarkeit. Ganz besonders droht die Gefahr der Unfruchtbarkeit dann, wenn die Jugendernährung eine intensive ist und kein Weidegang besteht. Vielfach haben solche Tiere ein ochsenähnliches Aussehen, zeigen einen geschlechtslosen, „asexuellen Typus".

Die Gefahr relativer (faule Decker) bis absoluter Unfruchtbarkeit besteht auch bei männlichen Tieren (namentlich bei Stieren), wenn sie auch in der zweiten Jugendhälfte zu gut gefüttert und spät zur Zucht verwendet werden. Begreiflicherweise gilt dies besonders für alle frühreifen und mastfähigen Haustierrassen, weil bei ihnen schon durch die vorhandene Neigung zur Mastfähigkeit die geschlechtliche Tätigkeit mehr oder weniger beeinträchtigt wird. So hat z. B. CORNEVIN beobachtet, daß unter sonst gleichen Verhältnissen Shorthornfärsen mit 14 bis 16 Monaten erstmals Brunst zeigten, während Simmentaler Färsen schon mit zwölf Monaten rinderten. Überdies blieb bei seinen Beobachtungen an Shorthornkühen nach dem ersten oder zweiten Kalbe die Brunst oft ein Jahr und länger aus. Aus dem Gesagten ergibt sich somit die Notwendigkeit die erste Paarung der landwirtschaftlichen Haustiere zu einem geeigneten, durch die Erfahrung als zweckmäßig erkanntem Zeitpunkte vorzunehmen.

Passendstes Alter zur Zucht (im allgemeinen)

1. **Pferd:** Morgenländische (warmblütige) Rassen:
   Englisches Voll- und Halbblut usw.:　Hengste . 4 jährig
   　　　,,　　,,　　,,　　,,　　,,　　Stuten[1) . 3　,,
   　　Abendländische (kaltblütige) Rassen:　Hengste　2—3 jährig
   　　　　,,　　　　　,,　　　　　,,　　Stuten .. 2—3　,,
2. **Rind:** Frühreife Rassen:　　　　Stiere..... (12) 13—15 Monate
   　　　　,,　　　　,,　　　　　Kalbinnen (14) 16—18　,,
   　　Mittelfrühreife Rassen:　Stiere ....18—20　,,
   　　　　,,　　　　,,　　　　Kalbinnen .....18—22　,,
   　　Spätreife Rassen:　　　　Stiere ....24—30　,,
   　　　　,,　　　　,,　　　　Kalbinnen .....24—30　,,
3. **Schaf:** Frühreife Fleischrassen:　Böcke ....10—12　,,
   　　　　,,　　　　,,　　　　weibliche Schafe 16—18　,,
   　　Spätreife Rassen (Merino)　Böcke ....24—30　,,
   　　　　,,　　　　,,　　　　,,　　weibliche Schafe 24—30　,,
4. **Ziege:**　　　　　　　　　　Böcke..... (10) 12—18　,,
   　　　　　　　　　　　　　　weibliche Ziegen
   　　　　　　　　　　　　　　(gewöhnlich)　8—10　,,
5. **Schwein:** Frühreife Rassen:　Eber ....10—12　,,
   　　　　,,　　　　,,　　　　Säue ....10—12　,,
   　　Spätreife Rassen:　　　　Eber ....15—18　,,
   　　　　,,　　　　,,　　　　Säue ....15—18　,,

Dauer der Zuchtfähigkeit

Aus wirtschaftlichen Gründen pflegt man unter gewöhnlichen Verhältnissen die volle Zeit der Zuchttauglichkeit unserer Haustiere nicht auszunützen. Dennoch ist dieser Vorgang dort unerläßlich, wo es sich um die Ausnützung erstklassiger Zuchttiere handelt, oder bei der Herauszüchtung besonders

---

[2]) Vierjährig nur dann, wenn dreijährig noch im Training. Nach v. OETTINGEN.

guter Zuchttiere überhaupt. Begreiflicherweise hängt die Dauer der Zuchtfähigkeit im hohen Maße von der Individualität ab. Trotzdem lassen sich aber unter Berücksichtigung großer Zahlen immerhin auch gewisse rasseliche Unterschiede erkennen.

Beim Pferd ist es bekannt, daß die spätreiferen warmblütigen (morgenländischen) Zuchten eine längere züchterische Gebrauchsfähigkeit besitzen als die kaltblütigen (abendländischen). Und bei den warmblütigen Pferden sind wieder die primitiven Zuchten nicht nur langlebiger, sondern auch länger zuchttauglich. Warmblütige Hengste der Züchtungsrassen sind, von Ausnahmen abgesehen, bis zum 20., eventuell 25. Lebensjahre, Stuten bis zum 18. und 20. zur Zucht zu brauchen. Konnikis, bei richtiger Haltung, noch länger. Kaltbluthengste erschöpfen gewöhnlich ihre züchterische Gebrauchsfähigkeit bis zum 12. Lebensjahre, Stuten bis zum 15., eventuell 18.

Beim Rinde währt die züchterische Gebrauchsfähigkeit der Kühe bei frühreifen Züchtungsrassen bis zum 12., eventuell 15. Lebensjahr. Spätreife Rassen züchten gewöhnlich bis zum 18. und 20. Lebensjahre. Stiere werden bekanntlich teils wegen der Zunahme ihres Lebendgewichtes oder wegen Böswerdens gewöhnlich nur sehr kurz, in vielen Gegenden unzweckmäßigerweise gar nur ein Jahr hindurch benützt. Bei zweckmäßiger Haltung (entsprechender Fütterung und leichter Arbeit) können sie jedoch unschwer bis zum 8., ja auch 10. bis 12. und ausnahmsweise auch noch wesentlich länger sprungfähig erhalten werden.

Bei Schafen sind Böcke frühreifer Rassen bis zum 8. und 10. und solche spätreifer Rassen bis zum 10. und 12. Jahre brauchbar. Weibliche Schafe frühreifer Rassen züchten bis zum 7. oder 8. Lebensjahre, spätreife bis zum 10.

Bei Ziegen kann man Böcke bis zu acht Jahren, weibliche Tiere ebensolang verwenden.

Frühreife Schweine: Eber können bis zum 8. Lebensjahre, Säue ebenfalls bis zum 8. Jahre züchterisch benützt werden. Spätreife Landschweine des östlichen Mitteleuropas, die halbwild leben, bleiben wesentlich länger zuchtfähig.

Hühner können bis zum 6., eventuell ausnahmsweise sogar bis zum 8. Jahre züchterisch verwendet werden.

Zu beachten ist, daß die Vererbungssicherheit entgegen einer weitverbreiteten Ansicht selbst durch höheres Alter keine Einbuße erleidet. Hingegen sind weibliche Tiere im höheren Alter (ganz besonders gilt dies für Schafe!) leichter geneigt, zu verwerfen.

Die Lebensdauer, die über die Zeit züchterischer Gebrauchsfähigkeit individuell verschieden weit hinausreicht, kommt mit seltenen Ausnahmen (am häufigsten noch beim Pferde) für die landwirtschaftlichen Haustiere aus wirtschaftlichen Gründen kaum in Betracht. Sie spielt nur bei jenen Haustierarten eine Rolle, die, wie z. B. der Hund, dem Vergnügen des Menschen dienen. In solchen Fällen ist der Tod meist die Folge des Versagens eines oder des anderen Organes. Der Tod als Folge eines gleichmäßigen Alterns aller lebenswichtigerOrgane, der sogenannte Tod aus Altersschwäche, ist auch hier eine seltene Ausnahme. Dieser „physiologische" Tod, wie ihn HARMS nennt und wie ihn der genannte Forscher beim Hunde festgestellt hat, ist tatsächliche ein allmähliches, ein reaktionsloses Hinüberschlummern. Im allgemeinen kann man begründeterweise annehmen, daß auch die Lebensdauer spätreifer Tiere eine längere als frühreifer ist.

von OETTINGEN faßt seine diesbezüglichen Erfahrungen beim Pferde in dem Satz zusammen: „Da bekanntlich die warmblütigen Rassen ein höheres Alter erreichen als die kaltblütigen und sämtliche Rassen vor zirka 150 Jahren älter wurden als jetzt, so ist aus obigen Vergleichen der Tragzeit zu entnehmen, daß im großen und ganzen die längere Tragzeit auch ein höheres Lebensalter im Gefolge hat."

Temperament, Gemütsart und Naturell

Unter Temperament versteht man die Empfindlichkeit, die Erregbarkeit des Nervensystems und den Grad, Umfang und Tiefe der Reaktion auf gewisse äußere oder innere Reize, welche den Tierkörper treffen. Von diesem Gesichtspunkte aus bezeichnet z. B. A d . Krämer mit dem Worte ,,Temperament" ,,die Verfassung der Tiere in bezug auf ihr Empfindungsvermögen". Und ein moderner Zootechniker, C. Kronacher (1922), sagt vom Temperament, daß es ,,der äußere Ausdruck der ererbten und an der Hand der umgebenden Lebensbedingungen erworbenen Gesamtbeschaffenheit des Nervensystems, im besonderen der Erregbarkeit des Nervensystems" wäre.

Das Temperament wird namentlich von landwirtschaftlicher Seite oft auch als Gemütsverfassung, Gemütsart, Naturell bezeichnet. Das ist insoferne nicht ganz richtig, als mit diesen Worten mehr die seelischen Eigenschaften der Tiere gemeint sind, welche, obschon in erster Linie ebenfalls angeborener Natur, auch durch Beispiel und Art der Jugenderziehung weitgehender als das Temperament beeinflußt werden können. Es ergibt sich das aus der kritischen Prüfung von Redensarten, wie ,,ein gutes" oder ,,böses", ,,störisches Temperament". Diese Eigenschaften sind charakteristische Äußerungen des Seelenlebens und einer ,,herrschend gewordenen Gefühlsstimmung" (Leisewitz), welche allerdings in engen Beziehungen zum Temperamente stehen, aber mit ihm doch nicht identifiziert werden sollen. Nach Leisewitz umfaßt das Wort ,,Naturell" die sensuelle und habituelle Seite des individuellen Lebens. Das Naturell wird nach dem Genannten bei unseren Haustieren vorzugsweise mit Rücksicht auf seine gutmütige Beschaffenheit (Zahmheit, Zutunlichkeit, Gutmütigkeit, Fügsamkeit) oder aber auf den bösartigen Charakter (Scheu, Wildheit, Unbändigkeit, Störrigkeit) gewertet. In dieser Beziehung ist es allerdings begreiflich, daß die letztgenannten Eigenschaften viel eher bei Individuen mit lebhaftem, feurigem Temperament als bei solchen mit phlegmatischem zum Ausdrucke kommen werden. Bedürfen doch lebhafte Tiere einer ganz besonders aufmerksamen (namentlich Jugend) Behandlung, soll ihr Naturell nicht ungünstig beeinflußt werden. Aber wie jeder Praktiker weiß, gibt es hinreichend Korrelationsbrecher (z. B. zutrauliche Hunde mit lebhaftem, ja sogar nervösem Temperament und umgekehrt böse mit phlegmatischem).

Vom Temperament kann man im allgemeinen bei den Haustieren zwei Haupttypen unterscheiden 1. Das lebhafte, feurige, sanguinische, welches in extremer Ausbildung zum nervösen wird, und 2. das phlegmatische, ebenfalls in verschiedenen Graden auftretend.

Die Betrachtung der wilden Stammformen der Haustiere lehrt, daß das lebhafte Temperament wohl als das normale aufzufassen ist, und daß seine extreme Form (z. B. das nervöse) ebenso wie das phlegmatische Produkte der Domestikation sein dürften. Die Art des Temperamentes ist in mehrfacher Beziehung von Wichtigkeit. Einmal seiner engen Beziehung zur Konstitution wegen, dann aber auch aus dem rein praktischen Gesichtspunkte, weil es mit der Gebrauchsfähigkeit der betreffenden Individuen und namentlich beim Pferde und Hunde mit bestimmten Gebrauchsrichtungen in Verbindung steht.

Die Charakteristik des lebhaften, feurigen, sanguinischen Temperamentes liegt in der raschen und energischen und bis zu einem gewissen Grade auch nachhaltigen Reaktion. Individuen dieser Art zeichnen sich durch Lebhaftigkeit, Widerstandsfähigkeit, Anpassungsfähigkeit und die Eignung für anstrengende körperliche Arbeit aus.

Es ist interessant, daß z. B. neuestens ein Forscher (Zondek 1923) das lebhafte Temperament geradezu zum Temperament als solchem stempelt, wenn er sagt „vom energetischen Standpunkte aus betrachtet, läßt sich das Temperament als die Summe der verschwendeten und das Phlegma als die Gesamtheit der eingesparten körperlichen Bewegungen definieren". Damit ist auch der lebhafte Stoffwechsel temperamentvoller Individuen hervorgehoben.

Zum nervösen wird das Temperament, wenn die Reizschwelle abnorm niedrig liegt und das Tier schon auf schwache Reize unverhältnismäßig stark reagiert. Solche Tiere sind empfindlich, ihre regulatorischen Eigenschaften versagen leicht und ihre körperliche Leistungsfähigkeit ist beschränkt (z. B. gewisse Zuchten von Foxterriers beim Hunde).

Das phlegmatische Temperament zeichnet sich durch eine relativ hochgelegene Reizschwelle aus. Die Reaktion erfolgt erst bei stärkeren Reizen und weniger ausgiebig. Phlegmatische Tiere sind ruhiger, wenig beweglich, ihr Stoffwechsel verlauft daher weniger lebhaft als bei Tieren mit sanguinischem Temperament. Sie eignen sich besser für die Fleisch- und Mastrichtung.

Diese Art von Temperament findet man oft mit jener Konstitutionsform vereint, welche die praktischen Züchter als „bindegewebige" bezeichnen. Die Widerstandsfähigkeit gegen Schädlichkeiten aller Art ist herabgesetzt, die Tiere ermüden bei schwerer körperlicher Arbeit leicht.

Übrigens kann auch das lebhafte Temperament durch besondere Tiefe, Heftigkeit der Reaktion auf gewisse Reize hin eine pathologische Note erlangen, so daß solche Tiere für manche landwirtschaftliche Zwecke ungeeignet werden.

Während der Zusammenhang zwischen Temperament und Konstitution schon seit langem bekannt ist (z. B. LEISEWITZ 1890), ist die Erkenntnis der Abhängigkeit des Temperaments von gewissen Blutdrüsen erst verhältnismäßig jungen Datums. So weit sich die Dinge bis jetzt übersehen lassen, kommt dabei in erster Linie die Schilddrüse in Betracht; ihr schließen sich dann — in abgeschwächter Form — die Keimdrüsen an. Inwieweit andere Drüsen mit innerer Sekretion auf das Temperament Einfluß nehmen, ist noch nicht sicher.

JUL. BAUER (1922) weist auf den hohen Grad der Beeinflussung des Temperaments seitens der „Partialkonstitution" der Blutdrüsen, insbesondere der Schilddrüse (der Thyreoidea) hin und spricht geradezu von einem hypothyreotischen Temperament, das die Folge einer hypothyreotischen (d. h. einer durch Unterfunktion der Schilddrüse bedingten) Konstitution sei, und anderseits wieder von einer thyreotoxischen Konstitution, bzw. einem solchen Temperament, welches durch allzu starke Hormonbildung seitens der Schilddrüse ausgelöst würde.

Und KOCHER-Bern, der eine besondere „Basedowkonstitution"[1]) unterscheidet, deren Wesen sich mit jenem der eben erwähnten J. BAUERschen thyreotoxischen Konstitution deckt, ist der Ansicht, daß diese Basedowkonstitution dasjenige in reinster Form darstelle, „was man früher als sanguinisches Temperament bezeichnet hat".

Ein charakteristisches Beispiel für die Abhängigkeit des Temperaments, speziell beim Menschen, von der Funktion der Schilddrüse ist (nach HOYER) die größere Empfindlichkeit, Erregbarkeit der Frauen in der Schwangerschaft, welche bekanntermaßen mit leichter Vergrößerung und wohl auch verstärkter Funktion der Schilddrüse Hand in Hand geht.

---

[1]) Die Basedowkrankheit wird durch eine abnorm verstärkte Hormonproduktion der Schilddrüse veranlaßt und ist, von anderen Merkmalen abgesehen, durch einen gewaltig gesteigerten Stoffwechsel und durch auffallende Lebhaftigkeit, Beweglichkeit und (motorische) Unruhe der Kranken gekennzeichnet.

Den Gegensatz zu dieser Art des Temperaments stellt das lymphatische Temperament der alten Schule vor, das durch „Trägheit sämtlicher vitaler Funktionen und einen allgemeinen Mangel an dem, was man Tonus zu nennen pflegt", charakterisiert wird.

Daß durch Kastration speziell der männlichen Tiere, deren Temperament im allgemeinen weitgehend beeinflußt, ins ruhige geändert werden kann, ist allgemein bekannt, es genügt darauf hinzuweisen.

Aus dem Gesagten ergibt sich, daß am Zustandekommen des Temperaments vorwiegend zwei Komponenten beteiligt sind: einmal die ursprüngliche Veranlagung, die erblich bedingte Beschaffenheit des Nervensystems und zweitens die — ebenfalls erblich bedingte — Beschaffenheit und Funktion gewisser Drüsen mit innerer Sekretion, vor allem der Schilddrüse und in zweiter Linie der Keimdrüsen.

Das Temperament ist somit in der Hauptsache als etwas erblich Gegebenes, im Gegensatz zum Naturell durch Außeneinflüsse nicht Änderbares zu betrachten. Daß es sich beim Temperament um ein spezifisch erblich konstitutionelles Moment handelt, geht nach DAVENPORT aus dem vollkommen gleichartigen Verhalten sogenannter identischer eineiiger Zwillinge gegenüber denselben Einwirkungen der Außenwelt mit aller Sicherheit hervor. Die familiäre Nachahmungs- oder Suggestionshypothese hat nach ihm keine Berechtigung. Nach DAVENPORT (1915), der die Vererbung des Temperaments beim Menschen studiert hat, käme dem sanguinisch-nervösen Temperament (unvollkommene) Dominanz, dem phlegmatischen Rezessivität zu und zur Erklärung der vorkommenden menschlichen Biotypen würde die Annahme zweier Paare von Allelomorphen hinreichen. Jedoch sei, namentlich wenn die extremen und zum Teile bereits pathologischen Temperamentsvarianten berücksichtigt werden, keineswegs ein einfacher Vererbungstypus anzunehmen.

Die Beachtung des Temperaments kommt bei der Zuchtwahl besonders dort in Frage, wo dasselbe mit der Gebrauchsfähigkeit in engem Zusammenhang steht, also vor allem in der Pferdezucht und zum Teil auch in der Hundezucht.

Was speziell die Hundezucht anbelangt, so sind mir aus früherer Zeit Erfahrungen aus dem südlichen Mähren zur Hand, welche für das lebhafte, fast nervöse Temperament des englischen Pointer die Vererbung nach dem Zea-Typus (d. h. in abgeschwächter Form dominant) erkennen lassen. Man kreuzte in dem damals ungewöhnlich wildreichen Feldrevieren die hitzigen, flüchtig arbeitenden, sich aber bei großer Sommerhitze deshalb leicht erschöpfenden Pointer mit phlegmatischen, langsam arbeitenden Hündinnen des deutschen Vorstehhundes und erhielt solcherart vortreffliche Gebrauchshunde mit erwünschtem, ausgeglichenem Temperament.

Beim Pferde liegen lehrreiche, einschlägige Erfahrungen (nach L. HOFF-MANN) aus dem Arabergestüt Weil vor. Allerdings kommt hier das Temperament nicht ganz rein, sondern mehr weniger mit dem Naturell legiert vor. Zum mindesten handelt es sich dabei um extreme, offenbar bereits pathologische Formen des feurigen Temperaments, und zwar, wie erwähnt, überdies in Verbindung mit einem erblich fixierten bösartigen Naturell. Der direkt importierte Original-Araberhengst Tajar z. B. lieferte mit den in Weil vorhandenen, mit normalem „guten Temperament" ausgestatteten Stuten Nachkommen, welche ihm „an Aussehen, Schönheit, Eleganz und Leistung" glichen, die aber ebenso sein äußerst schwieriges, unzähmbares Temperament, das durch besondere Reizbarkeit und Heftigkeit charakterisiert war, so vollkommen geerbt hatten, daß sie alle, ohne Ausnahme, abgeschafft werden mußten.

Ähnlich verhielt es sich nach L. HOFFMANN mit der Nachzucht des Hengstes Cham, und von Trakehnen liegen ähnliche Erfahrungen vor.

In diesen Fällen liegt offensichtlich volle Dominanz (Pisum-Typus) des eigenartigen Temperaments vor.

Übrigens scheint es, als könnte unter Umständen geschlechtsgebundene Vererbung des Temperaments auftreten. Dafür sprechen die Verhältnisse beim Jerseyrinde. Dem ruhigen Temperament der weiblichen Tiere steht dort das bekannt heftige, wilde und oft direkt bösartige der Stiere gegenüber.

Die Art des Temperaments schwankt bei unseren Haustieren nach Individuen und Rassen. Wenn schon vereinzelt Individuen einer jeden Temperamentstype innerhalb einer jeden Rasse vorkommen (z. B. englisches Vollblut mit ruhigem und Belgier mit selbst nervösem Temperament), so ist doch vielfach eine oder die andere Art des Temperaments innerhalb einer bestimmten Rasse so häufig verbreitet, das man sie geradezu als Rasseeigenschaft ansprechen muß. Ja es scheint, als wären solche zum Teil mit eigenartigem Naturell verquickte Temperamentstypen manchmal geradezu Spezieseigenschaften. So charakterisiert z. B. ein nervöses, schwieriges Temperament den Fuchs und ist wohl die Ursache, weshalb sich diese Spezies nicht recht zum Haustier eignet. Manche Besitzer der vor kurzem sehr begehrt gewesenen Schwarz- und Silberfuchsfarmen Nordamerikas könnten davon erzählen.

Umgekehrt wieder ist das ruhige Temperament und zutunliche Wesen der Elen-Antilope Südafrikas allen Beobachtern aufgefallen.

Ähnliche Vorkommnisse bietet auch das Geflügel. Ich erinnere nur an Chenalopex aegyptiacus, die ägyptische oder Nilgans, ferner an die Höcker- oder Schwanengans (auch chinesische Gans genannt), deren männliche Individuen besonders lebhaftes Temperament mit wildem Naturell verbinden. Bei dem Fasan gilt dies für den kampflustigen Silberfasan. Endlich existiert von der Hausgans eine Rasse, die Tulasche (Kurzschnabelgans), deren Gänseriche so aggressiv sind, daß sie geradezu den Namen der Kampfgans erhalten hat.

Die Kondition

Im Sinne der praktischen Züchter versteht man unter Kondition jene Körperbeschaffenheit, in welcher die betreffenden Tiere bestimmten wirtschaftlichen Zwecken am besten entsprechen. Beeinflußt bzw. hervorgerufen wird die jeweilige Kondition durch entsprechende Ernährung und Übung. In der Hauptsache läuft das Wesen der Kondition auf den Ernährungszustand des Tierkörpers hinaus.

Man unterscheidet gewöhnlich folgende Typen von Kondition:

1. **Die Zuchtkondition** (beim Pferde als Deckkondition bezeichnet) ist durch einen guten Ernährungszustand charakterisiert, der sich, abgesehen von den in fast allen Geweben und Organen aufgestapelten Nährstoffen, auch noch durch Vorhandensein deutlicher Fettmengen an den für die betreffende Tierart oder Rasse typischen Körperstellen (den sogenannten Fettreservoirs) beurteilen läßt. Ein bestimmter Vorrat an Nährstoffen aller Kategorien bildet die Quelle jener Energien, die für die Zeugungsvorgänge nötig sind.

Zuchtkondition wird durch konzentrierte, eiweißreiche, nicht mastige Ernährung und durch entsprechende, den Stoffwechsel anregende Haltung (Bewegung, bei Pflanzenfressern Weidegang) erzielt. Auf diese Weise wird jener Vorrat an Nährstoffen in den Organen und Geweben des Tierkörpers geschaffen, der namentlich beim männlichen Tiere notwendig ist, um die mit der geschlechtlichen Erregung und mit den Ausgaben an Zeugungssäften verknüpften Verluste zu decken. Dies gilt besonders dort für die männlichen Tiere, wo die Deck- oder Sprungzeit (wie z. B. besonders beim Schafe) auf einen kurzen Zeitabschnitt zusammengedrängt erscheint. Wir sehen auch, daß in der freien Natur, bei wildlebenden Tieren, wie z. B. beim Hirsch, der Eintritt der Brunstzeit mit einem vorzüglichen Ernährungszustand zusammenfällt.

Auch beim weiblichen Tiere machen namentlich die Schafzüchter vom günstigen Einfluß einer kurze Zeit vor Beginn der Brunst einsetzenden, eiweißreichen, stimulierenden Ernährung Gebrauch, um die Fruchtbarkeit zu erhöhen und besonders Zwillingsgeburten usw. zu häufen.

Bei hochgezüchteten, frühreifen Rassen der Mastrichtung nähert sich die Zuchtkondition oft bereits der Mastkondition, ein Umstand, der bei der Aufzucht besondere Aufmerksamkeit erfordert.

2. **Gebrauchskondition.** Sie kommt speziell beim Pferde und beim Arbeitsochsen in Betracht und stellt einen mittleren Ernährungszustand vor, damit die Tiere auch vorübergehend größere Arbeitsleistungen, welche durch die üblichen Rationen nicht voll gedeckt werden können, ohne Schaden überstehen. Im übrigen stellt die richtige Arbeitskondition bereits eine Art Übergang zum Zustand des Trainings vor.

3. **Die Rennkondition.** Sie wird beim Pferde durch eine spezifische Ernährung und Übung (Training) erzielt. Sie ist durch möglichste Befreiung des Tierkörpers von überflüssigem Fett und Wasser charakterisiert. Die auf diesem Wege erzielte Entfernung aller überflüssigen Masse, allen unnötigen Gewichtes, aller sozusagen passiven Gewebsbestandteile macht die Tiere zu jenen gewaltigen Anstrengungen geeignet, welche die Rennen erfordern. Die Ernährung muß eine besonders konzentrierte, eiweißreiche, und von bekömmlichster Beschaffenheit sein und die Entwässerung des Tierkörpers wird durch Galoppieren unter Decken (Schwitzen) hervorgerufen.

Daß ein solcher Ernährungszustand auf die Dauer nicht ohne Schädigung der Gesundheit der Tiere möglich ist, liegt auf der Hand.

4. **Die Ausstellungskondition.** In den letzten Dezennien hat sich, von England kommend, die in mehrfacher Beziehung züchterisch schädliche Übung die für Ausstellungen bestimmten Tiere direkt anzumästen, auch am Kontinent und selbst in der Schweiz, eingebürgert. Die Ausstellungskondition kann im allgemeinen wohl direkt als eine Art von Mastzustand mittleren Grades angesehen werden. Abgesehen vom schädlichen Einfluß des Mastzustandes auf die Zuchtfähigkeit solcher Tiere, die erst nach einer herabstimmenden Haltungs- und Ernährungsweise wieder — woferne sie nicht überhaupt dauernden Schaden gelitten haben — für die Zucht brauchbar werden, ist die Überladung des Körpers mit Fett geeignet, manche baulichen Fehler der betreffenden Tiere zu verdecken. Diese neue Mode ist daher unter allen Umständen vom Standpunkt des Züchters aus zu verwerfen.

5. **Die Mastkondition.** Durch die unter Einhaltung eines für die bestimmte Haustierart festgestellten Nährstoffverhältnisses erfolgende überreiche Nährstoffzufuhr wird ein übermäßiger Fettansatz veranlaßt, der sich an den für die verschiedenen Spezies oder Rassen charakteristischen Körperstellen (beim Rinde z. B., abgesehen von der Subkutis, am Darmbein- und Sitzbeinhöcker, in der Bauchfalte, beim Ochsen auch im Hodensack) als fettführende Bindegewebspolster zu erkennen gibt.

Durch übermäßige Fetteinlagerung im inter- und intramuskulären Bindegewebe kann infolge Druckwirkung Schwund gewisser Muskelfasern entstehen, ein Vorgang, der bei der Speckbildung des Schweines deutlich zu beobachten ist. Im besonders hochgradigen Mastzustand kann es zur fettigen Degeneration in den Zellen lebenswichtiger Organe kommen, die den Tod des Tieres bedingen. Die höchsten Grade der Mastkondition werden trotz überreichen Kaloriengehaltes des Futters nicht unter gewöhnlichen Verhältnissen und bei normalen Tieren erzielt, sind also nicht exogener Art, sondern hängen von einer besonderen erblichen, konstitutionellen Anlage ab. Diese endogene Ursache höchster, einseitiger Mastfähigkeit, welche bei typischen Mastrassen der Haustiere vorkommt und die bei entsprechender Mastfütterung aus manchen Tieren (besonders Schweinen) förmliche Fettklumpen schafft, steht, wie man heute weiß, mit dem System der endokrinen Drüsen in Zusammenhang. Diese konstitutionelle Anlage zur Mastfähigkeit unserer Mastrassen der Haustiere hat nichts mit einer Unterfunktion der Schilddrüse, nichts — wie man früher meinte — mit dem Kretinismus zu tun, wohl aber steht sie mit der Hypophyse in Verbindung.

Der von mir 1923 auf indirektem Wege, durch den Nachweis eines für morphologisch typische, kurzgliedrige Mastrassen charakteristisch verbildeten Türkensattels, erbrachte Beweis fand gleichzeitig (1923) durch die auf ganz anderem Wege schreitenden, sich allerdings nur auf den Rinderschlag der Dexters beschränkenden Untersuchungen CREWS vollkommene Bestätigung. Er wies charakteristische Veränderungen direkt an der Hypophyse von Föten solcher monströser Dexters nach und kommt — vollkommen unabhängig von mir — zu demselben Schluß, nämlich, daß jene für solche Haustierrassen typischen morphologischen (Mikromelie und Brachycephalie) Merkmale in den großen Formenkreis der Achondroplasie gehören.

Daß ein weit getriebener Mastzustand für die betreffenden Tiere unter allen Umständen schädlich ist, bedarf keines Beweises.

Der ungünstige Einfluß mastiger Kondition bei jungen Tieren, auch wenn sie keineswegs besonders mastfähigen Rassen angehören, äußert sich auch namentlich in der Richtung der Geschlechtssphäre, insoferne als Individuen männlichen, wie auch weiblichen Geschlechtes mehr oder weniger zu relativer bis absoluter Sterilität neigen. Aus diesem Grunde spielt daher besonders bei frühreifen, mastfähigen Rassen der Weidegang bzw. ausreichende Bewegung überhaupt in der Aufzucht der jungen Tiere eine so wichtige Rolle.

6. **Die Hungerkondition** (Unterernährung). So wie es eine Mastkondition gibt, gibt es auch eine Hungerkondition; sie ist das Gegenstück zur ersteren. Das Elend der Kriegszeit, das in fast ganz Mitteleuropa für Mensch und Tier Unterernährung im Gefolge hatte, und das weiten Gebieten auch in Zukunft noch droht, läßt es rätlich erscheinen, auch diesen Ernährungszustand mit in die Betrachtung einzubeziehen, obschon es bisher nicht üblich war, ihn in den Lehrbüchern über allgemeine Tierzuchtlehre zu berücksichtigen. Die Hungerkondition ist eine Form der Unterernährung, welche auf zweierlei Weise zustande kommen kann. Entweder ist sie die Folge eines Mangels gleichmäßig aller wichtigen Nährstoffgruppen (chronische Unterernährung) oder aber von sogenannter partieller Unterernährung, d. h. wenn in der Nahrung ein oder der andere Nährstoff in zu geringer Menge zugeführt wird. Gewöhnlich jedoch dürfte die Hungerkondition durch beide Vorgänge gemeinsam veranlaßt werden, wenn das gereichte Futter sowohl hinsichtlich seiner Kalorienzahl, als auch bezüglich einzelner Nährstoffe unzureichend war. Letzteres gilt ganz besonders bezüglich des Eiweißes und manchmal wohl auch bezüglich der lebenswichtigen Vitamine.

Der im Hungerzustande befindliche Tierkörper ist durch weitgehende Verarmung sämtlicher Gewebe und Organe an den sonst immer vorhandenen Reservenährstoffen ausgezeichnet. Ganz besonders gilt dies natürlich für den Fettgehalt, der in den spezifischen Speichergeweben so gut wie vollkommen verschwindet.

Daß Leistungen jeder Art von im Zustand der Unterernährung befindlichen Tieren auf ein Minimum herabgedrückt werden, ist selbstverständlich. Es gilt dies ebensowohl für die Muskelleistung (Arbeit), wie für die Milch und andere wirtschaftlichen Leistungen. Speziell bezüglich der Milchleistung ist es bekannt, daß bereits mittlere Grade der Unterernährung die Milchproduktion beträchtlich verringern und daß sie überdies in der Milch selbst, abgesehen von einem geringeren Kaloriengehalt auch weitgehende qualitative Veränderungen veranlassen. Sie ist nach BARBERA, RÜHLE, WEIDEMANN und SINGER u. a. ärmer an Eiweiß, Zucker und anorganischen Salzen — nicht aber an Fett. Übereinstimmend fanden alle Forscher den Fettgehalt der Milch auch bei Unterernährung unverändert, eine Tatsache, die keineswegs in der landwirtschaftlichen Praxis allgemein bekannt ist. In züchterischer Beziehung hervorragend wichtig ist der Einfluß der Unterernährung auf die Sexualsphäre. Die Erfahrungen der Praxis gehen dahin, daß die Fruchtbarkeit durch stärkere Grade der Unterernährung leidet und daß sie unter Umständen vollständig verloren gehen kann. Dies gilt sowohl für männliche als auch weibliche Individuen. Deutlich trat diese relative Unfruchtbarkeit infolge von Unterernährung während der Kriegszeit beim Pferde und Schafe (sehr scharf auch beim Büffel) hervor, weniger merkwürdigerweise beim Rinde. Erklärt werden diese Beobachtungen der Praxis durch ältere und neuere einschlägige wissenschaftliche Untersuchungen. LOISEL (1901), UGRIUMOV (1904), GRANDI und SIMONOWITSCH wiesen das Auftreten degenerativer Vorgänge im Hoden und das schließliche Verschwinden bzw. Absterben der Spermatozoen innerhalb der Tubuli nach. RUDOLSKI (1893), LOEB (1921) und MORGULIS (1924) zeigten, daß Unterernährung das Reifen der Eifollikel im Ovarium hindere. Letztere unterliegen schon in mittleren Entwicklungsstadien der Resorption. Die in den sich entwickelnden Eiern aufgespeicherten Nährstoffe werden resorbiert und schützen dadurch lebenswichtige Organe des mütterlichen Körpers vor Zerstörung.

Daß die auf trächtige Tiere wirkende Unterernährung Abortus hervorruft, ist bekannt. Auf den winterlichen Steppen z. B. Bocharas spielt sich dieser Vorgang alljährlich ab und liefert die Erklärung für die Herkunft der zahlreichen „Breitschwanzfelle" des Handels. Ich selbst beobachtete während der nur aus Stroh bestehenden Kriegshungerfütterung in Groß-Enzersdorf an primitiven Zackelschafen und an anspruchsvolleren Kreuzungsmüttern der Karakulrasse, daß erstere mit dem Hungerfutter das Auslangen fanden, niemals abortierten, während letztere, weil bereits anspruchsvoller, in ziemlich hohem Prozentsatze verwarfen.

Sehr wichtig und beachtenswert ist für den Züchter auch die durch Unterernährung verursachte wesentliche Herabsetzung der Widerstandsfähigkeit der meisten ansteckenden Krankheiten vor allem der Tuberkulose.

Die Konstitution

Die ältere landwirtschaftliche Tierzucht bezeichnete mit dem Worte „Konstitution" (Körperverfassung) die gewebliche Beschaffenheit des Tierkörpers, seinen Aufbau, soweit es sich um dessen Elemente, die Zellen, handelt. So versteht noch Anfang dieses Jahrhunderts G. PUSCH unter „Konstitution" „die gesamte, von den Gewebszellen bedingte, mehr oder weniger unveränderliche, innere und äußere Körperbeschaffenheit".

Sie suchte ihn aus dem Verhalten verschiedener, der Prüfung leicht zugänglicher Organe und Gewebssysteme zu erschließen und bediente sich daher vorwiegend morphologischer Merkmale.

Es wurde aber nicht nur die qualitative, sondern vor allem auch die quantitative Entwicklung wichtiger Gewebsarten und Organe (Haut, Knochen, Muskeln, Bindegewebe) berücksichtigt und solcher Art aus dem „Habitus" die jeweilige Konstitution, die zelluläre Beschaffenheit der betreffenden Tiere zu erschließen versucht. Die fundamentale Bedeutung der Konstitution, sowohl in bezug auf gewisse wirtschaftliche Leistungen und Leistungsrichtungen, als auch in gesundheitlicher Beziehung (Disposition, d. i. „Krankheitsbereitschaft" zu bestimmten Krankheiten, Art des Verlaufes derselben usw.) und mit Rücksicht auf das Verhalten gegenüber Schädlichkeiten klimatischer und anderer Art, war richtig erkannt worden und die Landwirte trachteten daher mit den Ärzten gemeinsam das Wesen der Konstitution zu ergründen.

Die alte Tierzuchtschule hat, gestützt auf gewisse Körpertypen, auf gewisse Formen des Habitus, der von alters her als ein Ausdruck der Konstitution gegolten hat, eine Reihe von besonderen Konstitutionsarten, sogenannten Grund- oder Elementarkonstitutionen unterschieden, wie die grobe, robuste, starke, oder feine, zarte, nervöse (schwache), die bindegewebige, lymphatische, arterielle, venöse usw. Sie alle sollten durch eine spezifische Art der Entwicklung bestimmter Gewebssysteme oder Organe, worauf ja schon die Namen zum Teil hinweisen, charakterisiert sein und sollten es ermöglichen, sowohl über die Eignung der betreffenden Individuen zu bestimmten wirtschaftlichen Leistungen, als auch über deren Verhalten in gesundheitlicher Beziehung Aufschluß zu erhalten.

Wenn es auch, wie wir heute wissen, nicht möglich ist, auf dem bezeichneten Wege ein volles Verständnis des Wesens der Konstitution zu erlangen, so waren anderseits die erwähnten Konstitutionstypen doch imstande, gewisse, für den praktischen Züchter wichtige Fingerzeige zu liefern. Deshalb, und weil diese ältere Art der Beurteilung auch heute noch in der züchterischen Praxis häufig angewendet wird, sollen einige dieser „Elementarkonstitutionen" kurz besprochen werden.

1. Die kräftige, robuste, harte, gute Konstitution. Sie galt gewissermaßen als die normale, wünschenswerte, die dem Ideal an Gesundheit am nächsten kam, wenn schon sie nicht immer mit bestimmten einseitigen wirtschaftlichen Hochleistungen vereinigt vorkam. Ausgezeichnet sei sie durch kräftige Entwicklung, durch dichtere Beschaffenheit der Gewebe, also kräftigen Knochenbau, gut entwickelte Muskulatur, derbe Sehnen und eine mittelstarke, kräftige, elastischderbe, dicht gefügte Haut, die ganz besonders zur Konstitutionsbeurteilung herangezogen wurde (z. B. Neuhaus-Selchow). Man nahm an, daß solche Tiere eine kräftige Verdauung, energische Blutbildung hätten, daß sie widerstandsfähig gegenüber Schädlichkeiten verschiedener Art, daß ihr Nervensystem leistungsfähig und ihre regeneratorischen Fähigkeiten wohl ausgebildet wären. Solche Tiere seien daher nicht wählerisch hinsichtlich des Futters und gut geeignet für die Arbeits- und Milchrichtung.

Wie ersichtlich ist, liegt die Annahme vor, daß diese „kräftige" Konstitution durch eine vortreffliche harmonische Entwicklung und Funktion aller wichtigsten tierischen Organe und Gewebe ausgezeichnet wäre.

2. Die grobe Konstitution wurde als eine ungünstige Abart der vorigen betrachtet. Sie sei durch „voluminösen Knochenbau" und „massige Entwicklung" aller Gebilde, die dem Hautsystem angehören, charakterisiert. Der Habitus solcher Tiere trete in „groben Konturen, unharmonischen Formen" usw. in Erscheinung (Leisewitz 1888).

Solche Tiere seien unfähig für wirtschaftliche Hochleistungen und würden nach Leisewitz „keine Energie in ihren Lebensfunktionen" verraten. Man schrieb Individuen dieser Konstitutionstype ein großes Futterbedürfnis zu, dem relativ geringe Leistungen gegenüberstünden. Es ist klar, daß es sich bei dieser Gruppe von Tieren entweder um unter günstigen Futterverhältnissen lebende primitive Zuchten mit kräftiger Konstitution handelte, die eben noch keine verbessernde Durchzüchtung erfahren hatten oder aber um solche, die bereits einen Über-gangstypus zur bindege-webigen, trägen Konstitu-tion darstellten.

3. Die feine Kon-stitution wurde charak-terisiert durch einen bereits ziemlich feinen grazilen Knochenbau und immer noch kräftige, wenn auch keineswegs üppige Mus-kulatur. Die Haut beson-ders sollte trotz beginnen-der Verfeinerung noch eine genügend „kernige Textur" besitzen, leicht verschieb-bar sein und sich elastisch hart anfühlen. Die Nerven-tätigkeit wäre eine inten-sive. Man sagte von solchen Tieren, daß sie nicht so viel „passive Masse" wie „Knochen, Sehnen und dergleichen" zu ernähren brauchten, daß daher auf die landwirtschaftlich wich-tigen „aktiven Gewebe" und Organe (Muskelfasern, Milchdrüse usw.) ein größerer Anteil an Nahrung entfalle, so daß verschie-dene wirtschaftliche Lei-stungen von solchen Indi-viduen in besonders hohem oder vollkommenem Maße zu erwarten wären. Be-sonders beim Pferde sprach man diesen Habitus als „Adel" an.

Abb. 147. Huzzulenhengst aus Sadowa Wisznia (zehnjährig). Morgenländischer Kopf von normalem Bau. Keine Verfeinerung, keine Vergröberung. (Orig.- Phot. v. Dr. Starszewski.)

Abb. 148. Kopf eines arabischen Vollbluthengstes, 18 Jahre alt, im Gestüt Sadowa Wisznia (Polen). Der Kopf zeigt bereits eine gewisse Verfeinerung. (Orig.-Phot. v. Dr. Starszewski.)

Wie ersichtlich, handelt es sich hier um eine gewisse, sich fast unbeabsichtigt bei Zuchtwahl auf die meisten höheren wirtschaftlichen Leistungen einstellende Verfeinerung des Körpers. Wir haben es mit der um einen mäßigen Grad verfeinerten kräftigen Konstitution zu tun.

4. Die zarte Konstitution. Schreitet die Verfeinerung der Körper-gewebe in stärkerem Maße vor, überschreitet sie eine gewisse Grenze, so haben wir es mit der zarten, schwachen, manchmal auch nervösen Konstitution zu

tun. Gekennzeichnet ist sie durch extrem feinen Knochenbau, reduzierte Muskelentwicklung und eine sehr feine, sehr dünne Haut. Solche Individuen sind empfindlich, reagieren schon auf mäßige Schädlichkeiten des Klimas oder Futters stark, sind daher anspruchsvoll an Futter und Pflege und befinden sich auch bei guten Futterverhältnissen meist nur in mäßiger Kondition. Ihre Leistungen (Milch, Mast, Arbeit) sind geringer. Diese Type kommt höchstens dort als erwünscht in Frage, wo es sich ohne Rücksicht auf etwas anderes, ganz einseitig um die Produktion besonders edler, feiner Wolle handelt, das ist eine Richtung, welche der Vergangenheit angehört. Die extremste Form der zarten Konstitution wird durch die sogenannte Überbildung gekennzeichnet. Wir treffen dann extreme Feinheit von Skelett und Muskulatur, besonders aber der Haut, welche stellenweise Neigung zu Haarlosigkeit zeigt (an den Ohren, ringförmig um die Augen, am Bauche usw.) Auffallend tritt die Neigung zur Bildung kleiner, kümmerlicher Formen hervor und der Schädel solcher Individuen behält auch im erwachsenen Zustande oft jugendliche, ja zum Teile selbst fötale Züge. Es besteht eine Art von Infantilismus, der in solchen Fällen inneren Ursachen seine Entstehung verdankt.

5. Die **lymphatische** (oft mit der bindegewebigen Hand in Hand gehende), **träge, torpide Konstitution**, welcher bereits an anderer Stelle Erwähnung getan worden ist, äußert sich in plumpen Formen, starker einseitiger Entwicklung des Bindegewebes um und in den Muskeln sowie in der Subkutis. Die Haut ist daher dick und weich. Der Praktiker spricht von einer „schwammigen Textur" der Gewebe oder von deren „pastöser" Beschaffenheit. Eine gewisse Apathie, ein meist träges Temperament und ein eben solcher Stoffwechsel äußern sich in der Neigung zu Fettbildung. Solche Tiere lassen den Eindruck der Energie, Kraft und Lebensfreude vermissen und sind schädlichen Einflüssen der Umwelt gegenüber, gleichgültig welcher Art diese sein mögen, hinfällig. Speziell der Zusammenhang der „bindegewebigen Konstitution" mit Frühreife im landwirtschaftlichen Sinne wurde keineswegs von allen Zootechnikern richtig erkannt, wohl aber sind so ziemlich alle Beobachter darüber einig, daß sie in gesundheitlicher Beziehung als minderwertig zu gelten habe. LEISEWITZ z. B. äußert sich hierüber: „Über die Bedeutung der torpiden, lymphatischen Konstitution kann nur absprechend geurteilt werden, denn die mit derselben verknüpften Mängel bedingen nicht nur eine wesentliche Reduktion der Arbeitsfähigkeit und völlige Aufhebung der Zuchttauglichkeit (? des Ref.), sondern lassen auch keine beachtenswerte Qualifikation für die Stoffproduktion aufkommen."

Sonderbarerweise übersieht LEISEWITZ die wirtschaftlich zweckmäßige Beschaffenheit gerade dieser Konstitutionstype für die Mastrichtung, auf die L. HOFFMANN später mit Recht nachdrücklich hingewiesen hat, und versteigt sich zu dem Satze „daß die bemängelte Konstitution als ein wesentliches Hindernis für jeden lohnenden Betrieb der Viehzucht gelten muß."

Daß die geschilderten Haupttypen der Konstitution zum großen Teile erblicher Natur seien und daher zur Familieneigenschaft, ja selbst zum Gemeingut von Stämmen und Rassen werden können, war auch der alten Tierzuchtschule bekannt. Allerdings räumte sie auch der Aufzucht, Haltung und Jugendernährung einen weitgehenden Einfluß auf das Zustandekommen der einzelnen Konstitutionsarten ein. Die fundamentale Bedeutung und den Zusammenhang vieler dieser Typen mit dem Systeme der endokrinen Drüsen konnte ihr nach dem damaligen Stande der Wissenschaft natürlich nicht bekannt sein.

So lagen die Dinge bis zu Anfang dieses Jahrhunderts. Man sieht, daß, wenn auch das Wesen der Konstitution nicht voll erfaßt worden war, dennoch fast instinktiv ein im großen und ganzen für die praktischen Zwecke brauchbarer

Weg gefunden worden war, um die Leistungsanlagen und das gesundheitliche Verhalten des Tierkörpers wenigstens bis zu einem gewissen Grade aus dem Habitus beurteilen zu können. Daß die Ansichten über die Konstitution auch von ärztlicher Seite gegen Ende des vorigen Jahrhunderts ganz ähnliche waren, beweist die Definition Birch-Hirschfelds (1892): „Als Konstitution bezeichnet man die Gesamtanlage des Körpers sowohl hinsichtlich der Menge und des Verhältnisses seiner einzelnen Bestandteile zueinander, als auch dem Maße seiner aktiven Leistung in der einen oder anderen Richtung mit Einschluß seiner Reizbarkeit sowie seiner passiven Widerstandsfähigkeit. Man kann in diesem Sinne reich ausgestattete und dürftige, kräftige und schwache, reizbare und träge Konstitutionen unterscheiden."

Ähnlich drückt sich später C. Hart aus: „Wir verstehen unter Konstitution heute die Summe aller Faktoren, von denen im wesentlichen die größere und geringere Widerstandsfähigkeit des Organismus gegen von außen kommende Schädigungen bedingt ist. Neben der anatomischen sicht-, meß- und wägbaren Beschaffenheit des Körpers und der ihn zusammensetzenden Organe und Gewebe ist es vor allem die diesem innewohnende funktionelle äußere und innere Leistungskraft, die Fähigkeit und Art der Reaktion auf jeden einzelnen Reiz bestimmt."

Der Unterschied zwischen ärztlicher und landwirtschaftlicher Auffassung der Konstitution liegt nur darin, daß letztere ein besonderes Gewicht auf das Verhalten bestimmter Konstitutionstypen auch gegenüber normalen, wenn auch quantitativ veränderten Lebensreizen (Ernährung, Übung der Muskeln, der Milchdrüse usw.) legte und aus der Konstitution auch die wirtschaftliche Leistung oder Leistungsrichtung erschließen wollte.

Nachdem schon früher (von Beneke) ähnliche Gedanken geäußert worden waren, stellte Martius den Satz auf, daß sich die Gesamtkonstitution theoretisch konstruieren lasse, gewissermaßen als die Summe der Teilkonstitutionen aller Organe, daß sie die Resultierende vorstelle aller jener den Organismus zusammensetzenden Gewebe und Organe und ihres Zusammenwirkens zwecks Erhaltung der gesamten Leistungsfähigkeit des einzelnen Lebewesens: „Die angeborene Konstitution löst sich auf in eine Summe von Plus- und Minusvarianten anatomischer und funktioneller Natur."

Bei der unendlich komplizierten Zusammensetzung des hochdifferenzierten Organismus von Mensch und Tier sei voraussichtlich die Zahl der sich ergebenden Kombinationen so groß, daß es aussichtslos bleiben müsse „ein einheitliches Maß der resultierenden Gesamtkonstitution" zu finden (Martius).

Die Schwierigkeit der objektiven Feststellung der Konstitution zeigte sich denn auch sogleich, als man die alten Methoden, die in der Erfassung der einen oder der anderen früher besprochenen Habitustypen gipfelten als ungeeignet beiseite legte. Man versuchte zunächst auf anatomischen (morphologischen) und physiologischen Wegen zum Ziele zu gelangen.

1. Ersteren beschritt Beneke (1888); er glaubte durch Bestimmung der relativen Größenverhältnisse der Organe (beim Menschen) die Konstitution erfassen zu können. Martius urteilt über diesen Versuch: „Die prinzipielle Identifizierung von Volum und Leistungsfähigkeit war sein verhängnisvoller Irrtum." Er erinnert, daß kleine Abweichungen von der Norm der Organe kompensiert werden können, und daß anderseits z. B. gerade das vergrößerte Herz es ist, das seine Leistungsfähigkeit einbüßt.

2. Ähnlich versagte auch der Versuch, auf Grund einfacher physiologischer Prüfung Einblick in die Konstitution zu erhalten. Fr. Krause (1899) wollte in der Ermüdung allein ein Maß für die Konstitution gefunden haben; allein

die Versuchsresultate vermittelten kein Verständnis. TANDLER versuchte den Tonus der Muskulatur hiefür heranzuziehen.

3. Desgleichen führte die „pharmakodynamische Funktionsprüfung" (mit Atropin, Pilocarpin einerseits — Adrenalin anderseits) nicht zum Ziele (EPPINGER und HESS).

4. Manche glaubten aus dem Verhältnis von Zellkernmasse und Zelleibmasse (Kernplasmarelation), auf welche SCHIEFERDECKER aufmerksam machte, wichtige Schlüsse auf alle Lebensvorgänge und auf die Konstitution ziehen zu können.

5. C. v. D. MALSBURG (1911) endlich kündigte in dem Durchmesser der Muskelfasern ein universelle Geltung besitzendes Maß für Konstitution, Stoffwechselintensität, Vitalität und wirtschaftliche Leistung an. Diese Ansicht fand, trotzdem ihre Unrichtigkeit klar erkennbar war, bei Züchtern und vielen Zootechnikern Anklang, offenbar, weil sie an alte, praktisch züchterische Überlieferungen anknüpfte. Von wissenschaftlicher Seite wurde sie jedoch ignoriert. In Anbetracht ihrer Verbreitung im Züchterkreise muß sie deshalb trotzdem am Schlusse dieses Abschnittes kritisch besprochen werden.

Alle Versuche auf einfache und einheitliche, exakt wissenschaftliche Weise ein Urteil über die Konstitution zu erlangen, verliefen erfolglos, sie lieferten für Landwirte und Ärzte nicht einmal praktisch besonders brauchbare Ergebnisse.

Endlich wurde von ärztlicher Seite, z. B. durch klinische Untersuchungen eine Reihe von Habitustypen festgestellt, welche zwar wissenschaftlichen Ansprüchen hinsichtlich des Verständnisses der Konstitution nicht genügen, aber praktischen in manchen Beziehungen gewachsen sind. Wenn diese Typen auch in erster Linie den Mediziner interessieren, so vermögen sie doch auch brauchbare Fingerzeige positiver oder negativer Art für wirtschaftliche Leistungs- und Gebrauchsfähigkeit der betreffenden Individuen dem Züchter zu gewähren.

SIGAUD z. B. unterschied folgende Typen, denen gewisse Konstitutionsformen gegenüberstehen:

1. Den Typus respiratorius (Atmungsapparat!);
2. Den Typus digestivus (Verdauungsapparat!);
3. Den Typus muscularis (Muskelsystem!);
4. Den Typus zerebralis (Zentralnervensystem!).

Durch ihre Bezeichnung ist bereits die besonders hervortretende Entwicklung bestimmter Organ- oder Gewebsgruppen ersichtlich gemacht worden.

Daß diese Typen, denen KRETSCHMER neuestens (1921) ganz ähnliche, zum Teil wohl mit den genannten übereinstimmende, gegenübergestellt hat, eine unverkennbare Annäherung an den alten Standpunkt bedeuten, braucht wohl keiner eingehenderen Begründung.

Festgestellt wurden diese Typen beim Menschen; es unterliegt jedoch keinem Zweifel, daß sie auch bei den Haustieren vorkommen. Der type respiratoir tritt uns zweifelsohne im englischen Vollblutpferde und im Windhunde, der type digéstiv bei zahlreichen Rinderrassen entgegen. Den type musculaire finden wir bei schweren Pferden abendländischer Type (zur Gruppe der Equus Abeliabkömmlinge gehörend) und manchen Hunderassen deutlich ausgeprägt. Und selbst der Zerebralis-Typus läßt sich bei gewissen Hunden feststellen, eine Ansicht, die nach mündlicher Äußerung auch von Prof. TANDLER geteilt wird.

Diese Typen — nur umfassen die SIGAUDschen nicht alle vorhandenen — entsprechen offenbar Domestikationsmutationen; sie kommen teils vereinzelt innerhalb verschiedener Haustierrassen, teils als durch Zuchtwahl sortierte Formen, als ganze Rassen vor. Ihnen kommt ein spezifisches genotypisches Verhalten und eine entsprechende Reaktionsnorm zu. Sie umfassen sichtlich wichtige Teilgruppen der Konstitution und können vom Züchter wie Ärzte praktisch gewertet werden. Es festigt sich immer mehr die Ansicht, daß wir es bei einem Teil von ihnen mit dem Ausdruck eines bestimmten Verhaltens verschiedener endokriner Drüsen zu tun haben.

Zu solchen Habitustypen gehört dann auch noch der PALTAUFsche status thymico-lymphaticus. Er wird gekennzeichnet durch das Vorkommen der Thymusdrüse in einer Entwicklungsperiode, in der diese schon mehr oder weniger geschwunden sein soll, und durch quantitativ starke Entwicklung des lymphatischen Apparates. Er bildet wohl jenen körperlichen Zustand, der früher als „lymphatische Konstitution" schlechtweg bezeichnet worden ist, bringt mit anderen Worten bis zu einem gewissen Grade die Anschauungen der alten Schule wieder zu Ehren. Bei hochgezüchteten Tierrassen (z. B. auch bei solchen der Schafe) dürfte er auch vorkommen und vielleicht die Veranlassung von plötzlichen Todesfällen sein, für welche die tierärztliche Untersuchung keine klare pathologische Ursache nachweisen kann, und wo von Tod aus „allgemeiner Lebensschwäche" gesprochen wird.

Ebenso ist der bei Mensch und hochgezüchteten Haustieren nicht seltene „Infantilismus" hieherzuzählen; er kann als allgemeiner und partieller, d. h. auf gewisse Organe (oft sind es speziell die Geschlechtsorgane) beschränkt, vorkommen.

Ob die asthenische Körperverfassung bei Haustieren nachgewiesen worden ist, ist mir unbekannt. Derartige Körperformen sind so unerwünscht, daß Individuen landwirtschaftlicher Haustiere, die mit ihnen behaftet sind, schon in der Jugend ausgemerzt werden dürften.

Daß durch verschiedene Entwicklungs- und Funktionsgrade der endokrinen Drüsen auch sonst noch charakterisierte Teilkonstitutionen mit typischem Habitus hervorgerufen werden können (Basedow-Konstitution KOCHERS, kretinoider Habitus, achondroplastischer Habitus, Mikromelie und Brachycephalie bestimmter Haustierrassen) ist bekannt. Fast allen diesen Habitusformen entsprechen Teilkonstitutionen, denen ebensowohl in wirtschaftlicher, wie auch medizinischer Beziehung Bedeutung zukommt. Ja neuerdings (1923) spricht V. HAECKER sogar von einem „Habitus oder Status albinoidicus" wegen der geringen Lebenskraft albinotischer Larven von Axoloten.

Ein anderes Gesicht erhielt die Lehre von der Konstitution in der jüngsten Zeit durch die Kenntnis der Bedeutung der „Drüsen mit innerer Sekretion" (der endokrinen Drüsen) für diese Frage und durch die Einblicke, welche der erweiterte Mendelismus nicht nur in die Vererbung konstitutioneller Zustände, sondern auch in das Wesen dieser selbst gestattete.

Die Mehrzahl der Biologen steht heute auf dem Standpunkte, daß die jeweilige Konstitution rein endogenen, inneren Ursprungs ist, und daß die Art, wie sie sich äußert (Habitus, Temperament, Verhalten gegenüber verschiedenen Reizen) nur Reaktionsformen derselben sind. Deshalb wäre die Erkenntnis der Konstitution im einzelnen Falle von so ungeheurer Tragweite, sei sie doch für Mensch und Tier gewissermaßen eine Art von Fatum, das körperliche Gestalt angenommen hat, Fleisch und Blut geworden sei.

Zur Bekräftigung seien die Aussprüche zweier führender Biologen und Eugeniker zitiert. M. v. GRUBER äußert sich: „Viel mächtiger als die Umwelt ist die Konstitution." Und an anderer Stelle: „Konstitutionshygiene ist im wesentlichen Hygiene des Keimplasmas". LUNDBORG, der Inhaber der ersten für dieses neue Wissensgebiet geschaffenen Lehrkanzel sagt: „Die biologische Struktur oder Konstitution ist es, welche entscheidet......".

Ferner bezeichnet dann J. BAUER (1921) in Anlehnung an TANDLER-Wien innerhalb eines allerdings ungeheuer weiten Rahmens die Konstitution als „die

Summe der durch das Keimplasma übertragenen, also schon im Momente der Befruchtung bestimmten Eigenschaften des Organismus"; und: „Habitus bezeichnet die äußeren Kennzeichen der konstitutionellen und konditionellen Körperverfassung." Er umfaßt somit die äußere Gestaltung des Körpers, die Beschaffenheit der Haut, der Fettverteilung, die Behaarung usw. Konstitutionelle Eigenschaften brauchen nicht schon im Momente der Geburt vorhanden zu sein, brauchen nicht kongenital zu sein und umgekehrt müssen kongenitale Eigenschaften durchaus nicht immer konstitutionell sein, sondern können auf intrauteriner Akquisition beruhen.

Das Wesen der Konstitution, und das ist das Wichtige an der Sache, liegt nach allen diesen modernen Anschauungen im Wesen des Keimplasmas, in seiner genotypischen Zusammensetzung begründet. Das Keimplasma überträgt: „die Fähigkeit zum Wachstum und zum Erreichen des für die Spezies und Rasse charakteristischen Entwicklungspunktes, sowie die Eigentümlichkeit der funktionellen Abnützung der Organe innerhalb einer gewissen Frist und das Fortschreiten senilen Verfalles des Organismus bis zum imaginären Eintritt des physiologischen Todes" (J. BAUER).

Den klarsten Beweis dafür, wie weit der Einfluß der Umwelt auf den Körper gegenüber jenem der ererbten Konstitution in den Hintergrund tritt, erbringt das Verhalten der eineiigen (das heißt aus einem und demselben Ei hervorgegangenen) Zwillinge.

Zu den verschiedenen, in der Literatur bereits seit längerer Zeit bekannten höchst interessanten diesbezüglichen Fällen sei es mir gestattet, einen neuen von P. POPENOE (1922) mitgeteilten als typisches Beispiel hinzuzufügen. In einem kleinen, in den Black Hills (Vereinigten Staaten von Nordamerika) gelegenen Städtchen wurden Zwillingsschwestern geboren, welche acht Monate alt (nach dem Tode der Mutter) von zwei in ganz verschiedenen Gegenden wohnenden Familien angenommen wurden. Voneinander getrennt, wuchsen sie unter ganz verschiedenen Verhältnissen auf. Achtzehnjährig sahen sie sich zum ersten Male und trafen sich bis 1922 nur dreimal (zweimal für je 3 Monate, einmal für 6 Monate). Trotzdem gleichen sie in allen Stücken einander vollkommen. Ihre Haare und Augen sind von genau gleicher Farbe, ihre Stimmen gleich; ihre Körperhöhe ist dieselbe und selbst ihr Lebendgewicht nahezu (bis auf einige Pfunde!) das gleiche. Beide haben „schwache Lungen" und Verschlimmerungen im Befinden setzten bei beiden im gleichen Zeitpunkte ein, derart, daß Briefe, welche die andere Schwester hiervon benachrichtigten, sich wiederholt kreuzten. Ebenso gleichartig beschaffen waren die geistigen Anlagen beider (Interesse für Geschichte, Politik und soziale Studien, hingegen keines für Mathematik).

Konstitution und endokrine Drüsen. Unter jene Organen, welche nach morphologischer Beschaffenheit und Funktion besonders wichtige Glieder der Kette „Konstitution" bilden, gehören nach den Erfahrungen der letzten Zeit die Drüsen mit innerer Sekretion. Ihr Einfluß kann so mächtig werden, daß sie in erster Linie dem betreffenden Individuum eine charakteristische Form und ebensolches Verhalten, sein Aussehen (Habitus) und seine Eigenschaften (die Art auf Reize zu reagieren) aufzwingen.

In diesem Sinne hebt J. BAUER (1921) hervor, wie gerade die Partialkonstitution der Blutdrüsen die Gesamtkonstitution des Organismus „einschließlich des Habitus und Temperamentes" in besonders tiefer Weise beeinflußt. Am auffallendsten ist dies der Fall und wohl am besten studiert bei der Schilddrüse (der Thyreoidea). Deshalb spricht BAUER (beim Menschen) einerseits von einer hypothyreoidalen durch Unterentwicklung oder Unterfunktion gekennzeichneten Konstitution und andererseits von einer thyreotoxischen, welche einer übermäßigen Funktion der Schilddrüse entspricht. Erstere durch Phlegma und geistige Trägheit mit Neigung zu Fettleibigkeit ausgezeichnet, bedingt eine pastöse, trockene Haut und leichte Ermüdbarkeit; Individuen mit letzterer hingegen sind reizbar, lebhaft, nervös und haben (experimentell nachweisbar!) lebhaften Stoffwechsel. Ganz ähnlich äußert sich H. ZONDEK (1923). Auch er stellt die Tatsache fest, daß das Konstitutionsproblem neuerdings im Mittelpunkt des Interesses steht, und daß der große Einfluß, den das System der endokrinen Drüsen auf alle vegetativen Vorgänge im Organismus ausübt, es nahelegt, „ihm auch für die Gesamtkonstitution eine große Bedeutung zuzumessen." Er führt die eigenartigen Folgen z. B. einer verzögerten Rückbildung der Thymusdrüse (Thymuspersistenz) an, welche in dem mit allgemeiner Widerstandslosigkeit und Hinfälligkeit des Körpers verbundenen Status thymico-lymphaticus (PALTAUF) der Pathologen in Erscheinung tritt usw.

Um zu beweisen, daß der Gesamtstoffwechsel des Körpers, der ja stets mit der Konstitution in Zusammenhang gebracht wird, weitgehend von der Funktion verschiedener endokriner Drüsen abhängig ist, mögen die einschlägigen Verhältnisse, gestützt auf die Forschungsresultate der letzten Jahre, zunächst an der Schilddrüse erörtert werden. Am klarsten tritt der Einfluß der Schilddrüse auf den Stoffwechsel und auf die übrigen Gewebe und Organe des Körpers natürlich dann zutage, wenn aus irgend welchen Gründen die Schilddrüse entweder zu schwach oder zu stark funktioniert, das ist zu wenig oder zu viel des ihr eigentümlichen Hormons erzeugt.

Unter normalen Verhältnissen hat die Schilddrüse die Fähigkeit, durch ihre Inkrete die Oxydationsvorgänge im Körper im allgemeinen zu steigern bzw. auf gewisser Höhe zu erhalten. Jede Unterfunktion hat eine Stoffwechselerniedrigung zur Folge (E. GRAFE 1923). Nimmt man z. B. Hunden, welche die Fähigkeit der Luxuskonsumtion haben, d. h. welche bei überreicher Nahrungszufuhr einen großen Teil des eingenommenen Überschusses zu verbrennen vermögen, die Schilddrüse heraus, so steigt das vorher ziemlich zäh festgehaltene Lebendgewicht, die Tiere büßen dies Anpassungsvermögen ein (ECKSTEIN, GRAFE).

Die Stoffwechselpathologen sind der Ansicht, daß schon eine geringfügige Minderleistung der Schilddrüse beim Menschen die Disposition zur exogenen (d. h. durch die Ernährung veranlaßten) Mastfettsucht auf doppelte Weise verursache. Einmal durch Herabsetzung des Grundumsatzes, und ferner durch den Einfluß auf das Temperament und hiedurch wieder auf die Muskelleistung.

v. NOORDEN nimmt eine ererbte, in späteren Jahren manifest werdende Funktionsschwäche der Schilddrüse bei der namentlich bei jüdischen Frauen so häufigen Fettsucht an.

Die wichtige Rolle der Schilddrüse bei der Regulation des Stoffwechsels und der Wärmeproduktion zeigt nach ZONDEK u. a. das Verhalten schilddrüsenloser Kaninchen, sie verlieren die Fähigkeit, ihre Temperatur konstant zu erhalten und passen die Körpertemperatur der Außentemperatur an.

Bei weitgehender Unterfunktion sinkt beim Menschen die Leistungsfähigkeit des Individuums (E. PULAY). Dasselbe wird schwerfällig, wenig aktiv, indolent. Aus Hypothyreoidismus kann Athyreoidismus hervorgehen. Ausfall jeglicher Hormonbildung, und der veranlaßt ein wohlstudiertes Krankheitsbild — das Myxödem.

Es ist vielleicht interessant, daran zu erinnern, daß verschiedentlich, allein erfolglos, der Versuch gemacht worden ist, das Wesen der landwirtschaftlichen Frühreife und Mastfähigkeit in dieser Richtung hochgezüchteter Haustierrassen auf diesen Prozeß zurückzuführen (kretinoide Degeneration, Myxödem).

Die stoffwechselanregende Wirkung jener von der Schilddrüse gebildeten Hormone ersieht man auch aus den Versuchen Adlers, der durch Injektion von Schilddrüsenextrakt die Körpertemperatur winterschlafender Igel von 6^0 C auf 34^0 C emportrieb und deren Erwachen veranlaßte.

Der große Einfluß, den die Schilddrüsenprodukte selbst auf die Neubildung von Zellen und auf die Beschleunigung der Metamorphose bei Froschlarven besitzen, ist seit Gudernatsch bekannt. Ebenso wurde nach Grafe die wachstumanregende Wirkung der Schilddrüsensubstanz am Herzen, der Leber, den Nieren, Lymphdrüsen, ja selbst bei der Knochenentwicklung der Ratten sichergestellt. E. Pulay kommt daher auf Grund der Angaben Eppingers zu dem Schlusse, daß das Sekret der Schilddrüse ein Stimulans fast aller Zellen unseres Organismus darstelle, „da beim Fehlen der Thyreoidea zelluläre Vorgänge viel langsamer verlaufen: Wachstumsstörungen bei thyreopriven jugendlichen Tieren, schlechte Wundheilung bei schilddrüsenlosen Hunden, auf der anderen Seite die Beschleunigung der Wundheilung durch Hinzufügen von Schilddrüsensubstanz. . . .“

Überfunktion der Schilddrüse (Hyperthyreoidismus) hingegen ist nach Starling, Hohenstein, Ascher u. a. durch Stoffwechselsteigerung gekennzeichnet. „Es besteht ein schnellerer Körperverbrauch und man kann geradezu behaupten, daß ein Individuum im Hyperthyreoidismus schneller lebt“ (Pulay). Dem „Sekret der Schilddrüse“ scheint nach Eppinger die Fähigkeit zuzukommen, die Gewebszellen schneller oder langsamer arbeiten zu lassen. Dessen wirksame Substanz steigere nicht nur die oxydativen Leistungen der Zelle, sondern ihre gesamten vitalen Funktionen inklusive des Wasserverlustes. Bei größerer Inkretbildung würde das Fleischeiweiß viel rascher verarbeitet und die Schlacken viel rascher ausgeschieden als dort, wo eine geringere Inkretbildung herrsche. Bekannt sei die träge Zelltätigkeit und die längere Zurückhaltung der Abbauprodukte im Gewebe bei Myxödemkranken mit fehlender Inkretbildung.

Dem durch Athyreoidismus gekennzeichneten Myxödem steht der Hyperthyroidismus, die übermäßige Produktion von Schilddrüsenhormonen, gegenüber, dessen charakteristisches Bild uns in der Basedowkrankheit entgegentritt. Biologischerseits gibt sich diese Überproduktion an Hormonen in einer enormen Stoffwechselsteigerung zu erkennen. In dem eben erschienenen (1923), über die neuesten Arbeiten der Stoffwechselpathologie referierenden großen Sammelberichte sagt Grafe S. 250 u. a., „daß das wesentliche Moment der basedowischen Stoffwechselerhöhung in einer Steigerung der allgemeinen Gewebsvitalität beruht, von der die gesteigerte Tätigkeit von Herz, Atmung und Muskulatur nur einen Teil ausmacht“.

Dieser abnorme Reiz geht mit größter Wahrscheinlichkeit von den im Übermaß in den Kreislauf kommenden, vielleicht z. T. auch auf dem Umweg über das Nervensystem wirkenden spezifischen Schilddrüseninkreten aus, insbesondere wohl des Thyroxins.

Hervorragend wichtig für die experimentellen Studien dieser Fragen war die Kendall geglückte Entdeckung des Thyroxins als besonders wirksamen Bestandteiles der Schilddrüse. Durch sie wurde eigentlich erst eine exakte Versuchsbasis geschaffen. Werden von dieser Substanz, deren Gesamtmenge im Körper eines erwachsenen Menschen nach Kendall und Plumer zirka $14\,mg$ beträgt, $2\,mg$ intravenös injiziert, dann steigern sich die Oxydationsvorgänge bei Gesunden um 20 bis 30% (experimentell auf gasanalytischem Wege festgestellt) und bei Injektion von $3\,mg$ erhöhen sich dieselben sogar auf 50%!

Interessant ist ferner, daß dieselbe Menge von $3\,mg$ Thyroxin, wenn sie an Myxödemkranke täglich verabreicht wird, jene durch das sonst fehlende Schilddrüseninkret verursachte Stoffwechselerniedrigung aufzuheben vermag. Dieser mächtige Einfluß auf die Stoffwechselvorgänge des Körpers veranlasse denn auch manche Forscher, wie bereits an anderer Stelle erwähnt wurde, von einer thyreotoxischen oder Basedowkonstitution zu sprechen.

Einen ähnlichen, wenn schon nicht ganz so gewaltigen Einfluß auf die Stoffwechselvorgänge wie die Schilddrüse besitzen die Keimdrüsen. Dagegen tritt ihr Einfluß auf den Habitus fast noch schärfer hervor.

LINDSTEDT sah z. B. „bei Krebsen auf der Höhe der sexuellen Vorgänge ohne nennenswerte Steigerung der Motilität den Sauerstoffverbrauch auf das Doppelte anwachsen" (GRAFE). Und LÖWY und RICHTER konstatierten mit „einwandfreier Methode", daß der Sauerstoffverbrauch nach der Kastration von Hündinnen um zirka 20% pro Kilogramm Lebendgewicht sank, und letzteres gleichzeitig erheblich anstieg.

Ähnliche Resultate erzielte PAECHTNER beim Rinde. Und beim Huhn liegen Resultate vor, wo bei Hähnen nach der Kastration der Stoffwechsel regelmäßig um 20 bis 30% sank.

Wenn beim Menschen die Unterfunktion der Keimdrüsen keineswegs immer von einem Absinken der Verbrennungsvorgänge begleitet ist (und auch bei Tierversuchen liegen ähnliche Beobachtungen vor), dann ist dieser scheinbare Widerspruch ohneweiters durch die (übrigens nachweisbare) Annahme zu erklären, „daß der Ausfall der Keimdrüsen von anderen Inkretorganen kompensatorisch gedeckt werden kann. Die vikariierenden Vergrößerungen von Thyreoidea und Hypophyse sind bekannt und sehr wahrscheinlich geht Hand in Hand damit eine Steigerung der Funktion der betreffenden Drüse. So vermute ich, daß der Fortfall der Stoffwechselreize seitens der Keimdrüsen durch eine vermehrte Produktion des spezifischen Sekretes der Thyreoidea, eventuell auch der Hypophyse wettgemacht werden kann".

Tatsächlich zeigt sich denn auch dort in allen Fällen ein regelmäßiges Absinken des Stoffwechsels, wo die Kastration an schilddrüsenlosen Hunden vorgenommen wurde (KORENTSCHEWSKY).

Die dritte endokrine Drüse, welche hervorragenden Einfluß auf den Stoffwechsel, Habitus und die Konstitution nimmt, und die speziell in züchterischer Beziehung deshalb besonders wichtig ist, weil ihre Abänderungen eine ausschlaggebende Rolle für das morphologische und physiologische und damit auch für das wirtschaftliche Verhalten vieler Haustierrassen maßgebend ist, ist die Hypophyse an der Hirnbasis.

Wie bereits ausgeführt worden ist, besitzt ihr Vorderlappen den ausgesprochenen Charakter einer Wachstumsdrüse, während ihr Mittellappen ein Inkret bildet, das ähnlich dem Hormon der Schilddrüse eine ausgiebige stoffwechselsteigernde Wirkung äußert. BENEDIKT und HOMANS haben an fünf Hunden durch operative Entfernung des größten Teiles der Hypophyse eine im Mittel 20 bis 30% betragende Abschwächung der Stoffwechselvorgänge festgestellt. An einzelnen Tagen betrug dieselbe maximal sogar bis 50%.

In diesen Versuchen sank gleichzeitig die Puls- und Atmungsfrequenz sowie die Körpertemperatur. GRAFE faßte die zahlreichen einschlägigen Versuchsresultate in den Satz zusammen, es könne keinem Zweifel unterliegen, „daß die Intensität der Verbrennungen sehr erheblich von der Hypophyse beeinflußt wird, und zwar fast so stark wie von der Thyreoidea".

Wenn wir dann den ungeheuren Einfluß berücksichtigen, den der Vorderlappen der Hypophyse auf das Wachstum des Skelettes und hiedurch auf die Körperform (Habitus) der Tiere hervorruft, so ergibt sich die große Bedeutung dieser Drüse auch für die Konstitution von selbst. Bedingen doch die verschiedenen Grade seiner Unterfunktion Verzwergung der Gestalt in verschiedener Art sowie speziell auch den Formenkreis der Achondroplasie, mit jenen den Tierzüchtern wohlbekannten Formen der Mikromelie und Brachycephalie, während seine verstärkte Hormonproduktion Riesenwuchs, bzw. wenn an bereits erwachsenen Individuen einsetzend, Akromegalie auslöst.

Die aus der genotypischen Beschaffenheit des Keimplasmas sich ergebende Teilkonstitution der Blutdrüsen äußert sich daher, wegen der von ihr ausgehenden tiefgreifenden Einflüsse auf andere Gewebe und Organe des Tierkörpers in der angedeuteten Weise auch indirekt in der Gesamtkonstitution.

Schließlich sei noch bemerkt, daß gegenwärtig noch manche Forscher die endokrinen Drüsen in erster Linie für die Entstehung mancher Rassetypen beim Menschen verantwortlich machen; daß dies auch bei den Haustieren der Fall ist, glaube ich bezüglich der sog. Brachycephalus-Rassen des Rindes und für gewisse Hunde- und Schweinerassen nachgewiesen zu haben.

Wenn wir das über die Konstitution Mitgeteilte zusammenfassen, dann ergibt sich daraus die Unmöglichkeit, auf einfache Weise, etwa mittels einer einheitlichen Methode, eines allgemeinen Maßstabes, die Konstitution im Einzelfalle auch nur annähernd im ganzen Umfange festzustellen.

Die Konstitution gleicht einem umfangreichen Mosaikbild, das aus zahlreichen Einzelsteinchen zusammengesetzt ist, welche nach Form und innerer Beschaffenheit (Material) sehr verschieden sind, daher den Schädigungen des Alltags verschieden lang Widerstand leisten werden.

Beim Organismus kommt noch komplizierend die gegenseitige Beeinflussung der einzelnen Organe und Gewebe hinzu, welche speziell dann von ausschlaggebender Bedeutung werden kann, wenn es sich um endokrine Drüsen handelt.

In der Hauptsache wird bereits jede Teilkonstitution (eines Organes oder Gewebes) die Resultierende mehrerer Komponenten sein, von denen die eine die genotypische Verfassung des fraglichen Organes selbst darstellt, die anderen aber durch den Entwicklungszustand und den Funktionsgrad der übrigen Organe, in erster Linie aber der endokrinen Drüsen, vorgestellt werden. Aus dem komplizierten Zusammenspiel aller dieser Kräfte ergibt sich das morphologische und physiologische Verhalten des betreffenden Organismus gegenüber von gewöhnlichen und ungewöhnlichen Umweltsreizen. Wenn es z. B. nur bei gewissen hochgezüchteten Hunderassen möglich ist, Basedowerscheinungen hervorzurufen, bei anderen aber nicht, nur einfache Stoffwechselsteigerung, dann beweist dies eben eine andere genotypische Beschaffenheit der in Frage kommenden Gewebe bzw. Organe, welche deshalb auf qualitativ und quantitativ gleiche Reize verschieden reagieren.

Die Gesamtkonstitution feststellen wollen, läuft, strenge genommen, auf die Feststellung des gesamten Genotypus des betreffenden Organismus hinaus. Diese Aufgabe ist zu groß, um als Ganzes gelöst zu werden; man muß sich damit begnügen, die jeweils am meisten interessierenden Teile der genotypischen Zusammensetzung kennen zu lernen. Die neuen Arbeiten, namentlich die Drosophila-Studien der MORGANschen Schule, haben gezeigt, daß schon aus der Natur des Keimplasmas heraus, infolge von Genkoppelungen, gewisse Korrelationen zwischen verschiedenen Organen oder Geweben vorkommen können. Das vereinfacht etwas die Konstitutionsprüfung, gestattet gewissermaßen den Überblick über einen Teil des Mosaikbildes.

Als Ausdruck solcher Korrelationen haben wir offenbar manche jener Habitus-(bzw. Konstitutions-)Typen anzusehen, welche erwähnt worden sind.

Die Prüfung der Konstitution wird sich aber immer nur auf die Feststellung von Teilkonstitutionen erstrecken können, gleichgültig, ob wir sie vom landwirtschaftlich wirtschaftlichen oder vom ärztlichen Standpunkte aus vornehmen. Wie zahlreich und kompliziert die Maßstäbe sein müßten, die zur Feststellung der Gesamtkonstitution nötig wären, läßt das früher erwähnte Beispiel der relativen Milzbrandimmunität der algerischen Schafe bereits vermuten. Aus dem Habitus ist sie nicht zu erschließen, ebenso nicht durch Stoffwechselprüfung. Nur der Infektionsversuch entscheidet hierüber.

Ähnlich verhält es sich nach MARTIUS mit der konstitutionellen Achilie (der Unfähigkeit morphologisch völlig normal beschaffener Magendrüsenzellen, Magensaft abzuscheiden); oder: wenn wir z. B. die Widerstandsfähigkeit einer Rasse prüfen wollen, dann kann es sich immer nur um das zweckmäßige Verhalten gegenüber einer bestimmten Schädlichkeit handeln, nie können wir viele derselben mit einem und demselben Maßstab messen. Ein Beispiel: So wie viele andere Tiere der zentralasiatischen Steppen ist das Karakulschaf sehr widerstandsfähig gegen Hitze und Kälte, gegen Hunger und Durst, es verträgt weite Märsche, es gilt also mit Recht als „konstitutionell hart“. Und doch ist das nur bedingt richtig. Als typisches Steppentier hatte es keine Gelegenheit, der Zuchtwahl gegen feuchte Luft und üppiges, wasserreiches Futter unterworfen zu werden. Feuchtkühle Luft ruft bei ihm leichter als bei anderen Schafrassen Katarrhe der Atmungswege und üppiges, wasserreiches Futter Darmkatarrhe hervor. Diesbezüglich ist es also nicht hart, seine sonstige konstitutionelle Härte läßt hier im Stich.

Auch an das von MORGAN erstmals erwiesene Vorkommen letaler Gene sei erinnert. Für die praktische Tierzucht ist es sehr wichtig zu wissen, ob sie vorhanden sind und einen Teil der gesamten genotypischen Konstitution ausmachen. Gewöhnlich ist ihr Vorhandensein aber nur durch das Züchtungsexperiment erweisbar. Die morphologische und physiologische Prüfung versagte.

Die Unmöglichkeit, mit einheitlichen oder einfachen Mitteln die Reaktionsweise und das Verhalten der Tiere gegenüber all den unendlich zahlreichen und verschieden gearteten Reizen der Umwelt kennen zu lernen und so einen genaueren Einblick in die Konstitution zu erhalten, ergibt sich aus dem Vorgebrachten zur Genüge. Für jeden spezifischen Reiz ist ein besonderer Prüfungsmodus, ein besonderer Maßstab nötig.

Der einzige praktische Weg, um im Laufe der Zeit zur Beurteilung der Konstitution. bzw. einer Anzahl von Teilkonstitutionen bei Tieren einer bestimmten Zucht zu gelangen, ist in der möglichst ausführlichen Einrichtung und gewissenhaften Führung der Zuchtbücher gegeben. Die Eintragungen sollen möglichst viele Eigenschaften günstiger wie eventuell auch ungünstiger Art, sowohl was wirtschaftliche Leistung als auch gesundheitliches Verhalten und erbliche Übertragungsweisen betrifft, umfassen. Die Führung dieser Zuchtbücher muß mit einem Worte fast wissenschaftlichen Anstrich haben. Der solcherart erlangte Einblick in die Konstitution des betreffenden Tierbestandes wird, wenn er auch, wissenschaftlich betrachtet, wahrscheinlich keineswegs von größter Tiefe oder Breite sein wird, für praktisch züchterische Zwecke dennoch unendlich wertvoll sein, man wird vielleicht sogar bei geeigneter Arbeitsweise für gewisse Merkmale oder Eigenschaften, um ein CORRENSsches Wort zu variieren, in der Lage sein, den Einzeltieren das Horoskop zu stellen.

Die Dicke der Muskelfasern als angebliches Maß der Konstitution. Nach einer in landwirtschaftlich züchterischen Kreisen viel verbreiteten Ansicht soll die Dicke der Muskelfaser jenes allgemeine und verläßliche Maß sein, welches uns über die Art der allgemeinen Konstitution eines Tieres sicheren Aufschluß liefert.

Man ging dabei von dem Gedanken aus, daß die Zellgröße auf die Art des Stoffwechsels im betreffenden Individuum von ausschlaggebendem Einflusse wäre, und daß diese Annahme auch dort zu gelten habe, wo es sich, wie bei den Muskelfasern, nicht eigentlich um Zellen, sondern um Zellkomplexe handelt.

Der Grund zu dieser Anschauung war zwar schon früher (namentlich unter anderen durch NEUHAUSS-SELCHOW) gelegt worden, gelangte jedoch erst durch das von der D. G. f. Z. herausgegebene Werk CAROL VON DER MALSBURGS: „Die Zelle als Form- und Leistungsfaktor der landwirtschaftlichen Nutztiere" (Hannover 1911) zum vollen Durchbruch.

Mit verschwindend wenigen Ausnahmen steht seitdem die einschlägige tierzüchterische Literatur im Banne der Idee, daß feine Zellen eine gute, kräftige und — abgesehen von der Mastleistung — für alle wirtschaftlichen Produktionsrichtungen bestgeeignete Konstitution, grobe, d. h. größere Zellen hingegen eine mindergute, ja sogar minderwertige Konstitution kennzeichnen sollen.

Die Sache ist für die theoretische und praktische Seite der Tierzucht von so einschneidender Bedeutung, daß es nicht angeht, sie einfach beiseite zu lassen. Eine nähere und kritische Betrachtung dieser Anschauung ist unerläßlich.

C. v. D. MALSBURG war durch meine (1888 erfolgte) Feststellung, daß der Durchmesser der Muskelfasern beim Rinde nach Geschlecht und Rasse verschieden groß ist, angeregt worden, diese Verhältnisse bei verschiedenen anderen Rinderrassen und später auch bei anderen Haustierspezies zu untersuchen. Er benützte hiefür den Bauchmuskel und den Wadenmuskel.

Auf Grund der für verschiedene Arten und Rassen solcherart ermittelten Durchmesser der Muskelfasern — er nennt sie „das histobiologische Symbol" — und eines Vergleiches der Rassenmittelwerte mit dem Verhalten solcher Rassen hinsichtlich konstitutioneller Eigenschaften, sowie Eignung für bestimmte wirtschaftliche Leistungsrichtungen kommt v. D. MALSBURG zu der Überzeugung, daß zwischen ihnen nahe Beziehungen bestehen. Mit anderen Worten: der jeweilige größere oder kleinere Muskelfaserdurchmesser gäbe verläßliche Auskunft über die Konstitution der Tiere im allgemeinen, über Temperament, Lebhaftigkeit des Stoffwechsels, Widerstandsfähigkeit gegen Schädlichkeiten verschiedener Art und selbst über Art und Höhe der wirtschaftlichen Leistung. Es ist somit eine große Zumutung, die an die Leistungsfähigkeit des Durchmessers der Muskelfaser gestellt wird.

Zur Begründung dieser Hypothese erinnert v. D. MALSBURG an die Bedeutung der Kern-Plasma-Relation, d. h. des Verhältnisses von Zellplasmamasse zur Zellkernmasse. Verschiedene Forscher hätten bewiesen, „daß die Energie der vitalen Funktionen einer Zelle" im umgekehrten Verhältnis zu dem genannten Index steht, und daß somit größere Zellen „ipso facto physiologisch weniger aktiv", also lebensschwächer sind als die kleineren.

Dies stehe mit der Anschauung der Tierzüchter im Einklang, nach welcher alle Tiere von grober, lymphatischer und anderseits von feiner und trockener Körperkonstitution unterscheiden.

v. D. MALSBURG beruft sich besonders auf den Satz NEUHAUSS-SELCHOWS (1888), nach welchem „enggebaute, straffe Zellen einen energischen, sog. feurigen, also edlen Körper aufbauen, während weite, lose, mit Wasser gefüllte Zellen charakteristisch für einen unedlen Körper sind".

Auf diese Weise gelangt v. D. MALSBURG allmählich zum Wesen der Konstitution, diesem „vielgebrauchten und oft mißbrauchten Ausdruck" (S. 79). v. D. MALSBURG stellt nun fest, daß der „übrigens ziemlich schwankende und dunkle Begriff der Konstitution" von der Mehrzahl der modernen zootechnischen Schriftsteller auf die histobiologische Beschaffenheit des Tierkörpers bezogen wird. Statt der üblichen Unterscheidung einer morphologischen und physiologischen Konstitution spricht v. d. Malsburg von einer „organischen Konstitution“.

Gestützt auf die von Dammann, Neuhaus-Selchow, Brödermann und A. Krämer vermutete Korrelation „zwischen spezifischer Zellengröße und der Vitalität“, setzt v. d. Malsburg für:

A. die feine Zelle eine hohe „Vitalität“ voraus. Der plasmatische Zellinhalt kann aber unter anderem „durch Überwässerung eine zu große Quellung und daher auch Schwächung des ursprünglich quantitativ unbescholtenen (?! d. R.)“ hervorrufen (S. 40). Solche „überwässerte Zellen“ würden gröber erscheinen und hätten eine „herabgedrückte Vitalität“.

B. Grobe Zellen.

C. Die von v. d. Malsburg angenommene dritte Zelltype, die zarten Zellen, seien zum Unterschiede von den feinen Zellen klein und hätten aber von Haus aus eine „deprimierte physiologische Aktivität“ und ein „biochemisch schwächliches zelluläres“ Plasma. Diese Zellform sei besonders ungünstig. Leider vergißt v. d. Malsburg zu sagen, woran man diese wichtige „organische Konstitution“ der Zellen erkennt, denn der Durchmesser der zarten Muskelfasern weist, wie die Messungsresultate v. d. Malsbugrs beweisen, keinen Unterschied von den feinen auf.

v. d. Malsburg schließt dann weiter: „Diesen drei biologischen unterschiedlichen Zelltypen der Tierzellen entsprechen selbstverständlich — als ihre summarischen Resultanten — auch die drei histobiologisch zootechnisch distinkten Korrelationstypen der landwirtschaftlichen Nutztiere, nämlich der feinzelligen, grobzelligen, zartzelligen.“

Und nun stellt v. d. Malsburg den gefundenen drei Zell-, eigentlich nur Muskelfaserformen die korrespondierenden Tierformen gegenüber und charakterisiert letztere nach Form und Leistung, Vitalität und Konstitution.

I. Feine Muskelfasern und die korrespondierenden Tierformen: Zellen mit biochemisch sehr aktivem, konzentriertem Inhalt, kleinen Dimensionen (Volumen zur Zelloberfläche günstig), regem Stoffwechsel, bedeutender Vitalität.

Die entsprechenden Tiergruppen sind: Feinzellige Organismen von kleiner oder mittlerer Statur, zierlichem, grazilem Körperbau, lebhaftem Temperament, scharfer Empfindlichkeit. Knochen hart, von hohem spezifischem Gewicht, Muskeln straff, kernig, trocken. Bindegewebe wasserarm, derb. Haut dünn, elastisch. Stoffwechsel lebhaft. Widerstandsfähigkeit, große Vitalität, Ausdauer, gute Futterausnützer. Für Arbeit und Milch gut, für Mast schlecht. Spätreife, leichte Haustierrassen. Als Beispiel: Holländer, Ostfriesen, Jersey, neben Steppenvieh!

II. Grobe Zellen (eigentlich grobe Muskelfasern) „mit einem biochemisch zwar normalen, aber durch übermäßige Hydration in der physiologischen Aktivität deprimierten Plasmainhalt; daher die Dimensionen groß, weshalb sich auch das Verhältnis des Volumens zu der Zelloberfläche ungünstig gestaltet und auf den Stoffwechsel .... hemmend wirkt. Demzufolge wird auch der Stoffumsatz träge, von überwiegend inaktivem Charakter (unzureichende Oxydation, fettige Spaltungsprodukte) und daher eine niedrige energetische Spannung sämtlicher physiologischer Funktionen, welche sich in einer geschwächten Vitalität der betreffenden Zellen kundgibt“.

Korrespondierende Tiergruppen: „Von großer bis sehr großer, üppiger Statur und schwerer Masse; oft sogar geradezu megalotische Gestalten (Riesen). Der Körperbau robust und plump; Bewegung langsam und schwerfällig; das Temperament phlegmatisch; die Empfindsamkeit ziemlich stumpf. Die dicken und zumeist verhältnismäßig kurzen Knochen jener Tiere haben eine lose, poröse, weiche Struktur und ein niedriges spezifisches Gewicht. Das Muskelgewebe ist **schwammig, schlaff und lymphatisch aufgedunsen**; das Bindegewebe wasserreich und meist verfettet, die Integumente dick und weich. Die Respirations- und Blutbeförderungsorgane sind verhältnismäßig weniger voluminös; die Lymphdrüsen und -gefäße dagegen relativ und absolut stark entwickelt, daher auch die diesbezüglich anspielende Bezeichnung jener Tiere als ‚lymphatische‘. Die organische Konstitution schwächlich, daher die Widerstandsfähigkeit ungünstigen äußeren Einflüssen gegenüber weniger befriedigend **und der energetische Spannungsgrad der physiologischen Funktionen niedrig**. Die Futterausnützung ist daher minder gut, ähnlich wie die Ausdauer in mechanischen Kraftanstrengungen; eventuelle Milchergiebigkeit nur mittelmäßig oder gar niedrig; die Fruchtbarkeit oft gering. Die **Mastfähigkeit dagegen bedeutend, von ausgesprochen nicht aktivem Stoffumsatze** herrührend und durch die Frühreife, die diese Tiere durchwegs charakterisiert, unterstützt.“ Als Beispiele werden die Simmentaler Rinder, Tuxer und Pinzgauer angeführt. An anderer Stelle wird gezeigt werden, daß speziell die letztgenannten Rinderrassen in bezug auf wirtschaftliche Richtung, Konstitution usw. durchaus falsch beurteilt worden sind.

III. **Zarte Tierzellen** (genauer sollte es heißen zarte Muskelfasern). „Mit gewissermaßen **abnormalem, in seiner biochemischen Aktivität herabgestimmtem Plasmainhalte von ungleichem Hydrationsgrade**. Ihre Dimensionen sind notwendigerweise unansehnlich, und zwar **entweder noch unentwickelt oder aber atrophisch verkümmert**. Wegen der schwachen chemischen Aktivität jener Zellen verläuft hier trotz der gegebenen günstigen biomorphologischen Bedingungen der Stoffumsatzprozeß nur langsam und unvollkommen, daher in **inaktiver Richtung**. Deshalb sind auch die meisten physiologischen Funktionen derselben energetisch ziemlich schwach und ihre Vitalität daher niedrig. Sowohl die jugendlichen, also noch unentwickelten, wie die alternden, also bereits überlebten tierischen Zellen gehören in diese Kategorie, doch begegnen wir diesem Zellcharakter nicht nur in jenen transitorischen Entwicklungsstadien, nämlich zu Anfang und Ende einer Zellexistenz, sondern auch als einen dauernden Zustand, und zwar bei gewissen degenerativen Erscheinungen im tierischen Organismus....“.

„**Zartzellige Organismen**, obzwar sie in ihrem biologischen Charakter verschieden sein können und dementsprechend noch einer mehr spezialisierten Einteilung bedürfen (....), haben sie doch den einheitlichen und gemeinsamen Zug in ihrer Erscheinung, daß sie aus histologischen Elementen von geringer Größe aufgebaut sind, deren **physiologische Tätigkeit abnorm und die Vitalität niedrig** ist. Sie sind infolgedessen **alle von schwächlicher organischer Konstitution** und daher wenig widerstandsfähig und ausdauernd; ihr Verdauungsvermögen ist entweder nicht allseitig oder überhaupt ungenügend entwickelt und ihre Lebensverrichtungen haben eine laxe energetische Spannung. Mit einem Worte differieren die zartzelligen Organismen in vielen biologischen Einzelheiten sowohl von den bereits besprochenen feinzelligen wie auch von den grobzelligen, weshalb sie eine nicht nur biologisch, sondern auch zootechnisch begründete, für sich aparte Kategorie der Haustierformen bilden, welche in folgende Unterabteilungen zerfällt.“ v. D. MALSBURG führt nun an: a) juvenile Tierformen (anaplasische Tierzellen), b) senile (kataplasische), c) verkümmerte (semijuvenile), d) überbildete Tierformen (pseudosenile Tierzellen), deren Beschreibung im Originale eingesehen werden möge.

Um nun die Unmöglichkeit der v. D. MALSBURGschen Einteilung der Haustierrassen und ihre Beurteilung nach dem Durchmesser der Muskelfassern klar vor Augen zu führen, ist es am einfachsten, für eine Reihe solcher Rassen die „histologischen Symbole" v. d. MALSBURGs nebst jenen wirtschaftlichen und konstitutionellen Eigenschaften, welche ihnen auf Grund der Muskelfaserdurchmesser, also theoretisch, zukommen sollen, in Form einer Tabelle zusammenzustellen, dann jedoch diesen theoretischen Annahmen die tatsächlichen wirtschaftlichen und konstitutionellen Eigenschaften gegenüberzustellen. Über diese letzteren weiß ja jeder erfahrene Zootechniker auch ohne Kenntnis der Durchmesser der Muskelfasern Bescheid zu erteilen. Wie aus der hier beigegebenen Gegenüberstellung der Muskelfaserdurchmesser bestimmter Haustierrassen und -arten ersichtlich ist, glaubt v. d. MALSBURG ganz allgemein 1. einen inneren gesetzmäßigen Zusammenhang zwischen diesen und gewissen wirtschaftlichen Leistungen der Haustiere erbracht zu haben und 2. will er bewiesen haben, daß ebenso der Stoffwechsel in der tierischen Zelle selbst, wie auch im korrespondierenden Individuum als Ganzes je nach der Größe dieses Durchmessers gleichsinnig verlaufe. In diesem Sinne, so meint er, komme seinen Feststellungen insoferne fundamentale Bedeutung zu, als innerhalb derselben Tierspezies dem kleineren Muskelfaserdurchmesser (das sei der feinen Zelle) ein lebhafter Stoffwechsel, dem größeren (das seien die größeren Zellen) aber ein „träger", von „ausgesprochen nichtaktivem Charakter" zukomme. Bei den korrespondierenden Rassen würden sich daher die relativen Stoffwechselvorgänge ganz analog verhalten. Am schlimmsten lägen diese Verhältnisse bei den zarten Zellen, beziehungsweise bei jenen Rassen, welche zarte Zellen (das heißt ebenfalls geringe Muskelfaserdurchmesser) hätten. Der Stoffwechsel hätte auch bei diesen Zellentypen wie in den korrespondierenden Tiergruppen hauptsächlich eine „nichtaktive Richtung". Leider sagt uns aber v. d. MALSBURG nicht, woran man diese minderwertigen zarten Zellen beziehungsweise Muskelfasern von den hochwertigen feinen unterscheiden kann, denn, wie die Zusammenstellung der Messungresultate beweist, gibt es keinen Unterschied in den Maßen des „histobiologischen Symbols".

Nach diesem Versuche, seine Annahmen mit der Praxis der Tierzucht in Beziehung zu bringen, faßt v. d. MALSBURG seine Ansicht S. 266 folgenderart kurz zusammen: „Indem die Zellgröße, wie wir wissen, bloß ein Korrelat der biochemischen und biophysischen Eigenart des Zellplasmas ist, und die Feinzelligkeit die möglichst günstige, die Zartzelligkeit aber die relativ ungünstigste Gestaltung jener histobiologischen Verhältnisse dimensional veranschaulicht, während die Grobzelligkeit dazwischen liegt, so wären demnach die feinzelligen Tiergruppen mit der stärksten, die zartzelligen mit der schwächsten organischen Konstitution ausgestattet, während die grobzelligen sich nur mit einer solchen von mittelmäßigem Grade begnügen müssen."

So weit hätte nun v. d. MALSBURG — allerdings ohne experimentelle Begründung — auch die vermeintlichen Beziehungen zwischen Muskelfaserdurchmesser und Konstitution hergestellt. Der „vage Begriff der Konstitution" erhält nun Gestalt und Leben durch den Durchmesser der Muskelfasern (S. 266).

Da ferner „die Konstitution" und „Vitalität", „wie wir wissen, fast identische Begriffe sind, und durch die histobiologische Organisation eines gegebenen Individuums bedingt werden, in der letzten Instanz aber auf die Intensität des Stoffumsatzes im zellulären Substrate des Tierkörpers bezogen werden müssen, so folgt daraus 1. daß die Konstitution eines Tieres sozusagen ‚ab ovo' bestimmt ist und normalerweise ein lebenslängliches Merkmal eines gegebenen Organismus darstellt, in dem sie als ein Korrelat seiner tatsächlichen histobiologischen Qualifikation (feinzellig, grobzellig, zartzellig) kaum einer Veränderung fähig ist...".

Das „Histobiologische Symbol" v. d. Malsburgs und seine angeblichen Beziehungen zur Konstitution verschiedener Haustierrassen

Spezies und Rasse	Lebend-gewicht kg	Durchmesser der Muskelfasern	Histobiologi-scher Zellcha-rakter n. v. M.	Bezeichnung der Konstitution und der züchterischen Beschaffenheit	
				nach v. d. Malsburg	tatsächlich (Adametz)
A. Beim Rinde					
Simmentaler	700	50·0	grobzellig	grobknochig, edel, wenig widerstands-fähig	normaler Knochenbau; als Hochzucht empfindlich
Oldenburger, Wesermarsch .	700	55·7	,,	grobe Mast; wenig widerstandsfähig	als Fleischmilchhochzucht empfindlich
Tuxer (Pinzgauer)	600	55·50	,,	vorzügliches Mastvieh, frühreif, wider-standsfähig, ziemlich anspruchsvoll	nicht frühreif, nicht anspruchsvoll, hart
Steppenrind, ungarisches ..	450	43·75	feinzellig	derb, genügsam, widerstandsfähig	primitive, harte Konstitution
,, Siebenbürger .	400	37·5	,,	,, ,, ,,	,, ,, ,,
Holländer, Ostfriesen	550	41·25	,,	edel, Konstitution?	Hochzucht, Konstitution empfindlich
Rote Ostfriesen	500	41·25	,,	Konstitution?	—
Jersey	350	37·45	,,	außerordentlich fein gebaut; ziemlich genügsam; sehr widerstandsfähig	Hochzucht, überfeinert; anspruchsvoll widerstandslos
Shorthorn	600	38·5	zartzellig	anspruchsvoll, zart	Hochzucht, zarte Konstitution
Aberdeen-Angus	500	37·75	,,	,, ,,	,, ,, ,,
Russische hornlose Rinder .	200	33·3	,,	kümmerlich, aber hart	harte Konstitution, primitiv
B. Beim Schafe					
Oxfordshiredown	60	30·8	grobzellig	Mast, grobe Kammwolle, Konstitution?	Hochzucht, anspruchsvoll, empfindlich
Elektoral-Negretti	25·3	18·5	feinzellig	genügsam, spätreif, Konstitution?	Konstitution zart
Heidschnucke	20·0	?	,,	widerstandsfähig, anspruchslos	anspruchslos, hart
Landschaf, galizisches	25·0	21·3	,,	genügsam, spätreif	,, ,,
Southdown	45·0	23·0	zartzellig	frühreif, mastfähig, Konstitution?	anspruchsvoll, relativ hart
C. Beim Schweine					
Wildschwein	180	41·0	?	grobknochig, sehr spätreif	harte Konstitution, anspruchslos
Verbessertes Landschwein .	150	41·25	?	grobknochig, robust	,, ,, ,,
Yorkshire	200	40·75	?	fein, edel, Konstitution?	Hochzucht, zarte Konstitution

Gegen die von v. d. MALSBURG entwickelten und ausführlich wiedergegebenen Anschauungen und Behauptungen lassen sich nun folgende, objektiv begründete Einwände erheben:

1. In der v. d. MALSBURGschen Arbeit wird nirgends der experimentelle Beweis für die Behauptung des regen lebhaften Stoffwechsels und die bedeutende Vitalität der mit feinen (also relativ dünnen) Muskelfasern ausgestatteten Tiere erbracht. Es handelt sich nur um Annahmen, Behauptungen.

2. Das Kernplasmaverhältnis, auf welches sich v. d. MALSBURG zur Begründung seiner Ansichten beruft, ist in der Arbeit vollkommen unberücksichtigt geblieben.

3. v. d. MALSBURG hat es unterlassen, auch nur ein einziges Merkmal anzugeben, an welchem man die feine (Leistungsfähigkeit, Härte der Konstitution und so weiter verleihende) von der zarten Zelle (welche gegenteilige Eigenschaften verleiht) unterscheiden kann. Die Tabellenresultate erweisen die volle Übereinstimmung der Muskelfaserdurchmesser bei angeblich fein- und zartzelligen Individuen. Die Wichtigkeit der Sache erfordert den Beweis: die feinzelligen Jerseys haben 37·45 μ Muskelfaserdurchmesser, das feinzellige Siebenbürger Steppenrind 37·5 μ Muskelfaserdurchmesser, das fein bis zartzellige polnische Rotvieh 37·6 μ.

Nun weiß aber jedermann, daß sich diese drei Rassen in bezug auf „Konstitution" im landläufigen Sinne wie Tag und Nacht verhalten. Eine ungewöhnlich „harte Konstitution" besitzt das Steppenvieh und ebenso das als feinzellig bezeichnete polnische Rotvieh, während eine extrem schwache, hinfällige Konstitution die Jerseys charakterisiert. Über diese konstitutionelle Einschätzung der Jerseys ist in England und Dänemark nur eine Stimme: extrem empfindlich. Nach der v. d. MALSBURGschen Anschauung sollten aber umgekehrt gerade die hochgezüchteten Jerseys eine harte Konstitution haben. Tatsächlich nimmt denn v. d. MALSBURG keinen Anstand, in seiner Arbeit diesen jeder Erfahrung ins Gesicht schlagenden Schluß zu ziehen! (S. 306). Ich sehe von der Anführung anderer Gegensätze beim Rind und Schaf, welche übrigens aus der nach v. d. MALSBURGschen Daten von mir zusammengestellten Tabelle ersichtlich sind, ab, und möchte nur kurz auf die einschlägigen Verhältnisse beim Schweine hinweisen, wo sich ebenso große Widersprüche zwischen der Wirklichkeit und der v. d. MALSBURGschen Annahme ergeben. Nach v. d. MALSBURG haben das konstitutionell harte Wildschwein (S. 326 41 μ) und das ebenfalls harte verbesserte Landschwein (41·25 μ) gleichdicke Muskelfasern und beide stimmen diesbezüglich mit dem (schon 1875 von RUEFF hervorgehobenen!) hinfälligen hochgezüchteten Yorkshire (40·75 μ) überein. Hier trat die Unmöglichkeit der neuen Hypothese so klar zutage, daß v. d. MALSBURG an dieser Stelle darauf verzichtet hat, die Konstitutionstypen dieser drei Zuchtrichtungen auch nur zu erwähnen.

Den dritten und letzten Beweis für die Unrichtigkeit der v. d. MALSBURGschen Konstitutionsbeurteilungen liefert jene des Foxterriers. Seite 326. wird diese Rasse als „fein und edel" und mit einem Muskelfaserdurchmesser von 20·35 μ als feinzellig und damit als von kräftiger Konstitution bezeichnet. Nun ist aber jedem Hundekenner die für Hunde schwache Konstitution dieser hochgezüchteten Foxterriers und ihre große Empfindlichkeit bekannt. Als objektiven Beweis für diese Beurteilung erwähne ich, daß gerade die Foxterriers zu jenen wenigen Hunderassen gehören, bei welchen sich künstlich Basedow erzeugen läßt, ein Experiment, das nur bei ausgesprochen „degenerierten" Hunderassen (KLOSE) gelingt.

4. Obwohl v. d. MALSBURG fortwährend die Intensität des Stoffwechsels

als Maß der Konstitution und Vitalität im Munde führt, fehlt jeder Hinweis auf den ungeheuer weit reichenden, vollkommen klargelegten Einfluß der verschiedenen endokrinen Drüsen hierauf.

5. Ebenso bleibt in der Arbeit die Tatsache unbeachtet, daß die jeweilige Konstitution gewissermaßen ein Mosaikbild vorstellt, das sich aus zahlreichen Einzelkonstitutionen zusammensetzt (aus solchen der einzelnen Organe und Gewebe).

6. Das einwandfrei erwiesene Vorkommen von Verteilungsfaktoren (im Sinne des Mendelismus), die nicht nur in quantitativer, sondern auch in qualitativer Weise wirken, wurde ebenfalls nicht berücksichtigt. Diese bedingen aber häufig einen Korrelationsbruch. Es ist z. B. nicht ausgeschlossen, daß ein Tier, das sich auf Grund der Durchmesser der Bauchmuskeln als feinzellig darstellt, in der Muskulatur der Hinter- oder aber der Vorderhand gegenüber anderen Individuen derselben Rasse Verhältnisse aufweist, welche dasselbe Tier als grob- oder aber als zartzellig beurteilen lassen. Ich habe hier speziell die Doppellender beim Rinde im Auge, von denen v. D. MALSBURG sagt, „sie entständen aus einer ‚Überernährungswucherung‘ der Zelldimensionen" und kämen bei den Simmentalern und dem Oldenburger Wesermarschvieh vor, bei grobzelligen Tieren also. Allein das ist falsch, denn sie kommen auch (ganz abgesehen von verschiedenen anderen Rassen) bei den Shorthorn vor, die nach v. D. MALSBURG eine zarte Muskelfaser haben sollen. Es ist aber für diese Doppellender bekannt, daß ihrer auffallenden Hypertrophie der Hinterhandmuskulatur eine Unterentwicklung derjenigen des Vorderrumpfes gegenübersteht (Verteilungsgene!).

7. Selbst zwischen der Verwandtschaftszucht und der Dicke der Muskelfasern wird ein Zusammenhang konstruiert, insoferne als v. D. MALSBURG die einst bei der Begründung der Shorthornzucht angewendete Inzestzucht für die angebliche Zartzelligkeit dieser Rasse verantwortlich macht. Demgegenüber muß betont werden, daß wir heute dank des Mendelismus über das Wesen der Inzucht hinreichend aufgeklärt sind und daß es nicht angeht, anzunehmen, daß Verwandtschaftszucht als solche feinfaserige Muskeln erzeuge.

Überprüft man das Vorgebrachte, so läßt sich eine Tatsache als das Wesen der v. D. MALSBURGschen Hypothese erkennen: nämlich ein gewisser Zusammenhang zwischen der Größe der Tiere und der Größe des Durchmessers ihrer Muskelfasern. Hierauf dürfte dann auch der schon lange vor der v. D. MALSBURGschen Arbeit bekannte diesbezügliche Dimorphismus verschiedener Tiere und des Menschen zurückzuführen sein.

Die Fruchtbarkeit

Bei jenen Haustieren, die nur ein Junges zu gebären pflegen, äußert sich die größere Fruchtbarkeit in einer sichereren, regelmäßigeren und in kurzen Zeitabschnitten (beim Pferde z. B. gewöhnlich nur wenige Tage nach der Geburt) auftretenden Wiederkehr der Brunst, bzw. der Trächtigkeit bei den weiblichen Tieren. Sicherheit des Austragens der Früchte und eine für die betreffende Haustierart lange andauernde Zuchtfähigkeit ergänzen hier das Bild der Fruchtbarkeit.

Viel schärfer kommt dies jedoch bei den mehrgebärenden Haustierarten in der größeren Zahl von Individuen eines jeden Wurfes und in dem häufigeren Aufeinanderfolgen der einzelnen Trächtigkeitsperioden, bzw. der Würfe zum Ausdruck. Untersucht man von diesem Standpunkt aus das Verhalten der verschiedenen Rassen, dann findet man als Folge der Domestikation ein recht verschiedenes diesbezügliches Verhalten. Zuchtwahl, Haltung und Ernährung sind die Hauptursachen dieses verschiedenartigen Verhaltens.

Im allgemeinen findet man allerdings im Zustand der Domestikation eine Zunahme der Fruchtbarkeit. Sehr deutlich zeigt sich dies beim Schweine. Die Wildschweine, die nur einmal im Jahre ferkeln, haben eine mittlere Ferkelzahl von vier Stücken, bei Vorhandensein von acht bis zehn Zitzen. Diese Verhältnisse gelten für böhmische und Schwarzwald-Wildschweine. Die Mehrzahl der Hausschweinerassen werfen hingegen zweimal im Jahre und die Ferkelzahl pro Wurf beträgt im Mittel elf bis zwölf (bei einer mittleren Zitzenzahl von 13 bis 14). An der Zahl der Jungen eines Wurfes gemessen, sind solche Hausschweine bereits zwei- bis dreimal fruchtbarer als ihre wilde Stammform.

Und welche enorme Fruchtbarkeitssteigerung beim Geflügel zu erzielen ist, ergibt ein Vergleich der geringen Anzahl von Eiern des wilden Bankivahuhnes mit der gegen 300 Stück umfassenden Legeleistung gewisser Stämme des Haushuhnes.

Sollen jedoch die Fruchtbarkeitsverhältnisse der Haustiere richtig eingeschätzt werden, dann ist, wie besonders die eingehenden Untersuchungen Käppelis gezeigt haben, außer der Zahl der Würfe und der Jungenzahl in ihnen, noch eine Anzahl anderer Faktoren neben diesen zu berücksichtigen.

Eine Prüfung dieser Verhältnisse, z. B. beim Schweine, lehrt: schon makroskopisch fällt beim Hausschwein gegenüber dem wilden die bedeutendere Größe und das entsprechend größere Gewicht der Keimdrüsen auf. Nicht nur die Hoden des Hausebers sind wesentlich größer und schwerer als jene des wilden, auch die Ovarien der Säue verhalten sich ähnlich. Im Mittel sind nach Käppeli die Ovarien des Hausschweines fünfmal, und unter Berücksichtigung alter Säue sogar achtmal so schwer als jene der wilden. Die durch die Domestikation veranlaßte Überentwicklung springt in die Augen. Ferner ergaben Messungen an reifen Eiern für die Hausschweine ebenfalls im Mittel größere Durchmesser. Käppeli untersuchte ferner die Zahl der an der Ovariumsoberfläche befindlichen Graafschen Follikel und stellte besonders die Zahl der größeren, 3 mm im Durchmesser überschreitenden, fest; sie war beim Hausschwein etwa zweimal so groß als beim Wildschwein, d. h. sie lief der Jungenzahl im Wurfe (also der Fruchtbarkeit) beider Typen parallel.

Auffallend war die Tatsache, daß schon einige Wochen alte Ferkel (und Kälber) wohlentwickelte Follikel besaßen, welche sich selbst mikroskopisch von den vollkommen entwickelten Follikeln erwachsener, geschlechtsreifer Individuen in keiner Weise unterschieden. Selbst im Durchmesser blieben sie nur um ein geringes (5 bis 10%) zurück. Ihre Zahl nahm mit dem Alter bis zur Geschlechtsreife zu. Ein durchgreifender Unterschied bestand nur im Verhalten der Follikel beider Altersgruppen: bei den geschlechtsreifen Tieren erfolgte mit Eintritt der Brunst der Follikelsprung und das reife Ei wurde entleert. Die entwickelten Follikel der jungen, unreifen Individuen hingegen verfielen der Aufsaugung, dem Schwunde, der Atresie, wie der technische Ausdruck lautet. Als Ursache muß wohl das Ausbleiben der Brunst bei den jungen Tieren mit ihrer mächtigen Durchblutung des Sexualtraktes angesehen werden. Daraus ergibt sich nach Käppeli der Schluß, daß nicht, wie gewöhnlich angenommen wird, das Vorhandensein reifer Follikel die Brunst auslöst, sondern, daß umgekehrt, die aus irgend welchen anderen Gründen hervorgerufene Brunst mit der in ihrem Gefolge befindlichen Hyperämie des gesamten Geschlechtsapparates das Bersten der Graafschen Follikel und den Austritt der Eier veranlassen.

Bei geschlechtsreifen, nicht trächtigen Individuen verhalten sich in der Zwischenbrunstzeit die Follikel so wie jene junger, geschlechtlich unreifer Tiere, sie unterliegen dem Verfall.

Mit dem Vorrücken des Alters nimmt nun (aus verschiedenen Gründen, die hier übergangen werden können) die Zahl der Eier im Ovarium beträchtlich ab, und zwar beim Hausschwein in wesentlich größerem Maße als beim Wildschwein. Beim Rinde geht diese Abnahme rascher und ausgiebiger bei den hochgezüchteten Rassen, als bei primitiven vor sich. Diese Feststellungen sind sehr wichtig. Sie erklären jene Erfahrungen, nach welchen bei hochgezüchteten, frühreifen Rassen, unter sonst gleichen Umständen die Zuchtfähigkeit wesentlich früher erlischt, als bei primitiven Landrassen.

Zur richtigen Einschätzung der Fruchtbarkeitsverhältnisse der Haustiere war auch noch die Zählung aller in den Ovarien befindlichen Eier notwendig. Zählungen ergaben für das Wildschwein die Anwesenheit einer wesentlich größeren Anzahl von Eiern gegenüber dem Hausschwein und das trotz der beträchtlich geringeren Größe ihrer Ovarien. Die Gesamtzahl der Eier betrug: beim Wildschwein im Maximum 148.000, beim Hausschwein 111.000.

Und beim Rinde war die Eierzahl im Ovarium bei den primitiven, bzw. nicht hochgezüchteten Rassen (Steppenrind, Eringer usw.) ganz wesentlich größer als bei den Züchtungsrassen (Ostschweizer Braunvieh, Simmentaler und Holländer).

Hieraus ergibt sich nach Käppeli die interessante Tatsache, daß die Domestikation bei den genannten Arten zwar auf eine Verminderung der Eierzahl in den Ovarien hinwirkt, trotzdem aber die sichtbare sekundäre Fruchtbarkeit nicht verkleinert. Die Gesamtzahl der überhaupt im Ovar vorhandenen Eier hat keinen Einfluß auf die Zahl der Jungen. Diese hängt vielmehr von der Zahl der innerhalb einer Brunst berstenden Graafschen Follikel ab. Und diese ist eben größer bei den Hausschweinen als bei Wildschweinen und sie erfolgt sicherer bei den Landrassen des Rindes als bei dessen frühreifen und mehr oder weniger mastfähigen Zuchten. Bei letzteren kommt bereits der schädigende Einfluß der intensiven Jugendernährung und der Anlage zu großer Mastfähigkeit und Frühreife zur Geltung.

Nicht zu übersehen ist jedoch, meiner Ansicht nach, auch der große Einfluß, den die Zuchtwahl in Anlehnung an die auch bezüglich dieses Merkmales geltende Variabilität auf das Zustandekommen so auffallender Grade von Fruchtbarkeit ausgeübt hat, wie wir sie beim Schweine oder Schafe treffen.

Bei den mehrgebärenden Haustieren hängt die Zahl der Jungen eines Wurfes, abgesehen von der Zahl der aus dem Eierstock in den Uterus gelangenden Eier, auch noch von der Entwicklungsfähigkeit dieser Eier, bzw. der Lebensfähigkeit der aus ihnen hervorgegangenen Föten ab. Es wurde schon von Hammond (1914) nachgewiesen, daß von den während einer Brunst das Ovar verlassenden Eiern (feststellbar durch Auszählen der gelben Körper des Ovars) nur ein Teil befruchtet wird und sich weiterentwickelt. Bei Untersuchungen am Schweine fand Hammond 20 gelbe Körper, denen jedoch nur zwölf Föten im Uterus entsprachen. Beim Kaninchen fand er acht bis elf gelbe Körper gegenüber sechs bis acht Föten. Es folgt hieraus, daß ein Teil der Eier befruchtungs-, bzw. entwicklungsunfähig gewesen sein muß. Diese Untersuchungen zeigten aber auch ferner noch, daß neben normalen Föten auch oft noch verkümmerte vorkommen. Solche verkümmerte Föten wurden, abgesehen vom Schweine und Kaninchen, auch beim Rinde, Schafe, Hamster und Frettchen gefunden. Unter sieben untersuchten Schweinen fand Hammond bei vier Stück verkümmerte Föten und von 38 Kaninchen enthielten elf solche Embryonen. An der Verkümmerung der Föten waren, wie Untersuchungen lehrten, weder bakterielle Vorgänge, noch die Ernährung der trächtigen Muttertiere schuld. Hammond ist der Ansicht, daß dieses Absterben, diese Atrophie der „geringen Lebenskraft" der Föten zuzuschreiben sei, die selbst wieder auf eine gewisse Lebensschwäche der Mutter oder des Vatertieres (geringe „Lebenskraft" der Spermien) zur Zeit der Paarung zurückgeführt werden könnten.

Interessant ist der von HAMMOND geäußerte Gedanke, daß eventuell die Domestikation für diese Erscheinung verantwortlich zu machen sei, weil diese Atrophie beim wilden Kaninchen viel seltener vorkomme. „Es scheint, daß die Domestikation die Eibildung bei den Kaninchen fördert, dagegen die Zahl der entwicklungsfähigen Eier vermindert."

Demgegenüber möchte ich auf die MORGANsche Feststellung vom Auftreten „letaler Gene" verschiedenster Art im Verlauf der Domestikation hinweisen. Durch mutatives Auftreten solcher Gene wurde die Lebensunfähigkeit von Drosophila melanogaster auf den verschiedensten Entwicklungsstufen veranlaßt. Veranlaßt wurde die Lebensunfähigkeit durch Veränderungen, welche die verschiedenartigsten Organe betreffen konnten. Es unterliegt wohl keinem Zweifel, daß solche Vorgänge auch bei dem Auftreten der beobachteten Fötenverkümmerung im Spiele sind, und daß sie, wie bereits an anderer Stelle ausgeführt worden ist, bei der oft beobachteten Unfruchtbarkeit verwandtschaftlich gepaarter Tiere, besonders aber der Schweine, eine wichtige Rolle spielen.

Bekannt ist, daß im allgemeinen die Fruchtbarkeit bei den mehrgebärenden Haustieren mit der Zahl der Geburten zunimmt, um je nach der in Frage kommenden Tierspezies früher oder später ein Maximum zu erreichen, von dem aus allmählich der Abstieg wieder erfolgt.

Schafrassen mit zwei bis drei Lämmern im Wurfe pflegen im ersten nur ein Lamm zu bringen. Und beim Schweine hat ELLINGER durch Untersuchung der ersten zehn Würfe von 134 Individuen der dänischen Landrasse, die unter durchaus gleichartigen Lebensverhältnissen gehalten wurden, gezeigt, daß die Fruchtbarkeit im allgemeinen bis zum sechsten (eventuell bis zum siebenten) Wurfe zunimmt, um dann langsam wieder abzunehmen. Der Verlauf der Fruchtbarkeit folge der logarithmischen Kurve.

Daß unter Verwendung der großen statistischen Zahl auch für das Geburtsgewicht der jungen Tiere sich gewisse Regeln ergeben, ist bekannt. Es ist verschieden bei den beiden Geschlechtern und hängt auch davon ab, ob das Junge einer erst- oder aber einer mehrgebärenden Mutter angehört. Entsprechend der verschiedentlich und für sehr verschiedene Tierspezies (auch für den Menschen von HALBAN) nachgewiesenen Tatsache, daß bereits die Eier der Erstgebärenden im Mittel kleiner zu sein pflegen, als jene von Müttern, die öfters geboren haben, besitzen im Mittel auch die Erstgeborenen ein geringeres Lebendgewicht als die später Geborenen. Unter Verwendung eines großen Zahlenmaterials ist dies sowohl für den Menschen als auch für verschiedene Haustiere bewiesen worden.

Desgleichen wurde für den Menschen, für das Pferd usw. einwandfrei bewiesen, daß das mittlere Lebendgewicht der neugeborenen männlichen Individuen größer ist als jenes weiblicher.

Extreme, ausnahmsweis auftretende (individuelle) Fruchtbarkeit, die sich auch bei gewöhnlich nur ein Junges bringender Haustierspezies darin äußert, daß mehrere Junge geboren werden, sind unter anderem beim Pferde und Rinde bekannt. Für das Rind sind lebensfähige und sich recht gut entwickelnde Zwillinge und Drillinge[1]) sowohl bei hochgezüchteten (Niederungsrinder), als auch bei Landrassen (polnisches Rotvieh) ab und zu nachgewiesen worden. Diese hier im allgemeinen unerwünschte Fruchtbarkeit wird gewöhnlich als atavistische Erscheinung gedeutet.

---

[1]) Kommen z. B. neben männlichen auch weibliche Kälber im gleichen Wurfe vor, so pflegen unter Umständen letztere mehr oder weniger Kastratenhabitus zu besitzen und unfruchtbar zu sein. Die von den männlichen Föten produzierten Hormone wirken dauernd schädigend auf die Anlage der Ovarien bei den gleichzeitig im Uterus vorhandenen weiblichen Föten ein.

Beim Schafe, wo eine größere Fruchtbarkeit oft erwünscht ist, gehören merkwürdigerweise zum Teil gerade kärglich gehaltene primitive Landschafe, wie jene alteinheimischen des Böhmerwaldes, das Wildhauser Schaf des oberen Toggenburg und das anspruchslose Pelzschaf der Romanow-Rasse Rußlands zu den fruchtbaren. Für das Wildhauser Schaf wird angegeben, daß es in seiner Vollkraft in jährlich zwei Würfen von Zwillingen im Verlauf von zwei Jahren acht Lämmer bringe. Ferner ist auch die Fruchtbarkeit des Romanow-Schafes mit zwei bis drei Lämmern normal und öfters aber auch vier Lämmern, ganz ungewöhnlich. Von Züchtungsrassen des Schafes ist die Fruchtbarkeit des Ostfriesischen Milchschafes bekannt. Sie ist jedoch an die üppigen Futterverhältnisse seiner Heimat gebunden. Vereinzelt, als individuelle Eigentümlichkeit, kommt größere Fruchtbarkeit in der Form einer konstitutionell bedingten Neigung zu Zwillingsgeburten bei fast allen Schafrassen vor, besitzt den Charakter der Rezessivität und kann durch Zuchtwahl und eiweißreiche Fütterung kurze Zeit vor dem Einsetzen der Brunst zur Eigenschaft ganzer Herden und Stämme gemacht werden. Letzteres ist z. B. für wertvolle Pelzschafe, die für gewöhnlich nur ein Lamm bringen, von besonderer Bedeutung (Karakulrasse). In der landwirtschaftlichen Schule zu Uralsk (Rußland), wo eine Karakulherde bei allerdings vorzüglicher Steppenweide und ähnlicher Winterfütterung auf das Zuchtziel der Zwillingsgeburten gezüchtet worden war, gelang es im Verlaufe weniger Jahre die Zahl derselben auf über 50 % hinaufzuzüchten.

Beim Schweine zeichnen sich besonders die Abkömmlinge von mittel- und nordeuropäischen Wildschweinen (Sus scrofa ferus) durch große Fruchtbarkeit, besonders vor gewissen Abkömmlingen des mittelländischen (Sus scrofa mediterraneus), aus. Für das zu letzterem gehörende Mangalica-Schwein kann man beispielsweise eine mittlere Fruchtbarkeit von nur sechs Ferkeln annehmen.

Einen besonders wichtigen Faktor stellt für die landwirtschaftlichen Haustiere die Fruchtbarkeit des Geflügels, namentlich des Huhnes vor. Die vor allem in Nordamerika in großem Maßstabe durchgeführten Versuche und Studien haben eine Reihe von züchterisch wichtigen Tatsachen ergeben. Sie haben ferner aber auch den Beweis von der großen praktischen Nützlichkeit des Mendelismus in der auf Eierproduktion gerichteten Hühnerzucht erbracht. Namentlich PEARL und RAYMOND haben auf Grund der von der landwirtschaftlichen Versuchsstation des Staates Maine mit Plymouth-Rocks erhaltenen Legeresultate gezeigt, daß die übliche Massenauslese mit den Fallnestern und einfache Nachzucht nach den gutlegenden Hennen nicht

Abb. 149. Weiße Leghorns, Legetype. (Phot. v. R. SLOCUM aus Journ. of Hered. 1915.)

genügt, um einen Stamm zu erzielen, der die Fähigkeit zu hoher Eier-produktion konstitutionell eingepflanzt (genotypisch bedingt) besitzt und sie daher auch sicher vererben können wird.

Durch die Massenauswahl werden nur die schlechtesten Legehennen erkannt und ausgeschieden; die solcherart festgestellten guten Legerinnen sind jedoch zum guten Teil nur Plus-varianten mäßig gut ver-anlagter Individuen. Diese so ermittelten guten Lege-rinnen sind nämlich nur phänotypisch, nicht aber genotypisch, hinsichtlich besserer Legeleistung gleich. Ein sicherer und bleibender Erfolg wird durch diese, bei uns allge-mein angenommene und als große Errungenschaft hin-gestellte Methode nicht er-zielt.

Erst dann, wenn von den durch Fallnester fest-gestellten besten Lege-rinnen (und unter Berück-sichtigung ihrer einzelnen Paarungen) die Nachzucht hinsichtlich ihrer Legelei-stung untersucht worden ist, erst dann ist es möglich, die genotypische Beschaf-

Abb. 150. Weiße Leghorns, Fleischtype. (Phot. v. R. Slocum aus Journ. of Hered. 1915.)

fenheit der einzelnen durch die Fallnester als gute Legerinnen festgestellten Individuen kennen zu lernen. Um einen guten Legestamm von Hühnern zu erlangen, müssen nicht nur die Mütter mittels der Fallnester geprüft werden, sondern ebenso auch ihre Töchter bzw. Nachkommen überhaupt.

Als Maßstab für die gut entwickelte Legetätigkeit der Hühner benützte Pearl ihre Eierproduktion im Winter. Er hatte nämlich gefunden, daß bei gewöhnlicher Fruchtbarkeit überhaupt keine Wintereier von den Hennen produziert werden. Enthalten nun die Hühner in ihrer genotypischen Konstitu-tion den Faktor L', so erhöht derselbe die Zahl der Wintereier bis auf 30. Ein zweiter, bei sehr guten Legehennen neben L' vorkommender Faktor L'' erhöht dann die Zahl der Wintereier über 30. Voraussetzung ist natürlich gute Er-nährung und Haltung. Das Merkwürdige liegt nun nach Pearl darin, daß im Gegensatz zu L' der Faktor L'' geschlechtsgebunden auftritt. Die geno-typischen Formeln der mit beiden Faktoren ausgestatteten Individuen müssen daher lauten:

Für die Henne: $FF \cdot Mm \cdot L'L' \cdot L''l''$.

Für den Hahn: $FF \cdot MM \cdot L'L' \cdot L''L''$.

An anderer Stelle wurde dargestellt, daß beim Huhne für die Henne Heterozygotie, für den Hahn Homozygotie hinsichtlich des Geschlechtsfaktors besteht. Weil der Faktor für hohe Produktion von Wintereiern (L'') geschlechts-gebunden auftritt, deshalb gibt es also für ihn bei der Henne ebenfalls nur Heterozygotie, beim Hahne Homozygotie.

Bei der Auswahl von Zuchttieren zwecks höchster Anlage zur Produktion von Wintereiern ist nach dem Gesagten zu berücksichtigen, daß diese Fähigkeit in erster Linie von einem bezüglich beider Faktoren (L' und L'') homozygotischen Hahn vererbt werden wird. Selbst wenn ein solcher für beide Faktoren homozygotischer Hahn mit schlechten Legehennen gepaart wird, resultieren Kücken, die später als Hennen hohe Eierleistungen besitzen werden. PEARL führt folgenden überzeugenden Fall aus seiner Erfahrung an: Ein bezüglich L' und L'' homozygotisch gezüchteter Hahn der Plymouthrasse wurde mit einer zwar gesunden, aber sehr schlechten Legehenne der Rhode-Islandzucht gepaart. Die ganze Jahresleistung dieser Henne betrug nur 76 Eier und darunter befand sich kein einziges Winterei, denn sie legte vom September bis Februar überhaupt nicht. Aus dieser Paarung wurden trotzdem Hennen erzielt, welche während elf Monaten im Minimum 165 Eier (davon 56 Wintereier), im Maximum 222 Eier (davon 105 Wintereier) produzierten.

Was die Eierproduktion des Huhnes in den einzelnen Lebens- (bzw. Lege-) Jahren anbetrifft, wurden in der landwirtschaftlichen Versuchsanstalt von Utah an weißen Italienern (Leghorns) ohne spezielle Zuchtwahl in den aufeinanderfolgenden Legejahren folgende Resultate erzielt:

Im 1. Legejahr . . . . . . 130 Eier
„ 2.   „   . . . . . . 120 „
„ 3.   „   . . . . . . 110 „
„ 4.   „   . . . . . . 85 „
„ 8.   „   . . . zirka 10 „

Im allgemeinen stellt sich beim Huhne die Eierproduktion am größten im ersten Legejahr. Trotzdem dies die Regel zu sein pflegt, gibt es doch hinreichend Ausnahmen, in denen die größte Eierproduktion in das zweite Legejahr fällt. Diesbezügliche, ebenfalls an weißen Italienern ausgeführten Versuche von CL. NIXON, gestatten ihm die Ableitung folgender Regeln: 1. Hennen, die im ersten Legejahr sehr gut legen, haben die Neigung, auch im zweiten und dritten Tüchtiges zu leisten, wenn schon gewöhnlich vom zweiten die Eierproduktion etwas verringert ist. 2. Hennen, die im zweiten Jahre mehr als im ersten legen, behalten die Neigung zu guter Eierproduktion auch für das dritte Legejahr. Im allgemeinen findet man, daß eine große individuelle Variabilität hinsichtlich der Eierproduktion überhaupt und der Maximalleistung im ersten oder zweiten (ja eventuell sogar im dritten) Legejahr im besonderen besteht.

In derselben landwirtschaftlichen Versuchsstation von Utah (1915) war das Legeresultat einer besonders hochgezüchteten Henne in fünf Jahren hingegen **814 Eier.** Die jährlichen Einzelleistungen waren:

1. Legejahr . . . . . . 195 Eier
2.   „   . . . . . . 193 „
3.   „   . . . . . . 138 „
4.   „   . . . . . . 160 „
5.   „   . . . . . . 128 „

In bezug auf hohe Eierproduktion sind hervorragend gut durchgezüchtet die Italiener, die Minorkas und zum Teil die Plymouth-Rocks. Von ersteren gilt dies ganz besonders für die weißen Italiener amerikanischer Zucht (Leghorns). Im übrigen findet man Stämme von besonderer Legeleistung bei den verschiedensten Hühnerrassen.

Ähnlich wie die Zahl der gelegten Eier durch entsprechende Zuchtwahl innerhalb von Stämmen und Rassen wesentlich erhöht worden ist, wurde auch das mittlere Eigewicht auf demselben Wege erhöht. Beispielsweise erreichte BARTH in nur fünf Jahren eine Erhöhung des mittleren Eigewichtes von 54 g auf 65 g bei seinen Stämmen.

In Amerika hat neuerdings das Truthuhn begonnen, als Eierproduzent am Plane zu erscheinen. Nach I. W. IRWIN kommt in Michigan und Massachusetts Dauerlegen der Truten und zwar von März bis Ende November (ausnahmsweise angeblich sogar bis Jänner ?) vor. In guten Zuchten soll die Zahl der gelegten Eier im Jahre 150 erreichen, ja in einzelnen Ausnahmen sogar als Maximum 200 betragen.

Von Enten ist die vortreffliche Legetätigkeit speziell der indischen Laufente bekannt, die unter ganz gewöhnlichen Verhältnissen schon 100 bis 120 beträgt.

Frühreife

Unter Frühreife versteht man den gegenüber der Norm beschleunigten Ablauf des Wachstums, bzw. den früheren Abschluß der Körperentwicklung überhaupt.

Viele unserer Haustierrassen zeigen diese wirtschaftlich wertvolle Frühreife in auffallend hohem Grade und erblich so fest fixiert, daß sie bei ihnen eine wesentliche Rasseeigenschaft geworden ist. Das, was im gewöhnlichen, im landwirtschaftlichen Sinne unter Frühreife verstanden wird, ist jedoch keineswegs etwas Einheitliches.

Vor allem ist zwischen einer normalen, sozusagen physiologischen Frühreife und einer, strenge genommen, bereits pathologischen, die zugleich auch mit weitgehender Mastfähigkeit verbunden zu sein pflegt, zu unterscheiden. Überdies ist auch noch die Geschlechtsreife hinsichtlich ihres eventuell früheren Eintrittes besonders zu berücksichtigen, weil sie keineswegs immer mit der Körperentwicklung parallel läuft. Im Gegenteil, gewöhnlich läuft die geschlechtliche Frühreife bereits normalerweise der körperlichen Reife deutlich voraus und bei manchen Haustierrassen tritt dies Vorauseilen besonders scharf hervor.

Was zunächst die Geschlechtsreife unserer Haustiere anbetrifft, so ist sie, abgesehen von der Individualität, die bezüglich einer jeden Rasseneigenschaft eine wichtige Rolle spielt, von folgenden Momenten abhängig:

1. Von der Rasse, 2. von der Ernährung, 3. unter sonst gleichen Umständen vom Klima, 4. vom Geschlecht, 5. von verschiedenen endokrinen Drüsen (abgesehen von den Keimdrüsen).

Ad 1. Einfluß der Rasse auf die Frühreife. Geschlechtlich (allerdings auch körperlich) frühreif sind beim Pferde Züchtungsrassen des abendländischen Typus, wie die Belgier und Percherons. Beim Rinde sind auffallend geschlechtlich frühreif die Jerseys, ohne dabei körperlich gerade frühreif zu sein. Sehr groß ist die geschlechtliche Frühreife, allerdings auch mit körperlicher vereinigt auftretend, beim Schweine (große, mittlere und kleine englische Rasse). Beim Schafe sind merkwürdigerweise manche primitive, körperlich spätreife Landrassen, wie z. B. die Steinschafe Salzburgs oder die Wildhauser Alpenschafe, geschlechtlich sehr frühreif. Begreiflich ist es, daß solche Tiere, namentlich weibliche, wenn sie sofort nach erlangter Fruchtbarkeit zur Zucht benützt werden, durch die sexuelle Funktion (bzw. durch die Trächtigkeit) eine Verzögerung der Körperentwicklung erleiden.

Die nächste Ursache der rassenmäßigen, ebenso wie der individuellen geschlechtlichen Frühreife kann entweder im Verhalten gewisser endokriner Drüsen (Punkt 5) gefunden werden, oder aber sie kann sonst konstitutioneller Natur sein, d. h. sich auf eine genotypische Sondereigenschaft der Keimdrüsen beziehen (in solchen Fällen oft auch als Hypergenitalismus bezeichnet).

Ad 2. Einfluß der Ernährung. Daß bei vorhandener normaler Entwicklungstendenz der Geschlechtsdrüsen eine reichliche und zweckmäßige Ernährung der jungen Tiere eine Beschleunigung auch der Entwicklung der Sexualorgane auslöst, ist verständlich. Experimentelle Feststellungen dieser Art wurden u. a. von KÄPPELI an Ziegen vorgenommen. Während unter gewöhnlichen Verhältnissen die Brunst im Alter von fünf bis sieben Monaten eintrat (Kontrolltiere), erschien die erste Brunst bei üppiger Ernährung an Individuen derselben Zucht bereits mit drei Monaten.

Ad 3. Einfluß des Klimas. Ein warmes Klima wirkt beschleunigend auf das Hervortreten der Geschlechtsreife. Die ungewöhnlich große sexuelle Frühreife beim Schweine in den Tropen ist bekannt. Ebenso ist beim menschlichen Weibe, z. B. der holländischen Familien Javas, der gegen die Norm frühere Eintritt der Menstruation im heißen Klima einwandfrei (weil innerhalb einer und derselben Rasse und unter gleichen Ernährungsverhältnissen) erwiesen.

Ad 4. Einfluß des Geschlechtes auf die sexuelle Frühreife. Daß bei den Haussäugetieren (ebenso wie beim Menschen) das weibliche Geschlecht sich etwas rascher entwickelt und auch früher die geschlechtliche Vollreife erlangt als das männliche, läßt sich auch indirekt aus dem Umstand bereits erschließen, daß bei verschiedenen daraufhin untersuchten Tieren, am vollendetsten geschah dies aber beim Pferde, die männlichen Tiere eine längere Tragzeit haben als die weiblichen. Die raschere Entwicklung des weiblichen Individuums setzt, wie es scheint, bald nach der Befruchtung des Eies ein und ist bereits für die erste Lebensphase (im Mutterleib) charakteristisch.

Sieht man von den ersten Anzeichen der Brunst als Zeichen der Geschlechtsreife ab und berücksichtigt man die geschlechtliche Vollreife, die dann auch mit entsprechender Körperentwicklung verbunden ist und welche daher den geeignetsten Zeitpunkt zur züchterischen Benützung des Tieres vorstellt, dann findet man, daß ganz ähnlich wie beim Menschen diese Art von mit Körperentwicklung kombinierter Geschlechtsreife auch von den weiblichen Tieren früher erreicht wird als von den männlichen. Ich erinnere z. B. an die schon erwähnten Verhältnisse beim Pferde, wo beim Warmblut die entsprechenden besten Altersstufen vier (♂), bzw. drei (♀) Jahre sind.

Ad 5. Einfluß anderer endokriner Drüsen (außer den Keimdrüsen) auf die geschlechtliche Frühreife. Wenn schon der Einfluß bestimmter Drüsen mit innerer Sekretion auf den beschleunigten Eintritt der Geschlechtsreife noch nicht vollkommen und in allen Einzelheiten klar vorliegt, so ist doch bekannt, daß für gewisse achondroplastische Haustierformen (hieher gehören die Tux-Zillertaler Rinder, hochgezüchtete Schweine usw.) ein früh auftretender oder doch sich besonders heftig äußernder Geschlechtstrieb typisch ist. Und gerade diese leichten Grade von Achondroplasie stehen in bestimmten Beziehungen zur Hypophyse.

Desgleichen soll der Ausfall des Inkretes der Zirbeldrüse beschleunigte Geschlechts- (und Körper-) Entwicklung im Gefolge haben.

Physiologische Frühreife

Unter physiologischer Frühreife ist eine harmonische, sowohl die Körperentwicklung als auch jene der Geschlechtsorgane umfassende Entwicklungsbeschleunigung zu verstehen. Sie ist der Ausfluß intensiver, namentlich eiweißreicher (wohl auch an Vitamin und Ergänzungsstoffen reicher) Jugendernährung und kann auf diesem Wege innerhalb jeder Haustierrasse, auch an und für sich spätreifer Landrassen, wenigstens bis zu einem gewissen Grade willkürlich hervorgerufen werden. Daß die wesentlich verlängerte Säugeperiode hiebei eine besonders wichtige Rolle spielt, ergibt sich aus der Tatsache, daß gerade in diesem ersten Jugendstadium die größte Wachstumsenergie vorhanden ist. Es liegt in der Natur der Sache, daß diese Art von Frühreife nicht vererbbar ist, da sie nur eine Modifikation vorstellt, keineswegs aber konstitutionell begründet ist.

Ein Beispiel für diese Art physiologischer Frühreife haben wir im englischen Vollblutpferde vor uns. Seiner Rasse nach (morgenländische Rasse oder „Warmblut"), ebenso wie nach seiner Erscheinung (Habitus), gehört es zu den spätreifen Haustieren. Gegenüber anderen Vertretern dieser Rassentype ist es allerdings frühreifer, aber diese durch konzentrierte Ernährung in der Jugend hervorgerufene physiologische Frühreife hat nichts mit jener spezifischen, anders gearteten Frühreife gemein, die wir etwa beim belgischen Pferde oder gar beim Shorthornrind, dem Southdownschaf oder frühreifen Schweinezuchten usw. finden. Bezeichnend ist auch das von CORNEVIN angeführte Beispiel: Werden Seidenraupen reich gefüttert, so legen sie, ohne die vierte Häutung abzuwarten, schon nach der dritten ihr Kokon an. Die üppige Fütterung veranlaßt das Überspringen einer Phase, die Tiere werden frühreifer und beenden ihre Entwicklung früher als gewöhnlich.

Frühreife als konstitutionelles Merkmal
(Frühreife im spezifisch landwirtschaftlichen Sinne)

Es existieren zahlreiche Zuchten verschiedener Haustierarten, welche sich durch rasche Körperentwicklung (Frühreife) und zugleich durch hervorragend stark ausgeprägte (konstitutionell begründete) Mastfähigkeit auszeichnen. Diese meint der Landwirt, wenn er von „Frühreife" schlechtweg spricht. Diese Form der Frühreife ist züchterisch viel wichtiger als die normale oder physiologische; einmal deshalb, weil der Grad der Körperentwicklungsbeschleunigung ebenso wie jener der Mastfähigkeit ein weit höherer ist als bei der physiologischen; dann aber auch deshalb, weil sie entschieden konstitutioneller Art und daher vererbbar ist. Sie ist eine „Rasseneigenschaft" aller zur Fleisch- und Fettproduktion in vollkommenster Weise dienenden Haustiere. Allen diesen Rassen sind gewisse Merkmale und Eigenschaften eigentümlich, welche in der landwirtschaftlichen Praxis zur Beurteilung des Leistungs- und Züchtungsgrades dieser Rassen dienen, und welche daher im folgenden kurz berücksichtigt werden sollen. Für diese Art von landwirtschaftlich erwünschter Frühreife werden — speziell am Schafe genauer studiert — folgende charakteristische Kennzeichen angegeben:

1. Ein verhältnismäßig zarter Knochenbau, der sich im feinen Kopf, geringen Umfang des Metacarpus (der Vorderröhre) und den am Ansatze dünnen Schwanz zu erkennen gibt.

2. Ein hohes, nicht nur absolutes, sondern auch relatives, Schlachtgewicht. Während z. B. Mastrinder gewöhnlicher Rasse 45 bis 55% des Lebendgewichtes an Schlachtgewicht liefern, beträgt jenes frühreifer und mastfähiger Rassen (Shorthorn) 65%, ja ausnahmsweise selbst bis zu 70% vom Lebendgewicht.

3. Das Verhältnis des Fleisch- zum Knochengewichtes ist bei frühreifen Tieren wesentlich günstiger, nach älteren Angaben (SANSON) beträgt es bei spätreifen Schafen 1:4·27, bei frühreifen 1:3·14, und das Gewicht der Knochen soll bei frühreifen Tieren nur 11% des Lebendgewichtes ausmachen. HOFFMANN gibt letzteres Moment mit 8·2% (gegen 8·8%) an.

4. Kurzbeinigkeit, vor allem relative, nämlich verglichen mit der Rumpflänge. Sie tritt typisch auf beim Shorthornrind, beim Southdownschafe und ganz extrem bei den englisch-amerikanischen Züchtungsrassen des Schweines. Die von SANSON und WILCKENS seinerzeit hiefür gegebene Erklärung lautet dahin, daß durch die üppige und namentlich eiweißreiche und daher auch angeblich gleichzeitig mineralstoffreiche Ernährung frühreifer Tiere ein vorzeitiges Verwachsen der Epi- (Ansatz-) mit den Diaphysen (Mittelstücken) der Röhrenknochen infolge verfrühter Verknöcherung der die Mittel- und Endstücke der Röhrenknochen verbindenden Knorpel verursacht würde. Das Resultat dieser frühzeitigen Verknöcherungsvorgänge sei die Kürze der Röhrenknochen, bzw. der sich vorwiegend aus ihnen zusammensetzenden Extremitäten. Daher rühre die für die frühreifen Mastrassen charakteristische Kurzbeinigkeit.

Wenn nun der früher eintretende Verknöcherungsprozeß auch tatsächlich bei frühreifen Tieren vor sich geht, wie LEFEBRE, die Beobachtungen SANSONS bestätigend, am Rinde, Schafe und Schweine neuerdings feststellte, so läßt sich diese alte Erklärung doch nicht aufrecht halten. Zunächst gibt es Korrelationsbrecher, die, wie z. B. die Leicesterschafe, zwar sehr frühreif und sehr mastfähig sind, trotzdem aber keine deutliche, schärfer hervortretende Kurzbeinigkeit besitzen. Auch die modernen Simmentaler-Rinder, die sich in manchen Zuchten recht frühreif verhalten, sind keineswegs kurzbeinig. Anderseits wiederum gibt es kurzbeinige Haustierrassen, wie z. B. die Tux-Zillertaler Rinder oder die Dachshunde, welche nicht eigentlich frühreif sind.

Einen überzeugenden Beweis dafür, daß durch üppige Ernährung allein keine Kurzbeinigkeit hervorgerufen zu werden braucht, liefert uns das englische Vollblutpferd. Es zeichnet sich bekanntlich im Gegenteile durch besonders lange Extremitäten aus. Die Tatsache, daß trotz der intensiven Jugendernährung des englischen Vollblutes und trotz des Umstandes, daß die Röhrenknochen der Extremitäten ihr Hauptwachstum innerhalb des ersten Lebensjahres zurückgelegt haben, die Längenmaße hier so bedeutende sind, weist vielmehr auf die wichtige Rolle hin, welche den endokrinen Drüsen bei der Skelettbildung zukommt. Überdies wissen wir heute, daß echte Kurzbeinigkeit (Mikromelie) mit der inneren Sekretion in Beziehung steht. Es scheint, daß sie durch Unterfunktion (Unterentwicklung) des Vorderlappens der Hypophyse, jener an der Basis des Gehirnes befindlichen Drüse mit innerer Sekretion hervorgerufen wird. Das Inkret dieses Vorderlappens reguliert erwiesenermaßen das Skelettwachstum und besonders jenes der Röhrenknochen. Sitz dieser Wachstumsdrüse ist der „Türkensattel" (Sella turcica), eine charakteristische Grube am knöchernen Schädelgrund. Tatsächlich sehen wir, daß der Türkensattel bei extrem kurzbeinigen Haustieren (z. B. den mastfähigen, frühreifen Yorkshireschweinen, aber auch bei den mäßig kurzbeinigen Tux-Zillertaler Rindern) flach und gerade, im Vorderteile unvollkommen entwickelt ist.

Auch bei der häufigsten menschlichen Zwergform, den disproportionierten Zwergen, finden wir ähnliche Verhältnisse am Türkensattel (BIEDL, JANSEN u. a.). Daraus folgt, daß die Kurzbeinigkeit zwar oft, aber keineswegs immer mit Frühreife verbunden vorkommt.

5. Die größere Dichte der Skelettknochen frühreifer Tiere ist aus deren von Jugend an üppigeren Ernährung leicht zu verstehen. Der klassische Fall SANSONS, die Oberschenkel gleich alter (15 Monate), früh und spätreifer Merinos betreffend, mag zur Illustration der einschlägigen, aber keineswegs immer so kraß hervortretenden Verhältnisse dienen.

Oberschenkelknochen

	Gewicht g	Volumen cm³	Länge cm	Kleinster Umfang cm	Spezifisches Gewicht	Asche %
Spätreifes Merino......	99·4	78	16	6·0	1·274	61·0
Frühreifes Merino	93·9	70	13	5·6	1·342	67·7

Die festgestellte größere Dichte der Knochen frühreifer Tiere ergibt sich unschwer aus der auch in Beziehung auf den Mineralstoffgehalt meist günstigen Zusammensetzung der Nahrung. Die Feinheit des Skelettes, die wir so häufig bei frühreifen Rassen treffen, dürfte aber doch in erster Linie wohl eine Folge der Zuchtwahl seitens der Menschen sein. Diese Erfahrung wird auch von erfahrenen praktischen Tierzüchtern geteilt (R. MOTLOCH). Bei den Fleisch- und Mastrassen wünscht man eben Feinknochigkeit und züchtet daher auf dieses Ziel hin. So entstanden die feinknochigen Shorthorns, die Southdowns, die kleinen englischen Schweinerassen und beim Geflügel die Dorkings. Hingegen dort, wo es sich nicht um Fleischproduktion, sondern um Arbeitsleistung handelte, wo derbe Knochen erwünscht waren, sehen wir tatsächlich, wie das belgische Pferd es beweist, Frühreife neben kräftigen Knochen vorkommen. Das wurde bisher so oft übersehen.

6. Die im Verhältnis zum Rumpf geringe Schädelgröße frühreifer Tiere wurde von M. WILCKENS ähnlich wie die Kürze der Extremitäten durch vorzeitiges Verknöchern der Nähte der Schädelknochen erklärt. „Das Ernährungsmaterial, welches von den wachsenden Schädel- und Röhrenknochen bisher verbraucht wurde, kommt nach Beendigung ihres Wachstums den übrigen Organen, insbesondere denen des Rumpfes zugute; es wird hauptsächlich zur Fleisch- und Fettbildung verwendet." Daß im allgemeinen eine gewisse Korrelation zwischen Frühreife und Kleinheit des Schädels besteht, ist bekannt. Werden doch z. B. gerade der Feinköpfigkeit wegen die sehr frühreifen und mastfähigen Leicesterschafe mit Vorliebe zur Kreuzung mit kleinen Rassen zwecks Herstellung von Gebrauchstieren, deren relativ kleine Köpfe kein Geburtshindernis bedingen, verwendet. Im übrigen wird gewiß auch bezüglich dieses Merkmales die gewisse Mutationen benützende Zuchtwahl eine bedeutende Rolle gespielt haben.

Die Tatsache, daß der Rumpf frühreifer Tiere trotz vorzeitigen Abschlusses der Röhren- (Extremitäten-) Knochen seine normale Größe erlangt, erklärt WILCKENS mit dem Hinweise auf die hier in Frage kommende Art der Knochen: die Wirbel, Rippen und die platten Knochen der Schulter und des Beckens; sie sind ihrer Anlage nach auf relativ späten Abschluß des Wachstums eingestellt. Und was jene die Rumpfknochen (Wirbel, Rippen, Brustbein und die Gürtelknochen) verbindende Knorpelmasse betrifft, so bleibt sie normalerweise entweder zeitlebens (wie die Zwischenwirbelknorpel, die Rippen- und Schulterblattknorpel) beständig, oder aber sie verknöchert erst zum Schlusse des Wachstums.

7. Das vorzeitige Erscheinen der Ersatzschneidezähne. Trotz aller bestehenden individuellen und Nahrungseinflüssen auf den Zahnwechsel läßt sich im allgemeinen der beschleunigende Einfluß der Frühreife auf das Erscheinen der Ersatzschneidezähne beim Rinde und Schafe nicht übersehen. Während z. B. beim Rinde normal im Laufe des vierten Lebensjahres alle Milchschneidezähne ersetzt werden, hat das frühreife Shorthornrind bereits mit drei Jahren (weibliche Durhams nach CORNEVIN oft sogar bereits mit 30 Monaten) alle Ersatzschneidezähne. Etwa um ein Jahr, ausnahmsweise auch um noch mehr,

ist hier das Erscheinen der Dauerschneidezähne verfrüht. CORNEVIN macht darauf aufmerksam, daß ähnlich wie bei den frühreifen Seidenraupen auch bei den Shorthorns öfters eine Entwicklungsphase übersprungen wird, insoferne als das zweite und dritte Paar Milchschneidezähne gleichzeitig gewechselt wird. Der Norm entspricht hingegen ein Zeitunterschied von zirka zehn Monaten. Im übrigen lassen sich nach CORNEVIN folgende drei Grade der Frühreife hinsichtlich der Art des Wechsels der Schneidezähne beim Rinde unterscheiden.

Nr.	Ersatz der	Frühreife		
		I. Grades	II. Grades	III. Grades
1.	1. Schneidezähne	14—15 Monate	18 Monate	19—20 Monate
2.	2. ,,	18 ,,	24 ,,	28—30 ,,
3.	3. ,,	24 ,,	28—30 .,	35—37 ,,
4.	4. ,,	29—31 ,,	37—39 ,,	40—45 ,,

Vom Schafe führt SANSON den extremen Fall an, daß ein 20 Monat alter, 115 *kg* schwerer Bock der Merino-précauce-Type überhaupt keinen Milchschneidezahn mehr hatte. In diesem Alter haben spätreife Merinos noch nicht einmal die zweiten Schneidezähne gewechselt.

Hinsichtlich der Schafe unterscheidet CORNEVIN folgende Grade von Frühreife:

Nr.	Ersatz der	Frühreife		
		I. Grades	II. Grades	III. Grades
1.	1. Schneidezähne	12 Monate	14 Monate	16 Monate
2.	2. ,,	16 ,,	18 ,,	20 ,,
3.	3. ,,	19 ,.	24 ,,	27 ,,
4.	4. ,,	26 ,,	32 ,,	36 ,,

Wenn in der Regel auch bei frühreifen Haustieren eine deutliche Beschleunigung der Zahnentwicklung beobachtet wird, darf doch nicht übersehen werden, daß die Individualität eine große Rolle spielt. Es sind speziell beim Rinde wiederholt körperlich sehr frühreife Tiere beobachtet worden, welche, gewissermaßen Korrelationsbrecher vorstellend, gegenüber der Norm sogar noch eine wesentliche Verspätung des Erscheinens ihrer Ersatzschneidezähne zeigten. Das sind jedoch seltene Ausnahmen, wahrscheinlich anders gerichtete Mutationen.

8. Verkürzung der Trächtigkeitsdauer. Unter den physiologischen Kennzeichen der Frühreife ist die bereits von H. v. NATHUSIUS festgestellte Verkürzung der mittleren Trächtigkeitsdauer zu erwähnen. Im Rahmen der allgemeinen Entwicklungsbeschleunigung frühreifer Tiere ist sie ohne weiters zu verstehen, kommt daher auch bei der physiologischen Frühreife zur Geltung.

Im folgenden sind nach H. v. NATHUSIUS, M. WILCKENS, Graf LEHNDORFF, TESSIER, v. OETTINGEN, WEISS-TESSBACH, SABATINI, STAFFE u. a. diesbezügliche mittlere Trächtigkeitszeiten der wichtigsten landwirtschaftlichen Haustiergattungen wiedergegeben:

A. Pferd[1]):

1. Percheron, abendländische Rasse, frühreif 322   Tage
2. Rheinische Belgier, abendländische Rasse, frühreif . . . . 330—332   ,,

---

[1]) Zu erwähnen wäre, daß im Mittel unter sonst gleichen Verhältnissen Hengstfohlen eine um 1·6 bis 3 Tage längere Tragzeit haben als Stutfohlen. Ferner, daß

3. Pinzgauer, abendländische Rasse, relativ frühreif 338   Tage
4. Englisches Voll- und Halbblut in Kisber, morgenländische
   Rasse, spätreif 340   „
5. Mezöhegyes, morgenländische Rasse, spätreif .... 342·2   „
6. Lippizaner (1906—1916), männlich................... 342·55   „
   Lippizaner (1906—1916), weiblich .... 338·31   „
7. Araber, Weil in Scharnhausen, morgenländische Rasse,
   spätreif 345   „
8. Kladruber, abendländische Rasse, spätreif............ 345·4   „
9. Kladruber, Lippizaner, Kreuzung .... 348·7   „
10. Koniki, morgenländische Rasse, sehr spätreif .... 345—375   „

   B. Rind:

1. Wesermarschrind, frühreif...................... 279·5   Tage
2. Shorthornrind, frühreif .... 280·8   „
3. Ungarisches Steppenrind, spätreif .... 285·3   „
4. Lavantalerrind, spätreif .... 287·6   „
5. Lavantalerrind, ältere Zucht, sehr spätreif .... 290·7   „

   C. Schaf:

1. Southdownrasse, sehr frühreif...................... 143·3—144·2 Tage
2. Merinos, spätreif.................................. 149·8—150·3 „
3. Tuchwoll-Merinos, spätreif........................ 151·2   „
4. Heidschnucken, sehr spätreif....................... 153·0   „

9. **Energisches, lebhaftes Verdauungsvermögen.** Es liegt in der
Natur der Sache, daß frühreife Tiere, die ungewöhnlich rasch ihre körperliche
Entwicklung vollziehen sollen eine lebhafte Verdauung besitzen müssen; nur so
sind sie imstande, den großen Bedarf der wachsenden Gewebe an Nährstoffen und
besonders an Eiweiß zu decken. Das Verdauungs- und Resorptionsvermögen
muß daher anders als bei nicht frühreifen Tieren beschaffen sein. CORNEVIN
hat den interessanten Nachweis geführt — indem er Lämmern Gifte mit dem
Futter verabreichte — daß die Vergiftungserscheinungen an den frühreifen
Individuen infolge der ausgiebigeren Verdauung und rascheren Resorption tatsächlich früher als bei spätreifen eintraten.

10. **Ein rascheres Altern** wird nicht nur von manchen Zootechnikern,
sondern auch von den Vertretern der menschlichen Konstitutionslehre (J. BAUER)
als Folge größerer Frühreife angenommen. Im allgemeinen dürfte dies auch
zutreffen, wenn auch völlig beweisende Beobachtungen, die sich auf große Zahlen
stützen, nicht vorliegen. Die Individualität spielt auch hier eine besonders große
Rolle. Die Ansicht, durch Hinweis auf zahlreiche Zuchtpferde beiderlei Geschlechts des englischen Vollblutpferdes, die lange zuchtfähig blieben und ein
hohes Alter erreichten, den Beweis für die Langlebigkeit frühreifer Rassen
erbracht zu haben, ist deshalb falsch, weil das englische Vollblutpferd seinem
ganzen Wesen nach ein spätreifes Tier ist, dem nur durch entsprechende Haltung

---

reiche Ernährung die Tragzeit verkürzt, starke Arbeit oder langes Saugen der Mutter-
stuten sie verlängert. Nach v. OETTINGEN hat die mittlere Tragzeit in Trakehnen
infolge Verbesserung von Wiesen und Weiden und stärkerer Fütterung um 5½ Tage
abgenommen und dieselbe anderseits im Kriege infolge schlechterer Fütterung in
verschiedenen Gestüten um drei Tage zugenommen. Fohlen, welche (unter Berücksichtigung des Rassewertes!) auffallend lange getragen wurden, pflegen gewöhnlich
keine leistungsfähigen, wohl aber oft minderwertige Pferde abzugeben.

und Ernährung ein gewisser Grad von physiologischer Frühreife verliehen wurde. Sicher ist, daß Individuen spätreifer Rassen bei naturgemäßer Haltung ein für ihre Art hohes Alter erreichen können, das jenes frühreifer Rassen entschieden übertrifft. Das gemeine bosnische Landpferd z. B. wird unter solchen Umständen 30 bis 40 und selbst noch mehr Jahre alt. Demgegenüber will der manchmal zitierte seltene Ausnahmsfall einer belgischen Stute von 43 Jahren mit 32 lebenden Fohlen nicht viel besagen. Bei allen solchen Rassenmerkmalen handelt es sich um die Regel und nicht um die Ausnahme. Speziell das frühzeitige Erlöschen der Fruchtbarkeit bei frühreifen Pferderassen abendländischer Type wird in der Pferdezucht ziemlich allgemein angenommen (R. ENDLICH). Und ebenso gilt dies für die hochgezüchteten frühreifen Schweine gegenüber den Landrassen. Die Langlebigkeit spätreifer oder normalreifer Landrassen beim Rinde, z. B. des polnischen Rotviehs, läßt sich ebenfalls als indirekter Beweis für die obige Behauptung anführen. Und beim Menschen ist das ungewöhnlich rasche körperliche Altern Angehöriger sehr frühreifer australischer Stämme oft von Forschern besonders hervorgehoben worden.

Frühreife kombiniert mit Anlage zur Mastfähigkeit

In einer besonderen Form, nämlich in Verbindung mit der Anlage zu großer Mastfähigkeit, tritt uns die Frühreife fast bei allen sogenannten „frühreifen" Rassen der verschiedensten Haustierarten entgegen. Das, was man landwirtschaftlich züchterisch schlechtweg als „frühreif" bezeichnet, gehört zu dieser Form, und so gehören auch alle typischen und hochgezüchteten Mastrassen hieher.

Neben mehr oder weniger stark ausgeprägter körperlicher Frühreife, die keineswegs immer mit entsprechend stark hervortretender geschlechtlicher Frühreife verbunden zu sein braucht, findet man bei solchen Tieren eine ungewöhnlich stark entwickelte Neigung, die gereichten Nährstoffe in Form von Fett im Körper abzusetzen. Alle solchen frühreifen Mastrassen (des Rindes, Schafes und Schweines) zeichnen sich auch gleichzeitig durch verstärkte Anlage zur Bindegewebsentwicklung aus. Bei ihnen ist nicht nur die Subkutis mächtig entwickelt, sondern auch die bindegewebigen Muskelmäntel (Perimysien) und das Bindegewebe innerhalb der Muskeln selbst (inter- und intramuskuläres Bindegewebe). Seine mächtige Entwicklung veranlaßt nach erfolgter Einlagerung von Fett infolge reicher Ernährung jene bekannte „Marmorierung" der Muskelquerschnitte. Rassen von dieser Art von Frühreife eignen sich ganz besonders für die Produktion von Masttieren, weil das massig entwickelte Bindegewebe als Fettreservoir, als Fettdepot dient, wodurch das Fleisch unter Umständen an Wert gewinnt.

Üppige Fütterung, besonders wenn noch ein entsprechend abgeänderter Stoffwechsel unterstützend hinzutritt, füllt diese Ablagerungsstätten oft in außerordentlich reichem Maße mit Fett. Tiere dieser Art eignen sich vorzüglich zur Jugendmast, insoferne als neben der Ausbildung der Muskeln auch gleichzeitig jene des Fettgewebes in vollkommener Weise erfolgt. Wachstum und Mastung sind dann harmonisch miteinander verknüpft, es kommt nicht zu so übermäßiger Fettbildung wie bei ausgewachsenen Individuen, ein Umstand, von dem besonders in England bei der Produktion erstklassiger Mastlämmer ausgiebig Gebrauch gemacht wird. Soll diese Art von Mastfähigkeit vollkommen sein, dann müssen die betreffenden Tiere neben der Anlage zur Frühreife auch die Anlage zu mächtiger, mehr weniger allgemeiner Bindegewebsentwicklung besitzen. Überdies muß sich noch, wie erwähnt, ein in ganz bestimmter Richtung abgeänderter Stoffwechsel, der selbst wieder Ausfluß einer erblichen (konstitutionellen) Anlage ist, hinzugesellen.

Um jene in solchen Individuen schlummernden Anlagen voll zur Entwicklung zu bringen, ist natürlich von frühester Jugend an üppige Ernährung unerläßlich. Solche Tiere bedürfen, wie dies Baudement treffend ausgedrückt hat, „der Ruhe im Schoße des Überflusses".

Diese Form von echter landwirtschaftlicher Frühreife ist in ihrem Wesen von den Tierzüchtern lange Zeit verkannt worden. Immerhin hat L. Hoffmann in den Neunzigerjahren des vorigen Jahrhunderts diesen Zusammenhang mit der Mastfähigkeit richtig erkannt und hervorgehoben. Seine Feststellungen haben in der theoretischen Tierzuchtlehre nicht die verdiente Beachtung gefunden. Hoffmanns Anschauungen über die mit Mastfähigkeit kombinierte Frühreife gehen aus folgenden Worten hervor: „Die Gewebssorte, welche am meisten Nahrung aufnehmen kann, durch diese am ungemessensten wuchert und zwischen sich Fettmassen aufspeichert, ist das Bindegewebe, es ist aber die niedrigste Gewebssorte des ganzen Körpers, am wenigsten differenziert und eigentlich nur Stützgewebe desselben und dadurch, daß es immer mehr zunimmt, daß es eine immer größere Breite den ankommenden Nahrungszuflüssen entgegenstellt und sie aufnimmt, erhält der Körper das Charakteristikum alles Frühreifen, eine bindegewebige Konstitution, die besonders bei Mastrindern, Schweinen und anderen ausgeprägt ist."

Aus diesem Bindegewebsreichtum einer bestimmten Type von frühreifen Tieren leitet Hoffmann den Satz ab, daß alle „frühreifen Rassen in ihrer Konstitution geschwächt" wären.

Deshalb rät er, bei solchen Tieren durch systematische Bewegung Muskeln, Bänder, Sehnen, Knochen, Herz usw. zur stärkeren Entwicklung zu reizen und solcherart das Bindegewebe wieder zurückzudrängen.

Diese mit großer Mastfähigkeit kombinierte Frühreife findet man in typischer Weise beim Rinde bei den Shorthorns, Aberdeen-Angus, Devons und ähnlichen Mastrassen, beim Schafe vor allem bei den Southdowns, Leicesters usw. und beim Schweine bei sämtlichen hochgezüchteten Rassen überhaupt, da sich bei diesem Tiere die Hochzucht nur in dieser einen Richtung (Mastfähigkeit und Frühreife) bewegt.

Außer den schon bekannten Zeichen von Frühreife ist für diese Art eine dicke, weiche, leicht verschiebbare Haut ein charakteristisches Kennzeichen; sie zeigt das reichlich vorhandene, zum Fettreservoir bestimmte Unterhautbindegewebe an.

Eingehenderes Studium der „Frühreife" unserer Haustiere ergibt nach dem Gesagten, daß es sich bei dieser landwirtschaftlich wichtigen Haustiereigenschaft eigentlich keineswegs um eine einheitliche Erscheinung handelt. Die Erklärung ihres Zustandekommens und ganz speziell jener mit Mastfähigkeit verbundenen Form ist keineswegs so einfach, wie die älteren Zootechniker meinten. Auf diesen Umstand und auf die Schwierigkeit des Verständnisses der sich dabei abspielenden biologischen Vorgänge hat daher mit Recht vor einigen Jahren R. Müller aufmerksam gemacht. Sanson und Wilckens sahen in den Achtzigerjahren des vorigen Jahrhunderts in der Frühreife nur „das Ergebnis reichlicher, insbesondere eiweiß- und phosphatreicher Nahrung". Und ebenso erblickte Cornevin (1891) in ihr hauptsächlich das Resultat der „Übung der Ernährungsorgane".

Auf dem Standpunkte Lamarcks von der Vererbung erworbener Eigenschaften stehend, meinten jene Forscher, daß man durch üppige, gehaltreiche Jugendernährung auch jene typischen Formen echter Frühreife willkürlich hervorrufen und erblich fixieren könne, sodaß sie schließlich zur Stammes- und Rasseneigenschaft werden könne.

Noch 1896 gibt L. Hoffmann diesem Gedanken — allerdings bereits unter

Hinzufügen des Momentes der Zuchtwahl — charakteristischen Ausdruck: „Wird nun dieser Mastprozeß hauptsächlich in der Jugend durch mehrere Generationen fortgesetzt und werden zur Nachzucht immer solche Tiere ausgewählt, welche sich hervorragend mästen ließen, so wird bald ein Stamm von Tieren geschaffen, die sich durch besondere Frühreife auszeichnen."

Demgegenüber wurde von anderer Seite darauf hingewiesen (R. ARNDT), daß gerade die echte mit großer Mastfähigkeit kombinierte Frühreife unserer Mastrassen einen entschieden pathologischen Zug habe, der erblicher, also konstitutioneller Natur, und daher aber auch an und für sich bis zu einem gewissen Grad unabhängig von üppiger Ernährung sei. Dieser Auffassung schloß sich in einer neueren Arbeit ROBERT MÜLLER an, wenn er schreibt, daß bei der Entstehung der Frühreife die Eigenart der Tiere immer eine wichtige Rolle spielen würde, und daß es sich bei der Entstehung der Frühreife ohne Zweifel um eine besondere erbliche Keimesvariation handle, die durch geeignete Ernährung allerdings wesentlich gefördert wird.

Auch er spricht sich dagegen aus, daß man die Frühreife „kurzerhand unter die individuell erwerbbaren Eigenschaften" rechne.

Ein volles Verständnis aller am Zustandekommen der Frühreife beteiligten Vorgänge fehlt zurzeit noch; nur soviel wissen wir, daß sie mit den innersekretorischen Vorgängen innig verknüpft ist und von diesen beherrscht wird. Die Ernährung spielt dabei nur eine sekundäre Rolle, sie löst nur die schlummernden Anlagen aus, schafft die Reaktionsmöglichkeit. Hauptsache bleibt die konstitutionelle Anlage, die bekanntlich erblicher Natur ist, und die durch bestimmte Lebensbedingungen allein nicht geschaffen werden kann.

Das wenige, das man in dieser Beziehung über das Zustandekommen der sexuellen, bzw. der körperlichen Frühreife mit und ohne gleichzeitig vorhandener Mastfähigkeit weiß, wäre etwa folgendes:

1. Besteht ein Einfluß seitens der Geschlechtsdrüsen auf den Ablauf der Körperentwicklung in der Weise, daß ihre beschleunigte Entwicklung durch ihre Hormonwirkung gewöhnlich auch eine Beschleunigung des Körperwachstums veranlaßt (bekanntlich raschere Lebendgewichtzunahme bei der Mast von Jungstieren gegenüber von Jungochsen). Daß umgekehrt der Ausfall der Geschlechtshormone die Körperentwicklung verzögert, beweist das Verhalten der Kastraten (spätes Verwachsen der Epi- mit den Diaphysen der Röhrenknochen, und daher lange Extremitäten).

2. Vermag (nach HARMS) die Zirbeldrüse (Epiphyse) auf dem Umwege über die Geschlechtsdrüsen die Körperentwicklung dadurch zu beeinflussen, daß ihre Hormone einen hemmenden Einfluß auf die Entwicklung der Keimdrüsen besitzen. Durch Unterfunktion der Epiphyse oder Wegfall ihrer Hormonbildung wird daher eine vorzeitige Sexualentwicklung und damit meist frühere Reife überhaupt erzielt. Entfernung der Epiphyse bei 20 bis 30 Tage alten Hähnen veranlaßte verfrühte Hoden- und Kammentwicklung, Einstellung der Stimme und ebensolches Hervortreten sexueller Instinkte. Bei Kaninchen und Hunden sah SARTESCHI nach Entfernung der Epiphyse, abgesehen von auffallender Fettsucht, abnorm rasche Entwicklung, frühere Geschlechtsreife und ungewöhnlich große Hoden bei männlichen Tieren.

Während die frühzeitige Entwicklung der Keimdrüsen oder ihre verstärkte Funktion für gewisse landwirtschaftliche Formen der Frühreife wichtig ist, hat die epiphysäre Frühreife keine praktische Bedeutung. Keine Rolle dürfte bei der rassemäßigen Frühreife jene durch Überfunktion der Nebennierenrinde hervorgerufene spielen. Desgleichen dürfte der von KLEIN neuestens (1923) behauptete Einfluß der Thymusdrüse auf das Zustandekommen der Frühreife im landwirtschaftlichen Sinne sehr fraglich sein. Hingegen ist wohl anzunehmen, daß sowohl die geschlechtliche Frühreife als auch die mit Mastfähigkeit kombiniert auftretende und für unsere Mastrassen charakteristische, in nahen Beziehungen zur Hypophyse stehen. Es gelang z. B. auch, bei Ratten durch Einpflanzen von Hypophysen beschleunigtes Wachstum und frühere Geschlechtsreife hervorzurufen. Der Umstand, daß die Hypophyse verschiedene Hormone bildet, läßt diese Beziehungen im einzelnen vorläufig allerdings noch nicht genügend klar erkennen.

3. Sprechen manche Momente dafür, daß es sowohl einen primären Hypergenitalismus, als auch weiters eine konstitutionelle, angeborene Anlage zu übermäßiger Wachstumsfähigkeit und -schnelligkeit des Körpers und seiner Gewebe überhaupt gibt. Diese muß dann als unabhängig von den Produkten endokriner Drüsen angenommen werden, sie liegt in der genotypischen Beschaffenheit der betreffenden Individuen begründet. Diese Ansicht teilen auch die Vertreter der menschlichen Konstitutionsforschung (J. BAUER). Mannigfaltig wie die Formen, in welchen die Frühreife in Erscheinung tritt, sind auch, wie wir heute behaupten können, ihre nächsten Ursachen. Ihr Wesen liegt jedoch zum guten Teil in der Beschaffenheit und Funktion des Systems der endokrinen Drüsen begründet. Bei den echten Formen der Frühreife handelt es sich also um erblich fixierte, konstitutionelle Anlagen. Üppige Ernährung von Jugend an kann — wenn wir von der physiologischen Frühreife absehen — die im landwirtschaftlichen Sinne verstandene echte Frühreife nicht schaffen; wohl aber ist sie das Mittel, jene Individuen zu erkennen, welche diese Anlage aus irgend welchen Gründen besitzen, welche also diese Art von Mutation besitzen. Sie ist das Reagens auf vorhandene Anlagen zu Frühreife, letztere selbst die Reaktion.

Die Mastfähigkeit

Ähnlich wie bei der Frühreife läßt sich auch bei der Mastfähigkeit eine normale, fast bei jedem gesunden Tiere durch reichliche Ernährung hervorrufbare und anderseits eine spezifische, von ganz besonderer Anlage hiezu zeugende, unterscheiden. Letztere trägt nun unzweifelhaft bei manchen unserer Mastrassen bereits pathologischen Charakter; sie ist durch die Züchtungskunst des Menschen in manchen Haustierrassen erblich so fest verankert worden, daß sie als charakteristisches Rassenmerkmal gelten darf. Damit sie zustande kommen kann, ist, wie eben erwähnt wurde, abgesehen von bestimmter Aufzucht und Ernährung das Vorhandensein eines einseitig in der Richtung auf Fettproduktion orientierten Stoffwechsels notwendig. Ferner muß als Ablagerungsort das Bindegewebe in Gestalt mächtig entwickelter Muskelhüllen, das zwischen den Muskelbündeln innerhalb der Muskeln vorhandene Bindegewebe, sowie das Unterhautbindegewebe in höherem Maße als gewöhnlich entwickelt sein. Die Muskelquerschnitte solcher Masttiere sind daher typisch „marmoriert", d. h. mit fettführendem Bindegewebe durchwachsen. Beide Anlagen, sowohl jene für den abgeänderten Fettstoffwechsel, als auch jene für üppige Bindegewebsentwicklung sind innerer Natur, also Ausfluß der genotypischen Beschaffenheit der betreffenden Tiere. Bei den vollkommensten Mastrassen besteht zwischen beiden Anlagen eine Korrelation, wie z. B. beim Shorthornrinde, dem Leicesterschaf oder dem Yorkshireschwein. Doch gibt es auch Ausnahmen, gewissermaßen Korrelationsbrecher. So besteht z. B. bei dem Tux-Zillertaler Rinde zwar ein sich abwegig bewegender Fettstoffwechsel (guter Ernährungszustand bei selbst nur mäßiger Ernährung), jedoch das um und in den Muskeln vorhandene Bindegewebe ist nur spärlich, keinesfalls massig entwickelt, ihr derbes Fleisch ist daher mager, nicht „durchwachsen". Wie so viele menschliche Achondroplasten (leichteren Grades) besitzen auch die Tux-Zillertaler eine gewisse Muskelhypertrophie. Sie sind typisch fleischwüchsig, besitzen aber nicht jene durch große Fettmengen im Muskelfleisch charakterisierte Eigenschaft spezifischer Mastrassen. Nur das Unterhautbindegewebe pflegt auch bei ihnen

Abb. 151. Aberdeen-Angus-Rind. Fleisch- und Masttype des Rindes. (Phot. nach einem englischen Diapositiv.)

Abb. 152. Shorthorn-Rind. Fleisch- und Masttype des Rindes. (Phot. v. Orren Lloyd-Jones aus Journ. of Hered. 1915.)

massig entwickelt und mit abgelagertem Fett erfüllt zu sein. Auch bei anderen Haustieren kommt es, wie später ausgeführt werden soll, oft vor, daß sich die Ablagerung des Fettes nur an bestimmten Stellen des Körpers in größerem Umfang einstellt, ein Beweis des Vorhandenseins bestimmter Vererbungsfaktoren im Sinne des Mendelismus (Verteilungsfaktoren).

Der zwischen großer Mastfähigkeit und Neigung reichlicher Bindegewebsentwicklung bestehende Zusammenhang ist bereits vielen Beobachtern aufgefallen; gilt doch seit langem unter anderen eine besonders dicke, weiche, leicht verschiebbare, von üppig entwickeltem Unterhautbindegewebe zeugende Haut im allgemeinen als verläßliches Kennzeichen einer guten Anlage zur Mast. Be-

Abb. 153. Typisches Individuum der Southdown-Rasse. (Extreme Form für Frühreife und Mastfähigkeit.)

Abb. 154. Hampshiredown-Bock. Vertreter der einseitigen Fleisch-Mastrichtung. (Phot. nach engl. Diapositiv.)

sonders deutlich hat L. HOFFMANN auf diesen Umstand hingewiesen, wenn er die bindegewebige Konstitution als das Charakteristikum alles Frühreifen ansieht, das nach der damaligen Ansicht stets mit großer Mastfähigkeit bei unseren Haustieren Hand in Hand ging. Mit der „bindegewebigen Konstitution“

scheint nun, wie HOFFMANN meint, auch eine stärkere Entwicklung des Lymph-
gefäßsystems Hand in Hand zu gehen, so daß die bindegewebige Konstitution

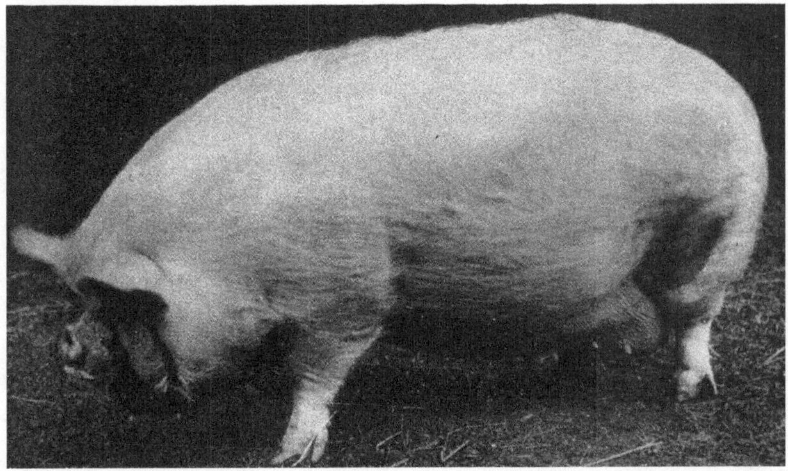

Abb. 155. Original englische Yorkshire-Sau der alten Zuchtrichtung mit extrem
kurzem und aufgestülptem Gesichtsteil und starker Mikromelie usw. (Orig.-Phot.)

Abb. 156. Original Yorkshire-Eber. Repräsentant der modernen englischen Zuchtrichtung, mäßig behaart, wenig aufgeworfener Schnauzenteil. (Orig.-Phot. v. Dr.
ZABIELSKI, Krakau, 1925.)

leicht auch in die lymphatische übergehen kann, eine Erscheinung, die tatsächlich bei typischen Mastrassen (z. B. des Schweines) zu beobachten ist. Das

Parallellaufen der Entwicklung von Bindegewebe und Lymphgefäßsystem wurde
übrigens durch Untersuchungen H. HOYERS-Krakau an verschiedenen Gruppen

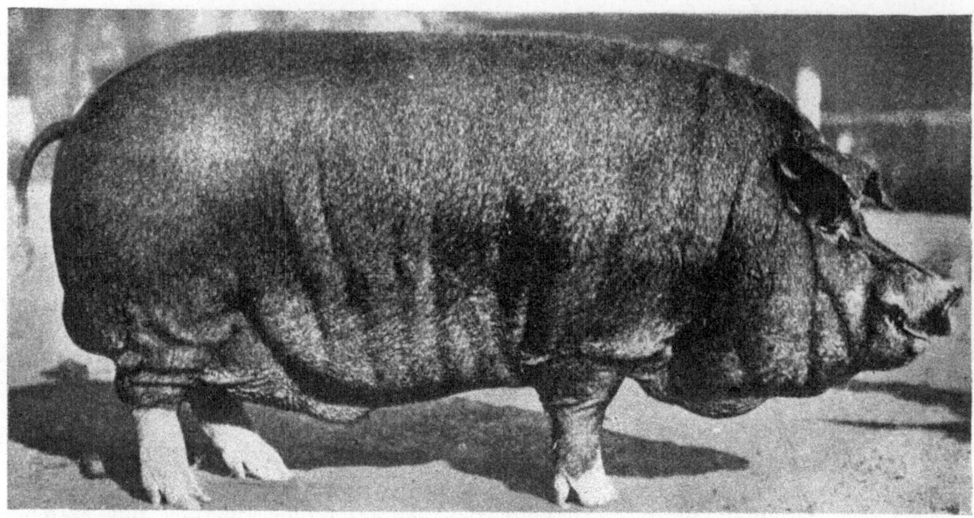

Abb. 157. Poland-China-Eber. (L.-G. 800 Pfund.) Preisgekrönt auf der Weltausstellung zu St. Louis.

Abb. 158. Mangalica-Schwein im Zustande der Vollmast. (Orig.-Phot. v. Prof.
Dr. ULMANSKY.)

von Wirbeltieren direkt nachgewiesen. Während es sich z. B. bei Vögeln (mit
Ausnahme der Gans) relativ spät und spärlich im Laufe der embryonalen Entwicklung einstellt, ist das Gegenteil beim Schweine und Rinde der Fall.

HOFFMANN irrt nur insoferne, als er, wie manche ältere Autoren auf streng lamarckistischer Basis stehend, zu meinen scheint, man könne durch üppige Jugendernährung solche üppige Wucherung des Bindegewebes als eigentliche Mastfähigkeit willkürlich hervorrufen. Es muß immer wieder hervorgehoben werden, daß echte landwirtschaftliche Frühreife, d. h. kombiniert mit Mastfähigkeit, auch bei entsprechender Aufzucht und Ernährung nur dort ausgelöst werden kann, wo die Anlagen dazu vom Keimplasma der Eltern auf die Nachkommen übertragen worden sind.

Was die zweite Hauptkomponente der echten Mastfähigkeit, den abwegigen Stoffwechsel betrifft, so scheint sie auf innersekretorischen Vorgängen zu beruhen. Man kennt heute den diesbezüglichen Einfluß auf den Fettstoffwechsel des Körpers von verschiedenen Drüsen mit innerer Sekretion. So kennt man eine hypophysäre Fettsucht, bei Störung der Hormonbildung des Mittellappens der Hypophyse, eine epiphysäre, wenn verringerte Produktion oder Ausfall der Hormone der Zirbeldrüse vorkommt, ferner eine durch Unterentwicklung oder Unterfunktion der Schilddrüse bedingte Fettsucht, die selbst wieder auf zweifache Art zur Erscheinung kommen kann (Hormonmangel oder verändertes Temperament).

Schließlich kommt teils direkt, teils indirekt der Einfluß der Geschlechtsdrüsen auf das Zustandekommen der Fettsucht noch in Frage. Ausfall dieser Hormone (bei Kastraten) wirkt unter gewissen Umständen auf Abschwächung des Stoffwechsels und Anlage zum Fettabsatz hin bei gleichzeitiger Temperamentsänderung nach der ruhigen, phlegmatischen Seite.

In der landwirtschaftlichen Tierzucht scheint nun bei den ob ihrer Mastfähigkeit hochgezüchteten Rassen jene Form am häufigsten vorzukommen, welche durch Veränderungen (Unterfunktion oder Unterentwicklung), besonders des Mittellappens der Hypophyse gekennzeichnet ist. Hiefür spricht unter anderem auch der verbildete Türkensattel an der Schädelbasis solcher typischer Mastrassen, der als Sitz der Hypophyse einen Schluß auf deren Entwicklungszustand gestattet. Daß die Fettsucht unserer Mastrassen durch Unterentwicklung der Schilddrüse (BORMANN, kretinoide Degeneration) verursacht sei, muß nach der heutigen Kenntnis der innersekretorischen Vorgänge als ebenso ausgeschlossen erscheinen, als wie die neueste Behauptung W. KLEINS (1923), der im Gegensatz zu allen bisherigen Ergebnissen der Forschung über endokrine Drüsen an eine aus irgend welchen Gründen veranlaßte Überfunktion der Schilddrüse denkt, welche die Merkmale der Frühreife und stärkeren Ansatz bei jungen Tieren auslösen soll. Er stützt sich dabei auf Versuche, in denen eine teilweise Entfernung der Schilddrüse (kastrierter? Tiere) eine Überfunktion des restlichen Teiles neben den morphologischen Zeichen von Frühreife veranlaßte. Daß die Schilddrüse an der typischen Mastfähigkeit der echten Mastrassen keinen Teil hat, hat unter anderem die jüngste Untersuchung W. BORMANNS ergeben. Sie erwies, „daß die durch die Frühreife (und Mastfähigkeit, L. Adametz) bedingten äußeren Merkmale, mögen sie auch in gewissen Punkten eine äußere Ähnlichkeit mit kretinistischer bzw. kretinoider Degeneration haben, keineswegs mit dieser identisch sind“. Und damit ist auch der so lange vermutete Einfluß einer Unterfunktion der Schilddrüse bei der rasselichen Mastfähigkeit und Frühreife der sogenannten Mastzuchten erledigt.

Übrigens ist auch BORMANN der Ansicht, daß es sich bei diesen Züchtungsergebnissen um etwas Pathologisches handelt, und glaubt, daß wir es dabei mit einer „durch Haltung, Ernährung und Zuchtwahl erworbenen Rassendegeneration“ zu tun hätten. Ihren Ausdruck fände letztere „in der abnormen Fettinfiltration der Gewebe“, welche aber in ökonomischer Hinsicht ein nutz-

bringendes Zuchtergebnis darstelle. Ganz anders als bei unseren hochgezüchteten
Mastrassen liegt die Sache natürlich bei einer der häufigsten Formen krankhafter
Fettsucht des Menschen. v. Noorden nimmt für das Wesen dieser endogenen
Fettsucht eine Verminderung der Oxydation an, die auf mangel-
hafte Schilddrüsentätigkeit zurückzuführen sei. Allerdings dürfe diese
Unterfunktion einen gewissen Grad nicht unterschreiten, damit sie nicht Myxödem
erzeuge.

Auf Grund eigener Beobachtungen möchte ich das Wesen der meisten unserer
typischen frühreifen landwirtschaftlichen Mastrassen (des Rindes, Schafes, ganz
besonders aber des Schweines) in einer Kombination von atypischer, leichter
Achondroplasie mit Neigung zu allgemeiner starker Bindegewebsentwicklung
(etwa mit dem, was die Konstitutionsforscher als Lymphatismus [Störk]

Abb. 159. Wildgans (Anser anser L.). Die Stammform der Hausgans.
(Phot. n. Journ. of Hered. 1916.)

bezeichnen) erblicken. Das Vorhandensein fast aller wichtigen Symptome und die
auffallend schlechte Entwicklung des Türkensattels an der Schädelbasis solcher
Tiere, weist auf eine Unterentwicklung unter anderem auch des sogenannten
Mittellappens der Hypophyse hin, jener innersekretorischen Drüse, deren Sekret
ebenfalls die Oxydationsvorgänge im Körper anregt bzw. regelt.

Mangel an diesem von ihr produzierten Hormon erzeugt bekanntlich Neigung
zu Fettansatz, der bei gleichzeitiger Anwesenheit üppig entwickelten Bindegewebes auch die Bildung jener Art von „fettdurchwachsenem Fleisch" ermöglicht, die für solche Rassen eigentümlich ist.

Als äußere Kennzeichen guter Mastfähigkeit gelten in der landwirtschaftlichen Tierzucht, abgesehen von der schon erwähnten dicken aber weichen, leicht
verschiebbaren Haut (beim Rinde am Halse, der Schulter und der Rippengegend
zu untersuchen), ein feiner Knochenbau (Kopf, Vorderröhre und Schwanzwurzel

beim Rinde), breite Rumpfformen und Kürze der Glieder sowie ein relativ kurzer Gesichtsteil in Verbindung mit breitem Stirnteil.

Die zur Feststellung des Mastzustandes am gemästeten Tiere geprüften Körperstellen und die sogenannten Fleischergriffe sind beim Rinde: die Wamme, die Vorder- und Seitenbrustgegend, die sogenannte Kniefalte, die Gegend um den seitlichen und hinteren Sitzbeinhöcker, dem Darmbeinhöcker und beim Ochsen der Hodensack. Bei gemästeten Individuen ausgesprochener Mastrassen, wie z. B. den Shorthorns, bilden sich um die Sitz- und Darmbeinhöcker förmliche Kissen von fettführendem Bindegewebe. Ferner läßt sich in der hinteren Körperhälfte jederseits der Wirbelsäule ein zu ihr parallel laufender Strang fettführenden Bindegewebes feststellen.

Lage der Fettdepots, örtliche Verteilung des Fettes bei verschiedenen Tierspezies. Ein merkwürdiges Verhalten zeigt die örtliche Verteilung des bei guter Ernährung gebildeten Fettes. Bei verschiedenen Arten bzw. Rassen von Haustieren ist die Lage dieser Fettdepots recht verschieden. Einmal kann sich die Fetteinlagerung ziemlich gleichmäßig auf das gesamte Unterhautbindegewebe des Körpers und auf das Bindegewebe um und in den Muskeln erstrecken. Auch in der Bauchhöhle können beim Rinde dann relativ große Mengen von Fett

Abb. 160. Toulouser Gans, extremen Masttypus zeigend. Siehe Kehllappen und Hängebauch. (Phot. n. Journ. of Hered. 1916.)

abgeschieden werden. Diese Form einer gleichmäßigen Fettaufspeicherung findet man bei den bekannten Mastrassen des Rindes und Schafes. Im Gegensatz hiezu lagert sich das Fett bei bestimmten Arten oder Rassen von Haustieren einseitig an ganz bestimmten Körperstellen ab.

Beim Pferde z. B. scheidet sich überflüssiges Fett besonders am oberen Rand des Halses, am Kamme, als „Speckhals" ab.

Beim Rinde herrscht diesbezüglich größere Mannigfaltigkeit. Die typischen Mastrassen zeigen die oben erwähnte ziemlich gleichmäßige Art der Fettablagerung. Die Steppenrasse neigt im allgemeinen zu einseitiger Fettablagerung in der Bauchhöhle (im Netz usw.), während die Muskulatur verschont wird. Die Tux-Zillertaler Rinderrasse hat trotz deutlicher Muskelhypertrophie relativ wenig Fett im Bindegewebe zwischen, in und um die Muskeln, jedoch relativ viel in der Bauchhöhle und besonders in der Subkutis. Beide Momente, Muskelhypertrophie und Fettreichtum in der Subkutis verursachen die vollen,

Abb. 161. Tuxer Kuh. Typus der Fleischmast ohne Frühreife; aus der Umgebung von Wattens in Tirol 1897. (Orig.-Phot. v. Dr. JAWORSKI, Krakau.)

Abb. 162. Zebukreuzung aus dem Sudan (mit Pinzgauer Farbenabzeichen). Stark entwickelter Fetthöcker. (Orig.-Phot. v. Dr. F. v. WETTSTEIN.)

runden, große Mastfähigkeit und entsprechende Fleischqualität vortäuschenden Formen.

Beim Zebu wieder findet sich ein Fettdepot in Gestalt des Höckers, ähnlich einem Rucksack am Rücken befestigt. Hier handelt es sich um den entarteten und durch Fetteinlagerung vergrößerten Kappenmuskel. Der Zebubuckel ist nicht nur ein Fettdepot, sondern zugleich auch ein Eiweißreservoir.

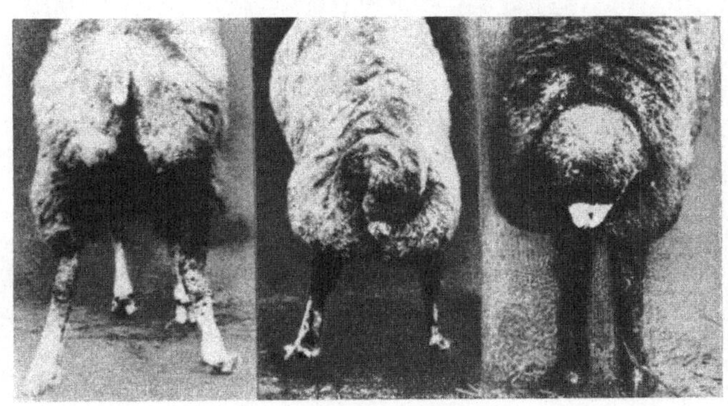

Abb. 163. Links: Mutterschaf des grusinischen Schlages (Kaukasus). Fettdepot an der Hinterseite der Oberschenkel. Mitte: Bock des Sivaska-Schlages. Fettdepot hier Kombination von Fettsteiß und Fettschwanz. Rechts: Bock der Mazechrasse (Kaukasus). Das Fettdepot stellt eine Kombination von Fettsteiß und Fettschwanz vor. Mittleres und rechtes Bild: s-förmige Schwanzkrümmung in der Medianebene des Körpers. (Phot. n. BERESOWSKIS Atlas der Schafzucht.)

Beim Schafe findet man neben der gewöhnlichen Form allgemeiner und gleichmäßiger Fettverteilung auch eine eigenartige einseitige, auf bestimmte Körperregionen beschränkte bei den Fettsteiß- und Fettschwanzrassen. Ein aus lockerem Bindegewebe bestehendes Kissen befindet sich beim Fettsteißschaf um den Schwanzansatz herum gelagert und nimmt den hinteren Teil der Kruppe und der Oberschenkel ein. Hier können beträchtliche Fettmengen aufgespeichert werden. Ein vollendetes Gegenstück hiezu findet sich beim Menschen, besonders im weiblichen Geschlecht, bei der Buschmannrasse der Kalahari Südafrikas und bei den Hottentotten,

Abb. 164. Bock der Mazechrasse (Kaukasus). Seitenansicht von Abb. 163 Individuum rechts. (Phot. n. BERESOWSKIS Atlas der Schafzucht.)

einem Buschmannblut führenden Mischvolke, das von diesem die Steatopygie geerbt hat. Die Fettmassen befinden sich hauptsächlich in der Glutäalgegend, sie nehmen das Gesäß und die Hüften ein und erstrecken sich unter Umständen auf die Außenseite der Oberschenkel (siehe Abbildung 169).

Beim Fettschwanzschaf reichen die jederseits der Schwanzwirbelsäule verlaufenden Fettmassen verschieden tief herab. Der Fettschwanz kann ausnahmsweise riesige Dimensionen erlangen und bis zu 16 *kg* schwer werden. Bei den

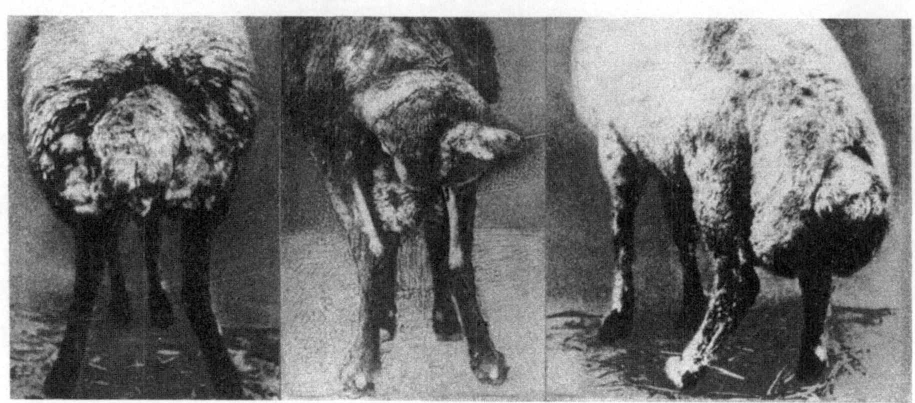

Abb. 165. Links: Mutterschaf des Balbaz-Schlages. Kompliziert gebauter Fettschwanz. Mitte: Bock des Ossetenschafes (Kaukasus). Kompliziert gebauter Fettschwanz. Rechts: Bock des Sivaska-Schlages. Komplizierte Kombination von Fettsteiß und Fettschwanz. (Phot. n. Beresowskis Atlas der Schafzucht.)

Karakulschafen fand ich in ähnlicher Lage wie bei den Fettsteißschafen (hinterer Teil der Kruppe) anschließend an die Kissen des Fettschwanzes noch ein dünnes Fettkissen, von welchem der Rückenmittellinie entlang ein fettführender Strang bis in die Widerristgegend verlief.

In diesen örtlichen Ansammlungen großer Fettmengen haben wir einen Sonderfall der normalen, physiologischen Mastfähigkeit zu erblicken. Wir haben ein physiologisches Gegenstück zur Lipomatosis der Pathologen vor uns, und zwar jener vom Typus coxalis, d. h. eine Fettablagerung, die sich hauptsächlich auf den Beckengürtel beschränkt. Es unterliegt keinem Zweifel, daß die Fähigkeit, große Mengen von Fett an solchen Körperstellen abzulagern, welche die Bewegungsfähigkeit tunlichst wenig beeinträchtigen, eine zweckmäßige Anpassung an das Steppenleben vorstellt. Abwechselnd Überfluß und Mangel charakterisieren die Ernährung auf der Steppe. Und jene Individuen haben besonders Aussicht, die lange Winterhungerperiode zu überleben, welche einen größeren Vorrat an Fett, dem wertvollen Heizstoff des Körpers, anzulegen

Abb. 166. Bock des Sivaska-Schlages. Seitenansicht von Abb. 165 Individuum rechts. (Phot. n. Beresowskis Atlas der Schafzucht.)

imstande sind. Hier liegt offenbar ein Resultat natürlicher Auslese vor. Allein — und das ist das komplizierte, zugleich aber auch das Interessante an dieser Erscheinung — dieses Resultat der natürlichen Zuchtwahl hat den Domestikationszustand zur Voraussetzung. Wenigstens gilt dies für die Fettschwanzschafe. Im Freileben würden nämlich solche früher als fettschwanzfreie Individuen eine Beute der Wölfe und anderer Raubtiere werden, weil unter allen Umständen aus der Fettschwanzbildung eine Behinderung des Laufens resultiert. Tatsächlich kommt denn auch nirgends bei den zahlreichen Wildschafen Zentralasiens weder Fettsteiß- noch Fettschwanzbildung vor. Für die Ausnützung der enormen, ausgedehnten Steppenländereien Zentralasiens hat diese Art landwirtschaftlicher Produktion — eines Fettes von bekannt vorzüglicher Beschaffenheit — eine große Bedeutung.

Vom züchterischen Standpunkt ergibt sich noch die Zweckmäßigkeit, den physiologischen Zweck des Fettes im Tierkörper kurz zu berücksichtigen. Fett ist:

1. Rohmaterial für die Wärmeproduktion (Heizstoff) und für Muskelarbeit.

2. Ist es als Depotfett im Körper abgelagert eine Nahrungsreserve und entspricht nach GÜNTHER etwa den Stärkedepots der Pflanzen.

3. Dient es als Schutz vor Wärmeverlusten in kalter Umgebung; in dieser Beziehung steht es in Wechselbeziehung mit den Haaren der Säugetiere (Fettmassen und Haarschwund).

4. Schützt es als Haartalg oder Sekret der Bürzeldrüse Haut und Haar oder Gefieder vor Nässeschaden und soll der Haut wegen

Abb. 167. Typischer Karakulbock Nr. IV der Groß-Enzersdorfer Zucht (1906) im geschorenen Zustand. Stark entwickelter Fettschwanz, s-förmige Schwanzkrümmung des mageren Schwanzendes. Überdies mäßiger Ramskopf als männlicher sekundärer Geschlechtscharakter. (Orig.-Phot.)

gewisser bakterizider Eigenschaften bis zu einem gewissen Grade, selbst gegen Bakterieninfektion, Schutz verleihen.

5. Hat besonders jenes die Muskeln usw. umgebende Fettgewebe die Aufgabe, als Schutz vor mechanischer Schädigung und als Gleitpolster zu dienen.

Jene übermäßigen Grade der Fettbildung, welche bei den landwirtschaftlichen Mastrassen infolge entsprechender Fütterung erzielt werden, und die, wie gezeigt wurde, in erster Linie endogenen, konstitutionellen Ursprungs sind, überschreiten gewöhnlich den Grad physiologischer Zweckmäßigkeit für das Tier und wirken in verschiedener Weise schädlich. Schon vor vielen Jahren hat HYRTL auf den durch Fettablagerung veranlaßten Muskelschwund verwiesen und gezeigt, wie das Fett bei reicher Fütterung in die Muskulatur der Masttiere in Masse abgelagert wird, und daß es durch Druck die Muskelfasern so ausgiebig zum Schwinden bringt, daß sie, wie z. B. beim Mastschwein, den Speck nur mehr als schwache, rote Striemen durchziehen. Daß es beim Geflügel, namentlich bei Enten, infolge zu lange getriebener gleichmäßig üppiger

Jugendfütterung auch jener für Zuchtzwecke bestimmter Individuen infolge von Herzverfettung bei den kaum erwachsenen Tieren oft zu plötzlichen Todesfällen kommt, ist bekannt.

Allgemein bekannt ist auch der schädliche Einfluß, den die weitgehende endogene Mastfähigkeit auf die Fruchtbarkeit der Tiere äußert. Gegenüber gewöhnlichen Rassen sind so ziemlich alle hochgezüchteten frühreifen Mastrassen schon an und für sich wesentlich weniger fruchtbar und es bedarf einer geschickten Haltung und Ernährung, namentlich in der Jugend, um solche Tiere vor Unfruchtbarkeit zu bewahren. Für das Rind, wo dauernd gleichmäßig üppige Jugendernährung besonders bei Mastrassen sowohl bei Stieren als auch bei Kalbinnen Unfruchtbarkeit auszulösen pflegt, haben MARSHALL und PEEL durch Untersuchungen an den Ovarien von sieben fetten Kalbinnen nachgewiesen, daß es sich dabei um Ablagerung von pigmentiertem Fett im interstitiellen Gewebe handelt.

Abb. 168. Fettsteißschaf von Zentralasien. Schafzuchtkongreß in Moskau 1912. (Nach einer russischen Phot.)

Es tritt dann eine, hauptsächlich die reiferen Follikel umfassende Follikeldegeneration ein. Den ungünstigen Einfluß, den Mastfütterung speziell beim Geflügel auf die Entwicklung der Geschlechtsorgane ausübt, hat STIEVE (1921) klar nachgewiesen. Von sieben Monate alten Gänserichen wurden zwei Stück sechs Wochen lang gemästet, während zwei zur Kontrolle dienten. Die nicht gemästeten Gänse zeigten vor dem Schlachten deutlich Zeichen von Brunst. Die Mastgänse hingegen waren geschlechtlich indifferent. Die Hoden der ersteren waren gut entwickelt und hatten zirka viermal soviel Keimzellen als die Hoden der Mastgänse. Nicht nur, daß deren Hoden verkümmert waren, war auch die Entwicklung des Penis bei den Mastgänsen in einem Stadium befindlich, das dem eines viermonatigen normalen Gänserichs entsprach. STIEVE faßt seine Resultate dahin zusammen, daß durch die Mast die Ausbildung der sekundären Geschlechtsmerkmale, wie auch der Eintritt der Brunst verhindert wird, und daß die Ursache dafür in der Schädigung der Keimzellen liege. Gleiche Beobachtungen liegen auch bei Fischen vor. BR. HOFER (1904) beschreibt die durch Mast weiblicher Fische veranlaßte Degeneration der Eier. Statt der charakteristischen Durchsichtigkeit, welche die Eier normal genährter Fische kennzeichnet, sind die Eier gemästeter weißlich, milchfarbig und undurchsichtig. Die Veränderungen sind sogar makroskopisch erkennbar. Von solchen Eiern ist nur ein Teil befruchtungsfähig und selbst von den befruchteten stirbt ein beträchtlicher Teil während der Entwicklung ab.

Aus allen diesen Erfahrungen ergibt sich die Forderung: jene für Zuchtzwecke bestimmten Tiere, und ganz besonders wenn sie sehr frühreifen und mastfähigen Rassen angehören, in der zweiten Hälfte ihrer Entwicklungsperiode nur mäßig reich zu füttern und ihnen vor allem andern ausreichende energische, den Stoffwechsel anregende Bewegung zuzumuten. Nur auf solche Weise erhält man brauchbare, fruchtbare Zuchttiere.

Ein andersgearteter Zusammenhang zwischen Keimdrüsen und Mastfähigkeit besteht dann darin, daß die Ausschaltung der Geschlechtshormone, sowohl den Stoffwechsel träger macht, als auch ein ruhigeres phlegmatischeres Temperament veranlaßt. Daher wird auf beiden Wegen eine vergrößerte Neigung zum Fettansatz bedingt. Deshalb wird unter anderem vielfach die Kastration bei den Haustieren durchgeführt. Es ist jedoch nicht genügend bekannt, daß namentlich beim Rinde, männliche junge Tiere an und für sich bei entsprechender Ernährung eine deutlich größere Lebendgewichtszunahme haben, als wie Ochsen. Das Gewebewachstum erfolgt nämlich bei Geschlechtstieren unter dem Einfluß der Sexualhormone lebhafter als bei kastrierten, ungeschlechtlichen.

Abb. 169. Hottentottenfrau mit Steatopygie. (Phot. überlassen v. Frau Prof. Pöch.)

Die Milchproduktion

Das Sekret der Milchdrüse, die Milch, ist die einzige naturgemäße Nahrung während der ersten Lebensperiode (der Säugezeit) aller Säugetiere. Sie enthält nicht nur alle zum Aufbau des Körpers und seiner Gewebe notwendigen organischen und anorganischen Nährstoffe, sondern auch alle sogenannten Ergänzungsstoffe (Vitamine u. a.). Ihrer, eine ungeheure wirtschaftliche Bedeutung besitzenden Produktion dienen in der Hauptsache Rind, Schaf und Ziege. In Gegenden mit bestimmten eigenartigen physiographischen Verhältnissen oder mit eigenartigem Haustierstand überhaupt kommen noch andere Haustierarten für die Milchgewinnung in Frage: so für gewisse Steppengebiete Zentralasiens das Pferd, für die Hochgebirgsländer Tibet und der Mongolei der Grunzochse, für Wüstensteppengebiete das Kamel und für die feuchtheißen Tropengebiete Indiens und Südchinas der Büffel.

Die große Verschiedenheit der mittleren chemischen Zusammensetzung der Milch verschiedener Tierspezies veranlaßte v. Bunge-Basel dem Gedanken Ausdruck zu geben, daß wahrscheinlich ein Zusammenhang zwischen dem Wachstum, der Schnelligkeit der Jugendentwicklung und der Zusammensetzung der Milch der betreffenden Arten bestehen dürfte.

In der Tat ist der Parallellauf zwischen dem Gehalt an gewissen Milchbestandteilen und der Schnelligkeit der Körperentwicklung der verschiedenen Tiergruppen höchst auffallend. Pröscher hat zu zeigen versucht, daß in einer

Reihe von Tierarten die Schnelligkeit, mit der säugende Junge ihr Geburtsgewicht verdoppeln, im Zusammenhang steht mit dem Vorkommen der wichtigsten Baubestandteile des Tierkörpers in der Milch, nämlich dem Eiweiß und den Aschenbestandteilen.

Abb. 170. Kirgisenpferde als Milchtiere.

Folgende von Pröscher aufgestellte Reihenfolge illustriert das erwähnte Verhalten:

Spezies	Mittlere Gewichtsverdopplung in Tagen		In der Milch sind enthalten in %						
			Eiweiß		Kalk		Phosphorsäure		Asche
	Pröscher	Bunge	Pröscher	Bunge	Pröscher	Bunge	Pröscher	Bunge	Bunge
Mensch	180	180	1·86	1·6	0·0328	0·0328	0·0472	0·0472	0·2
Pferd	60	60	2·3	2·0	0·1236	0·1243	0·0472	0·131	0·4
Rind	47	47	4·0	3·5	0·1599	0·16	0·1974	—	0·7
Ziege	22	22	3·7	—	0·192	—	0·284	—	0·8
Schwein	18	14	6·89	5·5	0·2497	—	0·308	—	0·52
Schaf	10	15	7·0	4·9	0·2717	0·245	0·4123	0·293	0·8
Hund	8	9	8·28	7·4	0·453	0·455	0·4932	0·508	1·3
Katze	5	9·5	9·53	7·0	—	—	—	—	1·0
Kaninchen	—	6·0	—	10·5	—	0·891	—	0·997	2·5

Es wurde ferner auch die Hypothese aufgestellt, daß der bei verschiedenen Spezies enorm wechselnde Milchfettgehalt mit dem Klima in der Weise zusammenhinge, daß im allgemeinen im kalten Klimä lebende Arten einen hohen, und jene im warmen Klima beheimateten einen niedrigen Milchfettgehalt besäßen, in welch letzterem Falle ein höherer Milchzuckergehalt auftrete (Esel, Pferd u. a.). Diese Hypothese scheint jedoch nicht begründet zu sein, weil der Ausnahmen zu viele und zu grober Art bestehen. Wenn man schon vom Delphin, für den ein Milchfettgehalt von 43·7% angegeben wurde, wegen seines Wasserlebens absieht, so versagt diese Hypothese beim Elephanten mit 20% Milchfett ebenso, wie anderseits beim Pferde mit seiner notorisch fettarmen Milch. Die Begründung dieser Ausnahmen damit, daß der Elefant wahrscheinlich aus einem kalten Klima und daß das Pferd, das doch im notorisch rauhen Klima Zentralasiens lebt, wahrscheinlich aus einem warmen stamme, ist zu wenig überzeugend. Weiß man doch, daß im Diluvium Nordsibiriens, in einem Klima, das auch damals als rauh beurteilt werden muß (Funde gefrorener Pferdeleichen mit leuzistischer Behaarung, ähnlich wie jene Leichen des Mammuts), Pferde sehr verschiedener Typen in offenbar relativ großer Menge gelebt haben.

Die Fähigkeit der Milchproduktion, die im folgenden speziell beim Rinde berücksichtigt werden soll, ist durch die Zuchtwahl des Menschen zu ganz außerordentlicher Höhe entwickelt worden. Wenn wir von einer Reihe nebensächlicherer Faktoren absehen, so sind es hauptsächlich zwei, welche die Höhe der Milchproduktion beherrschen: die individuell verschiedene, erblich begründete Anlage und die Art und Menge des Futters. Den Einfluß beider im Einzelfall gegeneinander abzugrenzen, ist schwierig.

In Nordamerika, in der landwirtschaftlichen Station von Jowa, wurden Versuche unternommen, um speziell den Einfluß der Umwelt auf die Milchergiebigkeit kennen zu lernen. Wenn sie auch nicht ganz einwandfrei sind (die verwendeten „Buschkühe" werden doch wohl Abkömmlinge heterogener Kreuzungen von europäischen Rassen sein?), so sind doch die Resultate interessant genug, um mitgeteilt zu werden. Es wurden halb wild gehaltene „Buschkühe" (Scrub-Kühe aus Arkansas) in drei verschiedenen Altersstufen eingeführt und bei bester Pflege und Fütterung, wie sie nur Züchtungsrassen zuteil wird, in bezug auf die Milchleistung studiert.

Später wurden in der Station geborene „reinrassige" (wenn man zum besseren Verständnis diesen wohl unberechtigten Ausdruck gebrauchen darf) Tiere in ihrer Milchergiebigkeit mit den Müttern verglichen. Und endlich wurden Kreuzungen (F_1 und $F_2 = F_1 \times R$) mit Züchtungsrassen in derselben Weise mit ihren Müttern bzw. Großmüttern verglichen.

1. Volljährige, sieben Jahre alte Buschkühe lieferten eingeführt sofort in der ersten an der Station erzielten Laktation die größte Milchmenge. Von da an sank sie rasch und bereits die zweite in Jowa durchgemachte Laktation lieferte einen um 24% geringeren Milchertrag. Resultat: Der Einfluß des Alters übertraf den Einfluß bester Haltung und Ernährung.

2. Im Alter von vier Jahren eingeführte Buschkühe lieferten bis zum siebenten Lebensjahre steigende Milcherträge. Mit sieben Jahren war der Milchertrag um 59% größer als jener der ersten Laktation an der Station. Auch bei diesen Tieren trat vom achten Lebensjahr an ein rasches Absinken der Milchproduktion ein.

3. Es wurden Buschkälber eingeführt und sorgfältig aufgezogen. Sie lieferten mit Buschstieren gepaart schon in der ersten Laktation um 27% mehr Milch als die volljährig eingestellten. Der Züchter schließt, daß sich die Milchergiebigkeit um so besser gestaltet, je früher solche Tiere in gute Pflege und gutes Futter kommen.

4. Ein Vergleich „reinrassiger" Töchter von Buschkühen mit ihren Müttern lieferte das Resultat, daß die Milchleistung dieser Töchter um 30 bis 58% größer war als jene ihrer Mütter.

5. Eine Anzahl von Buschkühen wurde mit Stieren von Züchtungsrassen (Niedcrungsvieh, Jersey und Guernsey) gepaart. Deren Kreuzungstöchter (F_1-Generation) und später auch noch ihre ebenfalls aus Züchtungsrassen-

stieren hervorgegangenen Enkelinnen ($F_1 \times R$) hatten im Mittel folgende Ertragssteigerungen aufgewiesen: F_1-Generation 39% mehr Milch als ihre Buschmütter, $F_1 \times R$ 116% mehr Milch als ihre Buschgroßmütter. Diese Veredlungs-

Abb. 171. Zweijähriger friesischer Stier „Adolf", Nr. 13.950. Erhielt 1924 den Siegerpreis auf der nationalen Viehausstellung in St. Quentin (Frankreich). Repräsentant der hohen Rumpfbefestigung mit vortretendem Milchtypus, (Orig.Phot. d. Verkaufsverbandes friesischer Viehzüchter in Leeuwarden, Holland.)

Abb. 172. Friesische Kuh „Franziska", Nr. 33.643. Gewann im Jahre 1924 und 1925 den Siegerpreis auf der nationalen Viehausstellung in Paris. Verfeinerter Milchtypus. (Orig.-Phot. d. Verkaufsverbandes friesischer Viehzüchter in Leeuwarden, Holland.)

kreuzung (die Pure Sire-Methode der Amerikaner) führte also außerordentlich rasch zu guten Erfolgen. Immerhin bleibt aber in diesen Versuchen zu beachten,

Abb. 173. Vorzugsbulle „Gerbens", L VIII, Nr. 11.012; sechsjährig. Repräsentant der Milch-Fleischrichtung mit stämmigem Körperbau und tiefer Rumpfbefestigung. (Orig.-Phot. d. Verkaufsvereinigung friesischer Viehzüchter in Leeuwarden, Holland.)

Abb. 174. Friesische Kuh „Trijntje" VI, Nr. 46.442, weniger einseitiger Milchtypus wie Kuh in Abb. 172. (Orig.-Phot. d. Verkaufsverbandes friesischer Viehzüchter in Leeuwarden, Holland.)

daß die gebotenen Daseinsverhältnisse sehr günstige waren und ferner, daß das Ausgangsmaterial, die Scrub-Kühe, wohl auch bezüglich der Milchanlage eine recht komplizierte Population vorgestellt haben dürften.

Abb. 175. Ostschweizer Braunvieh. Zuchtstier Hans. MM 218, Weißlingen. Besitzer Gutswirtschaft Maggi, Kemptal, Schweiz. (Phot. überlassen v. d. Kommission schweizerischer Viehzuchtverbände, Muri, Schweiz.)

Auffallend ist in diesen Versuchen die rasche Erschöpfung der Milchleistung, weil schon vom siebenten Lebensjahr an eine sehr starke Verringerung Platz griff. Demgegenüber tritt bekanntlich bei vielen unserer mitteleuropäischer Rinderrassen von mittlerer Züchtungshöhe die Milchhöchstleistung erst vom

siebenten bis neunten Jahre auf und nimmt dann keineswegs so rasch und ausgiebig ab.

Ja bei speziell seit langem für Milchleistung gezüchteten Rassen verwischt
sich auch dieser Zeitpunkt, wie GAUDE an den Ostfriesen festgestellt hat. GAUDE

Abb. 176. Ostschweizer Braunvieh. Zuchtkuh „Maggi" 2780, MM. 1271. Züchter: Gutswirtschaft Maggi, Kemptal, Schweiz. (Orig.-Phot. überlassen v. d. Gutswirtschaft Maggi.)

bemerkt ausdrücklich, daß er häufig bis in die ältesten Jahrgänge immer noch eine
Zunahme der Milchproduktion feststellen konnte. Und dort, wo dies nicht der
Fall war, blieb sich die Milchleistung mindestens gleich. Diese, an für die Milchproduktion hochgezüchteten Tieren festgestellten Tatsachen, verglichen mit den
an Buschkühen gewonnenen Resultaten, lassen den außerordentlich großen Ein-

fluß erkennen, den die einschlägige genotypische Beschaffenheit der Individuen für die Milchleistung bedeutet, denn diese allein vermag das völlig verschiedene Verhalten beider Rindergruppen zu erklären.

Obschon es von größter Wichtigkeit wäre, die Vererbungsweise der Anlage zur Milchleistung zu kennen, wissen wir hierüber leider nichts Genaues. Die wenigen Untersuchungen über diesen Gegenstand, die aus Amerika vorliegen, sind zu unvollkommen, um den gesetzmäßigen Vererbungsgang erkennen zu lassen. Man kann höchstens entnehmen, wie I. W. GOWEN sagt, daß es den Anschein hat, als verlaufe die Vererbung der Milchergiebigkeit in der Weise, daß eine partielle Dominanz der Hochleistung gegenüber der geringeren Milchleistung vorhanden sei. Und damit stimmen auch die jüngst von H. WEISS an Kreuzungen von Ostfriesen mit Kuhländern gemachten Beobachtungen überein.

Daß bei den Hochleistungen überdies wohl auch Polymerie eine Rolle spielt, ist sehr wahrscheinlich. Immerhin ist der Einfluß rein exogener Momente auf den Milchertrag so bedeutend, daß gerade bei den in der Milchleistung hochgezüchteten Rassen der Einfluß der inneren Veranlagung oft verdeckt wird.

Nicht immer ist die quantitative Milchleistung als oberstes Zuchtziel gesetzt, sondern ein hoher Fettgehalt der Milch. Überall dort, wo die Butterproduktion die Hauptverwertung der Milch vorstellt, handelt es sich um die Erzeugung einer möglichst fettreichen Milch; ihre Menge kommt — von extremen Fällen natürlich abgesehen — erst in zweiter Linie in Frage. Am vollkommensten erfüllt diesen Zweck unzweifelhaft das Rind der Kanalinseln, und zwar speziell die Jerseyrasse.

Der mittlere Milchfettgehalt beträgt hier 5 bis 6% (gegen 3% beim Niederungsrind und 3·5% bei den meisten mitteleuropäischen Rinderrassen. Extremleistungen von Einzelindividuen erreichen als Durchschnittsfettgehalt während einer Laktation bis zu 8%.

Die Heranzüchtung dieses hohen Milchfettgehaltes zur Rasseneigenschaft ist genau bekannt; es dürfte angezeigt sein den Vorgang in Schlagworten wiederzugeben:

1. Schon im Ausgangsmateriale, dem ursprünglichen, unverbesserten Inselvieh, steckte die Anlage zu hohem Milchfettgehalte. Die naheverwandten, unveredelten Kerries und Bretagnerinder beweisen dies.

2. Auf Jersey wurde schon seit dem 18. Jahrhundert die Milch vorwiegend auf Butter verarbeitet. Die geringe Anzahl der Kühe einzelner Besitzer erleichterte die gesonderte Verarbeitung des aus der Milch der einzelnen Kühe gewonnenen Rahms. So erhielt die Zuchtwahl ihre Grundlage.

3. Die Kleinheit der Insel und die relativ geringe Zahl der züchtenden Landwirte bedingte es, daß die Besitzer besonders leistungsfähiger (milchfettreicher) Kühe rasch allgemein bekannt wurden, infolgedessen von ihnen gerne Zuchtmaterial bezogen wurde.

4. Durch das 1763 erstmals erlassene (1789, 1826 und 1864 immer wieder erneuerte) streng gehandhabte Verbot der Einfuhr fremden Viehs auf die Insel, wurde die Reinheit des Inselviehs und die stete Einhaltung des einmal gesteckten Zieles gewährleistet.

5. 1833 erfolgte die Gründung der Royal Jersey Agricultural and Horticultural Society, in welcher 1834 ein Beurteilungsverfahren für das Jerseyrind ausgearbeitet wurde.

6. 1866 Gründung des Herdbuches für die Insel Jersey mit ungewöhnlich strengen Bestimmungen. Gleichgiltig wie vorzüglich die Abstammung eines

Tieres sein mag, stets muß es vor der Aufnahme ins Herdbuch einer neuerlichen Prüfung und Beurteilung unterzogen werden. Jeder junge Stier muß von seiner Mutter begleitet antreten usw.

Abb. 177. Vorarlberger Braunviehkuh, Montavoner. (Orig.-Phot. v. O. Steiner, Schruns.)

Abb. 178. Melkung der einheimischen Schafe auf den verkarsteten Alpweiden der Vlasič-Planina, Zentralbosnien. (Orig.-Phot. v. Adametz-Mayreder, 1891.)

7. 1878 Gründung der Herdbuchgesellschaft für die Jerseyrasse in England (der Hauptinsel!) mit wesentlich milderen Aufnahmsbedingungen.

8. 1886 Einführung der Butterwettbewerbe (butter tests), das sind Leistungsprüfungen auf Butterproduktion der einzelnen Kühe auf Ausstellungen. Sie

erwiesen sich ganz besonders wertvoll für den Fortschritt der Zucht auf hohen Milchfettertrag.

Soll in einem Rinderstamme die Heranzüchtung hohen Milchfettgehaltes angegangen werden, dann kann dies auf ähnlichem Wege durch strenge Zuchtwahl geschehen — auf Grund des in bestimmten Intervallen festgestellten Milchfettgehaltes der Einzeltiere. Über den genauen Erbgang der Fähigkeit zur Produktion fettreicher Milch ist noch nichts bekannt. Es hat den Anschein, als würde sich diese Fähigkeit abgeschwächt dominant (etwa ähnlich dem Zea-Typus) übertragen. Sicher ist, daß die Stiere hiebei eine wichtige Rolle spielen und daß daher die weiblichen Nachkommen bestimmter Zuchtstiere besonders zu prüfen sind, um Anhaltspunkte über deren einschlägige genotypische Beschaffenheit zu erlangen.

Bekannt ist, daß es innerhalb einer jeden Rasse selbst unter dem Niederungsvieh Einzeltiere (bzw. Familien) gibt, welche im Milchfettgehalt das Rassenmittel weit nach oben überschreiten. Solche Tiere können gewünschten Falles die Ausgangsindividuen für milchfettreiche Stämme abgeben.

Prüfung der Milchleistung

(um eine Basis für die Zuchtwahl bei Zucht auf hohen Milchertrag zu gewinnen)

A. Feststellung der absoluten Milchleistung. Zuchtwahl in der Richtung auf möglichst hohe Milchleistung setzt die Kenntnis der einschlägigen Leistungen der Elterntiere bzw. der Vorfahren überhaupt voraus. Am einfachsten, verläßlichsten und zweckmäßigsten ist die absolute Leistungsprüfung der Milchkühe. Die Probemelkung erfolgt zweckmäßig allwöchentlich (eventuell alle 14 Tage) und hat tunlichst auch die Bestimmung des Milchfettgehaltes miteinzubeziehen.

B. Relative Milchleistungsprüfung. Sie beruht darauf, daß die produzierten Milch- und Fettmengen der einzelnen Kühe mit dem von ihnen aufgenommenen Futter in Beziehung gebracht werden. Diesem Zwecke dienen folgende Methoden:

1. Die Feststellung des Geldwertes der verwendeten Futtermittel (entweder nach den Marktpreisen oder nach den eigenen Produktionskosten berechnet).

2. Die Verwendung von sogenannten Futtereinheiten[1]) nach dem Muster der dänischen Kontrollvereine.

3. Die Benützung der KELLNERschen Stärkewerte.

Jene der ersten Methode anhaftende Unvollkommenheit ist so in die Augen springend, daß es keiner weiteren Beweisführung bedarf, um ihre Anwendung als unzweckmäßig erkennen zu lassen.

Auch die dritte Methode soll hier unbesprochen bleiben, weil sie in ihrem Wesen manche Züge mit der näher zu besprechenden Methode der dänischen Kontrollvereine gemeinsam hat.

Wesen der dänischen Kontrollvereine.[2]) Die unter dem Namen der dänischen Kontrollvereine bekannte Methode relativer Leistungsprüfung steht in Dänemark, Schweden und Teilen von Norddeutschland in Übung, während man sich in Ländern mit höchststehender Viehzucht, wie in England und der Schweiz, ablehnend gegen sie verhielt. In ihrer Heimat, in Dänemark, bestehen diese Kontrollvereine (Kontrolforeningerne) seit 1895. Im Jahre 1921 gab es dort 736 solcher Vereine, mit rund 20% des dänischen Gesamtviehstandes.

---

[1]) Als Futtereinheit gilt ein Kilogramm eines Gemisches von Getreideschrot, Kleie und Ölkuchen.

[2]) Einzelheiten über die Einrichtung und Führung der Kontrollvereine sind in den verschiedenen Publikationen von J. Hansen - Berlin übersichtlich zusammengestellt.

Etwa alle 14 Tage, ja manchmal selbst nur einmal im Monat wird der Milchertrag, die darin .enthaltene Fettmenge und das auf Futtereinheiten reduzierte Futter[1]) für die einzelnen Kühe eines Stalles ermittelt, und auf Grund der erhaltenen Resultate — d. i. der festgestellten relativen Milchleistung — die einzelnen Kühe miteinander verglichen. Diese relativen Leistungsprüfungen nach dänischem Muster werden von mancher Seite als große Errungenschaft und als besonders wertvoll für die Hebung und Rationalisierung der Rinderzucht beurteilt; sie müssen daher hinsichtlich ihrer Vor- bzw. Nachteile objektiv beurteilt werden.

Uneingeschränkt wirtschaftlich zweckmäßig sind sie strenge genommen nur in Abmelkwirtschaften, wo die Zucht, d. i. die Gesundheit, gute Vererbungsfähigkeit und andere spezifische Zuchttiereigenschaften nicht eigentlich in Frage kommen. Selbst hier darf aber ein Vergleich nur zwischen den Tieren eines und desselben Stalles, die unter völlig gleichen Futter- und Haltungsverhältnissen stehen, durchgeführt werden — anderenfalls sind grobe Irrtümer und falsche Bewertungen der Einzeltiere unvermeidlich.

In Zuchtstallungen könnte unter anderem die Methode der dänischen Kontrollvereine dort in Frage kommen, wo sehr eiweißreich und intensiv gefüttert wird, und wo die Milchleistung einseitig das Zuchtziel abgibt. Ebenso muß Intelligenz des Stallpersonales, große Gewissenhaftigkeit und unendliche Geduld desselben vorhanden sein. Immer muß man sich jedoch vor Augen halten, daß selbst dann aus den noch anzuführenden Gründen brauchbare Vergleichsmöglichkeit ausschließlich zwischen den Tieren desselben Stalles besteht. Für Zuchten mit kombinierter Leistung versagt die Methode bereits. Als Fehlerquellen, welche die an verschiedenen Örtlichkeiten erhaltenen Prüfungsresultate außerordentlich weitgehend beeinflussen können, derart weit, daß der Vergleich von Kühen verschiedener Stallungen hinsichtlich ihrer relativen Milchleistung geradezu unmöglich gemacht wird, kommen folgende in Betracht:

1. Wie erwähnt, versagt die Brauchbarkeit der dänischen Leistungskontrolle bei der Zucht auf kombinierte Leistung (z. B. der Simmentaler).

2. Sie kann bei einseitiger Durchführung Anlaß zur Konstitutionsverschlechterung einer Zuchtherde werden. Denn jeder Züchter weiß, daß nicht selten gerade die wertvollsten Zuchttiere, welche mit bester Gesundheit, guter Fruchtbarkeit und sicherer Vererbungsfähigkeit ausgestattet sind, und welche besonders wuchsfreudige und gesunde Nachkommen liefern, in bezug auf Milchleistung keineswegs immer die besten Futterverwerter sind, etwa insoferne, als sie die aufgenommenen Nährstoffe einseitig in Milch umsetzen.

3. Es besteht die vollendete Unmöglichkeit (selbst bei ausschließlicher Berücksichtigung der Milchleistung allein) bei Weidegang das aufgenommene Futter auch nur annähernd richtig einzuschätzen und dies gilt in verstärktem Maße beim Weidegange auf der Alpe.

4. Die dänischen Landwirte rechnen bei jenen die Futtereinheiten bildenden Futtermitteln mit Mittelzahlen bezüglich ihres Nährstoffgehaltes. Mittelzahlen sind jedoch errechnete, künstlich konstruierte Werte, die nur ausnahmsweise in der Praxis vorkommen. Hingegen schwankt — wie jedem Fachmann bekannt ist — die chemische Zusammensetzung gerade einiger der wichtigsten Futter-

---

[1]) Ursprünglich diente folgender Maßstab für diese Reduktion: 1 Teil Mengkorn = 2 Teile Kleeheu = 2·5 Teile Wiesenheu = 10 Teile Futterrüben = 12 Teile Turnips = 4 Teile Stroh = 10 Teile Grünfutter = 8 bis 10 Teile Mohrrüben = 15 Teile Rübenschnitte = 4 Teile Kartoffel = 2 Teile Vollmilch = 6 Teile Magermilch = 12 Teile Molke. Ein Weidetag, je nach Qualität der Weide und Lebendgewicht der Tiere = 8 bis 14 Futtereinheiten (H. BUER, 1902). Später wurden diese Verhältniszahlen mehrfach, wenn schon nicht wesentlich geändert.

mittelkategorien ganz außerordentlich. Es gilt dies z. B. sowohl für die Gruppe jener Kraftfuttermittel, welche die Zerealienkörner vorstellen, als auch für das Heu, bzw. selbst für Grünfutter.

In allen diesen Futtermitteln sind die Schwankungen im Nährstoffgehalt so außerordentlich groß, daß die hiedurch veranlaßten Fehler einen Vergleich von Tieren verschiedener Wirtschaften oft geradezu unmöglich machen, eventuell zu groben Irrungen in der Bewertung der betreffenden Individuen führen können.

Zur Erklärung dieser Verhältnisse sei erwähnt: In der Gerste schwankt je nach der Herkunft der für die Milchproduktion maßgebende Eiweißgehalt von 5·1% (im Minimum) bis zu 18·3% (im Maximum), d. h. wie 1:3·5.

Im Mais haben wir:

$$\text{Eiweiß} \ldots \ldots \quad 5\text{·}6\% \ (\text{Minimum});$$
$$\text{Eiweiß} \ldots \ldots \quad 12\text{·}2\% \ (\text{Maximum}); \ \text{d. h. } 1\text{:}2.$$
$$\text{Fett} \ldots \ldots \quad 1\text{·}5\% \ (\text{Minimum});$$
$$\text{Fett} \ldots \ldots \quad 9\text{·}2\% \ (\text{Maximum}); \ \text{d. h. } 1\text{:}6.$$

Ähnlich scharfe Schwankungen im Eiweißgehalt kommen im Grünfutter, Heu und Grummet vor.

Selbst dann, wenn ein und dieselbe Spezies von an verschiedenen Orten gewachsenen Gräsern untersucht wurde, ergaben sich bedeutende Unterschiede im Eiweißgehalte, z. B.:

Lolium perenne: Verdauliches Eiweiß .... 1·61% (Minimum)
4·83% (Maximum)
Verhältnis vom Minimum zum Maximum 1:3

Phleum pratensis: Verdauliches Eiweiß ...... 0·84% (Minimum)
3·55% (Maximum)
Verhältnis vom Minimum zum Maximum 1:4

Dactylis glomerata: Verdauliches Eiweiß .... 1·8% (Minimum)
3·9% (Maximum)
Verhältnis 1:2

Daß bei solch großer Verschiedenheit der Zusammensetzung wichtigster Futtermittel ein auf Grund der Futtereinheiten vorgenommener Vergleich der Leistungsfähigkeit von Kühen verschiedener Stallungen eine den tatsächlichen Verhältnissen (den Anlagen) entsprechende richtige Beurteilung unmöglich ist, bzw. wenn sie dennoch durchgeführt wird, zu völlig verkehrten Resultaten führen muß, liegt wohl auf der Hand.

Den praktischen Nachweis von der total verschiedenen Wirkung gleicher Mengen verschiedener Heusorten auf den Milchertrag derselben Kuh — bei ausschließlicher Heufütterung — erbrachte H. PETER (1921), Schruns in Vorarlberg. Es lieferten z. B. a) 400 *kg* Talheu (160 Futtereinheiten nach dänischer Vorschrift) 200 *kg* Milch und in derselben 7·4 *kg* Fett; b) 400 *kg* Berggrummet (wieder 160 Futtereinheiten) 325·59 *kg* Milch mit 13·65 *kg* Fett.

Ein und dieselbe Anzahl Futtereinheiten dänischen Musters (160) lieferten somit in Gestalt von Talheu verabreicht 200 *kg* Milch (= 7·4 *kg* Fett) und dann wieder als Berggrummet gefüttert: 325·59 *kg* Milch (= 13·65 *kg* Fett), d. h. speziell der durch gleichviel Futtereinheiten erzielte Fettertrag verhielt sich bei der Fütterung mit Heu verschiedener Herkunft wie 1:2. Bestandteile des Körpers des Tieres waren hier nicht herangezogen worden.

5. Dadurch, daß nur an zwei Tagen (eventuell nur an einem!) im Monat die aufgewandte Futtermenge tatsächlich ermittelt wird, an allen übrigen jedoch

nur schätzungsweise Eintragungen gemacht werden, erhält der Vorgang einen höchst unsicheren Charakter, weil unabsichtliche Täuschungen möglich sind.

6. Bei seltener Kontrolle (allmonatlich einmal) können verschiedene Störungen innerer oder äußerer Natur auf das Endresultat Einfluß nehmen und es ungünstig beeinflussen. Dies ist z. B. möglich, wenn am Kontrolltage die Kuh rindert oder an einer Darmstörung leidet oder größere Wetterveränderungen im Anzuge sind (Depression usw.).

7. Nach den übereinstimmenden Nachrichten vieler ehemaliger Hörer verschiedener Nationalität, die in Dänemark in Wirtschaften, die an solche Kontrollvereine angeschlossen waren, in Stellung sich befunden hatten, nehmen sowohl die dänischen Züchter als auch die Kontrollassistenten häufig die Kontrolle recht leicht; kommt es doch vor, daß selbst an den eigentlichen Kontrolltagen das Futter nur geschätzt, statt gewogen wird.

Wenn trotz dieser praktisch geäußerten Geringschätzung seitens mancher Züchter letztere trotzdem Mitglieder der Kontrollvereine bleiben, so liegt dies in dem Ansehen, in dem guten Ruf, in welchen Dänemark durch die Gründung der Kontrollvereine im Auslande gelangt ist; es ist daher Sache des Prestiges, denselben aufrecht zu erhalten und durch den Weiterbestand der Kontrollvereine eine für das Land wirksame und nützliche Reklame zu machen, welche noch überdies, weil vielfach von Ausländern im Auslande selbst gemacht, sehr billig zu stehen kommt.

8. Daß die Kontrollassistenten keineswegs — wie in manchen Staaten Mitteleuropas geglaubt wird — jenen angeblichen günstigen Einfluß auf die Viehzucht des Landes haben können, ergibt sich aus der Tatsache, daß diese Beschäftigung ein Anfängerberuf und begreiflicherweise nur sehr vorübergehender Natur ist. Am klarsten geht die Wertung des Kontrollassistenten in Dänemark aus seiner Bezahlung hervor; der Gehalt soll 100 Kronen monatlich betragen, während der Monatslohn der jüngsten, 15 bis 16jährigen Knechte bereits 250 dänische Kronen ausmacht. Diese Zahlen sprechen mehr als Worte.

Wenn man alle jene mitgeteilten Bedenken und Tatsachen, welche gegen die übliche Art der relativen Leistungsprüfungen nach dänischer Art sprechen, ruhig überdenkt, dann wird man sich unmöglich dem Gedanken verschließen können, daß sie unter den Bedingungen des praktischen Lebens nicht am Platze sind. Trotz des großen geforderten Apparates und des Aufwandes an Arbeit und Mitteln liefern sie keineswegs bessere, brauchbarere Resultate als die einfache und billige absolute Leistungsprüfung.

Ihr Hauptnutzen liegt in der Feststellung und dadurch ermöglichten Ausmerzung schlechter Melkerinnen. Dies erklärt auch die stets in solchen Fällen zu beobachtenden Fortschritte in der Milchleistung während der ersten Jahre des Wirkens solcher Kontrollvereine. Selbstverständlicherweise ermöglicht aber die gewöhnliche, absolute Leistungsprüfung denselben Erfolg, nur auf viel einfachere, bequemere Weise. Deshalb haben diese relativen Leistungsprüfungen auch in Gebieten mit leistungsfähiger Viehzucht, wie z. B. im bayrischen Allgäu, keinen Eingang gefunden, obschon doch gerade im Allgäu zum ersten Male in Europa (1894) planmäßig Leistungsprüfungen, allerdings wohlweislich nur absolute, eingeführt worden waren. Und wenn in gewissen Teilen Bayerns, wie in der Oberpfalz, Zuchtgebiete mit sogar nur 1060 *kg* mittleren Milchertrages vorkommen, so liegt dies, wie PROBST (1920) gezeigt hat, weder an der Rinderrasse, noch mittelbar an der Leitung der dortigen Tierzuchtsverhältnisse, vielmehr sind einzig und allein die dort üblichen und wirtschaftlich möglichen Fütterungsverhältnisse schuld. Die örtlichen Verhältnisse machen nämlich eine eiweißreiche, ausgiebige Fütterung unmöglich, und damit schwindet auch jede Aussicht auf hohe Milchleistung, die doch bekanntlich zu einem guten Teile auch eine Eiweißfrage ist. Wenn das Reagens (das ausgiebige, eiweißreiche Futter) fehlt, entfällt auch die Möglichkeit der Reaktion — die hohe Milchleistung.

Ähnlich wie in der Oberpfalz oder in Ober- und Unterfranken, liegen die Futterverhältnisse in zahlreichen Gebieten Mitteleuropas; überall dort wären dänische Kontrollvereine bereits aus wirtschaftlichen Gründen ungeeignet; sie würden selbst dann höchst fragwürdige Resultate liefern, wenn all die angeführten wissenschaftlichen und praktischen Fehlerquellen nicht vorhanden wären.

Deshalb ist es im Interesse des wirklichen Fortschrittes zu begrüßen, wenn berufene, stoffwechselphysiologisch, ebenso wie praktisch landwirtschaftlich erfahrene Fachleute auf die vielen Mängel und Fehler, welche dem System der relativen Leistungsprüfung nach dänischem Muster anhaften, hinweisen, wie dies der ZUNTZ-Schüler W. VÖLZ (1920) in einem im Klub der Landwirte in Berlin gehaltenen Vortrage getan hat. Nach eingehender Würdigung allen Für und Wider kommt er zu dem wichtigen Ergebnisse: „Zusammenfassend kann daher nur festgestellt werden, daß die Forderung, durch die in der Praxis übliche Milchkontrolle die relative Leistung der Milchkühe zu ermitteln, eine utopische ist."

Auch VÖLZ empfiehlt dann die einfache, absolute Milchleistungsprüfung, weil sich unter anderem bei genauer Ausführung die Resultate der absoluten und relativen Leistungsprüfung ohnedies decken dürften.

Indirekte Prüfung der Anlage zur Milchleistung

Oft treten Verhältnisse ein, welche es unmöglich machen, die Milchleistung von Rindern direkt zu prüfen; wenn wir es z. B. mit trockenstehenden Kühen, Kalbinnen oder mit Stieren zu tun haben, und wenn wir diese Rinderkategorien auf ihre erbliche Anlage für Milchproduktion prüfen wollen, so kann dies nur auf indirektem Wege geschehen, indem wir aus der praktischen Erfahrung heraus vom Habitus auf eine eventuell größere oder geringere Anlage für Milchleistung schließen. Diesem besonderen Zwecke dienen in der Praxis die sogenannten **Milchzeichen.**

Milchzeichen nennt man jene Merkmale am Körper erwachsener Rinder, welche auf eine gute Veranlagung zur Milchergiebigkeit des betreffenden Individuums oder, wenn es sich um einen Stier handelt, der zugehörenden Familie schließen lassen. Man kann sie nach folgenden Gruppen ordnen:

A. **Merkmale allgemeinen Charakters.**

1. Langer, in der Mittel- und Hinterhand auch breiter Rumpf.

2. Bei Kühen bzw. Kalbinnen eine typisch weibliche Beschaffenheit des Kopfes (sexueller Dimorphismus).

3. Mittelfeiner (weder grober noch zu feiner) Knochenbau.

B. **Beschaffenheit von Haut und Haar.**

1. Die Haut soll relativ fein, leicht verschiebbar, am Halse zur Faltenbildung neigend sein und sich elastisch hart anfühlen.

2. Desgleichen soll die Behaarung fein und glänzend sein. Die Bedeutung beider Milchzeichen ist eine indirekte; sie weisen auf eine gute Durchzüchtung der betreffenden Tiere, und Punkt 2 besonders auf gute Hauternährung, somit Gesundheit. Auf den diesbezüglich verändernden Einfluß rauher Haltung (Alpung) sei hingewiesen.

3. Die Euterbehaarung soll gleichmäßig beschaffen sein und die Euterhaare gegenüber den Deckhaaren des Körpers kürzer und feiner. Erklärung:

Beweis für die sorgfältige Durchzüchtung der betreffenden Tiere im allgemeinen.

4. Die sogenannten „Wolfshaare" sind auffallend grobe, oft bis fingerlange Euterhaare. Ihr Vorkommen zeigt eine sorglose Zucht, ein mangelhaftes Durchzüchtetsein der betreffenden Individuen überhaupt an. Indirekt ist aus ihrem Vorkommen zu schließen, daß in den betreffenden Zuchten auch die Zucht auf Milchleistung nicht genügend streng oder erfolgreich genug geübt worden sein dürfte. Sie sind daher, selbst wenn manchmal so beschaffene Tiere befriedigende Milchleistungen zeigen mögen, im allgemeinen doch im ungünstigen Sinne zu deuten.

5. Der sogenannte „Milchspiegel" Guénons, ein durch kürzere und in bestimmter Richtung verlaufende Haare gebildetes Haarfeld von sehr verschiedener Gestalt und Umrissen, das zwischen Scham und Euter der Kühe gelegen ist, steht mit der Milchleistung in keinem, auch nicht indirektem Zusammenhange. Seine ursprüngliche biologische Bedeutung ist die eines Erkennungszeichens. Hirsch und Reh z. B. zeigen dies Merkmal im männlichen und weiblichen Geschlechte gleich gut und noch in viel auffallenderem Maße entwickelt, und der bezeichnende Ausdruck der Jägersprache „Spiegel" erfaßt das Wesen dieses Haarfeldes treffend.

C. **Beschaffenheit des Euters und der Zitzen samt nächster Umgebung.**

1. Das Euter soll — in der Laktationsperiode — groß, wohlgestaltet und ein sogenanntes Drüseneuter sein. Besonders große Euter, die nach dem Ausmelken nicht zusammenfallen und nicht faltig werden, die — bei entsprechender Übung — auch dem tastenden Finger gegenüber sich anders verhalten, sind „Fleischeuter" oder „Fetteuter". Sie sind histologisch vom Drüseneuter verschieden. Das Gerüst vorstellende Bindegewebe, in welchem meist auch viel Fett eingelagert zu sein pflegt, ist in solchen Fällen überwiegend entwickelt, während das hier allein wertvolle Drüsengewebe schwächer entwickelt ist. Solche Euter finden sich gewöhnlich bei Individuen, die zur Mastfähigkeit neigen, eine bindegewebige Konstitution haben und keine Anlage zu hoher Milchergiebigkeit besitzen.

2. Beschaffenheit und Zahl der Zitzen. Entsprechend den vier Eutervierteln des Rindes sind hier normalerweise auch vier wohlentwickelte Zitzen vorhanden. Wenn man relativ lange Zitzen als gutes Milchzeichen wertet, so handelt es sich hier natürlich wieder nur um ein indirektes Merkmal, insoferne als hieraus auf lange geübte Zuchtwahl und somit auf eine hochstehende Zucht überhaupt geschlossen werden darf. Das Vorkommen einer fünften oder fünften und sechsten mehr oder weniger vollkommen entwickelten Zitze, das früher als gutes Milchzeichen angesehen wurde (man dachte an Neigung zu besonders starker Entwicklung des Drüsengewebes), hat wohl nicht jene früher vermutete günstige Bedeutung. Vielleicht ist hier der Gedanke nicht gleichgültig, daß es sich dabei offenbar um eine Art, einen einfachen Fall von Polymastie handelt, welche als Konvergenzmutation unter anderem auch beim menschlichen Weibe öfters vorkommend, heute von den Biologen im allgemeinen als echtes Degenerationszeichen angesehen wird, dessen Träger unter anderem auch eine größere Empfänglichkeit für Tuberkulose besitzen sollen.

Bei Stieren finden sich normalerweise vor dem Hodensack rudimentäre (meist nur warzenförmige) Zitzen. In milchreichen Zuchten pflegen diese Zitzen tatsächlich wesentlich länger entwickelt zu sein (sie können unter Umständen eine Länge von mehreren Zentimetern erreichen) als in Rassen oder Zuchten, in denen die Milchleistung gering ist. Bei der Beurteilung der Stiere ist somit auf dies Milchzeichen entschieden zu achten.

3. Stark entwickelte „Milchadern" und „Milchgruben". Bei in der Laktation befindlichen Kühen werden die starken, zwei bis drei Finger dicken, seitlich unten am Rumpfe gelegenen Venen in der Annahme, daß sie einen Teil des in der Milchdrüse verarbeiteten Blutes abführen, als gutes Milchzeichen angesehen. Dort, wo diese „Milchadern" die äußere Brustbinde durchbohren, liegen die sogenannten unteren „Milchgruben" oder „Milchschüsseln". Sie sollen bei guten Milchkühen relativ groß sein, d. h. für einen einzulegenden Finger genügend Raum bieten. Gegenüber den Milchadern gewähren sie die Prüfungsmöglichkeit auch bei trockenstehenden oder am Ende der Laktation befindlichen Individuen.

D. Milchzeichen, welche zum Rumpfbaue in Beziehung stehen.

1. Die Breite des Abstandes der beiden letzten Rippenpaare voneinander. Dies von schweizerischen Bauern seit langem verwendete Milchzeichen, das durch WILCKENS in die züchterische Literatur eingeführt worden ist und das er physiologisch zu erklären versuchte, wird an der Rumpfseite dort geprüft, wo ungefähr die größte Breite des Brustkorbes liegt. Der Zwischenraum zwischen der vorletzten und letzten Rippe jederseits wird bei normaler Stellung des Tieres durch Einlegen von mehreren Fingern beurteilt. Als mehr oder weniger für mittlere Milchleistungen sprechend wird eine Breite von drei Fingern dieses Rippenzwischenraumes angesehen. Vier Finger breite Zwischenräume gelten als gutes, engere als drei Finger breite als schlechtes Milchzeichen. Dies praktisch erprobte und relativ verläßliche Milchzeichen erklärt, daß ein breiter Rippenzwischenraum ein Zeichen nicht nur eines langen, sondern auch stark gewölbten Brustkorbes sei. Es sollen nämlich bei starker Wölbung die jalousieartig (schräg) gestellten Rippen den größeren Rippenabstand voneinander mit bedingen. Hiedurch werde somit ein großer Innenraum des Brustkorbes angezeigt und dieser wieder lasse auf voluminöse, gut entwickelte Lungen schließen. Nun sei aber zu guter Milchleistung ein reger Stoffwechsel nötig, der seinerseits wiederum einen größeren Sauerstoffbedarf erfordere. Große Zwischenrippenweiten würden somit die Gewähr einer für hohe Milchergiebigkeit notwendigen größeren Sauerstoffaufnahme bieten und somit indirekt ein Milchzeichen vorstellen.

Dieser Erklärung widerspricht aber die bekannte Tatsache, daß häufig höchst ungünstig beschaffene Verhältnisse des Brustkorbes mit höchster Milchleistung verbunden sein können. Aber auch solche, besonders vorne nicht nur schmale und enge, sondern auch seichte Formen des Brustkorbes, zeigen dann trotzdem breite Zwischenräume zwischen den beiden letzten Rippen. Unter solchen Umständen habe ich vor zirka 25 Jahren folgenden Erklärungsversuch gewagt: Die großen Rippenzwischenräume stehen mit langgestrecktem Bau des Rumpfes in Zusammenhang. Die größere Länge speziell der hinteren Hälfte der Wirbelsäule, besonders im Bereiche der letzten Rippen- und der Lendenwirbel, wird aber ausgelöst, veranlaßt, durch eine reichlich gebotene, mehr weniger voluminöse Nahrung. Letztere bedarf nämlich zu ihrer Bewältigung eine massige Entwicklung des Magen- und Darmtraktes. Bei von Jugend an solcherart reich ernährten Tieren wird daher durch die massiger sich entwickelnden Verdauungsorgane ein Reiz für vermehrtes Längenwachstum auch des mittleren Rumpfes ausgeübt. Nicht nur die Länge der einzelnen Wirbelkörper ist bei ihnen größer, sondern auch der zwischen ihnen befindliche Abstand, bzw. besonders noch der Abstand in den letzten Rippen voneinander.

Nun ist aber eine massige Entwicklung der Verdauungsorgane zur Verarbeitung großer Mengen von Futter (man beachte das Normalfutter der Rinder: Heu und Grünfutter) absolute Vorbedingung für eine hohe Milchleistung. Und solcherart sind dann weite Rippenzwischenräume als ein an und für sich verläßliches Milchzeichen, von dem die schweizerischen bäuerlichen Züchter längst Gebrauch machen, zu verstehen. Daß auch dies Milchzeichen, wie überhaupt alle, um so mehr an Bedeutung verliert, je vollkommener die Durchzüchtung eines Schlages von Rindern geschah und je höher die Anlage zur Milchergiebigkeit gleichmäßig auf alle oder die meisten Glieder dieses Schlages züchterisch übertragen wurde, je gleichmäßiger also hohe Milchergiebigkeit Rasseneigenschaft geworden ist, das liegt in der Natur der Sache begründet und erklärt zum Teil das absprechende Urteil GAUDES über die Milchzeichen, die er eben an einem vollkommen durchzüchtetem, daher hiefür ungeeignetem Schlage studiert hat.

Wo aus irgend welchen Gründen der Verdauungstrakt eines Tieres für seine intensiv arbeitende Milchdrüse nicht genügend Nährstoffe bereitstellen kann, dort geht das betreffende Tier früher oder später an Tuberkulose oder Erschöpfung zugrunde. Ein interessantes derartiges Beispiel verdanke ich der Freundlichkeit des verstorbenen Direktors der landwirtschaftlichen Hochschule in Dublany, Herrn FROMMEL. Eine kleine zirka 300 kg schwere Kuh der brachyceren Landrasse Galiziens lieferte durch Monate täglich über 30 l (an manchen Tagen bis nahe an 40 heranreichend) Milch. Sie wurde ad libitum auch mit Kraftfutter gefüttert, ging aber trotzdem nach mehreren Monaten an allgemeiner Erschöpfung ein. Es ist klar, daß es sich hier um typische Lactorhoe handelte, welche offenbar innersekretorischen Ursprungs ist. Dem ins Ungemessene gesteigerten Nährstoffbedarf der Milchdrüse konnte der Verdauungstrakt nicht entsprechen.

2. Die sogenannte „obere Milchgrube". Interessanterweise haben amerikanische Farmer in der oberen Milchgrube ein dem vorigen durchaus analoges Milchzeichen festgestellt. Es handelt sich hier um den bei guten Milchkühen größeren, entweder durch den tastenden Finger feststellbaren, oder aber bei weniger gut genährten Tieren bereits aus einiger Entfernung deutlich sichtbaren Abstand zwischen dem Dornfortsatz des letzten Rücken- und jenem des ersten Lendenwirbels. Die verschiedene Richtung, in der die Dornfortsätze der genannten beiden Wirbel verlaufen, bedingen zwar bereits bei normalen Rumpflängen an dieser Stelle einen etwas größeren Abstand als zwischen den Dornfortsätzen der anderen Wirbel, allein wesentlich größer und besonders deutlich hervortretend wird dieser Abstand doch nur dann, wenn es sich um einen langgestreckten Rumpf mit langen Wirbelkörpern handelt. Die physiologische Erklärung der oberen Milchgrube als Milchzeichen ist daher genau dieselbe, welche zuvor für die Rippenzwischenräume als Milchzeichen zu geben versucht wurde.

Eine Reihe anderer „Milchzeichen", etwa wie jenes des Haarwirbels in der Rückengegend (je größer dessen Entfernung vom ersten Rückenwirbeldornfortsatze ist, desto bessere Milchanlage angeblich), des Haarscheitels auf jedem der beiden Hinterviertel des Euters (belgisches Milchzeichen), der größeren Schwanzlänge (Milchzeichen der Sudetenbauern), verschiedener Körperproportionen (größere Brustbreite bedinge größere Milchleistung — SCHUPPLI) oder die Euterlage übergehe ich, weil sie entweder völlig gegenstandslos sind oder aber keine für verschiedene Rassen des Rindes geltende Bedeutung haben.

Es braucht nicht erst hervorgehoben zu werden, daß die Milchzeichen nur einen Anhaltspunkt für wahrscheinlich vorhandene bessere oder geringere Anlage zur Milchproduktion gewähren können, und daß sie alle zusammen berücksichtigt werden müssen, um ein entsprechendes Urteil zu ermöglichen. Nur grobe Unterschiede in den Anlagen zur Milchergiebigkeit können auf diesem Wege erschlossen werden.

Arbeitsleistung (Muskelleistung)

Die Formen der Muskelleistung, welche der Mensch von gewissen Haustier-rassen fordert, sind äußerst mannigfach. Bald handelt es sich einseitig um abso-lute Schnelligkeit (englisches Vollblut), bald um Schnelligkeit verbunden mit Ausdauer, wie beim Araber. Dann wieder verlangt man Eignung zum Lasten-tragen (Vegliapony, bosnisches Bergpferd) zum Teil im schwierigsten Gebirgs-terrain (Maultier) oder im Hochgebirge, in Höhen mit geringem Luftdruck (Yak, Lama) oder in der Steppe und der Wüste (zwei- und einhöckeriges Kamel).

Am meisten allerdings wird die Zugleistung, und zwar wieder in sehr ver-schiedener Form gefordert. Luxuszwecke und Zwecke des wirtschaftlichen

Abb. 179. „Kincsem", englische Vollblutstute (1874 bis 1887). Schnellstes und erfolgreichstes Pferd seiner Zeit, das in 54 großen und kleinen Rennen niemals geschlagen wurde. Charakteristikum: stark gewölbter Rücken und überbaut. (Nach einem Bilde v. A. ZAMPIS.)

Lebens, nicht zum wenigsten landwirtschaftlicher Natur, haben beim Pferde, Rinde und Büffel zahlreiche Zuchten erstehen lassen, welche für den jeweils gegebenen Zweck besonders geeignet und zweckmäßig sind.

Pferdetype für große Schnelligkeit. Die für diesen Zweck in Frage kommende Rasse (Rasse im landwirtschaftlichen Sinne aufgefaßt) ist das englische Vollblut. Seit dem 17. Jahrhundert in diesem Sinne gezüchtet, erreicht es auf kürzeren, einige Kilometer langen Strecken eine mittlere Sekundenschnelligkeit von unge-fähr 15 Meter. Um einige Beispiele von Höchstleistungen anzugeben, möchte ich als die höchste in der Literatur verzeichnete jene wiederholen, welche seiner-zeit der Professor der Physiologie in Wien E. BRÜCKE in seinem Vortrage in der feierlichen Sitzung der Akademie der Wissenschaften zitierte. Vom Flying Childers sagt er, daß er sich mit einer Geschwindigkeit von 25·15 m in der

Sekunde bewegte, „also mit der Geschwindigkeit eines Sturmwindes, der Bäume entwurzelt und die Ziegel von den Dächern treibt." Und Firetail soll nach demselben Autor im Jahre 1772 eine englische Meile (1·609 km) in 1 Minute und 4 Sekunden zurückgelegt haben (d. h. in 1 Sekunde 25·14 m). Ebenfalls ähnliche Schnelligkeit entwickelte der berühmte Eclipse, der im Jahre 1769 fünfjährig die relativ enorme Strecke von 7160 m in 6 Minuten 4 Sekunden lief, also 19·66 m mittlere Sekundenleistung aufwies. Diese Riesenleistung tritt mit voller Schärfe dann hervor, wenn man mit ihr die Leistung des berühmten Flying Childers auf ähnlich langen Bahnen vergleicht. Im Rennen zu New Market (1715) lief derselbe 6128 m in 5 Minuten und 40 Sekunden (Sekundenleistung 18 m).

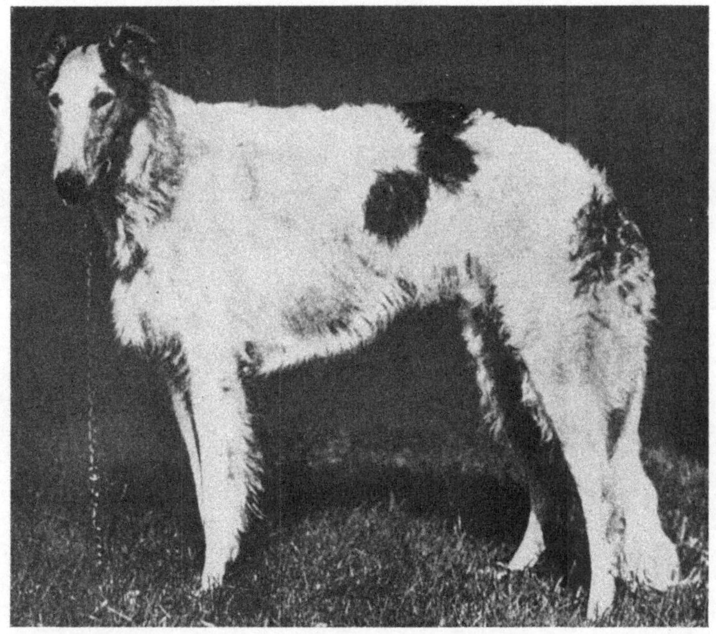

Abb. 180.   Barsoi, russischer Windhund.   Repräsentant der Körperform für einseitig entwickelte Schnelligkeit. (Phot. n. J. Watson: The Dog book, Bd. II. London 1906.)

Die Leistungsprüfung des englischen Vollblutes erfolgt auf der Rennbahn.

Über die charakteristische, dem speziellen Zwecke angepaßte Körperform des englischen Vollblutes geben die Maße der auf Seite 306 befindlichen Tabelle Auskunft. Als Leitsatz für die Beurteilung gilt vielfach der S. v. Nathusiussche Ausspruch: „Je höher die Anforderungen an Schnelligkeit, um so geringer die Maße und damit die Masse und umgekehrt."

Das Gewicht steht nach dem Genannten daher im umgekehrten Verhältnisse zur Schnelligkeit, je schwerer das Pferd, desto langsamer. Damit steht bis zu einem gewissen Grade (nach S. v. Nathusius) die Tatsache im Zusammenhang, daß keineswegs Individuen mit großer Widerristhöhe für große Schnelligkeit besondere Eignung haben.

Von sonstigen, für die Schnelligkeitsleistung charakteristischen körperlichen Merkmalen wären noch zu erwähnen: eine relativ kurze, die Widerristhöhe nur wenig überschreitende Rumpflänge, eine gegenüber anderen Pferdetypen geringere relative Brusttiefe und Brustbreite, hingegen relativ längere Beine und ein vorzüglich entwickeltes, hohes und weit nach hinten reichendes Widerrist. Letzteres kann als Resultat funktioneller Anpassung angesehen werden, welche mit der spezifischen Leistung dieses Pferdes im Zusammenhang steht, weil weder eine Spezies wilder Equiden, noch eine primitive Pferderasse diese Entwicklung zeigt.

Pferdetype für mit Ausdauer kombinierter Schnelligkeit. Am besten entsprechen diesem Zwecke wohl das arabische Pferd und eine Reihe ihm der Abstammung nach verwandter Rassen und Schläge.

Wenn man auch von den verläßlichen Angaben über die Leistung des arabischen Pferdes in seiner Heimat seitens einwandfreier Fachleute (wie z. B.

Abb. 181. Importierter Original Araber „Burgas" (Polen). Typus des edlen ausdauernden Pferdes. (Orig.-Phot. v. Dr. SKORKOWSKI.)

des Baron NOLDEN) absieht, so lieferten auch die im Jahre 1919 und 1920 in den Vereinigten Staaten von Nordamerika veranstalteten Armee-Distanzritte den Beweis für diese Behauptung. Diese Proben wurden in der Weise ausgeführt, daß fünf Tage nacheinander je 96 *km* (60 englische Meilen) mit 100 *kg* Gewicht zurückgelegt werden mußten, worauf dann am sechsten Tag ein über $^1/_4$ englische Meile (0·4 *km*) sich erstreckendes Rennen den Schluß bildete.

An diesem Armee-Distanzritt nahmen teil: Pferde arabischer Rasse (Voll- und Hochblut), englisches Voll- und Hochblut, Morgans (etwa als englisches Halbblut zu betrachten) und im Jahre 1920 auch zwei amerikanische Traber, welche aber beide sehr schlecht abschnitten, gar nicht zum „finish" kamen.

Geprüft wurde die Schnelligkeit, mit der die täglichen Leistungen absolviert wurden und ganz besonders die Kondition am Schluß des Ganzen. Im allgemeinen schnitt dabei das englische Vollblut schlecht ab, und zwar trotzdem es, wie ausdrücklich bemerkt wird, im Gegensatz zu den anderen Pferden, sorgfältig vorbereitet worden war. Obenan stand das arabische Blut. Zum Beispiel erhielt 1919 eine arabische Vollblutstute den ersten Preis mit einer Konditionsbeurteilung von 50 Punkten (das ist das erreichbare Maximum).

Das Resultat der Beurteilung auf Grund des Armee-Distanzrittes durch die Preisrichter lautet dahin, daß die Zucht schneller Pferde für kurze Strecken keine schnellen Pferde für große Strecken schaffe, und daß daher: „Ausdauer beim Pferde einen Typus erfordere, der für Ausdauer besonders gezüchtet sein müsse."

Abb. 182. Vollblut Araber-Hengst Skowronek. Gilt als bester Araber-Hengst Englands, gezüchtet in Polen. (Orig.-Phot. v. Dr. SKORKOWSKI, Krakau, 1925.)

Der Ausfall der amerikanischen Versuche bietet weder etwas Neues noch etwas Überraschendes, denn daß ein hartgezogenes Pferd arabischer Rasse das gegebene Kampagnepferd vorstellt, ist seit langem bekannt.

Type der Tragtiere. Als Trag- oder Saumtiere kommen in Europa — heute allerdings nur noch in Gebirgsländern in Verwendung — Pferde, Esel und Maultiere in Betracht. In den Steppen und Wüsten Asiens und Afrikas dient das zwei- bzw. einhöckrige Kamel diesem Zwecke. Unter den Pferden sind als vorzügliche Tragtiere mit sicherem Tritt selbst in schwierigem Gebirgsterrain bekannt: das bosnisch-herzegowinische Pferd, soweit es im Gebirge aufgewachsen, das Huzulen Pferd Ostgaliziens, die Haflinger in Südtirol, dann eine Reihe trotz ihrer besonderen Kleinheit doch sehr leistungsfähiger südlicher Ponys, wie das Vegliapony (das übrigens in reiner Form heute schon verschwunden ist), das Skyrospony und die kleinen Pferde Sardiniens und Korsikas.

Für längere Strecken beträgt die Last, je nach der Größe der betreffenden Tiere, zwischen 80 und 120 *kg*. Beim Maultier im Mittel etwa 150 kg^1).

Die Anforderungen, welche an den Körperbau leistungsfähiger Tragtiere zu stellen sind, betreffen: einen kurzen Rumpf mit guter Wölbung der Wirbelsäule (der Karpfenrücken des Esels und mancher Gebirgspferde!), eine kräftig entwickelte Rückenmuskulatur und vortrefflichen Bau der Extremitäten bezüglich des Knochen- und Muskelsystems und des Band- und Sehnenapparates.

Seinem Körperbau nach eignet sich auch das arabische Pferd, besonders jenes des Nedjed, für solche Zwecke.

Abb. 183. Wallach „Serko" der Amur-Kosaken-Rasse (Mongolenpferd, Abkömmling des E. PRZEWALSKI). Legte die Strecke von Blagowestschensk am Amur bis St. Petersburg (8283 Werst) in 193 Tagen zurück. Aufnahme kurz nach der Ankunft. (Phot. v. Oberst RUTHOWSKY aus GULKEWICZ, Typen und Rassen der Pferde Rußlands.)

Ausdauer, d. h. eine gewisse Widerstandsfähigkeit gegen Ermüdung, die allerdings zum Teil auch ein Resultat der Übung von Jugend an ist, gehört zu den für Tragtiere notwendigen Eigenschaften.

Für Afrika ist nach CORNEVIN das einhöckrige Kamel des Tell — Djemel genannt — ein großes, auf niedrigen Beinen stehendes Tier, im Gegensatz zum flinken Mehari, das typische Lasttier, welches mit 200 bis 280 *kg* Last, weidend täglich etwa 30 bis 35 *km* zurücklegt.

---

^{1}) Früher, da auch in anderen Ländern der schlechten Straßen wegen Packpferde aus den großen Rassen verwendet wurden, erfahren wir — allerdings auf ebener Straße — von viel höheren Leistungen. So berichtet YOUATT von Mühlenpferden der Clevelandrasse, welche viermal pro Woche in 24 Stunden mit einer Last von 280 *kg* 96 *km* zurücklegten.

Vom zweihöckrigen Kamel Zentralasiens soll es Zuchten geben, welche auf weiten Strecken bis zu 400 *kg* bewältigen.

Für extreme Hochlagen, wo die Einwirkung der verdünnten Luft sich stärker geltend macht, kommen als Lasttiere der Yak (in Tibet) und in den Hochgebirgen Südamerikas das Lama zur Geltung. Nach E. BRÜCKE soll letzteres mit einer Normallast von 45 bis 50 *kg* beladen, noch in Höhen im Vollbesitze seiner Kraft sein, in denen „das Pferd zittert und keucht, und selbst das Maultier nur noch einen Teil seiner Kräfte übrig hat".

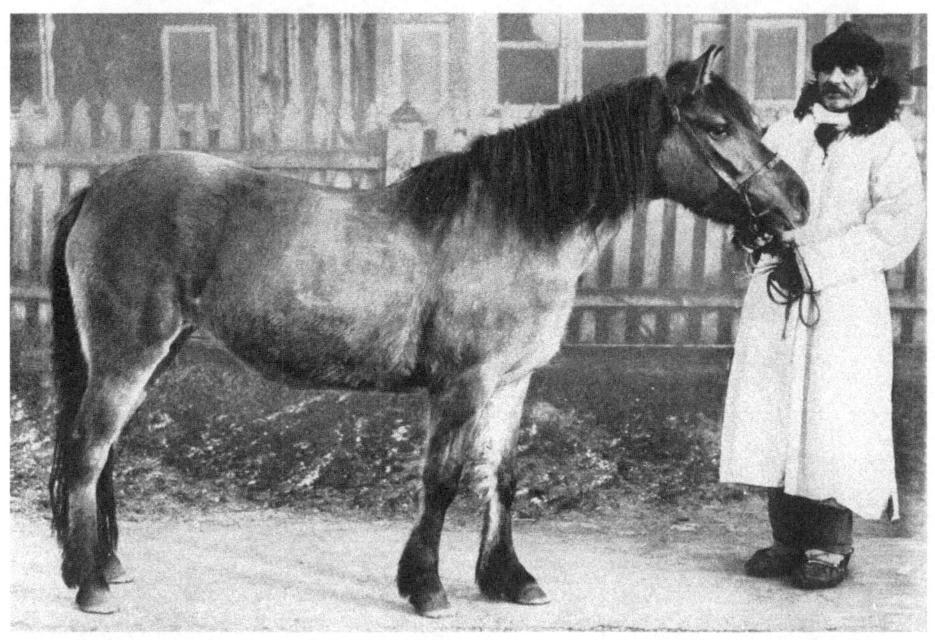

Abb. 184. Polnischer Konik (polnisches Landpferd) aus der Gegend von Bilgoraj. Sechsjährige Stute (W. H. = 127 *cm*) aus dem Dorfe Ruda Solska, Bezirk Bilgoraj (Lublin). Charakteristik: Dunkelfalb, Kopf und Beine dunkel schattiert, Mähne und Schwanz dunkel, am Rücken ein dunkler Aalstrich und ebenfalls je drei dunkle Querstreifen an der Innenseite der Vorderbeine. Kastanien an allen Beinen. Wegen des Winterhaares ist der Aalstrich und die Querstreifung im Bilde nicht sichtbar. Typus des harten ausdauernden Landpferdes. (Orig.-Phot. v. Dr. T. VETULANI.)

Pferdetype des großen Wagenschlages (Karossier). Mit dem Worte Karossier bezeichnet man Luxuspferde von großer, imposanter Gestalt, schönen Formen und ziemlicher Masse. Früher, namentlich im 18. bis 19. Jahrhundert, wurde vielfach auch eine hohe Knieaktion im sonst nur mäßig raumfördernden Trab gewünscht (spanisch-neapolitanische Pferde, Kladruber).

Diese Type, welche durch den modernen Automobilismus besonders große Einbuße erlitten hat, wird durch folgende bekanntere Zuchten repräsentiert: Anglo-Normänner, Cleveländer Braune, schwerere Type der Hannoveraner, Kladruber, Oldenburger, großer Noniusschlag u. v. a.

Wagenpferde mittelschwerer bis leichter Type. Als Vertreter dieser Type kommen neben den einen Übergang zur vorhergehenden Gruppe bildenden

Holsteiner verschiedene Zuchten des englischen Halbblutes, wie Norfolk-Traber, Hackneys (Cover- und Park-Hacks, besonders letztere mit hoher Knieaktion)[1] usw.

Abb. 185. Hafflinger Klepper (vierjähriger Hengst), Eignung fürs Gebirge. (Orig.-Phot. v. Prof. K. KELLER, Wien.)

Abb. 186. Altspanisches Pferd, Kladruber Zucht. Schimmelhengst „Generale Alba XII". Karossierrichtung. (Orig.-Phot. v. Direktor R. MOTLOCH.)

---

[1] Hackney ist ein gewöhnliches, ein Gebrauchspferd im ursprünglichen Sprachgebrauche. Ich finde diese Bezeichnung bei JENKINSON bereits Mitte des 16. Jahrhunderts im Gebrauch.

in Betracht; ferner Lippizaner und in Österreich die als Jucker bezeichneten leichten, schnellen Pferde meist ungarischer Herkunft, die gewöhnlich recht verschiedenartiger Blutmischungen zwischen dem ursprünglich ungarischen

Abb. 187. Anglonormänner „Juvigny“, Pariser Weltausstellung 1900. Karossierrichtung. (Phot. überlassen v. Prof. KELLER, Wien.)

Abb. 188. Amerikanische Traberstute „Sunol“. Typus für schnelles Traben. Charakteristikum: die Kamellende! (Phot. n. einem Bilde von SCHREIBER, 1900.)

(eventuell auch galizischen) Landpferde und englischem Halb- und Hochblut
entsprungen sind.

Type der Traberpferde. Als Vertreter der durch große Trabschnelligkeit ausgezeichneten Luxus- bzw. Sportpferde sind die amerikanischen und russischen (Orloff) Traber zu erwähnen.

Die amerikanischen Traber, die heute wohl als eine hochblütige Spezial-
zucht des englischen Vollblutes angesehen werden können, und welche sich in
ihren leistungsfähigsten Repräsentanten durch deutliches Überbautsein und
eigentümliche, steil verlaufende Hinterextremität (die sogenannte Kamellende)
morphologisch auszeichnen, sind eine verhältnismäßig junge Züchtung. Mittels
strenger, die individuellen Leistungen auf der Trabrennbahn berücksichtigender
Zuchtwahl gelang es, in der an anderem Orte besprochenen Weise die Schnelligkeit
des Trabes im Verlauf von nicht viel mehr als einem halben Jahrhundert von

Abb. 189. Russischer Traber „Polkan II", Typus des leistungsfähigen russischen
Trabers. (Nach einer Photographie.)

etwa drei Minuten für die englische Meile (1·6 *km*) auf zwei Minuten zu steigern.
Daß an dieser relativ ungewöhnlich raschen und ausgiebigen Steigerung der Trableistung nicht allein die Züchtungskunst, bzw. die genotypische Beschaffenheit
der Tiere und die Art des Trainings, sondern auch Momente rein technischer Art
(Beschaffenheit der Wägen, Geschirre, Anlage der Bahn usw.) beteiligt sind, sei
nebenbei erwähnt.

Die russischen Traber nehmen ihren Ursprung von einer Kreuzung
morgenländischen (arabischen) und abendländischen (dänisch-holländischen)
Blutes, welche sich zunächst von 1778 bis 1784 abspielte, und die das Ausgangsmaterial lieferte, das in mannigfacher Weise beiden Rassengruppen wieder an-
gepaart wurde.

Sie sind ein typisches Beispiel für eine „Rasse" nach landwirtschaftlicher
Auffassung. Eine vollkommen sichere intermediäre Vererbung findet hier keineswegs statt, der Typus ist nicht genügend fixiert, immer wieder treten in den

Körperformen dieser russischen Traber, auch der besten Gestüte, mehr oder weniger weitgehende Aufspaltungen bald nach der einen, bald nach der anderen Ausgangsrichtung auf. Deutlich lassen dies u. a. auch die Abbildungen in dem bekannten FREITAGschen Werke über die russischen Pferderassen erkennen.

Die vorzügliche Trableistung, das Temperament und die hohe Kniebewegung im Trab, welche auf eine holländische Stute zurückgeführt wird, scheint besonders an die intermediären Formen gebunden zu sein, von welcher man daher bei uns relativ häufig Vertreter als Traber zu sehen bekommt.

Die Zugleistung. Zur Erzielung einer vollkommenen Zugleistung kommt, abgesehen von entsprechenden Körperproportionen, vor allem auch ein durch mächtige Muskel- und Knochenentwicklung bedingtes und mit entsprechenden,

Abb. 190. Hervorragender Percheron-Hengst „Big Jim", amerikanische Percheronzucht. Produkt strenger Linienzucht. (Phot. v. SANDERS and DINSMORE aus East and Jones, 1919.)

größeren Gestalten verbundenes höheres Lebendgewicht der Tiere in Frage. Bei schweren Zugpferden, z. B. etwa Belgiern und Grafschaftspferden (Shirehorses), beträgt dasselbe daher gewöhnlich 700 bis 800 kg. Weil im Gegensatz zur Schnelligkeitsleistung die Masse, das Gewicht der Tiere für den schweren Zug ein günstiges Moment vorstellt, und weil die absolute Kraft der Muskeln proportional dem Querschnitte ihrer sämtlichen Muskelfasern ist, deshalb ist eine mächtige Entwicklung der Muskulatur beim Arbeitstier unbedingtes Erfordernis. Damit muß aber auch ein kräftiges Skelett mit starken Knochen (besonders der Extremitäten) Hand in Hand gehen, soll die Leistung eine hohe sein.

Die Beschaffenheit des Knochensystems läßt sich nun am lebenden Tiere eher als jene der Muskulatur annäherungsweise objektiv beurteilen.

Deshalb wird bei der Beurteilung von Zuchtpferden für Zwecke des schweren Zuges auf das Vorhandensein größerer Knochenstärke besonders Gewicht gelegt und zu diesem Zwecke der Umfang der Vorderröhre, des Metacarpus, benützt.

Wenn es sich bei diesem Maße auch keineswegs um ein reines Knochenmaß handelt, so liefert es nach den Erfahrungen der Praxis doch immerhin brauchbare Resultate, und überdies steht eben kein besseres Mittel zur Prüfung der Knochenstärke am lebenden Tiere zur Verfügung.

Für Belgier sind bei Stuten Röhrbeinumfänge von 23 bis 24 *cm*, bei Hengsten von 24 bis 25 *cm* im Mittel erwünscht. Und für die schweren Grafschaftspferde (Shires) und die Clydesdales von heute gelten bei Stuten 24 bis 25 *cm*, bei Hengsten 26 bis 27 *cm* als entsprechend.

In Anbetracht der Bedeutung, welche dem Röhrbeinumfang bei der Zuchtwahl zukommt, müssen jene Faktoren erwähnt werden, welche bei Pferden die

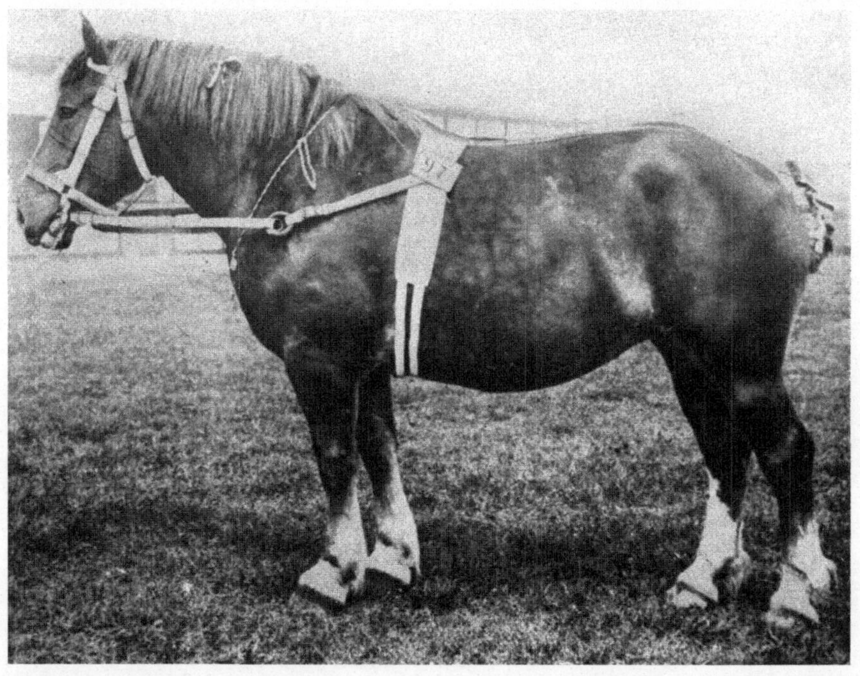

Abb. 191. Rheinisch-belgische Stute „Chrisette". (Phot. überlassen v. Prof. K. KELLER, Wien.)

Knochenstärke, bzw. den Röhrbeinumfang beeinflussen. Es sind dies 1. die Rasse, 2. innerhalb der Rasse wieder die Individualität, 3. die Aufzucht und 4. in mäßigem Grade bei gewissen Rassen, wie es scheint, auch das Alter der Zuchttiere, von denen die betreffenden zu beurteilenden Individuen abstammen. Bezüglich des ersten und zweiten Punktes erübrigt sich ein spezielles Eingehen. Was den Punkt 3 anbelangt, so ist eine intensive, aber an geeigneten Mineralstoffen reiche Jugendernährung (oft auch Kuhmilch noch einige Zeit nach dem Absetzen) zur günstigen Knochenentwicklung unerläßlich. Die hervorragend wichtige Rolle, welche hiebei erstklassiges Heu, bzw. ebensolche Weide, wenn auch nur als Zubuße in Betracht kommend, spielt, wird nicht immer genügend gewürdigt. Einseitige, starke Fütterung wachsender Pferde mit Hafer, dessen Asche bekanntlich saure Reaktion besitzt, kann nach G. v. WENDT direkt Störungen in der Knochenbildung veranlassen.

So erklärt sich die öfters beobachtete Tatsache, daß der Knochenbau von auf der Steppe (z. B. der russischen) ohne jede Haferration aufgezogenen Pferden

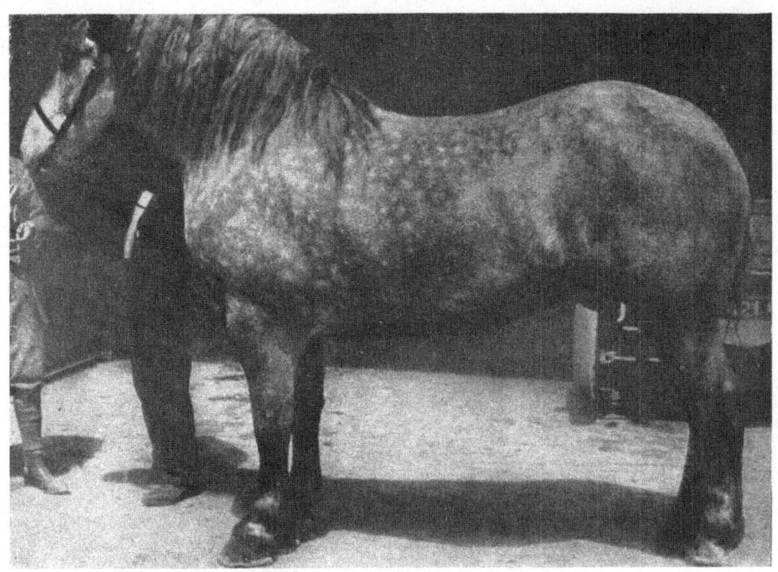

Abb. 192. Schwerer Flamländer. Zuchtrichtung des schweren Zugpferdes. (Phot. d. Lehrk. f. Tierzucht, Wien.)

Abb. 193. Clydesdale Hengst „Prince of Cernahan". Richtung des gängigen schweren Zugpferdes. Blutzumischung vom englischen Vollblut noch erkennbar. (Abb. n. engl. Phot.)

gegenüber jenen der auf demselben Gute auf einwandfrei angelegten, modernen Kunstweiden gehaltenen und mit ausgiebigen Haferrationen bedachten In-

dividuen entschieden besser war, obschon das in Frage kommende Pferde-
material von ganz gleicher Blutbeschaffenheit war (PRAWOHENSKI).

Desgleichen stellte SKORKOWSKI (1924) jüngst an in Polen gezüchteten
Arabern fest, daß gerade die relativ extensiv aufgezogenen des berühmten Gestütes von Slavuta in den Knochen stärker sind als die aus gleichem Ausgangsmaterial hervorgegangenen, aber intensive Jugendernährung genießenden
anderer Gestüte.

Es unterliegt wohl keinem Zweifel, daß speziell die Beschaffenheit des
Mineralstoffgehaltes von Weidefutter und Heu an diesem auffallenden Verhalten
beteiligt ist.

Auf den vierten Punkt hat CHR. WRIEDT (1917) hingewiesen. Nach ihm liefern,
wie seine Untersuchungen am, in der Hauptsache kaltblütigen „Gudbrands-

Abb. 194.   Shire-horse (Grafschaftspferd). Zucht von Sandringham. Richtung des
schweren Zugpferdes. Deutliches Hervortreten des abendländischen E. Abeli Typus.
(Phot. n. einem Bild aus dem Live Stock Journal 1912.)

talischen Pferde" zeigten, Paarungen jüngerer Zuchttiere (d. h. von weniger als
zehn Jahren) unter sonst gleichen Verhältnissen eine knochenstärkere Nachkommenschaft als Paarungen älterer Tiere. Für das englische Vollblut und den
amerikanischen Traber soll das nicht gelten.

Nach WRIEDT scheine ferner das Auftreten stärkerer Knochen mit dem Auftreten stark entwickelter Behänge an den unteren Extremitäten irgendwie verknüpft zu sein. Dabei existiert für den Behang, daher wahrscheinlich auch für
die stärkeren Knochen, dominanter Erbgang[1]).

Die schwächeren Knochen der Nachkommen alter Eltern erklärt WRIEDT
mit der Annahme einer Schwächung ihrer dominanten Erbfaktoren, welche die

―――――――――

[1]) Nach WRIEDT und JENSEN haben Pferde, die starke Knochen mit wenig
Behang verbinden, auffallend stark die Neigung, leichte Knochen zu vererben.

stärkeren Knochen und den üppigen Behang bedingen. Die rezessive Eigenschaft der leichteren Knochen solcher abendländischer Pferde, mit einem geringen Einschlag einer leichteren Pferdetype (Gudbrandstoler, Belgier usw.), soll daher mit zunehmenden Alter der Eltern stärker hervortreten.

Zu den bekanntesten Pferderassen für den schweren Zug zählen englische Grafschaftspferde (Shires), Clydesdales, Konestogas, Vermonts, Flamländer, Belgier (in Deutschland), Percherons (namentlich die in Amerika gezogene schwere Form), Pinzgauer u. a.

Als sogenannte Omnibus- oder Artillerie-Stangenpferde, welche den Übergang zu den Pferden mit mehrseitigem Gebrauch bilden, gelten besonders mittel-

Abb. 195.   Shire-horse (Grafschaftspferd). Champion-Stute der Shire-horse-Schau in London, 1912. Richtung des schweren Zugpferdes. (Phot. n. einem Bild aus d. Live Stock Journal 1912.)

schwere, bzw. leichtere Belgier (Ardenner und Wallonen) und die leichtere Type der Percherons.

Für Zwecke landwirtschaftlicher Arbeit eignen sich eigentlich nur (als Gebrauchstiere) Kreuzungen zwischen dem morgenländischen Pferde (besonders Abkömmlingen des Tarpans) und dem abendländischen (Abkömmlingen vom Typus E. Abeli, E. moosbachensis usw.) vorzüglich. Ganz besonders gilt dies für die F_1-Individuen solcher Kreuzungen, welche durch besondere Ausdauer und vielseitige Brauchbarkeit (als Folge des Luxurierens) bekannt sind.

Zur einwandfreien Feststellung der Zugleistung und -eignung der Zugtiere sind Zugprüfungen notwendig, bei welchen folgende Punkte beachtet werden müssen: 1. die Zugwilligkeit, 2. Lenksamkeit, 3. Gängigkeit, 4. fortbewegtes Gewicht, 5. Ausdauer. Damit jedoch diese Prüfung Wert erlangt, ist es nötig, daß die Länge des zurückzulegenden Weges eine tunlichst große ist und ferner, daß das Verhalten der Zugtiere bei eingeschalteten Hindernissen (wie Steigung des Weges und auf einer Sandstrecke) geprüft werden kann.

Abb. 196. Büffelochse aus der Gutswirtschaft Töltéstava bei Györ in Ungarn. (Orig.-Phot. v. A. Nemeth.)

Für die Leistungsfähigkeit der Ochsen, und namentlich für Zwecke der Feldarbeit, ist die Beschaffenheit des Klauenhornes wichtig. Ein helles, pigmentfreies Klauenhorn ist erfahrungsgemäß weniger widerstandsfähig. Dieser Punkt wird z. B. in Mähren an den sonst vorzüglichen Arbeitsochsen der Lavanttaler Rasse öfters ausgesetzt.

Beim Rinde steht unter den Arbeitsochsen liefernden Rassen obenan das Steppenvieh mit seinen verschiedenen Schlägen. An Kraft, Ausdauer, Härte der Konstitution, selbst an Gängigkeit (ackern!) ist es unerreicht.

Gute Arbeitsochsen liefern dann noch verschiedene, durch kombinierte Leistung charakterisierte Rinderrassen, wie die heute weniger verbreiteten alten Berner und einige durch sie beeinflußte süddeutsche Rassen, ferner Vogtländer, Franken, polnisches Rotvieh, Murbodner, Etschtaler (alter Type) und schließlich die — hiefür jedoch bereits um einen Grad weniger gut geeigneten — modernen Simmentaler und Pinzgauer.

Für tropische Gegenden ist als Arbeitstier der Büffel fast unersetzlich. Die Bodenbearbeitung ganz Mittel- und Südchinas, Vorder- und Hinterindiens und der intensive Plantagenbetrieb Javas und Sumatras, das alles beruht auf der Verwendung des Büffels als Zugtier.

Abb. 197. Angora-Ziegenbock aus Schönbrunn, Vlies für Mohairproduktion. (Orig.-Phot. v. A. K. Schuster, Wien.)

Zuchtwahl auf Wolleistung

Wenn man von Ziegen, namentlich der Angora- und Kashmirziege, sowie vom Kamel, vom Lama und Alpako absieht, dienen hauptsächlich Schafe der Wollproduktion. Allerdings gibt es eine Reihe von Schafrassen, welche durch Anpassung an tropisches Klima echte Haarschafe geworden sind, und welche hier nicht in Betracht kommen. Auf Grund der Wollbeschaffenheit hat J. KÜHN ein später von WILCKENS ergänztes System der Schafrassen aufgestellt. Nach diesem System unterscheidet man:

Abb. 198. Deckhaarschaf aus der Zambesigegend aus der Sammlung Dr. HOLUB. (Orig.-Phot. n. einer im Besitze des Wiener Tierzuchtsinstitutes befindlichen ausgestopften Gruppe.)

Abb. 199. Bock der Karakulrasse der Groß-Enzersdorfer Zucht, mit Mischwolle, die viel Grannenhaar enthält. (Orig.-Phot.)

   1. **Schafrassen mit Mischwolle** (die vielen Schläge der Zackel- und Fettschwanzrasse, die Heidschnucke u. v. a.), welche aus zwei Elementen zusammengesetzt ist: einem langen, groben, markhältigen, schwach oder nicht gewellten

Abb. 200. Mutterschaf der Karakulrasse der Groß-Enzersdorfer Zucht. Häufigste Form der Mischwolle — gleichmäßige Verteilung von Grannen- und Flaumhaar. (Orig.-Phot.)

Abb. 201. Bock der Karakulrasse der Groß-Enzersdorfer Zucht mit Mischwolle mit viel Flaumhaar. (Orig.-Phot.)

Grannenhaar und sehr feinem, unregelmäßig gewelltem, markfreiem Flaumhaar. Die Anteile beider sind großen Schwankungen ausgesetzt. Es gibt Mischwollen, die fast nur aus groben Grannenhaaren bestehen (z. B. Chileschafe, die Grannenhaare von einem mittleren Durchmesser von 161 μ und im Maximum von 211 μ besitzen) und die z. B. als Surrogat für Roßhaar dienen, während anderseits wieder Mischwollen vorkommen, welche überwiegend aus Flaumhaaren bestehen. Gewöhnlich, jedoch nicht immer, erzielen letztere höhere Preise. Unter guten Futterverhältnissen kann die Länge der groben Vlieselemente, der Grannenhaare Jahreswuchse bis 32 cm erreichen. Die Mischwollen dienen zur Filzfabrikation und zur Herstellung groben Zeuges.

2. **Glanzwollschafe.** Ihre Wolle erreicht im Jahreswuchse 20 und mehr Zentimeter Länge; sie besteht aus annähernd gleichen, mittelfeinen, schwach gewellten, markfreien Haaren mit Seidenglanz (Rassen: Leicester, Cotswolts u. a.)

3. **Schafe mit fettschweißarmer, mäßig gut gebeugter Wolle** vom Übergangscharakter zur Merinowolle. Rassen gröberer Type sind: Bergamasker, Friesisches Milchschaf, Hampshires, Shropshires, Oxfordshires; feinere Type besitzen: Southdowns, die im trockenen Klima des südlichen Mährens weitgehende Wollähnlichkeit mit Merinos erlangten.

4. **Rassengruppe der Merinos** mit feinstem (Elektoral-, Negretti-Typen) bis mittelfeinem (Rambouillets, Kammwollschafe) und dann bereits längerem, jedoch stets wohlgebeugtem, markfreiem Haare.

Abb. 202. Bock der Borderleicester-Rasse in altem Vlies (Glanzwolle). Champion der landwirtschaftlichen Ausstellung in Buenos-Aires, 1924.

Abb. 203. Bock der Lincoln-Rasse in altem Vlies (Glanzwolle). Champion der landwirtschaftlichen Ausstellung in Buenos-Aires, 1924).)

Ganz allgemein kann man die Wollen nach ihrer hauptsächlichsten Verwendung einteilen in: Tuch-, Stoff-, Kammwolle und schließlich in Filzwolle.

Die Beurteilung der Wolle am lebenden Tiere, im Stapel, behufs Beurteilung der Tiere für Zuchtzwecke, beruht bei der Merinogruppe auf der Untersuchung

Abb. 204. Seeländer-Schaf aus Kärnten. Vertreter des Schlichtwolltypus.
(Orig.-Phot. v. Doz. Dr. K. STAFFE.)

Abb. 205. Kammwollbock.

der an den Strähnchen erkennbaren Wellung, wobei allerdings ein regelmäßiger Bau der betreffenden Wollen vorausgesetzt werden soll.

Weil diese Wellung, Beugung (in der Wollpraxis fälschlich immer als Kräuselung bezeichnet), gemessen an der Anzahl jener auf 25 *mm* Länge des Wollsträhnchens im Stapel vorhandenen Wellengängen, in Beziehung zur Feinheit des Wollhaares steht, deshalb ist eine einfache und doch annähernd richtige Beurteilung der Dicke der Wollhaare möglich. Genaue Auskünfte über den Feinheitsgrad der Wollhaare gibt allerdings nur die ziemlich einfache mikroskopische Wolluntersuchung. Zur Unterstützung des Auges wurden verschiedene „Wollmesser“ konstruiert. Wohl am bekanntesten ist der Hartmannsche.

Abb. 206. Stoffwollbock.

Er besteht aus neun je 25 *mm* langen Blechstreifen (Kämmen), welche sägeartig mit je einer bestimmten Anzahl von Zähnchen besetzt sind.

Qualitätsbezeichnung der Wolle	Bogenzahl des Strähnchens auf 25 *mm* der Länge	Ungefährer Durchmesser der Wollhaare in μ
Super super Electa	31 und mehr	13·00—16·50
Super Electa...............	28—30	16·50—17·75
Electa I	26—28	17·75—19·00
Electa II	24—26	19·00—20·50
Prima I	22—24	20·50—23·00
Prima II	20—22	23·00—25·50
Secunda....................	17—20	25·50—29·00
Tertia.....................	13—17	29·00—37·00
Quarta	weniger als 13	37·00 und mehr

Man sucht nun durch Anlegen an das zu prüfende Strähnchen jenen Kamm der Garnitur, dessen Zähnchen genau in die Bögen des Wollsträhnchens passen und erfährt durch die danebenstehende Bezeichnung die Qualität der Wolle. In dieser Beziehung werden die Verhältnisse zwischen der Zahl der Bögen und dem Wollhaardurchmesser angenommen (siehe Tabelle auf S. 413).

Abb. 207. Wollmuster. Links: Grobe Mischwolle, nur aus Grannenhaaren bestehend (mittlerer Durchmesser 161 μ). Mitte: Ägyptische Mischwolle mit sehr viel Flaumhaar. Rechts: Leicester-Wolle. Typische Glanzwolle. Wollhaare ohne Markkanal, flach gewellt, Länge 25 cm, ohne Flaumhaar, großer Glanz. (Orig.-Phot.)

Was die jetzt übliche Einteilung in bestimmte „Sortimente" anbelangt, so gilt nach LEHMANN folgende:

A A A A A	= Dicke der Wollhaare			18 μ und weniger
A A A A	=	,,	,, ,,	18—20 μ
A A A	=	,,	,, ,,	20—22 μ
A A	=	,,	,, ,,	22—24 μ
A	=	,,	,, ,,	24—26 μ
B B	=	,,	,, ,,	26—28 μ
B	=	,,	,, ,,	28—30 μ
C	=	,,	,, ,,	30—37 μ

$$D = \text{Dicke der Wollhaare} \quad 37—45\ \mu$$
$$E = \quad ,, \quad\quad ,, \quad\quad ,, \quad\quad 45—60\ \mu$$
$$F = \quad ,, \quad\quad ,, \quad\quad ,, \quad\quad 60\ \mu \text{ und mehr}$$

Sonst wäre noch hervorzuheben, daß bei hochgezüchteten Tieren der bei den an verschiedenen Stellen des Körpers befindlichen Wollen stets vorhandene Qualitätsunterschied möglichst gering sein soll; die Wolle verschiedener Körperpartien soll tunlichst ähnlich, möglichst ausgeglichen sein.

Besonders wichtig ist ferner eine weitgehende Ausgeglichenheit der einzelnen Wollhaare an den einzelnen Körperstellen selbst wieder. Die Wollhaare innerhalb desselben Strähnchens sollen von möglichst gleicher Dicke und von klarem,

Abb. 208. Wollmuster. Obere Reihe, Merinowolltypen (von links nach rechts: Kammwolle, Negrettiwolle, Elektoralwolle). Untere Reihe, schlichte, fettschweißarme Wolle (von links nach rechts: Seeländer-, oberitalienische [Bergamasker-] Wolle). (Orig.-Phot.)

treuem Bau sein. Nach Untersuchungen von Völtz besitzen Tuchwollschafe in der Regel eine weitgehende Ausgeglichenheit der Wolle, während z. B. die Wolle der Shropshires und namentlich jene der Karakuls sehr unausgeglichen sich erweisen. Als Beispiel sei nach Völtz die diesbezügliche Beschaffenheit der Wolle eines Karakulbockes angeführt:

$$A\,A\,A\,A = 9{\cdot}1\%$$
$$A\,A\,A \quad = 9{\cdot}1\%$$
$$A \quad\quad = 9{\cdot}1\%$$
$$C \quad\quad = 27{\cdot}2\%$$
$$E \quad\quad = 27{\cdot}3\%$$
$$F \quad\quad = 18{\cdot}2\%$$

Zuchtwahl bei der Produktion von Pelztieren

Seit den Zeiten des Paläolithikums bis zum heutigen Tage dienen Felle und Pelze von Tieren zur menschlichen Bekleidung; und seit den Anfängen der geschichtlichen Zeit finden wir Felle bestimmter Tierarten als Schmuck und hochgeschätzte Kostbarkeiten bei den Menschen aller Zonen. Neben solchen,

Abb. 209. Wolle der Meleschafe (Leicester × Merino). Links: Melewolle (F_1). Mitte: Melewolle zweiter Klasse, Abweichung vom Mitteltyp zeigend. Rechts: Melewolle erster Klasse, Abweichung vom Mitteltyp zeigend. (Orig.-Phot. n. Wollproben, die von H. L. Thilo eingesandt wurden.)

die nur dem praktischen Zwecke dienten, vor den Unbilden des Wetters zu schützen hatten, gab es seit jeher auch solche, die durch ihre Schönheit und sonstige Beschaffenheit nur zur Befriedigung des Luxusbedürfnisses des Menschen bestimmt waren.

Der schonungslose Vernichtungskrieg, der gegen die kostbaren Pelzträger, speziell in den letzten Dezennien, geführt worden ist, und der einige der wertvollsten (Chinchilla, Sealrobbe und Zobel) auf den Aussterbeetat gesetzt hat, ließ verschiedentlich Versuche zur Zähmung, eventuell sogar zur Domestikation von Pelztieren aufkommen.

Abb. 210. Geangelte Blaufüchse (zirka vier Monate alt) zur Pelzproduktion in Grimstadir, Myrosysla auf Island aufgezogen. (Orig.-Phot. v. Dr. REINSCH, Wien, 1925.)

Abb. 211. Karakullamm amerikanischer Zucht. Ziemlich gute Qualität (jedoch keine Pfeifenröhrenlocken) zeigend. (Phot. v. A. YOUNG aus Journ. of Hered. 1914.)

Es werden z. B. weiße Polarfüchse und besonders eine Abart derselben, die Blaufüchse (letztere unter anderem auf St. Paul und St. George, Island, das sind Inseln der Pribiloffgruppe), in einer Art von halbgezähmten Zustand gehalten, da sie Winterfütterung erhalten und der Zuchtwahl unterworfen sind. Ähnlich versucht man in den nördlichen Teilen von Nordamerika den Biber und den Skunk (Mephites pudita als beliebteste Spezies) in den wertlosen Niederwaldgegenden unter Aufsicht und Schutz des Menschen zu vermehren und zu nutzen. Ja für die kostbaren Silber- und Schwarzfüchse, den Nerz usw. besteht sogar eine größere Zahl von Zuchtfarmen. Allerdings ist gerade die Zucht dieser kostbaren Farbenvarietäten des Fuchses mit so großen Schwierigkeiten verbunden, daß man wohl noch nicht von einem vollen Gelingen der Domestikation sprechen kann. Selbst die Zucht der Skunks scheint, auf engere Räume beschränkt, dauernd nicht möglich zu sein. Und doch wäre gerade dieser Vorgang nötig, wenn man bestimmte, vom Pelzhandel besonders geschätzte Mutationen ausgiebig vermehren wollte. Dies gilt nach DETLEFSEN und HOLBROOK z. B. für rein weiße (albinotische) Skunks, deren Felle für Kinderpelzwerk besonders geschätzt werden, aber anderseits auch wieder für vollkommen (einheitlich) rein schwarze Tiere ohne jenen normalerweise auf Nacken und Hals befindlichen U-förmigen weißen Fleck.

Abb. 212. Karakullamm, drei Tage alt, mit sich öffnender Erbsenlocke. (Orig.-Phot. v. Doz. Dr. STAFFE, Wien.)

Abb. 213. Schiraslamm, grauer Farbenschlag des Karakuls. (Orig.-Phot.)

Eigenartig ist der in einzelnen Teilen Islands geübte Vorgang der Blaufuchshaltung (nicht Züchtung), der in Abbildung 210 wiedergegeben wird. Man verfolgt dabei einen doppelten Zweck: einmal will man die den Schafen lästig, zum Teil, durch Verletzungen des Mauls, auch gefährlich werdenden Füchse

Abb. 214. Wales Spaniel mit beginnender Lockung der Haare. (Phot. n. J. WATSON, The Dog book, Bd. II, 1906.)

auf den entlegenen Weidegründen unschädlich machen, ausrotten, anderseits sollen sie gleichzeitig durch ihren Pelz Nutzen bringen.

Weil im Basaltgeklüft Islands ein Ausgraben der Fuchsbaue unmöglich ist, werden die Jungen mittels gewöhnlicher Lachsangeln, die mit einem Stück Fleisch als Köder versehen werden, im Baue geangelt. Es genügt ein Individuum auf diese Weise zu fangen; die übrigen Wurfgeschwister pflegen auf das Geschrei des geangelten und aus dem Baue gezogenen Tieres aus Neugierde von selbst heraus zu kommen und eine leichte Beute zu werden. Im Freien werden sie in einer Art von Betonkäfigen herangezogen bis sie erwachsen sind und den Winterpelz erlangt haben (nach mündlicher Mitteilung von Dr. REINSCH 1925).

Unter allen Um-

Abb. 215. Pudel mit typisch spiralförmigen Locken. (Phot. n. J. WATSON, The Dog book, Bd. II, 1906.)

ständen hat hier die Tierzucht noch ein aussichtsvolles, wenn vielleicht auch schwieriges Arbeitsgebiet vor sich.

Viel einfacher liegen die Verhältnisse hinsichtlich solcher Pelztiere, welche sich seit langem im Haustierzustand befinden. Im selben Maße, als der fortschreitende, immer weitere Kreise erfassende Luxus des Menschen die letzten Bestände pelztragender Wildtiere austilgt, in demselben Maße macht sich die Aufgabe der landwirtschaftlichen Tierzucht, durch verstärkte Züchtung der vorhandenen domestizierten Pelztiere das bestehende Bedürfnis zu decken, immer dringender geltend. Wenn wir vom Kaninchen und vom Pferde (sibirische Fohlenhaut!) als nicht besonders geschätzte, weniger wertvolle Ware produzierenden Haustieren absehen, dann kämen für Zwecke der Produktion eines hochwertigen (eventuell auch anderseits besonders praktischen) Pelzwerkes einige Schafrassen in Frage.

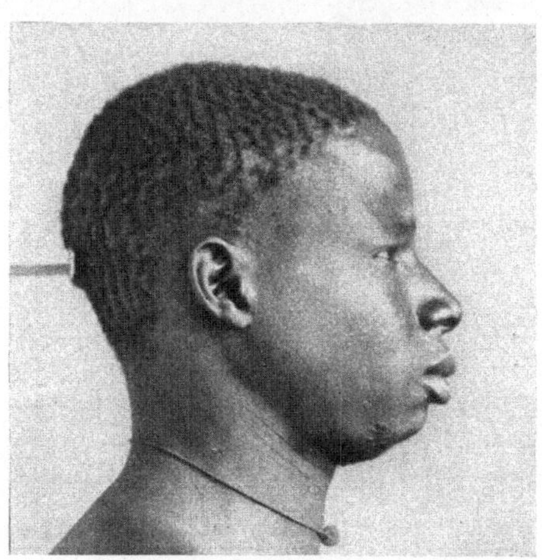

Abb. 216. Wolof-Neger vom Senegal. Lockenbildung des Haupthaares wie bei Karakulschafen. (Orig.-Phot. v. Prof. Dr. Pöch und Dr. Weninger, Wien.)

An Pelzqualität seiner Lämmer steht obenan das Karakulschaf Bocharas. Seine wenigen Tage alten Lämmer (ein bis fünf, selten bis sieben Tage alt!) tragen jenes, von den Damen und im Handel als „Persianer" bezeichnete Pelzwerk, dessen richtige Bezeichnung wohl ebenfalls „Karakul" lauten muß. Abgesehen von den Fellchen ausgetragener, reifer Lämmer liefert das Karakulschaf durch jene der unreif ausgestoßenen (abortierten) Früchte noch ein anderes hochwertiges Pelzwerk: die sogenannte „Breitschwanzware".

Seit den Tagen frühhistorischer Perioden war dies Karakulpelzwerk hochgeschätzt und „Mode", so daß die Wahrscheinlichkeit besteht, es würde dies auch in Zukunft so bleiben.

Zeigen uns doch Ausgrabungen von Sendschirli in Nordsyrien Darstellungen von Hettiterkönigen aus dem 14. Jahrhundert v. Chr., deren Mäntel mit deutlich erkennbaren, schönlockigem Lammpelzwerk, ähnlich jenem des heutigen Karakullammes, verbrämt sind, und die Mützen aus gleichem Pelzwerk tragen.

Außer und neben den bocharischen Karakulschafe kommen als Pelzproduzenten noch folgende Rassen und Schläge, die wohl alle mit ersterem verwandt sein dürften, in Betracht:

1. Das Malitschschaf der Krim;
2. das Czuszkaschaf Bessarabiens;
3. Die Schläge von Reschetilowska und Romanowsk;
4. gewisse Fettschwanzzuchten Mesopotamiens und ebenso Persiens, deren Lammfelle als „Bagdad", „Halbpersianer", „Schiras" usw. im Handel bekannt sind.

Beurteilung der Karakullocke und der Qualität des Lammpelzchens für Zwecke der Zuchtwahl. Die große Verschiedenheit in der Schönheit und dem Werte der Karakulpelzchen, die selbst innerhalb der reinrassigen Herden der Heimat vorhanden ist, bedingt eine strenge Beurteilung der Pelzqualität jener Lämmer, die für Zuchttiere bestimmt werden sollen.

Dies ist deshalb notwendig, weil wir es bei dieser Lockenbildung mit einer auf Polymerie im Sinne von NILSSON-EHLE beruhenden Eigenschaft zu tun haben, welche als Folge einer seit Jahrhunderten geübten Zuchtwahl anzusehen ist. Eine Reihe gleichsinnig wirkender, zu verschiedenen Zeitpunkten mutativ entstandener und dann züchterisch festgehaltener Gene kommt hier offenbar in Frage. Überdies tritt uns noch Polygenie, durch die mannigfachen Formen der Locken zum Ausdruck gebracht. Das heißt neben den Genen für die Drehung, Krümmung der Haare gibt es noch solche für deren Anordnung.

Die Qualität der Karakulpelzchen hängt von folgenden, bei der Zuchtwahl zu berücksichtigenden Momenten ab:

1. Von der Form, der Gestalt der „Locken", das sind jene charakteristischen Haargebilde, aus denen sich das Pelzchen zusammensetzt;

2. von der Größe der Locken (im Sinne der Pelzhändler);

3. von der Dichtigkeit der die Locken bildenden Wollhaare;

4. von der möglichst gleichartigen Beschaffenheit des Fellchens;

5. vom Glanz der Locken;

6. vom Vollkommenheitsgrad der Krümmung der Lockenhaare;

7. von der Farbe des Pelzchens;

Ad 1. Je nach der Form der Locken unterscheidet man:

a) Bohnenförmige (halbmondförmige);

b) pfeifenrohrartige (oft von beträchtlicher Länge);

c) erbsenförmige;

d) korkzieherartige (offene).

Je nach dem in Frage kommenden Lande werden bald die bohnenförmigen, bald die pfeifenrohrartigen Locken bevorzugt, bzw. höher geschätzt — immer natürlich unter der Voraussetzung, daß die sonstige Beschaffenheit vollkommen gleich sei. Die korkzieherartige Locke ist natürlich minderwertig; man findet sie an älteren Karakullämmern oder bei Kreuzungslämmern.

Ad 2. Unter „Größe" versteht der Pelzhandel die Breite der Locken. Es werden unterschieden:

a) Kleine Locken von 2 bis 4 mm (ausnahmsweise von 5 mm) Breite;

b) Mittellocken von 5 bis 10 mm Breite;

c) große Locken von 10, 12 bis 15 mm Breite.

Auch die Ansichten über den Wert der verschiedenen Lockengrößen (unter sonst gleicher Beschaffenheit) wechseln nach den Ländern. In Zentralasien z. B. ist die kleine Locke sehr geschätzt. Bei uns wird sie den beiden anderen Größen untergeordnet und gilt speziell als „Kappenware". Ziemlich große Locken sollen besonders in Frankreich und Kanada beliebt sein.

Züchterisch am wichtigsten ist wohl die gute Mittellocke.

Ad 3. Die einzelnen Locken sollen aus möglichst dicht stehenden Haaren gebildet werden, die, parallel verlaufend, sich auch mehr weniger gleich hoch über die Haut erheben. Im Verein mit der entsprechenden Krümmung (Punkt 6) und Elastizität wird hiedurch jener „harte Griff" bedingt, der es ermöglicht, die Qualität der Locken, bzw. selbst des ganzen Pelzchens bis auf den Glanz ohne Hilfe des Auges ziemlich genau beurteilen zu können.

Ad 4. Je gleichmäßiger die Locken an den verschiedenen Teilen des Fellchens (nach Form, Größe, innerer Beschaffenheit usw.) beschaffen sind, desto wertvoller ist es unter gleichen Bedingungen.

Meist sind die in der Mittelzone befindlichen Locken nach Form und Schluß wesentlich besser als die an den Seitenteilen vorhandenen. Desgleichen ist in der Mehrzahl der Fälle die Qualität der Locken in der Hinterhand deutlich besser als in der Vorderhand; jedoch gibt es immerhin Ausnahmen (Korrelationsbrecher).

Ad 5. Der Glanz der Locken soll möglichst lebhaft sein; er hängt ab von der Beschaffenheit der Haaroberfläche und von der Drehung der einzelnen, die

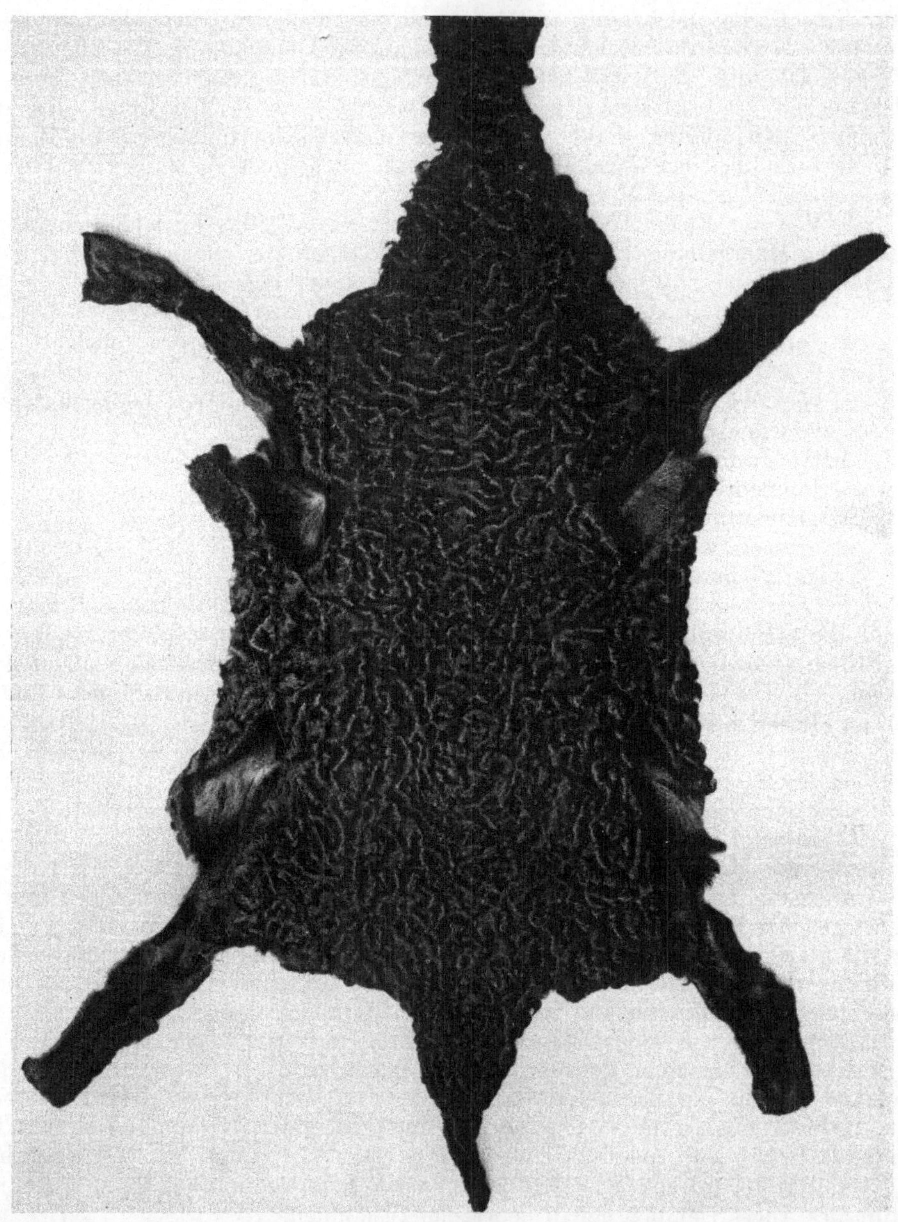

Abb. 217. Karakulfell mit erstklassiger Lockenbildung. Zahlreiche sogenannte „Röhrenlocken". (Orig.-Phot. v. H. HINTERBERGER n. einem im Besitze der Lehrkanzel für Tierzucht in Wien befindlichen Fell.)

Locke bildenden Haare. Die Spitzen derselben müssen nämlich nach unten, gegen die Hautoberfläche gekehrt sein, so daß man sie bei der Draufsicht nicht sieht.

Sind sie hingegen sichtbar, so bedingen sie durch die Zerstreuung des Lichtes ein mattes Aussehen der Locken.

Ad 6. Die Krümmung der Lockenhaare soll von allen in einer Locke

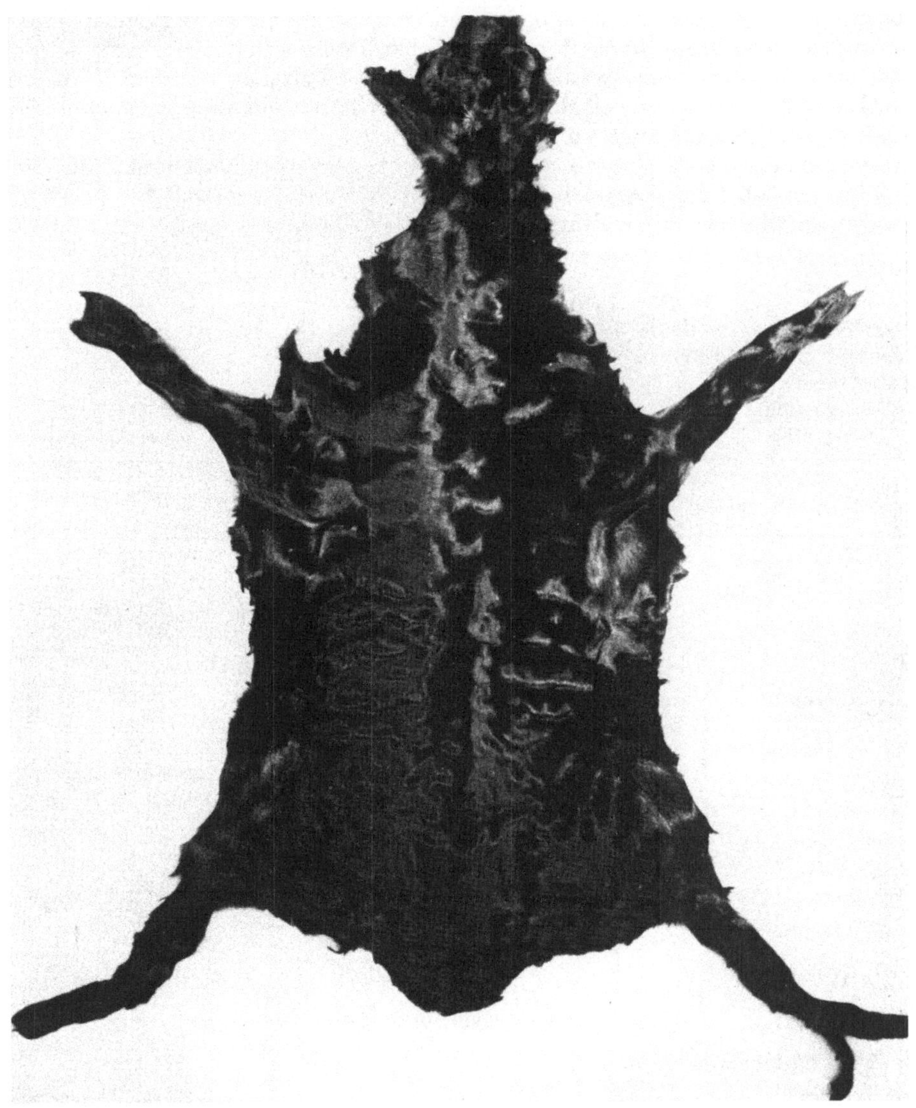

Abb. 218. Breitschwanzfell von prima Qualität. Fell von abortiertem, nicht voll ausgetragenen Karakullamm. (Orig.-Phot. v. H. HINTERBERGER n. einem im Besitze der Lehrkanzel für Tierzucht in Wien befindlichen Fell.)

vereinten gleichmäßig und vollkommen sein und die Form eines Teiles einer liegenden Spirale besitzen. Die Spitze muß, wie erwähnt, gegen die Haut gekehrt und daher unsichtbar sein.

Ad 7. Die Naturfarbe der Pelzchen kann sein: schwarz (normal), vom hellen Aschgrau über Silbergrau bis zum dunklen Schwarzgrau (Eigentümlichkeit der Lämmer des „Schiras" genannten Schlages der Karakulschafe), ferner braun in allen Tönen, vom dunklen Schokoladebraun bis zum Hellbraun, und selbst blond. Weiße Pelzchen mit vollkommenen Locken gibt es nicht, und scheckige sind wertlos. Am beliebtesten bei uns sind die schwarzen Pelzchen. In Bochara hingegen gelten die silbergrauen, soferne sie guten Lockenbau haben, für wertvoller. Ihre Seltenheit und ihr hoher Preis verursachen, daß sie nicht nach Europa ausgeführt werden. Die braunen Pelzchen werden in Europa sämtlich auf Schwarz umgefärbt, weil es schwer hält, vollkommen gleich getönte in genügend großer Menge zu erhalten.

Folgende, seit 20 Jahren von mir geübte Art der Bonitierung der Fellqualität am lebenden Lamm (am zweiten Lebenstage) hat sich für praktische Zwecke der Zuchtwahl bewährt:

Karakullamm Nr. 167

Geboren: 11. März 1910
Geschlecht: weiblich
Bock: J 32
Mutterschaf: E. 6
Geburtsgewicht: 4·1 kg
Beurteilt am: 12. März 1910

Merkmal bzw. Eigenschaft	Vorderhand	Hinterhand
Form der Locken	Bohnenlocken; Mittelzone: einzelne Röhrenlocken; Seitenrand: Haarspitzen etwas sichtbar	Kruppe: meist röhrenförmige gute Locken; seitlich: Bohnenlocken
Länge: Minimum (d. Locken in mm)	6	10
Mittel	9	25
Maximum	17	29
Breite: Minimum (d. Locken in mm)	3	3
Mittel	5	5
Maximum	6	6
Höhe	4—5	4—5
Geschlossenheit	gut	sehr gut
Härte (Griff)	hart	hart
Glanz	gut; seitlich: mittelgut	gut
Grad der Gleichartigkeit der Locken	ziemlich gleichartig	gleichartig
Charakteristik des Pelzchens und Gesamteindruck	gute Qualität bis auf die Seitenränder	sehr gute Qualität
Qualität des Pelzchens	prima	
Bemerkung über Zu- oder Abnahme der Qualität bei der zweiten Prüfung (5. bis 7. Lebenstag)	Am 16. März 1910 Vorhandlocken verschlechtert	

Sichere Anhaltspunkte für die Beurteilung der Anlage zur Pelzqualität am erwachsenen Tiere gibt es nämlich nach meinen immerhin
ausgedehnten Erfahrungen nicht — trotz gegenteiliger Behauptung russischer
Tierzüchter. Weil die Lockenbildung der Karakuls auf Polymerie beruht, deshalb schwankt der Grad der Lockenbildung bei den einzelnen Individuen in
hohem Maße. Deshalb hängt ferner bei der Pelzschafzucht ganz besonders
viel von der genotypischen Beschaffenheit des benützten Bockes ab, der hinsichtlich aller gleichsinnig wirkenden Gene womöglich homozygot beschaffen
sein soll.

Solche Böcke entwickeln dann bezüglich der Pelzqualität typische
Individualpotenz.

Kombinierte Leistung

Speziell beim Rinde geht vielfach die Tendenz der Züchter dahin, alle
drei wichtigsten Leistungsrichtungen (Milch-, Frühreife-, Fleisch- und Arbeitsrichtung) zu vereinigen. Daß es unter solchen Umständen unmöglich ist, von
den Tieren besondere Hochleistungen in jeder Leistungsrichtung zu erhalten,
ergibt sich von selbst. Man muß mit mittleren Leistungen zufrieden sein.

Dieser verhältnismäßig recht vollkommen erzüchteten, kombinierten
Leistung wegen verdanken die Berner bzw. ihre höher gezüchteten Abkömmlinge,
die Simmentaler, ihre große Verbreitung über große Teile Süddeutschlands,
die Sudetenländer und, wenn auch in kleinerem Umfang, vieler anderer Länder
Mitteleuropas.

Besonders dort, wo auch die Kühe beim bäuerlichen Landwirt zur Feldarbeit herangezogen werden, macht sich das Bedürfnis nach einem mit kombinierter Leistung ausgestatteten Rinde geltend. Aber auch dort, wo dieser
Brauch nicht besteht und wo auch die Ochsenaufzucht nicht üblich ist, zeigt
sich gegenwärtig fast überall das Bestreben, wenigstens die Milch und Fleisch-
nutzung miteinander zu vereinigen. Den klarsten Beweis hiefür erbringt die
Tatsache, daß selbst in England, wo die Spezialisierung in der gesamten Haustierzucht besonders zahlreiche Anhänger besitzt, die Verbreitung der Zucht der
Dairy-Shorthorn (der Milch-Shorthorn) große Fortschritte auf Kosten der einseitig gezüchteten Fleisch-Shorthorns macht.

Als Beispiel für die Kombination Milch-Fleisch seien vom Niederungsrinde
die Oldenburger (Wesermarschschlag) und die Schleswig-Holsteinschen Marsch-
zuchten sowie die Dairy-Shorthorns angeführt.

Von den für alle drei Nutzungsrichtungen geeigneten Zuchten für kombinierte Leistung im engeren Sinn des Wortes ist die bekannteste das Simmentaler
Rind. Abkömmlinge des Berner Fleckviehs, der Ausgangsform der modernen
Simmentaler, bald mehr, bald weniger mit den Simmentalern durchsetzt, bilden
in der Hauptsache folgende, ebenfalls typisch kombinierte Leistungen besitzende Zuchten: Das Landvieh vieler Gegenden der Sudetenländer, u. a. auch
das Kuhländer und Schönhengster Rind in Mähren, das Unterinntaler Fleckvieh
in Tirol, die Bonihader in Ungarn, die sogenannte „Rasse von Montbeillard" in
Frankreich usw. Unter den Übergangsrassen haben wir Vertreter der kombinierten Leistungsrichtung in den Pinzgauern, dem polnischen Rotvieh, den
Murbodnern und anderen.

Beim Schafe finden wir eine alle gewöhnlichen Leistungsrichtungen
(Milch, Fleisch, Wolle) aufweisende Type speziell bei der primitiven Zackelrasse, die über die ganze Balkanhalbinsel und den gesamten Karpathenbogen
verbreitet ist. In noch vollkommener Weise, weil neben guter Milch- und Fleisch-

leistung und mäßiger Wolleistung auch noch Lammpelzchen (Krimer) liefernd, wäre das Malitschschaf der Krim als Vertreter der Rassen für kombinierte Leistung zu nennen.

Soweit es sich um Züchtungsrassen handelt, wird neuerdings die Kombination Fleisch-Wolle vielfach in Mitteleuropa bevorzugt. Hieher gehört vor allem das

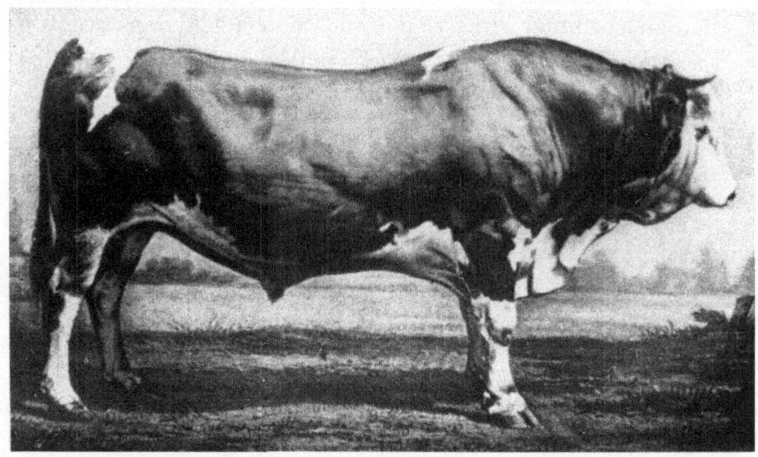

Abb. 219. Stier des Berner Fleckviehs (Ausgangsform der Simmentaler). Vorzüglicher Repräsentant der kombinierten Leistung beim Rind. (Phot. v. SCHNAEBELI, 1873.)

Abb. 220. Kuh des Berner Fleckviehs (Ausgangsform der Simmentaler). Vorzüglicher Repräsentant der kombinierten Leistung beim Rind. (Phot. v. SCHNAEBELI, 1873.)

Fleisch-Kammwollschaf (Rambouillet) und als Kreuzungszucht das angeblich ziemlich intermediär vererbende Meleschaf (Merino-Leicesterkreuzungen).

Beim Geflügel endlich wurden Rassen für kombinierte Leistung, welche sowohl für die Eierproduktion wie auch als Lieferanten von Tafelgeflügel in Frage kommen, durch komplizierte Kreuzungen von Vertretern des schweren

Abb. 221. Simmentaler Zuchtstier „Hans" (prämiiert auf der Schweiz. landw. Ausstellung, Bern 1925, I. Rg.) zeigt die gegenwärtig moderne Körperform des Simmentaler Rindes. (Hohe Rumpfbefestigung, gerade Rückenlinie und steiles Sprunggelenk.) (Orig.-Phot. der Komm. schweizerischer Viehzuchtverbände.)

Abb. 222. Kuh der Simmentaler Rasse „Gräfin", 35 Dtg. III. Körperform und Farbe in der heute gewünschten Art. (Orig.-Phot.)

Abb. 223. Pinzgauer Stier „Bismark“, geb. 20. Mai 1918. Züchter JOSEF FOIDL, Schaumbergbauer in Piesendorf im Ober-Pinzgau. Typus der verbesserten Landrasse. (Orig.-Phot. überlassen v. Ministerialrat V. LIEBSCHER, Wien.)

Abb. 224. Pinzgauer Zuchtkuh „Sturm“, Nr. 8. Neun Jahre alt, zweimal prämiert, I. Melkpreis. Jahresmilch 4897 *kg*. Typus der verbesserten Landrasse. Züchter JOHANN INNERHOFER, Mühlberger in Bramberg. (Orig.-Phot. überlassen v. Ministerialrat V. LIEBSCHER, Wien.)

Abb. 225. Dairy-Shorthorn Kuh „Melba" 17 aus Melba VIII (1060) von Kitschener of Darbalara (419). Gleichmäßig entwickelte Fleisch-Milchform. Sieben Jahre alt. Milchleistung: 16.695 engl. Pfund Milch mit 624 engl. Pfund Fett in 183 Tagen. Champion Sydney 1923.

Abb. 226. Zulavische Kuh der Kellermannschen Zucht in Galizien (Kleinpolen). Niederungsvieh mit kombinierter Leistung. (Orig.-Phot. 1894.)

asiatischen mit dem leichten Mittelmeertypus erzeugt. Zuchten dieser Art sind: Orpingtons, Wyandottes (Gold und weiße Wyandottes), Faverolles (Houdan mal Brahma in der Hauptsache) u. v. a.

Abb. 227.   Oxfordshire Down Bock (Kombination von Frühreife, Mastfähigkeit und quantitativ guter, qualitativ mäßiger Wolleistung.) (Phot. n. engl. Diapositiv.)

Abb. 228. Bergamasker-Rasse des Schafes. (Phot. n. einer in der Lehrkanzel für Tierzucht in Wien befindlichen Aufnahme.)

Beurteilung der Tiere nach dem Punktierverfahren

Um die Beurteilung eines Tieres möglichst objektiv zu gestalten und dem Preisrichter die Möglichkeit zu geben, die einzelnen wichtigen Merkmale oder Eigenschaften in Zahlen ausgedrückt zu bewerten, wird namentlich beim Rinde vielfach das sogenannte Punktierverfahren angewendet. Es erleichtert die Beurteilung dadurch, daß es die Aufmerksamkeit des Beurteilers auf die Beschaffenheit bestimmter Körperverhältnisse oder Eigenschaften lenkt und daher ein Übersehen ziemlich ausschließt.

Punktierkarte für das Simmentaler Vieh der Schweiz
(Nach J. Käppeli)

(Für weibliche Tiere)

cm	%	Gute Maße für		Geboren .... Nr.	Punkte	
		3 Jahre und mehr	2 Jahre	Ersatzzähne	Max.	
...	..	**29**—32	**30**—16·5	**Kopf**	10	...
...	..	**15**—16·5[1])	**15**—32·5			
				Hals	3	...
				Rumpf (Max. 38 Punkte)		
...	..	42—**44·5**	41—**44·5**	Brustlänge (2) ⎱ Brustmaße und ⎱	9	...
...	..	43—**45·5**	43—**45·5**	Brusttiefe (3) ⎰ Rippenwölbung ⎰		
...	..	28—**32·0**	27—**31·0**	Brustweite (4)		
				Schulter und Widerrist	7	...
				Rückenlinie	4	...
...	..	24—**25·5**	23—**25·0**	Lende (Hungergruben, Bauch) ..	4	...
...	..	31—**34·0**	31—**34·0**	Beckenlänge (1) ⎱		
...	..	32—**35·0**	31—**34·0**	Hüftweite (1) ⎰ Beckenm. (4) ⎱		
...	..	30—**33·5**	30—**33·5**	Hüftgelenksw. (2) ⎰	7	...
				Form, Abdachung und Lage des Kreuzes (3)		
				Schwanzwurzel	4	...
				Schenkelmuskulatur und Spalt ..	3	...
		Widerristhöhe:		**Beine** (Max. 14 Punkte)		
...	..	81—87·0	84—89·0	Vorarm und Unterschenkel	2	...
		Kreuzbeinhöhe:		Schienbeine und Sprunggelenke .	4	...
...	..	4—8·0[2])	5—10·0[2])	Fesseln und Klauen	3	...
		Kniehöhe (Hackenbein-höhe)[3])		Stellung der Beine und Gang	5	...
...	..	21—24·0	**23**—25·0	**Haut und Haar**	5	...
		Sprungbeinhöckerhöhen[3])		**Farbe**	5	...
...	..	30—33·5	**32**—35	**Euter- und Milchzeichen**	12	...
				Ebenmaß (Überbau, Knochenfeinheit, Beinlänge)	6	...
				Wüchsigkeit (Gewicht)	7	...
				kg		...
				Summe	100	...
				Nachgewiesene Abstammung	50%	...

[1]) Nasenlänge. — [2]) Überbaut: cm .... — [3]) Fakultativ.

Gegenüber der vorhergehenden, verhältnismäßig komplizierten schweizerischen Punktiertabelle ist das von der deutschen Landwirtschaftsgesellschaft benützte Schema wesentlich einfacher, wie aus der folgenden Wiedergabe desselben hervorgeht.

Zuchtwert

Höchste
Punktzahl

1. Schlag, Farbe, Abstammungsnachweis...................... 10
2. Wüchsigkeit 10
3. Gesundheit, Widerstandskraft 10

Körperbau.

1. Kopf und Hals 5
2. Rumpf 10
3. Haut und Haar 5
4. Gliedmaßen und Gang 5

Nutzungswert

1. Zeichen der Milchergiebigkeit ⎫
2.   „   „   Fleischleistung   ⎬............................. 30
3.   „   „   Arbeitsleistung ⎭
Gesamteindruck 15

Im Ganzen....100

Der Preisrichter wird gewissermaßen gezwungen, alle wichtigen Momente speziell zu berücksichtigen. Ein gewisser erzieherischer Wert kommt dieser Methode somit gewiß zu. Aus diesem Grunde gilt sie wohl auch mit Recht als erzieherisch. Auch für eine eventuelle Nachprüfung liefern derartige Beurteilungen eine geeignete Grundlage. Nichtsdestoweniger sind die Ansichten darüber, ob dem Punktierverfahren gegenüber der gewöhnlichen Beurteilung tatsächlich besondere Vorzüge zukommen, immer noch geteilt. Tatsache ist es, daß auch bei diesem Verfahren die Beurteilungsergebnisse über ein und dasselbe Tier verschieden ausfallen, wenn sie von verschiedenen Personen (und namentlich wenn an verschiedenen Orten ausgeführt) herrühren.

Im vorstehenden sind zwei solcher verschiedenartiger Punktiervorschriften als Beispiele angeführt; das erste ist von komplizierterer Art, das letztere relativ einfach.

Schluß

Ein Rückblick auf die Hauptabschnitte des vorliegenden Buches zeigt, daß nicht alle gleich erschöpfend behandelt worden sind. Die beiden letzten, über die Zuchtmethoden und die Zuchtwahl handelnden Abschnitte, die für den Züchter von besonderer Bedeutung sind, sah ich mich veranlaßt, etwas eingehender zu bearbeiten als die vorhergehenden. Ich versuchte, die hieher gehörenden züchterischen Fragen vom modernen biologischen Standpunkt aus, somit unter Verwertung vor allem des erweiterten Mendelismus zu beantworten.

Die Fortschritte, welche in letzter Zeit unsere Kenntnisse über die endokrinen Drüsen und ihren Einfluß auf Form und Leistung des Tierkörpers aufzuweisen haben, versuchte ich ebenfalls im Sinne der praktischen Tierzucht zu verwerten, weil eine Reihe wichtiger Fragen der praktischen Tierzucht nur unter diesem Gesichtspunkte verständlich erscheint. Es genügt, auf das Wesen der Konstitution, der Frühreife, Fruchtbarkeit, Mastfähigkeit usw. hinzuweisen, um die fundamentale Bedeutung dieser neuen Forschungsrichtung für die praktische Tierzucht klarzulegen.

Gerade durch die ausgiebige Heranziehung und Verwendung der Resultate dieser relativ neuen Wissensgebiete für Zwecke des Verständnisses tierzüchterischer Vorgänge, glaube ich, unterscheidet sich das vorliegende Lehrbuch von den meisten übrigen dieses Gegenstandes.

Bei der Schwierigkeit des zu behandelnden Gebietes und der immerhin verhältnismäßigen Neuheit des Versuches ist es begreiflicherweise unvermeidlich, daß manche Deutung vielleicht später einmal eine Korrektur wird erfahren müssen. Das liegt eben in der Natur der Sache und ist im Entwicklungsgang einer jeden Wissenschaft begründet. Nichtsdestoweniger hielt ich es für notwendig, die wichtigsten Tierzuchtfragen vom heutigen Standpunkt der einschlägigen Wissenschaft zu behandeln, weil gerade auf unserem Gebiet unverhältnismäßig lange Zeit hindurch Stillstand herrschte, bzw. eine, fast könnte man sagen rückständige Art der Behandlung üblich gewesen ist, die uns bekanntlich oft genug die herbe Kritik seitens der Vertreter der grundlegenden Wissenschaften eingetragen hat.

Ein Blick auf das Wissensgebiet, welches die allgemeine Tierzucht umfaßt, läßt die ungewöhnliche Vielseitigkeit dieses Gegenstandes erkennen und zeigt, mit wie vielen Wurzeln sie tief in zahlreiche Gebiete anderer grundlegender Wissenschaften eindringt. Dieser Umstand bedingt denn auch die Notwendigkeit gewisser Vorkenntnisse, vor allem aus Histologie, Anatomie, Physiologie und der Vererbungslehre, ohne welche ein volles Verständnis der allgemeinen Tierzuchtlehre kaum möglich ist. Diese Kenntnisse müssen unter allen Umständen als vorhanden vorausgesetzt werden.

Nun ist aber die allgemeine Tierzuchtlehre selbst wieder die unerläßliche Grundlage für die spezielle Tierzuchtlehre, diesem eigentlichen Feld praktisch züchterischer Betätigung.

Wenn es auch richtig ist, daß Tradition und spezielle züchterische Veranlagung, also Praxis allein, Erfolge erzielen können, so ist es anderseits doch wieder gewiß, daß theoretisches Beherrschen des Stoffes, das die allgemeine Tierzuchtlehre ermöglicht, zum mindesten vor weiten Umwegen schützt, oft genug auch vor Fehlern und Mißgriffen bewahrt. Beispiele, die diese Behauptung beweisen, finden sich in hinreichender Anzahl im vorliegenden Buche.

Mit der bloßen Pflege der Praxis in der Tierzucht ist es allein nicht getan. Der Züchter muß vielmehr, um vollkommen zu sein, auch die schwierige theoretische Seite nicht nur pflegen, sondern eigentlich auch beherrschen.

Von diesem Gesichtspunkt aus erscheint das Streben berufener Kreise, z. B. in Dänemark, den Landwirten gerade theoretisches Wissen möglichst ausgiebig zu vermitteln, außerordentlich beachtenswert; es zeugt von Einsicht und richtiger Erkenntnis des vorhandenen Bedürfnisses. Gilt doch Dänemark mit Recht als ein Land, wo vor allem die praktische Ausbildung der Landwirte namentlich auf dem Gebiete der Tierzucht nichts zu wünschen übrig läßt.

Wenn irgendwo heute noch der Satz, daß Wissen Macht sei, Geltung haben darf, dann ist dies auf dem Gebiete der (im weiteren Sinne des Wortes gefaßten) Tierzucht der Fall. Denn die über die domestizierten Wesen herrschenden Naturgesetze, welche uns die allgemeine Tierzuchtlehre kennen lehrt, haben durchaus nicht bloß für den Landwirt allein Interesse und Wert, wie man bei oberflächlicher Betrachtung meinen könnte. Sie sind genau ebenso wichtig für den Ethnologen und Anthropologen, für den Mediziner und Richter, für den Volkswirt und Kulturhistoriker, mit einem Wort für alle jene, deren Aufgabe das Studium des Menschen in irgend welcher Form ist, oder welche — als Vertreter der heute so sehr unterschätzten geistigen Berufe — in der menschlichen Gesellschaft in irgend einer Weise führend und lenkend zu wirken berufen sind.

Ihnen allen erwächst die Pflicht, jene das menschliche Leben beherrschenden Naturgesetze zu kennen, Gesetze, welche uns im Leben der Haustiere in viel klarerer und deutlicherer Form entgegentreten, und die hier überdies dem experimentellen Studium zugänglich sind.

Und doch übersieht man gar zu leicht, daß die schnürende Fessel der Domestikation die Glieder selbst des modernen Kulturmenschen umfaßt, der sich zu entledigen er auch in Zukunft keine Aussicht hat.

Personen- und Sachverzeichnis

(Die kursiv gedruckten Zahlen beziehen sich auf die Abbildungen)

Berichtigungen

S. 32, Bildunterschrift: lies Lüneburger statt Lüneberger.

S. 71, Zeile 10 von oben: lies ihn Wüsten statt in Wüsten.

S. 75, Unterschrift zu Abb. 77: lies halbmondförmigem statt halbförmigem.

S. 78, Zeile 3 von oben: lies pallida), statt pallida.

S. 82, Bemerkung zu Abb. 88: Im Gegensatze zur erhaltenen Mitteilung dürfte es sich um ein veredeltes Landschwein und nicht um ein Edelschwein handeln.

S. 88 Bilderunterschrift: lies Abb. 92 statt 32.

S. 169, Zeile 13 von unten: lies dunkle Negerfarbe statt dunkler Negerfarbe.

S. 172, Bilderklärung: statt Merkmalspaarig soll es beidemal heißen Merkmalspaares.

S. 213, Zeile 6 von oben: lies des Vaters oder der Mutter behaftet sind.

S. 232, Zeile 27 von oben: lies Vorhand- statt Vorhand.

S. 236, Zeile 20 von unten: lies Vaskularisation statt Vakularisation.

S. 272, Zeile 16 von oben: lies beobachten statt beachten.

S. 281, Bilderunterschrift: lies (kleiner Belgier).

S. 300, Bildunterschrift: lies Max Diamant statt Diamont.

S. 313, Zeile 11 von unten: lies Schönheits- statt Schönheit.

S. 389, Die Entlohnung der Knechte bezieht sich auf das Jahr 1920.

S. 411, Zeile 16 von oben: lies Grannenhaare im Jahreswuchse.

S. 417, Bilderunterschrift: lies Myrarsysla statt Myrosysla.

Manzsche Buchdruckerei, Wien IX

Verlag von Julius Springer in Wien

Arbeiten der Lehrkanzel für Tierzucht an der Hochschule für Bodenkultur in Wien

Herausgegeben von

Hofrat Dr. Leopold Adametz

o. ö. Professor an der Hochschule für Bodenkultur in Wien

III. Band

Mit 39 Abbildungen und 14 Tabellen. 211 Seiten. 1925

S 21.—, RM 12.35

Inhalt:

Professor Dr. *Leopold Adametz*, Wien, **Kraniologische Untersuchungen des Wildrindes von Pamiątkowo. (Ein Beitrag zur Frage nach der Abstammung** europäischer Hausrinder.)

Professor Dr. *Leopold Adametz*, **Über den Schädelbau, die Herkunft und die vermutliche Abstammung des im südöstlichen Europa verbreiteten Kalmückenrindes.**

Privatdozent Dr. *Adolf Staffe*, Wien, **Über Rasse und Herkunft der holländischen Rinder, unter besonderer Berücksichtigung des rotbunten Maas-Rhein-Ijsselviehes.**

Privatdozent Dr. *Hans Peter*, Wien, **Untersuchungen über den Rückgang der Alpwirtschaft und das Veröden der Dauersiedlungen am Vorarlberger "Tannberg".**

Dozent Dr. *Albert Ogrizek*, Zagreb, **Beitrag zur Abstammung des bosnischen Ponys.**

Landestierzuchtinspektor Dr. *Robert Scheuch*, Klagenfurt, **Untersuchung über die Abstammung und Rassezugehörigkeit des Pinzgauer Rindes.**

Landesalpinspektor Dr. *Erich Saffert*, Salzburg, **Zur Monographie der gemsfarbigen Pinzgauer Ziege. I. Teil. (Abstammung, Rassezugehörigkeit und Geschichte der Pinzgauer Ziege.)**

Verlag von Julius Springer in Wien und Berlin

Fortschritte der Landwirtschaft

Herausgegeben unter ständiger Mitwirkung der Landwirtschaftlichen Lehrkanzeln an der Hochschule für Bodenkultur in Wien und der Landwirtschaftlichen Versuchsanstalten Österreichs

Schriftleitung: Prof. Dr. Hermann Kaserer und Dr.-Ing. Rudolf Miklauz

Erscheint halbmonatlich / Preis: S 9.60, RM 6.—

Die seit Anfang 1926 erscheinenden „Fortschritte der Landwirtschaft" bieten dem gebildeten praktischen Landwirt sowie dem Landwirtschaftswissenschaftler eine Zusammenfassung aller Ergebnisse der ständig fortschreitenden Entwicklung der Landwirtschaft und ihrer Grenzgebiete. Sie vermittelt ihm ebenso die Untersuchungsergebnisse der landwirtschaftlichen Forschungsinstitute und Versuchsanstalten, wie auch in Form von Sammelreferaten einen lückenlosen Überblick über den Inhalt aller in der landwirtschaftlichen Literatur, Büchern und Zeitschriften verstreuten Publikationen. Die Zeitschrift besitzt infolge der Zusammensetzung ihres Mitarbeiterstabs eine gesamteuropäische Einstellung, wie es denn auch ihr erstes Bestreben ist, die Landwirtschaft mindestens aller Länder Zentraleuropas wissenschaftlich zusammenzufassen und der Praxis nutzbar zu machen.

Aus dem ständigen Inhalt:

Originalarbeiten, darunter Versuchsergebnisse des Acker- und Pflanzenbaues, der Fütterungslehre und Tierzucht. Arbeiten aus dem Gebiete der landwirtschaftlichen Betriebslehre, der Landarbeitslehre und Maschinenverwendung, der Agrikulturchemie, der landwirtschaftlich-chemischen Technologie und des Molkereiwesens sowie der Grundwissenschaften (Chemie, Botanik, Physik usw.), soweit sie mit der Landwirtschaft unmittelbar zusammenhängen.

Gutachten von landwirtschaftlichen Maschinen und Geräten.

Ergebnisse von Untersuchungen sonstiger Hilfsmittel der Landwirtschaft, wie Dünge-, Pflanzenschutzmittel u. dgl., sowie andere Veröffentlichungen von landwirtschaftlichen Versuchsanstalten.

Aus den Grenzgebieten. Vorläufige Mitteilungen.

Aus der Praxis. Anregungen und Winke praktischer Art, insbesondere für die Durchführung von Versuchen im Gesamtgebiete der Landwirtschaft.

Aus Archiven und Zeitschriften. Buchbesprechungen. Kleine Mitteilungen. Verhandlungen. Industrieberichte.